现代安防监控实用技术丛书

现代安防视频监控系统

设备剖析与解读

雷玉堂 编著

电子工业出版社
Publishing House of Electronics Industry
北京·BEIJING

内 容 简 介

本书首先概述了现代安防视频监控技术，然后分章节直接地全面完整而系统地剖析与解读了一个实用的现代安防视频监控系统各个部分设备的理论基础、工作原理、优缺点及其实用技术与方法，最后还剖析了现代安防智能视频监控系统的设计、评估与选用等。本书共9章：现代安防视频监控系统概论；安防视频监控中使用的光源和光学系统；安防视频监控系统前端摄像机；安防视频监控系统前端的配套设备；安防视频监控系统的传输设备；安防视频监控系统的控制处理设备；安防视频监控系统的终端设备；现代安防智能视频监控系统的设计与评估等。

本书可作为公安院校、安防院校及一些理工院校与职业技术学院的安防技术（或安防工程）、安防或安全管理、视频监控、智能建筑、智能交通、信息工程、光电工程、质量工程、网络工程、应用电视、应用电子等专业的本科、硕士生教材与教学参考，也可供从事上述专业的科研人员、工程技术人员、管理人员与安防传媒人员工作参考。

未经许可，不得以任何方式复制或抄袭本书之部分或全部内容。

版权所有，侵权必究。

图书在版编目（CIP）数据

现代安防视频监控系统设备剖析与解读 / 雷玉堂编著. —北京：电子工业出版社，2017.5

（现代安防监控实用技术丛书）

ISBN 978-7-121-31316-5

I. ①现… II. ①雷… III. ①视频系统－监控系统－研究 IV. ①TP277.2

中国版本图书馆 CIP 数据核字（2017）第 072751 号

责任编辑：田宏峰

印　　刷：北京天宇星印刷厂

装　　订：北京天宇星印刷厂

出版发行：电子工业出版社

　　　　　北京市海淀区万寿路 173 信箱　　邮编　100036

开　　本：787×1 092　1/16　印张：30.75　字数：787 千字

版　　次：2017 年 5 月第 1 版

印　　次：2025 年 1 月第 19 次印刷

定　　价：88.00 元

凡所购买电子工业出版社图书有缺损问题，请向购买书店调换。若书店售缺，请与本社发行部联系，联系及邮购电话：（010）88254888，88258888。

质量投诉请发邮件至 zlts@phei.com.cn，盗版侵权举报请发邮件至 dbqq@phei.com.cn。

本书咨询联系方式：tianhf@phei.com.cn。

前　　言

随着光电信息技术、微电子、微计算机及数字视频技术的发展，安防技术已由传统的模拟式向高度集成的小型化、数字化、网络化、高清化、智能化的方向发展。目前，安全防范技术已从应用各学科技术的经典模式向以图像分析处理、识别与跟踪为核心的安全防范技术本身特点所需要的现代智能化模式转变。

现代科学技术的发展，使许多学科由它的中心走向边缘，形成了不同学科相互渗透、交叉的边缘科学，并表现出综合性的特点，而这些边缘科学都呈现出了强大的生命力。例如，光电信息技术就是光学信息与电子信息相互发展的边缘科学技术，而现在的安全防范技术已由光电、电子、计算机、网络、通信等其他学科的应用技术，发展成为一专门的独立的学科技术。而这个学科最主要的特点就是处于光电信息技术基础上与其他学科的边缘和多学科交叉。由安防新技术及系统系列精品丛书之四《安防&光电信息——安防监控技术基础》中的论述可知，安防监控技术的学科性质全面而确切的应该是：**在光电信息技术基础上的一门多学科交叉的前沿学科的综合性的应用科学技术。**

因为光（光学）是人们获取信息的最基本的和最有效的手段之一，以光子或光波作为信息载体的光电信息技术则表现出巨大的发展潜力和明显的优越性。尤其在高技术战争中，光电信息技术扮演着十分重要的角色，如在预警、监视、侦察、观察、瞄准、通信、精确打击、作战效果评估、电子对抗等方面都发挥了极其重要的作用，使作战方式、部队编制和后勤供应都发生了重大变化。因此，**光电信息技术不仅全面继承兼容电子技术，而且具有微电子无法比拟的优越性能与更广阔的应用范围，从而成为人类进入信息时代的具有巨大冲击力的高新技术。**

由于现有的安防技术（或工程）等有关专业，没有开设"光电信息技术"这一基础课程，因而在安防界出现了 150 条安防技术知识概念混淆不清与错误的问题（已在《安防&光电信息——安防监控技术基础》书中论述）。为此，受电子工业出版社的邀约，撰写一套现代安防监控实用技术丛书，也是光电信息学科-安防科学技术与工程专业系列丛书。该专业必学的技术基础课为《安防&光电信息安防监控技术基础》或《光电信息技术》，在此基础上必学的专业系列丛书为《现代安防视频监控系统设备的剖析与解读》、《现代安防视频监控系统设备的使用、维护与维修》、《现代安防系统工程设计施工安装调试与验收》、《现代安防防盗防火探测报警系统设备的剖析与解读》、《现代安防目标识别与出入口控制系统设备的剖析与解读》等。

《安防视频监控实用技术》自电子工业出版社 2012 年元月出版以来，深受安防界广大读者的喜爱而多次重印。为更好地适应读者与学生学习的需要，特将此书一分为三，更详尽地对系统设备进行剖析与解读。这三本书就是现在出版的《现代安防视频监控系统设备的剖析与解读》，以及将要出版的《现代安防视频监控系统设备的使用、维护与维修》与《现代安防系统工程设计施工安装调试与验收》。

本书是在《安防视频监控实用技术》与《安防&光电信息——安防监控技术基础》的基础上编写而成的，首先概述了现代安防视频监控技术，然后分章节全面、完整、系统地剖析与解读了一个实用的现代安防视频监控系统中各个部分设备的理论基础、工作原理、优缺点及其实用技术与方法，最后剖析了现代安防智能视频监控系统的设计与评估等。本书具体内容分为9章：现代安防视频监控技术概论；安防视频监控中使用的光源和光学系统；安防视频监控系统前端摄像机；安防视频监控系统前端的配套设备；安防视频监控系统的传输设备；安防视频监控系统的控制处理设备；安防视频监控系统的终端设备；现代安防智能视频监控系统的设计与评估等。

本书是现代安防监控实用技术丛书之一，也是光电信息学科-安防科学技术与工程专业系列丛书之一。它理论实践并重，内容系统全面、层次分明，可作为公安院校、安防院校及一些理工院校与职业技术学院的安防技术（或安防工程）、安防或安全管理、视频监控、智能建筑、智能交通、信息工程、光电工程、质量工程、网络工程、应用电视、应用电子等专业的本专科、硕士生教材与教学参考，也可供从事上述专业的科研人员、工程技术人员、管理人员与安防传媒人员工作参考。

本书是雷玉堂教授同其学生们及有关公司负责人共同完成的。其中，武汉乐通光电公司总经理罗辉，武汉昱升光器件公司总经理明志文，广州天网安防科技公司总经理邱亮南，公安部第3研究所郑国刚副研究员，海军工程大学教辅处处长白雪飞博士，美国HP新加坡公司高工、武汉乐通光电公司高新技术研究所特邀研究员雷军与黄晓曦博士，乐通光电深圳高新技术研究所的杨中东博士，周宇翔工程师分别参与编写了部分内容（恕不一一列举），本书大部分均为雷教授编写与统稿完成。

本书在编写过程中参考了国内外的相关书籍及技术资料，并根据本书体系的需要，在有的章节内采用了其中的部分内容，这些都将在书末以参考文献形式给出，在此向同行们表示最衷心感谢！但需说明的是，还有的部分内容来源于互联网，由于未能准确查明原创作者及出处，因而未能在参考文献中列出，敬请谅解。欢迎与本人联系，以便更正。

由于光电信息与安防监控技术发展迅速，涉及的学科范围广，加上作者的知识局限，难免出现错误与不足，敬请专家学者、技术工作者、教师与学生们提出批评指正。

编著者

2017 年 3 月

目　　录

第 1 章

现代安防视频监控技术概述

1.1 安全防范技术简介

1.1.1 安全防范技术的基本概念

1. 安全防范技术的含义

安防技术，即安全防范（Security Protection，SP）技术的简称，因此也可称为 SP 技术。实际上，安全防范是包括人力防范（Personnal Protection）、物理防范（Physical Protection）、和技术防范（Technical Protection）三种基本手段的综合防范体系。

国标 GB 50348—2004（安全防范工程技术规范）定义安全防范系统（Security Protection System，SPS）为"以维护社会公共安全为目的，运用安全防范产品和其他相关产品所构成的入侵报警系统、出入口控制系统、视频安全防范监控系统（这里应去掉安全防范四个字为视频监控系统，如不去掉也应为安全防范视频监控系统，因为视频监控系统是安防系统中的一部分）、防爆安全检查系统等；或由这些系统为子系统组合或集成的电子（确切地说应为光电）系统或网络"。它将具有防入侵、防盗窃、防抢劫、防破坏、防爆炸功能的软硬件组合成有机整体，构造成为具有探测、延迟、反应综合功能的信息网络。

安全防范技术系统经历了由简单到复杂、由分散到组合与集成的发展变化，它从早期的单一的电子防盗报警系统，发展到与视频监控联动报警系统，到与视频监控、出入口控制等联网报警的综合防范系统，直到社区管理以至现在的平安城市的集视频监控、入侵探测与防盗防火报警、出入口目标识别与控制、楼宇对讲与访客查询、保安巡更与治安管理、电子警察与智能交通、实体防护与安全检查、汽车场管理、食品与药品的安检管理、空中与地下水下的环保与防入侵管理，以及天空、地面、地下、水下的各种安防系统综合集成的立体化、网络化、高清化直至智能化的监控与管理的安防技术体系。

因此，安全防范系统（Security Protection System，SPS）是以维护社会公共安全为目的，运用安全防范产品和其他相关产品所构成的包括天空、地面、地下、水下的安防系统综合集成的立体化的全方位的监控与管理的安防技术体系。

值得指出的是，安全防范系统只是在国内标准中提出的，而国外则更多称其为损失预防与犯罪预防（Loss Prevention & Crime Prevention）。损失预防是安防行业的任务，而犯罪预防则是警察执法部门的职责。

2．安全防范的3种主要手段

由上述可知，就安全防范手段而言，包括人力防范（简称人防）、物理防范（简称物防）、技术防范（简称技防）3种。

（1）人力防范。人力防范是安全防范的基础。国标《安全防范工程技术规范》（GB 50348—2004）定义人力防范为"执行安全防范任务的具有相应素质人员和/或人员群体的一种有组织的防范行为，包括人、组织和管理等"。传统的人力防范手段指利用人体传感器，如眼睛、耳朵等进行探测，发现妨害或破坏安全的目标，做出反应。例如，用声音警告、恐吓，设障，武器还击等手段延迟或阻止危险的发生，以期阻止危险的发生或处理已发生的危险。

传统人防是指安全防范工作中人的自然能力的展现，它通过人体体能的发挥延迟或阻止风险事件的发生；现代人防是指执行防范任务的具有相应素质的安防人员和/或安防人员群体的有组织防范行为，包括高素质安防人员的培养，先进自卫设备的配置，安防人员的组织与管理等。

（2）物理防范。GB 50348—2004定义物理防范为"用于安全防范目的、能延迟风险事件发生的各种实体防护手段，包括建筑物、屏障、器具、设备、系统等"。它由能保护目标的物理设施（如防盗门、窗、柜等）构成，其作用是阻止、延迟危险的发生，以便为"反应"提供足够的时间，它的功能强弱是以推迟作案的时间来衡量的。

现代的物理防范已不是单纯的物质屏障的被动防范，而是越来越多地采用高科技手段，它既能减小实体屏障被破坏的可能性，又能增加实体屏障本身的探测和反应功能，甚至美学效果。

（3）技术防范。GB 50348—2004定义技术防范为"利用各种电子（应为光电）信息设备组成系统和/或网络以提高探测、延迟、反应能力并增强防护功能的安全防范手段"。它是人力防范、物理防范手段的补充和功能的延伸，由探测、识别、报警、控制、显示等单元组成，其功能是发现罪犯，并将报警信息迅速传输到指定的地点。技术防范融入人防、物防中，使二者在探测、延迟、反应3个基本要素中不断增加科技含量，使防范手段真正起作用，达到预期目的。

技术防范经历了由简单到复杂，由分散到组合，再到综合或集成系统的发展过程。显然，技术防范的内容随着科技进步不断更新，很多高新技术都开始应用或移植到安全防范工作中，实际应用已远超安全防范领域的原有范畴。与此同时，安全技术防范产品的开发、推广和应用也相当迅速，2000年9月1日施行的《安全技术防范产品管理办法》将我国的安全技术防范产品分为10类：入侵探测器、防盗报警控制器、汽车防盗报警系统、报警系统出入口控制设备、防盗保险柜（箱）、机械防盗锁、楼宇对讲（可视）系统、防盗安全门、防弹复合玻璃和报警系统视频监控设备。

（4）人防、物防、技防的相互关系。人防、物防、技防的相互关系，如图1-1所示。

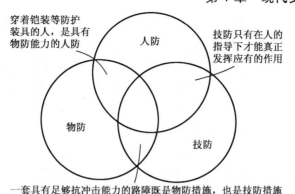

图 1-1 人防、物防、技防的相互关系

由图可知，人防、物防、技防三者是相互依存关系，缺一不可。如临时组成的人墙也是物防，具有良好训练（分析判断）的人员也可说是技防的有机组成部分，良好的物理隔离措施是技术防范的基本前提条件，而良好的技术防范的能力，可以使物防增强为智能化的机动装置，从而可以更有效地防范入侵等事件的发生。

总之，安全防范系统特别强调三者有机结合，如果过分强调某一手段的重要性，贬低或忽视其他手段，会给系统的持续、稳定运行埋下隐患，从而使安全防范系统难以达到预期的防范效果。

由图 1-1 还可以看出，人防、物防、技防的内涵中隐含了安全防范中的探测、延迟、反应所对应的手段和措施。其中，人防和物防作为传统防范手段，是安全防范的基础；技防是近代科学技术用于安全防范领域，并逐渐成为独立防范手段的过程中产生的一种新颖防范概念。由于现代科技的迅猛发展和广泛应用，技术防范越来越为公众认可和接受，其内容也随着科技的进步而不断更新。在科技迅猛发展的今天，很多高新技术开始移植、应用到安全防范系统。显然，技术防范在安全防范中的地位也越来越高。

目前，安全防范主要指技术防范，其核心是建立纵深防护体系，通过探测、延迟、反应相协调的原则达到安全防范的目的。也就是说，要及时有效地发现入侵、盗窃、抢劫、破坏等异常情况，快速准确地做出判断，全面无误存储现场情况，并准确、及时向安防人员发出警报、处置信息，有效制止非法活动，消除安全隐患，以保证被保护目标的安全。也可以简单地说，安全防范就是以"空间"换"时间"：压缩违法犯罪空间，争取快速反应。

3．安全防范的 3 个基本要素

由前述可知，安全防范的 3 个基本要素如下。

（1）探测：探测是指感知显性和隐性风险事件的发生并报警，使防范工作赢得时间上的主动。

（2）延迟：延迟是指拖延、推迟风险事件发生的进程，推迟违法犯罪的实施时间和治安灾害事故的蔓延，为安防人员赢得宝贵的反应时间，以便及时到达现场。

（3）反应：反应是指依靠人力防范的实施，阻止危险的发生或中止犯罪活动。

因此，要实现安全防范的最终目的，需围绕探测、延迟、反应开展工作，采取措施，以预防、阻止风险事件的发生。其过程首先要通过前端各种传感器和安防的多种技术途径（如视频监控、入侵报警、门禁等），探测到环境物理参数的变化或传感器自身工作状态的变化，及时发现是否有人强行或非法侵入的行为；其次通过实体阻挡和物理防范等设施来起到威慑和阻滞的双重作用，以尽量推迟风险的发生时间，其最理想的效果是在此时间段内使入侵不能实际发生或入侵很快被终止；最后在防范系统发出警报后，采取必要的行动来制止风险的发生或者制服入侵者，及时处理突发事件，以控制事态的发展。

由此可知，人防、物防和技防在实施安全防范过程中所起的作用如图 1-2 所示。

图 1-2 人防、物防和技防在实施安全防范过程中的作用

由图 1-2 还可以看出，人防、物防和技防与探测、延迟和反应 3 个基本要素的关系及相互联系。显然，建立一个安全防范系统，必须要达到如下的要求：

● 探测要准确无误，延迟时间长短要合适，反应要迅速。

● 探测时间 t_{det}、反应时间 t_{res} 及延迟时间 t_{del} 应满足 $t_{det}+t_{res} \leqslant t_{del}$ 的要求，它们之间应该相互协调。否则，系统无论选用的设备怎样先进，其设计的功能无论怎样完备，都难以达到预期的防范效果。

有关探测时间 t_{det}、延迟时间 t_{del} 和反应时间 t_{res} 的关系如图 1-3 所示。

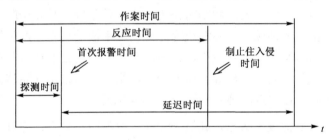

图 1-3 探测时间、延迟时间和反应时间的关系

值得提出注意的是，由 1.1.1 节的论述不难看出，容易混淆的安全技术防范与安全防范技术之间的区别，读者完全可自行分析判断，这里就不再重复叙述了。

1.1.2 安全防范系统的组成与结构层次

1. 安全防范系统的基本组成

如前所述，安全防范技术系统经历了由简单到复杂、由分散到组合与集成的发展变化，它从早期的单一的电子防盗报警系统，发展到与视频监控联动报警系统，到与视频监控、出入口控制等联网报警的综合防范系统，直到社区管理以至现在的平安城市的集视频监控、防盗防火报警、出入口目标识别与控制、楼宇对讲与访客查询、保安巡更与治安管理、电子警察与智能交通、实体防护与安检、汽车场管理，以及系统综合集成的网络化、高清化直至智能化的监控与管理的安防技术体系。

但是，安防技术学科实际上主要由视频监控技术、防盗防火报警技术、出入口目标识别与控制技术三大部分组成。至于综合系统后面的几项，均可分别纳入这三大部分之中。例如，楼宇对讲与访客查询、电子警察与智能交通可纳入视频监控技术；实体防护与治安管理可纳入防盗防火报警技术；门禁与安检、汽车场管理、保安巡更可纳入出入口目标识别与控制技术之中等。因此，安防视频监控系统的基本组成如图1-4所示。这里加进"监控"二字，主要是强调主动监视、控制之重要，说明安全防范系统不是被动消极的，而是在主动积极的监视、控制之下的。整个系统没实现智能化前，靠人眼去监视、控制，而实现智能化以后，则靠"机器"去代替人眼。

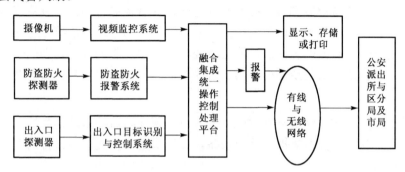

图1-4 安防监控系统的基本组成

由图1-4可知，安防监控系统的3大部分的输出，均需经过融合集成统一操作控制处理平台，将有异常的需报警的图像信号，经有线与无线网络传送到公安派出所与区公安分局及市局，并显示、记录、存储或打印出来。

2. 安全防范系统的结构层次

根据系统各部分功能的不同，安全防范系统还可划分为采集层、传输层、处理层、控制层、应用执行层5个层次，如图1-5所示。

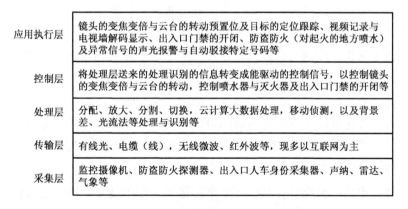

图1-5 安全防范系统的5个层次结构

当然，由于设备集成化越来越高，某些设备可同时以多层身份存在于系统中。各层次分别表现为以下几个方面。

（1）采集层。这是安全防范监控系统品质好坏的关键因素，该层主要包括安全防范系统前端的各类监控摄像机、防盗防火探测器、出入口人车等身份采集器（如 RFID/生物识别）、声纳、雷达气象等。

（2）传输层。将采集层送来的音视频信号通过有线光、电缆（线），无线微波、红外波等传输，或将信息调制传输，物联网智能传输，现多以互联网为主。

（3）处理层。将传输层送来的音视频信号进行分配、放大、分割、切换等处理，以及其他各类传感器采集的信号云计算大数据处理，尤其对视频图像信号进行移动侦测，以及背景差、帧间差、光流法等处理与识别等。

（4）控制层。有模拟控制和数字控制两种方式，前者控制台多由控制器或模拟控制矩阵构成，成本低、适用于小型安全防范系统；后者以计算机为系统控制核心，从而能充分运用计算机的强大功能，是目前的主流。控制层主要将处理层送来的处理识别的信息转变成能驱动的控制信号，以控制镜头的变焦变倍与云台的转动，控制喷水器与灭火器及出入口门禁的开闭等。

（5）应用执行层。这是能最直观感受到的，可展现安防监控系统的品质，该层控制指令的命令对象，通常认为受控对象即执行层设备，如镜头的变焦变倍与云台的转动预置位及目标的定位跟踪、视频记录与电视墙解码显示、出入口门禁的开闭、防盗防火（对起火的地方喷水）及异常信号的声光报警与自动驳接特定号码等，并且通过网络能进行全方位立体化信息共享，以确保人民生命与财产安全。

1.1.3　安全防范技术的特点与发展方向

1. 安全防范系统的特点

安全防范系统经过多年的发展，形成了较为完善的系统体系，其特点主要表现为以下 9 个方面。

（1）综合性：安全防范系统是多种技术的综合集成，是技术系统与管理体系的结合。从专业技术出发，很多技术并非安全防范专用的技术，而是若干专业、若干领域的技术综合，对一个城市或地区来说，应该是全方位立体化（除地面外还应包含空中、地下、水下等）综合防范体系。

（2）整体性：安全防范系统由若干相互依赖的子系统组成，各子系统之间存在有机的联系，构成了一个综合的整体，以实现系统的防范功能。因此，要充分注意各组成部分或各层次的连接和协调，增强系统的有序性和整体运行效果。如何实现多种技术的全方位、立体化、高效集成和有机组合是安全防范系统的重要方面。

（3）相关性：作为一个综合性系统，安全防范涉及多种技术，特别是人防、物防、技防的合理配置，以及技术与管理的有机结合。系统中相互关联的各部分相互制约、相互影响的特性决定了系统的性质与形态。在安全防范系统中，只有快速、准确的探测和有效的延迟才能保证反应的及时，达到安全防范的目的。

（4）目的性：安全防范系统目的是使被保护对象处于没有危险、不受侵害、不出事故的安全状态，因此，其建设必须根据目的来设定相应功能，这是安全防范系统建设的研究重点。

（5）依存性：一个系统和周围环境间通常有物质、能量和信息的交换，外界环境的变化可能会引起系统特性的改变，相应地也会引起系统内各部分相互关系和功能的变化。鉴于对周围环境的依存性，安全防范系统建设，特别是技术防范体系建设必须以环境为基础，并与人防、物防相适应。环境条件不同，系统设计各异。

（6）预测性：安全防范系统是针对人的恶意行为而建设的，犯罪发生前，难以知道犯罪分子确切的犯罪行为、犯罪方法和犯罪目的。但人类具有逻辑思维能力和判断能力，可以根据防范区域的地理和结构特征，结合犯罪信息进行分析，推断出犯罪分子可能入侵点和入侵路径，有针对性地建设安全防范系统，达到最佳防范效果。同时，通过对犯罪路径的预测，制定详细的指挥调度预案，为犯罪发生时的及时反应提供保障。

（7）开环性：安全防范系统是社会化安全防范的一种技术实现，不同于一般的自动化系统，它所探测的目标不是单纯的物理量，防范空间的状态也不能用物理参数进行线性描述，只能通过某些物理量值的设定将其转化为开关状态。安全防范系统的控制目标不是这些开关的状态，而是所探测的目标系统控制的对象。故安全防范系统是非闭环的，只有加入人防系统才能构成完整、有效的安全防范系统。

（8）安全性：加固措施。安全防范系统探测的对象是人的行为。而人的行为不确定、不可控，可能改变安全防范系统自身的工作状态，需采用适当加固措施提高系统的安全性。特别是在安全防范行业技术透明度越来越高的今天，显得尤为重要。

（9）效益非显性：安全防范系统以追求社会效益为主要目的，效益和功能在运行过程中表现，难以量化和度量，有必要建立科学、合理的评价方法。一定要明确：安全是管理出来的，不是建设出来的。

2．安全防范技术的发展方向

参考文献[9]《安防&光电信息——安防监控技术基础》第1.5节，已详尽地论述了安全防范技术的发展方向是物联网智能云安防技术，在这里就不再重复了。本节只强调在推动安全防范技术发展方向上应注意加强的几个实际问题，以尽快实现我们的发展目标。

（1）加强安全防范标准化。标准是全球通用的技术语言，包括产品、服务、相关体系、生产过程、相关材料的技术规范和质量要求，是认证工作（如对产品的检验、检测、合格评定等在内的各种技术与管理活动）的技术依据。标准化是为了在一定范围内获得最佳秩序，对实际的或潜在的问题制定共同和重复使用的规则的活动。显然，标准化是国民经济运行的基石，是产品质量的保障。

安全防范标准化是是安全防范行业发展的重要基础，是产品生产、销售、检验，以及安全防范系统的设计与验收的技术依据。因此，加强安全防范标准化工作，对安全防范行业的发展，促进技术进步，保证产品质量，提高管理水平，加强国际贸易与合作，提高社会和经济效益等，具有极其重要的意义。

依据《中华人民共和国标准化法》，标准级别分国家标准（GB）、行业标准、地方标准（DB）和企业标准（QB）4个层次。各层次间有一定的依从关系和内在联系，形成覆盖全国且层次分明的标准体系。

由于安全防范产品和系统用于保护人民的生命和财产的安全，因而其质量的问题会直接导致产品和系统功能的失效，危及被保护的人、财、物的安全。如果有了一定的标准，则安全防范系统的设计、施工、验收才有依据，对进一步的开发、研究及产品的更新换代也才有参照。因此，标准化是安全防范行业发展的重要方面，必须要加强。

（2）不断加强综合运用高新技术。近几年来，安全防范系统的规模越来越大，技术复杂度日趋提高，对系统互联和信息互通与智能化的要求也越来越强；但随着科技的迅速发展，犯罪分子作案的智能化、复杂化程度越来越高，隐蔽性也越来越强。因此，这些都对安全防范技术提出了更高要求，要求安全防范手段、技术、智能化功能都必须提升。

显然，传统的安防监控等技术手段已无法满足新的业务需求与业务模式，随着光电、电子、计算机、通信与多媒体技术的发展，安防视频监控技术在经历了模拟监控、模数结合与全数字化及网络化监控的发展后，正朝着更大型化、平台化、高清化、集成化、全方位立体化与综合智能化的现代模式方向发展，因而越来越需要各种技术的综合和创新。目前，安防监控技术已注定是各种先进技术的集大成者，其安防监控系统从单一设备到整个系统，从前端信息采集到后端信息处理，都必须要实现功能及性能的全面提升。因此，我们必须要不断学习与加强综合运用高新技术于安防系统中，以尽快实现"智慧安防"。

值得提出注意的是，随着安防监控系统规模日益扩大，系统集成管理已成为安全防范系统的重要方面。实际上，系统集成管理平台的目的是解决各类安防监控过程信息的相关提示，解决各类报警信息的联合判断，解决相应系统的快速响应，解决异构系统信息的快速整合，提供突发事件的预案和预决策信息，为解决更大范围的安全防范系统集成——社会治安监控整合提供必要的技术支撑。为此，信息整合的平台化、层次化、智能化尤为必要。

平台化思想的应用，首先是集成信息交换平台，其次是数据库融合平台，使得系统的可操作性、互操作性、信息传输及时性、信息判断的完整性更强，因而具有良好的应用前景。当然，平台化并不排斥判断决策的层次化，不同层次的决策有着不同的判断水平，同时又为高一级的层次提供判断依据，这也是分布智能化的必然要求。由上分析可以看出，在平台化和层次化之上的集成管理平台才有可能利用这些信息重新整合，生成一定的智能化结果，以用于进一步的处置等。

（3）加强培养有光电信息技术基础的安防科技人才。由参考文献[9]《安防&光电信息——安防监控技术基础》的第 1.4 节可知，安防监控技术的学科性质是在光电信息技术基础上的一门多学科交叉的前沿学科的综合性应用科学技术。由于没有认识到这一点，一些有安防专业的学生也都没有学习过光电信息技术基础课，因而在安防界出现了安防监控技术基本知识概念混淆不清与错误的 150 条问题，并严重到使错误延伸到所定的国家规范上（如对分辨力与分辨率的错误）。

光（光学）是人们获取信息的最基本的和最有效的手段之一，以光子或光波作为信息载体的光电信息技术则表现出巨大的发展潜力和明显的优越性。尤其光电信息技术在高技术战争中扮演着十分重要的角色，如在预警、监视、侦察、观察、瞄准、通信、精确打击、作战效果评估、电子对抗等方面都发挥了极其重要的作用，使作战方式、部队编制和后勤供应都发生了重大变化。因此，光电信息技术不仅全面继承兼容电子技术，而且具有微电子无法比拟的优越性能与更广阔的应用范围，从而成为人类进入信息时代的具有巨大冲击力的高新技术。由参考文献[9]的第 1.4 节还可知，安防监控技术实质上是光电信息技术的应用科学技术。因此，欲推动安全防范技术发展，必须要加强培养有光电信息技术基础的安防科技人才，这些对口的新型人才不断加强综合运用高新技术，才能尽快地赶超世界先进水平，尽快地实现我国安防的发展目标。

（4）"智慧安防"是现代安防技术发展的方向。由参考文献[6、7、8、9]可知，安防监控技术的发展方向是智能化。一般的智能安防监控技术的智能摄像机，就是一个智能传感器；当智能安防监控技术融合集成新兴的物联网技术后，就变为物联网智能安防监控技术，这时的一个智能摄像机，就不是一个智能图像传感器，而是它能实现的智能化功能有多少，就代表它有多少个智能传感器或多少个无线传感器网络节点；而当物联网智能安防监控技术融合集成新兴的云计算技术（显然也就能处理大数据）后，就变为物联网智能云安防监控技术，这时主要是扩大了后端的计算与分析处理能力，从而可增加更多的智能化功能，能使安防监控技术更加智能化，这就真正达到了智能，即现在所说的"智慧"。

大家知道，"智慧"的三要素是更透彻的感知、更全面的互连互通、更深入的智能化服务，因此，安防技术发展到物联网智能云安防监控技术，实际上也就是人们经常说的"智慧安防"技术。这样，就把"智慧安防"具体化了，就不会像以前那样抽象而难理解了。所以，"智慧安防"技术，实际上就是安防技术融合集成了智能技术、物联网技术、云计算技术及大数据技术后的物联网智能云安防技术。因为只有这样，才能更透彻地感知、更全面地互连互通、更深入地真正进行智能化服务。这样，衡量一个地区的安防是否达到了智慧化，就看它是否融合集成了智能技术、物联网技术、云计算与大数据技术，当然也必须具有全方位、立体化的安防体系这些条件了，否则就不能加上"智慧"二字而称之为"智慧安防"。

显然，对于一个城市来说，要想加上"智慧"二字，即"智慧城市"，也应看这个城市是否融合集成了智能技术（即具有自动化、信息化和网络化三个特征）、物联网技术、云计算与大数据技术，以及在安全方面是否达到了"智慧安防"这几个具体条件了。如果这个城市没有达到这几个硬指标，也就不配加上"智慧"二字而称之为"智慧城市"，充其量也就只能算是一座信息化城市。

1.2　安防视频监控技术

众所周知，视觉是人类感受外界事物、获取信息的最重要的感官。据统计，人类从外界获取的信息中，80%来自视觉。而视频信息与其他的信息形式相比，具有直观、具体、生动等诸多显著优点。视频所包含的信息量很大，"百闻不如一见"、"一图如千言"等成语都说明了这一点。因此，各种视频技术的研究和应用，一直吸引着国内外广大科技人员的关注。随着多媒体技术及 Internet 的迅速发展，各种信息采集和生产手段在不断投入使用，如数码相机、摄像机、扫描机、打印机等的使用，使视频信息的来源不断扩大。同时，人们对视频的应用也越来越广泛，视频点播、可视电话、视频会议、视频监控、机器视觉等应用形式不断涌现。显然，视频信息正在对人们的生活方式、安全的保障和社会的发展起着越来越重要的作用。

因此，安防视频监控技术是一个被人们日益重视的新兴技术。就目前发展来看，其科技含量越来越高，应用普及越来越广。显然，安防视频监控技术是安防技术中最重要最核心的部分，因为它是任何安全防范系统中必不可少的，尤其是在世界各国的反恐斗争中，占有举足轻重的地位。

由于视频的用途非常之广，本书之所以称安防视频监控技术，即专门讲安防技术中的视频监控技术，以有别于工业等应用中的视频检测与识别等的视频监控技术。

本节重点介绍安防视频监控系统的基本组成，安防视频监控系统的结构模式，安防视频监控系统的几种特殊组成方式，安防视频监控技术的特点与发展方向。

1.2.1 安防视频监控系统的基本组成

由前述可知，安防视频监控系统是安全防范系统中必不可少的最重要最核心的部分。显然，系统可大可小，但不论是小系统或复杂的大系统，如小到只有一台摄像机和一台监视器，大到几百、几千、几万台摄像机和几十、几百、几千台监视器，不论它构成方式复杂程度如何，我们都可用图 1-6 所示的方框图来概括。

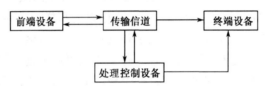

图 1-6　安防视频监控系统的基本组成

由图 1-6 看出，任何视频监控系统，都由前端设备、传输信道、处理控制设备和终端设备四大部分构成。显然，这四大部分，缺一不可，并且它们也是互相关联、互相制约的，绝不能偏废哪一部分。

1. 前端设备

前端设备是系统信息的总源头。形象地说，前端设备是系统的"视觉"和"听觉"器官。系统的操作者可通过处理控制设备，按自己的愿望去进行设置和布防，以获取必要的影像和声音的信息。因此，前端设备的性能优劣及其布设的合理与否，对系统的质量影响很大。

安防视频监控系统的前端设备的构成如图 1-7 所示。

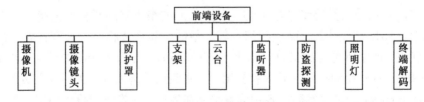

图 1-7　前端设备的构成

由前面的系统基本构成知，视频监控系统的前端设备的作用是获取视频与音频信息，因此前端的关键设备是监控摄像机，它主要是摄取三维光学图像（即监控中的场景），并转换为一维时序的视频电信号，然后通过传输信道送到终端设备供人们观看。所以说，摄像机是整个系统的"眼睛"，它布置在需要监视的各种场所的某一个位置上，并使其视场角能覆盖整个被监视的各个部位。有时，被监视场所面积较大，为了节省摄像机所用的数量，以及简化传输系统及控制与显示系统，在摄像机上还可加装电动的（可遥控的）可变焦距（变倍）镜头，使摄像机能观察得更远、更清楚；同时，有时还把摄像机安装在电动云台上，通过控制，可以使云台带动摄像机进行水平和垂直方向的转动，从而使摄像机能覆盖的角度、面积更大。

摄像机及镜头，通常要放在防护罩中。在室外或其他特殊环境中，还需要采用室外全天候防护罩或其他高温、防爆、水下等特殊的防护罩。至于支撑它们的支架也有室内、室外、轻型与重型云台支架等。

由于前端设备须监控多个场景，且远离控制设备。为减少连接线缆，在稍复杂的系统中一般不用直接控制的办法，多采用数字编码控制的方式，从而使数字式的终端解码控制器成为前端设备中的又一关键。这种终端解码器所控制的设备包括云台（左/右、上/下运动），镜头（光圈大/小、变焦距远/近、聚焦长/短），防护罩（雨刷除尘开/关、除霜开/关），摄像机电源（开/关），以及报警探测器电源（开/关）和照明灯电源（开/关）等。

监听器就是一个拾音器，实际就是一个微型话筒，根据需要可装在摄像机中或其他隐蔽的地方，其作用是拾取监控场所的声音，并通过传输信道放大送到扬声器（即喇叭）上，供人们听取或录音。

在前端设备中，还有各种各样的防盗探测器，如有主动和被动的红外探测器、双鉴探测器、震动探测器、玻璃破碎探测器以及门窗与保险柜的开关探测等。当这些探测器探测到有非法侵入者时，就发出报警。若视频监控系统兼有消防报警功能，即接有烟雾、火光和燃气探测等传感器时，也可起到消防报警的作用。

2. 传输信道

传输信道（或传输设备）可以形象地比喻为视频监控系统的"神经网络"，没有这个"神经网络"就不能保障上下畅通。也就是说，没有这个传输信道，前端的图像与声音信息就无法传送过来，并且按所需要的控制前端的控制信号也无法传递到前端。因此，传输信道的选择和布设的好坏，是能不能保障视频监控系统正确无误地上下畅通，使系统不受或少受干扰的重要环节。

除了一些必要的电气、机械连接件和紧固件等项外，传输信道的分类和构成如图 1-8 所示。

显然，不同的条件下可选择不同的传输信道的传输方式。由图 1-8 可知，一般有两种传输方式。

（1）有线传输。有线传输即闭路传输信道，如同轴视频电缆、双绞线等，它们都用基带传送方式，即视频信号以摄像机输出的原视频信号进

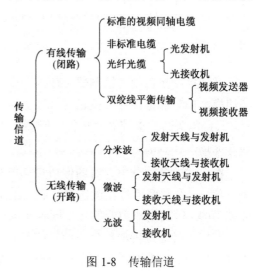

图 1-8　传输信道

行传输，其信号带宽上限一般在 6 MHz。当传送距离 1 km 以内时，一般都使用同轴电缆；当传送距离大于 1 km 以上时，为了降低传输成本，常采用双绞线平衡传送的方式。

由于光纤传送的信号频带宽、容量大、损耗小，而且不受外界的电磁干扰，是一种远距离传送高质量电信号的极好媒介。在大型视频监视系统中，通常采用这种传送方式。

（2）无线传输。无线传输即不用线缆连接的传输，也称为开路传输。在某些特定情况下，如公安机关对控制对象的监视、火灾现场的观察，以及受地形地物（铁道、河流等）限制等情况，一般采用微波开路传输的方式是最佳的选择。无线传输中还有红外光波传输与公用通信网络的移动传输等。

从表面上看，传输部分好像只是一些简单的线路，不容易引起重视，但往往系统工程的问题多出在这一部分。因此，这部分的好坏，常会影响整个系统的质量，须引起足够的重视。

3．处理控制设备

处理控制设备是系统的中枢，可形象地比喻为系统的"大脑"。人的大脑决定一个人的智力的高低，控制设备的好坏则决定了视频监控系统性能的优劣。一般，控制设备中的许多设备都使用了微处理器，因而它能像计算机一样按既定的程序工作，即协调系统的动作，使其按照操作者的意志，去执行系统所具有的各项功能，从而可大大地减轻操作者的负担。所以，处理与控制设备配备的好坏和合理与否，是系统能否按照人的意志运行的关键。

视频监控系统的处理控制设备的组成，如图 1-9 所示。

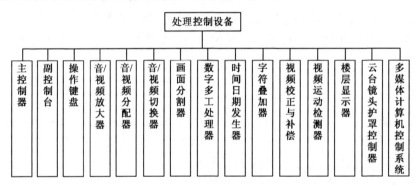

图 1-9　处理控制设备

处理控制设备由主控制器（有些还设有副控制台）、控制键盘、视音频放大与分配、视音频切换、视频图像信号的校正与补偿、画面分割及多工处理、时日发生与字符叠加、楼层显示、云台镜头防护罩控制及报警控制器等设备组成。由于处理控制设备大都使用了微处理器，因而能按操作者的意志协调系统的动作，执行系统所具有的功能。

在上述的各部分中，对图像质量影响最大的是放大与分配、校正与补偿、图像信号的切换三部分。在图像信号经过传输之后，往往其幅频特性（由于不同频率成分到达总控制台时，衰减不同，因而造成图像信号不同频率成分的幅度不同，此即幅频特性）、相频特性（不同频率的图像信号通过传输部分后产生的相移不同，此即相频特性）无法绝对保证指标的要求，所以在控制台上要对传输过来的图像信号进行幅频和相频的校正和补偿的处理。经过校正和补偿的图像信号，再经过分配或放大，进入视频切换部分，然后送到监视器上。

　　主控制器（如矩阵控制器）在控制功能上，控制摄像机的台数上往往都做成积木式的，可以根据要求进行组合。此外，在总控制台上还设有时间及地址的字符发生器，通过这个装置可以把年、月、日、时、分、秒都时时显示出来，并把被监视场所的地址、名称也显示出来。在终端设备的录像机上也同时把它们记录下来，这样就为对以后的备查提供了方便。

　　总控制台对摄像机及其辅助设备（如镜头、云台、防护罩等）的控制一般采用总线方式，把控制信号送给各摄像机附近的终端解码器，在终端解码器上将总控制台送来的编码控制信号解出，成为控制动作的命令信号，再去控制摄像机及其附属设备的各种动作（如镜头的变倍、云台的转动等）。在某些摄像机距离控制中心很近的情况下，为节省开支，也可采用由控制台直接送出控制动作的命令信号，即"开"、"关"信号。总之，根据系统构成的情况及要求，可以综合考虑，以完成对总控制台的设计要求。

　　作为整个系统与人的操作界面的是控制键盘，操作指令通过键盘输入，使系统按人的意志运行。操作指令集的完备、汉化程度、便捷易记，标志了整个控制设备性能的先进性。

　　在采用计算机多媒体技术的系统中，更直接配置了通用的微机系统硬件（监视器、主机、健盘）取代专用的操作健盘。当然还要有必要的多媒体操作软件及视频、音频信号的专用接口板等。

　　值得指出的是，控制设备的编码方式与接口，特别是控制操作链盘与音、视频切换器、解码中继器、报警控制器等设备之间，必须要事先约定编码指令方能兼容。在国家未实现统一标准之前，各用户在选择和更换设备时，对此必须给以特别注意，即要考虑设备的兼容性。

4．终端设备

　　终端设备是视频监控系统前端信息的存储记忆、显示与处理的输出设备。也可比喻为人的大脑的记忆与存储以及前端设备观看、监听的再现。人们可根据终端设备所获取的前端信息，去分析、综合、判别真伪、判断是非，及时地打击各类犯罪，以保卫国家和人民生命财产的安全。所以，终端设备配备的好坏和与前端设备搭配的合理与否，是系统是否丢失前端信息和不失真地再现前端信息的重要关键。

　　终端设备的组成如图 1-10 所示。

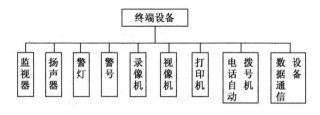

图 1-10　终端设备

　　由图 1-10 可知，它包括供观察图像的监视器，告警的喇叭和警示灯，监听喇叭，记录查证的硬盘录像机，即时可将图像记录、印出的视像机，事件发生即予上报和记录的电话自动拨号机，以及打印机等。随着多媒体技术的发展，经计算机处理后的多媒体输出方式和设备也在不断地发展，将使人们与系统的交换沟通更便捷，系统的输出信息更易于为人所接受。对要求联成网络的报警系统，可用计算机输出数码，由数据通信设备与外界连接起来。

由图 1-10 还可看出，终端设备最基本的必不可少的是显示部分，其他设备配置的增减，完全取决于用户的要求和经济承受力。

显示部分一般由几台或多台监视器（或带视频输入的普通电视机）组成，其功能是将传送过来的图像一一显示出来。在视频监控系统中，特别是在由大量摄像机组成的视频监控系统中，一般都是几台摄像机的图像信号用一台监视器轮流切换显示。这样做一是可以节省设备，减少空间的占用；二是也没必要一一对应显示。因为被监视场所的情况不可能同时都发生意外情况，所以平时只要隔一定的时间（如几秒、十几秒或几十秒）显示一下即可。当某个被监视的场所发生情况时，可以通过切换器将这一路信号切换到某一台监视器上一直显示，并通过控制台对其遥控跟踪与记录。所以，在一般的系统中常用摄像机对监视器的比例数为4:1 方式，即四台摄像机对应一台监视器进行轮流显示。当摄像机的台数很多时，再采用 6:1、9:1 或 16:1 的设置方案。另外，由于"画面分割器"的应用，有些摄像机台数很多的系统中，用画面分割器把几台摄像机送来的图像信号同时显示在一台监视器上，也就是在一台较大屏幕的监视器上，把屏幕分成几个面积相等的小画面，每个画面显示一个摄像机送来的画面。这样可以大大节省监视器，并且操作人员观看起来比较方便。一般以显示四分割或九分割较为合适。

监视器的选择，应满足系统总的功能和总的技术指标的要求，特别是应满足与摄像机清晰度搭配和长时间连续工作的要求。放置监视器的位置应适合操作者观看的距离、角度和高度。现在的大型视频监控系统，大多采用电视墙的方式。

1.2.2　安防视频监控系统的结构模式

根据对视频图像信号的处理与控制方式的不同，安防视频监控系统的结构可分为以下四种模式。

1. 简单对应的结构模式

简单对应的结构模式，就是前端的监控摄像机和终端的图像显示的监视器的简单对应，如图 1-11 所示。

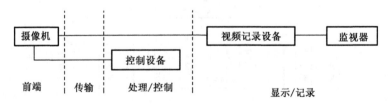

图 1-11　简单对应的结构模式

这种结构模式主要应用于监控点数较少的环境，如小型超市的监控，一般只有几个摄像机，以及摄像机控制设备，还有简单的或者与其他设备集成的视频图像记录设备和监视器。

当监控点数增加时，会使系统规模变大，但如果没有其他附加设备和要求，这类视频监控系统仍然属于简单对应的结构模式。如某上下两层总计约 10000 m² 的较大型超市，货架较多，总计安装了 32 台定点摄像机。将 32 台摄像机分成 2 组，分别接到对应的 16 画面分割器与合适的监视器，以及 24h 录像机（图中使用了电视墙和碰盘录像机）上，如图 1-12 所示。

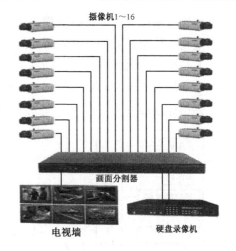

图 1-12　超市视频监控系统对应的结构模式

显然，图中仅画了 1 组 16 路摄像机，另 1 组 16 路摄像机（即第 17 至第 32 个摄像机），因与第 1 至第 16 个摄像机的结构相同，因而图中略去。一般，在实际工程中，超市还有防盗报警系统与公共广播/背景音乐系统，因这里讲的是视频监控系统的结构，故略去。

2. 时序切换的结构模式

这种结构模式适合监控点数较多，但不要求数字视频传输的情形，视频输出中至少有一路可进行视频图像的时序切换。时序切换的结构模式的系统构成如图 1-13 所示。

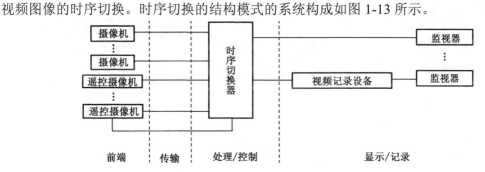

图 1-13　时序切换的结构模式

3. 矩阵切换的结构模式

这种结构模式适合大规模模拟情况下的系统结构构成，如多前端视频设备输入、多终端显示控制的矩阵切换控制视频图像。此时，摄像机为模拟式的，传输设备是模拟视频传输系统，中心控制主机为矩阵切换控制系统。可以通过任一控制键盘，将任意一路前端视频输入信号切换到任一输出现监视器，并可编制各种时序切换程序。

矩阵切换的结构模式的系统构成，如图 1-14 所示。

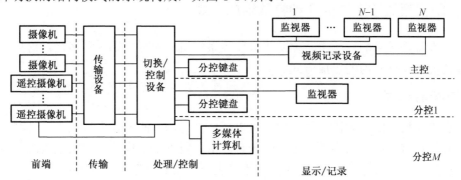

图 1-14　矩阵切换的结构模式

4．数字视频网络虚拟交换/切换的结构模式

在这种结构模式中，模拟摄像机增加数字编码功能，称为网络摄像机，数字视频前端也可以是别的数字摄像机；传输网络可以是以太网、分布式数据网（DDN）、同步数字序列等；数字编码设备可采用具有存储功能的 DVR 或视频服务器。智能视频技术和分布存储技术的发展，使得数字视频处理、控制和存储可以在前端、传输和终端显示的任何环节实施。

数字视频网络虚拟交换/切换的结构模式的系统构成，如图 1-15 所示。

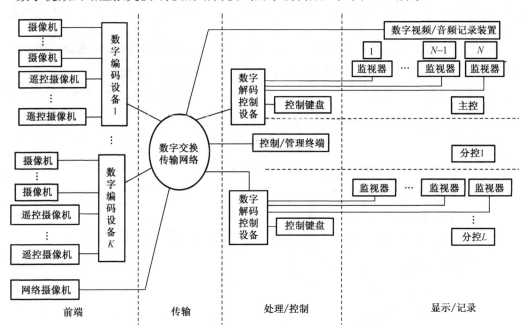

图 1-15　数字视频网络虚拟交换/切换的结构模式

上述几种结构模式各有优劣及适用场合，因而在设计安防视频监控系统时，应根据实际使用的需要，结合现场分布特点和设备性能，综合选择适合的结构模式，这样才能达到良好的监控效果。其中，视频监控网络化打破了布控区域和设备扩展的地域/数量界限，使整个网络系统硬件、软件资源的共享及任务和负载达到均衡，再描准智能化的目标，是安防视频监控系统发展的主要趋势。

1.2.3　安防视频监控系统的几种特殊组成方式

在某些有特殊要求的系统中，安防视频监控系统组成的形式则多种多样。这里介绍以下几种特殊情况下几种常用的组成方式。

1．带声音拾取式

在带有声音拾取的视频监控系统中，可以把被监视场所的图像内容及声音内容一起传送至控制中心，在监视图像的同时，还监听声音。由于监听是中央控制室实现远距离了解现场情况的一种途径，它在安防系统中，主要作为发生报警后对报警真实性进行复合的一种手段，以判别是否需要采取相应对策。但是，它也可作为一般声音监听装置来使用。

监听系统的组成方式主要有下述两类。

（1）声音与图像分别传送的方式。以分散布局的拾音器，加上音频选择器组成一路监听声音的简单的监听系统，如图 1-16 所示，这种方式是采用声音及图像分别传送的方式。

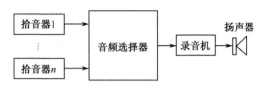

图 1-16　简单的监听系统

（2）声音与图像同时传送的方式。以带音频的摄像机及视、音频切换器，组成音、视频监听、监视系统。这种系统既能对摄像点的声音接收，还能接收该处的视频图像。其工作方式是，将声音信号调频至 6.5 MHz 上，与图像信号一起传送，到控制中心后，再将声音信号解调出来。

采用目前世界最先进的运放王，加上高保真微音拾音器而结合成的监听装置，能与任何音视频切换器、任何音频功放、任何 AV-AUDIO IN 连接，直接监听现场的微细声音。若直接连接任何一种带 IN AUDIO 的录音器材，也可作为现场录音。一般好的监听器在监听场合 100 m² 内不会失真，并同 CCD 摄像机一样用 DC 12 V 供电。所以，可装接至摄像机内，其信号输出引线可长达 1 km。

2．与防盗报警联动运行式

与防盗报警基本的联动运行的视频监控系统，是一种防范功能很强的系统。该系统在控制台上，设有防盗报警的联动接口。在有防盗报警信号时，控制台上发出警报，并启动录像机自动开始对有警报的被监视场所进行录像。于此同时，控制中心的控制人员，根据警报来操纵控制台进行跟踪监视，并把情况向有关部门报告与采取有效措施。

在这样的系统中，一般是视频监控作为系统的一部分，防盗报警作为系统的另一部分，并在控制中心通过控制台将两部分合在一起进行联动运行。目前，国内许多厂家生产的控制台都设有防盗报警接口，因而这种系统的构成比较容易。

除上述联动运行外，目前还可与消防系统、出入口控制、巡更系统等融合集成联动运行。

3．带预置云台式

带预置云台方式的视频监控系统的构成框图如图 1-17 所示。预置云台方式是通过控制主机对装有摄像机的云台进行编程预置，其具体的工作方式是，控制主机接收各有关监控点的报警信号，而产生该报警信号的附近安装有在监视上能相对覆盖部位的摄像机，摄像机装在云台上。在正常的情况下，摄像机此时所正对的监视目标可能不处于要产生报警的位置。但当报警信号一产生，控制主机可马上根据事先的编程预置，控制云台将摄像机转到正对发生报警的位置，并根据事先的编程预置要求，对该警报点进行全方位的自动扫描；与此同时，启动录像、录音设备进行记录。

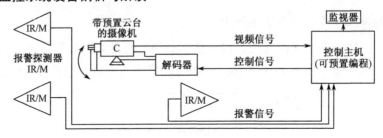

图 1-17　预置云台方式构成框图

完成上述工作方式的常用做法是在被监视的场所安装一台带有预置云台的摄像机，并在几个重要部位安装上报警探头。根据报警探头的具体位置及覆盖面的大小，在控制主机上按各报警探头的对应关系装上控制云台动作及动作方位的编程命令。在这个区域内，哪一个位置的报警探头发出报警信号，云台就能马上转向这一报警方向，以便准确、清楚、全方位地显示该报警点的各种情况。当在该区域内再有其他报警探头发出报警信号时，云台带动摄像机再转向这一报警部位。由于预置云台一般均为高速云台，所以跟踪速度高，且跟踪精确。

目前生产的某些控制主机与预置云台相配合，可编程预置上百个点，从而大大提高了防范能力。这种方式对某些重要、要害部位的监视和防范是非常方便和有效的，也为节省摄像设备创造了条件。

4．能自动跟踪和锁定式

在某些防范要求特别严格的场合中，需要对入侵目标进行自动跟踪和锁定。也就是说，某一重要的被监视场所，一旦出现入侵目标，系统本身能进行判定并使摄像机始终对准入侵目标，从而使目标不在屏幕上消失。即使目标已离开该摄像机所能监视的范围，其他摄像机或其他报警装置仍能接续跟踪和锁定。在这个过程中，控制中心将及时发出警报，并按预先设定的程序，启动各种防范措施及防范手段将目标抓获。

这种系统的基本工作原理是，将发现入侵目标的图像及声音信号变为计算机文件，通过软件处理，可将图像信号中的亮度、色度、位移、速度等特征信息提取出来，并将有变化的信息与原来无变化的信息进行比较、判定，将判定结果变为控制信号，再反馈给摄像机及电动云台，以控制摄像机及云台进行跟踪和锁定。同时，还将自动启动与该摄像机附近其他关联的摄像机或报警装置，以便进行接续跟踪和锁定。在此过程中，控制台将发出警报并提示应采取的防范措施和手段，甚至有些防范措施和手段是自动进行的。

目前，还有自动跟踪摄像机，如日本 SONY 公司的 EVI-D31 摄像机，它配有可高速自动聚焦的 12 倍光学变焦镜头和高速全方位云台，并具有 6 个预置位，可通过其内部的 DSP 技术，实现对运动目标的探测及自动跟踪。该摄像机还可通过 RS-232C 串行通信口与外设连接，并采用波特率为 9600 bps、8 个数据位、1 个停止位、无奇偶校验位的通信协议。

天津亚安公司已生产有 3D 动态预置高速球，它有 80 个预置位功能和 8 条自动巡航路线，其转速为 0.01～300°/s。当监控者在监视器上发现可疑目标时，只须用手点击屏幕中的可疑目标，即可实现对目标的锁定，并进行自动跟踪、聚焦；若用手指在监视器屏幕上轻划目标，即可实现对目标的变倍放大、自动聚焦等。

5. 隐蔽式

一般的安防视频监控系统都安装在容易被公众看到的地方，这往往具有抑制犯罪的功效。而隐蔽式安防视频监控系统不希望被监视者意识到这种系统的存在。但在对付职业犯罪时，往往需要同时使用隐蔽式和非隐蔽式的安防视频监控系统设备。职业罪犯看到非隐蔽式的安防视频监控系统设备，肯定会首先对它进行破坏，但隐蔽式的摄像机就能够避过这种劫难，摄下罪犯的整个犯罪过程。此外，用户也可能为了避免破坏建筑物或其周边的美学特性而选用隐蔽式安防视频监控系统设备。

隐蔽式摄像机通常安装在普通物体内，或者安装在某个不透明物体（如墙壁或天花板）上的小孔的后面。灯泡、灯具、桌子、挂钟、收音机或书本中都可能藏有摄像机。在这方面，喷淋头式摄像系统可能是最有创意，也是最有效的。这种系统的镜头和摄像机都隐藏在天花板上的喷淋头里面。但用于观察场景的前镜头的直径必须很小才便于隐藏，所以镜头一般都设计为快速型，以使得它能够采集尽可能多的场景光线，并将其投射到传感器上面。根据这些要求设计成的镜头就是"针孔"镜头（将在下一章介绍）。

这种镜头和摄像机组合的隐蔽式摄像设备必须先从被照亮的场景处接收反射光，再将这些光线会聚成图像，投射到传感器上面，最后摄像机将其生成的视频信号传给监视器。大部分针孔镜头都是为 1/3、1/2 英寸的传感器设计的。屏障上所开的小孔的直径通常等于或小于针孔镜头前端透镜的直径。如果安装空间比较充裕，则可以选用直型镜头。如果屏障后面的深度有限，就只能使用拐角镜头。为了不限制镜头的视场范围，针孔镜头的前端透镜必须尽可能地贴近屏障，以避免产生"隧道效应"（黑边）。如果针孔镜头的前镜头距离屏障的前表面较远，实际上镜头就必须通过一个隧道形的管孔进行观察，这就使得我们最终得到的图像的视场范围小于镜头的固有视场范围，从而导致监视器上出现四周发黑的画面，这就像从一个小孔内往外窥视时取得的效果一样。

值得指出的是，适当的镜头指向角可以保证摄像机看到合适的视场范围。在许多安装场所中，都需要镜头和摄像机以较浅的下俯角（30°）从天花板上指向下方。这时，较适合使用小镜筒的缓锥型镜头。小镜筒镜头因为可以适合角度较小的安装，因此可以看到更大的场景范围。由于镜筒形状的不同，并非所有的镜头都能适合角度较小（与天花板之间的夹角）的安装。大镜筒的急锥型镜头就不适合浅角度安装。

前端直径较小的针孔镜头的安装方法较为简单。缓锥型镜头与屏障之间的安装夹角可小于急锥型镜头与屏障之间的安装夹角，因此，缓锥型镜头可以观察到房间的面积要大于急锥型镜头所能看到的面积。

隐蔽式的视频监控系统过去主要是利用隐蔽式的特殊镜头，目前主要是采用超小型镜头的微型摄像机，如利用钮扣型或药丸式大小的 CMOS 摄像机来组成。因为 CMOS 摄像机具有体积小、功耗低、动态范围大等突出优势，因而能方便地用于隐蔽式摄像系统中。目前已有公司将这种微型摄像头装入纽扣、钢笔帽、墨镜或其他眼镜架中，其输出可直接被小型的半导体存储器（可放入衣服口袋）记录，从而可供电视台记者、公检法等人员使用。

此外，安防视频监控系统在使用人的眼睛不可见、而摄像机可见的红外线时，可以获得相当好的图像质量。这种利用红外线隐蔽式摄像，也是隐蔽式安防视频监控系统的一种。

红外光源通常都隐藏在不透明的塑料或者单向透光（部分镀铝）窗口后面。另外一种用来分离红外光的技术是使用特殊的光束分离窗口，这个窗口可以让红外光通过，同时将可见光挡在窗口里面。还有一种窄束式的隐蔽式红外光源，它安装在针孔镜头的光学平面上，其射线指向针孔镜头所要观察的方向。

市场上有各种红外光源，它们有从短距离、低功率、宽光束，到长距离、大功率、窄光束等各种规格。

值得指出的是，隐蔽式安防视频监控系统经常需要快速安装和拆卸，其设备本身往往也只在现场放置一段较短的时间，因此，必须使用无线传输方式。如果传输路径要横穿某个钢铁构件或靠近某个金属或钢筋水泥构件时，VHF 与 UHF 射频波段（150～950 MHz）的效果可能不理想；微波的工作频率为 2000～22000 MHz，需要政府有关机构批准，并且发射与接收是沿直线安装，方向性强，比射频设备严格；利用红外光波不需政府有关机构批准，传输距离 100 m 到上千米，但其缺点是雾天或大量降水时，传输距离会大为减少。

6．移动式

当被监控点和中央控制中心相距较远且位置较分散，利用传统网络布线的方式不但成本非常高，而且一旦遇到河流山脉等障碍或对于目标监控点不固定或移动物体（如运钞车、轮船等）的监控时，就可采用移动式视频监控系统。在该系统中，CDMA、GSM 等网络主要扮演连接被监控点和监控中心数据传输链路的角色。通过移动网络可以将远程的多个监控点设备连接起来，从而进行视频传输。因此，移动式视频监控系统是利用中国移动的 GSM/GPRS 网络与中国联通的公用移动通信网络 CDMA2000-1X 来传输视频和控制信号的系统，它通过在基于 BREW 平台的手机或者具有嵌入式操作系统的 PDA 上安装专用的视频解码软件，用户就可以随时随地打开手机或 PDA 查看家中、公司情况，从而放心地工作和旅行。

移动视频监控系统的详情将在后面的第 8 章中再专门论述。

7．一头多尾式

一头多尾式的视频监控系统，实际就是楼宇可视对讲系统，一般安装在住宅小区的高楼各个单元中，其一只摄像头装入单元门上，该单元内的每家住户都有小型监视器，因而称之为一头多尾式。由于也属于单元门禁，其详情将放在出入口控制技术书中介绍。

1.2.4　安防视频监控技术的特点与发展方向

1．安防视频监控技术的特点

众所周知，安防视频监控系统是安全技术防范体系中的一个重要组成部分，是一种先进的、防范能力极强的综合系统，其特点如下。

（1）可视、直观、具体、生动，不仅能监视大范围，还能放大观看感兴趣的小细节。

（2）图像信息量大、"百闻不如一见"、"一图如千言"，实时性好，并具有主动探测的能力。

（3）信息资源丰富，如图像高清，更能方便做图像处理与识别，更便于智能化。

（4）可以通过遥控摄像机及其辅助设备（镜头、云台等），在监控中心直接观看被监视场所的一切情况（图像与声音内容等），其信息量大、准确度高。

（5）可以与防盗、防火报警及门禁等其他安全技术防范体系联动运行，使防范能力更加强大，使报警准确、安全可靠。

（6）可以把被监视场所的图像及声音全部或部分地记录下来，它不仅可记录事件发生时的状态，还可以记录事件发展的过程和处置的结果，所记录的信息是最完整和真实的，因此它可作为证据和为事后的调查提供依据。

（7）丰富的图像信息资源除了可作为安全方面的应用外，还可作为工业、农业、商业等的非安全应用，如汽车的外形检测、产品的外观与质量，以及尺寸检测等。

（8）可一机多用。如一个监控摄像机除作监视外，还可用于交通检测、测速、流量统计、人数统计、人体面像与步态检测识别、灾险情预报等。

2. 安防视频监控技术的发展方向

目前，全数字化网络视频监控系统的发展方向是集成化、高清化、智能化。简单地说，集成化基本是以适用性为导向，是横向发展的形式；智能化则主要以技术为导向，是纵向发展的形式；而高清化则是为了更好地实现智能化。

（1）集成化。实际上，集成化有两方面含义，一是芯片集成；二是系统集成。

① 芯片集成：芯片集成从开始的 IC（Integrated Circuit）功能级芯片，到 ASIC（Application Specific Integrated Circuit）专业级芯片，发展到 SOC（System-on-a-Chip）系统级芯片，到现在的 SOC 的延伸 SIP（System In Package）产品级芯片。也就是说，它从单一功能级发展到一个系统的产品级芯片了。显然，系统的产品体积大大缩小，促进了产品的小型化，并且，由于元器件大大减少，也提高了产品的可靠性与稳定性。

② 系统集成：系统集成化，主要包括两个方面，即前端硬件一体化和软件系统集成化。

视频监控系统前端一体化意味着多种技术的整合、嵌入式构架、适用和适应性更强，以及不同探测设备的整合输出。硬件之间的接入模式直接决定了其可扩充性和信息传输的快速反应。网络摄像机由于其本身集成了音视频压缩处理器、网卡、解码器的功能，使得其前端可扩充性很强，同时目前市面上有部分产品内置报警线，如广东迅通的 XTNB431-R 网络高速智能球，可直接外接报警适配器，适配器连接红外对射、烟感或者门磁。由于本身具备高速无限旋转功能，可通过预置位高速旋转至报警触发点，从而第一时间把报警现场的图像传送到控制中心。

视频监控软件系统集成化，是使视频监控系统与弱电系统中其他各子系统间实现无缝连接，从而实现了在统一的操作平台上进行管理和控制，使用户操作起来更加简单、方便。

前端一体化是一个庞大的系统工程，需要整合现有的很多技术。虽然目前已经有很多比较成熟的技术，但是要在一个操作系统中控制管理，也是一个重要的课题，只有解决好这个课题才能够提升并完善其应用范围。

按照现代建筑的要求，把视频监控系统、入侵探测防盗系统、消防系统、门禁系统、广播系统完全建成独立的 5 套系统，不仅使整个建筑的美观受到巨大的影响，也必然导致资源重复建设和人员增加，即导致人力、财力浪费的弊端。因为从这 5 种系统可以看出，音频设备、报警设备、综合布线、人力资源都存在着重复建设，所以，需要将这些系统集成化。

首先，视频监控系统本身存在着自卫报警系统不完善，需要报警设备配合使用，才能够更加准确地判断哪个监控摄像机所在地发生警情，因为当监控中心的监视墙上的画面多达几十上百个的时候，管理人员根本没有足够的精力去辨别。

其次，报警系统也需要视频监控系统配合，一般报警布防理念本着"宁可错报一千，决不漏报一个"的原则，因此在布防系统设计和产品研发的过程中，把灵敏度、稳定性和自身故障报警提到相当的高度，这样的状况却直接导致了报警系统能够做到不漏报，但目前仍无法做到不误报。误报的原因有：设备故障引起误报；报警系统设计、施工不当引起的误报（如没有严格按设计要求施工；设备安装不牢固或倾角不合适；焊点有虚焊、毛刺现象，或者屏蔽措施不得当；设备的灵敏度调整不佳；施工用检测设备不符合计量要求）；用户使用不当引起的误报警；环境引起的误报警等。不管以上哪种原因导致的误报，工作人员都必须亲自去到现场处理查看，如果 N 个点同时发生报警，纵然工作人员三头六臂也分身乏术。如果配合视频监控系统，所有问题就迎刃而解。总之，报警系统离不开视频监控系统，视频监控也需要报警系统添翼。

此外，门禁系统、消防系统和入侵探测系统一样，也需要配合视频监控系统来判断警情，同时还需运用广播系统对人员的调度和配合作业。由此可见，视频监控的地位越来越显得重要，并且，目前的网络摄像机大多开始集成音频，可以实现双向音频监听和语音对讲。

因此，若一栋大厦的建设之初就能够提供有各系统的总的集成方案，就能够避免人力、财力浪费的弊端。当然这还需要一套系统解决平台来支持这么庞大的系统运行，这也是留给安防集成商的重要课题。尤其现在平安城市建设中的全方位立体化安防大系统集成，这些也都是将来为实现大系统智能化的基础。

（2）高清化。在安防行业，更多的是借用电视领域的高清划分标准，俗称为"高清"和"标清"。实际上，所谓"高清"即高分辨率。高清视频监控就是为了解决人们在正常监控过程中"细节"看不清的问题。实质上，"高清"是现代视频监控系统由网络化向智能化的发展需要，而为了提高智能视频分析的准确性才从高清电视中引用而来。

高清的定义最早来源于数字电视领域的高清电视，又称为 HDTV，是由美国电影电视工程师协会确定的高清晰度电视标准格式。电视的清晰度，是以水平扫描线数作为计量的。高清的划分方式如下。

- 1080i 格式：是标准数字电视显示模式，1125 条垂直扫描线，1080 条可见垂直扫描线，显示模式为 16:9，分辨率为 1920×1080，隔行/60 Hz，行频为 33.75 kHz。
- 720p 格式：是标准数字电视显示模式，750 条垂直扫描线，720 条可见垂直扫描线，显示模式为 16:9，分辨率为 1280×720，逐行/60 Hz，行频为 45 kHz。
- 1080p 格式：是标准数字电视显示模式，1125 条垂直扫描线，1080 条可见垂直扫描线，显示模式为 16:9，分辨率为 1920×1080，逐行扫描，专业格式。

高清电视，就是指支持 1080i、720p 和 1080p 的电视标准。这一原本用于广电行业的高清视频标准目前也已被视频监控行业作为公认的技术标准而普遍沿用。例如，上海市于 2010 年 9 月颁布了国内第一个针对安防监控用数字摄像机的地方性技术规范，规范中将数字摄像机按清晰度由低到高分为 A、B、C 三级。其中，B 级要求分辨率≥1280×720，C 级要求分辨率≥1920×1080。可见，720p 和 1080p 已经成为业界高清网络摄像机的一种标准。所以，这里借用一下广电标准，凡能达到百万像素的摄像机，配套以 1080p 分辨率的显示设备及相应的传输通道，就可以形成一套可称之为高清的视频监控系统。

一个高清的方案将是从前端至后端一整套的高清解决方案，缺少一环，将不能实现真正的高清。目前，更多具有倾向性的解决方案是通过编码处理实现网络传输来解决后续的问题。对于高清视频，所使用的显示设备也必须能够支持视频输出的分辨率标准。所以在系统构架中，对于高清后端显示设备，首先能够保证其不影响监控效果，其配套的服务器接口类型、显卡性能、分辨率的扩展等因素，均是在考虑范围之内。再者，也无须一味地追求最高配置，只需要支持传输的视频分辨率格式即可。如果本身视频达不到 1080P，配给 1080P 的显示器也是资源上的浪费。

（3）智能化。众所周知，视频监控具有早期探测（预警）功能的特征是在事发前能够识别和判断出可疑的行为，这就是视频监控的智能化。智能化视频监控的真正含义是，系统能够机器分析（自动理解）图像并进行处理。系统从目视解释（视读）走向机器解释（机读），而这正是安防系统需要实现的目标。显然，系统由目视解释转变为自动解释是视频监控技术的飞跃，是安防技术发展的必然。智能视频监控系统能够识别不同的物体，发现监控画面中的异常情况，并能够以最快和最佳的方式发出警报和提供有用信息，从而能够更加有效地协助安全人员处理危机，并最大限度地降低误报和漏报现象。

目前，许多城市和地区正在或准备建立大型视频监控系统，摄像机的数量多，监视的范围广。这样，系统可以得到大量的图像，但工作人员根本无法管理和监看成百上千的摄像头，因而在很大程度失去了监控系统的预防与积极干预功能。如果系统具有自动识别和分析图像所含信息的功能，也就是具备智能，这将大大提高系统的性能。早期出现的智能视频监控系统就是内置移动探测与报警功能的系统。一些特殊的需要也促进了智能监视技术的发展，如智能交通系统需要移动目标流量的统计、车牌号码的识别。由于智能化视频监控系统可以及时地发现侵入指定区域的移动目标，因而具备了周界防范功能。智能跟踪技术和危险探测系统是智能化视频监控系统的又一应用，采用这一技术后，入侵者会自动显示在多个显示屏上，并由一台摄像机跟踪到另一台摄像机。跟踪的目标可以是汽车、移动物体、非正常遗留物或入侵者，并且系统还可以提供报警管理。在世界反恐斗争日趋严峻的今天，智能视频监控显然能够成为应对恐怖主义袭击和处理突发事件的有力辅助工具。

智能视频（Intelligent Video，IV）源自计算机视觉（Computer Vision，CV）技术。计算机视觉技术是人工智能（Artificial Intelligent，AI）研究的分支之一，它能够在图像及图像描述之间建立映射关系，从而使计算机能够通过数字图像处理和分析来理解视频画面中的内容。智能视频技术借助计算机强大的数据处理功能，对视频画面中的海量数据进行高速分析，过滤掉用户不关心的信息，仅仅为监控者提供有用的关键信息。如果把摄像机看成人的眼睛，而智能视频系统或设备则可以看成人的大脑。因此，智能视频监控技术将根本上改变视频监控技术的面貌，安防技术也将由此发展到一个全新的阶段。

1.3 现代安防智能视频监控技术

1.3.1 现代安防智能视频监控技术的基本概念

云计算是分布式计算、互联网技术、大规模资源管理等技术的融合与发展,它涵盖了数据中心管理、资源虚拟化、海量数据处理、计算机安全等重要问题。

虽然,互联网改善了人与人之间的交流方式,缩短了空间距离。但物联网是互联网在"物"方面的补充,即将世间万物都接入互联网,通过网络来查询它们的数据,使得物与物、物与人之间形成互动。物联网引入了人与物之间的交流,它可使人们在任意时间、任意地点与任意物品信息互联。

物联网的快速发展对云计算时代的来临有着重要的加速作用,而云计算从另一方面也缓解着"物联网"给网络、网管造成的压力,并且,物联网产业链中的云计算、云服务平台也都要成为其发展的重点。因此,物联网和云计算也必相融合,并必定成为现代社会信息平台发展的主流,它们有着内在的联系,在使用上也有着互补促进作用。

由安防新技术及系统系列精品丛书之二的《安防&物联网——物联网智能安防系统实现方案》可知,物联网智能安防技术是物联网技术与智能安防技术融合而成的一项新兴技术,是安防技术发展的一个新的里程碑,如上海浦东国际机场和上海世博会的物联网智能安防技术的应用实例。

物联网智能安防技术增加了传感器类型,扩大了传感器网络覆盖范围,通过大幅度增加、大面积增加信息获取手段,实现了信息采集全天候、全时空及智能化。它通过更透彻的感知、更全面的互联互通、更深入的智能化来完善和提升公共安全信息化水平。它从全局出发,在城市综合平台建设上进行统筹规划,整合行业数据资源,通过适当的数据过滤和清洗机制,确保感知信息的正确采集和及时发送,保障数据信息的共享需求。

随着科学技术的不断发展,必须做到以物联网、云计算创新应用为载体,对人们的衣食住行和公共安全领域进行智能防护,遵循科学发展观,顺应自然发展规律,开发使用低碳环保新能源,使得现代安防、水利、电力和商业等与公众相关的产业变得智能,从而满足人们的需求。

目前,我国的无线通信网络已经覆盖了城乡,从繁华的城市到偏僻的农村,从海岛到珠穆朗玛峰,到处都有无线网络的覆盖。而无线网络又是实现物联网与物联网智能安防技术必不可少的基础设施,如安置在动物、植物、机器和物品上的电子介质产生的数字信号,以及各传感器节点感知的信息,就是随时随地通过无处不在的无线网络传送出去的。显然,这些也都需要运用与融合云计算技术,才能使数以亿计的各类物品的实时动态管理变得可能。

随着未来大型联网项目的急增及IP高清监控带来新的数据管理难题,安防产业必将要采用云计算技术来解决海量数据的管理、检索、挖掘等诸多新课题。实际上,物联网智能安防系统的大数据量的处理与识别,使用云计算与大数据技术,显然也是其必然的趋势。例如,构建的将被动监控变为主动监控的智能分析识别系统，若运行在云计算的模式下，显然会变得更有效率，其效果也会更好。

随着现代科学技术的发展，为真正更好地使安防监控系统实现智能化，许多高新科技都将融合集成到系统中来，如物联网技术、云计算与大数据技术等，从而使安防智能视频监控系统变为物联网智能云安防监控系统，而更加智能化。显然，现代安防智能视频监控系统要更好地实现智能化，必须融合集成物联网技术而形成物联网智能安防监控系统，但要解决庞大数据量的处理等问题，又必须引入云计算技术（当然也包含了大数据技术），而形成物联网智能云安防监控系统。因此，现代的安防智能视频监控技术是智能安防技术与物联网技术、云计算与大数据技术融合而成的，它就是安防新技术及系统系列精品丛书之三的《安防&云计算——物联网智能云安防系统实现方案》中所说的物联网智能云安防技术，也即通常所提的"智慧安防"技术，这也是目前安防技术发展的必然趋势。

1.3.2　现代安防智能视频监控系统的组成与工作原理

1. 现代安防智能视频监控系统的组成

现代安防智能视频监控系统，即物联网智能云安防系统的组成，如图 1-18 所示。

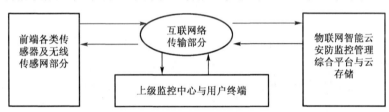

图 1-18　现代安防智能视频监控系统的组成与工作原理

由图 1-18 可知，物联网智能云安防系统主要由系统前端的各种所需的传感器及无线传感网络部分，互联网络传输部分（含内部专网、外部公网、Internet 等），物联网智能云安防监控管理的综合平台与云存储，上级监控中心与用户终端四大部分组成。

显然，前端各类传感器及无线传感网络部分包含了系统所需的全方位立体化物联网智能云安防系统的各种智能功能的智能摄像机、各种安全所需的（如防火、防盗、食品、药品、环境等安全）智能传感器、各类出入口控制及周界等的智能传感器等；互联网络传输部分包含内部专网、外部有线与无线公网、Internet 等；物联网智能云安防监控管理综合平台与云存储设备包含云上虚拟化的各类监控与管理的服务器、处理器、控制器、云存储录像设备等；上级监控中心与用户终端包含一个监控中心所需的各种设备如声光报警设备、电视墙显示等，以及用户与有关领导的电脑与手机等终端。

2. 现代安防智能视频监控系统的工作原理

现代安防智能视频监控系统的工作原理是，系统所需的前端各类传感器感知到信息后，通过无线传感网络的处理（有关无线传感网络部分可参阅安防新技术及系统系列精品丛书之二的《安防&物联网——物联网智能安防系统实现方案》中的 3.1 节），即将信息送到网络传输部分最后经 Internet 传到云端的物联网智能云安防监控管理的综合平台进行监控与管理，经平台的处理与进一步识别后，将异常信息存入云存储设备中，并返回驱动上级监控中心的电视墙显示，同时驱动声光报警，监控中心将按预定的应急方案迅速通知公安等各有关单位去进行处理，同时通过外部公用网络，传到有关领导及用户手机或电脑终端，以做进一步完善地处理等。

1.3.3　现代安防智能视频监控技术的特点与发展方向

1. 现代安防智能视频监控技术的特点

由于现代安防智能视频监控技术即物联网智能云安防技术，因而它需具有下述特征。

（1）数字化：即应具有数字化的基础，从而才能使其可实现网络化与智能化等。

（2）网络化：即系统信息传输要能通过有线与无线的网络传输。

（3）信息化：即要能实现信息互通、共享，并有信息安全的机制。

（4）智能自动化：即系统应有代替人眼观察的自动化智能功能。详情可参阅本书参考文献[6]的安防新技术及系统系列精品丛书之一《安防&智能化——视频监控系统智能化实现方案》。

（5）物联网化：即系统融合集成了物联网技术，从而使一个有多个智能功能的摄像机变为多个智能传感器，并实现人与物、物与物的信息互通，使系统更趋智能化。详情可参阅本书参考文献[7]的安防新技术及系统系列精品丛书之二《安防&物联网——物联网智能安防系统实现方案》。

（6）云计算化：即系统融合集成了云计算技术，从而通过资源虚拟化技术，在云端实现资源池，以解决大系统的大数据量的计算、处理与存储的问题，使系统能更好地实现智能化。详情可参阅本书参考文献[8]的安防新技术及系统系列精品丛书之三《安防&云计算——物联网智能云安防系统实现方案》。

（7）大数据技术：它是从各种类型的数据中快速获得有价值信息的技术。虽有云计算能进行大数据量的计算、处理，但必须通过大数据的采集、处理、分析及挖掘、存储、管理、展现和应用（大数据检索、可视化、安全应用等）等技术方法来更有效地实现。详情将写在安防新技术及系统系列精品丛书之五《安防&大数据》上。

（8）全方位立体化：即要有全方位（有关国家和人民生命和财产安全的各个方面，如环境、食品、药品等的安全）立体化（来自空中、地面、水下、地下的安全）的安全防范。

（9）集成化、平台化：由于系统是全方位立体化的安全防范大系统，因而必须要大融合集成，并建立综合管理的大平台，即要平台化，以便于实现管理的智能化。

由于物联网智能云安防技术即为"智慧安防"技术，因而上述特征也是衡量是否达到"智慧"的特征与条件。而现在所说的"智慧城市"，其"智慧"不仅限于信息化，笔者认为也应看这个城市是否具有上述特征。

2. 现代安防智能视频监控技术的发展方向

随着现代光电等高新科学技术的发展，目前现代安防智能视频监控技术的发展方向需从下列几点入手。

（1）重视现代安防科学技术专业人才的培养，以推动我国安防事业的发展。由参考文献[9]《安防&光电信息——安防监控技术基础》1.4 节知，目前安防界还未认识到安防技术主要是光电信息技术的应用科学技术，因而安防专业也未开设光电信息技术的基础课，因此，安防技术人员甚至"安防专家"缺乏光电信息技术的基本理论知识，他们在发表的文章、产品说明书与出版的安防书籍中，都出现这样那样的安防技术基本知识概念混淆不清与错误。为此，笔者在安防杂志上发表了一系列的纠正文章，并通过 2006 年 12 月出版的《安全&光电》、2012 年 1 月出版的《安防视频监控实用技术》书中，写出了纠正。并在《安防&光电信息——安防监控技术基础》中专门论述了安防与光电信息之间的关系，同时还直接列出了 150 条安防技术基本知识概念混淆不清与错误的问题，其目的是想引起相关高校与安防界高层的重视，以便真正对口培养出一批真正有光电信息技术基础的安全防范技术学科的专业人才。

随着信息社会与光电等高新科学技术的发展，目前安防技术已走向智能安防技术，并向着物联网智能云安防技术的方向，即智慧安防技术的方向发展。为推动这一技术的发展，并在这一领域领先于国际社会，必须尽快在大中专院校培养出真正对口的现代安防技术专业人才，为安防事业的发展打下坚实的基础，以使这一事业后继有人，这样才能使我国安防事业迎头赶上和超过世界先进水平。

（2）加强智慧安防技术的核心关键技术的研究，以克服智慧安防中存在的问题。要使物联网智能云安防技术得到实用与发展，应该是从下述几方面着手。

① 首先从政府层面，如各级科技厅局，要将物联网、云计算等本身存在的问题，新技术系统的管理问题，新技术的标准规范问题，新技术的安全与隐私等问题，列出其攻关项目，使各大专院校、科技院所与企业科技人员去重点攻关，从而努力克服上述物联网智能云安防技术中存在的问题，才能大力推进物联网智能云安防技术的应用与发展。

② 科技人员必须加强物联网智能云安防技术的关键核心技术的研究。这些核心技术主要还是系统中使用的虚拟化技术（如计算虚拟化、网络虚拟化、桌面虚拟化等等）、安全技术（显然，信息安全与隐私问题，将制约着物联网智能云安防技术的应用与发展）、综合业务管理平台技术、智能云软件与中间件技术、优化管理与商业服务模式技术等。

③ 尽快研制出物联网智能云安防技术的标准规范问题。实际上，目前标准化严重滞后，因为它涉及行业多，涉及国内外标准组织多、标准也多，如仅 RFID 器件就有 30 多个国际组织出了 250 多个标准。所以，目前也急须完善物联网智能云安防技术统一的标准规范。而物联网智能云安防技术在其发展过程中，传感感知、传输、应用各个层面，都会有大量的技术出现，并且还可能会采用不同的技术方案。因此，必须推动建立跨行业、跨领域的物联网智能云安防技术标准化的协作机制，尽快制定并完善的统一的标准规范，以使其互联互通、相互融合。因此，必须重视始终存在的物联网智能云安防技术所面临的标准规范问题。

（3）重视智慧安防技术的运营管理与商业服务模式的实践与研究。重视物联网智能云安防技术的运营管理与商业服务模式的实践和研究，这也是物联网智能云安防技术发展的方向之一。任何一次信息产业革命都会出现一种新型的商业赢利模式，物联网智能云安防技术也不例外。因为物联网智能云安防技术是新生技术，它需要在运营管理与商业服务模式的实践研究中创新，从而找到一种符合当代信息社会发展的切合实际的完善的物联网智能云安防技术的运营管理与商业服务模式。实际上，对运营管理的研究主要是包括物理资源管理虚拟资源池弹性调度、服务管理、容灾备份、计费、用户管理、安全、报表管理、业务流程、内部管理机制等；而商业服务模式是在逐步的商用过程中需要解决的问题，需要组织引导，集中资源，形成合力，以应用为先导，从而完善它，并且，它是为搭建合理有序的物联网智能云安防技术的产业链所能够采取的一种优化模式。

物联网智能云安防监控技术就是一门多学科交叉的前沿学科的综合应用科学技术，因而更要结合市场需求，深度挖掘细分市场。要把握主流技术方向，在数字化、网络化、高清智能化、物联网智能云安防化方向，发展自主核心技术和应用标准体系，强化自身技术优势和服务特色。在这个新的发展变革时期，物联网智能云安防行业发展前景广阔，正视挑战，把握机遇，完善运营管理与商业服务模式，以实现腾飞。

（4）加强大融合集成理念的全方位立体化智慧安防综合平台技术研究，使安防真正智慧化。大融合理念的物联网智能云安防综合平台技术，突破了将物理基础设施和信息基础设施分开的传统思维，而具有非常大的战略意义。显然，这种新技术系统需要管理，需要建立一个比物联网智能云安防综合平台还要大的综合性的物联网智能云安防业务管理平台，尤其是全方位立体化的大融合集成的理念，这也是物联网智能云安防技术所面临的一大问题。因为它需要进行统筹规划，把全方位立体化的多种传感信息进行汇总和分门别类，整合各行业数据资源，相互融合，通过适当的数据过滤和清洗机制，保障数据信息的互联互通与共享要求，从而为物联网智能云安防技术的发展助力腾飞。因此，大融合集成理念的全方位立体化智慧安防综合平台技术的实现，将使安防真正智慧化，而具有更大的社会意义。

此外，由于安防技术是伴随着高新科学技术的发展而发展的，我们还需要不断地学习引入高新科学技术，精益求精，以推动现代安防技术领先于世界的进步发展。

显然，物联网智能云安防技术必将为人类生活带来翻天覆地的变化，我们坚信，真正的"智慧安防"、"智慧城市"、"智慧中国"、"智慧地球"的理想，终将会变成现实。

第 2 章

安防视频监控中的光源和光学系统

2.1 监控场景的光学特性

大家知道，所有的视频监控系统，其最终目的都是要将监控场景（即被摄体）的可见与不可见的光学图像，不失真地变换为电学图像，并传输到终端的显示设备上还原显示出来。因此，对一个成功的视频监控系统的设计者来说，首先必须要了解所监控的场景，即被摄体的光学特性，才能更好地选择摄像机等部件，从而设计出一个优质的视频监控系统来。

2.1.1 监控场景的照度

由于监控场景的照度决定了到达摄像机镜头的光通量，所以照度是决定视频监控系统的图像质量的重要因素。无论被摄体对象如何，总可以将它们分为发光体（如炉膛火焰、沸腾的钢水和各种照明灯具等）与不发光体两类。过去对于采用一般的光导摄像管的摄像机来说，要求监控场景的照度最低应在 100 Lx 以上；而对于彩色摄像机来说，其最低照度还应在 1000 Lx 以上。由于绝大多数的物体是不发光体，因此要利用自然光源（太阳）和人造光源对监控场景进行照明。绝不能因为监控场景的照度不足而影响系统的图像质量。有的用户在选用摄像机时，往往用高灵敏度摄像机来解决被摄体照度不足的问题，但如能用照明的方法来增加被摄体的照度，不仅能节约购置高灵敏度摄像机所增加的费用，而且还会人为地压缩被摄物体的对比度范围，从而使监视器上看到的画面比较均匀。

因此，无论在室内还是室外、白昼还是黑夜，都必须考虑监控场景可用光线的照度和颜色，并将其与所用摄像机的灵敏度相比较。在白天，选用的摄像机必须配用自动光圈镜头或具有电子快门功能，以避免受到强光的影响；在夜间，必须使所用的人工照明的照度和光谱特性，与所用摄像机的光谱和照明灵敏度相匹配，以保证视频图像画面的质量。一般，光线越充足，图像画面就越清晰。我们在选用摄像机时要注意它的最低工作照度，由于还有镜头、色温等条件，所以实际上，监控场景的照度一般至少在最低照度的 10 倍以上才比较合适。

采用人造光源照明后，被摄体的照度是多少，在作视频监控工程时如何简便计算，也是大家所关心的问题。式（2-1）表明了计算监控场景照度 E 的关系

$$E = B / D^2 \tag{2-1}$$

式中，B 为人造光源的亮度，单位为 lm；D 为光源至被摄体之间的距离，单位为 m。

表 2-1 列出了停车场、码头、建筑物外围和人行道等场所应当具备的照度推荐值。

表 2-1　典型的监控场所推荐的照度范围

监控场所	室 内 外	照度/lx	监控场所	室 内 外	照度/lx
停车场	室内	50～500	精加工机床或车床	室内	2000～5000
码头	室内	200	正在使用中的仓库	室内	150～300
汽车修理厂	室内	500～1000	闲置仓库	室内	50
车库	室内	100～200	货场	室外	10～200
粗加工车间	室内	200～500	开放式停车场	室外	10～20
中等加工车间	室内	500～1000	带屋顶的停车场	室外	50
精加工车间	室内	1000～2000	停车场的入口	室外	50～500

2.1.2　监控场景的对比度

对于监控场景（被摄体）的照度，无论是设计者还是用户往往还比较重视，但对于监控场景（被摄体）本身的对比度，以及被摄体与背景的反差，则容易被忽视。大家知道，无论是对摄像器件，视频通道还是监视器的显示屏，其动态范围都是有一定限度的。特别是荧光屏所能显示的亮度范围，在较明亮的室内仅为（30～40）:1，而实际被摄体在光源的照射下其亮度范围可高达几百比 1。这样，摄像机视野内的明暗差别就会大大超过视频系统所能显示的限度，而造成应该看见的暗部看不见，而亮部又会全部发白，以致严重影响系统的图像质量。为此，我们可以采取正确设置摄像机的位置、方向，以及在必要时采用辅助光源的办法来加以解决。

可供选择的压缩对比度的方法有如下几种。

（1）空间分离法。这种方法是将被摄体的对比度范围分开，即采用两台摄像机分别摄取亮部与暗部，然后分别用监视器进行观察。这种办法虽很简单，但要增加设备投资，且使观察者看不到被摄体的全貌。可在特殊情况下，这还是一种可供选择的方法，我们称之为空间分离法。

（2）时间分离法。这种方法是利用调整光圈的方法来压缩对比度，即对被摄体进行分时监视。也就是说，在某一时刻采用减小光圈数的办法对被摄体亮的部位进行监视，以便看清物体；反之用增大光圈数的办法对被摄体暗的部位进行监视。我们称此为时间分离法。

（3）频率分离法。这种方法是利用被摄体的光谱分布和采取特殊照明方式来压缩对比度。例如，对灼热的钢材、炉膛等进行监视时，由于被摄体幅射出的红外光特别强，所以可用红外滤光片把强的红外光滤去，或者采用红外摄像机只摄取红外部分，这实际上是相当于从光谱分布上将被摄体对比度分开，因此我们称此为频率分离法。

此外，在隧道内对交通流量进行监视，为了减轻汽车前灯的影响，一般在隧道内采用钠灯照明，并在镜头前加一块 D 线透过镜头来解决这一问题。

（4）采用 γ 值可调的摄像机。采用 γ 值可调的摄像机也能压缩对比度。因为 γ 值是表示输出电压与亮度变化关系的值，在 γ=1 时表示输出电压与亮度变化成正比。对视频监控系统，γ 值是摄像器件、视频通道、显像管三者 γ 值的总的效果；对成像器件，γ 值是等于或小于 1

的定值（当外部电路参数确定后）；对显像管，γ 值是大于 1 的定值。因此，可调整的部分只有视频通道。也就是说，只有用视频通道的非线性特性来改善（或压缩）对比度范围。如在进行城市交通的视频监视时，被摄体经常处在强烈的日光照明下，这时就必须调整视频通道的 γ 值，即调整摄像机的 γ 值，使其对特别亮的部分进行压缩，从而达到好的监视效果。

（5）对被摄体的暗部进行照明。对被摄体暗部进行照明，也可以压缩被摄体的对比度。

（6）将安置监视器的房间的光线调暗。最后一个办法就是，可将设置监视器的房间的光线调暗，这也是提高视频监控系统对比度重现范围的有效办法，这时可使重现范围扩大到 100:1。

2.1.3　监控场景物体的反射特性

监控场景（被摄体）即使有充分的照明，但当它是完全的光吸收体时也不会表现出亮度。在照明条件下之所以能看到被摄体的明和暗，以及各种色彩，是因为被摄体具有反射、吸收、透过特性的缘故。各种物质的吸收、反射、透过率特性如表 2-2 所示。

表 2-2　各种材料的反射率、透过率和吸收率（单位：%）

		反射率		透过率		吸收率
		正反射	扩散反射	正透过	扩散透过	
透明、半透明材料	地表空气（1 km）晴天时	—	—	90	—	10
	蒸馏水（1 m）	2	—	75	—	25
	海水（1 m）	2	—	45	—	55
	无色透明玻璃（2～5 mm 厚）	8～10	—	80～90	—	5～10
	淡乳色单面毛玻璃（光面入射）	4～5	10～20	5～20	50～55	8～12
	白色图画纸、绘图纸	—	75	—	—	25
	白棉布	—	50～70	0.3～12	27～40	2～5
不透明材料	铝制品（普通品，正反射面）	60～73	—	—	—	27～40
	玻璃镜（正反射面）	82～88	—	—	—	12～18
	油烟（扩散面）	—	4	—	—	96
	石膏（扩散面）	—	87	—	—	13
	木材（白木）	—	40～60	—	—	40～60
	白墙面	—	60	—	—	40
	红砖	—	15	—	—	85
	水泥面	—	25	—	—	75
	白染料	有光泽者 4～6	60～80	—	—	15～40
	黑染料		5	—	—	90～95

一般，监控场景（被摄体）的平均反射率以 50% 比较好。

2.2　安防视频监控中的光源

2.2.1　光源的发光特性

当我们评估或选用光源时，一般要了解光源的发光特性，即光源的光谱特征、光束角、色温或相关色温、亮度等，以便和摄像机中的图像传感器相匹配。

现代安防视频监控系统设备剖析与解读

1. 光源的光谱特性

光源发出的辐射往往不是单一波长的，而且各种波长辐射的能量也不相同。通常用辐射量或光学量的光谱密度函数，如辐射出射度光谱密度函数 $M_e(\lambda)$、辐照度光谱密度函数 $E_e(\lambda)$、光通量光谱密度函数 $\varphi(\lambda)$ 等，来表示辐射能在各波长的分布。光谱密度函数值可以取实际单位值，也可取相对值。图 2-1 是钨丝灯的以辐通量光谱密度函数 $\varphi_e(\lambda)$ 表示的相对光谱功率分布图。

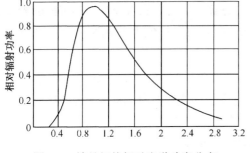

图 2-1　钨丝灯的相对光谱功率分布

由图 2-1 可以看出，钨丝灯发出辐射波长的范围、峰值辐射波长，以及辐通量沿波长的分布情况。

不同摄像机对不同颜色的灵敏度有相当的差别，所以应当了解监控场景区域的照明光源属于哪种类型，然后决定是否需要补充某种类型的人工照明设施。不同光源所产生光线的波长组成都互不相同，为了增强摄像机的可用性，应尽量使得它对自然光源和人造光源同样灵敏。所有摄像机都可以在阳光、月光和钨丝灯光下很好地工作，CCD摄像机则可以同时看到可见光和近红外光。

2. 光源的光束角

确定到达监控场景的光通量时要考虑到另一个重要的特性，那就是光源的光束角度。

光源根据其发出光束的样式可分为宽束型、中束型和窄束型。应该选用哪种光源，取决于所选用的摄像机镜头的视场角，以及要观察的总体场景的大小。最好能使摄像机镜头的视场角（包括通过云台转动而实现的角度）与光源光束的角度相一致，这样既能取得较好的图像质量，又能提高光源的利用率。

自然光源的光束角是很宽的，而人造光源的光束角有宽窄之分。窄型的只有几度，宽型的角度则在 30°～90°，太阳、月亮及一些不带反射装置的人造光源可以照亮整个场景。人造灯具几乎全部都装有反射镜或折射镜，以便产生适当角度的照明光束，其中有的光束角还可以调整。如果监控场景的范围较大，则不论是使用单个光源还是多个光源，都应该能够均匀地照亮整个被摄场景。如果要监控的场景范围不大，但延伸的距离较长，就只需要对正在观察的那部分场景照明，这样就可以节省照明光源的能耗。

3. 光源的色温和相关色温

为了说明色温和相关色温的概念，需先介绍一种理想的辐射体，即绝对黑体。所谓绝对黑体，就是在任何温度下都能全部吸收入射辐射和在相同温度下有最大辐射出射度的物体。绝对黑体辐射的光谱功率分布或辐射的颜色和自身的绝对温度 T 是一一对应的。

色温是表示光源光色的尺度，表示单位是 K（Kelvin）。光源的色温是指与光源发出辐射颜色相同的黑体的绝对温度，即黑体的色度与光源的色度相同时，黑体的绝对温度（K），就称为该光源的色温。如果光源本身就是绝对黑体，色温就是光源本身的绝对温度；如果光源不是绝对黑体，色温只是表示光源发光的颜色特征，不代表光源本身的实际温度。例如，一个钨丝灯泡的温度保持在 2800 K 时，它发出白光的色温是 2854 K。

一般，色温低的话，会带有橘色，这是表示具有暖意的光；随着色温变高，就变成如正午太阳般带有白色的光；当再变高时，则变成带有蓝、清爽的光。

光源发出辐射的颜色不能与任何温度绝对黑体的辐射颜色相同，这时用辐射颜色最接近的黑体的绝对温度表示光源的发光特性。此时，辐射颜色最接近的绝对黑体的绝对温度为光源的相关色温，即黑体的色度与光源色度最为接近时的黑体温度，称为该光源的相关色温。显然，用相关色温表示光源的颜色是最粗糙的，但它在一定程度上表示了光源的颜色。

2.2.2　自然光源

视频监控系统中使用的光源有自然光源和人造光源两类。由自然过程产生辐射的辐射源为自然光源，由于它是客观存在的，人们只能对其研究和利用，不能改变其发光特性。自然光源包括太阳、月亮（反射的日光）和星星，它们发出的光包括所有的可见光波段，而且还包含有不可见光，因此属于宽频带的光源。人造光源可以是宽频带的，也可以是窄频带（只发出某种频率范围）的。黑白摄像机在宽频和窄频光源下都可以正常工作，而彩色摄像机要考虑颜色再现，只能在宽频光源下工作。

1. 日光

太阳是最重要的自然光源，人的视觉观察活动主要是在太阳照明下进行的，我们在地球上研究、利用太阳的辐射。地球自转引起太阳的时相变化，地球绕太阳沿椭圆形轨道的公转引起地球和太阳之间距离的周年变化，地球大气状态的变化，以及观察者地理位置的不同，都将引起接收的太阳辐射量的不同。

在地球上看到的太阳是一个发光圆盘，在地球和太阳的距离为平均距离时，其角直径为32′，对应的立体角约为 $7×10^{-5}$ sr。这时，太阳在大气层外和辐射方向垂直的表面上形成的辐照度值 E_e=1390 W/m^2；在天空较晴朗、太阳位于天顶的情况下，太阳在海平面形成的光照度约为 E_v=1.24×10^5 lm/m^2。由于地球和太阳间距离的变化引起的太阳形成的辐照度和光照度的变化不超过±3.5%。

白天，地球表面照度的约 1/5 是天空这个自然光源形成的，天空光中的绝大部分，是地球大气对太阳光散射形成的，大气辐射只占极少部分。

太阳的光谱中含有频率连续不同颜色的光（近红外、红、橙、黄、绿、蓝、靛、紫、紫外等），黑白摄像机和彩色摄像机对其都很敏感，CCD 摄像机对可见光和近红外光都很敏感。在上午的前几个小时和傍晚的最后几个小时，日光光谱中的橙红色所占比例较大，所以被摄场景也会略呈橙色；在中午，日光非常明亮，被摄场景反射的光线中，蓝光和绿光所占比例大量增加，因此彩色摄像机内必须有一种自动白平衡的控制调节机构，以调整一天当中色彩组成的变化，从而使摄像机生成的图像能够较为逼真地反映被摄物的真实颜色。此外，由于摄像机在室外较大的照度变化范围内工作，还必须有一种自动光线控制机构（即自动光圈），以对照度的变化进行补偿。

2. 月光和星光

太阳落山后，如果没有人工照明，监控场景中就只有天空的月光、星光等自然光。实际夜间的大空光由黄道光（约占15%）、银河光（约占5%）、夜空光（约占40%），上述各光源的散射光（约占10%）、直射和散射星光（约占30%）以及银河外辐射源辐射（小于1%）等构成。由于夜间月光是太阳的反射光，所以它含有日光中的大多数色光。但月光在地面上形成的照度较低，从而使得彩色摄像机和人的眼睛无法进行很好的色彩还原。

表2-3列出了白天和夜间各种条件下自然光源在地面上形成的照度的近似值，表2-4列出了各种条件下接近地平线天空亮度的近似值。

表 2-3　自然光源在地球表面形成的光照度

自 然 条 件	照度值（lm/m^2）	自 然 条 件	照度值（lm/m^2）
直射日光	$1\times10^3\sim1.3\times10^3$	深黄昏	1
完全白天光	$1\times10^3\sim2\times10^4$	满月	10^{-1}
白天，阴	10^3	弦月	10^{-2}
很暗的白天	10^2	星光	10^{-3}
黄昏（黎明）	10	阴天，星光	10^{-4}

表 2-4　各种条件下接近地平线天空的光亮度值

自 然 条 件	光亮度值（cd/m^2）	自 然 条 件	光亮度值（cd/m^2）
晴朗的白天	10^4	日落后 0.5 h，晴天	10^{-1}
白天，阴	10^3	相当明亮的月光	10^{-2}
白天，阴得很重	10^2	无月，晴朗夜空	10^{-3}
日落时，阴天	10	无月，阴天夜空	10^{-4}
日落后 0.25h，晴天	1		

2.2.3　人造光源

人造光源是人们为创造良好而稳定的观察条件而制成的，它包括各种灯具。常用的灯具有两种：一种是热辐射光源，即带有固体灯丝的钨丝白炽灯和在它基础上发展起来的卤钨灯；另一种是气体放电光源，即充有高压气体或低压气体的气灯或弧光灯。弧光灯还可以进一步分为高强度放电型、低压型和高压短弧型三种。高强度放电灯因其效率高、使用寿命长而得到了广泛的应用；低压弧光灯，包括荧光灯（如日光灯）和低压钠灯，在许多室内和室外照明场合也都常用；长弧光氙灯主要用于大型的室外体育场；高压短弧光灯在视频监视工程中用在要求高效率、指向好的窄光束的场合，以照亮（100 m 到 1 km 外）远处的目标，这类灯包括氙灯、金属卤灯、高压钠灯和水银灯等。

1. 热辐射光源

物体温度大于绝对零度时就会向外辐射能量，物体由于温度较高而向周围温度较低环境发射能量的形式称为热辐射，其辐射以光子形式进行，因而我们就会看到光。这种热辐射的物体就称为热辐射光源。具体常见的热辐射光源有如下两种。

（1）钨丝白炽灯。钨丝白炽灯是第一种实用的人工光源，有真空钨丝、充气钨丝灯。真空钨丝灯是将玻璃灯泡抽成真空，钨丝被加热到2300~2800 K时发出复色光，其发光效率低，约为10 lm/W。充气钨丝灯是在灯泡中充入和钨不发生化学反应的氩、氮等惰性气体，当灯丝蒸发出来的钨原子与惰性气体原子相碰撞时，部分钨原子会返回灯丝表面而有效地抑制钨的蒸发,从而延长灯的寿命,使工作温度提高到 2700～3000 K,发光效率提高为 17 lm/W。白炽灯的供电电压对灯的参数(电流、功率、寿命和光通量)有很大的影响,如额定电压为 220 V 的灯泡降压到 180 V 使用,其发光的光通量降低到 62%,但其寿命延长 13.6 倍。灯泡寿命的延长将使系统的调整次数大为减少,也提高了系统的可靠性。

白炽灯的灯丝一般都通过盘圈来增加效率。有时会将盘成的圈再盘一次,以进一步增加灯丝的长度,提高照明度。灯丝的外形设计有时还要配合其使用场所的具体要求,如将细长的灯丝装到圆柱形反射体内,可以产生矩形的光束;较小的灯丝可以与抛物面形反射镜紧密配合,产生用于聚光灯中的狭窄的平行光束;而普通照明常用 W 形灯丝,使灯 360° 发光;

由于白炽灯的发光特性稳定、简单、可靠,使用和量值复现方便,因而应用非常广泛,几乎每个家庭、公司、工厂、学校、医院、火车站、机场等都要使用。由于是白炽光源,所发出的光线包括了可见光谱中的所有颜色,可以用来为黑白和彩色摄像机提供出色的照明。

(2)卤钨灯。它是在钨丝白炽灯基础上发展起来的一种改进的白炽灯,在灯泡内充有卤族元素(氯化碘、溴化硼等),钨丝被加热后,蒸发出来的钨原子在玻璃壳附近与卤素合成为卤钨化合物,如 WI_2、WB_r 等。然后,卤钨化合物又扩散到温度较高的灯丝周围且又被分解成卤素和钨,而钨原子又沉积到灯丝上,弥补钨原子的蒸发,以此循环而延长灯的寿命,使卤钨灯的工作温度达 3000～3200 K,发光效率提高到 30 lm/W。因此,这种灯的特点是灯丝亮度高、发光效率高、形体小、成本低等。

卤钨灯工作时的气体压力和灯泡温度,远远高于普通白炽灯。因为高气压可以阻碍钨的蒸发,允许灯丝在较高的温度下工作,以产生比传统白炽灯更高的电光转换效率。为了承受更高的温度和压力,它的灯泡一般都使用石英或耐高温玻璃制造。这种灯早期都使用熔结石英灯泡和碘蒸气,因此被称为石英碘灯。后来发现其他卤素也具有相同效果后,为通用起见,现在一般均称这种灯为卤钨灯。如在卤钨灯前装上可见光截止器,也可做成红外热光源。

2. 气体放电光源

利用气体放电原理来发光的光源,称为气体放电光源。如将氢、氦、氖、氩、氪或者金属蒸汽(汞、钠、硫等)充入灯中,在电场作用下激励出电子和离子。当电子向阳极,离子向阴极运动时,由于其已经从电场中获得能量,当它们再与气体原子或分子碰撞时激励出新的原子和离子,如此碰撞不断进行,使一些原子跃迁到高能级。由于高能级的不稳定性,处于高能级的原子就会发出可见辐射(发光)而回到低能级。如此不断地进行,就实现了气体持续放电、发光,这就是气体放电发光的原理。

这种光源的种类很多,但它们具有的共同特点是:① 发光效率高,比同瓦数的白炽灯高 2～10 倍,因而可节省能源;② 结构紧凑、耐震、耐冲击;③ 寿命长,是白炽灯的 2～10 倍;④ 光色适应性强,可在很大范围内变化。如普通高压汞灯发光波长为 400～500 nm,低压汞灯则为紫外灯,钠灯呈黄色(589 nm),氙灯近日色,而水银荧光灯为复色。

由于以上特点,气体放电光源经常被用于工程照明中,它主要有下列几种。

(1)高强度放电灯。即 HID 灯,是在普通照明和安防工程中应用最广泛的一种灯,是商业楼宇、道路、体育场等场所应用最广泛的灯具。但其缺点是它需要 3～10 分钟的"启动"

时间，一旦关闭，必须等灯具充分冷却后才能重新点亮电弧。现在在灯泡里面用两个相同的 HID 灯芯，同时只有一个灯芯工作。这样，一个灯芯突然熄灭后，另一个灯芯可以立即启动发光。因此大大减少了等待时间，而且也可使前一个灯芯有足够的时间冷却。

高强度放电灯的优势是：使用寿命特别长，其标准使用寿命是 16000～24000 h；效率奇高，其电光转换效率为 60～140 lm/W。但这种灯不能与调光系统配用，否则将严重影响其启动光效率、光线颜色和使用寿命。目前最流行的有下列三种。

① 高压汞灯：即高压水银灯，也称为石英汞灯。灯内的蒸气压很高，一般有 2～10 个大气压。汞的蒸气压升高后，汞的放电辐射成份就发生了变化，原来在低气压汞放电产生的紫外线 254 nm 变得很少了，而长波紫外线和可见光的短波部分的比例却增加了。高压汞灯的光色偏蓝绿，照在人的脸上发青紫色，所以它只适合在黑白视频监控系统中使用。

② 金属卤化物灯：简称金属卤灯或石英卤灯。其特点是：填充不同的金属卤化物，可以获得我们所需的各种不同光色的灯，如铟的共振辐射（451 nm）位于蓝色区域；锂的共振辐射（671 nm）位于红色区域；铊的共振辐射（535 nm）位于绿色区域等。因此，金属卤化物就好比画家手中的水彩，用它可以绘画出五颜十色的金属卤化物灯来。它的品种非常多，可形成好几个系列的产品，如照明用、摄影用、放映用和工业用等系列。这种灯兼有发光率高、显色性好的双重优点，如稀土金属卤化物灯的光效和显色指数均可超过 85。根据灯内添加剂种类和灯壁荧光物质的不同，可以使灯泡发光的光谱，具有日光或白炽灯光的特征。它的光谱比水银灯的丰富得多，因此在黑白或彩色视频监控系统中都可以使用。

③ 高压钠灯：灯的陶瓷弧管是特殊材料制成的，因而可承受钠在高温下的化学侵蚀。与低压钠灯相比，它的光转换效率更高、光谱更宽。因为它内部的气体中只含有钠，所以它的光谱频率大部分都分布在黄橙部分，只有少量的蓝色和绿色。对彩色视频监控系统来说，高压钠灯最主要和最重要的优点是它的光转换效率高（120～150 lm/W）。其使用寿命也较长，约为 24 000 h。对黑白监控系统来说，钠灯是可选择的最佳光源，是极好的室外照明光源。其主要特点有 7 条：发光效率很高；寿命长；显色性差、色温低；环境温度对灯工作影响不大；钠灯紫外线辐射很少；启动电压高、重复点燃困难；成本高。

（2）低压弧光灯。灯的外形一般呈管状，光弧较长（几厘米到几米）。这种灯在正常工作的时候，需要与镇流器配用，在启动时，则需要高压脉冲触发，它主要有如下两类。

① 荧光灯：是依靠低压汞蒸气放电辐射出的短波紫外线，去激发荧光粉发光。这样，便把波长较短的紫外线转换成波长较长的可见光，这就是紫外线的光致发光。它的发光基本上是连续光谱，因而荧光灯的发光比汞灯的光色好。其优点有三条：发光效率比白炽灯高 4～5 倍；寿命比白炽灯长 5～10 倍；光色柔和，品种齐全，例如有发偏黄色光的暖白色（色温为 2900 K）灯，发偏青色光的冷白色（色温为 4500 K）灯，发白色的日光色（色温为 6500 K）灯（即日光灯）。有些荧光灯还可以像白炽灯一样发出连续的光谱；而其他的荧光灯则发出日光光谱。这种灯非常适用于彩色和黑白监控系统。荧光灯的输出功率为 4～200 W，形状可以做成直形、圆形或 U 形等。尺寸较大的灯管需要与对应的反射器配用，才能产生需要的光束形状。荧光灯的光线可以分散得比较均匀，因此一般都用于大面积区域的照明。荧光灯对环

境温度的变化相当敏感，所以主要在室内和温度变化不大的室外环境中使用。在寒冷的室外，必须使用特别的低温镇流器，才能产生足够高的启动脉冲，去将灯管点亮。

② 低压钠灯：其发光效率是白炽灯的 10 多倍，是荧光高压汞灯的 4 倍，是金属卤化物灯的 2 倍，低压钠灯是一个很好的节能的电光源产品。钠的共振辐射线有 589 nm 和 590 nm 两条，这两条共振线的位置全在黄色区域，因此其光色是纯黄色，只能用于道路照明系统或黑白监控系统中。在与彩色摄像机配用时，只有黄色的物体可以呈原色，其他颜色的物体则只能呈现褐色或黑色。其优点有三条：使用起来非常安全；能够使得物理表面的纹理和形状比较容易地显示出来，让人的眼睛和摄像机都可以看到；能产生较好的对比度，使图像更显清晰。有些保安人员和警察认为低压钠灯是唯一优秀的保安照明系统。在下班时段内，琥珀色的灯光，可以清楚地告诉人们"闲人免进"，以及"这块地方戒备森严"。

（3）紧凑型短弧灯。这种灯与电极的尺寸、间距和灯泡的尺寸相比，其弧光相对较短，工作电流较大，但电压较低。这种灯的功率通常在 50 W～25 kW，工作电压一般小于 100 V，但启动时则需要几千伏的高压脉冲。这种灯既可以使用交流电，也可以使用直流电，但就是需要某种形式的电流调整设备（镇流器），才能保证光线输出的均匀度。紧凑型灯与高强度放电灯相比，其有效使用寿命要短一些，这是因为它使用的电流强度较高，导致电极的寿命相对缩短。最常见的紧凑型短弧灯有下列三种。

① 汞弧灯：也称为水银灯，它也是利用汞蒸气放电发光而制成的一种灯。灯的光谱输出基本上都落在可见光中的蓝色范围内，而 CCD 摄像机对蓝色光又不太敏感，所以它和黑白摄像机一起使用时取得的效果较为一般。

② 汞氙灯：其光谱基本集中在蓝色、绿色、黄色和橙色等部分。汞氙短弧灯的光转换效率为 20～53 lm/W，其额定功率为 200～7000 W。它可实现较好的色彩还原，其光线中除汞和氙的光谱输出外，还含有连续的背景能谱，因此可以提高色彩还原的质量。

③短弧氙灯：这种灯的两个电极在 3～8 mm 的近距离，因而电弧很短，所以称为短弧氙灯。高气压氙气放电的辐射光谱是连续的，它同太阳的光谱极为相似。而氙灯的光弧的色温大约在 6000 K，几乎与日光的色温相等，且显色指数为 95，因此，用眼睛看氙灯的色表与日光呈一样的白色，所以人们称氙灯为"人造小太阳"。由于氙灯的光谱输出中含有特定的颜色、连续能谱和一些红外射线，因而它发出的光与日光还是有很大的不同。但其连续能谱中的大部分波长还是与日光的光谱射线特征非常相似，与其他短弧灯相比，在色彩还原的精确度方面，氙灯也是最理想的选择。其优点有 5 条：

- 显色性好、光色稳定；
- 可产生尺寸很小的高亮度光斑；
- 启动时间短，可随开随关而使用方便；
- 灯的功率变化范围大；
- 具有正阻的伏安特性。

这种灯的发光体很小，只要配以合适的反射器，就可以轻易产生非常集中的光束，抛物面型反射器通常用在探照灯或聚光灯中；球面反射器则用来构建泛光灯；紧凑型短弧灯通常与抛物面型反射器配用，以产生能为远距离目标提供照明的平行光束。在这种系统上加装红外光滤镜后，就可以构成相当优质的红外聚光灯。即使不想构建聚光灯，紧凑型短弧灯的小尺寸光弧也使得它只需要较小的反射器就能很好地工作。

3．节能环保的白光 LED 灯

随着光电技术及材料科学的发展，1998 年基于蓝光 LED 芯片的白光 LED 被成功开发出来，这一创新是 LED 照明的巨大转折。目前，商品化的白光 LED 器件已达到白炽灯（发光效率 16 lm/W）的水平，其发光效率已接近荧光灯（20 W 的灯管为 60 lm/W，40 W 的灯管为 100 lm/W）的水平，并且在稳步增长之中。根据应用对象的不同，允许 LED 多颗组合。由于 LED 的低电压、低电流，因而白光 LED 发热量低，耗电量小；又因为 LED 可以回收，不会变成环境污染的废弃物，所以白光 LED 是环保产品。由于这种固体光源具有耐震动、抗冲击、长寿命和无污染等独特的优点，因此公认它是 21 世纪的新一代光源，即第三代电光源。白光 LED 必将替代白炽灯、荧光灯和高压气体放电灯等传统光源，而用于照明和视频监控系统之中。目前我国每年用于照明的电力接近 2500 亿千瓦时，如采用半导体照明，每年可节省 2200 多亿千瓦时，而这数字约是三峡电站目前的年发电量的 3 倍。

（1）白光 LED 的结构与原理。众所周知，白光是多种颜色的光混合而成的，以人类眼睛所能见的白光形式，至少需要两种以上的光混合，因此一般有下列两种混合方式。

① 单晶型：二波长光，即蓝色光与黄色光混合，蓝色 LED 芯片里涂敷高效黄色荧光粉，蓝光及被蓝光激发的荧光粉发射的黄光相混互衬后得到不同色温的白光。

蓝光 LED 芯片涂敷黄色荧光粉的方法如图 2-2 所示，其中 CaN 芯片发蓝光 （峰值波长 λ_P=465 nm，半强度宽度 $\Delta\lambda$=30 nm），YAG 荧光粉首次被蓝光激发后发出黄色光，其峰值波长 570 nm；LED 基片发出的蓝光部分被荧光粉吸收，另一部分蓝光与荧光粉发出的黄光混合，从而得到白光。

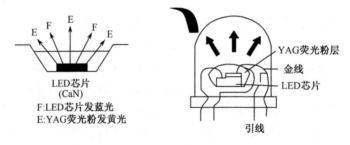

图 2-2　白光 LED 结构示意图

② 多晶型：三波长光，即红色光、绿色光与蓝色光混合，即直接将红、绿、蓝三种颜色的 LED 芯片组成一组，实现白光。这种方式的显色指数高，符合一般的照明要求。目前已商品化的三波长光产品，大多以无机紫外光晶片加 R、G、B 三颜色荧光粉，此外，用有机单层三波长型白光 LED 也有成本低、制作容易的优点。总之，三色合成白光综合性能最好，目前世界各生产厂家大都在走此途径。

（2）白光 LED 的特点及与现行照明光源的比较。

① 白光 LED 的特点。与白炽钨丝灯泡及荧光灯相比，它具有如下 7 条突出的特点：

- 全固体、结构简单、体积小；
- 省电，其电能消耗仅为白炽灯的 1/10、荧光灯的 1/2，如采用白光 LED 照明，全国每年可节电 2200 多亿千瓦时；
- 寿命长，一般可达 10 万小时，是荧光灯的 10 倍，白炽灯的 100 倍；
- 响应快，加电即亮，反应速度快，可在高频操作；
- 真正的绿色环保光源，耐震、耐冲击、不易破碎、无毒、且废弃物可回收，光谱中没有紫外线和红外线，因而不发热也无辐射，是真正的绿色环保光源；
- 理论光效率高；
- 可平面封装，易开发成轻薄短小的产品。

② 白光 LED 与现行照明光源的比较。白光 LED 灯基本上没有白炽灯泡、荧光灯的缺点，与白炽钨丝灯及荧光灯的比较，如表 2-5 所示。

表 2-5　白光 LED 与现行照明设备的比较

照明方式	优　　点	缺　　点
白炽钨丝灯	价格极低	低效率、高耗电、寿命短、易碎
荧光灯	价格低	省电、易碎、废弃物有汞污染
白光 LED	发热量低、耗电量少、寿命长、反应速度快、体积小、可平面封装、易制成轻薄短小产品，环保	价格高

目前，若以每年白光 LED 发光效率平均成长 60%的速度开发下去（现以达到 50 lm/W），要达到大型化、低价化、使用寿命长的照明用光源是不成问题的。

与直流LED灯相比，AC LED灯具有更节能省电、更长寿、更有能效的高性价比，因为 AC LED发光省去了AC-DC 转换器和恒流源。而这种交直流转换器是一种随着时间会老化、坏掉的电子元器件，其寿命比LED光源本身更短，因此实用中均是交直流转换器先坏掉。但 AC LED现阶段有两个缺点：一是AC LED刚刚起步，目前光源效率还没有 DC LED高；二是 AC LED有触电的风险，故AC LED在照明灯具上，应避免金属片的裸露，而应是间接地把热带走，这也就是发展新的充液LED照明灯具的设计核心。

现在，AC LED白光灯已在市场上获得较大应用，如我们新装的房屋，已全部使用AC LED 白光灯。还有一种平面分布式的白光 OLED 灯，因市场上还未使用，这里就不介绍了，欲知详情可参阅本书参考文献[1,2,5]。

2.2.4　红外光源

随着安防行业的发展，24 小时不间断的监控对夜视要求越来越高，尤其要求夜间隐蔽性监控。因为传统式的照明灯光经常会引起别人的注意，会提醒入侵者"装有视频监控系统"，或者会影响周围的住户。而安装红外光源则不存在这些问题，因为红外光是一种波长大于 780 nm 的不可见光。一般，产生这种不可见光的红外光的方法有下列三种。

- 热红外光源：直接使用白炽灯或氙灯发出的红外光，即在这两种灯上安装可见光滤镜滤去可见光，只让看不见的红外射线射出。
- 红外发光二极管 LED 光源：即用红外 LED 或 LED 阵列来产生红外光，这种器件是通过半导体中的电子与空穴复合来产生红外光的。

- 半导体红外激光光源：即使用红外激光二极管 LD，它把处于较低能态的电子激发或泵浦到较高能态上去，通过大量粒子分布反转，共振而维持受激辐射。

前两种方法都能生成或窄或宽的光束。在使用对红外线较为敏感的摄像机，如 CCD 或 CMOS 摄像机、低照度增强型摄像机观察场景时，可以获得质量相当高的图像。第三种光源的光束细而强，要照亮一定范围的场景，需要通过扩束镜头扩束，目前多用于 1 km 以上距离的监控场景的夜视照明。

1．热红外光源

通常，物体在温度较低时产生的热辐射全部是红外光，所以人眼不能直接观察到。在热辐射光源中通过加热灯丝来维持它的温度，供辐射继续不断地进行。辐射体在不同加热温度时，辐射的峰值波长是不同的，其光谱能量分布也是不同的。根据以上原理，经特殊设计和工艺制成的红外灯泡，其红外光成分最高可达 92%～95%。

红外灯泡最大的优点是可制成比较大的功率和大的辐照角度，因此照射的距离远。其最大不足之处是包含可见光成分，即有红暴，且使用寿命短，如果每天工作 10h，5000h 只能使用一年多，若散热不佳，寿命还要短。为提高热辐射红外灯的寿命，采用了光控开关电路，以减小其工作时间。此外，还增加了延时开关电路以防环境光干扰。

一般，氙灯和白炽灯可以照亮距离摄像机 100 多米外的场景，因此，在其前端配一个只让红外线通过的滤镜，完全可以为隐蔽式视频监控系统提供足够的红外射线。由于这种热红外光源要消耗大量的能量，产生大量的热，所以这种光源需要配备特制的散热器或冷却设备，才可以使其能够持续工作。热红外光源照明系统，通过配用不同的前镜头，可以发出用于覆盖较大范围场景的宽光束或用于观察远处目标的聚光光束等不同形状的光束，以适应现场的具体需要。表 2-6 列举了常用红外灯的类型，以及它们的水平和垂直光束角。

表 2-6　常用红外灯及其光束角

光源的类别	灯的种类	输入功率及电压	光束角/°	照射距离/m
宽泛光灯	带滤镜的卤钨白炽灯	100 W	水平 60/垂直 60	9.1
聚光灯	带滤镜的卤钨白炽灯	100 W	水平 10/垂直 10	61.0
宽泛光灯	带滤镜的卤钨白炽灯	500 W	水平 40/垂直 16	27.4
聚光灯	带滤镜的卤钨白炽灯	500 W	水平 12/垂直 8	137.2
泛光灯	带滤镜的弧氙灯	400 W、交流	40	152.4
聚光灯	带滤镜的短弧氙灯	400 W、交流	12	457.2
泛光灯	发光二极管（TaAs）	50 W（直流 12 V）	30	61.0
泛光灯	发光二极管（TaAs）	8 W（直流 12 V）	40	21.3

注：（1）发光二极管发出的是 850 nm 以上的红外光；（2）卤钨灯和氙弧灯使用的滤镜是可见光阻隔滤镜。

2．红外发光二极管（LED）光源

LED 是发光二极管（Light Emitting Diode）的简称，是一种注入式电致发光器件，它实际是将 PN 结管芯烧结在金属或陶瓷底座有引线的架子上，然后在四周用起到保护内部芯线作用的环氧树脂密封。其发光原理是：在 LED 的 PN 结上加正向电压时，使电子和空穴载流子在结区相遇复合(结区变窄)，其实质是电子从高能级的导带释放能量回到价带与空穴复合，

这种把多余的能量以光子的形式释放出来,就把电能直接转换成了光能,即发光。根据半导体物理中的公式

$$\lambda = 1240/E_g \, (\text{nm}) \tag{2-2}$$

式中,E_g 为某半导体材料导带与价带之间的禁带宽度,其单位为电子伏特;λ 为波长。

当采用砷化镓半导体(当然也还有其他材料的半导体)时,其禁带宽度 E_g 决定它只能发出近红外光。砷化镓 LED 的电源线共有两根,在加正向电压通电后,即会发出近红外光,光线经过前端球形镜头的放大后就会射到场景中去。LED 的最大辐射强度一般在光轴的正前方,并随辐射方向与光轴夹角的增加而减小。辐射强度为最大值的 50%的角度称为半强度辐射角,不同封装工艺型号的红外发光二极管的辐射角度有所不同。砷化镓发光二极管的光转换效率也相当高,一般可以将 50%的电能转换成红外光辐射能量。这种灯在略高于室温的温度下工作时,几乎不发热,因此也就不需要特别的冷却装置。

要想照亮一定距离的场景,常常需要几十、几百个 LED 构成的平面式阵列,因此,可根据场景的情况,尤其距离的远近来配备 LED 的多少。各个发光二极管的红外光输出合并起来,就可以产生足够多的光线,使其足以照亮被监视的现场,从而使得 CCD 摄像机可以产生高质量的黑白视频图像。此外,还可将红外发光二极管装在镜头上,与黑白 CCD 摄像机配用,或直接装在摄像机与镜头接口周围的机壳上。显然,这两种装配的红外 LED 少,其照射的距离肯定不如单独的红外 LED 阵列灯照射的远。

这种发光器件和白炽灯泡相比,有体积小、耐冲力、寿命长、功耗低、响应快、可靠性高、颜色鲜明、易和集成电路匹配等特点,因而获得了广泛的应用。

目前,红外 LED 光源已由第一代传统的 LED、第二代小功率阵列式 LED,发展到第三代大功率阵列式 LED(即 LED Array)。它首先由美国 Pacific Cybervision 公司开发生产,其每颗 LED Array 可集成 60 粒 LED 发光晶体,一开始时光学输出就达到了 800~1000 mW,而目前,新一代的单个 LED Array 的光学输出就已能做到 4000 mW 以上,发光半功率角为10~120°(可变角)。它既有第二代红外 LED 灯的体积小、散热处理好、寿命长的优势,又解决了第二代红外 LED 阵列式光源因偏心而不够亮的缺点。这种大功率阵列式 LED 的价格接近或低于传统 LED,是集第一代、第二代优点于一身,并完全避免了缺点的最新一代红外LED 光源,目前已成为高质量夜间监控的一种理想选择。

3. 半导体红外激光光源

半导体激光器是一种新型的发光器件,和上述光源相比,它具有方向性强、单色性好、相干性好、亮度高等突出优点。根据产生激光所必须满足的要求,它一般由激发装置(泵源)、工作物质及共振腔 3 部分组成。半导体激光器工作物质种类很多,其中 GaAs 是第一种有红外激光作用的半导体材料。其他 III-V 族化合物激光器的性质与 GaAs 相似,IV-VI 族化合物如PbSePbTe、PbS 等也都有激光作用。适当选择这些材料,可得到不同频率的激光。

随着光电信息技术的发展,半导体激光器发展很快,由最初的同质 PN 结与异质结式发展到分布反馈式、量子阱式、垂直腔表面发射式、微腔式,以及光纤激光器与光子晶体激光器等,发光功率由小到大,种类齐全,应有尽有,完全可供安防需要选择。欲了解详情,可参阅参考文献[1-3]。

由于激光红外光源的光束细而强，要照亮一定范围的场景，需要通过扩束镜头扩束。这种光源应用的最大优势在于激光具有很高的发光效率、发光强度和方向性，其电光转换效率最高可达 80%，从而可大大降低能耗，增加照明距离，目前多用于 1 km 以上距离的监控场景的夜视照明。一般，半导体红外激光器采用金属封装和专用电源，并通过先进的半导体温控技术使得产品始终在设定的合理温度下工作，寿命能够得到较好的保证。红外激光光源与配有长焦距镜头的摄像机组合，可以较好地实现夜间远距离监控。特别适合应用于边防、海防、森林防火、交通工程等大型项目。但由于工艺比较复杂、产量比较低，其价格比 LED 光源高；且激光灯功率过大对人身体健康有一定的副作用，因而需选择在安全值。

4．三种红外光源的比较与选择

三种红外光源各有其优劣。开始使用红外光源时，由于红外 LED 的功率小、价格也较贵，因而多使用热红外光源。随着光电信息技术的发展，红外 LED 的功率增大、价格下降，因此使用红外 LED 的越来越多。尤其现在可使用第三代 LED-Array，它是高度集成的 LED，其体积小、亮度高、寿命长、发光角度可调宽，是高质量夜间监控的一种理想选择。显然，红外 LED 及 LED-Array 淘汰了热红外光源，因为用 LED-Array 完全可照射到几百米监控场景的距离。但对于 1 km 以上的超远距离场景的监控，还是要选择红外 LED 光源。

第三代红外 LED 光源填补了第一代传统 LED、第二代阵列式光衰快、使用寿命短、电光转换效能低、亮度不足、散热性能不良、功耗大等缺点，是全球红外夜视技术领域的新的突破。这种新一代的红外光源在产品性能与应用等方面与激光红外相比，也有明显的优势。它以先进的集成与独特的封装技术，类似单颗灯形式完全取代第二代多颗灯模式，不仅电光转化效率高，而且降低了功耗。又由于散热性能良好，使用寿命是激光红外与传统红外灯的 4～5 倍，因而已广泛应用于安防视频监控市场。

（1）第三代红外 LED 光源与半导体红外激光光源的比较。如表 2-7 所示。

表 2-7　第三代红外 LED 光源与半导体红外激光光源的比较

类别	发光原理	输入功率	光束角度	照射距离	寿命	体积	成本	散热性能	光线均匀性	应用
第三代红外 LED	电子空穴复合发光	几 W～几十 W	可达 120°	几十～几百米	长	小	低	好	好	广泛
半导体红外激光 LD	谐振激发发光	一般几 W	角度小，需扩束	1 km 以上	短	加扩束镜较大	高	较好	较好	多为军用

由表 2-7 可看出，这两种红外光源各有其优劣。第三代红外 LED 光源是高度集成的 LED，具有体积小、亮度高、寿命长、发光角度可调宽等优点，但目前仅适用于中、短距离场景的监控，对于 1 km 以上的超远距离场景的监控，还是要选择红外 LD 光源。

（2）红外光源的选择。值得指出的是，红外光源的选择最重要的问题是成套性，即红外灯与摄像机、镜头、防护罩、供电电源等的成套性。在设计方案时，应对所有器材综合考虑，即把它作为一个红外低照度夜视监控系统工程来考虑设计。除配套性外，选择时还要考虑以下因素。

● 选择红外灯时，在选择红外灯辐照距离时一定要留有余地，因环境变化会缩短；
● 使用红外灯应选用黑白摄像机或日夜两用摄像机，且摄像机的照度要低（一般小于 0.02 Lux），要有自动电子快门功能与 AGC 自动增益控制功能；

- 所选用的镜头最好是红外镜头，还要有自动光圈，以适应昼夜照度很大的变化；
- 要注意所选的红外光源的发热与散热问题，并要注意选择红外灯的供电与灯板分开的红外光源；
- 所选的红外光源必须要有光控开关，因为红外灯只有在夜间才打开。

2.2.5　安防视频监控光源的选用

要设计一个高效的视频监控系统，就必须先了解被摄区域的照明情况。在安防视频监控系统工程中的第一考虑是能量转换效率的高低，将这个效率转换成经济效益就可以判断出，到底是安装额外的照明系统经济呢，还是购买低照度摄像机更经济。

1．几种常用光源的特性

由于监控现场照度的高低，将直接影响视频监控系统中监视器所能提供的信息的数量和质量，所以在设计之前，必须先要评估一下监控现场的照明系统的数量与质量，它们所产生的照明量够不够用等。接着，要根据现场调查的结论来决定是否需要增加照明设施。表 2-8 对几种常用光源的特性做了简单的比较，供设计者选用参考。

表 2-8　各种常用光源的特性比较

特性 \ 光源	白炽灯泡	金属卤素灯	日光灯	水银灯	钠灯	氙灯
发光原理	电流流过钨丝发光	是白炽灯的一种，在惰性气体中加入微量卤化物，其循环作用减缓钨的蒸发，以延长寿命	另一种低压水银灯，一般充水银、氩气。电弧放电放出紫外线，内壁涂的荧光物质发光	利用高压水银蒸气放电作用；根据是否涂荧光物质，有透明型和荧光型之分	在钠蒸气中放电发光	把氙气放入石英发光管，产生放电
发光效率（lm/W）	10～20	15～30	50～80	30～60	85～180	25～50
色温	2800 K 左右；演播室照明为 3200 K	3000～3200 K	白日光灯 4500 K；日光灯 6500 K；中午日光灯 5000 K	高压水银灯 5600 K；超高压水银灯 7800 K	黄单色光；发射 589～589.2 nm 的 D 线	6000 K
寿命	一般为 1000～2000 h；演播室照明、彩色 20～25 h；演播室照明、黑白 100～500 h	白炽灯的 2 倍	10000 h 开关次数多将影响寿命	9000～12000 h	约 9000 h	2000～3000 h
特征	①一般形小质轻，由于近似点光源，所以易于配光控制。②不要附属启辉设备。③受周围温度影响小	除有与白炽灯同样特征外还有：①寿命约是白炽灯的 2 倍；②由于没有灯泡内的黑化，所以到寿命末期光束也很少变弱	①可做扩散的面光源，亮度低；②难聚光；③用于电视台时会有闪烁，因而要用三相电或高频电源；④要考虑周围的温度；⑤不能任意变更灯的瓦数；⑥灯具外形大、质量大	①比白炽灯大，也可聚光；②效率高寿命长；③需要特别的启动设备，启动时间长；④新产品性能好，但色调稍差；⑤形状较小，输出大；⑥属于放电型，所以用于电视中有闪烁	①效率高；②黄色单色，色调性能差，摄像时无色散；③属于放电型，用于电视中有闪烁；④发光细长，即使做成 U 形，其横断面也是长的；⑤灯的寿命长	①可以得到色调性能相当好的白光；②寿命比白炽灯长比水银灯短；③灯的管壁温度高；④属于放电型，用于电视中有闪烁

如果只想把增加照明设施作为一种供选择的方案的话，那就还需要核算一下灵敏度较高的 CCD 摄像机的购置费用，最后将这两个方案比较之后再做决定。

如果所设计的视频监控系统需要安装彩色摄像机，则监控场景的照明问题就变得更加重要，因为所有彩色摄像机需要的工作照度都比黑白摄像机要高。若希望视频监控系统的彩色图像和黑白图像具有相同的信噪比，甚至希望产生无噪声的图像，那就需要将监控场景上的照度增加 10 倍。如果要想真实地再现监控场景内物体的色调、纹理和颜色，就需要现场的光源的光谱能够包含足够多的颜色，以便供摄像机检测和平衡时使用。由于现在的工业厂区和公共场所大量使用不同类型的照明设备，视频监控系统的设计人员必须非常清楚各种不同灯具的亮度及其光谱输出的组成情况，以确定需要安置的 CCD 或 CMOS 摄像机的种类。

2. 照明系统的运作费用

照明系统的整个运作费用与灯具的光转换效率密切相关。不管采用什么类型的灯，它的运作费用都要比购置费用和维护费用加起来要高，一般用的时间越长，越是如此。欲了解不同类型的灯具在运作费用上的差异，可以参考表 2-9 中的数据。

表 2-9　不同灯具的寿命、购置和运作费用比较

灯的类型	使用寿命/h	购置费用	运作费用	综合费用
高压水银灯	16000～24000	高	中	中
高压钠灯	20000～24000	高	低	低
金属卤化物灯（多蒸汽）	10000～20000	高	低	低
荧光灯（日光灯）	12000～20000	中	中	中
白炽钨丝灯	750～1000	低	高	高
卤钨灯	2000	低	高	高

表 2-9 表示了不同灯具，如各种白炽灯、金属弧光灯、荧光灯、高压水银灯和高压钠灯等的使用寿命、输入功率、输出照度的比较。这种比较是以每年工作 4000 h 为基础，为应用于不同系统的各种灯具统一做的，所涉及的灯包括黄昏照明灯、壁装式空中照明灯和泛光灯。在每种应用中，高压钠灯、金属弧光灯和荧光灯比高压水银灯和标准白炽灯在运作费用上都具有明显的优势。显然，使用转换效率较高的灯具，可以成倍地节省运作费用，实际上主要是工作时使用的电的费用，其所节省的具体比例，取决于灯具使用地的供电成本。

值得提出注意的是，在评估不同灯具的性价比的时候，灯具的寿命是一个相当重要的评估指标。寿命较短的灯具会引起新的灯具的费用、安装费用，还有因 CCD 摄像机无法工作（因为在新的灯泡换上之前，现场一片黑暗）所引起的附加风险。

表 2-9 中列出了多种光源的平均使用寿命（以小时计）。表的最上方是高压水银灯、高压钠灯和低压钠灯，这些灯的平均寿命都在 24000 h 的水平上；接下来，金属卤化物灯可达 20000 h，其余的金属弧光灯至少在 3000 h 以上；一些荧光灯的寿命可以达到 10000 h 以上；表的最下面是白炽灯，它们的额定的寿命是 1000～2000 h。如果更换灯泡的花费较大，或非常不方便，就应该使用高压钠灯，而不是白炽灯。在使用高压钠灯时，更换灯泡的次数可以减少 12 次，灯泡被烧坏的次数也可以减少 12 次，显然这也大大减少了视频监控系统的停机时间。

在设计照明系统时，需要用到功率、电压、灯丝形状、灯泡类型、底座（安装接口）类

型、填充材料（气体、真空、卤化物）、照度输出、色温、使用寿命等指标。照明灯的色温、功率输入和额定使用寿命这三种因素密切相关，在灯具功率固定的情况下，其光输出和色温会随着使用时间的增长而降低。灯丝的功率基本上与灯丝温度的四次方成正比。因此，在低于额定工作电压的工作的情况下，这时照明灯的使用寿命就会比较长。一般，额定工作电压每降低5%，灯丝的寿命就可以增加 1 倍；相反地，额定工作电压每升高 5%，灯丝寿命将会缩短一半。

表中白光 LED 灯目前虽然价格比其他光源都贵，但其寿命长，且又环保节能，最后的综合费用比其他光源都低，因而是理想光源。

3．照明光源的选择

在选择照明光源时，除主要考虑它的指标和能量要求外，还必须考虑它的尺寸、形状、光源与光源之间的距离，以及光源与被照表面之间的距离。要想为建筑中的门厅、楼梯间、周界、停车场等场所的安全应用提供充足的照明光线，就必须采用不同的照明光源设计。表2-1 列出的停车场、码头、车间、仓库、建筑物外围和人行道等场所应具备的照度的典型的推荐范围，供设计者选用参考。

实际上，大多数视频监控系统工程，都是在已建好的建筑物和已有照明光源的情况下进行的，因而视频监控系统的设计者常常无法在监控现场增加照明光源设施，或更改原有的照明光源系统的设计，只能先评估监控现场的照度水平，再选择适合这个照度水平的摄像机来获得满意的图像。在现场的照明光线确实不够用的情况下，往往只能在现有的照明光源设施中间加装新的照明灯具，以满足摄像机对监控现场的照度的需要。

总之，现场中的自然光源和人造光源会极大地影响视频监控系统最终取得的图像质量，以及监控场景画面中所携带的信息量。如要取得最理想的效果，就必须仔细地分析光源的各种指标（如光谱组成、照度、光束模式等），并使其与摄像机的光谱特性和灵敏度相匹配。在设计彩色视频监控系统时，更需要加倍小心，因为彩色摄像机只有在白天的自然光线和宽频谱的人造光线下才能正常工作。如果现场的照度看起来不太够，应该使用硅光电池探测的照度计，实际测量一下摄像机的安装位置可以接收到的光线照度。如果在使用标准摄像机时，光线仍不够充足，就要使用额外的照明光源，或者采用灵敏度更高的增强型低照度摄像机。

显然，最好选用照明光源。目前，虽然环保节能的白光 LED 灯的价格贵，但其发光效率已达 50 lm/W，其寿命更比其他光源要长得多（一般在 10 万小时以上），它的运作费用与综合费用比其他光源都低，因而是目前安防视频监控系统最佳的照明光源。

2.3　光学成像系统及其特性参数

应用不同形状的曲面（或平面）和不同的介质（塑料、玻璃、晶体等），可做成各种光学零件——反射镜、透镜和棱镜。把这些光学零件按一定方式组合起来，就能使由物空间的物体发出的光线，经过这些光学零件的折射、反射以后，按照人们的需要改变光线的传播方向，然后射出光学系统，为接收器件（光电成像器件、人眼、感光乳胶等）接收。一般，这样的光学零件的组合，称为光学系统或光组。

2.3.1 理想光学系统的物像位置关系

理想光学系统就是能对任意宽空间内的点，以任意宽的光束成完善像的光学系统，这种系统具有"点对应点、直线对应直线、平面对应平面"的一一对应关系。物和像的这种关系称为共轭。表征理想光学系统的基本参数是基点和基面（即焦点、焦平面、主点、主平面、节点、节平面）。当理想光学系统的焦点（即与光轴上无限远点相共轭的点，物方焦点为 F、像方焦点为 F′，如图 2-3 所示。物方与像方焦点垂直于光轴的平面称为焦平面）和主点（物方与像方主点见图 2-3 中的 H 及 H′）的位置一定时，已知物体的位置和大小，就可求出像的位置和大小。主点到焦点的距离即为焦距。物方与像方焦距如图 2-3 中的 f 及 f′，与光线传播方向（从左至右）一致时为正，反之为负。

确定物像位置的坐标系取法的不同，则描写物像对应关系的数学形式就不同。常见的物像公式有以焦点为坐标原点的物像位置公式称为牛顿公式；以主点为坐标原点的物像位置公式称为高斯公式。

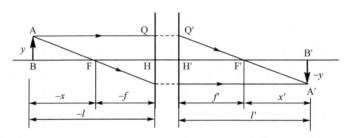

图 2-3　理想光学系统的物像位置关系

1．牛顿公式

在牛顿公式中，物和像的位置是相对于光学系统的焦点来确定的。如图 2-3 所示，设物 AB 经光学系统后成像于 A′B′，从物方焦点 F 到轴上物点 B 的距离 FB 即为物距，用符号 x 表示，其值为负；从像方焦点 F′到轴上像点 B′的距离 F′B′即为像距，用符号 x' 表示，其值为正。物高用 y 表示，因其位于光轴之上，值为正；像高用 y' 表示，因其位于光轴之下，值为负。

由图 2-3 中三角形相似对应边成比例的关系，即可推出牛顿公式为

$$xx' = yy' \tag{2-3}$$

式（2-3）表示以焦点为坐标原点的物像位置公式。

2．高斯公式

在高斯公式中，物和像的位置是相对于光学系统的主点来确定的。如图 2-3 所示，从物方主点 H 到轴上物点 B 的距离 HB 为物距，用符号 l 表示，其值为负；从像方主点 H' 到轴上像点 B' 的距离 H′B′即为像距，用符号 l' 表示，其值为正。显然，由图 2-3 可知，x、x' 与 l、l' 有如下关系

$$x = l - f, \quad x' = l' - f' \tag{2-4}$$

将式（2-4）代入式（2-3）中，整理后即可得到高斯公式

$$\frac{f'}{l'} + \frac{f}{l} = 1 \tag{2-5}$$

在大多数情况下，光学系统位于同一介质（如空气）中，此时 $f'=-f$，上式可写成

$$\frac{1}{l} - \frac{1}{l'} = \frac{1}{f} \tag{2-6}$$

该式表示以主点为坐标原点的物像位置公式。

视频监控中使用的光学系统主要是摄像镜头，其作用就是把物空间的物体成像在像空间共轭的位置上，以供接收器件接收。CCD（或 CMOS）摄像机就是通过光学镜头把外界的景物成像到 CCD（或 CMOS）的感光面上。实体景物所处的空间称为物空间或物方；CCD（或 CMOS）感光面一方称为像空间或像方。一般，CCD 摄像机中所用的光学系统的物空间变化很大，但其像空间 CCD 感光面的位置和物理尺寸却有其特定值（如 1/2 或 1/3 英寸等）。因此，光学镜头的设计既要考虑物空间的视场范围、照明光源的照度与色温等条件，也要考虑像空间 CCD 感光面的尺寸、像素数、灵敏度与光学镜头接口尺寸及相对感光面的位置等要求，并力求接近理想光学系统（即能在任意大的空间内，用任意宽的光束，形成完善的像的光学系统）。

2.3.2　光学成像系统的分辨力与分辨率

分辨力与分辨率是目前安防界最易混淆的概念错误，其基本原因是我国安防专业未开设光电信息技术基础课而不懂其基本定义所致。凡学过光学与光电信息技术的都知道，分辨力与分辨率是成像系统的一个重要性能指标，虽然它们都是用人眼来衡量成像系统的优劣，但它们不是同一含义，千万不能混为一谈。为澄清有些著作或文章对这两个概念的误解，本书将会有详细地论述。下面先论述一下光学成像系统的分辨力与分辨率。

1．理想光学系统的衍射分辨力

按照几何光学成像的定义，由同一物点发出的光线，通过光学系统后应全部相交于一点。然而在实际成像中，通常得到的是一个具有一定面积的光斑。因为光通过光学系统中限制光束口径的孔径光阑的衍射，会生成衍射像。根据物理光学中圆孔衍射原理可知，衍射光斑的中心亮斑集中了全部能量的 80%以上，其中第一亮环的最大强度不到中心亮斑最大强度的2%。衍射光斑中各环能量分布，如图 2-4 中曲线所示。

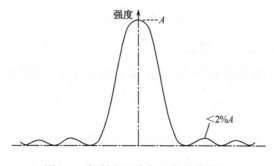

图 2-4　衍射光斑中各环能量的分布

中心亮斑的直径可表示为

$$2R = \frac{1.22\lambda}{n'\sin U'_{max}}$$ （2-7）

式中，λ 为光的波长；n' 为像空间介质折射率；U'_{max} 为像方孔径角。由于衍射像有一定的大小，我们把两个衍射像间所能分辨的最小间隔，称为理想光学系统的分辨力。根据实验证明，两个像点间能够分辨的最短距离约等于中央亮斑的半径 R，如图 2-5 所示。

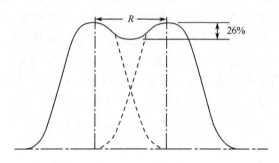

图 2-5　两个像点间能够分辨的最短距离

由式（2-7）可得到

$$R = \frac{0.61\lambda}{n'\sin U'_{max}}$$ （2-8）

式（2-8）为理想光学系统的衍射分辨力公式（有的安防著作把它称为分辨率是不对的，由下面的论证可知，它的倒数才是分辨率）。

2. 摄像物镜分辨率

摄像物镜的作用是将外界物体成像在 CCD 或 CMOS 成像器件的感光面上，其分辨率一般以像平面上每毫米内能分辨开的线条数 N 表示。

一般，摄像物镜近似为对无限远物体成像，这样则有

$$\sin U_{max} \approx \frac{D}{2f'}$$

将上式代入式（2-8），可得

$$R = \frac{0.61\lambda}{n'\sin U'_{max}} = \frac{1.22\lambda f'}{n'D}$$ （2-9）

当 $n'=1$ 时，由于 $F=f'/D$，则 $R=1.22\lambda F$。

根据式（2-9），则可得每毫米能够分辨的线条数 N（即光学系统的分辨率）为

$$N = \frac{1}{R} = \frac{1}{1.22\lambda F}$$ （2-10）

因此，式（2-10）便是摄像物镜的分辨率公式。由式（2-10）可看出，分辨率与分辨力是一种互为倒数的关系，它们完全不是同一含义，根本不能混为一谈。

2.3.3　光学成像系统的功能及其特性参数

视频监控中使用的光学系统主要是摄像机的摄像镜头。这种镜头的作用功能主要是收集被摄场景反射来的光线，并将其聚焦到摄像机的传感器上，以便能"看到"被摄场景。显然，镜头的功能与人眼类似，它们都从被摄场景处收集光线，然后将图像会聚到眼睛的视网膜和摄像机的传感器上。其不同之处在于，人眼的焦距是固定的，视网膜的尺寸也是固定的；而摄像机镜头的焦距并不固定，图像传感器的尺寸也不固定。对没有附加装置的人眼来说，视场范围是固定的；而摄像机的视场却可在很大范围内调整。为了适应环境照度的变化，人眼采用可自动调节的虹膜来控制到达视网膜的光线强度来提高成像质量；而摄像机镜头则采用自动光圈或手动光圈来调整到达传感器的光线强度。

镜头的光学特性参数，主要包括成像尺寸、焦距、相对孔径和视场角等，一般在镜头所附的说明书中都有注明，下面分别给予说明。

1.　成像尺寸

镜头一般可分为 25.4 mm（即 1 英寸，常以 in 表示）、16.9 mm（2/3 in）、12.7 mm（1/2 in）、8.5 mm（1/3 in）和 6.4 mm（1/4 in）等几种规格，它们分别对应着不同的成像尺寸。选用镜头时，应使镜头的成像尺寸与摄像机的感光面（如 CCD）尺寸大小相吻合。表 2-10 列出了几种常见 CCD 芯片的感光面尺寸，表中单位为 mm 。

表 2-10　几种常见 CCD 芯片的感光面尺寸（mm）

CCD 芯片尺寸 垂直/水平尺寸	25.4（1 in）	16.9（2/3 in）	12.7（1/2 in）	8.47（1/3 in）	6.35（1/4 in）
V（垂直）	9.6	6.6	4.8	3.3	2.5
H（水平）	12.7	8.8	6.4	4.4	3.3
对角线	16	11	8	5.6	4

由表可知，1/2 in（12.7 mm）的镜头应配 1/2 in 感光面的摄像机，当镜头的成像尺寸比摄像机感光面的尺寸大时，不会影响成像，但实际成像的视场角要比该镜头的标称视场角小，如图 2-6（a）所示；而当镜头的成像尺寸比摄像机的感光面的尺寸小时，就会影响成像，并表现为成像的画面四周被镜筒遮挡，在画面的四个角上就会出现黑角，如图 2-6（b）所示。

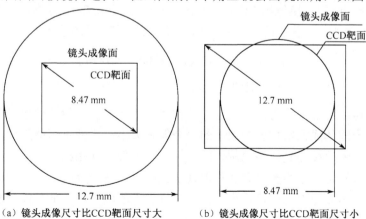

（a）镜头成像尺寸比CCD靶面尺寸大　　　（b）镜头成像尺寸比CCD靶面尺寸小

图 2-6　镜头成像尺寸与 CCD 感光面尺寸的关系

由此可知，对 1/3 in 的摄像机，可选用 1/3 in、1/2 in 和 2/3 in 的镜头；对 1/2 in 的摄像机，可选用 1/2 in、2/3 in 的镜头，而不能用 1/3 in 的镜头。因为 CCD 就像人的眼睛，镜头就像人们用的眼镜，眼镜太小，眼睛就会看不清周边的事物。

2. 焦距

由理想光学系统知，焦距就是光组主点到焦点的距离。由于镜头是由许多镜片组成的，如凸、凹透镜等，镜头的焦距，实际上就是构成镜头的组合光组的焦距，即镜头的组合光组的中心点到 CCD 中心点的距离。显然，镜头的焦距的长短，决定了摄取图像的大小。例如，对同一位置的某物体摄像时，配长焦距镜头的摄像机所摄取的这一位置的物体的尺寸就大；反之，短焦距镜头所摄取的物体的尺寸就小。图 2-7 为被摄物体在 CCD 感光面上成像的示意图。镜头的焦距就是图 2-7 中所示的 f 的长度（mm）。

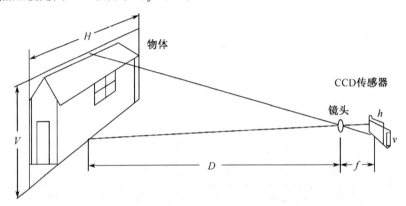

图 2-7　被摄物体在 CCD 靶面上成像的示意图

当已知被摄物体的大小及物体到镜头的距离时，则可由图 2-7 得出所需镜头焦距为

$$f = h \times \frac{D}{H} = v \times \frac{D}{V} \tag{2-11}$$

式中，D 为镜头中心到被摄物体的距离；H 和 V 分别为被摄物体的水平尺寸和垂直尺寸；h 和 v 为 CCD 感光面的水平尺寸和垂直尺寸。如已知被摄物体距镜头中心的距离为 3 m，物体的高度为 1.8 m，所用的摄像机 CCD 感光面为 1/2 in，由表 2-10 可得，其对应的感光面垂直尺寸为 4.8 mm。这样，根据式（2-11），即可算出所需镜头的焦距为

$$f = vD/V = 4.8 \times 3000 \div 1800 = 8.02 \text{ mm}$$

因此，该监控摄像机的镜头应选焦距为 8 mm。

理论上，任何一种镜头均可拍摄很远处的物体，而在固体成像器件感光面上成一很小的像，但当成像小于固体成像器件感光面上的一个像素大小时，便不再能形成被摄物体的像。因此，为能较为清晰地探测到监视范围内的目标，并实现自动跟踪，一般要求成在固体成像器件感光面上的目标像，至少要占有 3 行电视线。所以，在选择镜头的焦距时，一般应以目标在固体成像器件感光面上的成像，至少占有 2 行以上的电视线。如要能分辨出人物的面部像，它在 14 in 监视器上至少要占到 0.5 in（12.7 mm）以上。

3. 相对孔径

为控制通过镜头光通量的大小，一般在镜头的后部均设置了光阑，如设光阑的有效孔径为 d，因光线折射的关系，则镜头实际的有效孔径为 D，将 D 与焦距 f 之比定义为相对孔径 N_A，即

$$N_A = D/f \qquad (2\text{-}12)$$

物镜相对孔径的大小，决定了光学系统的集光能力或像面照度以及物镜的分辨率，因而影响成像质量。

（1）光圈 F 值（或 F 数）。一般，习惯上用相对孔径的倒数来表示镜头光阑的大小

$$F = f/D \qquad (2\text{-}13)$$

式中，F 一般称为光阑 F 数，标注在镜头光阑调整圈（即光圈）上，其标称值为 1.4、2、2.8、4、5.6、8、11.16、22 等序列值，其中每两个相邻数值中，后一个数值是前一个数值的 2 倍。由于像面照度与光阑的平方成正比，所以光阑每变化一档，像面亮度就变化一倍。F 值越小，光阑越大，到达摄像机光敏面的光通量就越大。一般，F 值的范围为 1.2～360，前者为最大进光量，后者为最小进光量，最大进光量与最小进光量的范围差距越大越好。还有 1.4～125 或 1.6～94 范围的镜头。F1.2 是指最大进光量，用于较暗之处，即夜晚灯光较弱时，镜头可以通过较多的光线；F360 指最小进光量，用于光线较强（如户外阳光最亮处）或反射光较强处（如被摄物为白色物体）。为使摄像机能有较佳的影像，就必须使用较大的 F 值，可以防止过分曝光，因为过分的曝光也是导致影像模糊的原因之一。

总之，F 值愈小代表进光量愈大，如 F1.2 就优于 F1.4。在光线较强之处，基本上所有的自动光圈镜头，都是利用中性密度光点滤片（Neutral Density Spot Filter）来增加 F 值的最大值的，但部份镜头制造商为降低成本并未安装此滤片，所以 F 值的高低是判断镜头品质的重要因素，也直接影响影像的深度。

（2）D/f 与物镜分辨率的关系。由前知，物镜分辨率是以单位长度（1 mm）内可分辨的线条数 N 来表示。若物镜在像方焦平面上能分辨开的二线间的最小距离为 R（即前述的分辨力），则物镜在焦平面上每毫米能分辨开的线条数 N 由式（2-10）可得到物镜分辨率的另一种表示形式，即

$$N = \frac{1}{R} = \frac{1}{1.22\lambda} \cdot \frac{D}{f} \qquad (2\text{-}14)$$

当 $\lambda = 555$ nm 时，则式（2-14）可变成

$$N = 1447 D/f \qquad (2\text{-}15)$$

这是摄影物镜的理论分辨率，由式（2-15）可知，它完全由相对孔径决定。相对孔径越大，物镜的分辨率越高。值得提出的是，式（2-15）所表示的分辨率是对视场中心而言的。在视场边缘，分辨率将有所下降，而且由于摄影物镜一般都存在较大的剩余像差，因此它的实际分辨率要比理论分辨率低。

（3）D/f 与像面照度的关系。若被摄景物照度为 E_0，光学反射系数为 γ，根据几何光学公式可写出像面（即 CCD 光敏面）的照度 E 为

$$E = \frac{E_o \gamma \tau}{4(\beta+1)^2} \cdot \left(\frac{D}{f}\right)^2 \tag{2-16}$$

式中，τ 为光学系统的透过率；$\beta=h/H$ 为光学系统的垂直放大率，一般摄像时 $\beta \ll 1$，因而式（2-16）可变成

$$E = 1/4 E_o \gamma \tau (D/f)^2 \tag{2-17}$$

由此可见，像面的照度与相对孔径的平方成正比。相对孔径越大，像面照度也越大。但相对孔径不宜任意增大。因为要设计一个 f 长 D 大的像质好的物镜，技术难度大、造价贵；且 D/f 过大，尺寸与重量要增大，不适于小型化；此外，D 大的物镜，其 f 也过长，这样相对景深要短些。常见的摄影物镜的相对孔径为 1:4.5～1:2。

（4）景深。即景物的影像的清晰深度，它是光学系统可以清楚观察到的从近到远的一段距离。在这段距离内，场景中的物体不论是移近镜头，还是移向远处，都能够形成清晰的图像。显然，我们希望这个距离越大越好：从距镜头几米到距镜头几百米的地方的场景，我们都想看得清清楚楚。在这种情况下，视场中几乎所有的东西都清晰可见，但实际上做不到。为便于讨论景深的性质，由几何光学可获得如下的景深的公式，即景深 ΔD 为

$$\Delta D = \frac{2Z'}{Df} = \frac{2Z'}{D/f \cdot f^2} = \frac{2Z'}{f^2} - f = \frac{2Z'}{f^2}F \tag{2-18}$$

式中，Z' 为容许的光斑直径。显然，景深与焦距 f，相对孔径 D/f 或 F 值有关。相对孔径越大或 F 值越小（即光圈越大），景深越小；在 D/f 相同条件下，焦距 f 越小，景深越大。

短焦距镜头（2.7～5 mm）的景深较大。这些镜头可以生成 0.3～30 m 之间的被摄物的清晰图像（即使是在小 F 值下工作也可以）；长焦距镜头（50～300 mm）的景深较小，它们只能生成较短距离内的清晰图像。因此，在观察场景中的不同物体时，往往需要重新调焦。自动光圈镜头的自动调整，也意味着影像深度的经常性变化。夜晚时，浅的影像深度最明显。当镜头光圈全打开，景深达最小值时，原本白天在焦距内清楚的物体，就可能会偏离焦点之外了。容许的光斑直径 Z' 的大小与光学系统接收器（如感光乳剂、光电成像器件等）的分辨率和对成像的清晰度要求有关。若对清晰度要求低，允许 Z' 大，景深就越大。

一般，在安装摄像机并调整焦距以获得清晰图像时，通常要求在较大的光圈下进行调整，这样便于对所监视的目标精确对焦，否则就可能有一定的误差。对自动光圈镜头来说，当光照较强时，由于光圈会自动缩小（此时景深宽）使被监视的目标较清晰；一旦光照变暗，被监视的目标则由于光圈自动变大（景深变窄）而变得模糊起来。

图 2-8 所示为某款镜头在不同光圈值时的景深覆盖范围。

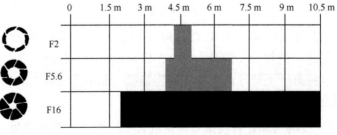

图 2-8　镜头在不同光圈值时的景深覆盖范围

由图 2-8 可见，当光圈值在 F16 时，处于 2～10.5 m 范围之内的目标都可以清晰地成像；而当光圈开大到 F2 时，只有在 4～5 m 范围之内的目标才可能被清晰地成像显示。

4．视场角

镜头有一个确定的视野（即场景范围），镜头对这个视野的高度和宽度的张角，就称为视场角。图像传感器、镜头和场景之间的几何关系如图 2-9 所示，视场角与镜头的焦距 f 及摄像机中成像器件的敏感面的尺寸（水平尺寸 h 及垂直尺寸 v）的大小有关。

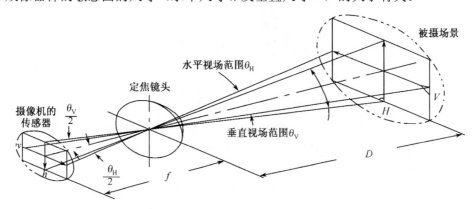

图 2-9　图像传感器、镜头和场景之间的几何关系

利用三角函数公式可列出

$$\tan\frac{\theta_H}{2} = \frac{h/2}{f}$$

即

$$\frac{\theta_H}{2} = \arctan\frac{h}{2f}$$

由此得出镜头的水平视场角为

$$\theta_H = 2\arctan\frac{h}{2f}$$

利用相似三角形法则可得出水平视场范围（即场景宽度）为

$$H = \frac{h}{f}D \tag{2-19}$$

同样，可得出镜头的垂直视场角为

$$\theta_V = 2\arctan\frac{v}{2f} \tag{2-20}$$

同样，可得出垂直视场范围（即场景高度）为

$$V = \frac{v}{2f} \cdot D \tag{2-21}$$

由以上公式可知，镜头的焦距 f 越短，其视场角与视场范围越大；摄像机 CCD 传感器尺

寸 h 或 v 越大，其视场角与视场范围也越大。如果所选择的镜头的视场角太小，可能会因出现监视死角而漏监；若所选择的镜头的视场角太大，又可能造成被监视的主体画面尺寸太小，而难以辨认，且画面边缘出现畸变。因此，只有根据具体的应用环境选择视场角合适的镜头，才能保证既不出现监视死角，又能使被监视的主体画面尽可能大而清晰。

不同焦距镜头所对应的视场角示意图，如图 2-10 所示，其中所用镜头均配接 1/2 in 光敏面的 CCD 摄像机。

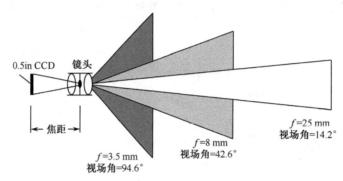

图 2-10　不同焦距镜头所对应的视场角

5. 透光率

光学系统的透光率（或透过率），反映了光经过该系统之后光能量的损失程度。因为当光线通过光学系统（即镜头）时，由于光学镜头中镜片对光的反射与吸收，会使透过镜头的光通量受到一定的损失。对摄像系统来说，如果光学系统的透光率低，就会直接影响像面上的照度，因而使用时要增加曝光时间。因此，光学系统的透光率，是衡量光通量通过光学系统后损失程度的一个参数。现将光学系统的透光率（用 τ 表示）定义为透过镜头的光通量 Φ' 与射入镜头的光通量 Φ 的百分比，即

$$\tau = \Phi'/\Phi \times 100\% \tag{2-22}$$

一般，光学镜头由一组或多组透镜镜片构成。显然，构成镜头的透镜镜片数越多，其透过镜头的光通量损失就越大，因而透光率 τ 也就越小。目前一般定焦镜头的透光率 τ 可达 90% 以上，而变焦镜头的镜片数多一些，其透光率 τ 也能达到 85% 以上。因此，选择透光率高的镜头，对光通量的损失小一些。如果镜头的透光率不高，对光通量的损失就比较大，这时就需要加强对监控场景的照明，或采用高灵敏度的摄像机，或采用大孔径光阑的镜头等。

由于光学零件表面所镀膜层的选择性吸收和玻璃材料的选择性吸收，光的透过率实际上是入射光波长的函数。对像质要求不高的系统，透过率随波长而变的问题可不予考虑。目前，一般的目视仪器只须检测白光的透过率，但彩色摄像、彩色电视和多波段照相等光学系统，都应测量光谱透过率。因为如果某些波长光的透过率特别低，则视场里就会看到不应有的带色现象，即所谓的"泛黄"现象。所以，如某些波长光的透光率相对值过小，则会影响到摄像时的彩色还原效果。因此，光学系统的透光率，也是成像质量的一个重要参数。

2.4　安防视频监控的摄像镜头

2.4.1　常用的摄像镜头

视频监控系统常用的光学镜头有许多种，且每一种镜头都有其特点。根据功能与结构的不同，这些镜头的价格相差非常大，如电动变焦镜头要比普通定焦镜头的价格高约 10 倍。因此，只有正确了解各种镜头的特性，才能更加灵活地选用它。

1．固定光圈定焦镜头

这是相对简单的一种镜头，该镜头上只有一个可手动调整的对焦调节环（环上有的标有若干距离参考值），左右旋转该调节环，可使成在 CCD 或 CMOS 摄像机的光敏面上的像最为清晰，此时在监视器屏幕上得到的图像也最为清晰。

由于镜头是固定光圈，因此在镜头上没有光圈调节环，即镜头的光圈是不可调整的，因而进入镜头的光通量，不能通过改变镜头的因素而改变，而只能通过改变被摄现场的光照度来调整，如增减被摄现场的照明灯光等。显然，这种镜头一般应用于光照度比较均匀的场合，如室内全天以灯光照明为主的场合。若用在其他场合，则需要与带有自动电子快门功能的 CCD 或 CMOS 摄像机合用（市面上绝大多数的 CCD 或 CMOS 摄像机均带有自动电子快门功能），通过对电子快门的调整，可以模拟光通量的改变。

由于这种固定光圈定焦镜头的结构简单，因此它的价格是最便宜的。

2．手动光圈定焦镜头

它比固定光圈定焦镜头多增加了一个光圈调节环，其光圈调整范围一般可从 $F1.2$ 或 $F1.4$ 到全关闭，能很方便地适应被摄现场的光照度。但由于光圈的调整是通过手动人为地进行的，一旦摄像机安装完毕，位置也就固定下来了，再去频繁地调整光圈就不那么现实了。因此，这种镜头一般也是应用于光照度比较均匀的场合，而在其他场合则也需要与带有自动电子快门功能的 CCD 或 CMOS 摄像机合用，如早晚与中午、晴天与阴天等光照度变化比较大的场合，也可通过电子快门的调整，来模拟光通量的改变。

这种镜头的结构也相对简单一些，因此其价格相对也比较便宜，在监控工程中应用较多。

3．自动光圈定焦镜头

自动光圈定焦镜头相当于在手动光圈定焦镜头的光圈调节环上增加一个由齿轮啮合传动的微型电机，并从其驱动电路上引出 3 或 4 芯的屏蔽线，接到摄像机的自动光圈接口座上，因此在结构上有比较大的改变，其外形如图 2-11 所示。

自动光圈镜头的工作原理是：当进入镜头的光通量变化时，CCD 或 CMOS 摄像机的感光面上产生的电荷也相应发生变化，使得视频信号电平或其整流滤波后的平均电平发生变化，从而产生一个控制信号。这个控制信号通过自动光圈接口座上的 3 或 4 芯线，传送给自动光圈镜头内的微型电机，去相应做正向或反向转动，从而调整光圈的大小。

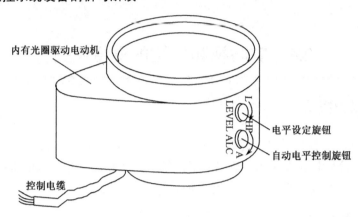

图 2-11　自动光圈镜头

由图 2-11 可见，在自动光圈镜头上一般还有两个以防尘塞盖住的内藏式调节旋钮，其中一个是电平设定旋钮，一般以 LEVEL 标注，并在该旋钮的下方左右两侧分别标注 L（电平低）和 H（电平高）字样；另一个是自动电平控制旋钮，一般以 ALC 标注，并在该旋钮的下方左右两侧分别标注 P（峰值）和 A（平均值）字样。

若监视器上画面的整体亮度过亮或过暗，或出现忽明忽暗时，就要调节自动光圈镜头内部的一个可变电阻器——电平设定旋钮 LEVEL。如画面过亮，可将该旋钮按逆时针方向旋向 L（Low）；反之则按顺时针方向旋向 H（High）；如果是忽明忽暗的情况，则还要配合监视器的调整，将该旋钮旋到使监视器上画面最佳的位置。以上调节，实际上是调节从摄像机输出到镜头放大电路的视频信号的电平，即使该电平在 $0.5V_{p-p}$～$1.0V_{p-p}$ 内变化。输入到镜头内部电路的视频信号可以是含同步信息的复合视频信号，也可以是不含同步信息的纯视频信号。

当需要用遥控装置调节视频信号电平时，可以按图 2-12（a）所示的方法进行连接，图中的开和闭的方向，即分别对应于镜头上的 H 和 L。

若监视器上的画面出现极高的对比度时，就需要慢慢地把 ALC 可变电阻从平均位置 A（Average），即调节视频信号的平均电平的高低而输出的控制光圈电机的信号，旋向峰值位置 P（Peak）面为止。ALC 功能的设定也可以用遥控装置来完成，如 Computar 的 T10Z0612AMS 和 H10Z0812AMS 等自动光圈镜头就可按图 2-12（b）的电路进行调节。值得一提的是，并不是所有的自动光圈镜头都具有上述的遥控功能。

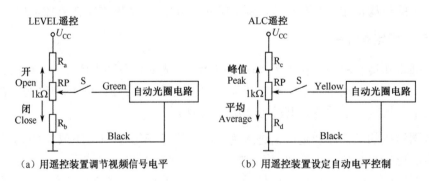

（a）用遥控装置调节视频信号电平　　　　（b）用遥控装置设定自动电平控制

图 2-12　自动光圈镜头的遥控功能

在实际使用时，一定要注意正确地接线，一般都是红线接电源正，黑线接地。如果接错线，可能会导致镜头的误动作，并可能造成镜头永久性地损坏。

自动光圈镜头又分为含放大器与不含放大器两种规格：对含有放大器的自动光圈镜头，应与摄像机后面的 VIDEO IRIS 端口相接；对于不带放大器的自动光圈镜头，则应与摄像机后面的 DC IRIS 端口相接。

值得提出注意的是，当把 LEVEL 顺时针方向完全旋转时，应保证使摄像机输出幅度不饱和；否则，光圈伺服电路将不能操作。此外，当不需遥控时，应保证遥控线开路。当切断电源时，光圈应自动关闭。

由于自动光圈定焦镜头增加了光圈自动控制部分，因此其价格，一般要比同等参数的手动光圈镜头的价格高一倍多。

4．手动变焦镜头

手动变焦镜头有一个可手动变化的焦距调节环，它可以在一定范围内调节镜头的焦距，其变化一般为 2～3 倍，焦距一般为 3.6～8 mm 或 4～10 mm。在实际的工程应用中，通过手动调节镜头的变焦环，可方便地选择被监视现场的视场角，如可选择对整个房间的监视或者选择对房间内某个局部区域的监视等。有的镜头焦距的变化可达到 6 倍，如 Computar 的 H6Z0812 镜头的焦距变化范围扩展到 8～48 mm，因而可适用于更广泛的应用环境。

在视频监控系统工程应用中，当摄像机安装位置固定下来后，再频繁地手动变焦是不现实的。因此，工程完工后，手动变焦镜头的焦距一般很少再去调整，而仅仅起到定焦镜头的作用。所以，这种手动变焦镜头的主要应用是：

- 用在对视场要求较为严格而用定焦镜头又不易满足要求的场合；
- 用在照片底片分析、文件微缩等桌面近距离摄像工作环境之中。

手动变焦镜头中也有带自动光圈的镜头，如精工的 SSV 0408G、TAMRON 的 AI6-12 和 computar 的 H6Z0812AIVD 等，其自动光圈部分的原理和操作与自动光圈定焦镜头的原理与操作完全一样。

5．自动光圈电动变焦镜头（电动两可变镜头）

自动光圈电动变焦镜头与前述的自动光圈定焦镜头相比，多了两个微型电机：其中一个电机与镜头的变焦环啮合，当其受控而转动时可改变镜头的焦距（Zoom）；另一个电机与镜头的对焦环啮合，当其受控而转动时可完成镜头的对焦（Focus）。由于该镜头增加了两个可遥控调整的功能，因而此种镜头也称作电动两可变镜头。值得提出的是，所谓电动两可变镜头，实际也是三可变的，只不过这里的光圈调节是自动进行的，这就是同电动三可变镜头的区别。

变焦镜头是通过移动其内部镜片间的相对位置来改变其焦距，而同时又能保持聚焦图像的清晰，其结构如图 2-13 所示。

在变焦镜头中，至少包括三组镜片。

（1）前聚焦物镜组：它上面连接可用来调节图像聚焦的调节环，以调节图像的聚焦，但其可移动的范围有限。

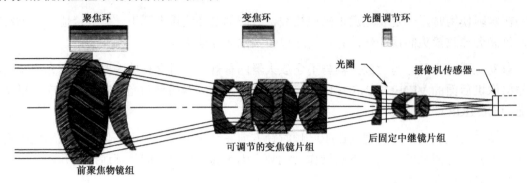

图 2-13 变焦镜头的构造

（2）中间的变焦镜片组：它与外部的变焦调节环相连，可以进行阶度细微的调节。这组镜片中还包括矫正镜片，用来保证整个变焦范围内的图像清晰度。矫正镜片的移动幅度较小，它可以补偿因镜头焦距变化而引起的聚焦不清的现象，以保证落到传感器上的图像保持清晰锐利。这样就大大减轻了聚焦调节的工作量。

（3）后固定中继镜片组：它靠近摄像机一端与光圈调节环相连，因此它的调节将决定落在摄像机传感器上的图像的大小。电动两可变镜头这一部分就属于自动调节。

通常，每个镜片组都由几个镜片组成。当变焦组调节到合适的位置时，可以接收到物镜组产生的图像，并将其转换成新的图像。中继组从变焦组接收到图像后，随即将其传递给摄像机传感器。在设计精良的变焦镜头中，广角状态下可以看得很清楚的场景，在调整的过程中及调到望远状态后，仍然能保持良好的聚焦。

电动两可变镜头一般引出两组多芯线：其中一组为自动光圈控制线，其原理和接法与前述的自动光圈定焦镜头的控制线完全相同；另一组为控制镜头变焦及对焦的控制线，一般与镜头控制器相连（通常镜头控制器与云台控制器是做在一起的，其原理在控制系统中详述）。当操作远程控制室内的镜头控制器上的变焦或对焦按钮时，将会在此变焦或对焦的控制线上施加一个或正或负的直流电压，该电压加在相应的微型电机上，使镜头完成变焦及对焦调整功能。由于电动两可变镜头的镜片组数增多，电机也增多，其体积也相应增大，加上光圈调节是自动的，因此，这种镜头的价格贵。

6. 电动三可变镜头

电动三可变镜头与前述的电动两可变镜头结构相差不多，只是将对光圈调整电机的控制由自动控制方式改为由控制器来手动控制，因此它需要引出一组 6 芯控制线与镜头控制器相连。常见的有 6 倍、10 倍、12 倍、15 倍和 20 倍等几种规格，如精工的 SL-08551M 与 Computar 的 H6Z0812M 等。

电动三可变镜头中的电子部分除了电路板外，还有三只电机、离合器和行程限位开关（用来保护镜头，限制变焦、聚焦和光圈调节部件的活动范围），如图 2-14 所示。

由于各厂家的镜头控制线尚未有统一的标准，在连接电动镜头时一定要参考厂家的接线图。图 2-14 是变焦、聚焦和光圈调节系统的典型连线图，变焦电机、聚焦电机和光圈控制电机都是由镜头控制器送来的正负直流电压来控制的。

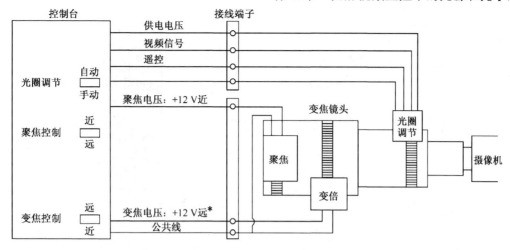

图 2-14　电动变焦镜头电路

电动三可变镜头的变焦功能，使得我们既可以观察到场景的全貌，又可以观察到某个目标的细节。变焦镜头的焦距可以平滑、连续地调节，从而可以改变摄像头的视场角的大小。因此，场景就可以被"拉近"或被"推远"，好像摄像机发生了移动一样。

这种变焦镜头可使摄像机的视场范围，在不更换镜头的前提下任意调整。因为镜头中多个镜片之间的相互位置发生变化时，其焦距就可以连续变化，从而引起摄像机的视场角和放大倍数的变化。通过旋动变焦调节环，我们可以随意观察狭角、中角或广角的场景。一般，都会先在广角模式下观察场景的全貌，再使用望远模式观察我们最感兴趣的目标。

为了进一步扩大变焦镜头的视场范围，通常将摄像机和镜头安装到云台上面，然后在控制室内控制这些设备。控制云台可以调节摄像头的指向，控制镜头又可以调节放大倍数等，这就使整个系统具有了很大的动态观察范围。

一般，变焦镜头的变焦倍数多在 6～44 倍之间。有些功能较复杂的镜头，还可以存储遥控时需要使用的预置位，如特定的焦距、聚焦位置和光圈值等。

2.4.2　特种光学镜头

特殊镜头各有所长，可以实现普通镜头所无法完成的特殊功能。

1. 针孔镜头

针孔镜头是一种较为特殊的安全用的镜头，它的孔径非常小，一般仅为 1 mm 左右，主要应用于隐蔽式视频监视的场合。一般，标准型针孔镜头具有较细且很长的镜筒，镜筒前端呈锥型并有一个微小的开孔，也即所谓的"针孔"，其后端则与普通镜头一样，可以方便地与 CCD 或 CMOS 摄像机配接。针孔镜头的外形及其应用如图 2-15 所示。

针孔镜头有直型和拐角型、手动光圈型和自动光圈型、窄锥型和宽锥型、还有变焦（一般为 6 倍）型与微型等。用来描述针孔镜头的常用指标是外形和前端尺寸。显然，镜头的入光孔径越大，到达摄像机光敏面上的光线就越多。一般，镜头系统收集和传送出去的光线与 F 值的平方成反比，如 F2.0 的镜头传输的光量是 F4.0 的 4 倍。

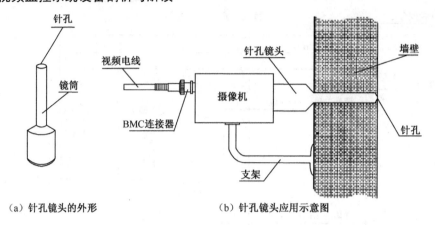

（a）针孔镜头的外形　　　　　　　　（b）针孔镜头应用示意图

图 2-15　针孔镜头的外形及其应用示意图

有的微型针孔镜头的尺寸很短，通常与板式超小型 CCD 或 CMOS 微型摄像机配合，安放在屏风后或天花板上，以透过微小的孔隙来监视现场；有的也可以安放在钟表、电话机、电视机、麦克风座或装饰画等物品内，透过微小的孔隙来监视现场；还可以安装在紧急出口灯箱、灯具、喷淋头、台灯、服装模特儿及所有能容纳微型摄像机与针孔镜头的物体中，如可透过钟表微小孔隙进行监视应用的安装等。

需要说明的是，由于针孔镜头的相对孔径很小，透过它的光通量也很小，从而影响摄像机的成像质量，因此，应当尽可能选用低照度型的高灵敏度的摄像机，或尽量保证所监控场景的灯光照度。

2．分像镜头

这种特殊镜头是能够将两个（也可三个）单独场景同时成像在同一摄像机上的镜头，我们把它称为分像镜头。两个场景的也称为双焦镜头，它使用两个分开的透镜获取两个场景的图像后，再将其投射到摄像机的传感器上。其中的两个透镜焦距可能相同，也可能不同；可能朝向同一方向，也可能朝向不同的方向。根据双焦镜头设计的不同，最后得到的双景图像可以是左右分割的，也可以是上下分割的。所有定焦镜头、变焦镜头、针孔镜头或其他镜头，只要其接口是 C 型或 CS 型的，就都可以用到这种转接器上。

提出注意的是，侧镜位置还可安装可调式反射镜，可以改变镜头观察的方向。在左右分割时，由于每个镜头只能使用传感器的一半宽度，则每个镜头的水平视场都变为正常情况下的二分之一。若将分像镜头旋转 90°，就又可以得到上下分割的图像。

如果采用三向光学分像镜头，可以同时观察三个不同的场景，如图 2-16 所示。

三分镜头主要用于观察丁字形的走廊，但是也可以作其他用途。我们同时观察的三个不同的场景的放大倍数可以相同，也可以不相同，由于这三个场景是显示在同一个监视器上的，因此，我们就节省了两只摄像机、两台监视器和一只画面分割器。每个场景占据监视器屏幕的三分之一面积。镜头上的可调光学器件允许分别调节三个物镜的仰角，以适应长短不同的走廊的需要。因为长走廊镜头接近水平，短走廊需要镜头略微冲下。值得提出的是，双分镜头、三分镜头在监视器上形成的图像是倒转的，因此需要将摄像机倒转过来安装。

3．拐角镜头

拐角镜头如图 2-17 所示，它使得摄像机可以进行贴墙式的安装，即摄像机的轴线与墙面互相平行。

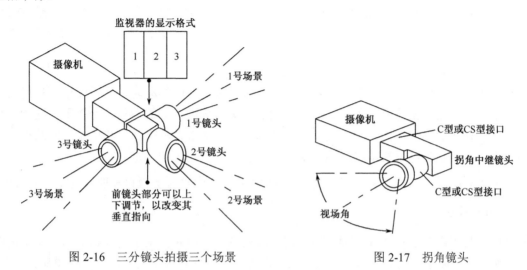

图 2-16　三分镜头拍摄三个场景　　　　　图 2-17　拐角镜头

这种拐角镜头对一些特殊的应用是一个很好的解决方案，如用在墙壁后面的空间比较有限的场合、银行用的柜员机、天花板或升降机内等，因为拐角光学系统，可使得 2.6 mm 镜头的轴线变得与摄像机的轴线相垂直。

拐角转接器可以套接所有焦距的镜头，但镜头必须带有 C 型或 CS 型的接口。同样，转接器也可以适用于所有尺寸（如 1/4、1/3、1/2、2/3 in 等）的摄像机。

4．自动聚焦镜头

这是一种非常实用的镜头，它常用在视频监控系统中的一体化摄像机与快速球中，能自动调节镜头的焦点，不论是目标移近摄像机还是远离摄像机，都可以以保证被摄物体图像的清晰。当被摄目标（如行人、车辆等）在镜头光学轴线方向上移动时，或当摄像机随云台转动、镜头的焦距发生变化时，它都会自动瞄准新的被摄目标，并在移动过程中自动调焦，以保持目标图像的清晰。

这种自动聚焦镜头，主要决定它使用的自动调焦技术。从自动调焦的基本原理来区分，自动调焦技术可分为下列三类。

（1）测距法：这种方法是通过测量被摄目标和镜头之间的距离，并驱动镜头运动到合适的位置而完成自动调焦的，具体方法有三角测量法、红外线测距法与超声波测距法等。

（2）聚焦检测法：这种方法是通过检测影像是离焦还是聚焦（主要是检测影像的轮廓边缘与像的偏移量），而实现自动调焦的，具体方法有对比度法与相位法等。

（3）图像处理法：这种方法是通过摄像机采集被测物的光学图像，经模拟数字转换，利用计算机进行数字图像处理而实现自动调焦的，具体方法依焦距评价函数分有高频分量法、平滑法、阈值积分法与灰度差分法等。

欲详细了解三类调焦技术及其优劣，可参阅本书参考文献[4]及 AS（安防工程商）杂志2010 年 4 月刊"论各类自动调焦技术及其优劣比较"一文，这里就不再赘述了。

目前，自动调焦技术以图像处理法应用最多，比较实用的可参阅中国公共安全杂志 2011年 3 月刊"用于高速球一体机的实时快速自动调焦系统的研究" 一文，本书参考文献[5]《安防视频监控实用技术》2.3.6 节中还专门论述了"镜头快速实时自动调焦系统的设计"实例。

5. 安定镜头

在视频监控系统中，当镜头和摄像机在观察场景时晃动或震动时，一般的镜头拍摄的图像就会不清晰，这时就需要使用安定镜头。安定镜头与普通镜头的不同之处在于：这种镜头系统内部设有活动光学器件，它通过这种器件的反向移动来抵消摄像机和场景之间的相对移动的，所以安定镜头可以抵消摄像机因受风吹、震动等而引起的严重晃动。

安定镜头广泛应用在于提式摄录机、车载摄像机、空中平台摄像机和船载等摄像系统中。

6. 红外镜头

目前，监控市场上对 24h 连续监控的需求越来越多，由此产生了越来越多的日夜型摄像机。这种摄像机如果采用普通镜头，其白天的图像调节清晰，晚上的图像就变得模糊；反之，晚上图像调节清晰，白天就模糊。其原因是由于普通摄像镜头不可能使可见光和红外光这两种不同波长范围的光线在同一个焦面上成像，因为不同波长的光线通过作为光学介质的镜头之后，聚焦的位置不同。而普通摄像镜头，是只限定在可见光波长范围的性能要求而设计的，因此作为日夜使用就会出现上述现象。

红外镜头放在日夜摄像机上能对应可见光与红外光的转换，从而始终保持所监控图像画面的清晰。其原因是，因为红外镜头是根据可见光和红外光这两种波长范围而设计制作的，所以它能使可见光和红外光在统一的焦面上成像。

红外镜头即 IR 镜头，它采用了特殊的光学玻璃材料，并用最新的光学设计方法，从而消除了可见光和红外光的焦面偏移，因此从可见光到红外光区的光线都可以在同一个焦面位置成像，使图像都能清晰。此外，红外镜头还采用了特殊的多层镀膜技术，以增加对红外光线的透过率，所以用 IR 镜头的摄像机比用普通镜头的摄像机夜晚监控的距离远。

现在，红外镜头在市场上有定焦与变焦镜头系列，还有 1/3、1/2 in 等系列。其应用范围广泛，除专门作为红外对应的特殊用途外，也可作为普通镜头，并能有效提高成像质量。

除上述几种特殊镜头外，还有使镜头和传感器之间的距离适当增大的中继镜头、光纤镜头与管道镜头等，这里就不一一赘述了。

2.4.3 非球面镜头

常用的普通摄像镜头为球面镜头，它采用的是球面镜片，而不是平面。一般球面镜片会出现像差，如球差、色差、彗差等，因而实际的摄像镜头通常需要多片凹凸程度不同的镜片，进行分组组合来予以校正。最简单的定焦镜头一般需要 4 片 3 组、6 片 4 组或 7 片 4 组，而高档的变焦镜头则需要 10 多片 10 多组的镜片组合。显然，这不仅使镜头的体积和重量增加，而且使透过的光也减少了。对 F 值小的高感度镜头来说，其有效通光口径越大，球面像差就越大，当然其校正也就越困难。正是由于球面镜头的缺点，才研制了非球面镜头。

1．非球面镜头的含义

非球面镜头（Aspherical Lens）所用的镜片为非球面镜片，其面形也是在球面面形的基础上通过细微的调整得出的。从数学的角度来说，球面的面形是一个二次函数，而非球面的面形函数是四次甚至更高次的函数，因此非球面的面形更加复杂。实际上，它是在球面的基础上，按事先设计好的细微面形起伏，进行人为控制而获得非球面的复杂曲面的。

由于非球面镜头的镜片形状，是在充分考虑到上述各校正因素，通过精确的设计计算，由精密仪器光学研磨而成的，因此一片非球面镜片就能实现多个球面镜片校正像差的效果。这样，非球面镜头可以有效减少镜片的数量，从而减小镜头的体积和重量，并使透光性更好，色差还原准确、成像质量变佳。

2．非球面镜头的特点

（1）能消除球差，大大提高成像质量。球面镜片具有球面像差的先天缺陷，从而带来了无法克服的光斑现象，如图 2-18（a）所示。显然，它将影响成像质量。

而用非球面镜片，使光线经过高次曲面的折射，就可以把光线精确地聚集于一点，如图 2-18（b）所示，因此，用非球面镜片校正了球面像差，大大地提高了成像的质量。

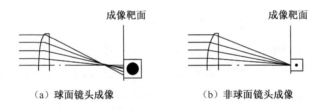

（a）球面镜头成像　　　　　　　　（b）非球面镜头成像

图 2-18　非球面镜头球差补正示意图

（2）可以改善镜片边缘部分对光的折射率，从而使物体的成像更加细致。球面镜片，尤其高倍率球面镜头，更容易出现球差和图像失真，尤其光线在球面镜头边缘过折射引起的桶形失真，如图 2-19（a）所示。

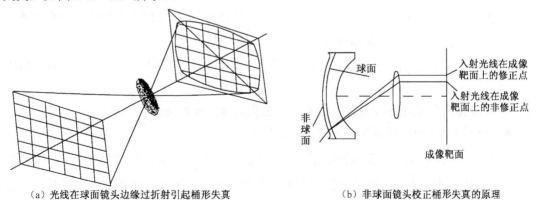

（a）光线在球面镜头边缘过折射引起桶形失真　　　　（b）非球面镜头校正桶形失真的原理

图 2-19　非球面镜头消除桶形失真的原理

而用非球面镜头，能消除光在球面镜头边缘过折射引起的桶形失真。如若将非球面镜头用于高倍率的变焦镜头时，由于非球面镜头设计时，将边缘入射的光线按球面镜头失真的反方向进行了修正，从而有效地消除了桶形失真，如图 2-19（b）所示。

（3）可使镜头光学结构简化，能获得更大的通光口径。由于使用 1 片非球面镜片可以代替一组球面镜片，从而使摄像镜头的光学结构相对简化，这样在光学通路和机械结构上容易获得更大的通光口径。例如，日本腾龙（TAMRON）公司生产了 1/3 英寸的 f=3.0～8 mm 的 F/1.0 系列镜头，这种镜头之所以达到 F/1.0，就是用了非球面镜片的原故。

（4）使镜头体积小、重量轻，并增强透光率。因为 1 片非球面镜片能顶替好几片一组的球面镜片，从而使摄像镜头的体积缩小、重量减轻，并且光线经过的镜片少，因而使透光率大大增强，图像画面也变得细致明亮。例如，TAMRON 的 1/3 英寸 f=5～50 mm 的 F/1.4 系列镜头，其中仅使用了两片非球面镜片，它不仅实现了体积小、重量轻，而且增强了透光率，保证了成像质量。

非球面镜头虽有上述优点，相比的缺点是：

（1）其加工工艺要求非常高，低散射非球面镜片（如腾龙的 LD 镜片），其物理特性需要在抛光及镀膜过程中保证最精密的加工精度；所形成的非球面层的特殊的光学树脂（Optical resin）的光学特性，也需要在铸型过程中保证各种适当的管理，才能达到最佳的实用状态。

（2）镜头设计计算要精确，因而较复杂一些。

3．非球面镜头在视频监控中的应用

由上述可知，若将非球面镜头应用到视频监控系统中，将会使系统的性能提高。TAMRON 公司专门为彩色摄像机设计了一种非球面镜头，它能使通过它的光线经过彩色摄像机的光学低通滤波器后，精确地成像在固体图像传感器的感光面上，如图 2-20 中实线所示。例如，TAMRON 的 f=3.0～8 mm 的手动变焦非球面镜头 13VM308AS，就是这种专用镜头。但将该镜头用于黑白摄像机时，由于黑白摄像机中没有光学低通滤波器的折射，这样成像点会落在固体图像传感器感光面稍前一点的位置上，如图 2-20 中虚线所示。

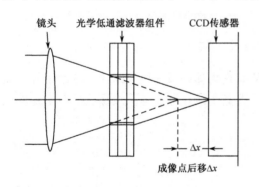

图 2-20　专门为彩色摄像机设计的镜头的成像点

为此，TAMRON 公司为黑白摄像机配备了两个附件：

● 可模拟光学低通滤波器组件的能旋入镜头后部的滤光镜；
● 一个可置入镜头和摄像机间的薄金属垫圈。

因此，非球面镜头用于视频监控系统中，将能使所监控的图像质量提高。

显然，用原来球面镜头要兼顾到黑白与彩色摄像机，它不可能使图像达到最佳，一般稍变得模糊些，这时只有通过精确调整对焦来进行弥补。

2.4.4　摄像镜头的选用

由前知，摄像机镜头的种类繁多：从焦距上可分为短焦距、中焦距、长焦距和变焦距镜头；从视场的大小可分为广角、标准、狭窄或远摄镜头；从结构上可分为固定光圈定焦、手动光圈定焦、自动光圈定焦、手动变焦、自动光圈电动变焦、电动三可变、针孔、红外等镜头类型。在视频监控系统中，除单板机或超小型一体化机外，一般提到的摄像机均指的是 CCD 裸机。因此镜头选择得合适与否，直接关系到摄像质量的优劣，所以在视频监控系统的设计中，选择镜头是最关键最重要的环节之一。下面介绍镜头选用的几个具体问题。

1. 镜头选择尺

由于镜头的成像尺寸、焦距、视场角等参数具有一一对应的关系，因此一些专业镜头生产厂商及公司（如日本精工及 Computar 等）还专门制作了如图 2-21 所示的镜头选择计算尺。

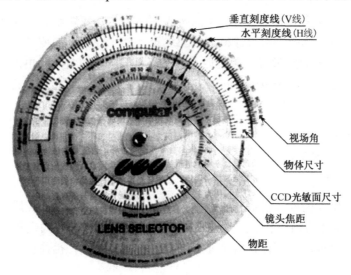

图 2-21　镜头选择计算尺

这种计算尺，由上下两个圆盘及一个透明的扇形片组成，其圆盘及扇形片上均有刻度，并分别标有视场角、被摄物体的水平及垂直尺寸、镜头的焦距、固体光电成像器件光敏面尺寸及被摄物体距 CCD 或 CMOS 摄像机的距离等参数。

当具体使用这种镜头选择尺时，可根据某个事先确定的已知量就可以计算出其他的量。例如，要确定 1/3 英寸 CCD 摄像机在配用 8 mm 镜头时的视场角，及在离摄像机 3 m 距离时被摄物体在监视器屏幕上所占面积的大小，就可首先旋动扇形片使标有 1/3 in 的 CCD 光敏面尺寸刻度线对准上圆盘上 8 mm 的焦距刻度线，这时，扇形片上的 H 线即指明了该镜头的水平视场角约为 33°，V 线则指明了镜头的垂直视场角约为 25°，然后旋转下圆盘使物距刻度线对准 3 m，则扇形片上 H 线的下方对应的物体尺寸刻度线 1.6 即表明了 1/3 in 的 CCD 摄像机在配用 8 mm 镜头时，可以将 3m 远处 1.6 m 宽的物体摄入监视器。当物距增加到 5 m 时，摄入物体的宽度则可达到 2.7 m。

需指出的是，在实际使用该盘时，多半都先选定物距及被摄物体的大小，然后从盘中选择计算出应配用镜头的焦距。

2．放大倍数

大家知道，摄像镜头的放大倍数和视场范围，取决于它的焦距长度和传感器的尺寸，而人的眼睛的视场范围则相对固定。如果两套摄像系统所看到的画面尺寸完全相同，我们就认为两者具有相同的视场范围和放大倍数。在视频监控系统中，焦距长度和视场范围，与人的眼睛的对应参数相同的镜头称为"标准镜头"，这种镜头的放大倍数为1。人的眼睛前部的晶状体中心到眼睛后部视网膜之间的距离，就是人眼的焦距，其数值大约为17 mm。

大多数人的眼睛的视场范围和放大倍数都基本相同。有几种不同的配置可以实现1倍的放大倍数：25 mm 镜头与1 in 摄像机配用；16 mm 镜头与2/3 in 摄像机配用；12.5 mm 镜头与1/2 in 摄像机配用；8 mm 镜头与1/3 in 摄像机配用；6 mm 镜头与1/4 in 摄像机配用等。

一般，与传感器配用的焦距较短的镜头称为广角镜头；焦距较长的镜头则被称为望远镜头或狭角镜头。装有望远镜头的摄像机就像望远镜一样，能将画面放大，将视角缩窄，将被摄物体"拉近"，从而使观察者可以清楚地看到感兴趣的观察目标。广角镜头中的光学器件则使观察者可以看到更大的视场范围，同时将被摄物体推远。若将望远镜倒过来观看时，就可以看到这种"广角"的效果。

视频监控系统的放大倍数取决于两个因素：

● 镜头的焦距和摄像机传感器的尺寸；

● 监视器的尺寸。

（1）摄像机传感器的放大倍数。摄像机的放大倍数只取决于镜头焦距和摄像机传感器的尺寸这两个因素。摄像机的传感器尺寸如表2-11所示，它的大小是固定的，无法调节。因此，对于特定的摄像机来说，不管传感器平面上的光学图像有多大，摄像机只能看到传感器范围内的那部分。

表 2-11　摄像机传感器的尺寸

名称	水平尺寸（H）		垂直尺寸（V）		对角线尺寸（dS）	
	毫米	英寸	毫米	英寸	毫米	英寸
1 in	12.7	0.50	9.6	0.38	16	0.63
2/3 in	8.8	0.35	6.6	0.26	11	0.43
1/2 in	6.4	0.25	4.8	0.19	8	0.31
1/3 in	4.4	0.17	3.3	0.13	5.6	0.22
1/4 in	3.3	0.13	2.5	0.10	4	0.16
1/6 in	2.3	0.09	1.8	0.07	2.8	0.11

实际上，我们所说的放大倍数，是镜头与眼睛比较时的相对放大倍数。眼睛的焦距约为17 mm，其放大倍数相当于与1 in 传感器配用的25 mm 镜头。这时，1 in 传感器的放大倍数

$$M_{(1\ in)} = 镜头焦距（mm）/ 25\ mm = f/25\ mm \tag{2-23}$$

所以，焦距为75 mm 的镜头在1 in 摄像机上的放大倍数为

$$M_{(1\,in)}=f/25\text{ mm}=75\text{ mm}/25\text{ mm}=3$$

对于 2/3 in 的传感器，放大倍数为

$$M_{(2/3\,in)}=\text{镜头焦距（mm）}/16\text{ mm}=f/16\text{ mm} \tag{2-24}$$

对于 1/2 in 的传感器，放大倍数为

$$M_{(1/2\,in)}=\text{镜头焦距（mm）}/12.5\text{ mm}=f/12.5\text{ mm} \tag{2-25}$$

对于 1/3 in 的传感器，放大倍数为

$$M_{(1/3\,in)}=\text{镜头焦距（mm）}/8\text{ mm}=f/8\text{ mm} \tag{2-26}$$

同样道理，对于 1/4 in 传感器，其放大倍数为 $f/6$ mm；对 1/6 in 传感器，其放大倍数为 $f/4$ mm。

由上可知，对所选定的 CCD 摄像机的传感器来说，其放大倍数只取决于镜头的焦距。

（2）监视器的放大倍数。当摄像机所摄图像显示在视频监控系统的监视器上时，场景会被进一步地放大。放大倍数等于监视器对角线（d_{m}）与传感器对角线（d_{s}）的比值，即

$$M_{（监视器）}=d_{m}/d_{s} \tag{2-27}$$

如采用对角线为 9 in 的监视器（d_{m}=9 in）和 1/2 in 的传感器（由表 2-11，d_{s}=8 mm=0.31 in），按公式（2-27）计算如下：

$$M_{（监视器）}=9/0.31=29$$

这样，我们可算出视频监控系统的整体放大倍数

$$M=M_{（传感器）}\times M_{（监视器）} \tag{2-28}$$

例如，由 25 mm 镜头摄得而投到 1/2 in 的 CCD 上的图像显示在 9 in 监视器上时，视频监控系统的整体放大倍数为 M=25/12.5×29=58。值得指出的是，尺寸较大的监视器虽然可以提高放大倍数，但不能用来增加画面中的信息量（那是由传感器的分辨率决定的）。大尺寸监视器的作用是允许操作员坐（站）得远一点，并便于多人观看。

3. 镜头与摄像机的接口

镜头与摄像机的接口安装方式有 C 型安装和 CS 型安装两种。这两种镜头的接口部位示意图如图 2-22 所示，其中上半部为 CS 型镜头，下半部为 C 型镜头。

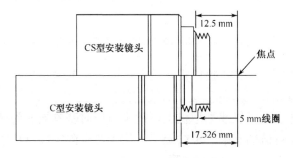

图 2-22　C 型安装和 CS 型安装镜头的接口部位

在视频监控系统中，大尺寸传感器的摄像机常用的镜头是 C 型安装镜头（1 in32 牙螺纹座），这是一种国际公认的标准。这种镜头安装部位的口径是 25.4 mm（1 in），从镜头安装基

准面到焦点的距离是 17.526 mm（0.69 in）。小尺寸传感器的摄像机的镜头接口则作成 CS 型，它的直径和螺纹与 C 型一样。所不同的是，镜头的后安装面与传感器之间的距离缩短为 12.5 mm（0.49 in），正好比 C 型接口短 5 mm（0.2 in）。因此，将 C 型镜头安装到 CS 接口的摄像机时，需增配一个 5 mm 厚的接圈，而将 CS 镜头安装到 CS 接口的摄像机时，就不需接圈。

值得注意的是，在实际应用中，如果误对 CS 型镜头加装接圈后安装到 CS 接口摄像机上，会因为镜头的成像面不能落到固体摄像机的成像器件光敏面上，而不能得到清晰的图像；而如果对 C 型镜头不加接圈就直接接到 CS 接口摄像机上，则可能使镜头的后镜面碰到成像器件的光敏面的保护玻璃，而造成 CCD 摄像机的损坏，这一点需特别引起注意。

4．常用摄像机镜头的类型及其参数

目前市场上应用较多的摄像机镜头大多为日本的产品，如 Avenir（精工）、Computar、Yamano、Tamron（腾龙）、Rainbow（彩虹）和 Cosmicar 等。国产的镜头有福建光学仪器厂、长春市佶达光学电子仪器厂、大连光学仪器厂等。

（1）一般摄像机镜头的类型及参数。由于各厂家生产的镜头的类型及参数大同小异，而比较典型的有日本精工等厂家生产的摄像机镜头的各种类型及其参数，其说明书一般视频监控系统设计者手上都有，这里就不介绍了。

（2）单板式及微型摄像机小镜头的类型及其参数。由于隐蔽式视频监控系统，以及钻井与管道视频监视的需要，单板式与微型固态摄像机已大规模产业化，它们所需要的小光学镜头也越来越多样化，在这里也做一简单介绍。

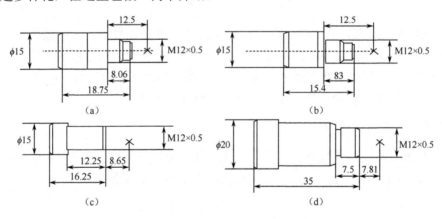

图 2-23　单板式与微型 CCD 摄像机镜头几何参数

单板式与微型 CCD 与 CMOS 摄像机目前所用的镜头都是小口径、固定焦距的简单形光学镜头，其通用接口为 M12×0.5 螺纹接口。典型的四种类型镜头的几何参数如图 2-23 所示，其光学镜头座一般固定在单板机或微型机上，镜头出厂时基本被调到对无穷远目标成清晰图像。只是在需要时镜头可借助有限的螺纹旋出，达到对有限距离目标成像。这种小型镜头的焦距大多是广角的，如 3.6 mm、2.8 mm 等。

5．选用镜头的步骤

一般，在为固体摄像机选择镜头时，需按下列步骤进行逐一选择核对。

（1）所需监控的监视点需要观察的视场范围有多大？根据各点的观察范围和距离逐一选择焦距。选择时可用镜头选择尺，若手头无镜头选择尺，则按式（2-22）进行计算选择。

（2）所监控的场景的照明情况如何？照度变化大不大？从而考虑是用手动光圈镜头还是自动光圈镜头。监控场景环境照度变化不大，或监控目标的照度相对比较固定的场所，选用手动光圈镜头；若照度变化大，就要用自动光圈镜头，这时还需考虑是选用直流驱动还是视频驱动方式，并且注意镜头上的驱动插头要与摄像机上的插孔一致（四针方形或圆形）。

（3）客户在观察整个场景时，是否需要仔细观察某个目标的细节？如果需要，则考虑是使用手动变焦镜头还是电动变焦镜头，是两可变镜头还是三可变镜头。通常，在需要远近都能看清楚观察目标的情况下，就需使用变焦镜头。在视频监控系统中，很少使用手动变焦镜头。若照度变化频繁，就使用两可变镜头，一般多使用三可变镜头。

（4）要根据摄像机的传感器的尺寸来选择匹配的镜头的成像尺寸。如摄像机的传感器的尺寸为 1/3 in 时，最好选镜头的尺寸也为 1/3 in 等。

（5）考虑摄像机与镜头的接口类型是 C 型还是 CS 型，要不要使用 5 mm 的接圈。现在的摄像机的接口通常都是 CS 型接口，镜头最好也选 CS 型接口，若镜头是 C 型接口，就要使用 5 mm 的接圈。

（6）根据监控场景的地点的情况和客户的要求，是否须选用特殊光学镜头、红外镜头与非球面镜头等。

第 3 章

安防视频监控系统前端摄像机

安防视频监控系统前端的主要设备就是作为系统眼睛的监控摄像机，而作为摄像机中的光电成像器件（也称为图像传感器）有很多（可参阅本书参考文献[1、2、3、5、9]），但目前用于安防视频监控系统前端的主要是 CCD 与 CMOS 成像器件为核心的 CCD 与 CMOS 摄像机。由于 CCD 与 CMOS 成像器件已在安防监控技术基础课中做过介绍，因而本章只介绍 CCD 与 CMOS 摄像机，以及由它们组成的几种特殊用途的新型摄像机。

3.1　CCD 摄像机

3.1.1　CCD 黑白摄像机

1. CCD 黑白摄像机的组成

CCD 黑白摄像机的组成及其工作原理框图如图 3-1 所示，由图看出，它由下列五大部分组成：CCD 图像传感器、扫描驱动及同步信号产生、视频图像处理及放大、摄像镜头、电源变换器。

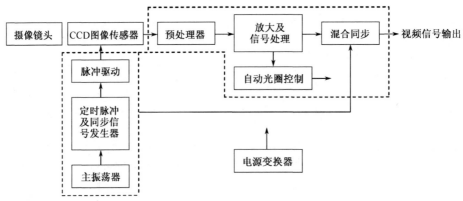

图 3-1　黑白 CCD 摄像机原理框图

2．CCD 黑白摄像机各部分的作用

由前述可知，CCD 图像传感器是摄像机的核心，它完成光电图像的转换、存储与传输的功能。但不管是哪一种面阵 CCD，都需要外围驱动电路才能工作，所以摄像机组成的第二部分是产生二相或三相时钟脉冲，转移控制脉冲、复位脉冲、行频、场频、消隐，以及处理电路所需的同步和校正等脉冲信号。由于有了第二部分，当光学图像经镜头到 CCD 图像传感器，它才能按驱动脉冲的驱动而输出随时间变化的视频图像信号。这种时序的视频信号包含了图像信号、复位电平和干扰脉冲。

为了取出图像信号，消除干扰，必须要对图像信号进行适当的处理与放大，恢复其直流分量，混入同步、消隐信号，达到输出具有一定幅度、一定负载能力的全视频信号。因此，就需要对 CCD 面阵器件输出的信号进行一系列的处理，才能形成符合电视传输要求的视频信号。显然，这些统统都需由视频图像处理及放大这部分来完成。

这种视频信号的处理，首先需经过采样保持电路的预处理，其任务就是取出图像信号并消除干扰。除采样保持等予处理外，视频图像处理还包含了 AGC（自动增益控制）放大、γ校正、自动黑电平箝位、切割、混同步信号、混消隐信号，以及为了与负载匹配连接设置的功率放大等视频处理。这些处理、放大电路已集成化，所以调试方便、性能稳定可靠。

值得一提的是，目前的摄像机大都是 DSP 摄像机，它将模拟视频数字化后将所需的视频处理功能，以及为提高与改善图像质量等智能功能编制软件嵌入 DSP 进行数字信号处理。也就是说，上述视频图像处理这部分，都集成在 DSP 中。

镜头的作用如 2.4 节所述，这里就不再重复了。

最后的电源变换器部分是将输入的 DC12V 电源或市电 AC 220 V 交流变换为整机所需的 20 V、14 V、5 V、−9 V、−7 V 等多个直流电源，以满足 CCD 及各个集成电路工作的需要。

3．黑白全视频信号波形

为了保证在监视器上显示的图像与 CCD 摄像机摄取的图像完全一致（即要求送往监视器的视频信号与摄像机送出的视频信号完全同步），必须在视频信号中包含有同步信息，并使这些同步信息以同步脉冲的形式加在行、场消隐期间传送。含有行、场同步信息和行、场消隐信息的黑白全视频信号的波形如图 3-2 所示。其中，图 3-2（a）为场正程期间的行信号波形；图（b）为场逆程期间的信号波形。

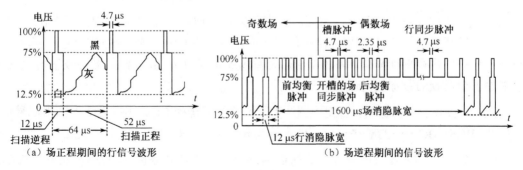

（a）场正程期间的行信号波形　　　　　（b）场逆程期间的信号波形

图 3-2　黑白全视频信号波形

3.1.2　CCD 彩色摄像机

CCD 彩色摄像机有三片式、二片式、单片式三种。由于三片式及二片式需分光棱镜分光后再经三片或二片 CCD 芯片输出红、绿、蓝三基色信号，因而其结构相对比较复杂。但对每一条光路来说，由于该光路的 CCD 传感器上各感光单元全部用于该路光信号的感光，因此可以得到最高的分辨率，所以三片式及二片式彩色摄像机主要作为广播级摄像机。但在安防视频监控系统中所用到的彩色摄像机，都是单片式的。由于一片 CCD 传感器相当于要对 3 路光信号感光，即片上各感光单元不能同时对某路光信号感光，因此单片式彩色 CCD 摄像机的分辨率不如三片式及二片式高，但成本却肯定比前者低很多。

1．彩色滤色器阵列（CFA）

显然，单片式彩色 CCD 摄像机中不再需要分光棱镜，而取而代之的是一种彩色滤色器阵列（Color Filter Array，CFA）。CFA 可以从单片 CCD 芯片中取出红、绿、蓝三基色信号，因而单就最终的效果来看，它与分光棱镜分光后再经三片或二片 CCD 芯片输出红、绿、蓝三基色信号有着相同的作用。从物理结构上看，CFA 相当于在 CCD 晶片表面覆盖数十万个像素般大小的三基色滤色片，而这些微小的滤色片是按一定的规律排列的。各种单片式彩色 CCD 摄像机的设计方案，其实质性的特征主要取决于滤色器的结构。

（1）拜尔彩色滤色器。图 3-3 示出了拜尔（Bayer）提出的 CFA 结构。由该结构可以看出，它每行只有两种滤色单元，或者 G、R，或者 G、B。显然，绿色的滤色片占了全部滤色片的一半，而红色和蓝色滤色片分别占全部滤色片的四分之一，其原因是因为人眼对于绿色的敏感度要比对红、蓝色的敏感度高。如果从各小滤色片的空间分布上看，拜尔 CFA 结构中各小滤色片的分布还是比较均匀的，但将它用作隔行扫描的电视摄像系统中，就会出现问题。

由图 3-3 可知，当奇数场到来时，只有奇数行的各像素被依次读出，即仅有红色和绿色信号的行被读出，画面呈黄色；当偶数场到来时，只有偶数行的各像素被依次读出，即仅有蓝色和绿色信号的行读出，画面呈青色。因而从时间上看，画面一会儿（20 ms）为黄色，一会儿（20 ms）为青色，从而产生了半场频（对 PAL 制为 25 Hz、对 NTSC 制为 30 Hz）的黄青色闪烁。值得指出的是，这种闪烁在 CCD 成像单元比较少时（如 100×100）明显，而在成像单元数目较多的情况下，闪烁现象则不明显。因此，这种滤色器多用于像素数多的 CCD 传感器中。

（2）行间排列式彩色滤色器。为克服黄青色闪烁的问题，在实际应用中多采用如图 3-4 所示的行间排列方式的 CFA 结构。在这种结构中，绿色小滤色片的排列方式不变，而红、蓝色小滤色片被安排得每行都有，因而无论是奇数场还是偶数场，红、蓝信号都被均匀地读出，从而消除了半场频的黄青色闪烁。

因此，当接收彩色图像时，若使用图 3-4 所示的行间排列 CFA，则 CCD 的输出信号奇数行将按 RGBGRGBG……的顺序输出；偶数行将按 GRGBGRGB……的顺序输出。

上述的拜尔的 CFA 和行间排列方式的 CFA 通常称为基色式滤色器的排列。在单片式 CCD 传感器的场合，滤色器的排列采用镶嵌式为好。因为人眼对绿光灵敏度最高，所以绿色像素比红、蓝色像素的数量做得多，即无论纵行横行都使绿色像素每隔一个出现一次。实用中镶嵌式排列多采用行间排列式，因为这种排列方式具有三基色图像信号之间完全不会产生彩色边纹的特点。

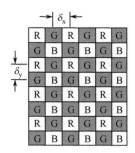

图 3-3　拜尔的 CFA 结构

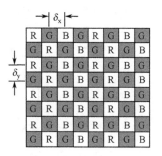

图 3-4　行间排列方式

基色式滤色器的排列结构的摄像器件，在进行隔行扫描时，其光敏单元和基色式滤色器的排列关系如图 3-5 所示。

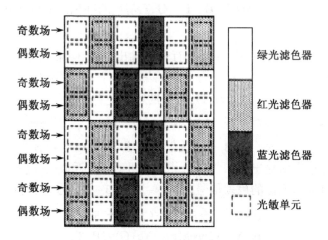

图 3-5　光敏单元和滤色器的排列关系

由图可知，在其垂直方向上，每一个滤色器对应两个光敏单元，而在水平方向上，每一个滤色器对应一个光敏单元。这样，扫描奇数场由各滤色器单元的上部像素承担，偶数场由各滤色器单元的下部像素承担，这两个扫描场合起来，就可得到对应于行间排列的电信号。

基色式滤色器排列的优点是，光谱特性标准，彩色重现效果好，且分离电路比下面的补色式滤色膜简单。缺点是基色式滤色膜对每种基色光的利用率只有 1/3，因此它们的灵敏度低于下面的补色式滤色膜。

（3）补色式滤色器。补色式彩色滤色器（即复合滤色器）比前述的基色式滤色器具有更高的灵敏度，因而目前的新型彩色 CCD 摄像机大多采用。图 3-6 所示为目前应用较多的补色式点阵滤色器，如 SONY 公司 1/3 in 彩色 CCD 传感器 ICX059CK，就使用了这种补色点阵排列方式。

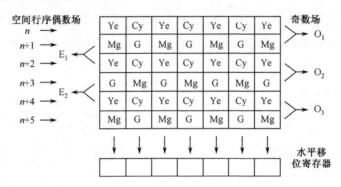

图 3-6　补色式点阵滤色器示意图

由图 3-6 可见，每相邻的 4 个像素构成一组，它们分别镀有黄（Ye）、青（Cy）、品红（Mg）和绿（G）色等滤色膜，每一个滤色单元分别对应一个 CCD 感光单元。设第 n 行为 Ye 与 Cy 相间排列，第 $n+1$ 行为 Mg 与 G 相间排列，则第 $n+2$ 行与第 n 行相同，第 $n+3$ 行与第 $n+1$ 行相同（但纵向看，Mg 与 G 也是相间排列的，即这两行有 180° 相位差）。如此 4 行一组，依此类推。由于 Ye、Cy、Mg 分别属于 B、R、G 三基色的补色，所以这种滤色器称为补色式滤色器。

在场积累方式中，相邻两行相加作为一行信号输出，如图 3-6 所示的奇数场的 O_1O_2、O_3，及偶数场的 E_1E_2 等。其结果是：对于奇数场的第 O_1 行，水平移位寄存器的输出信号将按 (Ye+Mg)、(Cy+G)、(Ye+Mg)、(Cy+G)……的顺序交替出现；而对于 O_2 行，水平移位寄存器的输出将按 (Ye+G)、(Cy+Mg)、(Ye+G)、(Cy+Mg)……的顺序交替出现。

由于 3 个补色信号是由 R、G、B 三基色信号形成，即 Mg = R+B、Ye = R+G、Cy = B+G，因此将上述水平移位寄存器输出的相邻信号相加，即可得出近似的亮度信号（Y 信号），而将相邻信号相减，即可得出近似的色差信号（即 R−Y 与 B−Y 信号）。其具体计算公式为

$$R-Y \approx (Ye+Mg)-(Cy+G)=2R-G$$
$$B-Y \approx (Cy+Mg)-(Ye+G)=2B-G \qquad (3-1)$$
$$Y \approx (Ye+Mg)+(Cy+G) =2R+3G+2B$$

由于色差信号 R−Y 和 B−Y 以行顺序交替出现，因而这种滤色器排列结构的彩色编码方法，称为行顺序彩色编码。

根据上述分析，通过适当设计各种滤色器的光谱响应曲线，可使 (Ye+Mg)+(Cy+G)=2R+3G+2B 的光谱响应曲线十分接近于应有的亮度信号 Y 的光谱响应曲线。此外，由于每相邻的 4 个像素中都可通过相加而得到 Y 信号，因此可通过低通滤波器，将它从 CCD 输出的组合信号中分离出来。这种补色式滤色器对 G 光的透过率影响极小，只有品红色 Mg 膜能阻挡 G 光，但任意相邻的 4 个像素信号相加时，Mg+G 都会得到白色信号。考虑到 G 光对亮度的贡献最大，所以补色式滤色器对景物的亮度传输损失很小，由此提高了灵敏度。若用白色透明膜代替 G 色膜，其灵敏度还可进一步提高。

由于补色式滤色器中滤色膜 G 的光谱响应曲线，接近于亮度光谱响应曲线，因此可以将 2R−G 近似地看为 2R−Y，将 2B−G 近似地看为 2B−Y，再通过白平衡调节电路进一步调节 R、

B 的比例，即可使两路输出信号分别成为 R–Y 及 B–Y。这种通过光谱上的近似处理及复杂的信号运算所产生出的近似色差信号和亮度信号，其彩色重现，显然不能准确逼真。但实践已证明，这种补色式点阵滤色器，已经能够满足一般监控摄像机的基本要求。

2. 彩色信号处理

CCD 输出的电信号经变换处理编码为 PAL 制视频信号的方框图如图 3-7 所示。图中，R_L、G_L、B_L 分别为红、绿、蓝三基色信号的低频分量，G_H 为绿信号的高频分量。

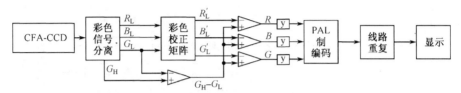

图 3-7　彩色信号处理电路和方框图

CCD 传感器的光谱灵敏度特性随光的波长不同而不同，所以要想彩色重复性好，需采用彩色校正矩阵。这种彩色校正矩阵的矩阵系数为

$$\begin{pmatrix} R'_L \\ G'_L \\ B'_L \end{pmatrix} = \begin{pmatrix} 1.65 & -0.63 & -0.22 \\ -0.22 & 2.32 & -1.09 \\ -0.17 & -2.19 & 3.36 \end{pmatrix} \begin{pmatrix} R_L \\ G_L \\ B_L \end{pmatrix} \tag{3-2}$$

彩色图像信号处理方式的详细方框图如图 3-8 所示。

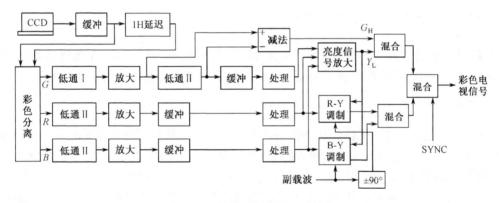

图 3-8　彩色图像信号处理方式

图 3-8 可知，它把从 CCD 器件的输出信号中分离出的红、绿、蓝三基色视频信号，经低通滤波、放大、缓冲、处理、调制与混合，然后形成合成的彩色视频信号输出。这种图像信号处理方式，把 CCD 器件的输出信号以及将它延迟相当于一个水平扫描周期的延迟信号（即1H 视频信号），通过彩色分离电路，形成红、绿、蓝三基色信号。

彩色分离电路输出的绿色信号的带宽为 3.58 MHz，红蓝色信号的带宽则为 0.9 MHz。对绿色信号以 0.8 MHz 为界分成低频分量及高频分量，其高频分量保证了彩色摄像机的高分辨率，而低频分量则与红、蓝色信号一起作为普通彩色摄像机的图像信号进行处理。

3．单片式彩色 CCD 摄像机的结构及工作原理

（1）单片式 CCD 彩色摄像机的结构。单片式 CCD 彩色摄像机的结构如图 3-9 所示，由图可见，它一般由摄像镜头、带镶嵌式滤色器的 CCD 传感器、将传感器读出的图像信号分离成三种基色信号的彩色分离电路、三种基色信号的处理电路以及彩色编码器等电路所组成。在图中，还有一个 1H 延迟部分，信号经过它后就被延时 1 个行周期的时间。滤色器和摄像单元具有相同的跨距，即每个滤色单元对应于 CCD 传感器的一个像素。

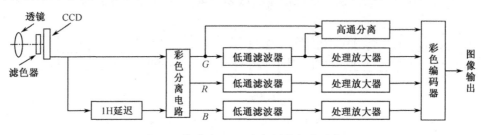

图 3-9　单片式 CCD 彩色摄像机的结构

（2）单片式 CCD 彩色摄像机的工作原理。单片式 CCD 彩色摄像机的基本工作原理是：透过镜头的景物信号，经过滤色器后在 CCD 芯片上成像，并从形成的图像中取出含有彩色信号的图像信号，再和 1H 延迟线取出的图像信号一起送入彩色分离电路。这种分离出来的三基色彩色信号，在通过各自的低通滤波器之后，经处理放大再进入彩色编码器，从而得到复合图像信号的输出。

3.1.3　CCD 摄像机的主要性能参数

CCD 摄像机的主要参数有像素数、分辨率、最低照度和信噪比等。在选择摄像机时还要考虑摄像机的一些附带功能、价格和售后服务等因素。下面介绍一下几个主要参数。

1．像素数

像素数指的是摄像机 CCD 传感器的最大像素数，有些给出了水平及垂直方向的像素数，如 500H×582V，有些则给出了前面两者的乘积值，如 30 万像素。对于一定尺寸的 CCD 芯片，像素数越多则意味着每一像素单元的面积越小，因而由该芯片构成的摄像机的分辨率也就越高。因此，CCD 的像素数和其分辨率有关。为避免有的厂家乱写分辨率，作者在 2004 年 3 月刊的《安全器材世界》杂志上的"论 CCD 摄像机的分辨率"一文中，论述了什么是分辨率，以及正确的 CCD 摄像机分辨率的公式，并建议最好用如 500H×582V 等的像素数来表示分辨率。目前，在高清时代，实际上均采用了这一表达方式。

2．分辨率

所谓分辨率，是指成像系统对物像细节的分辨能力。CCD 黑白摄像机的分辨率，即指摄像机摄取等间隔排列的黑白相间条纹时，在监视器（应比摄像机的分辨率高）上能够看到的最多线数。当超过这一线数时，屏幕上就只能看到灰蒙蒙的一片，而不再能分辨出黑白相间的线条，所以分辨率是衡量摄像机优劣的一个重要参数。

（1）分辨率的表示法。同摄像器件一样，也有极限分辨率与调制传递函数两种表示法（这在参考文献[9]中已论述）。目前，市场上摄像机的分辨率多用极限分辨率的表示法，且多用每帧高电视行数（单位为 TVL）表示。因此，摄像机指的清晰度多是指 TVL 数。

值得指出的是，分辨率与分辨力不能混为一谈，因为分辨力是指能分辨两条线之间的最小间隔，显然其单位不是某些"专家"认为的线数，而是米制的单位，如 mm、μm 等。并且，它与分辨率有互为倒数的关系，而两者都是用肉眼观测的，绝没有像上海某技术人员说的有谁优谁劣之说。何况，在安防摄像机中基本不用分辨力这一指标。

（2）CCD 摄像机的分辨率。CCD 摄像机的分辨率有时也称为清晰度，对 CCD 摄像机来说，则应有垂直方向的清晰度和水平方向的清晰度，两者的比值可称为清晰度比。由于垂直清晰度是固定的，所以摄像机的清晰度主要指水平清晰度。下面分别介绍一下它们的计算式。

① 垂直清晰度：由一帧图像的扫描行数决定。由于在场消隐期间看不到扫描线，对我国 625 行 50 场的扫描制式来说，画面的有效扫描行数约为 575 行；而对于美国 525 行 60 场的扫描制式来说，画面的有效扫描行数约为 490 行。由于水平扫描线之间是离散的，所以两条相邻的水平扫描线之间一定会丢失部分细节（或说对与扫描线相同的黑白水平线摄像时，扫描线与黑白水平线正好重合的概率不等于一）。一般，约有 30%（凯尔系数）的细节会丢失。所以认为，垂直清晰度 R_V 等于有效扫描行数 n 乘以经验值 0.7（即 70%），即

$$R_V = 0.7n \tag{3-3}$$

所以，对 625 行的扫描制式来说，实际有效的清晰度为 575×0.7=402 TVL；对 525 行的扫描制式来说，其垂直清晰度为 490×0.7=343 TVL。因此，垂直清晰度对同一电视制式来说，基本上是固定的。

② 水平清晰度：它是当用与画面高度相等的黑白相间的垂直平行线作为被摄物时，在水平方向上所能够再现的线数。而黑白条图形都是一定频率的方波信号，所以根据行扫描速度和传送带宽也可确定水平清晰度的值。水平清晰度用 R_H 表示，如果一条扫描线上能够再现 m 个像素，则水平清晰度为

$$R_H = \frac{V}{H} \cdot m \tag{3-4}$$

式中，m 为水平方向的像素数，V 是画面的垂直高度，H 为水平长度，V/H 也叫做光栅高宽比。原来一般 V/H=3/4=0.75，所以式（3-4）可写成

$$R_H = 0.75m \tag{3-5}$$

但对彩色 CCD 摄像机来说，因彩色滤光片效果，其分辨率均低于相同像素数的黑白摄像机。因此，彩色 CCD 摄像机清晰度的表示式为

$$R_H = 0.75m\alpha \tag{3-6}$$

式中，α 为因彩色滤光片排列所改变的经验值：对原色直线排列条纹滤光片，α=0.53～0.57；对补色方块色差线顺序滤光片，α=0.8～0.85。彩色 CCD 摄像机多使用后者。

因此，对像素数为 500 H×582 V 的低解摄像机来说，其黑白机的水平清晰度 R_H = 0.75×500 = 375 TVL，所以这种像素数的清晰度不可能有 420 TVL，至于彩色摄像机就更不可能称

420 TVL 了，而只能是 375×0.825 = 309 TVL；至于 752H×582 V 的高解摄像机，黑白机的水平清晰度为 0.75×752 = 564 TVL，不可能为 600 TVL，而彩色机也只是 450～465 TVL。所以，不是你说得越高越好，而是要有科学依据的。由于作者曾撰文纠正上述错误，并建议分辨率使用 500 H×582 V 或 752 H×582 V 为好。为此，中国安防产品等网撰文赞本人为中国安防技术的领军人物。

（3）分辨率的测试。通常，分辨率的测试是用安装有成像质量好的镜头的摄像机，去拍摄专用的分辨率测试卡，其中有一种分辨率测试卡如图 3-10 所示。最后，通过波形监视器用人眼来读取所能分辨的最大线数，即所测试的分辨率（绝不是某些"专家"所说的分辨力）。

分辨率测试系统如图 3-11 所示，其具体测试方法与步骤如下。

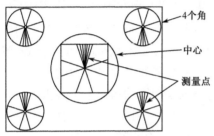

图 3-10　分辨率测试卡

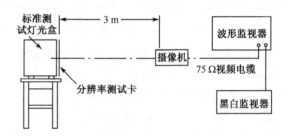

图 3-11　分辨率测试系统

① 按图 3-11 布置测试环境。将分辨率测试卡置于标准测试灯光盒上，距摄像机约 3 m 远。摄像机的视频输出端接波形监视器，并使波形监视器的输出连至高分辨率黑白监视器（600 线以上）上。

② 将景物照度设定为 2000 lx，光源色温设定为 3200 K。

③ 调节镜头焦距（或选配合适的定焦镜头并前后稍稍移动摄像机）使分辨率卡的图像充满监视器的屏幕，并通过精确对焦使图像最清晰。

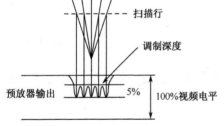

图 3-12　选行波形

④用选行示波器观察图 3-10 所示的分辨率卡，就可得到图 3-12 所示的波形。

⑤ 调节镜头光圈使信号白电平达到 100%（700 mV），则此时调制深度刚超过 5%的电视线数即该摄像机的极限分辨率。

3．最低照度

（1）最低照度的含义及其相关的条件。最低照度也是衡量摄像机优劣的一个重要参数，因为它是指当被摄景物的光亮度低到一定程度，而使摄像机输出的视频信号电平低到某一规定值时的景物光亮度值。确切地说，最低照度是摄像机产生的亮度输出电平为额定标准电平 700 mV 的一半时被摄物体的照度值。一般标定此参数时，还应特别注明镜头的最大相对孔径。例如，使用 F1.2 的镜头，当被摄景物的光亮度值低到 0.04 1x 时，摄像机输出的视频信号幅值为最大幅值的 50%，即达到 350 mV（一般标准视频信号最大幅值为 700 mV），则称此摄像机的最低照度为 0.04 lx/F1.2。被摄景物的光亮度值再低，摄像机输出的视频信号的幅值就达不到 350 mV，它反映在监视器的屏幕上，将是一屏很难分辨出层次的灰暗的图像。

目前，市场上对最低照度的规范尚不统一，有些产品说明书中照度指标很低的摄像机的低照度特性，可能还不如照度指标稍高一些的摄像机的低照度特性好。究其原因，就是在测定低照度指标时使用的测定标准与镜头的孔径不同。仍以前述例子为例，如果将摄像机输出的视频信号幅值降为最大幅值的 30%（即 210 mV）为基准进行测量，则被摄景物的光亮度值还可以再低，如 0.03lx，若再进一步将光学镜头换为 F1.0 的镜头，则由于光能量的增加，被摄景物的光亮度值还可再进一步降低到 0.02 lx。

由上分析可见，最低照度的数值实际上与下述四个因素有关。

● 镜头的光圈的大小；
● 光源的色温的高低；
● 视频信号的幅度的大小；
● 目标的反射率和背景的情况。

因此，只有标明以上四个相关条件，测试出的最低照度值才是有意义的。若抛开测定标准而单纯地以某品牌摄像机的照度标称值去和另一个品牌摄像机的照度标称值去比较，是不能准确得出哪台摄像机低照度特性更好的结论的，因为它们所用镜头的相对孔径和输出视频信号的规定值等条件可能不一样。又如，若使用针孔镜头，摄像机的最低照度指标肯定要加大，所以，目前摄像机说明中的最低照度指标，只能用于设计及选购器材时的参考。

（2）最低照度的检测方法。

① 对比法：用两个同型号的镜头，安装在欲测摄像机与国外名厂的原装摄像机上进行对比。将它们置于暗室分别对准层次丰富的物体，用调光器调节光照度的大小，直至看不清物体的暗部层次，或将镜头光圈调小一级进行对比，根据原装摄像机的最低照度值即可推测出欲测摄像机的最低照度值。

② 仪器法：同上一样在暗室中测试，将欲测摄像机对准十级灰度测试卡，用调光器调节光照度的大小，直至摄像机输出的视频信号在示波器上的幅值降为 350 mV，再用照度计测量灰度测试卡表面的照度值，即为所测试条件下的最低照度值。

4．信噪比

（1）信噪比的含义及其与照度的关系。信噪比也是摄像机的一个主要参数。一般，摄像机摄取较亮场景时，在监视器上显示的画面通常比较明快，观察者往往看不到画面中的干扰噪点；而当摄像机摄取较暗场景时，监视器上显示的画面就比较昏暗，观察者此时很容易看到画面中有雪花状的干扰噪点。这些干扰噪点的强弱，即干扰噪点对画面的影响程度，与摄像机信噪比指标的好坏有着直接的关系。显然，摄像机的信噪比越高，干扰噪点对画面的影响就越小。所谓"信噪比"，是指信号电压对于噪声电压的比值，通常用符号 S/N 来表示。在一般情况下，由于信号电压远高于噪声电压，其比值非常大，因此实际计算摄像机信噪比的大小，通常都是对均方信号电压与均方噪声电压的比值取以 10 为底的对数再乘以系数 20 而得（其单位为 dB），即

$$S/N = 20\lg（均方信号电压/均方噪声电压） \tag{3-7}$$

一般，摄像机给出的信噪比值，均是在 AGC（自动增益控制）关闭时的值。因为当 AGC 接通时，会对小信号进行提升，使得噪声电平也相应提高。在视频监控系统中，CCD 或 CMOS 摄像机信噪比的典型值为 45～55 dB，网络摄像机的信噪比值则要求高一些。

（2）信噪比的检测方法。

① 简易判别法：将摄像机镜头的光圈关闭或盖上镜头盖，在监视器上观察雪花状的干扰噪点的多少，以判别信噪比大小的程度。

② 对比法：用两个同型号的镜头，安装在欲测摄像机与国外名厂的原装摄像机上进行对比。将它们置于暗室对准黑平衡测试卡，用调光器调节光照度的大小，直至监视器画面上明显出现雪花状的干扰噪点，比较两者噪点的密度和大小，根据原装机的信噪比以估计待测机信噪比值。

③ 仪器法：将摄像机对准十级灰度测试卡，调整光圈的大小，使摄像机输出的视频信号电平达到 350 mV；再将摄像机输出的这个信号，直接连接于视频杂波测量仪上，就可在仪表盘直接读取信噪比的值。

5．伽玛校正系数

伽玛校正系数的典型值为 $\gamma=0.45$。现行摄像机大都采用了这个固定的 γ 值。但有些摄像机外壳的后面板上，还设置了一个 γ 值选择开关，可供用户在 $\gamma=1$ 与 $\gamma=0.45$ 间使用选择。

6．其他参数

摄像机的供电电源一般为 DC 12 V，有些则为 AC 24 V 或 AC 220 V（国外有些为 AC 110 V）。因此在实际应用中，应特别注意电源电压，而直流供电摄像机还应注意电源极性，以免烧毁摄像机。

值得提出的是，有少数摄像机可以自动识别 DC 12 V 或 AC 24 V，因此该摄像机的电源供给可以不考虑电源的大小或直流电源的极性，但不能直接接入 AC 220 V 电源。

CCD 摄像机的技术参数表中一般还给出其他一些参数，如温度、功耗、视频输出、扫描系统、同步系统、镜头接口、外形尺寸及重量等。有的一看就明白，这里就不介绍了。

3.1.4　CCD 摄像机的功能及其调整

除了上面介绍的 CCD 摄像机的基本参数外，各品牌的摄像机大都还有一些附带的功能及调整，如自动光圈接口、电子快门、自动增益控制、逆光补偿、白平衡、黑平衡、线锁定同步及外同步等。

1．自动光圈（Auto IRIS）

一般，摄像机在大范围光照度变化的场合应用时，如早晚的光照度与中午的光照度，晴天的光照度与阴天的光照度，其摄像效果会有很大的差别。因此，为保证 CCD 摄像机能够正确曝光成像，就必须随时调整镜头的光圈，以保证监控图像信号不会出现"限幅"现象，否则可能使图像亮处失去灰度层次，或因通光量减小而使画面灰暗且出现噪点。所以，只有使用自动光圈镜头，才能使摄像机输出的视频图像信号，自动地保持在标准状态。

通常，CCD 摄像机，大都带有驱动自动光圈镜头的接口，其中有些只提供直流（DC）驱动或视频驱动（Video Drive，VD）中的一种驱动方式，有些则可同时提供 DC 和 VD 两种驱动方式，并设置开关供用户选择。

不同品牌及型号的摄像机所带自动光圈接口的位置及形式不完全一样。有的自动光圈接口设置在机身的后面板上，有的则设在机身的侧面。几种不同形式的的自动光圈接口如图 3-13 所示，其中阴式方四孔接口最为常见，但不同摄像机对其各针脚的定义又不完全相同。

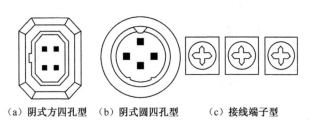

（a）阴式方四孔型　（b）阴式圆四孔型　（c）接线端子型

图 3-13　摄像机的自动光圈接口

一般，视频驱动自动光圈接口使用 3 个针，即电源正、视频、接地；而直流驱动自动光圈接口使用 4 个针，即阻尼正、阻尼负、驱动正、驱动负。具体将该接口定义为何种光圈驱动方式须由另外的拨动开关来选择，也有的由摄像机盖板内视频处理板上不同的插座位置来选择，并在出厂前设定一种方式，还有的干脆在摄像机机身侧面及后面板上直接设定两个不同的自动光圈接口。

自动光圈的工作原理是，根据视频信号电平的变化输出一控制电压，去驱动镜头中控制光圈的微型电动机做正反向转动，从而实现光圈的自动调整，使摄像机输出的视频信号保持在预先选定的标准电平上，即峰值电平的 70%。

视频信号电平，可以取为信号的平均电平或峰值电平，预选电平则由摄像机内部调整的基准电压进行控制。一般，为使画面上的主体目标达到最佳亮度，应排除边缘图像亮度对信号电平的影响，因而光圈的调整应以中心部分的图像信号电平的变化为依据。为此，在信号选取电路中设置一个产生"窗口脉冲"的电路或"自动光圈门"电路。其窗口的大小不超过整个显示图像面积的 40%；有的窗口是矩形的，其高度为显示画面高的 65%，宽度为画面宽的 65%；也有的只选用画面总面积 20% 的椭圆形窗口。

一种自动光圈控制电路的方框图如图 3-14 所示。

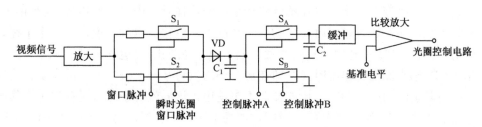

图 3-14　一种自动光圈控制电路的方框图

由图可知，从处理放大器来的视频信号，经放大后进入开关 S_1 和 S_2。开关 S_1 由窗口脉冲控制。在窗口脉冲期间，开关 S_1 接通，所选取的信号经二极管 VD 给电容器 C_1 充电，充电电压可达信号峰值电平；窗口脉冲结束时，开关 S_1 断开，C_1 停止充电。这时，控制脉冲 A 来到，使开关 S_A 接通，C_1 上的电压被转移到 C_2 上，经缓冲后送入比较放大器，将它与基准电平进行比较，所得到的误差电压经放大后，送到摄像机的自动光圈输出端口，并进入自动光圈镜头的电动机控制电路。若输入信号电平高于标准信号电平，误差电压为负，使光圈减小，直至信号电平等于标准信号电平时，误差电压才为零，使电动机停止转动，光圈停止变化。反之，误差电压为正，光圈变大。

一般，DC 驱动自动光圈镜头比视频驱动自动光圈镜头的价格便宜一些，这是因为 DC 驱动自动光圈控制电路在摄像机内，而视频驱动自动光圈控制电路在镜头中。

2. 电子快门（Electronic Shutter）

电子快门类似于照相机的机械快门功能，在这里是调整控制 CCD 图像传感器的感光时间，以便改善运动目标图像的清晰程度。实际上，CCD 感光的实质是信号电荷的积累，感光时间越长，信号电荷的积累时间就越长，输出信号电流的幅值也就越大。因此，通过调整光生信号电荷的积累时间，即调整时钟脉冲的宽度，就可实现控制 CCD 感光时间的功能。所以，正确调整电子快门的时间，可保证摄像机在正确的对焦下，拍摄的图像目标清晰。

目前，一般摄像机绝大多数都带有电子快门功能，电子快门时间为 1/50～1/10000 s。并且，高档 CCD 摄像机一般将电子快门时间分为若干档，可通过多档拨动开关手动调节，也可在自动方式下由摄像机根据检测到的光强度自动调节。而普通的 CCD 摄像机一般只在其机身侧面或后面板上设有一个自动电子快门 ON/OFF 开关，还有些产品干脆将自动电子快门做成内置式，使用者就只能在它 ON 状态下使用了。为提高摄像机的低照度灵敏度，即使摄像机在低照度环境下也能拍摄到较为清晰的画面。有的摄像机还设置了类似于照相机的 B 门或 T 门感光拍摄方式的多场累积电子快门方式。在这种方式下，CCD 感光单元可以暂停若干场的电荷转移，使其光敏单元中的电荷得以暂存，直到对某场景进行多场曝光后再进行电荷转移。由于电荷的累积作用，使输出信号的幅度也相应得以提高，这就相当于提高了摄像机的低照度灵敏度。常见的场累积时间一般为 2 场、4 场或 6 场。值得指出的是，这种多场累积电子快门方式，仅适合于非运动场景的摄像监视。

利用 CCD 摄像机的高速电子快门，可以防止拍摄高速运动物体时造成的"运动模糊"现象。所谓"运动模糊"即摄像机在拍摄快速运动的物体时会出现"拖影"，这是由于 CCD 的感光时间太长，而在这段感光时间内物体已经产生了位移，也就是说，在一个电荷转移周期内，运动物体在 CCD 感光面的不同位置都成了像。为防止"运动模糊"现象，应该缩短入射光在 CCD 感光面上的作用时间，即在每一场内只将某一段时间产生的电荷作为图像信号输出，而将其余时间产生的电荷排放掉，不予使用。这样就等于缩短了存储电荷的时间，相当于缩短了光线照射 CCD 感光面的时间，如同加了快门一样，这就是电子快门的实质。

电子快门速度的控制方法如图 3-15 所示。

当接通电子快门开关时，快门控制脉冲加到 CCD 的 N 型硅衬底，行频快门脉冲使感光单元的电荷一行一行地放掉，直到快门脉冲停止，电荷停止泄放。快门打开的时间长短由每场出现的行频脉冲数决定，而这个脉冲数由快门速度选择开关控制。快门速度越高，则脉冲数目越多。

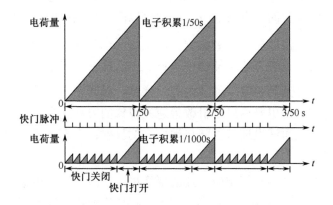

图 3-15　电子快门速度的控制方法

自动电子快门功能还能实现自动光圈的效果：当通过镜头的光通量较强时，输出信号电流也较大，此时电子快门自动调节到高速挡，使信号电荷的积累时间变短，从而使输出信号电流的幅值减小；当通过镜头的光通量较弱时，输出信号电流也会变小，此时电子快门自动调节到低速档，使信号电荷的积累时间加长，从而使输出信号电流的幅值增加。自动电子快门的速度大多是连续可调的，由此实现了当被摄景物的光照度变化时，CCD 摄像器件的输出电流基本保持稳定。

提出注意的是：当选用高速电子快门挡时，由于 CCD 的电荷积累时间相对缩短，使摄像机输出的视频信号幅度减小，使图像变暗，此时应相应加大摄像机镜头的光圈，或相应提高监视现场的光照度。例如，快门速度为 1/2000 s 时，信号电平将降低到快门关时的 1/40 倍，故光圈要加大 5 档，或光照度提高 40 倍。

一般，在拍摄快速运动物体时，最宜应用电子快门，因为它能使运动物体清楚地显示出运动过程，所以非常适于拍摄体育竞技比赛图像，或公路上行驶车辆的场景监控等。

3.　自动增益控制（AGC）

通常，要求摄像机输出的视频信号，必须达到电视传输规定的标准电平，即 $0.7V_{pp}$。为了能在不同的景物照度条件下都能输出 $0.7V_{pp}$ 的标准视频信号，必须使放大器的增益能够在较大的范围内进行调节。这种增益调节，一般都是通过检测视频信号的平均电平自动完成的。能实现此功能的电路，就称为自动增益控制（AGC）电路，简称 AGC 电路。

目前，市面上常见的 CCD 摄像机都具有 AGC 的功能，即当有弱信号时自动提高摄像机内部的放大增益；有强信号时自动降低摄像机内部的放大增益。即使最终的输出信号基本不随输入信号的变化而变化，使输出信号幅值基本维持不变。值得注意的是，具有 AGC 功能的摄像机，在低照度时的灵敏度会有所提高。但此时的噪点也会比较明显，这是由于信号和噪声被同时放大了的缘故。

需要说明的是，一般摄像机的 AGC 调整范围为 0～18 dB，有些则可达到 30 dB。AGC 电路的原理在大多数电子类图书中都可找到，因此这里不再赘述。

4. 逆光补偿（BLC）

一般，对着出入口的摄像机常常会遇到逆光现象。图像出现逆光现象，主要是视场范围光线照度强弱反差太大引起的。有下面三种方法可以改善摄像机的逆光问题。

（1）通过调整出入口摄像机的安装位置，尽量避开来自外界阳光的直射，如将摄像机镜头对着走出门口的人员等安装方法，能在很大程度上改善逆光现象；

（2）通过提高室内光源的照度，使室内光线增强，以减小与外界光亮的反差，也可改善逆光现象；上述两种方法是用普通摄像机改善逆光现象的方法，当然还可辅以一些方法综合应用，例如，在出入口地面铺设地毯以防止地面光的反射；在靠近出入口附近的窗户用窗帘遮挡阳光的直射等。

（3）通过选用具有逆光补偿等相应功能的摄像机，来改善逆光现象。逆光补偿也称为背光补偿（Back-Light Compensation，BLC），它可以补偿摄像机在逆光环境下所摄画面过亮与过暗看不清细节的情况。一般摄像机的 AGC 的自动调节范围是有限的，一旦出现很强的信号（即强烈的逆光），其 AGC 放大器就饱和而起不到自动调节的作用。当摄像机引入逆光补偿功能时，摄像机仅对整个视场的一个子区域（如从第 80 行～200 行的中心区域）进行检测，通过求此区域的平均信号电平来确定 AGC 电路的工作点。由于子区域的平均电平很低，AGC 放大器会有较高的增益，使输出视频信号的幅值提高，从而使监视器上的主体画面明朗。此时的背景画面会更加明亮，但其与主体画面的主观亮度差会大大降低，整个视场的可视性就会得到改善。

超动态摄像机的自动调节范围比一般摄像机大，因而也可改善逆光现象。对 DSP 摄像机来说，它可将整个视场均分为若干图像子块（如 16 个子块），对每一个图像子块分别进行平均电平检测，并根据检测结果对每一个子块分别进行局部处理，因而其逆光补偿效果比模拟 CCD 摄像机好些。如台湾敏通公司的 ALPHA 系列摄像机将 CCD 感光区分成 7 个子块，新开发的 DSP 处理器 M88 更进一步分为 48 个子块，因而调整更加精确，更适合用于高难度的照明情况。

5. 白平衡（White Balance）

由光源的色温概念中知，同一光源在不同的色温下，或不同的光源在同一色温下，人眼感觉其照射的白色物体的颜色会有差异。例如，同一房间内同时开启日光灯及白炽灯照明，人眼会感觉日光灯照射的白色墙壁偏蓝，而白炽灯照射的白色墙壁偏红。由此可知，彩色摄像机在不同的环境色温下，对白色墙壁应正确地重现白色，因此需要进行白平衡调整，所以，白平衡是彩色摄像机的重要参数，它直接影响重现图像的彩色效果。当摄像机的白平衡设置不当时，重现图像就会出现偏色现象，特别是会使原本不带色彩的景物（如白色的墙壁等）也着上了颜色。

（1）白平衡的含义。由于彩色摄像机需输出有"彩色"的视频信号，而这个"彩色"是用亮度、色调、饱和度来描述的，其中亮度用来表示某彩色光的明亮程度，色调反映颜色的种类，饱和度是指颜色的纯度或颜色的深浅程度。一般把色调和饱和度通称为色度，因此色度表示颜色的类别与深浅程度，它与亮度一起描述"彩色"。

自然界中常见的各种颜色光，都可由红、绿、蓝三种颜色光按不同比例相配而成，而绝大多数颜色光也可以分解成红、绿、蓝三种色光。在理想情况下，彩色 CCD 摄像机的红、绿、蓝三条等效光路得到的光能量是相等的，所以摄像机输出的红、绿、蓝信号电压也是相等的，从而使标准彩色监视器能重现彩色摄像机所摄的纯白色的景物。因此，人们把拍摄白色物体时摄像机输出的红、绿、蓝三基色信号电压相等（即 $U_R=U_G=U_B$）的现象，称为白平衡。

由于显像管只有得到三个幅度相同的基色电压时，才能显示出标准白色。在拍摄同一白色景物的情况下，当光源的色温变化时必须设法保持摄像机输出的三个基色信号电压幅度相等。通常，在光源色温变化时，人们用调节红、绿、蓝三路增益的方法来维持 $U_R=U_G=U_B$ 的关系。这种调节就叫做白平衡调节或白平衡调整。

一般，白平衡的调整是在一定范围内进行的，当光源色温的变化范围较大时，单靠调整基色信号的增益可能仍达不到理想的效果。在这种情况下，就要通过使用色温校正片来改变一下入射到 CCD 图像传感器的光的光谱特性。广播级的彩色摄像机一般都配有高中低三档色温校正片，而在监控系统中所用的摄像机一般都不配备色温校正片。

值得指出的是，摄像机的白平衡性能表现为被摄景物在监视器上的色彩还原，因此监视器本身不能偏色，否则就无法判定摄像机偏色。为此，可使用视频信号测试光碟，向监视器输出一个白场信号，再观察荧屏的白色是否偏色。

（2）自动白平衡（Auto White Balance，AWB）调整。白平衡的调整是在摄像机中的处理放大器中进行的，因而可通过调整红、蓝路信号放大器的增益，使红、绿、蓝三路信号满足 $U_R=U_G=U_B$ 的关系，即可完成白平衡的调整。其调整要求是：在任何光源下，在拍摄图像之前，首先要拍摄一个标准的白色目标（通常为标准白平衡测试卡），再调节各路放大器增益使之达到白平衡标准，然后才能正式拍摄其他图像。因此，当照射光源的色温变化时，必须重新调整白平衡。

在实际的视频监控系统的应用中，摄像机通常都是长时间地工作，甚至是 24h 连续工作，光源色温及电路参数（尤其是在室外应用时）都会发生一定的变化，因而要多次进行手动白平衡的调整是不现实的。所以，现行彩色摄像机几乎百分之百地应用了自动白平衡技术。

自动白平衡通常有两种处理方法。

① 将处理放大器输出的红、绿、蓝三基色信号送入白平衡电路，分别经白平衡窗口（也称为白平衡门）脉冲取样后加以整流，以得到平均直流电平，再将红路和蓝路的平均电平分别与绿路的平均电平进行比较。以绿路电平为基准，将所得的误差电压放大后送回处理放大器的增益控制级，从而改变红、蓝两路的增益，使其输出信号电平与绿路信号电平相等，以实现白平衡。这种处理方法的原理如图 3-16 所示。

当白平衡调整完毕，自动白平衡电路应断开。此时的误差电压应保持不变，并控制着增益控制级以维持白平衡。误差电压的保持方式分为模拟和数字两种。

● 误差电压的模拟保持方式是，将误差电压存储在图 3-16 中的电容器 C 上。这个电容器的绝缘电阻应当尽可能地高，其 4h 内记忆电平的变化要小于 1%，因此与电容 C

并联的等效电阻至少要大于 10^5 MΩ。这就要求 C 后面的运算放大器应是高输入阻抗型的，其差模输入电阻应大于 10^6 MΩ 以上。

- 误差电压的数字保持方式是，将误差电压先转变成数字信号存储起来，然后变成模拟电压送到增益控制级，只要计数器的电源不断开，数字信号就维持不变，误差电压也就不变。

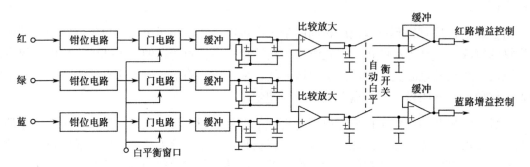

图 3-16 自动白平衡调整原理

② 将色差信号 R−Y 和 B−Y 送入自动白平衡电路，经 R、C 网络积分后，与零电平进行比较。当拍摄白色景物并达到白平衡时，两个色差信号都应当是零。因此，通过将色差信号与零电平进行比较，即可实现白平衡调整。如当 R−Y>0 时，则比较器输出电压就加到红路增益控制级，使其增益减小，直到 R−Y=0；当 R−Y<0 时，则红路增益应当增大。其中蓝路增益的控制，则由 B−Y 信号控制，具体控制方法与红路相同。

目前的彩色摄像机，大多具有内置自动白平衡调整的功能。中高档摄像机还可有多种白平衡选择方式。在摄像机的背面板或侧面板有一标有 WB（即白平衡）字样的微型旋转开关，在开关的周边则标有 Auto、3200 K、5600 K、9000 K 等字样，当开关箭头指向 Auto 时，表明摄像机工作是在自动白平衡状态；当开关箭头指向 3200 K 时，则表明摄像机的白平衡调整是按 5600K 色温进行设置的等。

6. 黑平衡（Black Balance）

黑平衡也是彩色摄像机的一个参数，一般广播级摄像机都有黑平衡调整电路。但在视频监控系统的实际应用中，多为中低档 CCD 彩色摄像机，因此一般都不设黑平衡调整电路，其原因是因为由于黑平衡对人眼视觉的影响远不如白平衡对人眼视觉影响那样强烈之故。

（1）黑平衡的含义。黑平衡是摄像机在拍摄黑色景物或者盖上镜头盖时，输出的三个基色电平也应相等，这时在监视器的屏幕上才能重现出纯黑色，这种现象叫做黑平衡。若黑平衡调整不好，在监视器的屏幕上就会出现黑里透红或黑里透绿等色调。

根据前面的分析可知，正确重现黑白图像是正确重现彩色的前提和基础，因此，彩色摄像机的黑、白平衡的调整对正确重现彩色是十分重要的。

（2）自动黑平衡（Auto Black Balance，ABB）调整。自动黑平衡与自动白平衡的处理方法基本相似，但引起黑电平的变化不平衡的因素，要比白电平多。从电路结构上看，黑电平的调整和白电平的调整会互相影响。在彩色摄像机的处理放大器中，在增益控制级的前面，要加暗电流和背景光补偿以及杂散光校正等电路，以使黑电平既不随增益变化，也不随杂散光变化。这样，调整白平衡时，就不致影响黑平衡。

自动黑平衡的处理也有两种方式：

① 红、绿、蓝三路处理放大器黑电平由一个公共的基准黑电平来决定，当盖上镜头盖时，就自动地使每一路信号在混消隐以前保持黑电平与消隐电平一致。这样，最后输出的三路视频信号的黑电平也必定是一致的。

② 以绿路为基准，将红路黑电平与蓝路黑电平分别与绿路黑电平相比较，用所得误差电压分别控制红路与蓝路的黑电平，使它们与绿路黑电平相等。

有关电路的原理与前述自动白平衡调整电路的原理类似，这里就不再赘述。

7．相位调整（Phase Adjustment）

相位调整可保证图像的色彩及稳定性，它有水平与垂直相位调整两种。

（1）水平相位（Horizontal Phase，HP）调整。水平相位也称为行相位，它与彩色副载波（PAL 制彩色副载波频率为 $f_s = 4.43361875\,\text{MHz}$）具有严格的锁定关系。一旦相位失锁，就会造成在监视器屏幕上重现的图像无彩色，或者出现彩色失真，如红旗变成了绿旗，人脸的颜色也变成青绿色等。水平相位与副载波相位的锁定关系，是在摄像机同步信号产生电路中完成的。通常，电路设计可使这一锁定关系具有很宽的锁相跟踪范围，因而一般不需调整。正因为如此，大多数中低档 CCD 彩色摄像机，一般不设有此外置 HP 调整的功能。

一般，对中高档彩色摄像机，要求其功能及适应的环境更为多些。往往在摄像机的背面板或侧面板上，增加一个 HP 调整旋钮，一旦出现彩色失真，可以通过调整此 HP 旋钮而加以消除。

（2）垂直相位（Vertical Phase，VP）调整。垂直相位也称为场相位，它与行相位也具有严格的锁定关系，主要用于保证正确的电视扫描规律。当监视器屏幕上的图像出现垂直流动时，调整 VP 旋钮即可消除画面的滚动。

8．线锁定同步（Line Lock，LL）

线锁定同步是一种利用交流电源来锁定摄像机场同步脉冲的一种同步方式。当图像出现因交流电源造成的网波干扰时，将此开关拔到线锁定同步（LL）的位置，就可消除交流电源的干扰。台湾敏通公司的 ALPHA 系列摄像机提供了 VD 线同步功能，只要将交流电整流整形为简单的方波后即可输入到 VD 端，使摄像机与电源同步。因此，即使距离很远的多台摄像机也可以完全互相同步，从而可大大降低画面跳动或闪烁现象，尤其在使用非数位式矩阵切换时最为需要。

9．外同步输入（SYNC）

外同步输入端口则可保证大系统中的多支摄像机保持同步调整锁定状态。

一般，在大多数中、高档 CCD 彩色摄像机的后面板上，除了有 BNC 连接器的视频输出端口（标有 VIDEO 字样）外，还有一个标有 SYNC 字样的同样形状的端口，并在其附近设有一个拨动开关，这个 BNC 端口就是外同步输入端口。当单独使用一个摄像机时，这个端口一般无须连接；而当同时使用多个摄像机并共用后端视频设备时，有时就会出现多个画面不同步的现象，这时就需要用到 SYNC 端口。因为每个摄像机都工作在内同步方式，当多个摄像机同时用后端视频设备时，由于各摄像机的内同步彼此是独立的，后端设备便无法确定去跟踪哪一个摄像机的同步信息，因而造成各显示画面的不同步。

通过 SYNC 拨动开关将摄像机置于外同步方式，并将各摄像机的外同步输入端口连接到一个外接同步信号发生器上，则各摄像机即关断了各自的内同步产生电路，而是从外同步输入端口中获取并分离出各部分所需的同步信息。由于此时各摄像机的同步信息是来自同一个同步信号发生器，因而保证了各摄像机画面的同步关系。尤其在用多台摄像机进行图像测量时，摄像机必须使用这种外同步工作的方式。

3.1.5　摄像机的正确使用与镜头的安装调整方法

摄像机的使用说起来很简单，通常只要正确安装镜头及视频电缆，接通电源即可工作。但在实际使用中，如果不能正确调整摄像机及镜头的状态，就不容易达到预期的使用效果。因此，这里还需要介绍一下摄像机的正确使用与镜头等的安装调整方法。

1．安装镜头

众所周知，摄像机必须配接镜头才可使用，但镜头合适与否，应根据应用现场的实际情况来选配，如有定焦镜头或变焦镜头、手动光圈镜头或自动光圈镜头、标准镜头或广角镜头或长焦镜头，以及一些特殊镜头等。此外，还应注意镜头与摄像机的尺寸搭配，以及它们之间的接口是 C 型还是 CS 型，要不要加 5 mm 的接圈等。

实际安装镜头时，首先要去掉摄像机及镜头的保护盖，然后将镜头轻轻旋入摄像机的镜头接口并使之到位。如是自动光圈镜头，还应将镜头的控制线连到摄像机的 AI 插口。

2．连接电源线与信号线

镜头安装好后，就可连接电源线及视频信号线。对 12 V 供电的摄像机来说，应通过 AC 220 V 转 DC 12 V 的电源适配器，将 12 V 输出插头插入摄像机的电源插座。摄像机的电源插座大多是内嵌式的针型插座，将 12 V 小电源输出小套筒插头插入即可。但有的摄像机是两个接线端子，这就需要旋动接线端子上的螺钉，将 12 V 小电源输出线剪开插入并拧紧螺钉就行。需指出的是，必须注意电源线的极性，以防烧坏摄像机。

摄像机输出的视频信号均由其后面板上的 BNC 插座引出，用具有 BNC 插头的 75 Ω 的同轴电缆，一端接入摄像机的视频输出（Video Out）插座，另一端接到监视器的视频输入（Video In）插座上。最后，接通电源并打开监视器，即可看到摄像机摄取的图像。

有的摄像机有内置拾音器，其后面板上有输出声音的 RCA 插座，用具有 RCA 插头的屏蔽电缆，一端接入摄像机的 RCA 插座，另一端接到监视器的音频输入插座上，就可听到所监控现场的声音。

3．镜头光圈与对焦的调整

在安装好镜头、连接好电源与信号线后，往往得不到理想的清晰图像，这就需要调整镜头的光圈与对焦。为此，首先关闭摄像机上电子快门及逆光补偿等开关，将摄像机对准欲监视的场景，再调整镜头的光圈与对焦环，使监视器上的图像最佳。如果是在光照度变化比较大的场合使用摄像机，最好配接自动光圈镜头并使摄像机的电子快门开关置于 OFF。如果选用了手动光圈则应将摄像机的电子快门开关置于 ON，并在应用现场最为明亮（环境光照度最大）时，将镜头光圈尽可能开大并仍使图像为最佳（不能使图像过于发白而过载），这时镜头才算调整完毕。这样，当现场照度降低时，电子快门将自动调整为慢速，再配合较大的光圈，仍可使图像达到满意的程度。

值得说明的是，在调整过程中，若不注意在光线明亮时将镜头的光圈尽可能开大，而是关得比较小，则摄像机的电子快门会自动调在低速，虽然仍可在监视器上形成较好的图像，但光线再变暗时，因镜头的光圈比较小，而电子快门已经处于最慢（1/50 s），此时的成像就可能是昏暗一片。

在摄像机镜头的光圈与对焦调整好后，最后装好防护罩，并上好支架即可。

需要指出的是，如果是电动变焦镜头（二可变或三可变），其镜头前部取景镜面与防护罩取景玻璃面之间，必须要充分预留下聚焦动作所需的工作间隔空间（即距离）。否则，镜头在聚焦动作时将会推伸出一部分长度与防护罩的窗口玻璃发生碰撞并顶住，从而可能造成聚焦电机的损坏。但预留的聚焦工作距离不能过长，过长则会妨碍镜头的光通量特性而影响成像效果。最好的办法是，手动旋转镜头聚焦取景部位，分别在左右两个方向上轻轻地旋转至底到不可调为止，这时即可精确地找出应预留的工作距离。

4．镜头后焦距的调整

后焦距也称为背焦距，它指的是安装上标准镜头（标准 C/CS 接口镜头）时，能使被摄景物的成像恰好在 CCD 图像传感器的感光面上。一般摄像机在出厂时，对后焦距都做了适当的调整，因此在配接定焦镜头的应用场合，通常都不需要调整摄像机的后焦距。

但在有些应用场合，可能出现当镜头对焦环调整到极限位置时，仍不能使图像清晰。在这种情况下，首先须确认镜头的接口是否正确，如果确认无误，就需要对摄像机的后焦距进行调整。

（1）定焦镜头后焦距的调整。第一步：将镜头正确安装到摄像机上；第二步：打开摄像机自动电子快门开关，将镜头光圈开到最大，并把对焦环旋至无限远处；第三步：对准拍摄一个 20 m 以外的物体；第四步：将摄像机前端用于固定后焦调节环的内六角螺钉旋松，并旋转后焦调节环（对没有后焦调节环的摄像机则直接旋转镜头而带动其内置的后焦环，）直至画面最清晰为止；第五步：重新旋紧内六角螺钉。

（2）变焦镜头后焦距的调整。在绝大多数摄像机配接电动变焦镜头的应用场合，往往都需要对摄像机的后焦距进行调整。其后焦距调整的步骤如下：第一、二、三步同定焦镜头的调整；第四步：用镜头控制器调整镜头的变焦，将景物推至最远，即望远状态；第五步：用镜头控制器调整镜头的变焦，将景物拉至最近，即广角状态；第六步：将摄像机前端用于固定后焦调节环的内六角螺钉旋松，并旋转后焦调节环（对没有后焦调节环的摄像机则直接旋转镜头而带动其内置的后焦环，）直至画面最清晰为止；第七步：重新将镜头推至望远状态，看第四步拍摄的物体是否仍清晰，如不清晰再重复第四、五、六步骤，直至景物在镜头变焦过程中始终清晰为止；第八步：最后旋紧内六角螺钉。

3.1.6　用光学低通滤波器（OLPF）技术提高取像质量

1．光学低通滤波器的作用

由于 CCD 是一种离散像素的光电成像器件，根据奈奎斯特定理，一个图像传感器能够分辨的最高空间频率等于它的空间采样频率的一半，这个频率就称为奈奎斯特极限频率。在用 CCD 摄像机获取目标图像信息时，当抽样图像超过系统的奈奎斯特极限频率时，在图像传感器上，高频成分将被反射到基本频带中，造成所谓的纹波效应或莫尔效应，使图像产生周期频谱交迭混淆或称为拍频现象。假设 CCD 的抽样频率为 10 MHz，在图像信号为 10 MHz 时，混叠频率分量为 15 MHz - 10 MHz = 5 MHz；在图像信号为 9 MHz 处，混叠频率分量为 15 MHz - 9 MHz = 6 MHz。这两项混叠频率分量经电路低通滤波后都是无法滤掉的，并与有用图像信号一样被输出，如在所观测的波形中在 9 MHz 和 10 MHz 频带处叠加的 5 MHz 和 6 MHz 信号成分。在 7 MHz 信号上有明显的低频差拍存在，差拍频率约 1 MHz。这些混叠的信号将影响图像清晰度，甚至出现彩色条纹干扰。由于 CCD 离散像素受到采样频率的限制，以及由于芯片总的感光面积较小而受到二维孔径光阑的影响，所以又产生了一些新的频谱问题，它直接影响 CCD 摄像机的成像清晰度和分辨能力。

CCD 图像传感器在垂直和水平方向传输光学信息都是离散的取样方式，这是因为它的光敏单元在水平方向也是离散的。根据取样定理可知，CCD 输出信号的频谱如图 3-17 所示。

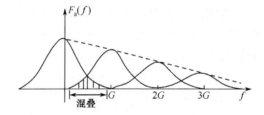

图 3-17　取样脉冲宽度对取样信号频谱的影响

取样后的信号频谱分布和幅度变化为

$$\frac{\sin\left(n\pi\dfrac{\tau_{\mathrm{s}}}{T_{\mathrm{s}}}\right)}{n\pi\dfrac{\tau_{\mathrm{s}}}{T_{\mathrm{s}}}}=\frac{\sin(n\pi f_{s}\tau_{\mathrm{s}})}{n\pi f_{s}\tau_{\mathrm{s}}} \tag{3-8}$$

式中，τ_{s} 为取样脉冲宽度，即一个感光单元的宽度；T_{s} 为取样周期，即一个像素的宽度（含两侧的不感光部分）。

当 $n=T_{\mathrm{s}}/\tau_{\mathrm{s}}$ 时，谱线包络达到第一个零点，这是孔径光阑效应的表现。若高频信号幅度下降，可适当选择 τ_{s}，使在 $f_{s}/2$ 处的频谱幅度下降得小一些，使频谱混叠（见图中的阴影部分）部分减小。τ_{s} 越小，频谱幅度下降越缓慢，混叠部分增大。τ_{s} 增大，频谱幅度下降加快，频谱混叠部分减小。由此可见，在 CCD 中感光单元的宽度和像素宽度有个最佳比例，即像素的尺寸和像素的密度，以及像素的数量都是决定 CCD 分辨率的主要因素。在图像上反映出来的频谱混叠会引起低频干扰条纹，它对 CCD 摄像机所拍摄的图像水平方向的清晰度有很大影响。因此，必须采用予处理前置滤波技术，降低 CCD 光敏面上光学图像的频带宽度，以减少频谱混淆，即采用光学低通滤波器。

光学低通滤波器（Optical Low Pass Filter，OLPF）实际是一低通滤波的石英作的晶片。自从 1988 年日本富士公司与东芝公司合作推出第一台数位静态相机（Digital Still Camera，DSC）起，才将 OLPF 带入这发展迅速的数位世界中。这样，从数码相机（DSC）、数位摄像机（DVC）到影像电话（Video Phone），以及未来的第三代行动电话（G3）等，所有和影像有关的产品都要使用 OLPF 来消除上述的杂讯干扰。

由于 CCD 等固体图像传感器读取影像均采用这种非连续性取像方式，所以在拍摄细条纹（高频）时肯定会产生不必要的噪声。由于细条纹的方向不同，需用相对应角度的光学低通滤波晶片加以消除，又因为不同型号的 CCD 与 CMOS 图像传感器在规格上有些差异，为针对不同的型号，以及同时兼顾不同方向所产生的噪声，需用不同厚度、片数、角度组合的 OLPF 的设计，以提高取像品质。

2. 光学低通滤波器的工作原理

光学低通滤波器大都是由两块或多块石英晶体薄板构成的，放在 CCD 传感器的前面。目标图像信息的光束经过 OLPF 后产生双折射（分为寻常光 o 光束和异常光 e 光束）。根据 CCD 像素尺寸的大小和总感光面积计算出抽样截止频率，同时也可计算出 o 光和 e 光分开的距离。改变入射光束将会形成差频的目标频率，达到减弱或消除低频干扰条纹，特别是彩色 CCD 出现的伪彩色干扰条纹的目的。

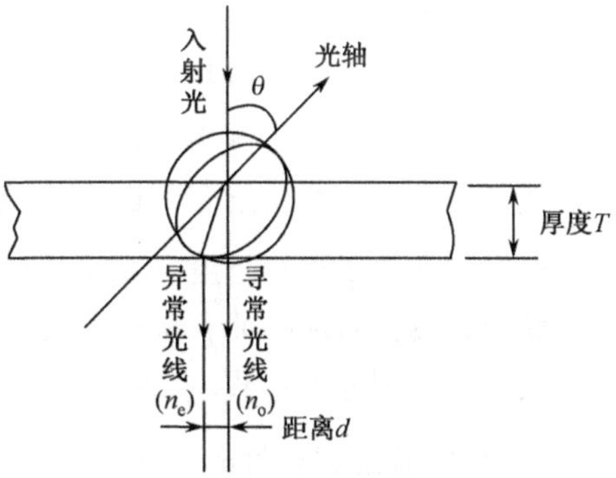

图 3-18　光线通过石英晶体后的传播方向

光学低通滤波器的工作原理，如图 3-18 所示。

由图可知，入射光和光轴所形成的角度为 θ，寻常光线的折射率为 n_o，异常光线的折射率为 n_e，寻常光线和异常光线分开的距离为 d，它与石英晶体薄板厚度 T 有关，其关系式为

$$d = T \frac{(n_o^2 - n_e^2)\tan\theta}{n_o^2 \tan^2\theta + n_e^2} \tag{3-9}$$

当 $\tan\theta = n_e / n_o$ 时，就可求出最大的分开距离。当 $n_e \approx n_o$，$\tan 45° = 1$ 时，式（3-9）可简化为

$$d = T \cdot \frac{n_o^2 - n_e^2}{n_o^2 + n_e^2} \tag{3-10}$$

因此，利用石英晶体的双折射效果，使成像光束经过不同厚度的石英晶体薄板，让光轴成 45°角，使带有同一目标图像的信息被分成寻常光 o_1 光束和异常光 e_1 光束，形成相对错开的像，分开的距离满足消除一维拍频干扰条纹分开的距离。经过第二片石英晶体薄板后，又

将 o_1 光束、e_1 光束分为 o_{o2}、o_{e2} 光束和 e_{o2}、e_{e2} 光束。这样，通过晶体滤波片后，原来目标包含的空间频率的光束（该频率下的目标像有可能与 CCD 阵列水平方向或垂直方向的空间频率叠加产生差拍的频率，这个频率刚好是在图像低频范围内，使所成的像产生干扰条纹的频率）会产生分离，使频率发生小量变化。分离的寻常光和异常光光强会减少一半。

当分开距离 d 与条纹宽度相等时，光强为零；当条纹宽度比分开距离大时，已经变成几乎不受其影响的低通滤波器。

由此可知，首先只要计算出 CCD 摄像机的总的频宽和奈奎斯特极限频率，然后计算出拍频现象的频宽并换算成空间距离，就可求得石英晶体薄板满足上述频率微小频移的厚度 T。加入这样一组晶片，虽然不会增加高频成分，分辨率极限值不会提高，而 CCD 光敏面的光照度还会减弱，但可达到消除干扰条纹的目的。当用彩色 CCD 摄像机拍摄彩色条纹或网格状目标景物时，不仅可达到消除伪彩色干扰条纹的影响，而且还能提高 CCD 视频图像视觉清晰度。

3．使用光学低通滤波器应注意的问题

提请注意的是，OLPF 使用不当时会发生下列问题。

（1）当镜头的解析度高于 CCD 图像传感器的解析度时，在看到较高频（超过 CCD 解析度的部分）的影像时，画面上将会产生噪声，使用适当的 OLPF 就能将高频所产生的噪声消除；若使用不适当的 OLPF，则会造成解析度降低或是噪声太多。

（2）当镜头的解析度不够，则 CCD 图像传感器的解像力就完全无法发挥，此时 OLPF 的功能将会大减，解析度有可能会降低。

一般，客户重视解析度，则采用较薄的 OLPF 晶片；若客户重视消除噪声的效果，则采用较厚的 OLPF 晶片；对于高档影像产品，可采用四片式；中档产品则可采用二片（或三片）式；低档产品则为单片式。

4．红外截止滤光片的作用

在使用 CCD 或 CMOS 图像传感器拍摄彩色景物时，由于它们对颜色的反应与人眼不同，所以必须将它们能检测到而人眼无法检测的红外线部分除去，同时调整可见光范围内对颜色的反应，使影像呈现的色彩符合人眼的感觉。因此，一般在 OLPF 晶片中间加上一片只通过可见光的红外截止滤光片磷酸玻璃（吸收式），能获得极佳的效果（日本厂商广泛使用）。因此，使用红外截止滤光片可大大提高图像质量。由于石英的折射率与空气不同，在界面上会产生反射而减低入射光的强度，为降低反射所造成的损失，一般要在 OLPF 晶片上镀上抗反射膜（AR Coating）以提高光的穿透率，从而提高取像品质。

3.1.7 DSP 与 SOC 摄像机

1．DSP 摄像机

DSP（Digital Signal Processing）即数字信号处理，它是利用数字计算机或专用数字信号处理设备，以数值计算的方法对信号进行采集、变换、综合、估值、识别等加工处理，借以达到提取有用信息、便于应用的目的。DSP 芯片是一种特殊的微处理器，它就是根据数字信号处理理论的数学模型和算法，设计出来的专门的数字信号微处理器芯片。计算程序全部"硬化"，数字滤波器所需要的其他设备也全部集成、硬化，如加法器、存储器、控制器、输入/输出接口，甚至其他类型的外部设备等。由于有了 DSP 芯片，才出现了 DSP 的新型摄像机。这种摄像机的主要特点是，在摄像机内部的电路采用了大规模数字信号处理集成电路（DSP LSI），并且由微处理器对系统的状态进行检测与控制，因此其稳定性、可靠性、一致性等都大大提高。许多在模拟信号处理器中无法进行的工作，都可以在数字处理中进行，如二维数字滤波、数字动态图像检测、数字背景光补偿、肤色轮廓校正、细节补偿频率调节、准确的彩色矩阵、精确的 γ 校正、自动聚焦等。摄像机有了 DSP，能大大提高图像的质量。此外，通过数字设定，可进行画面格式变换，还可均衡调节各参数值，把摄像机之间的差别缩减到最小。DSP 彩色摄像机，还能方便地输出亮度信号与色度信号分离的视频信号（简称 Y/C 信号或 S-Video 信号）。

DSP 技术不仅使摄像机在性能上获得优势，而且缩小了体积，节省了零件及装配时间，从而降低了成本。目前，TI 公司的 DSP TM320C6X 芯片的处理速度已高达 2000MIPS 以上，这正好是网络摄像机等视频产品所需要的。

随着现代科学技术的发展，随着视频监控系统向数字化、网络化、集成化、高清化、智能化的发展，监控用的摄像机最终也必须智能化。下面先简介一下提高图像质量型的 DSP 摄像机，能检测识别预/报警型的智能 DSP 或 SOC 摄像机将在本章后面一节中介绍。

DSP 彩色 CCD 摄像机的组成原理框图如图 3-19 所示。

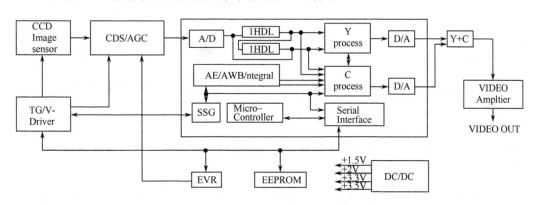

图 3-19　DSP 摄像机的组成原理

由图 3-9 可知，当时钟脉冲信号产生行、场驱动及转移控制等脉冲驱动 CCD 工作时，CCD 将所摄取的光学图像转换为时序的视频信号输出，经相关双取样及保持电路并进行低通滤波和自动增益控制放大该模拟信号。由于要进行 DSP 处理，必须将此模拟信号进行 A/D 转换，然后将此数字信号通过微处理控制器控制进行亮度和色度处理以及自动电子曝光和自动白平衡控制等（图中从 A/D 到 D/A 方框为 DSP 处理部分）。虽然自动增益控制，以及 γ 校正是在 A/D 转换前，但其控制电压和补偿信号是根据数字部分检测决定的，因而也可以调节得很精确。由于亮度与色度信号分开处理，且采用了二维数字梳状滤波最大限度保留亮度信号高频成分，并减小了亮度信号对色度信号的串扰，因而其图像质量比一般的 CCD 摄像机的高。

亮度信号 Y 和色度信号 C 可数字输出，也可经过 D/A 转换而模拟输出。但是，分开输出的 Y 与 C 信号，还需输入一个如图 3-20 所示的 Y/C 混合电路混合后，再经视频放大器输出。这样，才能使输出的模拟视频信号与电视监控系统的其他模拟视频设备（如监视器等）进行直接连接。

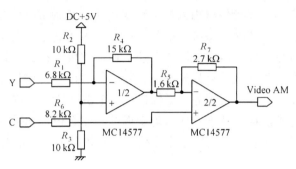

图 3-20　Y/C 合成电路

相对于模拟摄像机，DSP 摄像机能方便地使用一些改善图像质量的新技术。通过数字信号处理技术，可以获得许多模拟信号处理难以实现的效果。一般，提高图像质量型的 DSP 彩色 CCD 摄像机，采用了如下的几种技术。

（1）数字 2H 增强技术。采用数字 2H 增强技术，可以有效地增强视频信号的水平和垂直边缘，从而获得边缘分明的清晰图像。图 3-21 为 2H 增强技术示意图。

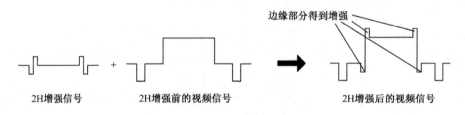

图 3-21　2H 增强示意图

由图 3-21 可看出，在采用了 2H 增强信号与视频信号合成后，就可使视频信号的边缘部分得到增强。

（2）数字拐点技术。数字拐点技术可以有效扩展视频信号的动态范围，这样在拍摄高亮度景物时，不致于使图像的高光部分被白色完全淹没。图 3-22 为数字拐点技术示意图。

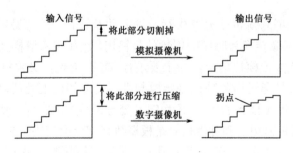

图 3-22　数字拐点技术示意图

由图 3-22 可看出，用模拟摄像机拍摄高亮度景物时，其图像的高光部分就被白色完全淹没。通过数字摄像机的数字拐点技术，可对图像高光部分进行压缩，从而使这部分的图像细节能够显现出来。

（3）数字背景光补偿（Digital Back-light Compinsation）。背景光补偿亦即逆光补偿，在松下的一些 CCD 摄像机中，均采用了自适应型的数字背景光补偿技术。这种技术与常规的逆光补偿技术相比，是这里采用了数字检测与数字运算技术，因而可获得很好的逆光补偿效果。

这种数字背景光补偿的原理是：将摄像机摄取的整幅画面平均分成 48 个（即 8×6 块）正方形的小处理区域（如台湾敏通公司的 M88 DSP 处理器就是这样），并对每一个小块的平均亮度进行检测，如果这些小块的平均亮度差别过大，则通过先进的算法缩小这些小块的亮度差，使过暗的景物能够较为清晰地重现，而又不致于使图像亮部区域出现过载。因此，采用这种智能化的数字检测技术，即使很小的薄的或是不在画面中心区域的景物，也能够清晰地在画面上呈现出来。

（4）数字自动跟踪白平衡（Digital Auto Tracing White Balance）。数字自动跟踪白平衡技术能够自动跟踪画面上的白色，对系统进行白平衡调整，因而它能够明显改善彩色图像的重现效果。

数字自动跟踪白平衡的原理与上述的背景光补偿技术类似，它也将摄像机摄取的一整幅画面平均分成 48 个小块，并检测这些小块中是否有白色，即使画面上有很小的一块白色，摄像机也能够自动跟踪它，并以它作为基准对系统的白平衡进行调整，使重现的图像绚丽多彩。例如，松下等彩色摄像机，就采用了上述的数字自动跟踪白平衡的技术。

（5）数字动态展宽（Digital Wide Dynamic Range）。一般摄像机摄取宽动态范围的场景时，画面上可能会同时出现明亮区域及灰暗区域。例如，明亮区域显示合适时，灰暗区域则可能过于黑暗；反之，当灰暗区域显示合适时，明亮区域则可能亮得过载。数字动态展宽技术可有效地缩小宽动态范围图像的亮暗差别，使两个区域的图像同时在监视器屏幕上清晰地显示出来。

数字动态展宽技术的基本原理是，采用双速 CCD 图像传感器，能在同一时间内对摄取的场景分别进行长短不同时间的曝光，将此信号输入专用的图像处理集成电路中，通过变换、合成、校正等处理而输出扩展了 40 倍动态范围的清晰图像。例如，松下 WV-CP460 系列 DSP 摄像机中，采用了两组 AGC 电路及一些增强与降噪等处理技术，使摄像机的动态范围进一步获得大幅度的提高。有关原理，可参阅本章最后一节中的超高动态摄像机。

（6）数字自动聚焦（Digital Self-regulation Focus）。在快速球与设置在云台上的一体化摄像机中，一般都需要自动调焦系统。尤其在高速球中使用时，其自动聚焦的速度最好不超过 1 s，当监控场景的距离相差太大而超过景深范围时，尤为需要。因此，快速地自动聚焦的软件算法的选择与光圈等的控制配合就非常重要。

自动聚焦的方法很多，目前一体化摄像机中大多采用图像处理法，详情可参阅本书参考文献[5]中的 2.3.6 节。

（7）电子灵敏度增强（Electronic Sensitivity Up）与数字降噪（Digital Noise Reduction）。一般，普通摄像机的 AGC 打开时，虽可以提高其感光的灵敏度，但干扰噪声也相应地放大，从而使监视器屏幕上显示的图像充满杂乱的噪点。而采用电子灵敏度增强及数字降噪技术，可使重现的图像清晰可辨。例如，松下的 WV-CP610 彩色摄像机中，在使用电子灵敏度增强及 AGC 技术提高其灵敏度的同时，还应用数字降噪技术降低其图像的噪点，它不仅可使摄像机的灵敏度提高 32 倍，还能提高重现的图像的质量。

数字降噪方法不少，如由帧间积分平均器组成的数字式杂波降低器已有商品出售，其最大信噪比的改善可达 15 dB。

（8）屏幕菜单显示（On-Screen Display，OSD）。由于 DSP 摄像机的功能不断增多，而这些功能又必须通过设定才能奏效，因此通过监视器屏幕上的菜单显示，对摄像机的工作状态进行设定，可以为使用者带来极大的方便。

一般，新型的 DSP 摄像机除了 OSD 功能外，还内置可以独立设定的 ID 识别码，这对于具有数百台以上摄像机的大型视频监控系统来说，显得尤为重要。例如，松下公司的 WV-CP610 系列摄像机的屏幕菜单可调整摄像机的 ID 码、ALC/ELC、背景光补偿、电子快门速度、自动增益控制、电子灵敏度增强级数、同步方式、白平衡、数字动态展宽、数字运动检测、数字降噪，以及色彩、基准电平、孔径电平等参数。这种调整除了可通过 WV-CP610 摄像机后面板上的 5 个按钮（WV-CP654 的 5 个按钮在摄像机机身侧面的盖板内）来完成外，还可通过中心端的摄像机遥控器 WV-RM70 来完成。这里，WV-RM70 与 WV-CP610 的通信并不需额外的连接线，而是直接通过视频同轴电缆以多工方式来实现。WV-RM70 还可以进一步通过其 RS-485 接口与普通的 PC 相连，从而也可通过计算机对系统进行设置。

2. SOC 摄像机

大家知道，IC（Integrated Circuit）出现于 20 世纪 70 年代，属于功能芯片；后十年左右出现了 ASIC（Application Specific Integrated Circuit），即具有某种特定功能的集成电路，如立体声解码、维特比纠错芯片等，属于专业级芯片；到 90 年代后出现了直接使用系统芯片开发产品，即呈爆炸性发展的 SOC，属于系统级芯片；再后至 21 世纪初 SIP（System In Package）、MCP（Multi Chip Package）已出现在越来越多的场合，即针对产品开发产品芯片，是 SOC 的一种延伸。SOC 是 System-on-Chip 的缩写，称为系统级芯片或片上系统，意指它是一个产品，是一个有专用目标的集成电路，其中包含完整系统并有嵌入软件的全部内容。

SOC 芯片是具有多处理器核心的单片集成系统，其中集成有 CPU 主处理器，所集成的核心既可以是 ASIC 类的硬核，也可以是 DSP 或协处理器类的软核，甚至也包含其他的专用处理子系统，且集成有丰富的外设。由于 SOC 是面向特性应用的片上系统，结合硬件加速等技术可以实现 H.264 的高复杂度等算法运算，并可针对视频编码方面进行优化，以实现最优化效果。SOC 芯片从 2006 年开始就在视频监控设备中得到应用，它经历了 CPU+DSP 到 CPU+ASIC 的发展过程。CPU+ASIC 在近几年给 DSP 市场带来了冲击，它把视频编/解码算法固化在芯片内，集成丰富的外围接口，并通过提供完善的开发工具，极大地降低了 DVR、DVS、IPC（IP Camera）等监控设备开发门槛。下面简介我国海思半导体的 SOC 芯片摄像机。

2006 年，海思推出的 SOC 芯片 Hi3510 就集成了 H.264 编/解码、强大的网络功能和丰富的接口扩展，极大地节省了 IP Camera 整机 BOM 成本，带动了监控前端设备一体化进展。目前，已出现完全一体的 IP Camera，它集成了高灵敏度的图像传感器、灵活的云台功能、高效的 H.264 视频压缩标准、强大的网络功能。国内已有终端厂家推出了一体的 IP Camera 并投放欧美市场，其精致小巧的外形深受欢迎。海思半导体的单片 Hi3512 在高清 IP Camera 中应用的板卡解决方案如图 3-23 所示。

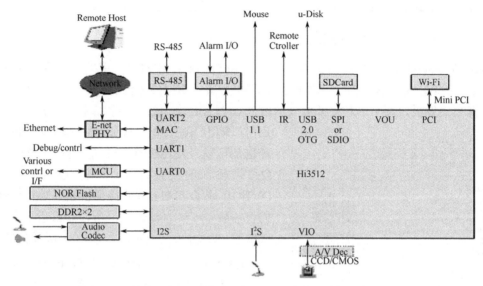

图 3-23　单片 Hi3512 在高清 IP Camera 中应用的板卡解决方案

这种网络摄像机方案的特点是：

- 2 MPixels@15 fps 或 1.3M Pixels@30fps；
- 高清 720P@30 fps+QVGA@30 fps；
- D1 实时 MJPEG/H.264 双码流；
- 双向语音对讲+回波抵消；
- PC 端 600 fps 高性能 H.264 解码库等。

由于 CCD 和 CMOS 高清网络摄像机竞相推出，各厂家都有自己的接口标准，即使表面上物理接口是一样，但内部数据都不同，因而需要与图像传感器原厂对接，所以在百万像素级传感器还没有统一数字接口时，其编/解码芯片是必须要考虑的。例如，海思半导体的第 3 代产品 Hi3515 和 Hi3520，就把 SONY 的 720P CCD 这种原来需要 CPLD 转接的接口直接定义到了芯片里面，由于该 CPLD 的实现需要 SONY 原厂提供帮助，这样就直接帮助一些客户解决了原来不可获取的问题，同时每台百万像素网络摄像机都可以节省一颗 CPLD 本身的成本。

3.2　CMOS 摄像机

3.2.1　CMOS 摄像机的组成及原理

由于 CMOS 器件有非常高的输入阻抗、非常低的静态功耗、电源电压范围宽、驱动与抗干扰能力强等优点，又便于集成，所以目前大力研发 CMOS 作为图像传感器，这种用

CMOS-APS 图像传感器为核心的 CMOS 摄像机，实际是将摄像机的所有功能电路集成在一个芯片上的单芯片摄像机。下面以美国 OmniVision 公司的 OV7910（彩色）和 OV7410/0V7411（黑/白）单芯片 1/3 in 的 CMOS 视频摄像器件为例，介绍单芯片视频摄像机的封装引脚排列、结构原理、光谱特性与视频时序等。

1. 单芯片 1/3 in CMOS 摄像机的引脚排列

美国 OmniVision 公司的 OV7910（彩色）和 OV7410/0V7411（黑/白）是单芯片 CMOS 视频摄像器件，它在这单个芯片上高度集成了彩色/黑白模拟摄像机的全部功能，因此是 1/3 in 单芯片视频摄像机。每个单芯片都可以输出 PAL/NTSC 全电视信号和 S 视频，彩色 OV7910 还可以输出 RGB 和 YUV 分量视频信号。每个单芯片也都可以直接连接电视机、视频监视器和其他 75 Ω 终端输入的视频设备。彩色 OV7910 与黑白 OV7410 或 OV7411 视频摄像机是低功耗设计，它们仅需要单 5 V 直流供电，所以非常适于小体积、低电压、低功耗、低成本的彩色/黑白摄像机的应用。

OV7910/OV7410/OV7411 的封装（有陶瓷 LCC48 与塑料 LCC48）引脚如图 3-24 所示，其引脚功能说明可参见产品说明书。

这三种 CMOS 摄像器件所作的 CMOS 摄像机的主要参数如下。

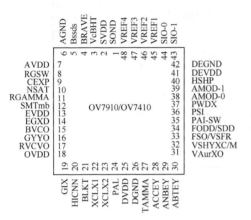

图 3-24　单芯片 1/3 in 的 CMOS 摄像机引脚

- 成像像素：PAL 为 628×582，NTSC 为 510×492。
- 感光面尺寸：PAL 为 5.78×4.19 mm^2，NTSC 为 4.69×3.54 mm^2。
- 最低照度（3000 K）：OV7910＜3l x/F1.2，OV7410＜0.5 lx/F1.2，OV7411＜0.2 lx/F1.2。
- 自动电子快门：1/60～/15000。
- 固定图案噪声：＜0.03%峰-峰值。
- 信噪比（S/N）：＞48 dB。
- 动态范围：＞72 dB。
- 暗电流：＜0.2 nA/cm^2。
- 电源电压：DC 5 V，±5%。
- 额定功耗：200 mW。

2. 单芯片 1/3 in 的 CMOS 摄像机结构原理

单芯片 1/3 in 的 CMOS 摄像机结构原理如图 3-25 所示。其中，图像传感器为彩色 OV7910 或黑白 OV7410/OV7411，它们支持多种视频格式，包括全电视信号（CVBS）、S-视频信号（YO/CO）、RGB 分量信号、YUV 分量信号和黑白信号。而全电视信号和 S-视频信号由芯片内电视编码器产生，RGB/YUV/黑白输出，由进入编码器之前的彩色矩阵产生。图像传感器通过彩色矩阵，按照 RG/BG Bayer 图案送出原始像素数据，产生 RGB 和 YUV 分量的电视信号。同时，YUV 信号经处理产生全电视信号和 S-视频信号。需提出注意的是，其中有关彩色格式设置只对 OV7910 有效。

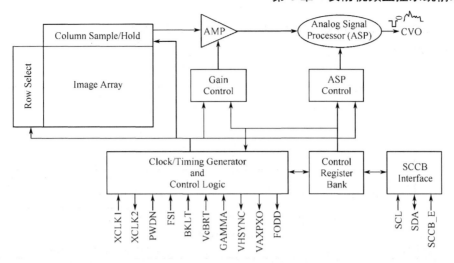

图 3-25　单芯片 1/3 in 的 CMOS 摄像机的结构原理

　　摄像机中的图像传感器、增益控制、模拟信号处理器控制等都由时钟/定时发生器及其控制逻辑驱动控制。CMOS 图像传感器的输出信号经放大器放大，而进入模拟信号处理器处理后输出。这种 CMOS 摄像机还有自动增益控制 AGC、AGC 增益范围、自动曝光控制 AEC、伽玛校正和背光控制等。此外，其他可编程功能还包括亮度微调、鲜明度调整、色饱和度调整、镜像图像控制和低功耗待机模式。上述这些功能都可以通过 CMOS 图像传感器的外部引脚或 SCCB 接口来设置。这个 SCCB 总线接口，是一个高速串行接口，它通过控制寄存器单元进行编程控制。SCCB 支持多字节读/写操作，在多字节读/写周期中，在第一个数据字节完成后，子地址自动递增，使得连续位置的存取，可以在一个总线周期内完成。

3. 单芯片 CMOS 摄像机的光谱响应与视频时序

OV7910/OV7410/OV7411 单芯片 CMOS 摄像机的光谱响应曲线如图 3-26 所示。

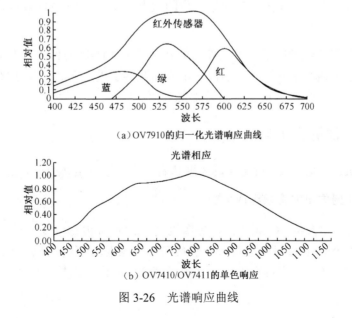

图 3-26　光谱响应曲线

单芯片 1/3 in 的 CMOS 摄像机的视频时序如图 3-27 所示，图 3-27（a）为水平时序，图 3-27（b）为垂直时序。

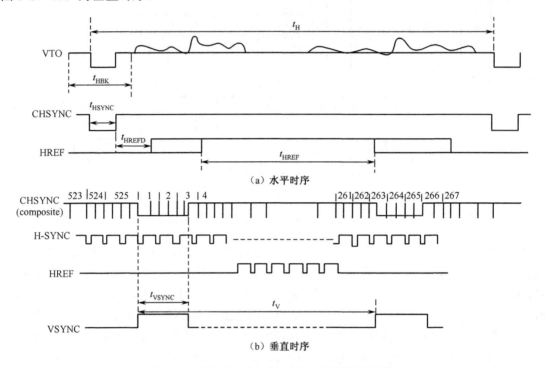

图 3-27　单芯片 1/3 in 的 CMOS 摄像机视频时序

OV7910/OV7410/OV7411 三种单芯片视频摄像机是低功耗设计，仅需要单 DC 5 V 供电，因此体积小、电压低、功耗低、成本低，已广泛应用于安防监控中。

美国 OmniVision 技术有限公司还有像素 1280×1024 的 OV9620（彩色）与 OV9120（黑白）等图像传感器，它们是输出数字图像信号的供电电压为 3.3 V 的 CMOS 摄像器件，现已用于数码相机等影像设备中。

美国 Foven 公司还研制出了具有世界上最高分辨率（1680 万像素）的 CMOS-APS 图像传感器，这种图像传感器在分辨率和图像质量方面取得了重大突破。其分辨率是当今低档消费数码相机中普遍使用的 CMOS 图像传感器的 50 倍。

3.2.2　CMOS 摄像机的种类

CMOS 摄像机的一般类型同 CCD 摄像机基本一样，这里主要简述它的特殊类型。

1．按 CMOS 摄像机的像素组成分类

（1）CMOS-PPS 摄像机。CMOS-PPS 摄像机是 CMOS 无源像素摄像机，这种无源像素的图像传感器使用 2 个 NMOS 场效应管构成的最简单的像素，其特点是有较低的空间噪声，但在低光照时有低的信噪比，高读出噪声。这种无源像素摄像机，是一种早期的第 1 代 CMOS 摄像机。

（2）CMOS-APS 摄像机。CMOS-APS 摄像机是 CMOS 有源像素摄像机，是第 2 代 CMOS 摄像机。这种有源像素的图像传感器是用 3 个 NMOS 场效应管构成的，因此 APS 的 CMOS 成像阵列在每一个像素位置都有一个电流放大器，其特点是有较低的时间噪声，在低光照时有高的信噪比，它比 PPS 读出噪声低和读出速率高，并且由于在每一个像素位置放大的信号电压被切换到列缓冲器，然后直接至输出放大器，从而在转换的过程中没有信号电荷的流失，因而也就没有图像的拖尾现象。这种 CMOS-APS 摄像机，就是前面 3.2.1 节介绍的目前市场上最常用的单芯片 CMOS 摄像机。

CMOS-APS 摄像机除常用的光敏二极管型 APS 的像素单元结构外，还有以下的两种特殊需要的像素单元结构类型：光栅型 APS、对数响应型 APS。

欲了解这两种的详情，可参阅本书参考文献[2]中的 3.5.1 节，或参考文献[3]中 5.6 节中的内容。

（3）CMOS-DPS 摄像机。DPS（Digital Pixel System）即数字像素系统，DPS 摄像机就是具有数字像素系统的第 3 代 CMOS 摄像机。在 CCD 摄像机热的时代，我国一些代理公司还不敢公开打出它就是 CMOS 摄像机。实际上，它是基于美国 Pixim 公司的 DPS 专利技术的图像传感器，其核心技术是在图像传感器的每一个像素点上增加了一个 10 位 A/D 转换器，即在 CMOS 摄像机图像传感器上的有源像素捕捉到光信号时，直接将其放大并转换为数字信号，从而可将阵列上的信号退化和串扰降到最小，并允许采用更好的降噪方法。此外，它采用 32 位 ARM CPU 精确控制每个像素，使每个像素独立完成采样和曝光，并直接转换为数字信号，是目前市面上唯一的、真正的全数字图像处理系统。

由于 DPS 将 A/D 转换集成在每一个像素单元里，使每一像素单元的输出都是数字信号，而成像系统控制着每个像素的最佳采样时间，在每个像素达到最佳状态时存储像素信息。在所有像素被采集后，再送到系统的 DSP 对其进行处理，最终形成高质量的图像。因此，这种 CMOS 摄像机的动态范围很宽，其特有结构是 CCD 所做不到的，加上它所具有的高速数字读出、无列读出噪声或固定图形噪声、工作速度更快、功耗更低的优点，使其能更方便地实现网络化与智能化。这样，直接输出的数字图像信号可以很方便地和后续处理电路连接，供数字信号处理器对其进行处理，以真实地重现图像，使 CCD 在图像质量等方面的优势逐渐黯淡，其光照灵敏度和信噪比可达到甚至超过 CCD。

2. 按 CMOS 摄像机的特殊功能分类

（1）超高动态 CMOS 摄像机。CMOS 摄像机在超高动态范围方面比 CCD 摄像机优越。为使动态范围更宽，可选用线性-对数输出模式，如加拿大的 DALSA 公司生产的 IM28-SA 型 CMOS 摄像机就是这种输出模式的超高动态 CMOS 摄像机，其动态范围就高达 120 dB（详情可参阅本书参考文献[6]）；又如上述的 CMOS-DPS 摄像机，其成像系统控制着每个像素的最佳采样时间，在每个像素达到最佳状态时存储像素信息，还如池上公司的 ISD-A10 型 CMOS 摄像机，其典型的宽动态范围就至少达到 95 dB，最大还可达到 120 dB。

此外，美国纽约 Rochester 大学电子与计算机工程系教授 Mark Bocko 和助理教授 Zeljko Ignjatovic 在 CMOS 上每个像素位置集成一个过采样 "sigma-delta" 模/数转换器，从而减少了晶体管数量，每像素仅需使用 3 个晶体管，保留了将近一半的像素面积用于采光。这一设计有效地节省了能耗，而且使得动态范围比现有技术提升了 100 倍。由于该传感器极其节能，采用一节电池就可用 1 年以上，这是 CCD 摄像机怎么也做不到的。

（2）超高帧速 CMOS 摄像机。CMOS 摄像机在超高帧速方面比 CCD 摄像机更要优越得多，这是由 CMOS 摄像机的基本结构决定的，一是信号读取通过简单的 X-Y 寻址技术直接从晶体管开关阵列中读取；二是其行、列电极可被高速地驱动，使信号能被快速地取出，因而帧速高。例如，德国 MITROKRON 公司的 MC1300 型 CMOS 摄像机就是一种高速 CMOS 摄像机，其数据率就高达 130 Mbps，非常适用于摄取运动目标的图像。此外，这种 CMOS 摄像机还采用了帧频控制技术与图像闪烁曝光技术，不仅可控制帧速的大小，还能用闪烁曝光摄取快速运动目标的图像（可参阅本书参考文献[6]）。还有，用帧频达 450 帧/秒的 LUPA1300 图像传感器，以及高达 1000 帧/秒的图像传感器等的高速 CMOS 摄像机无疑也均是超高帧速 CMOS 摄像机。

值得提出的是，2001 年 12 月 Kodak、Cadak、Hewlett-Packard、Agilent Technolgies、Stanford 大学和 California 大学等采用标准数字式 0.18 mm 的 CMOS 工艺成功开发了高帧速（10000 帧/秒）CMOS 数字像素传感器。其读出结构为 64 bit（167 MHz），最大输出数据速率大于 1.33 Gbps，最大连续帧速大于 10000 帧/秒，最大连续像素速率大于 1 Gpixels/s。因此，用该 CMOS 数字像素传感器做成的 CMOS 摄像机无疑更是超高帧速 CMOS 摄像机。

（3）超高清晰 CMOS 摄像机。CMOS 摄像机在超高清晰方面也比 CCD 摄像机要优越。因为超高清晰就是超高分辨率，如美国 Foven 公司就有了世界上最高分辨率（1680 万像素）的 CMOS 图像传感器。此外，美国 Photo Vision Systems 公司于 2002 年 4 月就已开发出一种具有 830 万像素的高分辨率（3840×2160）CMOS 图像传感器，这种就比高清晰度电视（HDTV）的分辨率高 4 倍，比标准电视的分辨率高 32 倍。

显然，清晰度越高，对摄像机 CPU（DSP）处理能力的要求就越高，而高清 HDV 格式却恰恰需要在短时间内处理大量数据。但 CCD 的速度怎么也赶不上 CMOS 图像传感器，也就是说，使用单 CCD 无法满足高速读取高清数据的需要。因此，在高清视频监控时代，只有 CMOS 摄像机才能做成实用的超高清晰的 CMOS 摄像机。

3.2.3　第 3 代 CMOS-DPS 摄像机

随着 CMOS-APS 技术及降噪技术的发展与进步，近几年又开发出来 CMOS-DPS。前面虽然简介了这种第 3 代 CMOS 摄像机，但因其应用较广，这里再较详细地介绍一下。CMOS-DPS 摄像机是由美国斯坦福大学电子工程学教授 Abbasel Gamal 与其带领的博士研究生杨晓东于 1993 年开发而成的，后来被授权给杨晓东博士于 1999 年创立的 Pixim 公司。自此以后，DPS 就是基于美国 Pixim 公司的 DPS 专利技术的图像传感器，其核心技术是在图像传感器的每一个像素点上增加了一个 10 位 A/D 转换器。这样，其直接输出的数字图像信号可以很方便地和后续处理电路接口，供数字信号处理器对其进行处理，以真实重现图像，使 CMOS 摄像机得到了实质性地进展。CCD 在图像质量等方面的优势也逐渐黯淡，CMOS 摄像机的光照灵敏度和信噪比可达到甚至超过 CCD。

1．DPS 的组成及工作原理

由前述可知，DPS（Digital Pixel System）就是数字像素系统，DPS 摄像机就是有数字像素系统的摄像机。传统的 CCD 和 CMOS 摄像机传感器都是为每一列或每一行像素点配备一个模/数转换器，其每个像素点的输出都是模拟光信号，存在着噪声大和输出时间长等缺点。而 DPS 是在图像传感器的每一个像素点上包含了一个 10 位 A/D 转换器，这样当 CMOS 摄像机图像传感器上的有源像素捕捉到光信号时，能直接将其放大并转换为数字信号，从而可将阵列上的信号退化和串扰降到最小，并允许采用更好的降噪方法。一旦数据以数字格式捕获，就可以采用各种数字信号处理技术来真实重现图像。显然，DPS 技术中的图像传感器和图像处理器是全数字式的，它采用 32 位 ARM CPU 精确控制每个像素，使每个像素独立完成采样和曝光，并直接转换为数字信号。这种第 3 代 CMOS-DPS 摄像机，就是目前市面上唯一的、真正的全数字图像处理系统。

DPS 的单个像素的组成如图 3-28 所示。

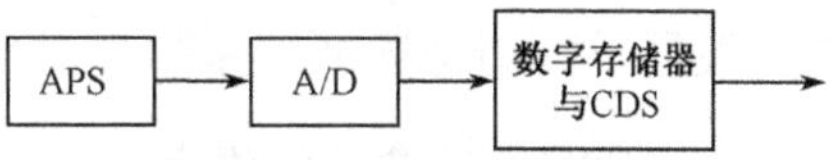

由图 3-28 可知，该器件的单个像素，由 APS 像素单元、模/数转换（A/D）、数字存储器和相关双取样

图 3-28　DPS 单个像素的组成

（CDS）电路等组成。CMOS-DPS 的工作原理不像 CMOS-PPS 和 CMOS-APS 的 A/D 转换是在像素外进行的，而是将 A/D 转换集成在每一个像素单元里，使每一像素单元输出的是数字信号，并且其成像系统控制着每个像素的最佳采样时间，在每个像素达到最佳状态时再存储像素信息。在所有像素被采集后，再送到系统的 DSP 对其进行处理，以最终形成高质量的图像，因此这种 CMOS 摄像机克服了原来 CMOS 摄像机的缺点而优于 CCD 摄像机。由于 CMOS-DPS 的这种特有结构是 CCD 所做不到的，再加上它所具有的高速数字读出、无列读出噪声或固定图形噪声、工作速度更快、功耗更低的优点，因而能使其更方便地实现网络化与智能化。

2．DPS 摄像机的特点

DPS 摄像机的特点有：

- 传输时间短，降低了噪声和衰减；
- 对每个像素能多次单独无损失采样，使动态范围增大；
- 色彩还原性好，图像质量提高；
- 有内嵌强大的软件平台，容易增加功能，使用简单；
- 模拟人眼与大脑，易构成智能化图像处理系统。

由于每一像素就像一台独立的摄像机，因而 DPS 摄像机可视为由几十万只小摄像机协同工作构成的智能化图像处理系统。它可避免亮度反差极大区域图像的"发花"和轮廓不清，达到零散射效果；可保证在各种照度条件下（尤其低照度）色彩不失真；分辨率在水平和垂直方向均衡一致（其垂直方向分辨率比现有摄像机提升了 100TVL 以上）。在特定的图像特征和光照下，DPS 摄像机最终能提供更详尽、完整和真实的图像细节，从而获得最佳的图像效果，并易使图像智能化。因此，这种第 3 代 CMOS 摄像机，可广泛应用于现代安防智能视频监控系统中。

3.2.4　CMOS 摄像机的优缺点

在传统观念中，CCD 代表着高解析度、低噪点等优点，而 CMOS 由于噪点问题，一直与电脑摄像头、手机摄像头等对画质要求不高的电子产品联系在一起。在安防界大都使用 CCD 摄像机，即使有的用了 CMOS 摄像机也都对客户不提 CMOS 摄像机，如出售 CMOS-DPS 摄像机的厂家，也只提是 DPS 摄像机，不敢说是属于 CMOS 摄像机。实际上，作者从 2001 年就开始发表"CMOS 图像传感器的原理、应用及国内外的发展"文章，以后又接着发表了"CMOS 摄像器件及 CMOS 摄像机"、"CMOS-DPS 摄像机及其智能化应用"、"CMOS 摄像机的进展及其在高清与智能视频监控中的应用"等系列文章，预言 CMOS 摄像机将取代 CCD 摄像机的原因，大力推广开发使用 CMOS 摄像机。但当时一些 CCD 摄像机的厂家还不相信，现在的事实已证明，我的预言是正确的，CMOS 摄像机绝非只局限于简单的应用，目前已发展于高清与智能化系列，显然其优势已凸现。

1. CMOS 摄像机的优点

以固体成像器件 CMOS 为核心的摄像机与以 CCD 成像器件为核心的摄像机相比，具有以下的优点。

- 速度快，如其信号读取通过简单的 X-Y 寻址技术能直接从晶体管开关阵列中读取，这就比 CCD 快和方便；此外，其行、列电极可高速地被驱动，使信号能被快速地取出，因而帧速高；
- 可随机存取与无损读取；
- 能容易与其他芯片结合，集成度高，可靠性高；
- 摄像机一般为单片式，电源电压低、功耗低；
- 制作工艺标准，生产成品率高，成本低；
- 抗晕光好，无拖影；
- 动态范围宽，可高达 120 dB；
- 能与亚微和深亚微米 VLSI 技术兼容，耐辐射好、寿命长；
- 由于本身方便数字化，能更方便网络化、智能化；
- 结构简单、体积小，能用于隐蔽摄像，且能做成药丸式，拍摄胃及大小肠，因而应用比 CCD 更广泛。

2. CMOS 摄像机的缺点

CMOS 摄像机与 CCD 摄像机相比，也有以下的缺点。

- 因各像素放大器很难做到特性一致，因而噪声相对较大，图像质量相对差一些；
- 因很多功能电路集成在 1 个像素里，遮挡了感光部分，使灵敏度低一些。

3.2.5　CMOS 摄像机在超宽动态摄像中的优势

由安防专业的基础课《安防&光电信息——安防监控技术基础》或《光电信息技术》中的 CMOS 光电成像器件的内容知，CMOS 成像器件可以有 4 种基本的输出模式，即线性输出模式、双斜率输出模式、对数特性输出模式、校正输出模式。这几种模式的动态范围相差很大，因而采用不同输出模式的 CMOS 摄像机的宽动态范围及其特性也有较大区别。

为更加扩大动态范围，还可以根据实际需要将上述的两种输出模式进行组合。例如，采用线性-对数（lin-log）输出模式，开始时输出随图像亮度呈正比例增加（线性响应），当亮度信号超过某给定阈值后，输出即呈对数响应，如图 3-29 所示。

图 3-29 中所示的中间曲线为加拿大 Dalsa 公司生产销售的 IM28-SA 型 CMOS 超宽动态摄像机的光电特性曲线，这样的线性-对数响应的输出模式可使 CMOS 摄像机的动态范围能高达 120 dB。线性-对数输出模式的光电响应，不仅扩大了动态范围，还可防止图像滞后与克服图像的重影。

超宽动态范围的输出模式除线性-对数输出模式外，还有前述的 CMOS-DPS 摄像机的数字像素系统模式。例如，2005 年 10 月，池上公司采

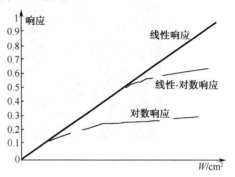

图 3-29　IM28-SA 的光电特性曲线

用 Pixim 的 DPS 成像技术推出的超宽动态摄像机 ISD-A10，其动态范围典型值是 95 dB，最大能达 120 dB，并具有非常好的色彩还原和清晰度。

1. CMOS 摄像机与 CCD 摄像机的宽动态性能的比较

CMOS 摄像机与 CCD 摄像机的宽动态性能的比较如表 3-1 所示。

表 3-1　CMOS 摄像机与 CCD 摄像机的宽动态性能的比较

类　　型	宽动态范围	功耗	清晰度	成本	最低照度	色彩还原性	图像质量
CCD	最大 66 dB	高	好	高	低	差，苍白	较差
CMOS	最大 120 dB	低	好	低	较低	好，真实	层次丰富

由表 3-1 可看出，宽动态技术并不是 CCD 摄像机独有的，由于 CCD 的感光特性限制，在技术上很难再有重大突破，而 CMOS 宽动态摄像机将会有突出的表现，可以说未来的监控摄像机都会有宽动态功能，而超宽动态技术将属于 CMOS 摄像机。因为 CCD 宽动态摄像机大多用二次曝光得出的像素数据计算出图像中所有像素的色调信息。这样，虽然增大了图像中最亮色调与最暗色调的比值，但却大大牺牲了中间色调的成像效果；并且该方法需要双倍的内存。为消除这种额外的内存开销，采用二次曝光技术的很多产品不得不将垂直分辨率减少为一半。这种方法虽然提升了动态范围，但却牺牲了图像的真实分辨率和色彩精确度，其图像总是看起来很苍白，好像褪色了一样。

虽然，随着 CCD 的不断发展，松下公司、索尼公司分别推出第三代宽动态摄像机（如松下 WV-CP480L、索尼 SSC-DC578P），它们的典型宽动态范围也仅为 54 dB。CCD 宽动态摄像机目前最好的扩展动态范围的方式是 5 次取样方式，如 JVC 公司的 CCD 宽动态摄像机 TK-WD310EC，但最大动态范围最多也只能为 66 dB。

而 CMOS-DPS 摄像机则对每个像素取样，它可使每个像素的曝光时间不同，从而使同一画面不同部分的曝光时间不尽相同，因此整幅图像的任意点，都可达到最佳图像显示的状态，能得到清晰的图像细节，从而更加接近真实场景的色彩还原。

图 3-30 所示为使用二次曝光技术扩展动态范围的 Panasonic 的 CCD 宽动态摄像机与 Pixim 公司的 CMOS-DPS 摄像机拍摄的图像的对比,显然,CCD 宽动态摄像机所摄画面苍白,其色彩精准度和图像质量都不如 Pixim 的 CMOS-DPS 摄像机好。

图 3-30　采用二次曝光技术的 CCD 摄像机与 CMOS-DPS 摄像机拍摄的图像对比

由图 3-30 可看出,CMOS-DPS 摄像机可以通过其超强的宽动态功能来获得高质量的图像,即可以达到比 CCD 更真实、更清晰的图像。在动态范围上,DPS 采用的单一像素曝光和 ARM7 控制技术,相比于 CCD 的两次或多次曝光成像有了更宽的动态范围(最高可至 120 dB)。在扩大动态范围的同时,DPS 也解决了 CCD 传感器在处理动态范围和色彩真实性上的不足,其色彩还原性更加真实,完全能够满足不同条件下不同用户的要求。

由于 Pixim 的 DPS 技术的每一像素都有自己的 A/D 转换器,产生的信息被独立地捕捉和处理,每一个像素在其摄像机内都起到了作用。在图像传感器的像素排列位置上,每一个像素的曝光时间被调节去处理独特的光条件。基于 DPS 系统平台制造的一个摄像机实质上都有成千上万个独立摄像单元,每个摄像单元都尽可能创作出最好的图像。这些图像然后被结合起来就可创造一帧高质量的视频画面。

由此看来,CCD 宽动态摄像机要想达到 CMOS-DPS 的性能是不可能的,因为它在像素上不可能集成 ADC 等,要想进一步扩展动态范围,则只能尽量采取多次取样方式,或者在输出模式上尽量设法采取 CMOS 摄像机的线性-对数输出模式。

2. 5 种扩展 CMOS 摄像机的动态范围的性能比较

CMOS 摄像机除基本的线性输出模式外,其余 5 种扩展 CMOS 摄像机动态范围的性能比较如表 3-2 所示。

表 3-2　几种扩展 CMOS 摄像机动态范围的性能比较

类　型	动态范围	图像质量	成本	应　用
线性输出模式	小	差	低	安防监控,测量,识别
双斜率输出模式	较大	较好	较高	安防监控,测量,识别
对数输出模式	大	好	较高	安防监控,广播电视,测量,识别
伽马校正输出模式	较大	较好	高	安防监控,测量,识别
线性-对数输出模式	最大	最好	高	安防监控,广播电视,测量,识别
CMOS-DPS	最大	最好	高	安防监控,广播电视,测量,识别

由表 3-2 可知，CMOS 摄像机动态范围以线性-对数输出模式与 CMOS-DPS 数字像素式为最大，其图像灰度层次丰富、色彩真实、质量品质高。

由此看出，线性-对数输出模式的 CMOS 摄像机与更便于智能化的 CMOS-DPS 纯数字摄像机，均将是今后扩展 CMOS 摄像机的动态范围的发展方向。

3.2.6　CMOS 摄像机在高清与智能视频监控中的优势

随着光电信息技术的发展，以及集成电路设计技术和工艺水平的提高，CMOS 图像传感器过去存在的缺点，现在都可以找到办法克服，而 CMOS 图像传感器所固有的优点，如成本低、功耗低等更是 CCD 器件所无法比拟的。CMOS 图像传感器与 90%的其他半导体都采用相同标准的芯片制造技术，而 CCD 则需要一种极其特殊的制造工艺，因此具有较高解像率、功耗低、制作成本低得多的 CMOS 器件必将会得到发展。

随着 CMOS 图像传感器技术的进一步研究和发展，过去仅在 CCD 上采用的技术正在被应用到 CMOS 图像传感器上，而 CCD 在这些方面的优势则已逐渐黯淡。但是，CMOS 图像传感器自身的优势正在不断地发挥，其过去的不足，如光照灵敏度和信噪比现已达到甚至超过 CCD。

目前，CMOS 图像传感器，已由被动式像素传感器 CMOS-PPS（Passive Pixel Sensor）发展到主动式像素传感器 CMOS-APS（Active Pixel Sensor），并已新发展到数字像素传感器 CMOS-DPS（Digital Pixel Sensor）。CMOS 摄像机在图像质量与灵敏度方面的缺陷，已得到大大的改善。随着目前市场上视频监控系统向高清化与智能化方向的发展，CCD 摄像机的自身缺陷已变得越来越突出，并且已不能适应网络化、集成化、高清化与智能化方向发展的需要。

现在，CMOS 摄像机绝非只局限于简单的应用，它已发展于高清系列，并已在高清与智能视频监控系统中占有绝对的优势。下面就探究其原因。

1. 从 CCD 和 CMOS 图像传感器的不同工作原理看 CMOS 的优势

CCD 图像传感器在工作时，上百万个像素感光后会生成上百万个电荷，但所有的电荷要全部经过一个"放大器"去进行电压转变，以形成电子信号。因此，这个"放大器"就成为了一个制约图像处理速度的"瓶颈"。因为所有的电荷均由单一通道输出，就像千军万马从一座桥上通过，当数据量大的时候就发生信号"拥堵"，而高清 HDV 格式却恰恰需要在短时间内处理大量数据，因此，使用单 CCD 图像传感器无法满足高速读取高清数据的需要。

而 CMOS 图像传感器则不同，它每个像素点都有一个单独的放大器转换输出，因此 CMOS 图像传感器能直接从晶体管开关阵列读取出来，而没有 CCD 图像传感器的"瓶颈"问题。CMOS 图像传感器能够在短时间内处理大量数据，从而输出高清影像，所以能满足高清 HDV 的需求。

此外，CMOS 图像传感器工作所需要的电压又比 CCD 要低很多，其功耗大约也只有 CCD 的 1/3，因此其电池尺寸可做得更小，这使得摄像机的体积也就可以做得更小，而且每个 CMOS 图像传感器都有单独的数据处理能力，这也将大大减小集成电路的体积，从而使高清数码摄像机能实现小型化。

2. 从 CCD 和 CMOS 图像传感器的读数方式和传输方式看 CMOS 的优势

CCD 和 CMOS 图像传感器常用的读数方式和传输方式的比较，如图 3-31 所示，其中图 3-31（a）为 CCD 图像传感器通常采用的顺序电荷转移方式，当它将光图像信号转换成电荷图像信号后，首先被传送到列转移寄存器，最后输出到图像处理单元，因此其速度就慢而受到限制；此外，由于顺序电荷转移方式需要连续、高速的驱动转换寄存器，因而也需要较多的电功率。

图 3-31（b）为 CMOS 图像传感器通常使用的 X-Y 寻址和传输方式，在这种方式中，每一个像素都有自己的放大器，它通过列扫描和行扫描来传递信号，而直接输出到图像处理单元。由于 CMOS 图像传感器具有独立的数据传输线路，因此它能达到很高的速度。

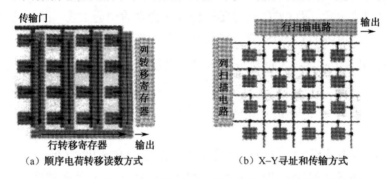

（a）顺序电荷转移读数方式　　（b）X–Y寻址和传输方式

图 3-31　CCD 与 CMOS 图像传感器的读数方式和传输方式的比较

但值得指出的是，虽然这种方式能达到很高的速度，可仔细地观察其输出图像，不难发现，在分开的线上往往容易出现图像失真。

一种仍采用 X-Y 寻址和传输方式，但能克服上述缺点并使速度更快的改进的 CMOS 图像传感器的读数方式，如图 3-32 所示。

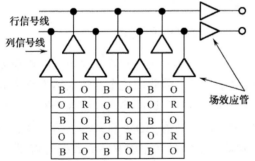

图 3-32　一种改进的 CMOS 图像传感器的读数方式

由图 3-32 可见，其特点是数据通过两条信号线按不同的颜色读出，这样读取图像的速度更快，并且还同时具有可随意提取高密度像素数据的优点。因为这种数据分配线用颜色的方法（绿、蓝和红）代替了区域的方式，它在提高操作速度的同时，也提高了图像质量，从而解决了输出图像在分开的线上容易再现失真这一问题。

根据颜色分离信号源，所有的绿色信号通过一条线输出，而所有的蓝色和红色信号通过另外一条线输出，这就可使图像不受输出放大器波动的影响，从而确保了图像质量。由于人眼对绿色特别敏感，因此绿色信号线只处理绿色信号，而且在图像锐化和设置图像对比度的绿色也特别重要。在读第一行数据时，应用列左边的数据线（上面输出 G 信号，下面输出 B 信号），再接着读第二行数据，此时应用列右边的数据线（上面输出 G 信号，下面输出 R 信号），依次继续进行（见图 3-32）。由此可见，R:G:B 的比率是 1:2:1，而通常彩色滤波器的比率也是基于这个原理设计的，因而正好相配。

由于这种改进结构，使信号的路径简化很多，从而使速度得到极大提高；数据通过两条信号线按不同的颜色读出，使读取图像的速度更快；且同时读取两个像素的像素信号，因而在数据输出速度方面又高出很多；此外在传输速度上又使用了独立的管线流水线而更为迅速。所以，这种改进的 CMOS 摄像机的结构，可实现更高速的处理，从而可提高数据的读出速率，因此更能适用于更高像素的超高清摄像机，而这些更是 CCD 摄像机所做不到的。

3．从高清摄像机是数字摄像机看 CMOS 图像传感器的优势

由于高清摄像机是数字摄像机，因而用以 CMOS 图像传感器为核心的摄像机更加适合。在 CMOS 图像传感器的设计中，每个像素（Pixel）直接连着放大和数字信号转换器，图像传感器芯片从引脚上就能直接输出数字图像信号。因此，用 CMOS 图像传感器作为高清摄像机，从 CMOS 图像传感器输出数字图像信号开始，产品整个系统中的图像信号均为数字信号。这样，数字信号处理技术就可贯穿系统全部，并且它可以利用先进的 10 Gbps 及以上的极高速数据传输标准直接传输和切换，再结合并行数据传输和高密度封装，使 CMOS 图像传感器在新一代高清数字电视摄像机领域得到广泛的应用。

而 CCD 则不一样，它每曝光一次，在快门关闭后再进行像素转移处理，即将每一行中每一个像素的电荷信号依序传入缓冲器中，再由底端的线路引导输出至 CCD 旁的放大器进行放大，而最后串联 A/D 输出。因此，用 CCD 作为高清摄像机，其 CCD 芯片输出的图像信号则为模拟信号，它最后需要将模拟信号转换成数字信号，然后用数字信号处理技术完成图像信号的处理及输出。一般，标清阶段，数字化的视频信号其图像效果，无论主观印象还是客观指标，都不如原模拟信号。模拟视频信号数字化仅仅解决了网络传输和硬盘存储等客观需求。而高清摄像机信号则本质上为数字信号，不存在模拟信号变换为数字信号的问题，因而可大幅度提升视频主客观效果，使图像质量更加接近自然本色。显然，高清摄像机用 CMOS 图像传感器比使用 CCD 好。

过去，传统的视频监控和会议标清摄像机，必需配合视频服务器、DVR 来组成视频监控和会议的应用系统。而高清摄像机阶段，则不必需标清阶段视频服务器、DVR 等编/解码设备，一些原本标清阶段的视频服务器、DVR 编/解码之外的应用处理，也可直接由高清摄像机处理完成。这样，在高清阶段将更加简化集成，即仅用高清摄像机加上网络服务软件即可。另一方面，当前网络技术又已获得较大发展，其网络带宽已不再是传输视频数据的瓶颈，尤其是在局域网的应用环境中。

4．从网络化、集成化、智能化的需要看 CMOS 图像传感器的优势

前面已论述了，在视频监控系统高清化的进程中选用 CMOS 摄像机比 CCD 摄像机好，这里就不再提了。下面再简述一下，在视频监控系统的网络化与集成化的进程中实际选用 CMOS 摄像机也比 CCD 摄像机要优越，而从智能化的需要则更是如此。

众所周知，网络化的基础是数字化，因为网络最好传输的是数字信号。由于 CCD 图像传感器输出的图像信号为模拟信号，如要输出数字图像信号，就还需要加 A/D 转换器，将模拟信号转换成数字信号。而 CMOS 图像传感器芯片从引脚上就能直接输出数字图像信号，因而就不需要再加 A/D 转换器。显然，仅从这一点，选用 CMOS 摄像机就要比 CCD 摄像机好。

从前面的论述还可知，CMOS摄像机的电源电压低、功耗低、体积小、集成度高，并且方便与其他芯片和计算机连接，因而非常容易集成。显然，从系统集成化的需要，也是选用CMOS摄像机比CCD摄像机好。

大家知道，智能视频监控系统的核心是智能软件，而这些智能化功能的软件算法程序均是适于计算机处理与识别的数字式的。再加上CMOS摄像机是单芯片摄像机，其芯片内置有计算机接口电路，而CCD芯片则需要外置。因此，这也能说明选用CMOS数字摄像机比选用CCD摄像机更加方便、合适。

具有智能化功能的CMOS高清数字摄像机，更方便连网传输。因为它不像无智能化功能的网络摄像机那样，要传输每一帧图像，而是只传输经智能分析后的有用的图像。因此，具有智能化功能的CMOS网络高清数字摄像机，能大大节省传输的网络带宽资源，所以CMOS摄像机在网络高清智能视频监控系统中必将获得广泛的应用。

3.3　几种特殊的新型摄像机

3.3.1　一体化与高速球型摄像机

1．一体化彩色CCD摄像机

摄像机枪机，一般需要配置上相应的镜头才能应用。现在，有很多厂家，利用1/4英寸的CCD传感器，采用DSP内置了可以自动聚焦（Auto Focus）的16倍（如F1.6 / f:3.9～63 mm）光学电动变焦镜头，并具有2倍电子变焦功能，使其总倍率达到了32倍。一般这种型号的摄像机都设置了RS-232的控制接口，因此对于摄像机及其内置电动镜头的所有操作，包括亮度、对比度、自动白平衡等的调节都可以通过计算机经由其RS-232通信口来控制调节。例如，韩国威德曼、三星、世林及日本的很多厂家均有这种称之为一体化的彩色CCD摄像机。还有的摄像机的内置变焦镜头是采用的16倍光学放大，8倍电子放大而使总倍率达到128倍；还有的摄像机采用的是22倍放大的光学变焦和10倍放大的电子变焦的镜头，其总倍率达到220倍等。例如，韩国三星的SSC-421P，它使用的是行间转移型Super HAD（Holo Accumulate Diode，空穴积累二极管）CCD，其最低照度0.02Lx，可设置区域背光补偿及适应多种光照条件的背光补偿，自动追踪白平衡，并有10位A/D转换器和画中画功能等。

一体化摄像机中的关键技术是自动光圈与自动聚焦控制技术。一般自动光圈控制采用的是微处理器控制方式，即将求得的视频信号平均幅度值经A/D变换为数字信号，再由微处理器经过运算后给出相应的光圈控制信号；自动聚焦控制采用的大多是图像处理聚焦控制方式，一般通过检测画面中心约1/4面积的图像信号，经带通滤波，再通过检波平均送到微处理器去处理后给出相应的聚焦控制信号。总之，利用微处理器根据采样得到的信号进行运算编码，以形成系统认可的动作命令码去控制一体化机中的光圈与聚焦电机。

还有的产品是将摄像机、镜头、云台等复合在一个透明的半球形防护罩中，在这种产品中，甚至还将解码器、话筒等都置于一个防护罩里，因而在工程中使用非常方便。这种类型摄像机的典型代表是 ELBEX 公司的半球一体化摄像机。目前，还采用了 FRAMELOCK（帧同步锁定）及 I-D-CODE（在场消隐中加入 16 位的编码标识信号）的新技术。

2. 快速球形彩色 CCD 摄像机

快速球形摄像机（Speed Dome）是集 DSP 摄像机、多倍变焦镜头、全方位云台、球型罩及终端解码器（有的没有解码器）于一体的球形摄像机。其外形设计十分美观，还有椭球形等各种外形，可作为公共场合监视之用，安装于室内又不会破坏装潢的美观；而且，由于它具有 360°的摄像范围，比一般摄像机更能达到监视效果。

（1）高速云台驱动器。快速球机内置云台驱动电机，有直流伺服电机或步进电机两种控制方案。直流伺服电机采用电压控制，因此电机在高速和低速时均可平稳运行，且速度变化没有间断及共振点，但有惯性；步进电机是通过控制脉冲一步步运行而没有惯性，但在云台低速运行中不能有效跟踪目标，且在某一运行速度时会发生共振现象，从而使云台抖动严重，且其运行中噪声明显大于直流电机，因此目前多用直流电机控制。快速球机所具备的复杂构造，使得其驱动装置必须具有耐久、可靠、高速及平稳转动等基本特点。此外，驱动装置还需要安装得当，才能在动态监控时减轻画面的抖动，并能在云台旋转时准确地捕捉目标。为确保监控可靠，直流电机的惯性及转动装置所带来的误差，应维持在±0.5°以内。

快速球机 360°的水平旋转功能，通常叫自动摇移（Auto Pannig）。用户可把快速球机设定为"自动水平"状态来对监控区域实行持续的巡察。某些高级快速球机，摄像部件具有自动翻转 180°返回到起始位置，从而使球机下面的任何物体也都可以被监控。

（2）摄像机与镜头。Speed Dome 采用的技术有：垂直 90°向下自动翻转 180°（Flip），以此来有效跟踪目标；镜头自动控制（ALC）；镜头连续自动聚焦；镜头、云台自适应控制（ZAP）等；其他功能主要涉及选用一体化摄像机本身的功能特点，目前大都选用日本原厂生产的高清晰度、宽动态、高信噪比、背光补偿、自动增益控制、可调节白平衡、以及可调速电子快门等功能的摄像机。快速球机具有以下的特点：能伸缩（变焦）镜头；能自动、快速调焦（≤1 s）；灵敏度高，在照度低于 0.05 Lux 的环境下提供清晰的彩色画面；在照度低于 0.01 Lux 的环境下提供清晰的黑白画面。

（3）可编程功能。快速球成为公共场所最好的监控设备的原因，是它可对预设监控区域进行物体的侦测追踪。具有智能轨迹式扫描行程方式的先进快速球机已经取代了原先的预设点到预设点的扫描行程方式的产品。操作者可以控制并记录扫描行程，并减少或甚至解除图像的间断和混乱的问题。快速球机的旋转速度、旋转角度等参数可以通过可编程控制器调整。云台水平旋转的速度可从高速 280°/s 到低速 0.5°/s；云台垂直部分的角速最大达到 120°/s。通常有警报信号时，系统会要求快速球机以最大旋转速度转到预定位置。一般，要求预置点定位时间在 1 s 以内。

（4）快速球机与控制器之间的相容性。球机在监控区域旋转速度控制是通过球机控制器、视频矩阵以及电脑来完成的。而电脑控制采用软件完成，因而可不考虑相容性，只考虑球机与控制器、球机与矩阵之间的相容性。使用的控制器一种是控制线与影像线分开，另一种是把影像及控制信号合成在一条同轴电缆上。尽管单线传输的干扰较大，且进行长距离传输需加放大器，否则影像会衰竭，但似乎有流行的趋势。从结构上来说，日产球机大多采用塑胶齿轮来减少产品的重量和旋转时的噪音，而美制品则采用合金制造的机械式转盘，重量较重，但较为坚固。

（5）快速球型摄像机的选用。由于快速球机的智慧型功能和安装简易的特点，目前已逐渐取代由云台控制的传统室外摄像机，而成为公共场合如购物中心、机场、工厂厂房、银行及娱乐场所的首选监控产品。不论用于室内还是室外，快速球机人性化的功能比一般 CCD 摄影机更能达到监视效果。使用者除要对产品功能加以选择外，还要考虑球罩（有不同的颜色）的各种特殊需求。室外用的球罩还必须具有防尘、防水、防恶劣天气、抗高温，甚至抗破坏的特性。事实上，快速球机已集美观和智能于一身，其结构设计之精巧不是一般 CCD 摄影机所能比拟的。未来的快速球机将向更小型化、更简单化、更快速智能等操作性能迈进。

3.3.2 超宽动态摄像机

宽动态是指摄像机同时可以看清楚图像最亮与最暗部分的照度比值。摄像机的"动态范围"是指摄像机对拍摄场景中景物光照反射的适应能力，具体指亮度（反差）及色温（反差）的变化范围。即表示摄像机对图像的最"暗"和最"亮"的调整范围，是静态图像或视频帧中最亮色调与最暗色调的比值。而色调能呈现出图像或帧中的精准细节，作为两种色调的比值，动态范围的单位可以是分贝、比特、档，或者简单以比率或倍数来表示。各种单位之间的换算方法如表 3-3 所示。

表 3-3　动态范围各单位之间的换算方法

比　特	档	比　率	倍　数	分　贝
1	1	1:2	2×	6 dB
2	2	1:4	4×	12 dB
3	3	1:8	8×	18 dB
4	4	1:16	16×	24 dB
5	5	1:32	32×	30 dB
6	6	1:64	64×	36 dB
7	7	1:128	128×	42 dB
8	8	1:256	256×	48 dB
9	9	1:512	512×	54 dB
10	10	1:1024	1024×	60 dB
11	11	1:2048	2048×	66 dB
12	12	1:4096	4096×	72 dB
13	13	1:8192	8192×	78 dB
14	14	1:16384	16384×	84 dB
15	15	1:32768	32768×	90 dB
16	16	1:65536	65536×	96 dB
17	17	1:131072	131072×	102 dB
18	18	1:262144	262144×	108 dB
19	19	1:524288	524288×	114 dB
20	20	1:1048576	1048576×	120 dB

表 3-3 仅列出了 20 档动态范围，因为这几乎涵盖了人眼所能分辨的所有动态范围，而超过这些档位的动态范围就没有太大的实际意义。

1．CCD 摄像机扩展动态范围的原理与方法

目前，CCD 摄像机扩展动态范围的方法有如下 4 种。

- 输出信号伽马修正方法；
- 对数压缩放大方法；
- 单帧图像两次取样方法；
- 单帧图像多次取样方法。

在安防视频监控领域中，一般多采用单帧图像 2 次或 5 次取样方法。以松下为首的厂商，率先采用了两次曝光取样法，即"单帧图像 2 次取样方法"，或说"2 次合成电子快门"。其典型特征是基于中速感光器件及高速 DSP 的 2 次取样曝光及图像分割合成技术。这种单帧图像 2 次取样方法的工作过程如下。

首先，利用成像器件 CCD 对较暗的景物取得正确曝光（如用 1/50 s 快门），其曝光量如图 3-33（a）所示，将得到的第 1 帧图像存储到数据缓冲存储器中。

其次，利用高速数字信号处理器 DSP 对送来的图像数据进行分析，如图像中较暗的部分曝光正常，而有部分曝光过度的区域（即高亮度区域），就要对其进行亮度评估。

第三，根据亮度评估结果，再采用高速快门进行曝光（如 1/2000 s 快门），其曝光量如图 3-33（b）所示，并将第 2 次拍摄的图像也存储到数据缓冲存储器中，如此即可同时取得两张对明暗两区均为正确的影像。

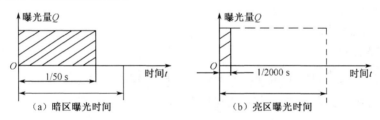

图 3-33　双曝光时间与曝光量示意图

最后，再利用高速 DSP 并通过其中嵌入的特有的图像处理算法，将两影像在 DSP 中高速运算相加，即将两幅图像中亮度适当的部分分别切割下来，然后在一帧新的图像中合成起来，就可标准制式实时输出亮暗动态范围很宽的图像。例如，室内人物照度为 10 Lx，而室外景物为 1000 Lx，此时 CCD 摄像机可采用 1/60 s 的速度对室内景物取得正确曝光，再用 1/6000 秒对室外景物取得正确曝光，然后将两张图像结合即成为比较完美的图像。

显然，传感器在第二次曝光时需要将第一次曝光得到的数据保存起来，因而该方法需要双倍的内存。为消除这种额外的内存开销，采用两次曝光技术的很多产品不得不将垂直分辨率减少为一半。这种方法虽然提升了动态范围，但却牺牲了图像的真实分辨率和色彩精确度。所以，两次曝光的图像总是看起来很苍白，好像褪了色一样。显而易见，5 次或多次曝光取样方法图像自然会好一些。

2．CMOS 摄像机扩展动态范围的原理与方法

尽管 CCD 摄像机采用 2 次曝光法的宽动态范围已达到了 54 dB，而采用 5 次取样方式，其动态范围最多也只能达到 66 dB。而现在已经推出的 CMOS 宽动态摄像机，如加拿大 Dalsa 公司采用线性-对数输出模式的 IM28-SA 型 CMOS 摄像机，以及美国 Pixim 的 CMOS-DPS 摄像机，其宽动态范围最大能达到 120 dB。

由 3.2.5 节可知，目前 CMOS 摄像机扩展动态范围的方法有 5 种：双斜率输出模式、对数输出模式、γ 校正输出模式、线性-对数输出模式、DPS 数字像素模式，这 5 种 CMOS 摄像机扩展动态范围方法的比较及其与 CCD 超动态摄像机的比较见 3.2.5 节已述。总之，超宽动态摄像机还是 CMOS 摄像机要好些。

3．动态范围测试方法

确定摄像机成像器的动态范围的方法主要有两种：一种是使用传感器和图像处理器中基本电路的相关信息由公式计算得出；另一种是使用灰阶测试卡和实验仪器来收集和观察图像，并测量影像级别的方法得出。尽管采用计算的方法可在理论上算出动态范围的极限值，但通常人们还是倾向于使用测量的方法，因为它能反映用户对摄像机成像效果的实际体验。下面就具体介绍国外两个公司对摄像机动态范围的实际测试方法。

（1）JVC 的动态范围测试方法。

① 测试摄像机动态范围所需的设备：

- 透射灰度卡与反射灰度卡；
- 亮度可调的背光灯箱与亮度可调的照射光源；
- 视频监视器与波形监视器；
- 测光表或照度计；
- 标准内镜头等。

② 测试摄像机动态范围的条件：需要在暗室内进行。

③ 测试摄像机动态范围的基本方法与步骤：

- 在暗室中一桌子的同一垂直平面上安装 2 套双阶灰度测试卡，其中 1 套透射灰度卡采用亮度可调的背光光源作为恒定参照，调整背光源亮度，确保自正面中心确认白块表面的发散照度为 2500 Lx；另外 1 套反射灰度卡采用位于其正面的亮度可调的照射光源，以用于测定动态范围的临界值。
- 架设待测摄像机与灰度测试卡中心同水平面高度，并保持与灰度测试卡垂直平面呈 90°夹角，同时使摄像机镜头视角能涵盖 2 套灰度测试卡。
- 将摄像机的输出信号连接到视频监视器与波形监视器。
- 在摄像机加电稳定后，开启扩展动态范围功能，将正面的照射光源的亮度调整到 2500 Lx。显然，在这种照度下是曝光过度的（出厂的标准照度多为 2000 Lx），此时反射灰度卡的白色端条纹可能会出现层次混合，即有 2 条或更多灰度条表现出相同的白色，而分辨不出亮度的差别。
- 再不断缓慢降低光源亮度，并不断从波形监视器上观察与记录反射灰度测试卡波形的顶电平。当顶电平因为光源照度降低而开始相应降低时，记录此时的照度值（如 L_1），这一照度值即为该摄像机动态范围的上限。此时的摄像机应当正好可以表现出亮度较大的白色条纹之间的亮度层次区别。

● 然后不断继续缓慢降低亮度,并不断从波形监视器上观察与记录反射灰度测试卡波形的顶电平。当顶电平不再因为光源照度降低而继续相应降低时,记录此时的照度值(如 L_2),这一照度值即为该摄像机动态范围的下限。此时摄像机拍摄的灰度卡图像中在亮度暗的 2 个灰黑色条纹之间的亮度层次区别应当正好消失而混合成一块黑色。

上述测试方法计算动态范围的公式为

$$动态范围 = 20\lg L_1/L_2（dB）\tag{3-11}$$

用上述测试方法测得日本 JVC 公司用 5 次取样方式的 CCD 宽动态摄像机 TK-WD310EC 的顶电平变化自 2200 Lx 开始至 1.1 Lx 结束,由式（3-44）可得

$$动态范围 = 20\lg 2200/1.1=66\ dB$$

（2）Pixim 的动态范围测试方法。为了让测量实验具有可重复性,使得在测量过程中可以对所有色调级别同时进行观察和比较,Pixim 使用一套定制的仪器装置来测量动态范围。该套装置包含一个灯箱,它使用 700 W 的白炽灯光对透光步进卡进行背光投射。测量使用的步进式光楔均由 Sine Patterns LLC 公司生产,两个光楔重叠在一起最高可测量 ND 值为 0.1～6.1 或大约 120 dB 的密度范围。

要在计算机监视器上或在打印文档中准确显示很宽的动态场景并不容易,图 3-34 所示为 Pixim DPS 技术良好地捕捉到超宽动态图像,同时呈现了单调灰阶和中间灰阶响应。

图 3-34　使用 Pixim DPS 技术拍摄的超宽动态范围场景

图 3-35 所示为使用两次曝光方法的 CCD 摄像机拍摄的同一图片。尽管该相机自称具有很高的动态范围,但从图片中场景高亮部分的晕光现象和中间色调的串色现象看出其明显的局限性。此外,对中间色调的响应,该相机的响应过于平乏,与 Pixim DPS 相机单调分明的响应相比,谁优谁劣一看便知。图 3-35 就是用日本的 CCD 宽动态摄像机与 CMOS-DPS 摄像机拍摄实际场景的图像的对比。显然,CCD 宽动态摄像机所摄的色彩精准度和图像质量都不如 CMOS-DPS 摄像机好。

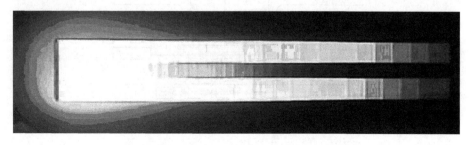

图 3-35　用两次曝光 CCD 摄像机拍摄的同一图片

3.3.3 24h 全天候摄像机

24h 全天候摄像机即日夜两用型摄像机。有些日夜两用型摄像机在其内部分别安置了彩色和黑白两种不同的 CCD 图像传感器，并通过分光棱镜使两片 CCD 同时感光。在白天光照度合适时，彩色光路可以正常输出彩色视频信号，而夜晚光照度不足时，摄像机可以自动切换到黑白光路。由于此时的感光单元为黑白 CCD 传感器，因此它可以在红外灯的辅助照明下，输出清晰的黑白视频信号。由于这种摄像机的内部除视频处理等部分电路可以共用外，其他部分彼此独立，几乎相当于两部独立的摄像机，因此价格较贵。目前，多采用晚上切换开红外截止滤光片的日夜转换型彩色摄像机，即白天图像彩色，夜晚无光黑白。

一般摄像机在摄取黑色背景下的明亮目标通常都会产生 Smear（拖影）现象，即在明亮目标上下出现白色条纹。Smear 现象是多余光线折射至 CCD 的垂直变换记录器上造成的，也就是由于 CCD 积累光生电荷不能及时释放所致的。为解决此问题，索尼公司首先成功推出了 Hyper HAD（Holo Accumulate Diode，空穴积累二极管）CCD 技术。在该结构中，CCD 上的每一个像素上都有一个相对应的被精确定位的 OCL（微型）透镜，使光线集中于拍摄感光区域，令感光度大大提高，即通过改进芯片的结构设计和制作工艺改进了 CCD 传感器的量子转换效率，扩展了光谱响应范围。

1998 年，索尼公司又成功地推出了 Exview HAD 新技术。这种技术是一种把极高感光度和减至极低的 Smear（也称为拖影、拖尾或光污染）现象成功结合在一起的全新技术，它采用的延长光谱反应技术使这种摄像机拥有接近红外波长的感光度。该技术还包含智能控制的数码背光补偿功能（BLC）和超级自动增益控制功能（Turbo AGC），使采用这种技术的各系列摄像机在照度极低的情况下也能产生清晰可辨的图像。该结构的 OCL（微型）透镜具有近乎零间隙结构，从而消除了每个 OCL 摄取图像时产生的无影区域，使小孔累积层获取到最大数量的光线，因此该技术在感光度指标上比 Hyper HAD 有了几倍甚至数十倍的增加。

现在的日夜两用型彩色 CCD 摄像机大多是利用 Exview HAD CCD。图 3-36 所示为超高感度 Exview HAD CCD 的单个像素结构，这种 CCD 传感器是在 Nsub 基底（在 CCD 制作过程中，为减少拖影加了掺杂介质的 N 型基底，从而提高在近红外光照下的灵敏度）上再加入一层很厚的 N+载流子层，从而使近红外被吸收并转换成电能，大大降低拖影现象。由于利用入射光口的双微凸透镜，增大了入射到 CCD 上的孔径，使 CCD 得到更大的光照度，从而提高了 CCD 在低照度下的灵敏度。

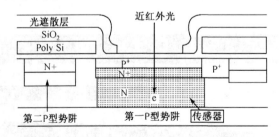

图 3-36 Exview HAD CCD 的单个像素结构

图 3-37 所示为两种 CCD 的量子效率与波长的关系（即光谱响应曲线），在 500～600 nm

波段，超高感度 CCD 的光谱响应度提高了 30%，在 780～950 nm 的近红外波段，光谱响应平均提高了 15%。由于超高感度 CCD 的突出特点，所以在完全无光情况下（即 0 Lx），借助近红外光照明目标，可以在人眼不可见的波段范围看到目标视频图像。因此，用超高感度 CCD 摄像机完全可满足 24h 连续监控的要求（白天图像彩色，夜晚无光黑白）。

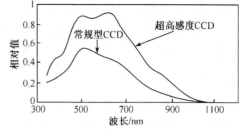

图 3-37　两种 CCD 结构光谱响应的比较

值得提出的是，在选择使用低照度摄像机和红外灯时要注意以下几点。

（1）必须选择适当的镜头。为了提高摄像机对红外灯及景物的敏感度，应尽可能选用通光量大的镜头，并注意在使用自动光圈或电动可变镜头时，要尽可能开大光圈的驱动电平值。因为随着镜头焦距的增加，其通光量会相对减少，所以在选择红外灯时要留一定的余量，并注意红外灯的标称指标。

（2）红外灯的选配电源应尽可能要满足其所需的最小电功率，否则会发生照度距离不够的情况。

（3）要考虑被摄景物的反光程度，如果目标景物周围没有良好的反光环境（如建筑物、围墙、标牌）时，实际使用应考虑一定的距离余量。

3.3.4　紫外摄像机

紫外探测技术是继红外和激光探测技术之后发展起来的军民两用光电探测技术。由于紫外光的波长比可见光短，因而它又称为"黑光"，因为它可以引起某些材料在黑暗中发光。因此，它在公安刑侦、纸币与证件等防伪检测方面均有很好的应用；在医学、生物学等领域有着广泛的应用，如在检测诊断皮肤病时可直接看到病变细节，并可用它来检测癌细胞、微生物、血色素、白血球、红血球、细胞核等，其检测不但迅速、准确，而且直观、清楚；在军事上，它主要用于紫外告警、紫外通信、紫外/红外复合制导和导弹跟踪及监视天空、研究远距离星体等方面。

1. 紫外成像器件类型

（1）紫外成像增强器。它是一种为导弹羽烟紫外辐射探测的一种探测器。其中，微通道（MCP）像增强器具有响应速度快、抗磁场干扰能力强、结构紧凑、体积小、质量轻、图像读出方便等优点，用于紫外探测成像，可获得高分辨率、高灵敏度。

紫外像增强器的光谱响应主要取决于光电阴极的材料。在 II-VI 族化合物中，CsTe、RbTe 和 CsRbTe 光电阴极对紫外光（160～300 nm）有很高的灵敏度，而对可见光不灵敏。在 253.7 nm 处的量子效率为 20%，显示出很好的"日盲"特性。因此，对穿过大气层到达地球表面的太阳光（波长小于 290 nm）不灵敏，具有高灵敏度、低噪声与探测微弱信号的能力，因而利用导弹羽烟的紫外辐射，能探测导弹的运动及落点。由于紫外成像增强器是电真空器件，因而其体积、质量都比较大。

（2）紫外固体成像器件。由于III-V 族化合物半导体如 GaN（氮化镓）InN（氮化铟）、

AlN（氮化铝）三种材料的禁带宽度分别为 3.4 eV、1.9 eV、6.2 eV，覆盖了从可见光到紫外光波段，从而使紫外探测、成像器件的制作材料有了很大的选择空间。

与成熟的半导体 Si 材料相比，Ⅲ-Ⅴ族化合物半导体材料普遍具有耐高温、低介电常数、耐腐蚀、抗辐射等优良特性，非常适合于制作抗辐射、高频、大功率和高密度集成器件。在这些材料中，以 GaN 和 AlGaN 尤为突出。

GaN 是一种宽禁带的半导体，它十分稳定，具有强硬度、抗常规湿法腐蚀的特点，用它所制成的探测器对能量大于 3.4 eV 的光子有很大的响应度，因而它主要用于紫外光探测与成像。显然，紫外固体成像器件具有高可靠性、高效率、快速响应、长寿命、全固体化、体积小等优点，因而广泛用于宇宙飞船、火箭羽烟探测、大气探测、飞机尾焰探测、火灾探测等领域。

2. GaN 紫外摄像机

GaN 紫外探测器的结构主要有光电导型、光伏型。光伏型结构中又分 PN 结型、PIN 型、肖特基结型、MSM（金属-半导体-金属）型、异质结型等，用它们均可制成紫外摄像机。

北卡罗来纳大学的研究人员与美国陆军夜视实验室合作研制了一种以 GaN 为基础的可见光盲紫外摄像机。这种摄像机包含一个 32×32 GaN/AlGaN 异质结 PIN 光电二极管阵列。底层为 N 掺杂的 GaN，具有接近 20% 的 Al，其上是一层非掺杂的 GaN 层，再上是一层 P 掺杂的 GaN 层。整个结构建立在一个光能穿过的抛光的蓝宝石基底上。每一个光电二极管都对 320～365 nm 的光波具有敏感的响应。波长小于 320 nm 的光被 AlGaN 底层吸收，波长大于 365 nm 的光穿过 GaN。增加底层和顶层 Al 的含量可改变光电二极管的带宽。

1999 年美国北卡罗来纳州立大学夜视实验室和霍尼韦尔技术中心研制出 1024 像元的 AlGaN 紫外光电二极管阵列，该阵列响应波长为 365 nm，目前，他们已用该阵列组装成数字紫外摄像机。

3. 紫外 CCD 摄像机

紫外 CCD 摄像机以 δ（delta）掺杂 CCD 技术为基础，包括一个 2.5 nm 厚的硅掺杂层，该掺杂层用分子束外延（MBE）生长在一个薄的 CCD 背面，δ 掺杂能增强对由紫外光子照射产生的电子的探测能力，效率几乎可达 200%。为增强 0.3～0.7 μm 的灵敏度，可在传感器阵列涂上抗反射涂层，这样可使激活区的画面传递达到 256×512 像元，有效速度为 30 帧/秒，为便于摄像机操作，其中还可装入实用的电子部件。

1998 年，日本滨松公司开发成功了新型紫外薄型背照式电荷耦合器件（Back Thinned Charge Coupled Device，BTCCD），由于采用了特殊的制造工艺和特殊的锁相技术，该 BTCCD 不仅具有固体摄像器件的一般优点，而且具有噪声低、灵敏度高、动态范围大的优点。BTCCD 框图如图 3-38 所示。

由图可见，它主要由垂直 CCD 移位寄存器，水平 CCD 移位寄存器和锁相放大器三部分组成。在时钟脉冲驱动下，信号电荷由垂直 CCD 移位寄存器一步一步地输送到水平 CCD 移位寄存器，再由锁相（定）放大器变换成电压信号输出。其中锁相放大器作用比较重要，它有很高的电荷—电压变换灵敏度和很低的噪声，因而它的信噪比和灵敏度都很高。

BTCCD 有很高的紫外光灵敏度,它在紫外波段的量子效率如图 3-39 所示,在紫外波段,量子效率超过 40%,可见光部分超过 80%,甚至可以达到 90%左右。由此可见,BTCCD 不仅可工作于紫外光,也可工作于可光。因此,BTCCD 是一种很优秀的宽波段摄像器件。BTCCD 之所以有很高的灵敏度,这主要是由其结构特点决定的。首先,与 FI-CCD 相比,硅层厚度从数百微米减薄到 20 μm 以下;其次,它采用背照射结构,因此紫外光不必再穿越钝化层。

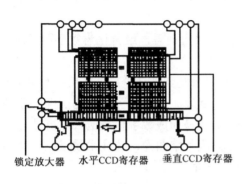

图 3-38　BTCCD 概图

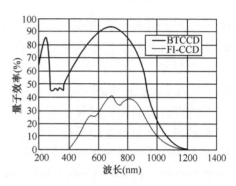

图 3-39　BTCCD 的量子效率

此外,滨松公司还开发出 MOS(Metal Oxide Semiconductor)摄像器件的摄像机,这种紫外线 MOS 摄像器件的结构比较简单,制造也相对容易。它在紫外区的量子效率可达 30%,并有较高的紫外光灵敏度。

3.3.5　X 射线摄像机

X 射线,是由高速带电粒子与物质原子的内层电子相互作用而发出的,它的波长短、光子能量大、透过能力强。X 射线的本质与可见光、红外光、紫外光以及宇宙射线完全相同,均属于电磁辐射,具有波粒二重性。它的波长范围在 $10^{-3}\sim10$ nm,短波方向与 γ 射线相接,长波方向与紫外光相接,一般称波长在 0.1~10 nm 的 X 射线为软 X 射线,波长在 0.001~0.1 nm 的 X 射线为硬 X 射线。X 射线在医学透视、无损探伤、X 射线衍射、天文学、材料学等方面有着广泛的应用。

为减小 X 光对人体的危害,最有效的方法有三种。

● 减小 X 光照射的剂量,在低剂量 X 光的照射下,采用对穿透后的 X 光进行图像增强的办法获得比高剂量照射同样的效果。

● 利用图像传感器将现场图像传送到安全区进行观测,这既可以使医务人员离开现场,又可以通过计算机进行图像计算、处理、存储和传输。

● 上述两种方法的结合,是最理想的方法。用 CCD 图像传感器的特性和 X 光像增强器,就可以完成上述两种方法的有机结合。

1.X 射线成像器件的类型

(1)X 射线胶片成像技术。这是世界上最早的探测 X 射线的方法,有很高的分辨率,可以长期保存观察,因而到目前一直被大量使用。但其缺点是 X 射线胶片光量子效率极低,X

射线剂量大，需要单独的拍片室和冲洗室，不能实时观察，不便于储存和处理，且属事后（非实时）处理，因而被发展起来的各种 X 射线荧光转换屏所部分替代。

（2）X 射线荧光转换屏技术。它由输入窗基底、反光金属膜、X 射线荧光粉、含铅的透光玻璃等层组成。其中荧光粉原子受 X 射线光子激发，产生人眼或照相版敏感的荧光，其亮度正比于输入点的 X 射线辐照强度。荧光转换屏输出光处理方式是：

- 供人眼直接观察，如医院的大型透视仪，但对人体有伤害，现很少使用。
- 可供照相底板拍成照片，现还在广泛应用。
- 利用摄像机将其图像转换成电视（TV）图像，供人观看，或转化为数字图像进行保存和处理。
- CR（Computed Radiongraphy）成像技术。使用激发荧光（IP）板来代替增感屏和胶片的组合，该荧光板经 X 射线照射后会有电子激发，从而得到对应的 X 射线强弱影像信息，经激光束扫描获得光信号，再由模/数转换而成数字信息送入微机处理。
- 在荧光屏上集成光电二极管阵列，将图像转换成数字图像，该技术属于间接数字 X 射线影像（Indirect Digital Radiograph，IDR）技术。

（3）X 射线影像增强器成像技术。X 射线影像增强器成像技术有两种方式。

- 利用 X 射线光电阴极，X 射线激发光电子，然后将光电子像增强转换成可见光图像，再通过光学系统将光学图像耦合到电视摄像机上形成可实时观看的视频信号。
- 利用 X 射线转换屏，将转换荧光粉与可见光光电阴极做成一体，荧光粉发出的光，致使光电阴极发射光电子，将光电子像增强成像在输出荧光屏上，而后通过光学系统将光学图像耦合到电视摄像机上形成可实时观看的视频信号。

（4）直接数字化成像技术。直接数字 X 线影像（Direct Radiograph，DR）或 DDR（Direct Digital Radiograph）技术将 X 射线光直接转换成电子信号，然后再转换成图像。由于光电与计算机处理技术的发展，从根本上改变了医学影像采集、显示、存储、交换方式和手段，从而产生了 X 射线胶片信息数字化、X 射线计算机断层扫描技术、X 射线 TV 影像、X 射线影像光电二极管阵列成像等，使 X 射线成像技术正在进行着一场重大的变革。

2．X 射线摄像机

X 射线摄像机系统的组成与原理框图如图 3-40 所示。

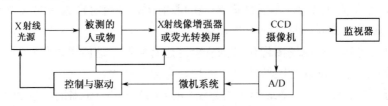

图 3-40　X 射线摄像系统组成原理框图

由图 3-40 可知，它是将上述 X 射线荧光转换屏技术与 X 射线影像增强器成像技术将不可见的 X 射线像转换为可见光像后，再利用 CCD 摄像机将其转换为视频图像，然后通过视频同轴电缆输出到另一房间的监视器上显示，供人们观看。并且，它还可将 CCD 摄像机输出的视频信号，通过 A/D 转换送入微机系统进行处理与保存。这种摄像系统目前已广泛用于医疗检测诊断、工业探伤等检测，以及飞机场车站等交通入口的安全检测。

这种 X 射线安检系统对付潜在的恐怖分子方面非常有效，因为它可以探测出乘客身上所有固体物的形状，包括传统金属探测装置不容易发现的塑胶炸药或陶瓷尖刀等。有了这种安检设备，安检人员就没有必要再动手对一些乘客进行搜身检查，从而避免与乘客的矛盾。

3. 直接数字 X 射线影像系统

直接数字 X 射线影像 DR 或 DDR 是最新型的 X 射线成像器件，目前已经成功制造出以硒为基底，直接转换的能实现高清晰的数字透视和射线照相的平面 X 射线探测器。这种平面探测器是面积为 23 cm×23 cm 的二维平面，它由光电材料（非晶态硒）和一系列薄膜晶体管阵列（TFT）组成，该薄膜晶体管上的探测元尺寸为 150 μm×150 μm。该探测器能以高达 30 幅图像的速率实现数字透视和射线照相，并提供有很好的空间分辨率的数字动态像和静态像。这种光图像探测器能适用于各种不同的检查，从一般的射线照相到肠胃、心脏，以及血管的检查，都将有很多临床上的优势。

利用直接转换平面图像探测器来获得动态图像，通过将穿过人体或物体的 X 射线直接转换成电信号以产生完全的数字动态和静态图像。X 射线转换单元如图 3-41（a）所示，在该单元中，非晶态的硒被用作光电材料，将 X 射线转换成电信号。当 X 射线照射到一层非晶态硒上时，便产生正负电荷，其数量正比于 X 射线的照射量。接上几千伏的电压，产生的电荷就会沿着电场方向移动，并作为光电流被存储起来。

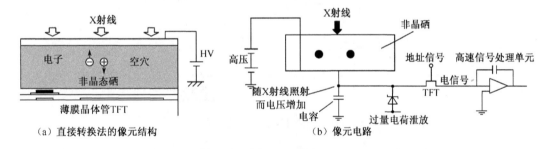

（a）直接转换法的像元结构　　　　　（b）像元电路

图 3-41　直接 X 射线成像的像元结构及像元电路

TFT 技术被用来在一块玻璃底面上制作一个 200 万以上的探测器元阵列，如图 3-41（b）所示，每个探测器元包括一个电容和一个 TFT，当 X 射线照射到转换单元时，产生的电荷便聚焦到电容器里。若 TFT 被一束从快速变化单元发出的处理信号激活时，存储的电荷便被作为电信号读出到快速变化单元。该单元产生的处理信号连续激活探测器元阵列中探测元的薄膜晶体管，由于这些处理信号而产生的电信号被放大，并被传送到 A/D 转换器。

由于直接转换法不存在光的散射，而间接转换方式将在 X 射线转换为光时，光的散射会导致图像质量恶化。因此，与间接转换方式相比，直接转换方式的水平分辨率要高出 1.5～2 倍。与最好的间接成像方式相比，直接成像方式剂量下降一半，仍然能获得质量很好的图像。目前，1536×1536 个像素的直接成像器件已研制成功，像素间距为 150 μm，在 9 in×9 in 的面积中，能够以 30 帧/秒的速度将影像读取出来，并且 17 in×17 in 的大尺寸 X 射线传感器已达到了实用化水平，它能够拍摄胸部和大腿部位等大范围的 X 线图像，不仅可用于医疗设备，而且可将其用于半导体的无损检查和食品的防异物设备及安全检测等领域。

直接 X 射线数字成像系统的体积与质量小，图像质量好，应用范围也较宽。

3.3.6　360°全景摄像机

过去监视狭小空间时，会采用短焦距镜头摄像机或调整安装位置或用多摄像机联动对射等。但短焦距镜头摄像机水平可视范围小于 80°（广角也超不过 90°），因而监控范围较小；在安装位置的选择上，往往受到客观环境的约束而影响稳定安装（如一面是玻璃、一面是门、顶上有电线或无法承重的装饰吊顶等）；选择多摄像机联动对射时，又增加了设备投入的成本，且使得施工变得烦琐，因此出现了 360°全景摄像机。

1. 360°全景摄像机的结构与原理

360°全景摄像能一次性地收录前后左右的所有图像信息，没有后期合成，更没有多镜头拼接。其关键设备是有能 360°成像的鱼眼镜头，其结构与原理如图 3-42 所示。

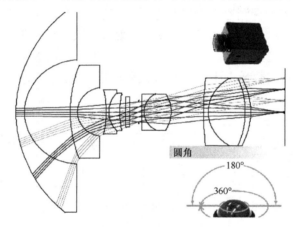

图 3-42　日本 FXC 鱼眼镜头结构

这种摄像机，是依据仿生学采用物理光学的球面镜透射加反射原理一次性将水平 360°，垂直 180°的信息成像，再采用硬件自带的软件，进行人眼习惯的方式处理，从而使之呈现出如图 3-43 的画面。

以日本 FXC 鱼眼镜头为例，360°摄像机软件处理的基本流程如图 3-43 所示。

360 度全景图片　　　　　　　　截取部分信息　　　　　　转换坐标并做图像增强处理

图 3-43　软件处理流程

日本 FXC360 全景处理系统中，所用到的原理与方程式如式（3-12）所示。

放大处理方程式为

$$S_a(x, y) = \sum_{m=0}^{7} \sum_{n=0}^{7} a_{m,n} \cos(m\omega_x x) \cos(n\omega_y y) \tag{3-12a}$$

圆环坐标系向直角坐标系转换处理方程式为

$$h = \frac{2R}{n} \arctan\left\{ \frac{m+d}{\sqrt{I^2 + (n_2 - n)^2}} \right\} \tag{3-12b}$$

噪音滤波器方程式为

$$F(x, y) = \sum_{i=1}^{I} f(x_i, y) \cdot h(x_i) \tag{3-12c}$$

2．360°全景摄像机的特点

（1）可进行宽角度摄像，使视频监控无死角。一般摄像机的取景角度如图 3-44 所示，360°全景摄像机的取景角度如图 3-45 所示。因为这种摄像机能水平 360°、垂直 180°全景摄像，就颠覆了以往广角摄像机的概念。因此，利用 360°全景摄像机，可以使安防视频监控无死角。

图 3-44　一般摄像机的取景角度

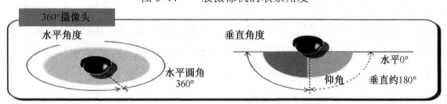

图 3-45　360°摄像机的取景角度

（2）能将球面图像转化为正常的平面视图。该机所取景的图像，经过摄像机内部的补正，图面展开等处理，可将球面图像平面展开，转化为适合人眼的正常平面视图，如图 3-46 所示。

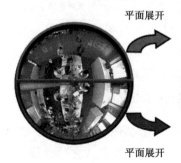

图 3-46　平面展开实景图

123

（3）能降低成本。相比采用传统摄像机的安防视频监控系统，采用全方位取景的 360°摄像机，可以有效降低摄像机数量，并缩减在多输入硬盘录像机方面的投入，还可降低施工的布线难度，并节省后续维护费用。

（4）可接入已有的安防视频监视系统。该机可以无缝接入已有的模拟安防视频监控系统，扩展性较好。用同轴电缆与普通的硬盘录像机接续，即可实现 360° 全景监控。

（5）能完全取代传统高速球机中电机驱动的云台控制系统。该机具有虚拟 PTZ 技术，可完全取代传统高速球机中电机驱动的云台控制系统，并可使回放图像时，体验 Zoom In/Out 及旋转等操作。由于有了虚拟 PTZ 技术，使实现虚拟现实变得更为容易，且将减少机械电机部件，从而减少设备功耗和发热，减少器件摩擦损耗，延长设备和系统的使用寿命。

3．360°全景摄像机的具体应用

360° 全景摄像机可以应用于楼宇大厅、出入口、电梯、会议室、饮食店、停车场、工厂厂房与客车车厢等多种场合。例如，将 360° 全景摄像机用在狭小的公交车车厢内，是将它安装于车厢中部，则可将周围环境图像信息尽收"眼"底，可以剔除死角和盲区；若采用传统的摄像机监控，一节车厢大约要 4 台设备才能覆盖全部范围，在狭小的空间内，破坏美感，也容易引起乘客不快。360° 全景摄像除了在安防视频监控行业应用外，还可在产品展示、视频教学、影音娱乐、虚拟现实等方面发挥巨大作用。

3.3.7　十字标尺摄像机

一般的摄像机所摄的影像在显示器上并无十字标尺，因而给军事与民用测量带来了不便。为了满足图像测量与目标瞄准等的需要，敏通科技原已推出了一种带十字丝的黑白摄像机，但还不能满足军事应用、民用测量、预报各种灾害等方面的需求。应某军事部门的要求，武汉乐通光电有限公司高新技术研究所研发了十字标尺摄像机，并已应用于军事项目。后来又推出了数字式，以方便向着智能化发展。

1．十字标尺摄像机的组成及工作原理

十字标尺摄像机，是用字符图形视频叠加而成。这种十字标尺摄像机的组成及工作原理如图 3-47 所示。

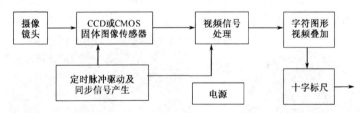

图 3-47　十字标尺摄像机的组成及工作原理框图

由图 3-47 可看出，这种摄像机除由摄像镜头、一般摄像机的 CCD 或 CMOS 固体图像传感器部分、定时脉冲驱动及同步信号产生部分、视频信号处理（含预处理、切割、压缩、校正、混消隐、AGC、视频放大与输出等）部分，以及电源五大组成部分外，还加有十字标尺形成的字符图形视频叠加与十字标尺视频信号部分等。只要在任一黑白或彩色摄像机上，加上十字标尺形成的字符图形视频叠加与十字标尺视频信号部分的单独模块板，即可形成十字标尺摄像机。由于在摄像机所显示的视频图像上加有白色或黑色的十字标尺（供客户选择），就可以方便地用来进行检测了。可根据目标所占水平与垂直丝的刻度的多少，可估算出目标的尺寸；根据目标所在的象限等，可估算出运动速度和方向等。

2．字符图形视频叠加

字符图形视频叠加部分一般可用两种方法实现，一是采用专门的叠加芯片，二是采用单片机的方案。前一种方案我们已用于银行用防伪点钞机的点钞数据视频叠加显示器中；这里采用的是后一种单片机的方案。采用单片机的字符图形视频叠加的组成与工作原理框图如图 3-48 所示。

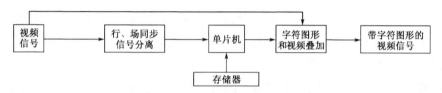

图 3-48　字符图形视频叠加的组成与工作原理框图

由图 3-48 可知，字符图形视频叠加由行、场同步信号分离电路，单片机，存储器，字符图形（带刻度的十字丝）和视频叠加混合电路等组成。

这种字符图形（带刻度的十字丝）和视频叠加混合电路的工作原理是，首先将带刻度十字丝的字符图形存入存储器中，单片机从视频信号中提取行、场同步信号，当有行同步信号时，单片机从存储器中读取带刻度十字丝的字符图形，并输出至与视频信号混合叠加的电路，从而输出带有刻度十字丝的视频信号。

这种带刻度十字丝字符图形视频叠加部分的软件工作流程如图 3-49 所示。

3．十字标尺摄像机刻度尺寸的确定

我们设计的十字标尺的刻度是水平丝上有等间格的20 格，垂直丝上有等间格的 14 格。当十字标尺摄像机

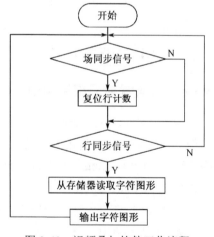

图 3-49　视频叠加软件工作流程

选取的 CCD 是 1/2 in 时，由表 2-16 可知，其水平尺寸 h=6.4 mm，垂直尺寸 v=4.8 mm，则水平丝上 1 个刻度间隔有 6.4/20=0.32 mm；垂直丝上 1 个刻度间隔有 4.8/14=0.343 mm。

一般，大多选用 1/2 in、50 mm 镜头，由式（2-25）可得摄像机传感器的放大倍数为 $M_{1/2\,in}$=50/12.5=4；如果系统使用 14 in 的监视器显示，而 1/2 in 的 CCD 的对角线尺寸由表 2-11 查得 d_s=0.31 in，则由式（2-27）可得监视器的放大倍数为 M_m=14/0.31=45.161；因此，由式（2-28）可得到系统的整体放大倍数为 M = 4×45.161=180.644。

由此，可算出在 14 in 监视器上显示的十字标尺的水平丝上 1 个刻度间隔的尺寸为

180.644×0.32 mm=57.806 mm；在 14 in 监视器上显示的十字标尺的垂直丝上 1 个刻度间隔的尺寸为 180.644×0.343 mm=61.961 mm。

同样，当十字标尺摄像机选取的 CCD 是 1/3 in 时，由表 2-11 可知，其水平尺寸 h=4.4 mm，垂直尺寸 v=3.3 mm。则水平丝上 1 个刻度间隔有 4.4/20=0.2 2 mm；垂直丝上 1 个刻度间隔有 3.3/14=0.236 mm。因此，当同样选取 50 mm 摄像镜头（最好配 1/3 in）与 14 in 监视器时，根据式（2-26）、式（2-27）和式（2-28），即可算出其所显示的十字标尺水平丝上 1 个刻度间隔的尺寸为 87.505 mm；十字标尺垂直丝上 1 个刻度间隔的尺寸为 93.869 mm。

因此，若使用与上述相同的系统，所测量的物体在系统的范围内，即可根据物体在监视器上所占水平与垂直丝上刻度的多少，就能非常方便地估算出物体的尺寸。

4．十字标尺摄像机的应用领域

（1）在民用测量领域的应用：可用于建筑、道路、水渠等建设测量中的水准及水准面测量；可用于下沉、变形与倾斜等的位移测量；可用于图像测量；可用于定向与定位；可用于物体的表面形貌与立体测量。

（2）在军事领域的应用：可用于目标的瞄准；可用于估测目标的距离与大小；可用于估算移动目标的运动速度和方向。

（3）在各种灾害预报领域的应用：可用于水、旱、火、雪、风、沙、雾等自然灾害的探测识别与预报；可用于地震灾的探测识别与预报；可用于建筑物倒塌与桥梁断裂灾害的探测识别与预报；可用于山石崩地陷灾害的探测识别与预报。

欲知具体应用详情，可参阅本书参考文献[4]《安全&光电》第 3.9 节，以及参考文献[16]《光电检测技术习题与实验》实验 11。

3.3.8　高清智能网络摄像机

网络摄像机（Network Camera）是可直接接入网路的数字摄像机，或者使用网络来传输图像的数字摄像机，有的直接称为 IP 网络摄像机（简称 IPC）。它是可以在互联网及局域网络（Local Networking）上进行即时视频通信或连续传输的产品，与 DVR 等监控产品相比，它具有以下特点。

- 即插即看，安装、使用方便；
- 能节省费用、降低成本；
- 能有效地集中管理与远距离监控；
- 能灵活集成，并使系统性能大大提高。

1．网络摄像机的结构及工作原理

一个典型的网络摄像机的结构，如图 3-50 所示。

图 3-50　网络摄像机的组成结构

由图可见，它包括如下的 6 个部分：

- 一个摄像镜头；
- 一个含有光学低通滤波器（OLPF）、红外截止滤光片、图像传感器保护玻璃等的滤光器；
- 一个含有像元微透镜阵列、彩色编码膜阵列、固体光电成像器件（CCD 或 CMOS）及其驱动系统的图像传感器；
- 一个含有相关双取样及保持电路、AGC 与 A/D 等的图像/数字转换器；
- 一个含有 DSP 芯片的特殊的微处理控制器进行亮度、色度处理、背景光补偿、自动电子曝光、自动白平衡以及数字视频压缩的图像压缩处理器；
- 一个具有与视频服务器一样的网络连接功能等（图中以视频服务器表示）。

实际上，一个网络摄像机从功能上讲等价于一个模拟摄像机加上视频服务器 DVS（它与编码器的区别将在第 6 章中介绍）。与普通的摄像机相比，网络摄像机的内部主要是增加数字化处理与数字视频压缩，以及网络接入功能，即将数字化的视频信号转换成符合网络传输协议的数据流，以便送到网上传输。因此，人们在远端通过连网的 PC，并运行专用的或通用软件，就可以任意调看通过网络传输来的某台摄像机的画面或监听该摄像机内置麦克风采集的现场声音。授权的用户还可以控制摄像机云台的转动、镜头的光圈与变焦的动作，同时还具有报警输入输出功能等。

网络摄像机除具有普通复合视频信号输出外，主要具有网络输出接口（即 LAN 接口），它可以通过 RJ-45 连接器直接将这种摄像机接入本地局域网。正是这样，在网络上的任何一台 PC，根据某台摄像机的 IP 地址，运用相应软件就可找到这台摄像机，并在应用软件界面的窗口中看到该台摄像机所监控的场景画面。

网络摄像机上还有通信（COM）接口。由于有了这种接口，使网络摄像机具有控制数据的捕获及转换功能。通过 COM 接口（用 RS-485 或 RS-232 通信方式）可与外接的解码器相连接，因此网络上任一授权用户的 PC，就可通过网络传输经由摄像机 COM 口，对其外接的解码器发送指令，使摄像机云台与镜头根据需要动作。当然，通过合理地设置，该 COM 接口也可以从前端接收数据，并经过 LAN 传输到网络上的任一台 PC 上。此外，网络摄像机上还有报警（ALARM I/O）接口。这种报警信号接入端子可以接收由各类报警传感器传来的开关量信号，并对其进行编码，而后送入 TCP/IP 网络，通过应用软件对该报警信号进行各种联动响应设置（如发出声、光报警和采取其他措施，如进行报警录像等）。

同普通摄像机一样，网络摄像机也有电源插口，需接插 DC 12 V 或 AC 220 V 的电源。

2．对网络摄像机的性能要求

要提高网络摄像机在网络中传输图像的质量，除网络原因外，还必须要提高网络摄像机本身的性能，即必须注意下列几个技术问题。

（1）要有好的图像数据压缩技术。由于网络摄像机的使用受到带宽的限制，因此必须要有好的图像数据压缩技术。由于 MPEG1、MPEG2 同 M-JPEG 一样，占用硬盘空间较大，尤其网络传输占用带宽较大，因而不适用于远程实时传输视频图像。由于 MPEG4 拥有压缩率高、视频品质可随频宽及使用者调整，对不同频宽仅需编码一次，适合各种频段应用及可广播等特点，因而将有效解决有线、无线频宽使用不足的窘境。但 H264 压缩后的数据量只有原 MPEG4 的 1/3，从而大大节省用户的下载时间和数据流量收费；能解决在不稳定网络环境下容易发生的丢包等错误，即容错能力强；其文件能容易地在不同网络上传输（如互联网和无线网络等），即网络适应性强等，所以 H264 标准使运动图像压缩技术上升到了一个更高的阶段（何况现又出现了 H265），能获得平稳的图像质量。

（2）要有质量好的固体摄像机。在有较好的图像数据压缩技术和其他（如网络、计算机等）较好的应用环境下，还存在影响网络带宽因素就是网络摄像机使用的 CCD 或 CMOS 摄像机的质量。因为质量不好的摄像机不能输出稳定而干净的图像，即图像表现为带有色偏、色滚、画面扭曲或滚动、干扰条纹、噪点等。它们被输入到网络摄像机后，就会被识别为新增加的原始参考图像而被重新传输，从而使所占用的传输带宽增大。实际上，在连续图像传输的过程中，只传输图像变化的部分，而相对静止的部分不传输（即使图像数据变短而实现了压缩，从而使占用的带宽减少）。而网络摄像机在识别图像是静止还是活动的依据主要是检测图像的灰度（或色阶）是否发生变化，无变化就是静止的，有变化就是活动的。但影响灰度变化的因素除移动的人和物外，还有不稳定和不干净的图像噪声，如光线的变化等，所以网络摄像机必须选用优质的固体摄像机。

① 选用 DSP 芯片运算速度 1000 万次/秒以上的固体摄像机。因为日光灯 1 s 亮灭的变化达 50 次，即 20 ms 变化一次，普通的摄像机跟不上这个变化的速度，所摄图像就会产生色偏和色漂移，使原本静止的画面变成颜色周期性变化的"活动"而不稳定的图像。如果固体摄像机的 DSP 芯片运算速度移动快，如仅用 1 ms 就可以平衡一次白平衡的变化，从而就可以得到非常稳定的图像。因此，应选用 DSP 芯片运算速度为 1000 万次/秒以上的固体摄像机为好。

② 选用信噪比指标最好能达 60 dB 的固体摄像机。信噪比不高的摄像机的画面中充满噪点，而这些噪点在画面中的位置是没有重复性的，其每一帧画面都不一样，从而使网络摄像机认为每幅都是全屏变化的图像，压缩后数据最大，占用的带宽也最多。这种画面数据比干净画面数据至少要大 30%以上，因此，选择用于网络摄像机中的固体摄像机的信噪比指标至少要大于 55 dB 以上，最好达 60 dB 为好。

③ 选用灵敏度高的固体摄像机。因为选用灵敏度高的固体摄像机（即选用低照度摄像机），可以提高照度低时的信噪比，从而可输出无噪点的图像。

（3）要有小的远程视频网络传输延时。远程视频网络传输延时，对任何一种网络摄像机或网络视频服务器等都是不可避免的。显然，这种延时将直接影响数字监控的效果，因而要尽量减少其延时值。而不同的网络摄像机的延时值不同，因为在不同的帧速率下其传输延时不等。所谓帧速率为每秒传输的总帧数，包括 I 帧和 P 帧。但帧速率设定愈大，其带宽愈大，图像也愈连续。对同一类产品，其帧速率越高，传输延时越小。因此，为提高数字监控的效果，应尽量提高其帧速率。

（4）要注意的其他辅助措施。除上述各点外，还要注意以下几点：

● 要注意计算机屏幕的显示设定，其屏幕色彩至少为 65000 色；
● 要影像品质好，摄像机所监控的场景的照度至少需达到 200 Lx；

- 摄像机最好避免背光；
- 要减小对比度，即调节摄像机的曝光程度来取得较平均的照度。

3．高清智能 IP 网络摄像机

高清智能网络摄像机的组成与工作原理框图如图 3-51 所示。

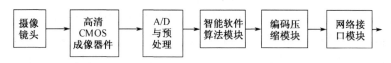

图 3-51　高清智能网络摄像机的组成及工作原理框图

由图看出，一台高清智能网络摄像机，由高清摄像镜头、高清 CMOS 成像器件、A/D 与预处理部分、智能软件算法模块、编码压缩模块部分与网络接口模块等六部分组成。

其工作原理是，高清摄像镜头收集所监控场景的光学图像，并将它们聚焦成像到百万像素以上的 CMOS 成像器件的感光面上（因 CCD 速度跟不上一般不选用），其转换输出的视频电信号经 A/D 变换与去除噪声、图像增强等预处理后，再送入嵌入智能软件算法模块中。智能软件算法是高清智能网络摄像机最重要的部分，其算法的优劣、异常信号分析识别的准确与否是该摄像机能否实用的关键。

由于 CMOS 成像器件采用百万或几百万像素的高分辨率，因而提取目标信息的特征准确而便于识别。当高清智能网络摄像机开始进入监控状态时，会把所监控场景的识别异常的视频信号经编码压缩通过网络接口送到网络中传输，这样可大大节省网络带宽的资源。

由于通过视频压缩后传输，会失去一部分真实信息并产生一些噪声信号，若这时用智能软件对压缩后的视频进行分析与识别处理，相对会有更多的漏报警和误报警。而高清智能网络摄像机是对没有压缩的原始高清图像进行目标提取，就显然没有上述问题。并且，它只有在出现异常需预/报警的情况下，才需要把相关的视频发送到后端进行监视和记录，而一般情况下只需要通过网络传送很少的目标数据信息，这些目标数据信息的流量还不到视频流量的 1/50，从而减少了对网络带宽的要求和消耗，减少了用户在网络方面的投资，而同时对网络条件不是很好的用户，也带来了使用智能视频网络监控系统的可能。

因此，实现高清智能网络摄像机的重点是，选择好所需要的智能化功能，并选择设计好的智能软件算法，然后将其嵌入到 DSP 或与 FPGA 中，形成智能软件模块部分。

4．高清智能 IP 网络摄像机所应具备的智能化功能

利用网络摄像机的优势而形成的智能网络摄像机，是嵌入有智能化功能的网络摄像机。一般，可充分利用前端网络视频设备所富余的 CPU 资源，来实现一些基本的智能视频功能。并且，除普遍应用的智能功能外，还可在此基础上，根据不同的应用嵌入一些不同需要的智能化功能。

（1）监控摄像机普遍需要的智能化功能。

- 有视频遮挡与视频丢失侦测的识别与预/报警功能。
- 有视频变换侦测的识别与预/报警功能。

- 有视频模糊侦测的识别与预/报警功能。
- 有亮度与偏色异常的侦测的识别与预/报警功能，当自动检测由于照明条件变化使亮度异常而使图像画面过暗或过亮，以及自动检测视频图像画面偏色（包括全屏单一偏色与多种颜色的混杂的带状偏色）时，即可自动预/报警。这样，值班人员就能在第一时间去进行查看与处理，以消除安全隐患。
- 有图像画面冻结、画面抖动、滚屏等侦测的识别与预/报警功能，当自动检测由于噪声干扰等引起的图像画面冻结，画面图像上下抖动，画面图像滚动，以及图像中混有杂乱的横道、波纹、雪花、线状干扰等噪声现象时，即可自动预/报警，从而使值班人员能在第一时间去进行查看与处理，以消除安全隐患。

（2）根据不同的应用嵌入的智能功能。

- 可嵌入对各种天灾的检测识别与预/报警的智能功能。
- 可有能滤除小动物及光线变化等环境干扰的视频移动侦测的识别与预/报警功能。
- 可有出入口人数统计的智能功能。
- 可嵌入人群注意力及拥堵等检测识别与预/报警的智能功能。
- 可嵌入非滞留爆炸物或可燃等危险物品的检测识别与预/报警的智能功能。
- 可有自动开关灯光、调整光强与识别有否外人侵入的智能功能。
- 有能联动相应防区的其他安全防范设备的综合安全防范功能等。

此外，还可根据需要，专门嵌入人体特征生物识别，以及电子警察与智能交通所需的智能功能等。

上述的智能化功能，可根据用户不同监控地点的需要，分别安置於安防监控系统前端的不同位置的摄像机中，当然有的较复杂一点的也可嵌入 DVS 与 DVR 中。

第 4 章

安防视频监控系统前端配套设备

安防视频监控系统前端的主要设备是摄像机，我们在第 3 章已做过较详细的介绍，本章主要介绍围绕它工作的一些配套设备。

4.1 摄像机的防护罩与支架

4.1.1 一般防护罩

摄像机是一光电设备，它在光电专业教材中均有介绍。为使摄像机能适应各种特殊的使用场合，必须加装多种防护设备，以扩大摄像机的使用范围。一般，监控摄像机均装有防护罩，主要是防止摄像机和镜头遭到人为破坏，避免受到周围环境的不良影响。通常，希望它尽量美观，但又不太引人注目。为满足这些要求，室外和室内防护罩一般都是用钢、铝或高抗冲塑料制成的，且防护罩内的空间必须足够大，以容纳摄像机和镜头；此外，还要做成有能够打开或卸下的盖子，以便能取放摄像机和镜头。

一般，用户希望防护罩能够与建筑物的内部和外部装修谐调一致，至少应当与周围的环境、背景和灯光条件形成默契的搭配，因此视频监控系统工程要求所使用的防护罩不要太过显眼或突出，而是要融合到周围的环境中去。

1. 室内防护罩

室内防护罩要求比较简单，它必须能够保护摄像机和镜头，使其免受灰尘、杂质和腐蚀性气体的污染，同时也要能防止其被撬开，或受到人为地破坏，室内防护罩一般用涂漆或以阳极氧化处理的铝材、涂漆钢材、黄铜或塑料制成。目前采用塑料防护罩较多，但这种塑料必须使用耐火型或阻燃型的，并要能够达到当地的法定标准和规定的指标。显然，防护罩必须要具有足够的强度，才能保护摄像机和镜头，并且必须将它牢牢地安装在固定的墙壁或天花板上，或者嵌在墙壁或天花板内。防护罩的观察窗口应该是清晰透明的安全玻璃或塑料（最好是聚碳酸酯）。其电气连接口的位置，应当设计得便于维护。为便于安装和维护，防护罩上应有可打开的上盖，它可做成卡口式或铰式连接，甚至有些防护罩还可将摄像机和镜头的安装板整体取出，以进行维护。

（1）矩形防护罩。这种防护罩成本低、结实耐用、货源丰富、尺寸多样且样式也比较美观，因而最常用。一般，摄像机都安装在接近天花板的高度上，有时还需要借助支架来完成安装。但为安装和维护，防护罩的设计应当尽量方便操作和维护。

防护罩打开的方式（如图4-1所示）有下列几种。

- 顶盖可以拆下；
- 顶盖带有铰链，可以掀开；
- 顶盖或摄像头可以抽出（通过滑道）；
- 前盖或尾盖可拆下；
- 底盖带有铰链，可以掀开（球罩）；
- 顶盖可以抽出。

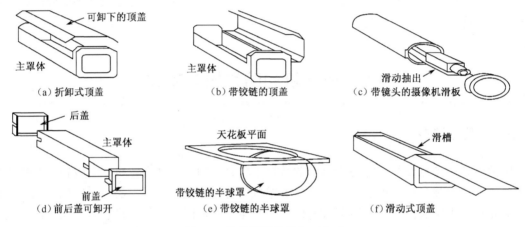

图4-1　防护罩的几种打开方式

（2）球形或半球形防护罩。球形或半球形的透光罩（透明或茶色）可使摄像机、镜头装在里面，球形还装有云台等。通常，在天花板上做吸顶式安装的是半球形防护罩，借助支架做悬吊式安装的是全球形防护罩，它们的外观可以更好地融合在建筑物中。因为它们看起来有点像照明灯具，因此不像矩形防护罩那么醒目。半球形防护罩是环形对称的，摄像机根据所需瞄准的方向固定安装。球形防护罩内的云台可以带动摄像机进行水平和垂直方向上的转动，如球罩的下半部是不透明的（如茶色或镀金），则在它下方地面上的人，将无法看见摄像头。因此，球罩下的人无法看到摄像机的运动，从而起到了一种附加的阻吓作用（观察者不知道本身是否受到监视而不敢轻举妄动）。

球形或半球形防护罩通常有三种。

- 透明球罩：仅用于保护摄像机，不需要隐藏摄像机的指向时使用，因为透明护罩的光线损失最小（10%到15%）。
- 镀膜球罩（镀有半透明的铝或铬）：是为隐藏摄像机的指向，以获得保安效果而配用的，如镀铝球罩，光线透过这种球罩后会衰减约75%。

132

- 茶色球罩：也可隐藏摄像机的指向，但效果比镀膜球罩更好，因为它的光线衰减只有约 50%，所以用得较多一些。

由于球形防护罩会给视频图像造成一定程度的光学失真，因而要尽量选用图像失真较小的。在所有球形防护罩中，摄像机的轴线都必须和轴线与球罩相交点的外切平面相垂直，这样失真至少是均匀的。其最主要的影响相当于一个弱透镜，使得整个镜头的焦距发生了微小的变化，而且这种变化不一定觉察得到。如果摄像机的轴线与球形防护罩的表面不垂直，而是以斜角穿过球形防护罩，则一定会出现可觉察的失真，即图像可能会出现水平或垂直方向的拉伸。此外，若摄像机和球罩的相对位置固定不变时，失真就比较不容易被觉察。当摄像机随云台一起运动时，图像的失真就很容易被发现。由于这类防护罩外形美观及占用室内的空间较小，因而适宜于用在吊顶低而挡次高的场合。

（3）角装防护罩。它是专为室内墙角，如两面墙和天花板的结合处而设计的。一般安装在面积较小的房间内或厅内、电梯厢、楼梯井或监狱的囚室内。摄像机倾斜安装在角装防护罩内，指向天花板下面的被观察区域，防护罩的观察窗口与镜头轴线相垂直。一种带有聚碳酸酯窗口的不锈钢防护罩，最适合在电梯厢内使用。带有铰链的前盖可以锁住，而只要有钥匙，就可以翻开前盖，以便维护或拆出摄像机。还有一种高抗冲塑料制防护罩，也常用于小面积的房间内。

此外，还有一种可以安装在邻近天花板的墙角内的角装防护罩，装在里面的摄像机指向天花板的方向，但摄像机的上方装有前表面反射镜，因而可将天花板下的场景反射给摄像机。反射镜的方位可以上下左右调整，以改变摄像机的指向，即视场范围。由于反射镜提供的场景图像是倒立的，所以摄像机也必须倒过来安装，以获得正立的图像。在这种罩内，可以安装从 6～75 mm 的各种焦距的镜头。若摄像机使用的是 1/2 in 的 CCD，则这些镜头可以产生的水平视场角在 5°～56°之间。这种角装防护罩，最适合在前厅或其他不希望太显眼的场所使用。

（4）嵌入式楔形防护罩。嵌入式防护罩也称楔形防护罩，通常安装在天花板和墙上，部分外露，部分内藏。其结构基本上与半球形防护罩类似，只是其外形变成了楔形，因而其裸露于天花板下部的体积进一步减小，其安装效果如图 4-2 所示。其方形底盘与天花板模块的尺寸相同（61 cm×61 cm），安装在天花板上后就不能活动，但沿着底盘上的圆轨转动坡形防护罩时，就可以调整摄像机的水平指向。在安装完毕后，防护罩内摄像机、镜头和其他附件都放置在天花板平面以上，唯一露在天花板下面可被屋内人员看到的只有防护罩的下半部分和摄像机的观察窗口。天花板下的坡形护盖可以打开，因此技术人员可以在天花板平面以下对摄像机和镜头进行维护，或者翻开相邻的天花板模块，在天花板的上方进行操作与维护。通常，要将所有安装在天花板上的护罩，用一根安全链条永久固定在建筑物的主体结构上，以避免在天花板的悬挂结构出现问题时，防护罩和其内部的设备掉下来。

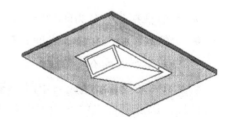

图 4-2　楔形防护罩的安装效果

2. 室外防护罩

它主要应用于室外露天环境，因此必须能够保护摄像机，使其免受人为破坏或室外恶劣环境条件的影响。一般，它都安装在柱子上或建筑物的外墙上。在室外，可影响摄像机工作的因素有降雨、降雪、冰冻、结露、灰尘、污物、砂粒、飞灰、煤烟等，因此摄像机和镜头必须安装在完全封闭的室外防护罩中，才能避免其受到不良因素的影响。有的地方，在大气中含有天然的或人工合成的腐蚀性气体，腐蚀性物质包括工业用化学品、酸、盐雾等，如果不提供防护，摄像机和镜头就会很快老化、失效和损毁。为抵抗这些特殊气体，室外防护罩的外表面应做特殊处理。在天气较热时，最好加装光面遮阳罩或采用白色防护罩，以将大部分热量反射走。

一般，室外防护罩使用铝材、带涂层的钢材、不锈钢或可在室外使用的塑料制造。对于塑料制的室外防护罩，其材料必须能够耐受紫外线的照射，否则防护罩在阳光的照射下会很快老化而出现裂纹、褪色、强度降低等。通常，涂有高质量烤磁漆的钢制或不锈钢防护罩可以使用很多年。一般，不锈钢防护罩轻易不会生锈，而且极为坚固、耐用，具有高度的安全性，可以抵抗人为破坏。经过适当处理的铝防护罩也是一种性能优良的室外防护罩，其处理方法有聚氨酯烤漆、阳极氧化、阳极氧化加涂漆等，尤其最后一种处理方法可生产出最耐用的铝制防护罩。

值得提出的是，在有腐蚀性气体的地方，不应使用铝制或钢制防护罩，如在盐雾环境中，应使用不锈钢或特殊塑料制成的防护罩。

一种常见的室外全天候防护罩的简单结构，如图4-3所示。

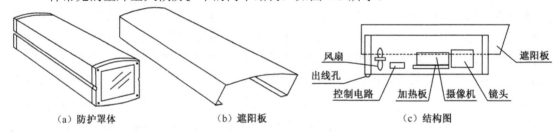

（a）防护罩体　　　　　（b）遮阳板　　　　　（c）结构图

图4-3　室外防护罩的结构

显然，室外防护罩通常要比室内防护罩大许多，并且其密封性、功能、强度及重量等都比室内防护罩要好。由于要防止雨水的渗漏，罩的所有结合部位都加垫了防渗橡胶垫，而其出线口也采用了橡胶导圈并采用下出口方式，以防止雨水沿着线缆流进防护罩。多数防护罩还在其上部加有一遮阳板，如图4-3（b）所示，其作用有三。

● 其前部探出部分为防护罩的前脸遮阳，可防止阳光直射镜头；
● 可使遮阳板与防护罩之间具有小的间隙，从而防止阳光直射筒身而使筒内温度过高；
● 可为雨水的浸入形成第一道防线。

由于室外防护罩要适应一年四季各种使用环境的要求，如烈日、寒风、暴雨、烟尘、积雪等环境，因此摄像机的一般工作温度在-10℃～60℃。室外防护罩一般都带有自动加热及吹风装置，有些还配有刮水器，还有些配有喷淋器等。自动加热及吹风装置实际上是由一个温敏器件配以相应电路完成温度检测的，当温度超过设定的上限值时，自动启动降温风扇；当温度低于设定的下限值时，自动启动电热装置（一种内置电热丝的器件）；当温度处于正常范围时，降温及加热装置均不动作。

室外防护罩的散热方式，一般采用强迫对流自然冷却方式，通常都选用轴流风扇，其对流方式有两种。

● 在防护罩前端下方设计进风口，轴流风扇置于防护罩的后部，轴流风扇工作，利用空气的对流，将防护罩内的热量带走；

● 在防护罩前端上方设计出气口，轴流风扇仍装于防护罩的后部，轴流风扇工作，空气由外面吹进防护罩内，再由出气口排出，用强迫对流方式散热，将防护罩内的热量带走。

轴流风扇工作控制一般采用温度继电器进行自动控制，也可以用控制电压进行控制。高温状态下的温度继电器的控温点选定 35℃～40℃，一旦防护罩内的温度高于控温点，继电器触点导通，轴流风扇随之工作；而低于控温点，则继电器自动开路，轴流风扇停止工作。

在低温状态下，防护罩内采用加热措施。加热形式有多种，有采用电热丝加热，也有采用半导体加热器加热。温度起控点一般选择在 0℃～5℃之间，当防护罩内的温度低于温控点时，继电器触点导通，加热器通电加热；当温度高于温控点时，继电器自动断开，加热器停止加热。因此，防护罩具有自动保持摄像机工作温度的温控措施。

一种实用的室外全天候防护罩 SP-8090 的控制电路原理如图 4-4 所示。当防护罩内部温度低于−5℃时，S_1 接通，开始加热；高于 5℃时，S_1 断开，停止加热。当防护罩内部温度高于 40℃时，S_2 接通，开始降温，低于 35℃时，S_2 断开，停止降温。雨刷由 AC 220 V 继电器控制，使用 AC 24 V 产品时，由 AC 24 V 继电器控制，但解码箱输出电流要大于 2.8 A。

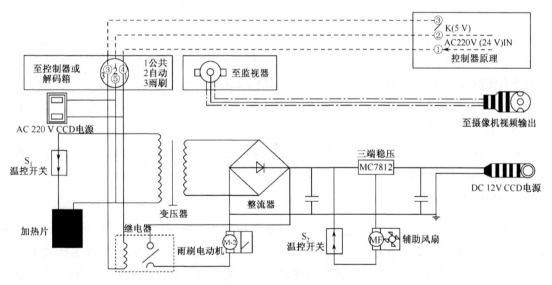

图 4-4　一种实用的室外全天候防护罩 SP-8090 的控制电路原理

有的室外全天候防护罩还有喷淋器，其主要功能是向防护罩的前脸玻璃上喷水，用于清扫防护罩前脸玻璃上的灰尘，以配合刮水器完成对前脸玻璃的清洁。当控制器或解码器输出控制电压，即可开启喷淋器的电磁阀，控制微型泵将水喷向防护罩的前脸玻璃。值得指出的是，配有喷淋器的防护罩应同时具有供水储水装置。

由于室外使用环境恶劣，室外防护罩的强度一般比室内型高，用料也大，且抗锈蚀的要求也比室内型的高，因此室外防护罩的重量要比室内防护罩重得多。

4.1.2 特种防护罩

由于摄像机可根据需要安装在各种场合，如有时必须安装在监狱等这种高度敌对的环境内，为避免摄像机遭到破坏，应当使用高安全度的特种防护罩。这些防护罩可以耐受手掷物体和火药弹的机械冲击；有的防护罩还要在高温、灰尘、风砂、液体，以及爆炸性气体环境中工作。因此，下面简要介绍一下用来应对这些极端条件和特殊环境的防护罩。

1. 高安全度防护罩（防暴型防护罩）

它又称为防暴型防护罩或防破坏型防护罩，最适于在监狱囚室或拘留室内使用，因为它可以最大限度地防止人为破坏。这种防护罩的特点就是具有很强的抗冲击力与防拆性能，它没有暴露在外的硬件部分，其机壳以大号机械锁封闭，而且在机壳锁好之前，钥匙也无法正常取下。

这类高安全度防护罩是用 3.4 mm 厚的 10 号焊接钢制成的，其窗口的材料为 12.7 mm 厚、经过抗磨损处理的聚碳酸酯。这种防护罩，可以耐受铁锤、石块及某些枪弹的撞击，即使受到这种攻击，它也不会洞穿或开裂。

2. 高压防护罩

高压防护罩通过在机壳内填充加压惰性气体，可放在有害大气中使用，并要达到国家防火协会第 946 号指标中的要求。

一般，高压防护罩采用经过耐腐蚀处理的厚壁铝材制造，其窗口的材料是 12.7 mm 厚的回火抛光玻璃。这种防护罩中填充的气体是压力为 15 磅/平方英寸（15 psi）的低压氮气，因为氮气是完全惰性的，它可避免防护罩内的电火花或电气故障引起爆炸。防护罩本体和外盖之间垫有密封用的 O 形密封圈，所有的电气连线都必须通过气密型密封圈引出。在给防护罩充气前，先将防护罩盖好并密封，再通过充气阀将氮气充入，使用泻压阀将压力调节到 15 psi，然后关闭填充阀，卸下氮气充填管。

由于这种防护罩要求完全密闭，以保持 15 psi 的正压差，并且还要求能够耐受爆炸的影响，但其价格远远高于标准防护罩。

3. 防爆型防护罩

这种防护罩通常使用在弹药库、油库、易燃气体库等易爆环境的视频监控系统中，其筒身及前脸玻璃均采用高抗冲击力材料制成，并具有良好的密封性。它能保证在爆炸发生时，仍然能够对现场情况进行正常的监视。防爆型防护罩通常以抗爆炸压力和冲击的高强度不锈纲制成，极其坚固（比铝制外壳优越），质量好的产品壁厚在 5 mm 以上，比防弹级别的防暴摄像机防护罩有过之而无不及。因此，防爆型防护罩的生产，必须符合严格的质量要求，即必须符合防爆电气设备的相当严格的安全规定，即使防护罩的电源线、控制线、视频信号线的驳接口，都必须配有防爆的密封件。

这种防护罩有时还配有内置式解码器，这样就不需另购带防爆壳的解码器了。例如，直径 200 mm 的 Phoenix8 及直径 250 mm 的 Phoenix10 防护罩，都可以配置内置式解码器，该解码器可与所有 Molynx 矩阵控制系统兼容使用。

由于有些易燃气体还具有一定的腐蚀性，因此除了需满足上述防爆要求外，防爆型防护罩一般还要求有一定的防腐性能。

4．耐高温防护罩

耐高温防护罩主要用于炼钢车间等超高温环境的视频监控系统中，在这种环境中，单靠吹风已不能完成对摄像机的降温，这时就要用到具有循环水冷却功能的一种水冷型防护罩。这种防护罩需要使用连续的流动冷却水来维持正常工作，因此防护罩含有内建的 25.4 mm 厚的水夹套，即防护罩的筒壁四周为中空的，并有进水管及出水管引出。具体使用时，冷却水源源不断地从进水口进入防护罩的筒壁空间为摄像机降温，而吸收了热量的水又从出水口源源不断地流向冷却塔以循环使用或作它用。

根据用途的不同，防护罩可用铝材或不锈钢制成。有的防护罩内还装有风扇，这可使防护罩内的空气往复循环，以提高水夹套的热传递效率。防护罩的窗口为 6.4 mm 厚的 Pyrex 阻热性玻璃，它可在 288℃下正常工作。

5．水下防护罩

水下防护罩是一种适合深水作业应用的抗压抗渗漏型防护罩，显然，这种防护罩的密封性能及防腐、防锈性能均要好，因而可以在水下几十米至上百米的范围内使用，使摄像机免受渗水的侵蚀。

水下防护罩最重要的是完全密封及防腐蚀，尤其是电缆连接处。一般，水密部分利用 O 形环密封，重要的地方甚至采用双层密封。水下防护罩的材料必须耐腐蚀，一般使用不锈钢或黄铜，若要携带轻便，就需要使用耐腐蚀性的轻质合金。

4.1.3　支架

支架是用于固定摄像机、防护罩、云台的部件，根据应用环境的不同，支架的形状、尺寸大小也各异。一般，利用支架将摄像机、防护罩和云台固定到墙壁、天花板、柱子和建筑物上，以实现对场景的监控。支架的形状尺寸大同小异，现简要介绍如下。

1．一般支架

摄像机支架一般均为小型支架，有注塑型及金属型两类，它可直接固定摄像机，也可通过防护罩固定摄像机。常见的摄像机支架的外型结构如图 4-5 所示。

所有的摄像机支架都具有方向调节功能，通过对支架的调整，即可以将摄像机的镜头准确地对向被摄现场。各种类型支架的方向调节方式不尽相同。对于图 4-5（a）所示的支架，方形立柱可以左右旋转，因而可以使摄像机在平行于底座的平面上任意转动，而旋松紧固手柄后，摄像机底托可以在上下方向转动，因此通过对摄像机底托及方形立柱的调整，即可将摄像机准确地调整到理想位置。提出注意的是，在对准位置后，应重新将紧固手柄旋紧。

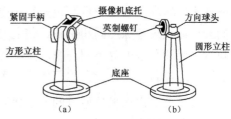

图 4-5　常见的摄像机支架的外形结构

对于图 4-5（b）所示的支架，则只有一个可调机构，即圆形立柱，当将圆形立柱旋松后，支架上的方向球头可以在三维空间任意转动，当将摄像机对准理想位置后，应将圆形立柱重新旋紧。

此外，还有一些长的或短型的 I 型与 L 型的铝合金等结构的支架等，就不一一罗列了。

2．云台支架

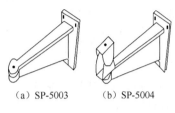

（a）SP-5003　　（b）SP-5004

图 4-6　云台支架的外形结构

云台支架一般均为金属结构，因为要固定云台、防护罩及摄像机，所以云台支架承重要求高。显然，这种支架的尺寸比单纯的摄像机或与防护罩的支架大，如图 4-6 所示。

考虑到云台自身已具有方向调节功能，因此，云台支架一般不再有方向调节的功能，如图 4-6（a）所示。为配合无云台场合的中大型防护罩使用，有些支架的前端配有一个可上下调节的底座，如图 4-6（b）所示。

除此之外，还有配合室外云台应用的宽大的金属的板型重型云台支架等。

4.2　云　　台

在照相行业中，人们把三角架上端用于安置照相机的台面称为云台，它可做水平及垂直两方向的旋转。在视频监控系统中，能使摄像机作水平和垂直两方向旋转的摄像机底座也称为云台。但这种云台大得多，里面有机械传动机构、电动机、继电器及控制电路。显然，可以利用云台带动摄像机作水平转动和俯仰运动，以使其指向所需的特定目标。这种机电一体化的平台既可以与轻型的室内摄像机/镜头配用，也可以用来装载大型的室外重型防护罩、摄像机/镜头组合。

一般，云台都设计为既可以手动控制运行，也可以自动控制运行。尽管摄像机/镜头组合可以像人眼一样瞄准目标，并加以观察，但当摄像机安装在距控制台较远的地方的时候，可通过使用控制台上的云台控制器，去随意遥控云台和摄像机的指向。大部分云台可以提供 0°～270°甚至 360°的水平转动范围和 0°～90°（向下）的俯仰转动范围。防护罩、摄像机/镜头组合，固定在云台上方的小平台上面。平台载着摄像机/镜头组合，根据控制单元发出的控制信号做前后或左右运动。保安人员一边从监视器上观察摄像机传来的图像，一边进行方向控制，从而可观察到云台上摄像机指向范围内的任何区域。

云台可分为室内型和室外型两种，其尺寸和型号多样。有用于室内环境的、轻巧的、只能作水平转动的水平云台，也有用于除水平转动外还能作俯仰运动的全方位云台。用于室外的云台需经过特殊加固和密封，使之与外界隔绝，并可以耐受酷热和严寒的考验，也不怕降雨、尘土和高湿度等不利环境因素的影响。这两种工作方式的云台，都可以与遥控变焦镜头配用，这样就可以在云台的整体覆盖范围内调整摄像机的视场角。

市场上已出现多种型号的一体化云台摄像系统，在这种系统中，所有部件都集中安装在一个特制的球形防护罩内，并可在远程监控中心处进行控制。这种一体化球型摄像系统体积小、效率高、云台速度快、集成度高，但它们的价格通常较贵。

视频信号和云台镜头控制信号可通过互相独立的视频电缆和控制线完成传递，也可通过一条视频同轴电缆实现双向传输。后一种情况视频信号和控制信号可以互不干扰地共享同一条电缆，因此不需要增加额外的传输线。具体采用哪种方式，要看现场的实际情况而定。

4.2.1　水平云台

水平云台又称为扫描云台，它只能做水平方向的转动，绝大多数限于室内应用环境，很少用于室外环境。多数水平云台的扫描范围为 0°～355°，只有部分云台可以做 0°～360°的扫描。水平云台的体积小、重量轻，其外部形状如图 4-7 所示。

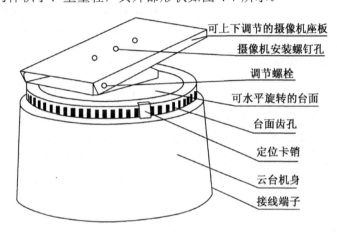

图 4-7　水平云台的形状

由图 4-7 可见，在水平云台的台面上，有一个可手动调整的摄像机座板，它能在垂直方向进行 90°范围内的调整，并以螺丝固定。因此，在云台控制器的控制下，就可使云台上的摄像机以一定的仰俯角在 360°范围内进行扫描监视。

在云台的内部，有一个能紧急起动和立即停止的慢速、大转矩驱动电动机，通过齿轮传动，可带动台面上的摄像机在水平方向上做正反向旋转，且不会出现惯性滑动。一般，云台的传动机构不需加润滑剂，它采用乙缩醛齿轮或高硬度钢质齿轮，输出转轴上用重载滚动轴承，其他材料一般为玻璃填充聚碳酸脂及钢、铝等。

云台的驱动电动机是云台的核心部件，由于要做正反两个方向的运动，其驱动电动机一般都有两个绕组，它们可绕制于一体，也可分别绕制，其中一组控制电动机做正向转动，另一组则控制电动机做反向转动，如图 4-8 所示。在其中一个绕组上加电时，电动机就会按指定的方向转动；而当在另一个绕组上加电时，电动机则会按与前一种情况相反的方向转动。由于电动机的转速高，因而还需要一个大传动比的齿轮啮合传动，以降低驱动齿轮的转速，从而提高转矩。

在云台台面的下面有一个行程开关，它由两个微动开关组成，如图 4-9 所示。

此外，在台面的旋转行程中还有两个定位卡销（参见图 4-7），它可以 5°的间隔在 360°的范围内进行调整，用于调整云台的旋转限制点。因此，左右定位卡销之间的夹角，即云台的实际旋转角度。当云台控制器工作于手动控制状态时，若云台在旋转过程中其定位卡销触及行程开关时，这时就会切断电动机电压；而当云台控制器工作于自动（扫描）状态时，若云台在旋转过程中定位卡销触及行程开关时，这时就会通过云台内部的继电器接通反向电压，而使电动机反转，从而改变云台的旋转方向。

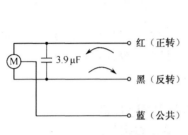

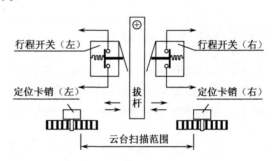

图 4-8 驱动电动机的接线图

图 4-9 云台的限位开关

水平云台的控制线一般选用 4 芯无屏蔽电缆，其中一芯为公共端，一芯为自动扫描控制端，其余两芯则分别为向左或向右旋转控制端。水平云台除了左右接线端子外，还有一个自动接线端子，当在此端子与公共端加上控制电压时，云台将处于自动扫描方式。自动扫描方式指的是云台可以在控制器输出的控制电压作用下做自动扫描，而不需要人去干预。因为当它在某个方向上扫描到限位卡销时，便会自动回转，而沿着与刚才相反的方向扫描。

一般，在云台接线端子的旁边都有一个 BNC 插座，并在云台台面上还伸出一段配有 BNC 插头的螺旋状视频软线，如果用万用表量一下，可发现这一对 BNC 插头插座是连通的，它实际上是一段视频延伸线。因为摄像机是固定在云台台面上的，当云台在水平方向转动时，接于摄像机后面板上的视频电缆必定随云台一起转动，久而久之，很容易造成视频电缆与摄像机连接处的接触不良。此外，当视频电缆留量过短时，可能会因电缆绷紧造成云台不能继续转动，而当视频电缆留量过长时，还可能会因电缆松弛而发生缠绕。所以，在云台上设置这段视频延伸装置后，可使云台台面上端的视频电缆随云台一起转动，而接于 BNC 座上的视频电缆则相对固定，因而防止了云台在转动时抻扭视频电缆的副作用。

值得指出的是，实际应用中应特别注意对云台输入电压的确认。对于 AC 24 V 的云台，必须使用 AC 24 V 的云台控制器，对于解码器来说，则必须通过跳线或其他手段将云台控制电压设定为 AC 24 V，若误用了 AC 220 V 控制输出，将导致云台电动机的烧毁；对于 AC 220 V 的云台，也不要使用 AC 24 V 的控制器或解码器，若使用了，则云台不能转动，但个别云台在非承重状态也可以微微地转动。对云台进行测试时，可以不用控制器或解码器，只需在某控制端及公共端之间加上要求的控制电压（如 AC 220 V 或 AC 24 V）即可。

4.2.2 全方位云台

全方位云台又称为万向云台，其台面既可以做水平转动，又可以做垂直转动，因此它可以带动摄像机在三维立体空间内对场景进行全方位的监视。根据使用环境的不同，一般将全方位云台分为室内全方位云台和室外全方位云台两大类。

1. 室内全方位云台

全方位云台与水平云台相比，是在垂直方向上增加了一个驱动电动机，这个电动机可以带动摄像机座板在垂直方向±60°范围内做仰俯运动。由于全方位云台增多了部件，因此它在尺寸与重量上都比水平云台大而重。室内全方位云台的定位卡销由螺钉固定在云台的底座外沿上，旋松螺钉时可以使定位卡销在云台底座的外沿上任意移动。当云台在水平方向转动且拨杆触及到定位卡销时，该拨杆可切断云台内的水平行程开关使电动机断电，而云台在水平扫描工作状态时，水平限位开关则起到转动换向的作用。由于云台在垂直方向做大角度仰俯运动时，可能会使摄像机防护罩碰及到云台主体而造成损伤，并可能烧毁电动机；在此种极限情况下起动云台时，因垂直电动机的起动力矩增加，也容易烧毁电动机。因此，云台在垂直方向的仰俯行程中也分别设有两个行程开关，其限位装置是两个与垂直旋转轴同心的凸轮，如图 4-10 所示，当凸轮的凸缘触及到行程开关时，就会自动切断垂直电动机的电源。

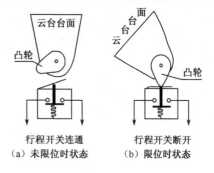

图 4-10　室内全方位云台的垂直限位凸轮

室内全方位云台的水平自扫描功能与水平云台的扫描完全一样，大部分云台的最大水平转动范围通常为 0°～355°，其最大转动角是 355°。因此，在追踪某个移出 355°点的目标时，必须反向转动一圈，才能重新截获目标，见图 4-11（a）。如想克服这一限制，使得摄像机和镜头能够在水平面上作 360°连续转动，就必须在系统中使用滑环，见图 4-11（b）。这种滑环用来实现静止的云台底座和运动的摄像机/镜头组件之间的电气连接。当云台装备滑环后，平台就可以在水平方向上连续转动，而不需要倒转一圈来堵截出界的移动目标。如果一定要以机械方式限制 360°云台的旋转范围，还可以使用限位开关；但如果想使用带滑环机构的云台作 360°连续旋转，就不需要使用机械限位开关。

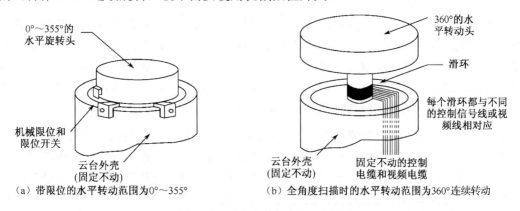

（a）带限位的水平转动范围为0°～355°　　　　（b）全角度扫描时的水平转动范围为360°连续转动

图 4-11　云台上的限位器和滑环

如果视频监控系统使用了微机控制主机或 PC 中央控制系统，操作人员就可以将几十个到几百个常用场景的位置记录在系统中，以便以后调用。在调用这种预置位置时，操作人员只需要按下控制台上的某一个开关，或几个控制键组合，就可命令云台自动定位到早些时候预存的角度。显然，这种预置功能必须与具有这种能力的云台和变焦镜头配用。一般，系统会自动探测存储数据时的云台水平指向、垂直指向、镜头的焦距、光圈、聚焦位置，并记录在系统中。这样，调用预置位所恢复的画面就可以做到与存储时的画面方位和特性上的完全一致（场景中的物体可能会发生变化），而这一切是从零点几秒到两三秒这样非常短的时间内完成的，从而大大提高了系统的响应能力。

根据传动结构的不同，室内全方位云台可以做成各种各样的外观造型，但其内部结构基本上是完全一样的。根据机械结构的不同，云台可分为如下两类。

（1）顶装式云台。顶装式云台是摄像机与防护罩安装在云台的顶部。在顶装式云台中，当摄像机和镜头处于水平位置时，整个系统的重心是平衡的。但是，当摄像机和镜头上下俯仰时，摄像机和镜头在云台上就会失衡。

改善平衡性能，一般都在俯仰臂上增加配重，使得电机、轴承齿轮传动机构不会受到太大扭力。因此，除摄像机/镜头的重量外，俯仰驱动电机还必须同时承受配重的重量。这样，在摄像机上下俯仰时，配重（有时是弹簧）可以冲销失衡的那部分载荷，继续保持系统中的重量平衡。

（2）侧装式云台。侧装式云台是摄像机与防护罩安装在云台的侧面。侧装式云台不需要配重和弹簧，在这种云台的安装板上，摄像机的安装位置相对平衡，且与水平旋转（或俯仰）轴保持相同的高度。由于摄像机侧装在垂直旋转轴的一侧，因而系统在垂直轴上就不会太平衡，但它从来不会在水平轴上失衡，因此可以有效地抵销风力和机械扭力的影响。

由于侧装式云台不需要配重或内弹簧就可以保持水平轴的平衡，其原因是摄像机、镜头和防护罩的总体重心正好落在水平旋转轴上，因而对电机和齿轮传动机构的功率要求就大大降低了。此外，在需要将侧装式云台翻转过来安装时，除了改变旋臂的位置外，不需要做任何其他的改动。而如果要将顶装式云台倒转过来安装，则通常必须拆除配重和弹簧。

2. 室外全方位云台

室外全方位云台与室内全方位云台的最大区别，主要体现在是否具有全天候的功能。所谓全天候功能，就是要求云台能在恶劣的工作环境下正常工作。室外恶劣的工作环境的不利因素主要有风荷载、降水、湿度、温度变化，以及灰尘、污物、腐蚀性气体、人为破坏等。为了应对这些额外的不利因素，室外云台必须做得更为牢固，并需要具备较高的环境阻隔能力，如在云台的所有结合部位都使用密封垫圈，以防雨水或潮湿的侵蚀等。

此外，所有的室外云台系统，还必须要考虑风荷载问题。所谓风荷载，是施加在摄像机、防护罩和云台上的风力。因为这种力会使得系统朝不需要的方向移动或旋转，或造成整个系统的震动，或阻碍系统的正常运动。这种风荷载对视频监控系统图像的不利影响是震动，因为震动会使得摄像机的图像变得模糊或聚焦不清。更严重的是，如果施加在系统上的风荷载够大，将会导致齿轮传动系统或电机出现机械故障。为了将风荷载减到最小，系统必须尽可能地小，且所有的部件都应安装在尽可能接近水平和垂直旋转轴的位置。

为了提高使用寿命，保证工作的可靠性，室外云台除所有结合部位都使用密封垫圈以防止雨水、雪、灰尘、污物和腐蚀性物质无法进入轴承、齿轮系统和驱动电机中外，还最好使用密封的滚珠轴承，使所有的轴承的轴端都用环境防护材料密封，以避免液体、灰尘或腐蚀性物质进入。此外，云台必须采用不易锈蚀的材料，如铸铝、镁或户外塑料制成。如果使用的是塑料材料，则必须是阻燃型的。

需要注意的是，雪和冰也会给云台带来额外的载荷，在静止的云台底座和旋转部件之间结的冰可能会使得电机无法启动，更无法正常使用。在严寒和结冰的天气中，应该经常操作一下云台，以使电机产生热量，防止这些关键性部位冻结。为防止冬季雪水将云台冻结时造成的起动困难，还要求云台的驱动电机具有高转矩及扼流保护功能，以防止在云台严重冻结时强行起动而烧毁电机。因此，有的室外全天候云台的俯仰电动机的内部，就装有一个热敏切换开关，一旦电机温度超出允许工作范围，这个热敏开关就自行切断电机电源，以保护电机。对水平电机，则采用了扼流电阻加以保护。

一般，室外全方位云台在室外使用还要配中大型的室外防护罩，因此还要求云台具有大承重的功能，这也要求驱动电机及传动机构具有高转矩的性能。电动云台的最大负载（单位为 kg）是指垂直方向承受的负载能力。它是指摄像机的重心（包括防护外罩）到云台工作面的距离为 50 mm，该重心必须通过云台的迴转中心，并且与云台工作面垂直。这个重心即为电动云台的最大负载点，云台的承载能力是以此点作为设计计算的基准。加 15 kg 级的电动云台，即它的最大负载能力为 15 kg。

需要注意的是，由于负载安装位置的不同或测试方法的不同，可能会出现某等级的电动云台带不动同一等级的负载，其原因就在于重心偏离回转中心，增大了负载力矩。因为此时摄像机重心到云台迴转中心的距离为 50 mm+L（L 为云台工作面到云台迴转中心的距离）。而电动云台的负载能力与 L 成反比，L 越大，负载能力越小。因此，在设计时 L 尽可能取得小，以免力矩过大或选用电机的功率过大。

鉴于以上原因，室外全方位云台一般要求承重在 10 kg 以上，其自身的体积及重量都比室内云台要大，因而其价格也比室内云台高一倍以上。

一种顶装式室外云台 SP-301 的外形如图 4-12 所示。

有些高档云台还具有预置功能，其内部电机为伺服电机，并配有相应的伺服电路。实际上，预置相当于可以"记忆"某几个事先设定好的位置（水平方位角及垂直俯仰角）。如要设定某全方位摄像机对第 1 监视点、第 2 监视点、第 3 监视点等 3 个重点部位轮流监视，摄像机在每个监视点要停留 10 s，则具有预置功能的全方位云台即可以在伺服电机的驱动下，准确地对上述 3 个设定的监视点进行轮流监视。

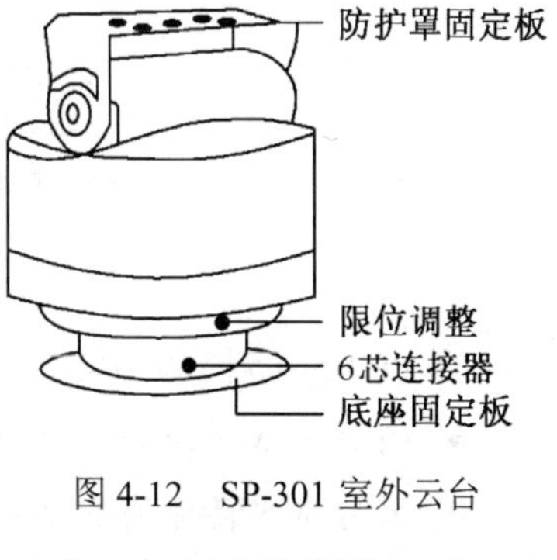

图 4-12　SP-301 室外云台

4.2.3　特殊型云台

所谓特殊型云台，即根据特殊应用场合的特殊要求制作的云台，主要有防爆防腐蚀云台与耐高温云台。

1. 耐高温云台

一般，在高温环境下使用的云台主要考虑两个问题。

（1）机械零件在高温下的热膨胀问题，这种膨胀可能会使系统阻滞或卡住，从而导致系统无法工作，因此制作材料要选用膨胀系数小的。

（2）普通电机在高温下使用会缩短其寿命，甚至可能会导致其烧毁，因此必须要使用带有高温隔离绕阻的电机等。

由此可知，耐高温云台的价格，比普通云台要高得多。

2．防爆云台

通常，特殊型云台最主要的还是防爆电动云台，这种云台的传动机构一般使用高硬质的齿轮组及轴承，云台的连接器需采用防爆密封绝缘管状电缆套筒。现以华中光电技术研究所制作的 YTB60-6/4.5 防爆电动云台为例做一简要介绍。

YTB60-6/4.5 防爆电动云台外壳采用 ZL104 铸造而成，系统整体结构符合国家标准 GB3836.1-83 和 GB3836.2-83 的要求，防爆标志为 dⅡBT$_4$。该云台选用 YBSb562-4 隔爆型三相异步电动机，防爆标志为 dⅡBT$_4$，出线电缆选用 PVC 护套四芯电缆，型号 KVVP；开关选用 RS323-943 隔爆型开关，防爆标志为 EexdⅡCT$_6$，自带五芯 PVC 护套电缆，长度 1 米。它适用于冶金、电力、石油、化工、轻工企业、Ⅰ区ⅡA 级、ⅡB 级，T1-T4 组的可燃性气体或蒸汽与空气形成的爆炸性混合物场所。

YTB60-6/4.5 防爆电动云台的外形尺寸，如图 4-13 所示。

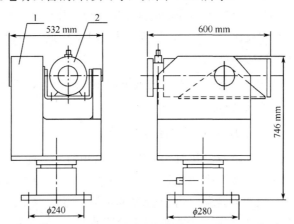

图中：1为隔爆电动云台；2为隔爆型电动彩色摄像机

图 4-13　防爆云台的外形尺寸

YTB60-6/4.5 防爆电动云台的基本参数为：

- 电源为 AC 380 V、50 Hz；功耗：300 W；
- 云台水平转速为 6°/s；
- 垂直转速为 4.5°/s；
- 云台工作面最大俯角为 45°、最大仰角为 20°、方位角为 ±160°；
- 云台最大负载为 60 kg；
- 体积为 532×408×746 mm^3；
- 重量为 110 kg；

- 云台使用环境温度为－20℃+40℃；
- 云台使用相对湿度为≤90%（+25℃时）；
- 海拔高度为 1000 m。

由于这种云台是在爆炸性危险场所使用，云台外壳应有效接地，云台内部的电机和限位开关不得随意拆卸。因为拆卸不当，容易损坏隔爆面。如果防爆云台有任何隔爆性能损坏，就不能使用，必须重新按图纸加工损坏的零部件，重新安装好后才能使用。

4.2.4　球形云台

球形云台的传动与普通云台一样，它也是由水平和垂直两个电机驱动的，因而也可在水平和垂直方向任意转动。球形云台与普通云台最大的不同是在外观结构上，因为球形云台都配有一体化的球形或半球形防护罩，为了将云台及摄像机和电动镜头一起放置在封闭的球罩里，球形云台一般都设计成中空的托架形，这种托架部分正好用于安置摄像机和电动镜头。当云台在水平和垂直两个方向任意转动时，镜头前端扫过的轨迹恰好构成了一个球面，也就是说，当云台在三维空间任意转动时，摄像机及镜头与云台本身构成一个完整的球体。

球形云台按其使用性能可分为普通球形云台与智能高速球形云台两类。

1. 普通球形云台

普通球形云台是在球形防护罩内完成一般云台性能的云台。为能将摄像机、镜头及云台主体全部安置在球罩里，球形云台的体积一般都比较大，在球形云台的参数表中，通常以球形防护罩的直径（指内径或口径）来表示球形云台的大小，常见的有 0.23m（9 in）、0.3 m （12 in）等几种。

球形云台以其外形美观、隐蔽、个性化、安装方便等特点在逐步取代传统云台防护罩。因此，深入了解球形云台自身的特点，以便在工程中注意选择、合理配置、科学使用。球形云台的内部结构如图 4-14 所示。

影响球形云台性能及质量的因素，主要来自透光球罩及球机的结构（户外型球机、电机及内部结构）。

（1）透光球罩（球面）。透光球罩质量好坏可出现下述问题。

① 球面材质、球面表面光洁度、球面制造工艺不好，会造成图像清晰度下降，因此要选用透光率好的光学亚加力料，并使球面光洁度高，不能有任何缺陷（如不平整、凹凸、划伤、气泡等），使

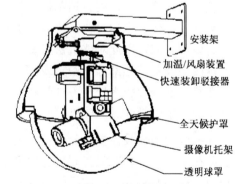

图 4-14　球形云台的结构

球面制造工艺精良，并严格控制出模时间、温度等。此外，作业现场干净、整洁、无尘也是一个重要的控制因素。

② 球面误差 δ 过大，球面各部分厚薄不均匀，选用镜头倍数与球罩尺寸不匹配等会造成图像重影，如图 4-15 所示。

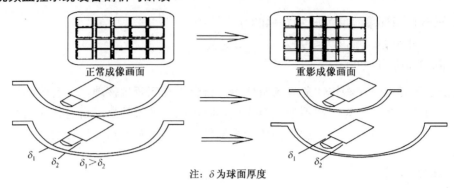

注：δ为球面厚度

图 4-15　图像重影原因示意图

一般，9 in 比 14 in 重影机会多，因此尽量选用 δ 小的 δ 尽量相近的球面，球面厚薄尽可能一致且均匀，并根据镜头倍数，合理购置球机尺寸，如用大倍数镜头就尽量选用大尺寸球机。

③ 使用球机的优点是隐蔽性，但隐蔽性越强就要求球罩颜色越深，而球罩颜色越深，其透光率越下降。因此要根据欲监控的现场光照度，合理选择球面颜色，如选用浅烟、浅蓝等颜色，可折中解决此矛盾，并尽量选用低照度摄像机。

④ 球机内部有反光物，摄像机与球面距离过远；旋转角度与外部光源形成了光的多角度反射，因而造成反光，所以球机内尽量减少反光物，并在安装中尽量将摄像机与球面接近；尽量避免球机与外部光源构成不合理的反射位置。

（2）户外型球机的结构。耐高温、防雨、加热除霜是户外型球机的三大重要难点，因而要必须重视户外型球机的结构设计。户外高温主要是阳光直射，球机在室外阳光直射下，内部可达 55℃～60℃。由于球机没有对流渠道，不能用内部风冷方式降温，因此球机最佳降温手段是遮阳。先进球机均采用双层结构，用双层遮阳罩的球机可降低内部温度 3℃～5℃。

就单层顶罩来说，铝材顶罩保温效果最差，工程 ABS 次之，而 DMC、玻璃钢等材料保温效果要明显优于上述材料。优秀球机对防雨和密封要求很高，防雨不仅要考虑雨量，而且要考虑雨水方向，因此对球机密封要求很高。一般，漏雨进水主要由于球机本身设计装配不良；球面与顶罩接触部分不密封或密封不好；通过球机支架进水；安装过程没有按照说明书指导在关键部分做防水处理（如支架与球机联结部、支架与墙体联结部等）；安装中球机出线处理不好，水顺导线进入球机等。

球机内的加热设计要十分合理，因为球机中摄像机和镜头均在球机的下部，所以加热器要安装在球机上部，并配有同步小型风扇，将热量吹向球机下部及球面，以起到加热与除霜的作用。加热器多安装在球机的内侧壁，并配同步风扇，其优点如图 4-16 所示。

由图可见，它使加热风在球机内循环，不会形成热风阻流及产生死气流区，最大限度使其加热均匀，起到加热、除霜、除水气的目的。

（3）电机及内部结构。电机是云台和球机的关键部件，它在一定温度、湿度条件下连续运行的小时数是硬指标。此外，电机乱向、卡死、停机、发热、噪声、干扰等也都是云台电机的重要指标，所以选用优良电机可大大提高球机的寿命和可靠性。球机内部结构设计的科学性、实用性也非常重要。如摄像机托板可上下调节，可最大限度地使摄像机接近球罩；内部走线合理；安装接线方便；云台回差小；连续转动抖动小；转速设计合理等。

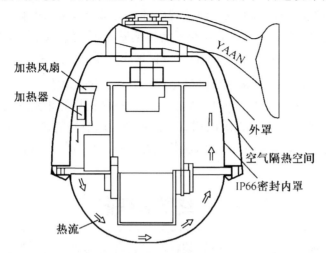

图 4-16　侧壁加热及风扇热流循环设计

目前球形云台主要发展趋势是：

● 球机外观与安装现场环境的和谐、美观；
● 为适应摄像机、镜头小型化及一体化趋势，球机也向小型化发展；
● 从根本上解决隐蔽与透光率低的矛盾；
● 向高速、变速预置球发展等。

总之，目前球机正处在取代传统云台防护罩的时候，而部分条件下也正处在被高速预置球机取代的地位，但普通球机仍以其价格低、适用性强（无须通信协议等）、安装调试方便而被大多数用户所青睐。

2. 智能高速球形云台

由于这种云台是将摄像机、电动变焦镜头、解码器、万能字符发生器、CPU 处理芯片、存储芯片等集成于一体，置于密封的球形防护罩内，因而这种一体化的球型云台也称为球形摄像机。由于它的外形美观，无压迫感，且不易被察觉，因此它尤其适合于百货公司、服饰店、珠宝店、大饭店等公共场所使用。

这种球形云台将摄像机、解码器、字符发生器、存储芯片等置于云台之上，最大限度地减少了系统部件的连接，因而提高了系统的可靠性，同时也便于系统安装及维护。由于上述各部件，以及云台的所有转动部件都是在密封的球形防护罩内，这就最大限度地减少了灰尘及各种外来干扰，使云台及摄像机的寿命大大延长，使系统的可靠性进一步得到提高。

一般，智能高速球形云台的球形防护罩采用内侧单面镀膜工艺，它可选配不同装饰效果的镀金、镀铬等多种防护罩，以便很好地与周围环境融为一体，而成为高雅的装饰品，并利于隐蔽监视。在防护罩的表面，还进行了防静电处理，以防止灰尘吸附，使日常维护简单。

这种防护罩，还降低了云台的转动噪声。例如，美国 DIAMOND 的智能快速球形云台具有水平 360° 连续旋转的功能，其转速可从 0.5～125 rad/s 连续调整，且垂直方向转速可达 60 rad/s。它可以编制 100 个预置摄像点，用来快速搜寻指定的监视点，其定位精度达 0.5°。各预置的摄像点可以任意组合，以形成一组巡视路径，而每个摄像点可有不同的驻留时间和扫描速度。为满足不同用户的实际需求，每个云台可编制 10 个巡视路径，且每条巡视路径可有最多 64 个预置摄像点。通过屏幕菜单提示,可方便地设置预置摄像点的巡视时间及驻留时间。

为远距离传输，系统可在一根视频同轴电缆上同时传输视频信号和控制信号；还可与消防和防盗等报警系统联动，实现全自动控制。当智能摄像机探测识别人与物的异常时，即可进行预/报警情，并且系统可自动将画面切到主监视器，以最快的速度自动调整云台的方位，监视发生警情的现场情况，同时启动录像设备及时记录下事故的全过程。

4.3 终端解码器

终端解码器属于前端设备，它一般安装在配有云台及电动变焦镜头的摄像机附近，有多芯控制线直接与云台及电动变焦镜头相连，还有两芯护套或两芯屏蔽线作通信线，与监控室内的系统主机相连。若是室外型解码器，还需有控制防护罩雨刮器的接线口。

解码器一般不能单独使用，而必须与系统主机配合使用。当选定了系统主机后，解码器也必须选用与系统主机同一品牌的，这是因为不同厂家的解码器与系统主机的通信协议及编码方式一般不相同，除非某解码器在说明书中特别指明该解码器是与某个另外品牌的主机兼容。

4.3.1 终端解码器的工作原理

终端解码器的工作原理如图 4-17 所示。

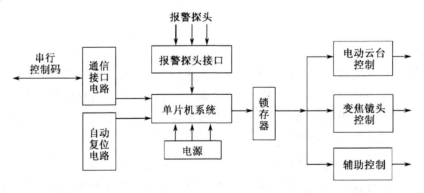

图 4-17 终端解码器原理框图

由图 4-17 看出，它由通信接口电路（含隔离器）、单片机 CPU 处理系统、锁存器、云台与镜头等驱动控制电路、自动复位电路等组成。在终端解码器的输入端，必须要用一隔离器，其目的是为防止终端解码器中的开关元件影响控制器，使在电气上完全隔离监控中心控制主机和解码器。由于要使基带信号能进行较长距离的传送，监控中心控制器发出的串行控制码的波特率取得很低，通常取 300 和 1200 波特，所以隔离器多采用频率较低的光电耦合器。

当终端解码器通过通信接口电路接收到由监控中心控制主机发出的控制命令的编码信号（由总线传送的串行控制码数据）后，单片机随即进行数据译码、解码等处理，并还原为对摄像机镜头和云台等的具体控制信号（开关信号），然后通过锁存器、驱动器去控制镜头与云台的电机。终端解码器一般可控制的内容有：摄像机的开机、关机；摄像机镜头的光圈大小、变焦、聚焦；云台的水平与垂直方向的转动；防护罩加温、降温及雨刷动作等。目前，终端解码箱，还都具有供给摄像机、云台、防护罩等所需各类电源的功能。

由于终端解码器安装在摄像机附近，离监控中心主控制器很远，因而无法进行按钮复位，而采用关断终端解码器总电源的方法又给使用者带来不便，因此终端解码器中均设置有自动复位电路。所以，万一出现软件故障，也能进行补救，不致于引起不良的后果。

值得一提的是，有的终端解码器还接收有前端的报警探测器的信号，它经数据变换后，再通过解码器的通信接口电路，传回主控制器去进行报警。

4.3.2　解码器的抗干扰与自动复位

1. 解码器的抗干扰

由于终端解码器中有继电器、可控硅等开关器件，其闭合、断开时，容易对接收解码器的微机部分产生干扰；此外，终端接收解码器附近大型设备的起动和关断，也容易引起对微机的干扰等。这种干扰的结果，虽然没有损坏终端解码器的硬件，但可使程序执行出错，且进入死循环，不经复位，就回不到正常状态，而产生所谓"软件故障"。为了防止这种干扰，常常采取下列预防措施：

（1）交流电源滤波，滤波电路如图 4-18 所示，其中图 4-8（b）的效果较好。

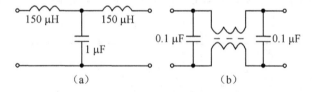

图 4-18　交流电源滤波

（2）直流电源去耦滤波，如图 4-19 所示，图中 C_1 和 C_3 是容量为 0.01～0.1 μF 的瓷片电容，C_2 和 C_4 是容量为 100～1000 μF 的电解电容。

（3）单片微机及其附加电路的电源线和地线直接接到电源滤波电容，不要和继电器驱动电路的电源线和地线交迭，如图 4-20 所示。

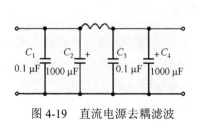

图 4-19　直流电源去耦滤波

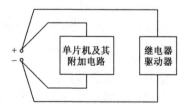

图 4-20　直流电源线及地线不交迭

（4）继电器线包上接反向偏置二极管防止继电器线包的反电势，继电器触点两端接 $0.068\sim0.1\ \mu F$ 电容器，防止继电器触点接通和断开时产生电弧放电影响微机工作。这里要注意电容器耐压值要大于触点断开时两点电压值的数倍。

值得指出的是，无论采取上述何种抗干扰措施，只能减少软件故障产生的次数，但要完全消除软件故障是不可能的。

2. 自动复位

由于终端解码器在摄像机附近，离控制器很远，而无法进行按钮复位。若采用关断接收解码器总电源的方法既不易奏效，又给使用者带来不便，因此必须设置自动复位。这种自动复位，通常有硬件自动复位和软件故障诊断自动复位两种。

（1）硬件自动复位。有硬件定时自动复位和利用串行控制信号产生复位信号两种方法，前者是利用定时器每隔一固定时间对 CPU 复位一次。显然，这种方法比较简单，但其缺点是复位可能会发生在接收串行信号的过程中，从而使得该次接收失败。后者是利用串行控制信号来产生复位信号，但要求两次串行控制信号之间要有一定的时间间隔。

利用串行控制信号产生复位脉冲的实用电路如图 4-21 所示，图中第一个单稳态触发器 D_1 是不可重触发单稳 74LS221。它的外接电阻 R_1、电容 C_1 要保证 $0.7R_1C_1$ 大于串行控制信号周期。这样，在 D_1 的 A 端接串行控制信号，在 D_1 的 Q 端输出一个宽度大于串行控制信号的负脉冲。这两个信号波形，如图 4-21 下部波形图①、②所示。第二个单稳触发器 D_2 是 74LS221 的另一半，它的外接电阻 R_2、外接电容 C_2 要使 $0.7R_2C_2$ 等于复位脉冲要求的宽度，这样将使 D_1 的 Q 端的宽脉冲变成窄脉冲，在 D_2 的 Q 端输出，去复位 CPU。要求复位脉冲宽度要尽可能窄，不要影响 CPU 接收串行信号。利用这种方法，在每次接收串行控制信号前复位 CPU，实际效果很好。它最适用于终端解码器 CPU，只有接收串行控制信号并解码、驱动这一任务，而没有其他工作任务的场合。

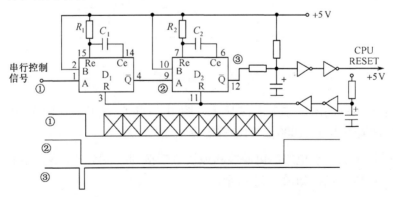

图 4-21　利用串行控制产生复位脉冲的电路

（2）软件故障诊断自动复位。当终端解码器 CPU 还有检测、计算等多种任务时，上述利用串行控制信号产生复位脉冲的方法，会使检测、计算出错，因此需要采用软件故障诊断复位。即要求在程序的各个可能的支路，都安排一条能使某输出口某一位输出一个正（或负）脉冲的指令。在程序正常执行时，每隔一定的时间总会执行这一条指令，使该位不断地输出正脉冲。当程序执行进入异常状态时，该位没有正脉冲输出，超过一定时间，判别电路就会输出一复位信号使 CPU 复位，从而使程序执行又恢复正常。

一种故障诊断复位电路如图 4-22 所示。它用三个反向门接成一个振荡器，图中电位器 R_1 用来调节振荡器的频率，四位二进制计数器 D_2（74LS161）对这一振荡器的输出进行计数。当程序执行正常时，输入正脉冲不断地对 D_2 进行清除，进位输出 T_C 就不会计满输出。当产生软件故障时，就没有正脉冲对 D_2 进行清除，D_2 计满，T_C 输出对 CPU 进行复位，使程序执行恢复

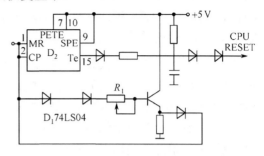

图 4-22　故障诊断复位电路

正常。有些 CPU，如单片机 8096，就具有监视跟踪定时器，它就是把软件故障诊断复位电路，集成在单片机上的。

4.3.3　解码器的实用电路与实际连接

1. 解码器的实用电路

用 8031 单片机组成的一种终端解码器的实用电路如图 4-23 所示。

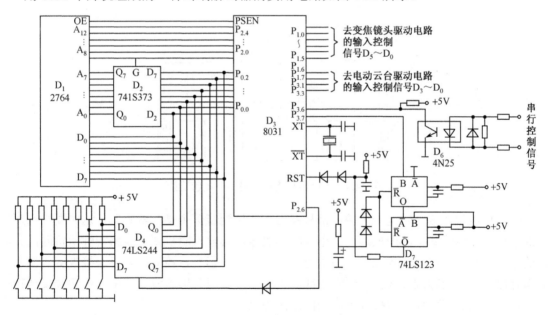

图 4-23　解码器的实用电路

图 4-23 中，D_1 是存放程序用的 EPROM2764，D_2 是用来锁存低 8 位地址信号的锁存器 74LS373。由拨动开关决定的本机地址和其他信息经三态缓冲器 D_4（74LS244）读入。串行控制信号经光电耦合器 D_6（4N25）隔离并送到单片机 8031 的 RXD 端。D_5 是可重触发双单稳触发器 74LS123，它组成软件故障诊断自动复位电路。当程序执行正常时，$P_{2.6}$ 不断输出正脉冲，D_5 无复位脉冲输出，当程序执行不正常时，P2.6 不再输出正脉冲，D_5 输出复位脉冲

使单片机复位，这时即可恢复正常程序执行。当串行控制信号被单片机接收、解码后，经单片机的 P1.0～P1.5 口输出变焦镜头的控制信号，再经变焦镜头驱动电路，去控制变焦镜头。单片机的 P1.6、P1.7、P3.1、P3.3 口，输出电动云台控制信号，它们经电动云台驱动电路，去控制电动云台的转动。

有的终端解码器除了接收串行控制信号、根据控制命令去驱动变焦镜头和电动云台外，还可能有一些特殊功能。例如，有一种能记忆若干工位，并自动定时重复这几个工位的终端接收解码器，它要求电动云台和变焦镜头具有位置信息送到接收解码器。最简单的办法是在电动云台和变焦镜头电机的传动机构上装一联动的电位器，在电位器的两端接正、负电压，让电位器中心抽头的输出电压对应一定的位置。显然，该电位器的输出电压必须经 A/D 变换后，才能送到终端解码器 CPU 接收。

2．控制器和解码器的实际连接方式

控制器和终端接收解码器的连接通常有星状、总线状等方式。

（1）星状连接。它要求在控制信号的发送端有一个多路输出的串行信号分配驱动装置，它的每一路输出接到一个接收解码器，如图 4-24 所示

一般，这种连接方式下控制电缆与视频电缆可以一起敷设，给施工带来方便，因此用得较多。

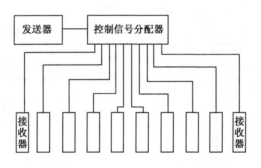

图 4-24　控制器与接收解码器的星状连接

（2）总线状连接。它是一个控制信号发送端连接到若干个接收解码器。这时要求选用较低的串行信号波特率，其中最远的一个接收解码器，其输入阻抗要与线路特性阻抗匹配、其余的各个接收解码器可输入高阻。为了避免外界干扰的影响，控制器与终端接收解码器之间的串行控制信号传输线，往往采用双绞线，也可以使用双芯屏蔽线，其中一根芯线传送控制信号，另一根芯线可作终端接收解码器的电源控制用。

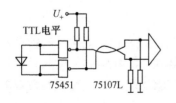

图 4-25　控制信号的双线传输电路

当控制信号传送距离较远时，可采用 75452 等与非门驱动器，也可以采用如图 4-25 所示的电路，将串行控制信号变成对称输出，接收端采用运算放大器接收，以减少共模干扰。此外，还可采用 RS-232 接口用的线驱动器 MC1488 和线接收器 MC1489。如果控制信号的传送距离超过数公里时，应最好采用合适的调制解调器。

当采用光纤传送视频信号时，一般在光缆中加二根控制线，使控制线不必另外架设，从而使施工方便。

通常，视频电缆在场消隐期间不传送有用的视频信息，从而可利用在场消隐期间通过视频电缆传送控制信号，但这时要注意，在视频电缆两端必须附加特殊的迭加和分离装置。

4.3.4　解码器的协议和波特率等的选择设置

1. 解码器的协议选择

解码器的协议选择采用四位拨码开关：ON=1，OFF=0。解码器的协议选择、拨码开关的位置和适用范围、产品生产厂商不同，其设置就有所不同。

一般，常见解码器的生产厂商的产品的拨码开关的设置，如表 4-1 所示。

表 4-1　常见解码器拨码开关的设置

序号	协议	拨码开关位置	波特率	适用范围	备注
1	PELCO-DHC		Pelcod-2400	派尔高系列/康银主机	HC-96000 Dec、1200
2	HY		9600	德加拉、康银系列	
3	VICON（surveyor99）		4800	PICO2000 系列	唯康主机
4	（kdt-312）CW0601		9600	卡拉特设备 DCW 系列	DCW 系统
5	PELCO-P		9600	派尔高主机德加拉主机	
6	HN-C		9600	华南光电系列	
7	SAMAUN		9600	三星快球	9600
8	KODICOM-RXKEN301RX		9600	PICASO 主机 Kodicom 主机	增加光圈控制功能
9	DH 大华/凯创		9600/192000	大华、凯创嵌入式	Dh=9600Kel*19200
10	NEOCAM		9600	耐康姆系统	
11	PIH1016（利凌）		2400	利凌矩阵	
12	SAMSUNG		9600	三星	
13	RM110/S1601		9600	诚丰系列/三乐系列	
14	红苹果		9600	红苹果矩阵	
15	银信 V1200		9600	银信矩阵	地址码从 0 开始
16	SANTACHI-450/9600 卡拉特 KUT348 矩阵 4800		9600/4800	三立矩阵卡拉特矩阵	Kdt304-4800

2. 解码器的波特率设置

8 位地址开关的 1～2 位波特率设置，如表 4-2 所示。

表 4-2　8 位地址开关的 1～2 位波特率设置

序号	波特率	拨码开关设置	备注
0	1300/19300		根据协议不同、自动识别这两种波特率
1	2400		
2	4800		
3	9600		

值得提出注意的是，如果波特率设置不正确，在控制解码器时，解码器会产生通信复位。

3．解码器的地址码设置

8 位地址开关的 3～8 位地址码设置如表 4-3 所示。

表 4-3　8 位地址开关的 3～8 位地址码设置

地址计算	32×	16×	8×	4×	2×	1×
地址码	开关第 3 位	开关第 4 位	开关第 5 位	开关第 6 位	开关第 7 位	开关第 8 位
0	0	0	0	0	0	0
1	0	0	0	0	0	1
2	0	0	0	0	1	0
3	0	0	0	0	1	1
4	0	0	0	1	0	0
5	0	0	0	1	0	1
6	0	0	0	1	1	0
7	0	0	0	1	1	1
8	0	0	1	0	0	0
9	0	0	1	0	0	1
10	0	0	1	0	1	0
11	0	0	1	0	1	1
12	0	0	1	1	0	0
13	0	0	1	1	0	1
14	0	0	1	1	1	0
15	0	0	1	1	1	1
16	0	1	0	0	0	0
17	0	1	0	0	0	1
18	0	1	0	0	1	0
...						
63	1	1	1	1	1	1

说明如下：

● 地址码设置：8 位拨码开关的 3～8 位，ON=1，OFF=0。

● 地址编码是以二进制方式编码的。

● 拨码开关拨到"ON"的位置表示"1"，拨到"OFF"的位置表示"0"。例如，解码器地址设为 43 号，即 32+8+2+1=43，拨码开关的第 3、5、7、8 拨到 ON。

● 若超过 64 个解码器地址时，需注明。

● 有的控制主机的初始地址是从 0 开始的，有的是从 1 开始的。

4.4　前端其他配套设备

4.4.1　CCD 摄像机电源

"电源"这个词听起来可能不那么激动人心，好像也不怎么重要，但如果电源出现故障，后果将是非常严重的。如果没有电源，不论是多么先进的摄像机和监控设备，都无异于零。

因此，必须重视选择电源。一般，CCD 摄像机的供给电源有两种：一种是市电交流 220 V，这种摄像机内就装有交流变直流（AC-DC）变换器；另一种就是 DC 12 V，大多数 CCD 摄像机需要的都是这种供给电源，还有的微型摄像机是 6 V 或 9 V 的供给电源，CMOS 摄像机还有 5 V 或 3 V 的。

通常，根据用电设备的额定电流来选择 CCD 电源供应器的规格。如有一只 CCD 摄像机和一只红外灯都需要使用 12 V 直流电供电，其中摄像机的功耗是 4 W，工作电流是 333 mA；红外灯的功率是 24 W，工作电流是 2 A。经核算，前端全部设备的总工作电流为 2.333 A，这时就应使用容量为 2.5 A 或 3 A 的电源供应器。

CCD 电源供应器以采用直流稳压电源为好，中、小功率的电源可采用简易集成稳压电源，如图 4-26 所示。

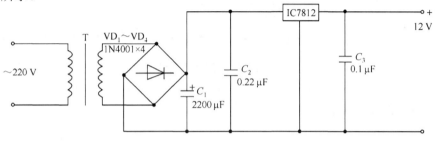

图 4-26　简易集成稳压电源

由图 4-26 可见，首先由电源变压器 T 将 220 V 交流电降压至 15 V 左右，并经二极管 D_1～D_4 整流，整流后的脉动直流电压经电容器 C_1 滤波，该电容器的容量较大，自身有较大的等效电感，对来自电网的高频干扰抑制能力甚低。因此，与 C_1 并联一只对高频干扰有良好抑制作用的小电容器 C_2。最后通过三端集成稳压电路 IC7812 后输出稳定的 12 V 电压。当在集成稳压器开环增益高、负载较重的情况下，稳压器有可能产生自激现象，C_2 也同时兼有抑制高频振荡的作用，加 C_3 的作用，主要是抑制高频干扰。

7800 系列集成稳压器的最大输出电流为 1.5 A，要扩大输出电流，除了用外接大功率调整管外，还可以用数个集成稳压器并联。并联后的稳压器，除了保留原稳压器的过流，过热保护功能以外，其输出电流为 1.5 A 乘以并联集成稳压器的个数。并联两只 7812 集成稳压器的电路工作原理如图 4-27 所示。

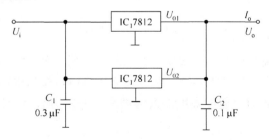

图 4-27　7800 系列集成稳压器并联电路

显然，其电路结构要比外接大功率调整管简单得多，只要外接 C_1、C_2 两个电容器就可以了。该电路的输出电流为 3 A，额定输出电压为 12 V。

7800 系列的三端集成稳压电路的性能指标属于普及型标准。除 7812 以外，还有对应输出直流电压为 5 V 的 7805；6 V 的 7806；9 V 的 7809；15 V 的 7815；24 V 的 7824。以 7824 为例，其典型电压调整率、电流调整率均为 0.5%，纹波抑制比为 35 dB，输出阻抗为 0.1 Ω。

7800 系列为正压输出，7900 系列为负压输出。如有的报警器需要正负压时，可由 7800 和 7900 系列连接获得，接线方便，如图 4-28 所示。

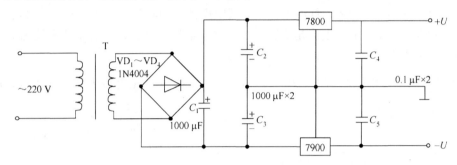

图 4-28　正、负两组电源稳压电路

4.4.2　以太网供电（PoE）

1．PoE 技术的基本概念

PoE（Power over Ethernet）是在现有的以太网 Cat.5 布线基础架构不做任何改动的情况下，在为一些基于 IP 的终端（如 IP 电话机、无线局域网接入点 AP、网络摄像机等）传输数据信号的同时，还能为此类设备提供直流供电的技术，如图 4-29 所示。

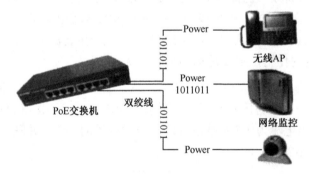

图 4-29　PoE 技术示意图

PoE 技术能在确保现有结构化布线安全的同时，保证现有网络的正常运作，并最大限度地降低成本。所有的网络设备都需要进行数据连接和供电，模拟电话是通边传递语音的电话线由电话交换机供给电源的。通过采用以太网供电（PoE）后，这种供电形式也用于以太网服务。

PoE 也被称为基于局域网的供电系统（PoL，Power over LAN）或有源以太网（Active Ethernet），有时也简称为以太网供电，这是利用现存标准以太网传输电缆的同时传送数据和电功率的最新标准规范，并保持了与现存以太网系统和用户的兼容性。

2．PoE 供电标准

PoE 早期应用没有标准，采用的是空闲供电的方式。PoE 的首个供电标准是 IEEE 802.3af（15.4W），它规定了以太网供电标准，是现在 PoE 应用的主流实现标准。后来，应大功率终端的需求而诞生了 IEEE 802.3at（25.5W）标准，它在兼容 IEEE 802.3af（15.4W）的基础上，提供更高的供电需求。

IEEE 802.3af（15.4W）与 IEEE 802.3at（25.5W）标准的比较，如表 4-4 所示。

表 4-4　IEEE 802.3af（15.4W）与 IEEE 802.3at（25.5W）标准的比较

类别	IEEE 802.3af（15.4W）	IEEE 802.3at（25.5W）
分级（Classification）	0～3	0～4
最大电流/Ma	350	600
PSE 输出电压/V	DC 44～57	DC 50～57
PSE 输出功率/W	≤15.4	≤30
PD 输入电压/W	DC 36～57	DC 42.5～57
PD 最大功率/W	12.9	25.5
线缆要求	Unstructurured	CAT-5e or better
从电线缆对	2	2

4.4.3　监听器

监听器一般是采用高保真微音拾音器（也称为话筒或传声器）与放大器组成。拾音器种类繁多，其输出信号电压一般在 1～20 mV 之间，输出阻抗一般在 20～30000 Ω 之间。通常将输出阻抗低于 600 Ω 的称为低阻话筒，而将输出阻抗高于 600 Ω 的称为高阻话筒。此外，在选用话筒时还需考虑频率响应与固有噪声等要求。

话筒放大器的作用是高保真地放大较微弱的声音信号。用于话筒放大器的运算放大器组件除要求输入失调电压小、低噪声外，还要求其输入阻抗远大于话筒的输出阻抗。一般，双极型运算放大器适合于低阻话筒，FET 型运算放大器适合高阻话筒。常用的运算放大器有 NE5332、NE5334、LM833、LF357 及 TA7359P 等。

值得注意的是，当信号太强，或监听器与扬声器太近时，可能会有阻塞或自击现象，这时可把音量关小些，录音时不受监听音量控制。

监听器输出引线三根：红线接+12 V、黑线为公共线、绿线为音频信号输出。

4.5　安防视频监控系统的防雷

雷电是一种壮观而又令人恐怖的自然天电现象。这不仅在于它能发出划破长空的闪光和震耳欲聋的雷鸣，更重要的是它会对人类的生活和生产活动造成巨大的影响。雷电威胁着人类的生命安全，常使建筑、电力、电子、通信和航空、航天等诸多部门遭受严重破坏。到目前为止，雷电作为一种强大自然力的爆发，尚无法有效地加以制止，人们力所能及的工作是设法限制雷击所造成的破坏作用，将雷击的危害减小到尽可能低的限度。长期以来，关于雷电防护的研究，一直是国内外电气与电磁兼容工作者共同关注的重要问题。

近年来，由于高层建筑的不断兴建和信息处理技术的日益普及，各种先进的电子设备（含视频监控系统）正广泛地配备于各类建筑物中。这些电子设备普遍存在着绝缘强度低、过电压和过电流耐受能力差、对电磁干扰敏感等弱点，一旦建筑物受到直接雷击或其附近区域发生雷击，雷电过电压、过电流和脉冲电磁场会通过供电线、通信线、接收天线、金属管道和空间辐射等途径侵入建筑物内，威胁室内电子设备的正常工作和安全运行。如果防护不当，这些雷害轻则使电子设备工作失灵，重则使电子设备永久性损坏，严重时还可能造成人员伤亡。因此，除高度重视现代建筑防雷设计外，对视频监控系统工程设计者来说，还必须重视本系统设备的雷电防护问题。下面从介绍雷电过电压的基本特性入手，介绍各种有关避雷器的防雷原理及其性能、工程安装、接地保护等。

4.5.1 雷电过电压的基本特性及防雷技术措施

1. 雷电过电压的基本特性

雷电通过被击物在其阻抗上产生压降（直接雷过电压）和雷电对设备附近的地面（或避雷针、线）放电时所引起的感应雷过电压，统称为雷电过电压或大气过电压，这种来自大气层中的雷电是一种强烈的电磁干扰源。产生雷电过电压的根源是特大雷电流，其特点是幅值极高，最大可达 200 kA 以上。大多数低于 100 kA，其波形多数为振荡衰减波，时间短。按照 IEC 61312-11995 和 IEC 61024-1 修订草案（81/122/CD1998）的有关规定，雷电流波形的上升沿非常陡直，T_1 波头时间为 10 μs，而下降沿相对缓慢，T_2 半值时间为 350 μs，如图 4-30 所示。

建筑物在遭受直接雷击时，雷电流将沿建筑物防雷系统中各引下线和接地体汇入大地，在此过程中，雷电流将在防雷系统中产生暂态高电位，这一暂态现象称为暂态电位抬高。暂态电位的抬高往往会对一些进出屏蔽室的电源线或信号线等线路发生反击，如图 4-31 所示。

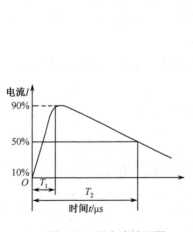

图 4-30 雷电流波形图

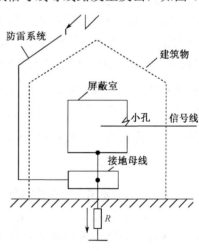

图 4-31 屏蔽室开孔处的反击

在发生直接雷击时，雷电流流过屏蔽室接地连线的寄生电感和接地电阻后，将产生很高的暂态压降，使屏蔽室的暂态电位被举高，而来自远处的信号线此时尚处于零电位，则在小孔处，屏蔽体与信号线之间将出现很高的电压。这一高电压很容易将两者间气隙击穿，使信号线上也带上高电位，该电位将会直接损坏室内的电子设备，它也将沿信号线传输到远处线路终端，侵害终端处的电子设备。暂态电位的抬高还会在邻近未受雷击的建筑物内引起反击，雷电流将通过建筑物的防雷系统引下线和接地连线与供水管道等进入各建筑物的接地体，使各建筑物的暂态电位都抬高，于是在没有采取暂态过电压保护措施的建筑物中，带高电位的地线将会对其附近的电源线和通信线发生反击，使得与这些线路相连接的电子设备受到暂态高电位的损害。

在现代建筑物中，大量布设着各种导体线路，如电源线、电视电缆、数据通信线和供水及供热金属管道等。由于这些线路网络结构布局错综复杂，它们会在建筑物内部的不同空间位置上构成许多回路，这些回路的存在，使得建筑物内电子设备遭受雷电危害的机会大大地增加，因此必须要给予足够的重视。

据国内外有关资料介绍，在一些建筑物稠密的城市区域，由于各种供电、通信和信号线路等网络盘根错节，雷电放电可以对距离雷击点 1 km 范围内的电子系统产生电磁感应作用，影响系统的安全可靠运行。

在由雷击引起的暂态过程中，暂态高电位或过电压常常可以通过信号或电源等线路耦合或转移到电子设备上，造成电子设备的损坏。

2. 防雷技术措施

雷电过电压对信息系统（含视频监控系统）的危害是很大的，为了确保信息系统和人身的安全，对雷电过电压必须采取相应的防雷技术保护措施。

防雷技术是一项系统工程，从电力网高压线路开始，到信息系统直流入口端，除电源系统自身的防雷措施应相互协调外，还应与建筑物防雷、信息系统的防雷、接地设计等相互配合，同时还要兼顾信息系统的电磁兼容的要求。对信息系统最大的潜在危害是直接雷和感应雷，几年来采取了多种措施以保护信息系统免受雷电的干扰和破坏，越来越多的工程采用避雷器以实现有效的电磁兼容保护方案。电磁兼容保护区，由外到内可分为 4 个区域（0～3 区）。如图 4-32 所示。最外层是 0 区：建筑物外部、雷击保护区（直接雷），如图中避雷针所示区。1 区：建筑物内部，由感应雷或开关动作而引起的能量较强的瞬变量（过压保护 1 区，即图中第一级保护）。2 区：建筑物内部，由静电放电或开关动作而引起的能量较弱瞬变量（过压保护 2 区，即图中第二级保护）。最内层是 3 区：建筑物内部，该区域里，无瞬变电流（电压），对可能产生相互影响的电路进行屏蔽和分开布线（过压保护 3 区，即图中第三级保护）。从 0 级保护区域到最内层保护区，必须实行分级保护。

总之，对雷电过电压抑制必须严格按照有关规程进行综合考虑，采取"整体防御、层层设防、多级保护"，从而组成一个有效的防雷系统。只有这样，才能达到良好的保护效果。

（1）建筑物外部防雷技术措施。该技术措施是在建筑物上安装避雷针、避雷带（线）、消雷器、引下线和接地系统等，以防直接雷。

（2）建筑物内部防雷技术措施（以下简称内部防雷技术措施）。据统计，80%的雷击事故是由于感应雷（间接雷）或雷电侵入建筑物内而引起的，内部防雷技术措施可以抑制和吸收感应雷的干扰，该技术措施有等电位连接、屏蔽、合理布线、接地、滤波器、避雷器等。

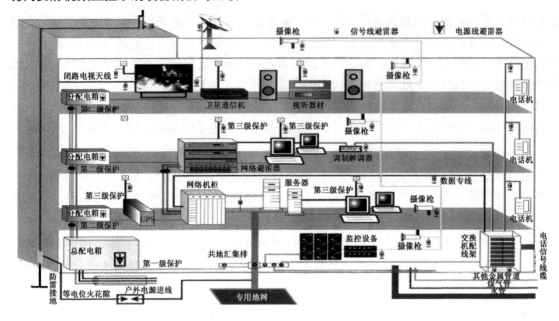

图 4-32　防雷技术措施

4.5.2　抗雷电过电压的基本元器件

本节仅对视频监控系统中常用到的低压电源避雷器、网络避雷器、信号避雷器、同轴电缆避雷器、插拔式信号避雷器等中的抗浪涌能力较强的器件做一介绍。

1. 气体放电管

气体放电管是一种间隙式的防雷保护元件，它在信息系统的防雷保护中已获得了广泛应用。放电管常用于多级保护电路中的第一级或前两级，起泄放雷电暂态过电流和限制过电压作用。由于放电管的极间绝缘电阻很大，寄生电容很小，对高频电子线路的雷电防护具有明显的优势。

放电管的工作原理是气体放电。当放电管两极之间施加一定电压时，便在极间产生不均匀电场，在此电场作用下，管内气体开始游离，当外加电压增大到使极间场强超过气体的绝缘强度时，两极之间的间隙将放电击穿，由原来的绝缘状态转化为导电状态，导通后放电管两极之间的电压维持在放电弧道所决定的残压水平，这种残压一般很低，从而使得与放电管并联的电子设备免受过电压的损坏。

在采用合适的材料后，放电管可以做到导通 10 kA、8/20μs 电流数百次。在电弧区，放电管两端的电压基本上与通过的电流无关，在管内充以不同惰性气体并具有不同的气压，电弧压降常在 10～30 V。管子工作在电弧区就可以将电压箝制在较低的水平，从而达到过电压保护的目的。

2. 压敏电阻

压敏电阻是一种以氧化锌为主要成份的金属氧化物半导体非线性电阻，它对电压十分敏感，所以称为压敏电阻。氧化锌晶粒是一种导电性能良好的材料，其电阻率约为 0.003 Ω·m，而晶界层的电阻率高达 $10^8 \sim 10^9$ Ω·m。当晶界层上的电场强度较低时，只有少量的电子靠热激发才能够穿过晶界层的势垒，所以此时的压敏电阻呈现出高阻状态。当晶界层上的电场强度足够大时，产生隧道效应，大量电子可以通过晶界层，电阻将大幅度降低。

由于压敏电阻具有非线性特性好、通流容量大、常态泄漏电流小、残压水平低、动作响应快和无续流等诸多优点，目前已被广泛地应用于电子设备的雷电防护中。

压敏电阻在通过持续大电流后其自身的性能要退化，将压敏电阻与放电管并联起来，可以克服这一缺点。因为在放电管尚未放电导通之前，压敏电阻就开始动作，对暂态过电压进行箝位，泄放大电流。当放电管放电导通后，它将与压敏电阻进行并联分流，减小了对压敏电阻的通流压力，从而缩短了压敏电阻通大电流时间，有助于减缓压敏电阻的性能退化。但这种并联组合电路并没有解决放电管可能产生的续流问题，因此不宜应用于交流电源系统的保护。

由于放电管的寄生电容很小，而压敏电阻有较大的寄生电容，它们串联可使总电容减到几个微微法。在这种串联支路中，放电管起开关作用，当没有暂态过电压作用时，它能够将压敏电阻与系统隔离开，使压敏电阻中几乎无泄漏电流，这就能降低压敏电阻的参考电压，从而能较为有效地减缓压敏电阻性能的衰退。

3．暂态抑制二极管

（1）齐纳二极管与雪崩二极管。由于齐纳二极管和雪崩二极管具有箝位电压低和动作响应快等显著优点，它们特别适用多级保护电路中的最末几级保护元件，也能与其他保护元件配套组成专用的防雷保护装置。相对于气体放电管和压敏电阻来说，齐纳二极管和雪崩二极管的响应时间是比较短的，可达数十个 ps。齐纳二极管的额定击穿电压（规定为 1mA 时的击穿电压）一般在 2.9～4.7 V，由于击穿电压较低，这种管子比较适合于那些耐压水平低的微电子器件（如高速 CMOS 集成电路）的暂态过电压保护。雪崩二极管的额定击穿电压常在 5.6～200 V 范围，一般用于多级保护电路的最末级，保护那些比较脆弱的电子器件。由于雪崩二极管的击穿电压较高，这种管子基本上不适应于保护耐压水平低的高速集成电路器件。

为了抑制正、负两种极性的暂态过电压，可以把两只雪崩二极管的阴极串联起来，并封装成一体即构成一只双阳极管子，如图 4-33 所示。这种双阳极管子的击穿电压与其中单个管子的击穿电压基本相同（偏差不超过±10%）。采用这种组装方式可以减小单个管子间连线的寄生电感，改善箝位效果，同时也能减小体积，目前已广泛应用。

（2）暂态抑制二极管。为改善对暂态过电压的抑制效果，提高电子设备的保护可靠性，已研制出一种专门用于抑制暂态过电压的新型暂态抑制二极管。与普通的齐纳二极管或雪崩二极管相比，这种管子具有更为优越的保护性能。

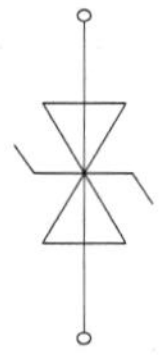

图 4-33　双阳极管

- 具有较大的结面积，通流能力较强。
- 管体内装有用特殊材料（钼或钨）制成的散热片，散热条件较好，有利于管子吸收较大的暂态功率。

● 管子在抑制暂态过电压方面的特性在制造中得到了强调，制造厂在管子的使用说明手册中给出与抑制暂态过电压有关的性能参数。

需要指出的是，由于暂态抑制二极管的结面积增大了，管子的寄生电容也就相应增大了，其值通常在 5000～10000 pF 范围，这样大的寄生电容使得它不能用于频率较高的电子系统保护，为此可将它与普通二极管（寄生电容约为 50 pF）串联使用。

4．三种保护元件的性能的比较

气体放电管、压敏电阻和暂态抑制二极管的性能特点可大致归纳如表 4-5 所示。在使用时，可以根据被保护电子系统的具体保护要求，充分比较各种保护元件之间的性能差异，择优选择，合理使用，以提高保护可靠性。

表 4-5　三种保护元件的性能比较

项　　目 ＼ 元 件 名 称	放电管	压敏电阻	暂态抑制二极管
泄漏电流	无	小	小
续流	有	无	无
寄生电容	小	大	大
响应时间	慢（1 μs）	较快（1 ns）	快（几十 ps）
通流容量	大（1～100 kA）	大（0.1～100 kA）	较小（0.1～100 kA）
老化现象	有	有	几乎没有
损坏形式	短路或开路	短路或开路	短路或开路
抗干扰能力	较强	强	弱
箝位电压水平	放电电压高	中等	低

对于一些脆弱电子设备的防雷保护来说，往往需要将几种保护元件组合起来，构成多级保护电路才能达到要求。在这类多级保护电路中，放电管常用作第一级，压敏电阻可用于第一、二级，而暂态抑制二极管一般用于最末一、二级。图 4-34 给出了一个采用放电管、压敏电阻和暂态抑制二极管的三级保护电路。

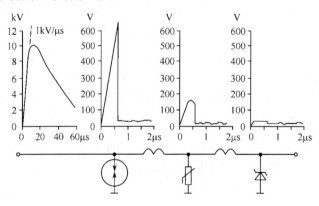

图 4-34　三级保护电路

该电路在电子设备的防雷保护中是比较典型的一种常用保护电路，各级保护元件的箝位限压波形也同示于该图中。由各级限压波形可见，经三级保护元件的逐级限压，沿线路侵入的雷电暂态过电压波逐步被限制到一个很低的电压水平。这样，利用各级保护元件的配合，将幅值很高的雷电暂态过电压限制到电子设备可以耐受的低电压值，从而实现对电子设备的可靠保护。

5. 阻抗元件与滤波器

构成防雷保护装置还经常要用到电阻、电感和电容等阻抗元件。以下将分别讨论一下。

（1）电阻元件。实际的电阻元件均存在着寄生电容和电感。寄生电容的典型平均值为 1.6 pF，在 5 MHz 频率下，其容抗约为 20 kΩ，远大于那些防雷保护装置中常用的电阻元件阻值。寄生电感随电阻种类的不同而存在着差异，常用的碳合成电阻的寄生电感一般比较小，一只 56 Ω、0.25 W 的碳合成电阻的寄生电感仅为 20 nH；而绕线式电阻的寄生电感较大，常达到 0.3～1 µH。由于雷电暂态过电压波形中含丰富的高频分量，与电阻串联寄生电感的存在将使得整个支路的阻抗增大。阻抗的增大将有助于限制在暂态过程中流过电阻中的电流，这一点对于电阻在防雷保护装置中一般应用来说是有益的。

实践表明，碳合成电阻和绕线式电阻具有较大的暂态脉冲冲击耐受能力，适合防雷保护装置，而金属膜和碳膜电阻相对较弱，一般不用在防雷保护装置中。由于压敏电阻能在高电压下呈现小电阻，所以用作防雷保护装置中的并联元件。在暂态过电压保护应用中，还应用一种阻值随其两端电压升高而增大的正温度系数电阻，它一般作为保护装置中的串联元件。由于正温度系数电阻的阻值可以随温度升高而迅速增大，它能在保护装置中限制串联（横向）支路中的暂态大电流。通常，额定工作电压大于或等于 150 V（有效值）的正温度系数电阻，可以串于直流放电电压为 90～150 V 放电管与低击穿电压值雪崩二极管等并联（纵向）保护元件之间。

（2）电感元件。电感线圈对暂态过电压波具有独特的折、反射特性，它能够降低折射波的波头上升陡度，减小过电压的危害程度，同时它也能够抬高入射波电压，改善接在它前面保护元件的动作特性，因此它在电子设备防雷保护装置中获得了较为广泛的应用。

实际的电感线圈存在着电阻和寄生电容，在低频时线圈呈现出感抗，其数值与频率基本成正比。当频率增大以后，电感 L 与寄生电容将达到并联谐振，在并联谐振状态下线圈的阻抗达到最大值，并呈现出纯电阻性。当频率进一步增大到高于这一并联谐振频率以后，线圈将失去固有的电感特性，转而呈现出容性。因此，线圈的使用频率应低于其并联谐振频率。

共模扼流线圈是一个以铁氧体为磁芯的共模干扰抑制器件，在保护装置中常使用到这种器件。它由两个尺寸相同、匝数相同的线圈绕制在同一个铁氧体环形磁芯上，形成一个四端器件，如图 4-35 所示。它对于共模信号呈现出大电感，具有抑制作用，而对于差模信号则呈现出很小的漏电感，几乎不起作用。这种器件使用在平衡线路中能有效地抑制共模干扰信号，而对线路正常传输的差模信号无影响。

（3）电容元件。实际的电容器严格讲是一个 RLC 串联支路，其中的电容与寄生电感配合能够形成串联谐振，串联谐振的频率实际上就限定了电容器工作频率的上限。当工作频率高于这个串联谐振频率时，电容器将失去固有的电容特性，转而呈现出感性阻抗。对于一些常用的非电解电容器，它们的工作频率上限一般在 1～100 MHz。

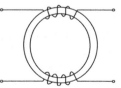

图 4-35　共模扼流线圈

对于额定直流击穿电压为 100～600 V 的电容器,它们的实际击穿电压通常比它们的额定值大 10 倍左右。钽电解电容器上施加一个与正常工作电压同极性的脉冲电压时,所发生的击穿过程与雪崩二极管的类似,其击穿电压约为其最大工作电压的 2～10 倍。在一些可能超过电容最大额定工作电压的场合,需要采用具有自恢复性能的电容器,即为金属化聚合酯型电容器。

(4)熔断器。雷电暂态脉冲的持续时间虽短,但幅值很高,当高幅值的暂态大电流通过熔断器时,可以将熔断器熔断。一只额定电流为 1 A 的熔断器在通过 2 A 电流时其开断时间 1～5 s,而在通过 10 A 电流时其开断时间仅为 1～10 ms。

熔断器作为纯串联元件使用,主要用于线路上的过流保护,熔断器与保护元件串联,其作用是对保护元件进行过流保护。

(5)低通滤波器。它是一种能够抑制高频信号而让低频信号通过的衰减型电路元器件,常用于电子设备电源的防雷保护。电源的频率很低(50 Hz 或直流),而雷电暂态过电压波形的频谱中含有丰富的高频分量,其不可忽略分量的频率一般在 1～10 MHz 范围。

在电源与电子设备之间接入低通滤波器,能够对来自电源侧的暂态过电压进行衰减,保护滤波器后面的电子设备。构成低通滤波器的元件主要包括电感、电容、共模扼流线圈、放电管和压敏电阻等。用于保护目的的低通滤波器一般有下列两种。

① 单型低通滤波器。有 Γ 形、π 形和 T 形三种结构,如图 4-36 所示。

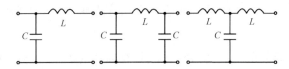

图 4-36　最简单低通滤波器结构

由图 4-36(从左到右)可见,最简单的低通滤波器有 Γ 形、π 形和 T 形三种结构。在该图中,电感 L 对高频信号起抑制作用,而电容则对高频信号起旁路分流作用,这样输出端中的高频信号就被大幅度消弱,而低频信号则能顺利通过。

这三种滤波器由于结构很简单,一般只接于单根电源线与地线之间。实际上,许多电源有三根或三根以上的引线,因此共模和差模暂态过电压能够在各引线上和各引线之间出现,在这种场合下,这三种滤波器就难以直接使用。

一种可接于三根引线之间的滤波器如图 4-37 所示。

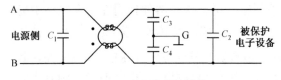

图 4-37　三端滤波器结构

这三根引线分别标为 A、B 和 G,其中 G 为地线。该滤波器中使用的电感为一个共模扼流线圈,它对 A、B 引线上出现的共模信号呈现出高阻抗,而对线间的差模信号则呈出现很小的阻抗，电容 C_1 和 C_2 并于 A、B 引线之间，用于旁路差模高频信号。电容 C_3 和 C_4 分别并于引线 A 与地线 G 和引线 B 与地线 G 之间，用于旁路共模信号，C_3 和 C_4 的电容值应选得相等，以避免由于它们的共模阻抗不平衡将共模过电压转化为差模过电压。扼流线圈的低值差模电感与 C_2 构成对差模高频信号的衰减路径，而扼流线圈的高值共模电感与 C_3 和 C_4 构成对共模高频信号的衰减路径。C_1 和 C_2 的电容值一般为 0.1～0.5 μF，而 C_3 和 C_4 的典型值常在几到几十个 nF，C_3 和 C_4 的选择主要由电源的线对地之间允许的泄漏电流来具体确定。

② 非线性型滤波器。图 4-36 和图 4-37 的滤波器的输入端电容（C 或 C_1），最容易受到暂态过电压的损害，一旦它们被击穿，就会在滤波器中产生一个陡度 $\mathrm{d}u/\mathrm{d}t$ 很大的截波，滤波器对这种截波的衰减能力比较弱，但截波对滤波器后面的电子设备有威胁。因此，滤波器的输入端电容应采用耐压高的电容器，并尽量采用自恢复介质电容器。此外，串联电感线圈或扼流线圈受到过大的暂态过电压作用时会发生绝缘击穿，产生与线圈并联的电弧，从而可使暂态过电流能直接通过弧道传输到滤波器后面的电子设备上，损坏电子设备。

为保护滤波器中的元件，可在滤波器的输入端之前加一个保护元件。因保护元件具有非线性特性，所以将配备有保护元件的低通滤波器称为非线性滤波器，保护元件用无续流的压敏电阻来取代放电管。压敏电阻具有较大的寄生电容，这种电容可以用作滤波器中的电容元件。如一个非线性或 π 形滤波器中的两个电容可借用一两个压敏电阻的寄生电容，如图 4-38 所示。

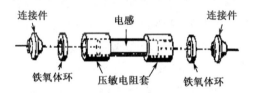

图 4-38　含压敏电阻的 π 形非线性滤波器

在这种插件式滤波器中，电感元件前后的两个压敏电阻套即能提供滤波器所需的电容，又能提供对暂态过电压的两级抑制功能。实际上，这种滤波器就是一个兼备滤波衰减与限压泄流功能的保护装置。

6. 固体放电管

固体放电管是一种新型的浪涌抑制器件，它是基于晶闸管的原理和结构的二端负阻器件。固体放电管的工作状态如同一个开关，没有浪涌时，其漏电流极小（<5 μA），对系统无影响；一旦浪涌侵入，大于其断态峰值电压时，产生雪崩效应。当浪涌电流超过开关电流时，其电压即为导通电压（<5 V），浪涌电流就此旁路，实现了能量转移，从而保护电子设备。浪涌之后，当电流降到最小维护电流值之下时，固体放电管自然恢复，回到阻断状态。

固体放电管兼有气体放电管和雪崩二极管的优点，如响应速度快（<1 ns）、功耗低、吸收浪涌电流较大、重复性好等；缺点是在交流或直流电源主电路上要串联电阻或快速熔断器，用以限流，使浪涌后电流能回复到维持值以下。

上述几种器件各有其优缺点，为了获得最佳防雷效果，可综合其优点将几种浪涌抑制器组合在一起，构成一种多级保护的形式（二级或三级）。例如，对通信电源，可靠有效的防雷措施是采用三级保护，第一级用气体放电管，将大的浪涌电流限制到后续保护系统可允许的范围；第二级用压敏电阻；第三级用浪涌电压抑制器（雪崩二极管或固体放电管），使输出的箝位电压达到规定值。采用这种多级保护后，被保护的通信电源就不会因雷击而损坏。

4.5.3 均压、接地、屏蔽、隔离等综合防护

电子设备及监控系统大多数是配备在建筑物室内，当建筑物直接遭受雷击或其附近区域发生雷击时，由雷电放电引起的电磁脉冲和暂态过电压波会通过各种途径侵入建筑物内，危及室内电子设备的安全可靠运行。前面已大概介绍了防雷技术措施，这里再具体介绍一下均压、接地、屏蔽、隔离以及相关的新技术。

1. 均压

由前述已知，当雷击发生时，在雷电暂态电流所经过的路径上将会产生暂态电位抬高，使该路径与周围的金属物体之间形成暂态电位差。如果这种暂态电位差超过了两者之间的绝缘耐受强度，就会导致对金属物体的击穿放电，使金属物体带高电位，这种带高电位的金属物体又有可能对其周围的其他金属物体再进行击穿放电。这种击穿放电能直接损坏电子设备，也能产生电磁场脉冲，干扰电子设备的正常运行。为消除雷电暂态电流路径与金属物体之间的击穿放电，需要对室内的各种金属构件进行等电位连接，即将室内的设备、组件和元件的金属外壳或构架连接在一起，并与建筑物的防雷系统相连接，形成一个电气上连续的整体，这样就可以在发生雷击时避免在不同金属外壳或构架之间出现暂态电位差，使得它们彼此间等电位，并维持在地电位的水平，这就是均压措施。

等电位连接分两种基本型式，一种是直接连接，另一种是间接连接。直接连接是将两个金属构件通过螺纹紧固、铆接和焊接等工艺直接进行电气连接；间接连接是采用均压带这个中间环节将两个构件在电气上连接起来，均压带的连接固定可以用螺栓，也可以用焊接来实现。间接连接的均压效果不如直接连接的好，但对于室内的各种金属管道，以及各电缆金属护套，由于它们相互之间实际间隔和位置的限制，一般只能采用均压带和均压母线进行间接连接。事实上，无论是直接连接还是间接连接，都必须保证金属面之间有可靠的电气接触。

均压带应采用导电性能好的金属薄板，常用的有铜或铝薄板。均压带自身的寄生电感，以及它与金属面之间的接触电阻要尽可能小，因为这种寄生电感和接触电阻在暂态电流作用时所产生的暂态压降将会影响均压质量。因此，均压带应尽可能短而宽，并要保持直线连接状态，避免出现弯曲，因为均压带的弯曲将会增大其寄生电感。另外，均压带应具有足够的通流容量，应能够耐受在其所连接之处可能出现的最大暂态电流，以免均压带因过电流熔断而造成更大的危害。

2. 接地

在电子设备和电子系统中，各种电路均有电位基准，将所有的基准点通过导体连接在一起，该导体就是设备或系统内部的地线，如果将这些基准点连接到一个导体平面上，则该平面就称为基准平面，所有信号都是以该平面作为零电位参考点的。电子设备常以其金属底座、外壳或铜带作为基准面，基准面不一定都与大地相连，在通常情况下，将基准面与大地相连

主要出于两个目的：一是为设备的操作人员提供安全保障；二是为提高设备的工作稳定性。以下分别对这两种接地方式进行讨论。

（1）工作接地。主要是为了使整个电子电路有一个公共的零电位基准面，并给高频干扰信号提供低阻抗的通路，以及使屏蔽措施能发挥良好的效能。工作接地有以下三种方式。

① 浮地。浮地是指电子设备的地线在电气上与建筑物接地系统保持绝缘，两者之间的绝缘电阻一般应在 50 MΩ 以上，这样建筑物接地系统中的电磁干扰就不能传导到电子设备上去，地电位的变化对设备也就无影响。在许多情况下，为了防止电子设备外壳上的干扰电流直接耦合到电子电路上，常将外壳接地，而将其中的电子电路浮地，如图 4-39 所示。

地方式的优点是抗干扰能力强，缺点是容易产生静电积累，当雷电感应较强时，外壳与其内部电子电路之间可能出现很高的电压，将两者之间绝缘间隙击穿，造成电子电路的损坏。

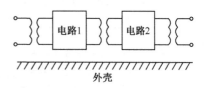

图 4-39　浮地方式

② 单点接地。把整个电子系统中某一点作为接地基准点，其各单元的信号地都连到这一点上，如图 4-40 所示。

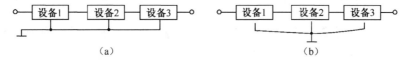

图 4-40　单点接地方式

图 4-40（a）为串联式单点接地，图 4-40（b）为并联式单点接地。单点接地可以避免形成地线回路，防止通过地线回路的电流传播干扰。通常，把低幅度的且易受干扰的小信号电路，如前置放大器等用单独一条地线与其他电路的地线分开。而幅度和功率较大的大信号电路，如末级放大器和大功率电路等具有较大的工作电流，其流过地线中的电流较大，为防止它们对小信号电路的干扰，应有自己的地线。对于电动机、继电器和接触器等经常起动和动作的设备及器件，由于它们在起动和动作时会产生干扰，除了需要对它们采取屏蔽和隔离措施外，还必须有单独的地线。当采用多个电源分别供电时，每个电源都应有自己的地线。这些地线都直接连接到一点去接地，这就是多分支单点接地，如图 4-41 所示。

在许多建筑物内，电子设备的安装位置与室内接地母线之间常存在着一定的距离。采用这种单点接地往往会使接地连线具有较长的长度。由于每条地线均有阻抗，当流过地线中的电流频率足够高时，其波长就会与地线长度可比，这时的地线应看成分布参数传输线。当地线长度达到 1/4 电流波长的奇数倍时，地线的入端阻抗就趋于无穷大，相当于开路。因此，单点接地一般只适用于 0.1 MHz 以下的低频电路。

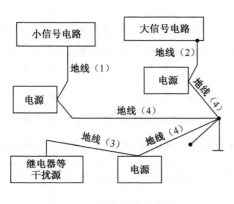

图 4-41　多分支单点接地

③多点接地。将电子系统中各设备的接地点都直接接到距离各自最近的接地平面上，这

样就可使接地连线的长度最短，如图 4-42 所示。这个接地平面是指贯通整个电子系统的具有高电导率的金属带，它可以是设备的底板和结构框架，也可以是室内的接地母线或接地网。采用多点接地的突出优点是可以就近接地，与单点接地相比，它能缩短接地连线的长度，减小其寄生电感，显然这对雷电防护是有利的。但是，在采用多点接地后，设备或系统内部可能会产生很多地线回路，大信号电路可以通过地线回路电流影响小信号电路，而造成干扰，有时可能会使电子电路不能正常工作。当出现这种情况时，可以改用混合接地方式：对于信号频率在 10 MHz 以上的高频电路采用多点接地；对信号频率在 0.1 MHz 以下的低频电路采用单点接地；而对那些信号频率在 0.1～10 MHz 之间的电路，如其实际接地连线长度不超过信号波长的 1/20，可采用单接地，否则采用多点接地。

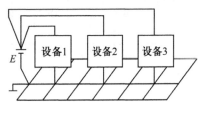

图 4-42　多点接地方式

（2）安全接地。在发生雷击时，强大的雷电暂态电流流过建筑物的接地系统将引起暂态地电位抬高，危及设备与人身安全。在建筑物内，将电子设备与强电设备共地，雷击时暂态大电流就可通过电路的耦合对电子设备形成干扰或产生过电压，而雷电暂态电流流过接地系统所造成的暂态高电位，也能通过各种电源线、信号线和金属管道传播到距离接地系统很远且原先为零电位的地方，这将会对电子设备及操作人员产生安全威胁。为此，有的采用电子设备与强电设备分开接地，并采用许多复杂的隔离和绝缘措施，将电子设备的接地连线引出到离强电设备接地系统较远（20 m 以外）的地方单独接地，但实际上不太容易实现。由于各种线路、金属管道和建筑物构架中的钢筋纵横交错，以及一些建筑物不断扩建，很容易造成在强电设备区出现的暂态高电位通过金属管道或构架钢筋引到低电位的电子设备区或将电子设备区的低电位引到强电设备区，从而引起击穿放电，危及设备与人身安全。

在计算机单独接地的地线引入户外，用一个低压避雷器或放电间隙与建筑物的总接地网连接，当建筑物遭受雷击时，其地电位抬高导致避雷器或放电间隙放电，从而使系统接地与建筑物接地网达到大致相等的电位水平，这就是所谓的暂态共地。正常情况下，避雷器或放电间隙将两个接地分开，有利于抗干扰，而在雷击时能实现两者之间的均压，避免发生击穿放电，危害设备安全。从雷电暂态过电压抑制的角度看，采用这种暂态共地并配合均压措施，能在发生雷击时将建筑物及其内部的强电设备和电子设备以及操作人员同时都抬高到大致相等的电位水平，从而使设备与设备，以及设备与人之间不会出现造成危害的暂态电位差。

实际上，用较长的引线拉到比较远的地方去做单独接地，在低频情况下，对保护电子设备与远处的单独接地点等电位还有意义；但在高频情况下，较长引线的阻抗将影响等电位效果，特别是在信号波长与引线长度之间满足 1/4 奇数倍关系时，引线相当于开路，也就起不到外伸接地的作用。

3．屏蔽

在电子设备中，半导体器件和集成电路是十分脆弱的，由雷击产生的暂态电磁脉冲可以直接辐射到这些元器件上，也可在电源或信号线上感应出暂态过电压，沿线路侵入电子设备，使电子设备工作失灵或损坏。利用屏蔽体来阻挡或衰减电磁脉冲的能量传播，是一种有效的防护措施。电子设备常用的屏蔽体有设备的金属外壳、屏蔽室的外部金属网和电缆的金属护套等，采用屏蔽措施对于保证电子设备的正常和安全运行十分重要。

（1）辐射屏蔽。在发生雷击时，由雷电暂态电流产生的暂态电磁脉冲变化是很快的，它能使其附近一定范围内的未屏蔽电子设备受到干扰和损坏。试验表明：在不加屏蔽的条件下，使计算机工作失效的脉冲磁感应强度 B_f =0.07×10^{-4} T，使计算机元器件损坏的脉冲磁感应强度 B_d=2.4×10^{-4} T。参考这些数据，可以进一步估计雷电脉冲磁场对计算机引起的工作失效率和元器件损坏率。如在距离计算机 60 m 处发生雷击时，计算机工作失效的概率 P_f(0.06)=0.95；计算机元器件损坏的概率 P_d（0.06）=0.15。

为了降低雷击时计算机的工作失效概率和元器件损坏概率，就需要对计算机采取良好的屏蔽措施。通常，将计算机设备的金属外壳有效接地，使其发挥一定的屏蔽作用。对于从隔离变压器或稳压装置到机房配电盒的电源线应采用屏蔽电缆或穿金属管屏蔽。在机房中，空调设备的电源线和控制线也要穿金属管屏蔽，对于重要的计算机系统要采取对设备进行屏蔽乃至对整个机房进行屏蔽。

（2）室内屏蔽措施。配备于各种室内电子系统的功能、组成、结构和安装位置不同，因而所采取的屏蔽措施也因具体情况而异，难以概括为一个比较统一的模式。例如，室内有一大型数据处理系统，可采取以下的屏蔽措施。

① 将房屋墙壁中的结构钢筋在相交处电气连接，并与金属门窗框焊接，初步构成一个带门窗开口的屏蔽笼。为改善房间的屏蔽效果，在门窗上分别加装金属网并与门窗框实施有效的电气连接，这样就构成了一个完整的屏蔽笼。该屏蔽笼在导体结构上虽然是稀疏的，但它毕竟可以构成对电磁脉冲辐射的初级屏蔽。在室内沿墙壁四周再做一圈保护接地环，沿该接地环每隔一定距离与屏蔽笼上的结构钢筋进行有效的电气连接。

② 将各数字设备的外壳就近与接地环连接，交流电源的保护地线也要与接地环相连，并保持与电源线平行。此外，将室内屏蔽信号电缆的保护套与接地环和保护地线，以及设备外壳等就近相连，并在未屏蔽信号线上加装短路环，短路环的两端也要与设备外壳、保护地线和接地环等相连接。

通过以上两步屏蔽措施的落实，使得室内数据处理系统具有抗拒来自室内外雷电电磁脉冲的屏蔽能力。但从综合防护的角度看，还需要采取暂态过电压防护措施与之配合，即在各电源进线或信号线进线的出入口处加装相应的电源或信号保护装置，在各数字设备的输入与输出端加装保护元件，以便从整体上构成对雷电危害的系统保护。

（3）仪器屏蔽。一般，凡是含有对电磁脉冲敏感元器件的电子仪器都应采用连续的金属层加以封闭起来，在各个电子仪器之间的信号连线要采用屏蔽电缆，或采用穿金属管进行屏蔽。在信号电缆的两端护套与仪器的屏蔽体（如金属外壳），必须保持良好的电气接触，使它们能构成一个完整的屏蔽体系。为防护暂态过电压，进入电子仪器的电源线应采用压敏电阻之类的保护元件与仪器的屏蔽体系相连接，而在屏蔽信号电缆的输入和输出端，宜采用暂态抑制二极管之类的保护元件与仪器屏蔽体系相连接，以便在仪器的出、入口将沿信号线侵入的暂态过电压波堵住，不让它进入仪器。典型的防护措施如图 4-43 所示。

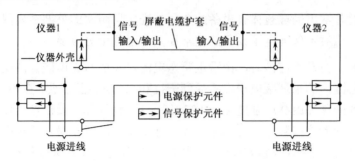

图 4-43　仪器的屏蔽及出、入口防护

（4）信号线和电源线屏蔽。为防止雷电电磁脉冲能够在信号线或电源线等线路上感应出暂态过电压波，所有的信号线及低压电源线都应采用有金属屏蔽层的电缆，没有屏蔽的导线应穿铁管加以屏蔽。屏蔽层阻档和衰减电磁脉冲的性能不仅与屏蔽层的材料和屏蔽层上网眼大小有关，而且还与屏蔽层的接地方式有关。就暂态过电压防护而言，需要信号线或电源线的的屏蔽层沿线路多点接地或至少应在线路的首、末两端接地。当采用多点接地后，各接地之间的屏蔽层与地之间形成回路，低频干扰电流的电磁场可能会有一部分透过屏蔽层，在电缆的芯-护套回路中产生低频干扰，这就要求屏蔽层沿线路只能采取单点接地。但从安全的角度看，电缆屏蔽层（护套）采用单点接地是不可取的。

如图 4-44 所示，楼 1 和楼 2 各有自己的独立接地系统，设它们的集中接地电阻分别为 R_1 和 R_2，这两座楼中的电子设备 A 和 B 通过一条屏蔽电缆连接起来。在图 4-44（a）中，电缆的屏蔽层在楼 2 中单点接地，且与楼 2 中的设备 B 一并在此接地。现假设楼 1 遭受雷击，如果有 10 kA 的雷电暂态电流流过楼 1 的接地电阻 R_1，取 R_1= 4 Ω，则楼 1 的地电位将抬高到 40 kV，而此时楼 2 的接地电阻 R_2 中尚无暂态电流流过，其地电位近似为零，楼 1 中电子设备 A 的外壳也保持零电位，于是它与楼 1 接地体之间将存在 40 kV 的暂态电压。这样高的电压将直接会造成电子设备 A 的损坏，严重时还会造成楼 1 中操作人员的伤亡。

当改用图 4-44（b）所示的两点接地时，就可以避免这种危害。在图 4-44（b）中，为防止由多点接地所产生的低频干扰，可将电缆穿入金属管内或采用双屏蔽电缆，将金属管或双屏蔽电缆的外屏蔽层的两端与两电子设备外壳分别连接并就近接地，金属管内的电缆单屏蔽层或双屏蔽电缆的内屏蔽层可以采用一端接地，这样既可保证安全，又有利于抑制低频干扰。

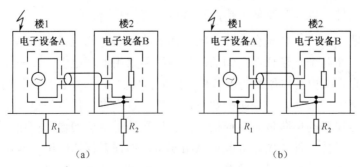

图 4-44　屏蔽电缆的接地

4．采用光纤传输与光电耦合器

当电子系统周围环境中的电磁脉冲干扰比较严重且难以采取屏蔽措施时，还可采用光纤传输来发送信号。这时信号是以光的形式传输的，而光纤又是绝缘材料，因此它不受周围强电磁脉冲干扰的影响。

抑制电磁脉冲干扰的另一措施是，采用光电耦合器在电子系统中实施电气隔离。通常，出于安全考虑，电子系统多采用多点接地，由此而带有的弊端是形成地线回路。为有效地隔断这些地线回路，可在两个单元电路之间装一个光电耦合器加以隔离，如图 4-45 所示。

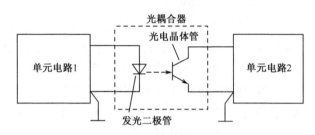

图 4-45　采用光电耦合器隔断地线回路

图 4-45 中，单元电路 1 的信号电流流过发光二极管后，发光二极管的发光强度随信号电流的变化而变化，于是就把单元电路 1 的信号转换为具有不同强度的光信号，再经过光电接收管把不同强度的光信号转换成相应的电流信号，即可实现单元电路 1 和单元电路 2 之间的信号传输。一般，发光二极管和光电接收管是封装在一起的，以构成一个光耦合器，它能够把单元电路 1 和单元电路 2 的地线回路环完全隔断，从而有效地抑制由地线回路引起的干扰。在使用光电耦合器时，单元电路 1 和单元电路 2 应分别供电，以避免电源线通过变压器构成新的干扰耦合路径。

为防止光电耦合器中的发光二极管发生反向击穿，可采用图 4-46（a）所示的防护措施。

由于发光二极管反向击穿电压的典型值常在 5～20 V 之间，因此普通二极管 D_1 将能够对发光二极管提供可靠的反向保护。

图 4-46（b）是发光二极管的另一种保护电路，放电管 G 用于抑制暂态过电压，它与电阻 R_1 和雪崩二极管 D 一起，构成一个对光电耦合器进行暂态过电压防护的二级保护电路。

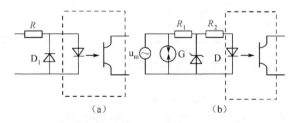

图 4-46　发光二极管的保护措施

4.5.4　视频监控设备的防雷措施与实际安装

随着视频监控技术的广泛应用，采取切实有效的防雷保护措施已是完整监控方案的一个

171

重要部分。总结在各大厦、路桥收费站和监狱等有效防雷实践，根据 IEC-TC/81 的完整防护体系，对雷电防护的环节分为分流（Dividing）、传导（Conduction）、均压（Bonding）、接地（Grounding）、屏蔽（Shielding），前面已做过介绍，这里就不再重复。

结合现代防雷技术，对于大中型视频监控系统，一般从电源线路保护、信号线路保护和完善接地等三方面采取措施。

1. 电源系统防雷

经过防雷分区后，电源线分为三级保护。

（1）第一级电源防雷：其作用是防止直接雷击和强的感应雷。选择第一级电源防雷器，可以采用间隙放电类型的大容量避雷器，一般要求雷电通流容量大于 60 kA（10/350 测试波形），具备阻燃特性。在变压器低压侧（配电框）的每一条 L、N 线对地并联安装，可采用广州佳锐公司代理的德国 DEHN 的总电源避雷器 DEHNport，或一些性能较高的组合型避雷器箱，如威雷宝 RAINBOW 系列避雷器的 ROWER-FR 防雷箱。对于 TN 系统和 TT 系统，避雷器的配置和安装线路也有所区别。安装线路图如图 4-47 所示。

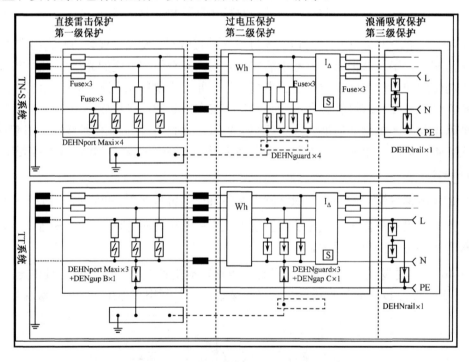

图 4-47　电源系统防雷安装线路图

（2）第二级电源防雷：其作用是防护局部感应雷击和开关浪涌。对应于第一级防雷器，第二级电源防护的特点是响应速度快（达到 25 ns 的器件级）和低的残压。经过第二级避雷器以后，线路感应雷电流部分反射和入地，残压应降低至 1000 V 数量级，对监控中心机房或分布有监控器材的楼层，已经不具备大的破坏性。

监控中心机房和各露天分散的监控点都属于第二级避雷重点防护的位置，应当确保其在雷雨季节的安全，选用单线模块型避雷器单元，可以根据线路情况灵活配置避雷器的型号、数量，使防雷效果和投资兼顾。常用的模块有德国 DEHN 的 DEHNguard、威雷宝的 POWER-MA 型模块避雷器，电压保护级别在 5 kA（8/20 测试波形）时一般不超过 1.25 kV，且雷电通流量最大可达 40 kA。当第一级与第二级之间的线距较近时，应采取适当的退耦器件，以使各级避雷器的能量配合与响应速度等达到匹配。

（3）第三级电源防雷：其作用是精细保护重要设备。当设备机房有需要精细保护的重要设备时，可以考虑为这些抗过压能力较弱的敏感电子设备增加第三级精细防护，这样可以进一步将可能到达设备端的尖峰电压衰减，同时滤除电噪声。此级可供选用的防雷器种类很多，典型的有 DEHN 的 DEHNrail 系列低压避雷器。有的质量较好的防雷专用插座也具备第三级的防雷效能，应视其测试参数和实际的高低压工艺性能灵活选用。总之，在电源输入端一定要加装电源避雷器，因为雷电冲击波能量很容易从供电线路侵入并损坏电源设备，甚至损坏整个设备或系统。对雷害事故分析也表明在雷害事故中 70%～80% 是从供电线路进入的，所以电源线路防雷是电子设备乃至整个系统防雷的最重要环节。

2. 信号系统防雷

视频监控系统的低压信号分布较广，应当对不同的信号线路配置相应的避雷器。一般，大量的视频信号线路是防护的重点，而低电压的线路（如云台控制线、编解码器信号线、低压电源线路）内阻一般较低，应采用低压快速响应类型的氧化锌避雷器或半导体多路控制线路避雷器。这里主要介绍视频线路避雷器的使用，如表 4-6 所示。

表 4-6　视频设备避雷保护器

型号		RB/BNC-VIDEOa	RB/BNC-VIDEOb	RB/BNC-VIDEOc	RB/BNC-VIDEO/4/8/24	BR/TV-RF	RB/TV-F
额定运行电压	U_r		5 V		5 V	30V	30V
最大持续运行电压（8/20）	U_c		8 V		8 V	65V–/～	65V–./～
最大持续运行电流	i_c		—			3A	
脉冲放电电流（8/20）	i_r	L/SG:5kA SG/PE:5kA	L/SG:10kA SG/PE:10kA	L/SG:20kA SG/PE:20kA	L/SG:10kA SG/PE:10kA	L/PE:10Ka,SG/PE:10kA	
1kv/us 保护级	U_s		<24 V			<80 V	
最大功率传输	P_m		5 W			90W	
工作频率	f_G		<150 MHz（–3 dB, 75 Ω）			47～1600MHz（–1.5 dB, 75 Ω）	
响应时间	t_a		≤1ns			≤1 ns	
最大分布电容	C		<40pF			<30 pF	
插入阻抗	R_{in}		≤2.2Ω			—	
插入损耗	a_s		≤0.5dB（100MHz）			≤1.6 dB（500 MHz）	
工作温度范围	v		–35℃～+80℃			–40℃～+90℃	
接口类型			BNC 接头			RF	F

国内流行的视频避雷器大多都是采用粗细保护合二为一的类型。对于各种模拟信号摄像机来说，75 Ω 的 BNC 接头的避雷器是最安全方便的选择。暴露在户外的摄像机最容易遭受信号线路的感应雷击而导致损坏。安装于摄像机视频输出端口的 BNC 接口避雷器采用 ps（10^{-12} s）级别响应速度的耐冲击器件，可以将端口的感应残余电压降低到几十伏，冲击波能量衰减至较低的水平。威雷宝的视频专用避雷器 RB/BNC-VIDEO 如表 4-7 所示，它体积小巧

（60 mm×26 mm×26 mm），可灵活安装于防护罩内，且在较高的工作频率下对信号影响极小。当应用于保护图像矩阵、分割器等多路信号集中的情况时，需要将多路避雷器组合使用，达到方便布线和真正有效地防雷。

RB/BNC VIDEO a/b/c 等是针对保护视频传输系统和视频监控系统设计的，它采用 BNC 连接方式，非常适合与摄像头、视频图像分配、切换、画面分割、录像机、监视器等视频设备的连接，如图 4-48 所示。有 G 标志的是保护器的接地连接，应使其可靠接地，方可保证其防雷效果。

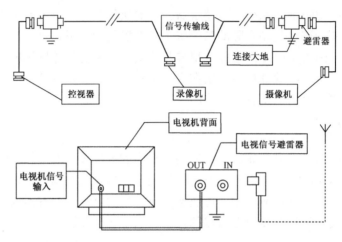

图 4-48　视频监控设备安装示意图

9RB/BNC-VIDEO 4/8/24 分别是 4 路、8 路、24 路视频信号避雷器，它是在 RB/BNC-VIDEO 6 的基础上，使多路信号保护整合而成的，非常适合在多路信号集中的视频设备中使用。

通常，在每个终端解码器与矩阵主机的连线上串连信号避雷器，尤其是使用室外终端解码器时，必须采用避雷器。一般，在加装避雷器时每路最好要加装两个：一个靠近主机，另一个靠近解码器处。

在使用室外摄像机时，最好在每个室外摄像机与矩阵主机的视频线上，串接电视摄像头避雷器，并在靠近矩阵主机和靠近摄像机的地方分别安装一只避雷器。对于多媒体计算机与控制键盘，考虑它们与主机的距离不太远，也可以不加装避雷器，但如果它们与主机的距离比较远，则应加装避雷器保护。

提请安装注意的是：接地传导体必须与用电器外壳地端连接，避雷器接地连接线（有 G 标志）在保证可靠接地时，应尽可能缩短其接线长度；信号保护接地与雷击引下线接地系统相互独立，则安装本产品无须改变原系统接地布置方式（一点接地）；有 G 标志的黑色引线与保护地可靠连接，然后将避雷器的"IN"端与信号传输线连接，"OUT"端与需要保护的设备连接，这样就可发挥其保护作用。

公共天线系统及其接收设备，都是室外感应雷电脉冲串入设备的主要途径。TV-F 是公用天线系统干线型避雷器，带 F 接头和转接线；RB/TV-RF 是家用型电视接收天线插座用，有 RF 接头和转接线，它可直接安装于电视机信号输入端（参见图 4-48）。

3. 线路屏蔽和外部防雷接地系统

（1）从最佳防雷效果的角度来讲，所有信号线路最好能套金属线槽、线管，并将屏蔽线槽良好接地。

（2）视频监控系统的整个布线范围应处于该系统所在位置避雷针的保护范围内，如果有较分散的摄像机可能受到直接雷击，应当首先对其防直接雷击系统进行改造完善后，再进一步对其实施防感应雷方案。

（3）视频监控系统接地一般采用联合接地方式，即将各种地线（防雷地、交流工作地、避雷器保护地等）连接到同一地网上，以防止各种可能的地电位反击。当然，如果有条件设置专用保护接地，能进一步防止交流工频干扰，但一定要将专用接地和防雷接地之间设置间隙型共地连接器。

（4）接地电阻越小越好，一般要求小于 4 Ω。

有关电源线路与信号线路的保护详情可参阅本书参考文献[5]的 4.5 节。

第 5 章

安防视频监控系统的传输设备

在安防视频监控系统中，主要有前端摄像机传向控制中心的视频信号，以及从控制中心传向前端摄像机及镜头、云台等受控对象的控制信号。对带有防盗报警功能的视频监控系统来说，系统的整个控制信号的传递方向则是从报警探测器起始，传向控制中心的报警主机，再由报警主机通过报警信号接口箱传向视频监控的主机。这个主机发出控制信号去控制摄像机及云台的动作，然后由摄像机将图像传送回控制中心，从而完成报警与视频监控的联动运行。上述的控制信号，大多采用开关信号的直接控制或用 RS-232 接口通信的控制方式。

在安防视频监控系统中，其监控视频的传输是整个系统的一个至关重要的环节，选择什么样的介质、设备来传送视频和控制信号，将直接关系到安防视频监控系统的质量和可靠性。本章将主要论述安防视频监控系统中的几种有线与无线视频信号的传输方式，以及现代的网络传输交换和控制及其互联结构。

5.1　光纤光缆传输方式

5.1.1　光纤与光缆

1. 光纤的结构与类型

光纤（Optic Fiber），是光导纤维的简称，它能够将进入光纤一端的光线传送到光纤的另一端。光纤是一种多层介质结构的对称柱体光学纤维，它一般由纤芯、包层、涂覆层与护套层构成，如图 5-1 所示。

纤芯与包层是光纤的主体，对光波的传播起着决定性作用。纤芯多为石英玻璃，直径一般为 5~75 μm，材料主体为二氧化硅，其中掺杂其他微量元素，以提高纤芯的折射率。包层直径很小，一般为 100~200 μm，其材料主体也为二氧化硅，但折射率略低于纤芯。涂覆层的材料一般为硅酮或丙烯酸盐，主要用于隔离杂光。护套的材料一般为尼龙或其他有机材

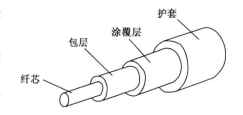

图 5-1　光纤结构示意图

料，用于提高光纤的机械强度，保护光纤。一般，没有涂覆层和护套的光纤，称为裸纤。

光纤的种类很多，从不同的角度出发有不同的分类，一般有以下 4 种分类。

（1）按光纤材料分，可分 7 种：石英系光纤、多组分玻璃光纤、氟化物光纤、塑料光纤、液芯光纤、晶体光纤、红外材料光纤。

（2）按光纤横截面上折射率的分布分，可分两类：阶跃型（突变型）光纤和梯度型（自聚焦或渐变型）光纤。

阶跃型光纤纤芯折射率径向分布函数如图 5-2（a）所示，在纤芯和包层两种介质内部，折射率均匀分布，即 n_1、n_2 均为常数，因此在纤芯与包层的分界处折射率产生阶跃变化。梯度型光纤的纤芯折射率沿径向呈非线性规律递减，故亦称为渐变折射率光纤。图 5-2（b）为一种常见的梯度型光纤的折射率径向分布函数。

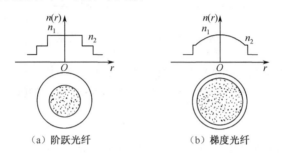

（a）阶跃光纤　　　　　　　　　（b）梯度光纤

图 5-2　光纤纤芯折射率径向分布示意图

（3）按传输模式多少分，可分为两类：单模光纤（Single-Mode）和多模光纤（Multi-Mode），如图 5-3 所示。

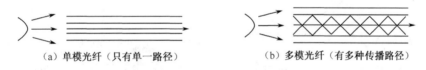

（a）单模光纤（只有单一路径）　　　　（b）多模光纤（有多种传播路径）

图 5-3　单模与多模光纤示意图

光纤中传播的模式就是光纤中存在的电磁场场形（HE）或者光场场形，其各种场形，都是光波导中经过多次的反射和干涉的结果，而各种模式是不连续的。由于驻波才能在光纤中稳定的存在，它的存在反映在光纤横截面上就是各种形状的光场，即各种光斑。如果是一个光斑，称为单模光纤，它只传输主模，也就是说，光线只沿光纤的内芯进行传输（见图 5-3）。由于单模光纤完全避免了模式色散，从而使得它的传输频带很宽，因而适用于大容量、长距离的光纤通信。一般，单模光纤使用的光波长为 1310 nm 或 1550 nm。若为两个以上光斑，则称为多模光纤，即它有多个模式在光纤中传输。由于色散或像差的关系，这种光纤的传输性能较差，频带比较窄，传输容量也比较小，所以传输距离比较短。图 5-3 所示为多模光纤光线轨迹图。

（4）按光纤工作波长分，可分三种：0.8～0.9 μm 的短波长光纤、1～1.7 μm 的长波长光纤、2 μm 以上的超长波长光纤。

由于光纤的材料与制造工艺的不同，使光在光纤中传输时会有一定的衰减，其衰减量一般用 dB/km 表示。而不同波长的光，在光纤中传播时造成的衰减是不一样的。光波长与传输损耗的关系，如图 5-4 所示。

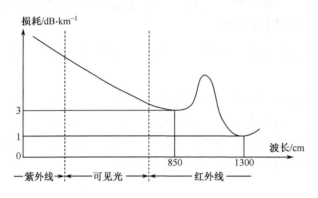

图 5-4　光波长与传输损耗的关系

由图 5-4 可知，在以纳米（nm）表示波长的一些特定点上，其光的衰减最小。因此，光纤通信中常用的光波长，一般选用使光衰减量最小的 850 nm、1300 nm 及 1550 nm 等波长。

2. 光缆

一般，光纤裸纤是很脆弱的，它虽然有防护层的保护，但仍不适于长距离室外工程项目的架设。在实际的工程应用中，光纤都是包在高抗拉强度的外套内，以光缆形式出现的。目前，光缆一般具有两种基本类型，即用于室外的松管型和用于室内的紧包缓冲型，室外的松管型光缆如图 5-5 所示，室内的紧包缓冲型光缆如图 5-6 所示。

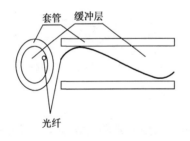

图 5-5　松管型光缆示意图

图 5-6　紧包缓冲型光缆示意图

在图 5-5 所示的松管型光缆内，填充有防潮用的软胶，每根管内最多可以装 12 根光纤。在实际的多光纤室外应用时，一般采用如图 5-7 所示的多光纤室外光缆。这种室外光缆除具有多层金属与非金属的保护套管外，在其中心均设置有一根抗拉钢丝，这就可以进一步提高光缆的抗拉强度。尤其是将这种光缆用于室外架空安装时，还必须按图 5-8 所示那样，去捆绑金属钢丝。

3. 光纤光缆的连接

光纤与光源或光电探测器耦合时，为了提高耦合效率，光纤端面应该抛光成镜面，且垂直于纤心轴线。进行这种光纤端面切割的简便方法是使用光纤切割刀具，如图 5-9 所示。

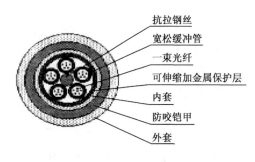

图 5-7　多光纤室外光缆

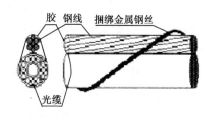

图 5-8　光缆在室外架空安装

将要切断的裸光纤顺着半径为 *R* 的（一般为几 cm）刚体放置，金刚石刀垂直光纤在光纤上压一伤痕，然后对光纤施一张力（拉紧光纤），伤痕产生的裂纹在弯曲应力和张力的作用下逐渐扩大，结果光纤就能平整如镜般地切断。切记不可用一般剪钳来切光纤，因为这样会因石英的脆性而断裂成高低不平的断面，从而无法使用。

当光缆与光发射机及光接收机相连接时，必须使用连接器。目前，光纤的连接方式有永久性固定连接和活动连接两种。固定连接一般用于线路中光纤与光纤的连接。活动连接用于机器与线路以及需要经常拆装的连接。不管是哪一种连接方式，其主要要求都是一样的，即应具有低的损耗。

（1）光纤活动连接器。光纤活动连接器是把光纤芯的两个端面精密地对接起来，使发射端光纤输出的光能量能最大限度地耦合到接收端光纤中，并使它本身介入到光链路而对系统造成的影响减少到最小。在一定程度上，光纤连接器影响着光传输系统的可靠性和各项性能。

光纤活动连接器的外形如图 5-10 所示。

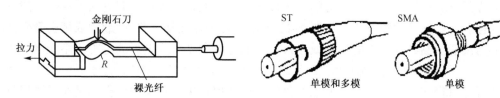

图 5-9　光纤端面切割的方法　　　图 5-10　光纤活动连接器的外形

光纤活动连接器品种很多，一般分多模光纤连接器和单模光纤连接器。

① 多模光纤连接器：用于多模光纤系统，它有 U 型环路连接器、插座式连接器、现场装配连接器（FA），以及 C 型连接器等，它们的损耗在 0.4～0.5d B 以下。

② 单模光纤连接器：有直接接触型（PC 型）、平面对接型（FC 型）、矩形型（SC 型）以及 ST、D4、DIN、MU、MT 等。现又发展了 LC 型与 MTRJ 型。

LC 型是为满足客户对连接器小型化、高密度连接的使用而开发的一种新型连接器，它压缩了整个网络中面板、墙板及配线箱所需要的空间，使其占有的空间只相当于 ST 和 SC 连接器的一半，多应用在提供 SFP 扩展槽交换机上的 SFP（mini GBIC）光纤模块中，在单槽 SFP 方面，它实际已占据了主导地位，在多模方面的应用也增长迅速。

MTRJ 型是一种集成化的小型双纤连接器，它带有与 RJ-45 型 LAN 点连接器相同的闩锁机构，通过安装在小型套管两侧的导向销去对准光纤，为便于与光收发相连，连接器端面光纤为双芯（间隔 0.75 mm）排列设计，属于数据传输的高密度光纤连接器。

为保证光纤连接器的光芯能够与光发射机及光接收机上接口座内的光芯部分平滑无缝地连接，必须对光纤连接器的光芯截面进行磨光处理，以尽可能地减小光纤连接点处的插入损耗。而对光芯截面进行磨光处理的过程，需借助专用的光纤连接磨光机来完成。光纤连接磨光机可以精确地固定光纤连接器的光芯部分，使其与置于玻璃板上面的磨光薄膜保持严格的垂直关系。通过使其在磨光薄膜表面绕"8"字形的轨迹反复摩擦运动，即可将连接器的光芯截面打磨平滑。

一般，对光纤连接器的性能要求如下。

① 光学性能：主要是插入损耗和回波损耗两个基本的参数。插入损耗（Insertion Loss）即连接损耗，是指因连接器的介入而引起的链路有效光功率的损耗，插入损耗越小越好，一般要求不大于 0.5 dB。回波损耗（Return Loss，Reflection Loss）是指连接器对链路光功率反射的抑制能力，其典型值应不小于 25 dB。实际应用的连接器，插针表面经过了专门的抛光处理，可以使回波损耗增大，一般不低于 45 dB。

② 互换性、重复性：连接器是通用的无源器件，对于同一类型的连接器，一般都可以任意组合使用，并可以多次重复使用，由此而导入的附加损耗一般都小于 0.2 dB 的范围。

③ 抗拉强度：对于做好的光纤连接器，一般要求其抗拉强度不低于 90 N。

④ 温度：一般光纤连接器在−40～+70℃的温度下才能够正常使用。

⑤ 可插拔次数：目前使用的光纤连接器一般都可插拔 1000 次以上。

（2）光纤永久性连接。光纤光缆的永久性连接，不能像电缆那样简单地焊接，一般分为黏结剂连接和热熔熔接两种方式，如图 5-11 所示。这种连接都需要 V 形槽或精密套管，将光纤中心对准后加黏结剂使之固化，或者采用二氧化碳激光器或电弧放电等热熔光纤对接，如图 5-11（c）所示，使之连接起来。目前，大多采用这种热熔熔接法。由于光纤很细，而单模光纤的纤芯直径在 10 μm 以下，所以要借助专门的熔接机，其操作过程都是在显微镜下对每一根光纤进行熔接的，实际上，目前在工程中多采用高精度自动熔接机，在先将光纤端面切割好后，光纤间的对准、调整、熔接及损耗测量等步骤，都在微处理机的控制下自动完成，因而其熔接质量很好，接头的附加损耗可控制在 0.1 dB 以下。

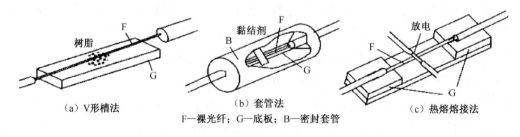

（a）V形槽法　　　　　　（b）套管法　　　　　　　（c）热熔熔接法
F—裸光纤；G—底板；B—密封套管

图 5-11　光纤永久性连接

在单模光纤连接时，除要求光纤纤径一致之外，重要的是要求在实质上代表分布宽度的模场直径（Mode File Diameter，MFD）要一致。

一般，良好的接续是指在接续点上没有光传输的不连续现象，因连接焊点的好坏，直接决定连接的损耗。如焊接点的芯径失配、折射率分布失配、同心度不良、横向错位、轴向角偏差，以及端面的污染等，都可能使接点损耗增加。总之，不能出现图 5-12 所示的任何一种连接偏差。其中，图 5-12（a）、图 5-12（b）、图 5-12（f）和图 5-12（g）所示的连接偏差，对插入损耗影响最大。因此，固定焊接时，要求很高的几何精度和工艺水平，这样才能使接头损耗低达 0.1 dB 水平。

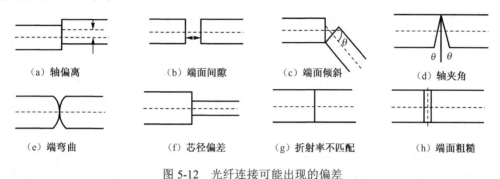

| （a）轴偏离 | （b）端面间隙 | （c）端面倾斜 | （d）轴夹角 |

| （e）端弯曲 | （f）芯径偏差 | （g）折射率不匹配 | （h）端面粗糙 |

图 5-12　光纤连接可能出现的偏差

5.1.2　光纤传输系统的组成及其特点

大家知道，利用光纤传输光信号实现光通信，是光纤光缆传输线最主要的应用。光纤可用于传输电话、电视，可用于计算机连网，可组成单位群落的通信网络等。尤其是在传输高质量的视频图像，且不希望图像质量有任何降低的远距离传输时，通常采用光纤传输系统。

1. 光纤传输系统的组成与原理

在光纤传输系统中，实际上光只是载波。由电磁波谱可知，光的频率比无线电信号的频率要高几个数量级（约 1000 倍以上）。而我们知道，载波频率越高，可以调制到电缆上去的信号的带宽也就越宽。由于光纤的带宽实在是太宽了，许多光发射机和光接收机都能够把很多路电视图像信号连同控制信号、双向音频信号一起调制到同一根光纤上去。

在视频监控中使用光纤传输系统时，系统的图像质量只受限于摄像机、环境和监视器这三个因素。而光纤传输系统可以将图像画面传送到非常远的地方（一般几 km 甚至上百 km 远），都不会使信号发生任何形式的畸变，更不会减损图像画面的清晰度或细节。视频监控的光纤传输系统的基本组成原理框图如图 5-13 所示。

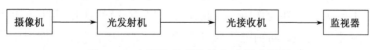

图 5-13　光纤传输系统的组成原理框图

由图可见，光纤传输系统实际上主要由光发射端机、光纤光缆传输线（在两端机之间）、光接收端机及耦合器与连接器（图中未标明）组成。

光纤传输系统的工作过程是：光发射端机主要将待输出的电信号经信号处理放大后，去调制光源，产生相应的光信号（图中是将摄像机输出的视频电信号转换为光信号），然后通过耦合器将信号光束送入光纤内。该调制光信号经光纤光缆的长距离传输，被一个光接收端机接收，这个光接收端机通过耦合器将信号光束送入光电探测器后将光信号转换为电信号进行解调等处理输出（图中是解调出所传送的视频电信号，供监视器显示），从而完成光纤传输信息的全过程。值得指出的是，图中摄像机是通过一小段同轴电缆连接到光发射端机的，光接收端机也是通过一小段同轴电缆连接到监视器的，而光发射端机与光接收端机的光纤光缆间的对接，则要通过专门的光纤连接器进行。

一般，光发射端机的光源大多采用半导体光源。例如，用砷化镓发光二极管和激光器，其发光波长为 $0.8\sim0.9\ \mu m$；用掺钕钇铝石榴石激光器，其发光波长为 $1\sim1.1\ \mu m$；用砷镓铟半导体激光器，其发光波长为 $0.87\sim1.7\ \mu m$ 等。而光接收端机中的光电探测器要求具有灵敏度高、响应快、噪声低的特点，因而常用 PIN 型光电二极管和 APD 型（雪崩）光电二极管等。值得提出的是，应注意光源、传输光纤和光电探测器三者间的光谱匹配，因为这对系统的工作特性有着很大的影响。

光纤传输的信息既可以是模拟量，也可以是数字量，依具体要求而定。光纤传输通信的最大优点是通信容量大，其带宽可达 300 THz；光纤的线径细、质量轻，因此可节省材料，如 1 kg 纯玻璃可拉制单模光纤达几千 km，拉制多模光纤也可达上百 km，而 100 km 的 1800路同轴通信电缆约需铜 12 t 和铅 50 t。由此可见，采用光纤可大量节省金属，而制造光纤的硅材料却在地球上取之不尽。此外，它在光纤通信中损耗也比较低，为 $1\sim0.4$ dB/km。

2. 光纤传输系统的特点

与铜线和同轴电缆等传输系统相比，光纤传输系统具有下列明显的优势。

- 当长距离传输时，光纤传输系统的保真度和画面清晰度比电线或电缆传输系统要高得多。
- 光纤不受电磁辐射与雷击等任何电气干扰的影响，并且光纤是绝缘体，它可与高压电气设备或电力线接触，而不会导致任何问题。
- 光纤不存在接地回路问题，也不存在交扰横条、图像撕扯等问题。
- 在对光纤进行维护时，不须将发射端机与接收端机断电。
- 光纤传输非常安全、很难窃听，并能很容易地发现有没有人正在企图窃听。
- 光纤不会生锈或腐蚀，大部分化学品对玻璃纤维都不会造成不良影响，因此在那些不能使用铜线的地区，可以使用光纤。直埋式光纤可以埋到各种土壤中，或暴露在腐蚀性的大气中（如室外或化工厂内）。
- 光纤没有起火的危险。即使在火灾风险非常高的天气中，也不会对设备和设施构成威胁。
- 光纤几乎不受天气条件的影响，因此光缆可以铺设到地面或架设到电线杆上，并且光缆比标准的电气线缆、同轴电缆要结实得多，如使用得当，它能耐受风荷载和冰荷载带来的应力。
- 光纤传送视频信号的损耗小、效率高，并且不需要中继器（放大器），所以设备可靠性高、容易维护，是理想的远距离传输设备。
- 不论是单模光纤还是多模光纤，光缆总比同轴电缆细、轻得多，因而在搬动、安装和使用时都容易得多。一般普通光缆每 km 的质量是 3.6 kg，外径仅为 4 mm；而普通同轴电缆每 km 的质量为 150 kg，直径约为 10.4 mm。

在对光纤传输系统进行选择评估时，用户不应单单考虑设备本身的投资，而光纤的柔性及较小的体积和质量等优点，往往可以弥补目前价格方面的劣势。只要想一想光纤传输系统能够预防多少无法预见的问题，就可以发现目前光纤传输系统价格高也是物有所值的。因此，在需要传输高质量的图像画面时，应当把它作为首选的传输手段。

5.1.3　光纤传输系统的设计

随着全球互联网的迅猛发展，因特网业务已成为多媒体通信业中发展最为迅速、竞争最为激烈的领域。同时，无论是从数据传输的用户数量还是从单个用户需要的带宽，都比过去大很多。特别是带宽的需要，将以数量级形式增长。因此，如何提高传输系统的性能，增加系统的带宽，以满足不断增长的信息需求，成为大家关心的焦点。

任何复杂的通信系统，都是由点到点的传输线路连接而成的，因而光纤传输系统的设计是设计光网络的基础。光纤传输系统的传输速率高，达到了 2.5 Gbps 和 10 Gbps，但相对于光纤介质的带宽而言，却只利用了其中的一部分。为了提高光纤带宽资源的利用率，新的传输技术不断涌现，如波分复用（Wavelength Division Multiplexing，WDM）是发展比较成熟的新技术之一。WDM 是频分复用（Frequency Division Multiplexing，FDM）延伸到光域的实现，WDM 系统既可以传输模拟信号，也可以传输数字信号。虽然波分复用技术大大提高了光纤带宽资源的利用率，但是随着传输速率和复用信道数量的增加，色散对传输性能的影响越来越成为提高带宽利用率的最大障碍。而光孤子技术则可以很好地解决色散问题。

光纤传输系统主要包括三大部分，即光发射机、光接收机和光纤线路。设计光纤传输系统必须考虑下面的系统要求：最大的传输距离、传输速率或信道带宽和误码率或信噪比。要达到这些要求，需要考虑诸如光纤、光源和探测器的各方面性能参数，如光纤尺寸、纤心折射率分布、光纤的带宽、色散和损耗特性；对于光源，可以使用 LED 或 LD，相应地有发射功率、中心波长和光谱宽度等参数需要考虑；探测器则可以选择 PIN 或 APD，同样需要考虑工作波长、响应度、接收灵敏度和响应时间或带宽。

为了确保获得预期的系统性能，必须进行传输线路功率预算和系统展宽时间预算或称为带宽预算。在线路功率预算分析中，要确保光发射机发出的光功率大于线路的总损耗，以保证光信号传输足够长的距离。线路总损耗主要包括连接器、熔接点和光纤的损耗，以及由于器件的老化和温度等因素引起传输系统的额外损耗。如果所选的器件不能达到预期的传输距离，就必须更换或在线路中加入光放大器。线路的功率预算确定之后，就可以进行系统展宽时间的预算分析，以确保整个系统的预期性能。

1. 通过功率预算确定传输距离

一般，点到点线路的光功率损耗模型如图 5-14 所示。一条光纤线路在功率方面必须使到达光检测器的光功率，大于光电检测器可以检测到的最小光功率，该数值由光电检测器的灵敏度参数决定。而光电检测器上接收到的光功率，又取决于耦合进光纤的光功率及发生在光纤连接器和熔接点的损耗。在图 5-14 中，P_T 和 P_R 分别为光发射机耦合入光纤的光功率和光接收机从光纤接收到的光功率，L 为传输距离。一般在光发射机和光接收机之前各有一个活动连接器，其损耗为 α_c。每段光纤之间常用固定连接器或熔接的方式连接，每一个接头损耗为 α_s。若每盘光纤长度为 L_f，则会有 $N=(L/L_f)-1$ 个连接头，光纤损耗为 α_f。

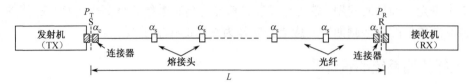

图 5-14　点到点线路的光功率损耗模型

值得指出的是，功率预算必须引入线路功率富余度，用于补偿器件老化、温度波动引起的额外损耗。一般，系统应有 6～8 dB 的线路功率富余度，用 M 表示。线路功率预算要保证总光功率 P，即光发射机和光接收机之间所允许的功率损耗大于或等于光缆衰减、连接器损耗、熔接点损耗及系统富余度之和，则

$$P=P_T-P_R=2\alpha_c+N\alpha_s+\alpha_f L+M \qquad (5\text{-}1)$$

传输距离为

$$L=\frac{P_T-P_R-2\alpha_C+\alpha_S-M}{\alpha_f+(\alpha_s/L_f)} \qquad (5\text{-}2)$$

例 5-1　设系统的传输速率为 20 Mbps，误码率为 10^{-9}，如果选择工作在 850 nm 的 Si PIN 光电二极管接收机，灵敏度为 –42 dB，发送机光源为 GaAIAs LED，耦合入光纤的平均功率为 –13 dBm（50 μW）。假设在发送机和接收机各有一个损耗为 1 dB 的活动连接器，系统功率富余量为 6 dB，光纤损耗为 3.5 dB/km，试计算该系统的传输距离 L？

解：线路上允许的总的光功率损耗由式（5-1）可得到 P=–13 dB–（–42 dB）=29 dB=2×1 dB+ $\alpha_f L$+6 dB，则传输距离为

$$L=\frac{(29\,\text{dB}-2\times 1\,\text{dB}-6\,\text{dB})}{3.5\,\text{dB/km}}=6\,\text{km}$$

实际上，用功率预算曲线分析法的方式也可以完成功率计算，如图 5-15 所示。

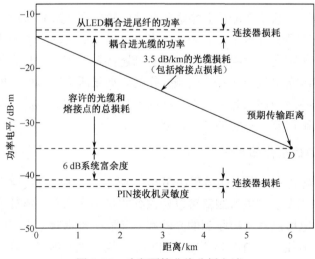

图 5-15　功率预算曲线分析方法

图中，横坐标为距离，纵坐标为功率。纵坐标对应于发送机发射功率点和接收机灵敏度功率点之差，即线路允许的总的用于补偿损耗的光功率。因此，由图中曲线，即可得到预期的传输距离 L。

还可以用表 5-1 所示的表格形式进行功率预算。由表 5-1 所得到的光纤总损耗功率 21 dB 与光纤损耗 3.5 dB/km 之比，也可推算出传输距离 L 为 6 km。

表 5-1　功率预算表格分析方法

设备/损耗	输出功率/灵敏度/损耗	剩余功率	备　　注
光发射机发光功率 P_T	−13 dBm	—	—
光接收机灵敏度 P_R	−42 dB	—	—
总的可以消耗的损耗	—	29 dB	−42 dBm～−13 dBm
光发射机连接器损耗	1 dB	28 dB	1 dB～29 dB
光接收机连接器损耗	1 dB	27 dB	1 dB～28 dB
系统功率富裕度	6 dB	21 dB	光纤总损耗最大可以为 21 dB

2. 通过展宽时间预算确保系统性能

随着光纤制造工艺的成熟，光纤的损耗可以接近理论极限。在高速光纤传输系统中，工作波长选在 1550 nm 传输窗口，光纤损耗非常低，此时限制传输距离的是光纤的色散因素。一种简单分析色散的方法就是进行系统上升时间（系统在阶跃脉冲作用下，从幅值的 10%上升到 90%所需要的时间）的分析。线路总的脉冲展宽时间 t_{sys} 等于每一种因素引起的脉冲展宽时间 t_i 的均方根，即

$$t_{sys} = \left(\sum_{i=1}^{N} t_i^2 \right)^{1/2} \tag{5-3}$$

严重限制系统传输速率的 4 个基本因素是：光发射机展宽时间 t_{tx}；光纤材料色散的展宽时间 t_{mat}；光纤模式色散展宽时间 t_{mod} 和光接收机展宽时间 t_{rx}。而单模光纤没有模式色散，所以其色散主要和材料色散有关。通常，一条数字线路总的展宽时间，不得超过非归零码 NRZ（Non-Return to Zero）比特周期的 70%，或归零码 RZ（Return to Zero）比特周期的 35%。

（1）光发射机和光接收机的展宽时间。光发射机的展宽时间主要取决于光源及其驱动电路。光接收机的展宽时间由光电检测器响应和光前端 3 dB 带宽决定。光接收机响应的前沿可以用一个一阶低通滤波器来模拟，即

$$g(t) = [1 - \exp(-2\pi B_{rx}t)]u(t) \tag{5-4}$$

式中，B_{rx} 为光接收机 3 dB 电带宽；$u(t)$ 为阶跃函数。光接收机的展宽时间 t_{rx} 通常定义为 $g(t)=0.1$ 和 $g(t)=0.9$ 之间的时间间隔，即上面提到的上升时间。如果 B_{rx} 用 MHz 表示，则光接收机的展宽时间用 ns 表示为

$$t_{rx}=350/B_{rx} \tag{5-5}$$

（2）光纤材料色散展宽时间 t_{mat}。在实际的光纤线路上，都是由几段光纤连接而成的，而每段光纤的色散特性并不完全相同，因此确定光纤的材料色散比较复杂。一般，长度为 L 的光纤引起的材料色散展宽时间可以表示为

$$t_{mat} = |D|L\sigma_\lambda \qquad (5\text{-}6)$$

式中，D 为色散系数，由于构成链路的每段光纤的色散系数可能不同，因此应取平均值；σ_λ 为光源的半功率谱宽（Full Width at Half Maximum, FWHM）。

（3）光纤模式色散展宽时间 t_{mod}。由实践和理论分析知，长度为 L 的光纤线路，模式色散限制的带宽可近似地表示为

$$B_M(L) = B_1/L^q \qquad (5\text{-}7)$$

式中，B_1 为单位长度（1 km）的光纤带宽；q 为光纤质量指数，在 0.5～1 之间取值，$q=0.5$ 时表示达到稳定的模式平衡状态，$q=1$ 时表示几乎没有模式混合，一般，取 $q=0.7$。光纤模式色散引起的展宽时间为

$$t_{mod} = 440/B_M = 440L^q/B_1 \qquad (5\text{-}8)$$

式中，时间单位为 ns，带宽单位为 MHz。

将式（5-5）、式（5-6）和式（5-8）代入式（5-3），就可以得到总的系统展宽时间为

$$t_{sys} = [t_{tx}^2 + t_{mod}^2 + t_{mat}^2 + t_{rx}^2]^{1/2} = \left[t_{tx}^2 + \left(\frac{440L^q}{B_1} \right)^2 + D^2L^2\sigma_\lambda^2 + \left(\frac{350}{B_{rx}} \right)^2 \right]^{1/2} \qquad (5\text{-}9)$$

式中，所有的时间用 ns 表示；色散系数 D 的单位为 ns/（nm·km）。

例 5-2　仍用例 **5-1** 中功率预算的内容。假设 LED 及其驱动电路的展宽时间为 15 ns，LED 的典型谱宽为 40 nm，6 km 光纤长度与材料色散相关的展宽为 21 ns，接收机的带宽为 25 MHz。如果光纤带宽与距离的乘积为 400 MHz·km，取 $q=0.7$，试求系统总的展宽时间？

解：根据式（5-5），可得 $t_{rx}=14$ ns，根据式（5-8），可得 $t_{mod}=3.9$ ns，把所有的数值代入式（5-9），可得

$$t_{sys} = [t_{tx}^2 + t_{mod}^2 + t_{mat}^2 + t_{rx}^2]^{1/2} = [(15)^2 + (3.9)^2 + (21)^2 + (14)^2]^{1/2} = 30 \text{ ns}$$

对于 20 Mbps 的 NRZ 编码来说，要求的展宽时间应小于 70%×(1/20 Mbps)=35 ns，因此本系统的器件选择合理。

5.1.4　光纤多路视频信号传输

在实际的应用中，通常要在一条光纤上同时传输多路信号，这种系统称为多路复用系统，它所采用的技术就是光传输的多路复用技术。这种技术也是解决高速传输问题的最直接和最有效的处理方法，它是在一根光纤上实现多路光信号的合路传输，是在光域上进行的多路光信号的复用。因此，利用光的多路复用技术，可使传输系统迅速扩容，使光信息的传输容量成倍增长。

1. 光多路复用技术

光多路复用技术主要有：光波分复用（OWDM），它是在一根光纤中能同时传输多波长光信号，即在发送端将不同波长的光信号组合起来（复用），在接收端又将组合的光信号分开（解复用），并送入不同的终端；光时分复用（OTDM），它是利用不同的时隙（将通信时间分

成相等的间隔，每间隔只传输固定信道）将多个光信道信号复用在一根光纤中传输，即将多个相对低速的信道变为一个高速信道；光码分复用（OCDM），它是将要传输的数据信息进行光编码，然后将多路不同的光编码信号合在一起实现多信道复用；还有副载波复用、偏振复用、光混合复用等。前面 3 种主要复用方式的原理示意图如图 5-16 所示。图 5-16（a）表示把 N 个不同的波长（频率）的光信号进行复用；图 5-16（b）是表示把 N 路光信号按不同的光时隙复用；图 5-16（c）表示按不同的波形（或光编码）将 N 路光信号结合在一起。上述 3 种复用技术的主要特点如表 5-2 所示。

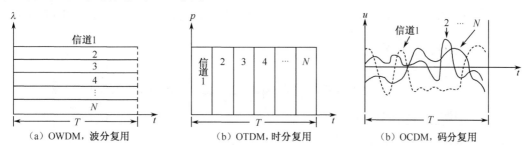

图 5-16　3 种主要光复用方式的原理

表 5-2　OWDM、OTDM 和 OCDM 的特点

OWDM	OTDM	OCDM
波长的线性叠加	时隙的线性叠加	光码的扩频叠加
采用单纵模激光器	极短脉冲激光器	频谱资源利用充分
需要精确的波长控制	系统严格同步	采用宽谱光源
需要精确调谐的光滤波器	需要高速的定时提取技术	地址分配灵活
需要多波长之间转换	需要超窄光脉冲产生技术	通信质量高
传输透明性好	需要超窄光脉冲调制技术	保密幸好
波长路由	地址分配不灵活	用户可随机接入
波长交换	可使低速信道变为高速信道	利于实现全光的传输和交换

光波分复用系统对光源的稳定性要求高，根据 ITU-T G.692 建议，单个信道的中心波长的偏差要小于信道间隔的 1/10，即光信道间隔为 1.6 nm（200 GHz）时，中心波长偏差要<±20 GHz；光信道间隔为 0.8 nm（100 GHz）时，中心波长偏差要<±10 GHz。这种光信道间隔小的 WDM 被称为密集波分复用，因而需要采用单纵模激光器。为克服单纵模激光器工作于直接调制时产生波长漂移的频率啁啾现象，可采用外调制激光器。所使用的光放大器应是宽带的，具有平坦的增益，需要采用增益均衡技术，利用均衡器的损耗特性与放大器的增益互补来抵消增益的不平坦。此外，还需采用色散补偿技术，以及与 DWDM 相适应的新型光纤技术等。随着 DWDM 系统从点到点通信向组网发展，进行波长路由、波长交换，还需要具有精确的和波长控制的可调谐光源、可精确调谐的光滤波器等技术。

光时分复用系统要求保持全系统的严格同步；具有极短脉冲的光源，可以提供>10 GHz的窄光脉冲；极窄光脉冲的高速调制；系统运作在超高速环境下的光定时提取技术；同时具有低的相位噪声、高的灵敏度，且与偏振无关；解决全光的时分复用器和解复用器等。光时分复用技术的最大优点是使低速信道变为高速信道。

光码分复用系统是扩频通信系统，其通信质量高，保密性好，频谱资源利用充分，可采用宽谱光源，地址分配灵活，用户可以随机接入，因此引起了人们的极大兴趣，是实现全光通信的一种重要技术之一。然而，它需要解决光码字、光编/解码技术、可变光编/解码器、光复用信道容量等问题。

光复用技术的发展异常迅速。波分/频分复用系统已获得应用，光时分复用与光码分复用技术的实用尚在进一步研发中。

2. 光纤多路视频信号传输系统

一种实用的光纤多路视频信号传输系统的典型的主要部分的结构框图如图 5-17 所示。

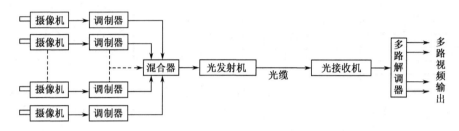

图 5-17 光纤多路视频信号传输系统的结构框图

由图 5-17 可知，多路摄像机输出的视频信号，分别经调制器及其频道处理变成 VHF 频段的多个不同频道的高频信号，进入混合器混合成宽带高频全电视信号，再经光发射端机光强调制单模激光器，不加中继放大、均衡等处理，只经一根低损耗单模光纤，就能长距离传送到光接收端机中的光电探测器上。探测器输出，经检波、放大等直接恢复多频道高频信号，再经对应的多路解调器及主控台控制，在各显示终端（图中未画出）解调显示出各自对应的视频图像信号。

5.1.5 光端机

前面已论述过光纤传输系统，实际在安防市场中多称为光端机，因而在这里也单独简介一下。5.2 节将介绍的双绞线和同轴电缆传输方式主要解决较短距离、小范围内的视频监控的图像传输问题，但如果需要传输数十千米甚至上百千米距离的视频图像信号，则需要采用光纤光缆传输方式。此外，对一些超强干扰场所，为了不受环境干扰影响，也要采用光纤光缆传输方式。显然，采用光端机能为视频监控系统提供灵活的传输和组网方式，且其信号质量好、稳定性又高，是目前远距离传输高质量的图像画面时，首选的传输手段。

所谓视频光端机，就是把 1 到多路的模拟视频信号通过各种编码转换成光信号，通过光纤介质来传输的设备。光端机的原理就是把信号调制到光上，通过光纤进行视频传输。

由于视频信号转换成光信号的过程中会通过模拟转换和数字转换两种技术，所以视频光端机又分为模拟光端机和数字光端机。

1. 模拟光端机

模拟光端机采用了 PFM 调制技术来实时传输视频图像信号，是早些年使用较多的一种方式。首先，光端机的发射端将模拟视频图像信号先进行 PFM 调制后，再经发光器件进行电光转换以光信号通过光纤传输出去。当接收端光端机收到光信号后，通过光电探测器件转换为电信号，再进行 PFM 解调，从而恢复出视频图像信号。

由于采用了 PFM 调制技术而通过光纤传输，其传输距离就很容易达到 30 km，有的可达到 80 km，甚至上百千米。并且，视频图像信号经过传输后失真很小，具有很高的信噪比和很小的非线性失真。同时，通过波分复用技术，还可以在一根光纤上实现视频图像和数据信号的双向传输，以满足监控工程的实际需求。

模拟光端机也存在一些缺点：

● 生产调试较困难一些。
● 抗干扰能力差，受环境因素影响较大，有温漂。
● 单根光纤实现多路视频图像传输较困难，性能会下降。目前，光端机能做到在单根光纤上传输 16 路视频图像+1 路音频+2 路反向 485 数据。
● 由于采用的是模拟调制解调技术，其稳定性不够高。随着使用时间的增加或环境特性的变化，光端机的性能也会发生变化，从而给工程使用带来一些不便。

2. 数字光端机

众所周知，由于数字技术优于模拟技术，因而现在多使用数字光端机。目前，数字视频光端机主要有两种技术方式：一种是图像压缩数字光端机，另一种是非压缩数字光端机。图像压缩数字光端机现在一般采用的是 MPEG2 图像压缩技术，它能将活动图像压缩成 $N \times 2$ Mbps 的数据流，并通过标准电信通信接口传输或者直接通过光纤传输。显然，由于采用了图像压缩技术，它就能大大降低信号传输带宽。

数字视频光端机相比模拟光端机的明显优势是：

● 传输距离较长，可达 80 km，甚至 120 km。
● 支持视频无损再生中继，因而可采用多级传输模式。
● 受环境干扰较小，传输质量高。
● 支持的信号容量可达 16 路，甚至 32 路、64 路、128 路。

5.2　电线电缆传输方式

5.2.1　双绞线或双芯线传输技术

双绞线（Twisted Pairwire，TP）是综合布线中最常用的一种传输介质，把两根互相绝缘的铜导线并排放在一起，然后用规则的方法扭绞起来就构成了双绞线。采用这种绞起来的结构是为了减少对相邻导线的电磁干扰。与其他传输介质相比，双绞线在传输距离、信道宽度和数据传输速率等方面均受到一定的限制，但价格较低廉。

模拟和数字传输都可以使用双绞线，其传输距离一般为几千米甚至到几十千米。距离太远时就要加放大器，以便将衰减的信号放大到合适的数值（模拟传输）；或加中继器，以便将失真的数字信号进行整形（数字传输）。导线越粗，传输距离越远。

一般，通常使用无屏蔽的双绞线（Unscreened Twisted Pair，UTP）。为提高抗电磁干扰的能力，可在双绞线（或双芯线）外面加上用金属丝编织成的屏蔽层，即屏蔽双绞线（Screened Twsited Pair，STP）。

双芯线可以是绞合的，也可以是平行的，当传输距离远时，信号频率不能太高，如传输6 MHz 的视频信号，就会衰减很大。因此，要想在双绞线上远距离地传送视频信号，就必须要进行放大和补偿。为此，人们在双绞线上加上一对双绞线视频收发设备后，就可将视频信号传输到 1～1.5 km。这种技术一般在发射机和接收机内对高频信号进行额外放大，以弥补双芯线路造成的高频衰减。当然，如需传输更远，就要采用中继方式。

1. 双绞线视频传输技术的优缺点

主要优点：传输距离较远，传输质量较高；布线方便，线缆利用率高；抗干扰能力较强；使用方便，可靠性高；取材方便，价格便宜。

主要缺点：传输的衰减量和失真度要远大于同轴电缆。

一般，双绞线传输视频多用 5 类非屏蔽线缆，因为屏蔽层对双绞线对有分布电容耦合的影响，使衰减增大，并且靠近双绞线的外部金属物体，还会产生无规律的破坏平衡传输特性的影响。只有在电磁干扰严重或雷电较多的地区，才可采用屏蔽双绞线。

2. 双绞线视频平衡传输原理

双绞线或双芯线的视频传输方式是在摄像机前端，将适合 75 Ω 同轴电缆传输的非平衡传输的视频信号，转换为适合双绞线传输的平衡传输的视频信号；在接收端，则将通过双绞线传来的视频信号重新转换为 75 Ω 同轴电缆传输的非平衡的视频信号。这种传输方式的原理框图如图 5-18 所示。

图 5-18　视频平衡传输原理框图

图 5-18 中，摄像机输出的视频全电视信号，经发射机转换为一正一负的差分信号，该信号经电话线等普通双绞线传输至监控中心的接收机，由接收机重新合成为标准的全电视信号后，再送入控制台中的视频切换器或监视器等其他设备。当这种传输方式不加中继器时，黑白电视信号最远可传输 2 km；彩色电视信号最远可传输 1.5 km。图中的中继器，是为传输更远距离时使用的一种传输设备。一般，在加中继器后，最远可传输黑白电视信号约 20 km。

这种传输方式之所以可行的主要原理是，由于前端的发射机，把摄像机输出的全电视信号变成了一正一负的差分信号，显然在传输中便产生了幅频及相频失真，但经双绞线远距离传输后，再合成时就会将失真抵消掉。并且，在传输中产生的其他噪声信号及干扰信号，也因一正一负的原因，在合成时被抵消掉。

实际上，放置在双绞线前端的发射机和后端的接收机除进行非平衡/平衡和平衡/非平衡的转换外，其中的宽带放大器和专用芯片要对视频信号进行放大、整形及衰减与失真的补偿，并要提供足够的驱动能力，才能实现远距离传送信号。正因为如此，传输线采用普通的双绞线或双芯线，即可满足要求。尤其是当传输距离较远时，所用的发射机及接收机的价格，比远距离的同轴电缆线的价格要低，所以双绞线或双芯线的视频传输方式非常适合中、远距离的视频传输的方式。

3. 双绞线视频平衡传输设备及使用

一种双绞线视频平衡传输设备的电路原理图如图 5-19 所示。

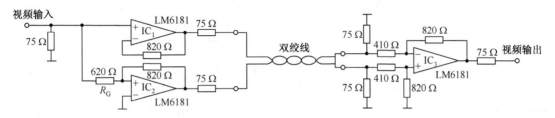

图 5-19　双绞线视频平衡传输设备的电路原理图

由图 5-19 可见，双绞线视频平衡传输设备由发送端电路和接收端电路两部分构成。在发送端电路中，放大器 IC_1 和 IC_2 均使用 LM6181，视频信号通过它们先将组合彩色视频信号变换为差分（平衡）信号，然后送入双绞线内传输，以减少在双绞线上的线路衰耗和失真。在此同时，也消除了发、收两端两块印制电路板上地电位差带来的接地误差。发射部分电路的增益设计为 2，这样可补偿终端 6 dB 的衰耗。通过调整电阻 R_G，可使双绞线的衰耗最小。并且，这个电阻 R_G 还可以用于视频系统的对比度调整。

在接收端电路中，放大器 IC_3 也用 LM6181，它将差分（平衡）信号变换回单端非平衡信号。这个电路的增益也设计为 2，可使视频放大器具有高的驱动能力。

在图 5-19 电路中，双绞线两端的匹配电阻选用的是 75 Ω 终端电阻，而不是 600 Ω 等电阻。其主要考虑是，如用比 75 Ω 大的 600 Ω 等终端电阻，则由于线缆分布电容与终端电阻组成的时间常数，可能使信号的变化部分劣化而造成图像模糊不清。显然，这里的传输也不能采用屏蔽的双绞线，因为屏蔽双绞线的分布电容大，这样又会增加 RC 时间常数。

如果在双绞线两端都装置有发送与接收设备，则可构成实时双工的电视传输系统。这种系统可以实现视频信号的双向传输，其图像清晰度为正常电视图像的一半。利用这种系统，可以在所传输的视频信号上叠加双向语音信号和云台与镜头控制信号，以实现更多的功能。

需要指出的是，在双绞线视频平衡传输系统中，摄像机和监视器之间的双芯线上不能串接任何电子开关电路（如电话交换机等）。在使用时，需要对发射机和接收机进行调整，以获得最佳传输效果，也就是最接近同轴电缆的传输效果。当系统从一只摄像机切换到另一只摄像机上时，会发生细微的跳变，这是传输过程中的滞后现象引起的，一般不会造成什么问题。此外，由于频率最高的那部分信号在长距离传输中可能会完全丢失，因而接收端得到的图像会丢失一部分细节，所以清晰度也会有一定程度的下降。一般地，最后得到的图像只有约 350 TVL 的分辨率。虽然，这比有些摄像机和监视器的 550 线分辨率要低得多，但对出入口控制和一般电视监控系统，已基本足够。

还需说明的是，双绞线视频传输设备本身还具有视频放大作用。如在信号传输距离达

1 km 以上时，就省去了用同轴电缆传输所需的视频放大器，而用具有 5 类 4 对非屏蔽双绞线电缆代替 4 根同轴电缆，不仅减少了同轴电缆用量，还使布线施工的工作量减少了许多。

当选用双绞线视频传输设备时，要注意选择两个参数：一是双绞线的分布电容，它最好要小于 50～60 pF/m 的同轴电缆（SYV75-5）的分布电容；二是双绞线对的环路电阻应小于 18 Ω/m。这个环路电阻是将某对双绞线的一端短接，用万用表在另一端测得的直流电阻值。还要再次强调的是，双绞线视频传输设备中的发射与接收设备之间，只能点到点连接，不能从线路中间桥接分支，否则会因信号反射而使图像产生重影。此外，在发射端与接收端，要做好保护接地措施，并将保护地与设备可靠连接，以抵御感应雷击和浪涌冲击。

由上述可知，双绞线视频传输技术，不仅能有效地解决 300 m～2 km 距离内的视频图像传输问题，而且给工程布线带来了极大的方便，同时也节约了工程造价。因此，双绞线视频传输设备的使用，能改变智能大厦、智能小区及场地监控的传统布线方式，为视频监控工程设计提供了一种新的解决方案。

5.2.2 标准同轴电缆传输技术

标准的同轴电缆是一种高质量的传输线，它可以在很宽的频带内以很低的损耗传送电信号，因此特别适合于传送电视信号。同轴电缆是使用最广泛的视频传输介质，一般用于中短距离的视频信号的传输。同轴电缆的电气特征使得它非常适合传送摄像机到监视器的全视频信号。在实际应用中，几乎所有导线都可以用于电话线。但要传送频率范围在 20 Hz～6 MHz 之间的视频信号，同时不希望有任何衰减时，就需要使用标准的同轴电缆。

1. 同轴电缆的结构、类型及选择

在视频传输中，非平衡同轴电缆（即单芯同轴电缆，而双芯为平衡式）是使用最广泛的视频电缆，其代表型号是 SYV-75-5-1 和 SYV-75-9。同轴电缆由内导体铜质芯线（单股实心线或多股绞合线）、绝缘层、网状编织的外导体屏蔽层及保护塑料外层所组成，如图 5-20 所示。由于外导体屏蔽层的作用，同轴电缆具有很好的抗干扰性，所以广泛地应用于较高速率的数据传输与图像传输中。

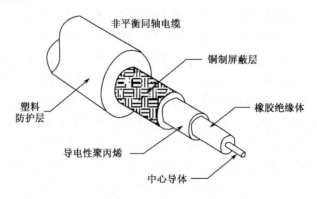

图 5-20　同轴电缆的结构

同轴电缆按特性阻抗数值的不同而分两类。

（1）50 Ω 同轴电缆。这是为数据通信用的，用于传送基带数字信号，所以这类电缆也称为基带同轴电缆。若以 10 Mbps 的速率将基带数字信号传送 1 km 是完全可行的。一般地，传输速率越高，传送距离越短。在局域网中，广泛使用这种 50 Ω 同轴电缆。

（2）75 Ω 同轴电缆。75 Ω 同轴电缆用于模拟传输系统，它是公用天线电视系统 CATV 中的标准传输电缆。在这种电缆上传送的信号可采用频分复用的宽带信号，所以又称为宽带同轴电缆。这种电缆用于传送模拟信号时，其频率可高达 300～400 MHz，传输距离可达 1 km，通常一条带宽为 300 MHz 的电缆可以支持 150 Mbps 的数据率。宽带电缆通常划分为若干个独立的信道，如每一个 6 MHz 的信道可以传送一路模拟电视信号。当用来传送数据信号时，速率一般可达 3 Mbps。

根据标准，视频传输只能使用 75 Ω 型。其他阻抗的同轴电缆虽然外观与 75 Ω 电缆差不多，但距离超过十几米后，所传送图像的质量就会变得特别差。

同轴电缆有许多不同的牌号。不同牌号电缆之间的主要区别在于屏蔽的数量和类型，以及将芯线与屏蔽层隔离开来的绝缘层（电介质）。最常用的屏蔽层是单编层铜线、双编层铜线或铝箔。视频监控系统中不能使用铝箔型电缆。绝缘层方面，常用的材料有橡胶、实心塑料等。还有一种螺旋型的空心绝缘层，因此空气也成了绝缘层的一部分。在这种电缆中，电流在从摄像机流到监视器上时通过芯线，而从监视器返回摄像机时则通过屏蔽层，这样就会在芯线和屏蔽之间产生一个电压差。因此，我们称这种电缆为非平衡电缆，因为该电流（及电压）具有使电路非平衡的作用。

室外视频传输线路对同轴电缆的要求较高，因为它不可避免地要受到降雨、温度变化、潮湿和腐蚀等环境因素的影响。架空电缆还会受到暴风、雨的侵蚀和雷暴的影响。室外视频电缆可以采取埋设、平铺和架空三种方式铺设。具体使用哪种方式，应视铺设距离、安装成本和环境条件而定。在这三个因素中，环境因素又是最重要的一个。当周围温度发生变化时，同轴电缆的直径和长度都会发生物理性的伸缩，其衰减特性也会随之发生变化。对 4.5 MHz 的信号来说，电缆的温度每变化 1 华氏度，其衰减幅度就会增减 0.1%。当环境温度上升时，电缆的阻抗就会增大；环境温度下降时，阻抗就会减小。

如果工程所在地的天气非常恶劣，如经常有雷电或暴风等，最好将同轴电缆埋设到地下。可以采用直接埋设的方式，也可以将电缆穿到管道中后再行填埋。这种布线方式可以使电缆免受恶劣天气的影响，从而提高电缆的使用寿命和传输图像的质量。

为取得最佳传输效果，应当选用履盖比例大于 95% 的电缆。芯线则以铜质线或包铜线为佳。包铜芯线采用钢丝做成，外面包有一层铜。这种线的拉伸强度较好，适于穿管式的长距离铺设。市场上还有覆盖比例为 65% 的电缆，不应使用。视频传输系统需要使用覆盖比例大于 95% 的电缆，以防止外部电磁干扰穿过屏障层渗入到视频信号中去。覆盖比例大于 95%、采用铜线作为芯线的电缆的回路电阻率约 50～200 Ω/km（不同型号电缆的电阻率互不相同）。芯线导体截面积越大，传输损耗越小，从而可以传送更长的距离。所以，室外较长距离的传送，应当采用芯线较粗的电缆，多数室外同轴电缆的直径一般都在 1.3 cm 以上。

2. 基带传输方式

所谓基带传输方式，是指不需经过频率变换等任何处理而直接传送全电视信号的方式。这种传输方式的优点是：传输系统简单；在一定距离范围内，稳定可靠、失真小；附加噪声低，因而系统信噪比高；不必增加诸如调制器、解调器等附加设备等。其缺点是：传输距离不能太远；一根视频同轴电缆只能传送一路视频监视信号等。但在视频监控系统中，一般摄像机与控制台之间的距离都不是太远，所以采用视频基带传输是最常用的传输方式。

一般，采用同轴电缆传输，多用 SYV-75-5 型同轴电缆，其中 75 表示该种电缆的特性阻抗为 75 Ω，5 表示电缆的线径。如果传输距离较远，为减小传输线路对信号的衰减量，还可采用较粗的 SYV-75-7 或 SYV-75-9 的同轴电缆线。

在视频传输系统中，摄像机的输出阻抗为 75 Ω 不平衡方式，而控制台及监视器的输入阻抗也为 75 Ω 不平衡方式，故为了整个系统的阻抗匹配，其传输线也必须采用 75 Ω 的特性阻抗，否则在系统中就会出现阻抗不匹配的情况，从而使传输的信号产生失真。有时，由于阻抗不匹配，还可能会产生寄生振荡，尤其是会产生以视频图像信号的行同步头为基频的高次谐波振荡，这将严重影响图像的质量。有时，虽然从表面上看，传输线用的是 75 Ω 特性阻抗的同轴电缆，但由于电缆质量不符合标准或其他原因，仍会产生失配现象，而导致图像质量的下降。在传输距离较远时（几百米以上）时，这种情况更易发生。因此，在实际工程中，根据传输过程中出现的失配情况，常常需要在摄像机的输出端串接几十欧的电阻后，再接至电缆线上，或在控制台或监视器上并联 75 Ω 电阻以满足匹配的要求，如图 5-21 所示。总之，由于阻抗不匹配而产生的图像质量下降问题，在较远距离的视频传输方式下是需要注意的。

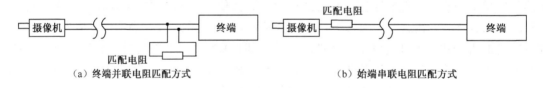

(a) 终端并联电阻匹配方式　　　　　　　　(b) 始端串联电阻匹配方式

图 5-21　为解决阻抗失配而加入电阻

由上述可知，基带传输方式有 4 条优点：系统简单；失真小；S/N 高；不要附加设备等。

其中，尤其在几百米短距离内，可不失真地直接传输视频信号，而不需要其他附属装置，因而使用最广。若在几千米距离内，只要添加前面所介绍的均衡器，也能达到较满意的效果。若需用它实现更远距离（如十几千米）的传输时，只要分段进行振幅均衡、相位均衡并采取温度补偿等措施，也能得到满意的效果。由于这种传输方式具有工作稳定可靠及设备简单等优点，因而在实际中获得了广泛应用。

基带传输方式有两个缺点：传输距离短；一根视频同轴电缆只传送一路电视监视信号等。

其中，尤其是传输距离不能太远，因而也限制了它的应用。这是因为视频信号频带很宽，并且起始频率又很低，所以在电缆中传输时，其振幅及相位在低频段与高频段的差别就会很大。特别是在相位失真太大时，是难以利用简单的电路进行补偿的，因此使它的传输距离受到了很大的限制。

3. 低载频残留边带调幅多路传输方式

同轴电缆虽然可用来传送全电视信号，但它在低频端易受干扰，传输距离不能太远，因此必须把电视信号频谱搬移到较高的频段上去传输（即射频传输），也就是要用调制的方法。

电视信号的频谱是从 0 Hz 到 6 MHz 的宽带信号，若用双边带调幅制传输时，则已调信号频带太宽，而不经济。因此，在同轴电缆传输中，采用有残留边带调幅的电视传送体制（与广播电视相似）。此处，残留边带宽度为±0.5 MHz。在残留边带部分，信号是双边带的，载频两旁对称的频率成分在解调后幅度相加，使整个视频带内传输系数相同。

为提高解调后的 S/N，这里都使用过调制（即调制系数 $m>1$）状态。过调制的程度，可以达到使对应于消隐电平的载波电平等于白电平所对应的载波电平，调幅信号解调后的 S/N，在其他条件相同的情况下与 m 成正比。$m=1$ 时，解调后的信号峰值与解调前载波峰值振幅对应；$m>1$ 时，解调前的载波峰值振幅，分别对应用于白电平和消隐电平，解调后信号的峰值就对应于两倍的载波峰值振幅。所以，这种过调制比 $m=1$ 的调制，在解调后 S/N 可以提高一倍。

低载频残留边带调幅多路传输方式是，将一路图像信号对较低的载频进行幅度调制，并经残留边带抑制后送入电缆，而另一路将视频信号直接送入同一根电缆，以实现多路传输。两路图像信号用一根电缆同时传送的方框图如图 5-22 所示。

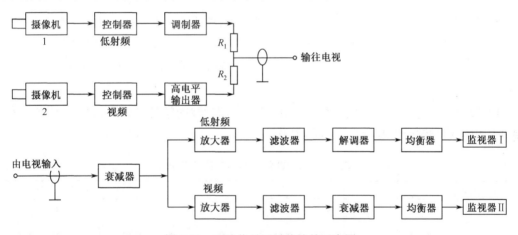

图 5-22　两路信号同时传输的示意图

图 5-22 中，从摄像机 1 经由控制器输出的全电视信号，在调制器中进行低载频调幅，其载频为 9 MHz。调制后残留边带带宽为 8~15 MHz；从摄像机 2 经由控制器输出的全电视信号，由高电平放大器将信号放大到较高的输出电平。两路信号经混合电路后，被馈入同一根同轴电缆。

在接收端，利用滤波器将两路信号分开。射频信号经解调器解调后变为视频信号，为提高图像质量，用一均衡器改善此路信号的高频特性。由于射频信号较之基带信号的衰减大得多，为避免基带信号对射频信号的干扰，发送端在两路信号混合前，需控制基带信号的大小，然后在接收端再将它放大。如果在电缆中基带传输的信号太弱，由于电缆对低频的屏蔽能力很差，无论是中波广播干扰或载波电话、电器干扰等都会混入；但如果基带传输的信号太强，行同步脉冲就比较容易串入射频信号中。因此，基带信号的衰减量，应视调制器输出的调幅信号的电平及传输距离而定。

射频载波传输方式的优点是：

- 传输过程中产生的微分增益（DG）和微分相位（DP）较小，因而失真小，所以适合远距离传送彩色图像信号；
- 一条 75 Ω 的同轴电缆可同时传送多路射频图像信号；
- 传输距离较远。

理论上，射频传输距离可以很远，但由于在传输干线上不能无限制地加入放大器，所以传输距离有一定限度。这是因为干线上加入的放大器越多，产生的交扰调制和相互调制就越大，自身产生的干扰噪声就越大。此外，在综合解决放大与噪声等问题上，还可发现在插入一定数量的放大器之后，放大器产生的实际增益作用已非常小。一般，一条传输干线能插入 20 个放大器（每级放大器增益为 20 dB）就已经不错了。

通常，在不加中继放大并使用 SYV-75-1 的同轴电缆进行射频传输时，传输距离可达 2 km 左右。为了能使射频信号传输尽量远一些，宁可采用损耗小的传输电缆而少用放大器。目前国产的 SYV-75-9 同轴电缆可做到每百米损耗在 30 dB 以下（频率为 200 MHz），而 SYV-75-12 同轴电缆的损耗还将更小些。

4. 低载频调频传输方式

众所周知，在调制传输中，调频比调幅优越，调频波的特点是抗干扰能力强，同时对电缆所引起的高频衰减的补偿相对于同轴电缆的基带传送而言，高频的补偿变得比较容易。然而，这种调制方式在通常情况下，已调波需占用很宽的频带。因此，必须采取适当的方法予以限制。

（1）调频波带宽与调制系数关系。 我们知道，调频波的频带与调制系数 m_f 的关系很大，表 5-3 列出了调频波带宽与调制系数的关系。

表 5-3　调频波带与调制系数的关系

m_f	频　　带	m_f	频　　带
0.01～0.4	$2f$	2.0	$8f$
0.5	$4f$	4.0	$14f$
1.0	$6f$	6.0	$18f$

由表 5-3 可知，如果将调制系数限制在 0.01～0.4 范围以内时，在只考虑已调频波上下基波的情况下，其带宽与调幅波带宽相同。因为视频信号的能量分布绝大部分都存在于低频部分，在接收解调后，实用上不会存在什么问题。

（2）低载频调频传输方式的频谱。通常，为了更进一步压缩传送频带，一般将调制后的载波用边带滤波器滤波。除绝大部分上边带，而只将下边带及残留的上边带馈入同轴电缆中进行传送。据此，可画出如图 5-23 所示的频谱示意图。

该图中的主要参数如下：视频频带为 6 MHz，载频频率选为 7 MHz，调频频偏 Δf 定为 1 MHz。调制系数为 $m_f=0.2$，调频后 $2f_{max}$ 为 12 MHz。经边带滤波后，实际馈入电缆传送的频带为图 5-23 中虚线所示，图中带阴影的实线部分，为基带视频信号的频谱，它表明信号能量主要集中在视频频谱的低端。

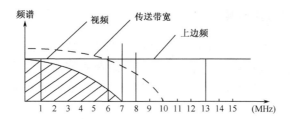

图 5-23 低载频调频传输方式的频谱示意图

在调频接收机中，解调输出的除原信号之外，还包括有三角形噪声信号，这种噪声是与频率的平方成正比而增加的，它主要来源于传输线路及接收机本身。为了抑制这种三角形噪声，需在发送端接入高频预加重电路。所谓预加重，就是预先将信号的高频成分提高，用比低频成分更高的电平和低频成分一起馈送到同轴电缆中，以提高高频信号部分的发送能量。为了使系统有平直的特性，在接收端需在解调后接入去加重电路。所谓去加重，就是将高频成分的电平降低，恢复成平坦的频率特性。这种去加重电路，在衰减预加重信号的同时，也使前面所提到的三角形噪声受到很大的衰减，因而可大大提高信噪比。这一点，与普通调频广播所采用的技术是相同的。

5.2.3 非标准电缆长线传输技术

在现实中，从方便和经济着眼，有时需要用非标准电缆来远程传输有用的图像信号，这是一个很有实用价值的问题。我们研制了一个从油田注水井的井下用 3000 多米普通油矿电缆，远距离传输图像的传输与接收系统，并获得了成功。下面就介绍一下这种传输与接收系统的结构、原理，以及采取的措施。

1. 传输系统的结构及原理

非标准电缆传输系统的结构及工作原理如图 5-24 所示。

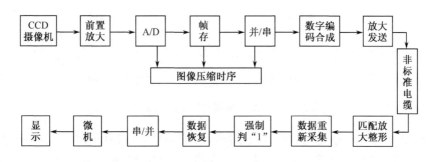

图 5-24 非标准电缆传输系统的结构及工作原理

图 5-24 中，将微型 CCD 摄像机置于井下，输出的视频信号经前置放大至 A/D 转换器进行量化、压缩与保存，再进行并/串转换，然后经信源编码合成送至放大器放大到一定幅度，并采用一定的信道编码送至非标准电缆。信号经非标准电缆长线传输到接收器，接收部分首先经波形匹配、放大、整形变为数字信号后，对数据进行重新采集，并通过一个"强制判 1"电路重新判出"1"、"0"，经数据恢复、串/并转换，最后送至微机进行处理和显示。

2. 图像信号的合理采集与量化

由于采用非标准电缆进行长线传输，这种电缆的传输特性即高频衰减与相移特性都不是很好，所以它能够传输的信号频率存在一个上限。这就不能对图像信号采取模拟传输，而只能以一定的比特率传输数字信号，大多数情况下只能传输比实时传输低得多的比特率，这就需要对图像信号进行合理地采集。

图像的压缩技术是基于对图像的合理的、必要的编码。从信息论的角度来说，图像数字编码是指信源编码，其实质是：在一定信噪比的条件下，以最小比特数来传送一幅图像，这种编码也称为图像压缩编码。由于图像信号具有大量的冗余度，因而使对图像的传输数码率进行这种压缩编码成为可能。这在图像数字传输、存储、交换中有着广泛的应用。

图像信号的压缩方法有许多种，JPEG 与 MPEG 的算法可以用硬件来实现。如 C-Cube 公司的 CL-550、Intel 公司的 i750、IIT 公司的 VP（Vision Processor）、AT&T 公司的三个标准芯片等。在基于计算机直接采集图像信号的情况下，可以用这些标准芯片直接编程达到我们所需的压缩比，然后用标准的解压芯片恢复原来的图像。然而，在不能直接用计算机进行采集的情况下，我们无法对有些芯片的总线接口进行编程，这就限制了这些标准芯片的使用。在有些工业场合，如油田井下的图像检测时，由于其体积的限制（在 ϕ50 mm 内）使得我们更无法使用这些标准芯片，因为这些标准芯片的面积往往比较大，如 i750 的 DVI 系统的 82750PB 像素处理器，芯片面积为 $7.85 \times 6.62 \ cm^2$，共 132 条引脚，在体积要求很小的情况下根本无法使用。

一种最直接了当也是最迫不得已的方法就是降低帧速。当进行 3000 m 井下的图像采集时，决定采用哪一种压缩方法的主要因素是油矿电缆的特性。由于是非标准电缆，其特性值（Z、C、L、G）各不相同，我们用信号发生器对电缆作了实测，其波形如图 5-25 所示。

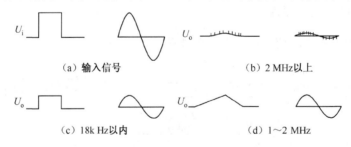

(a) 输入信号　　　　　　　　　　　(b) 2 MHz 以上

(c) 18k Hz 以内　　　　　　　　　(d) 1~2 MHz

图 5-25　非标准电缆对信号的传输波形

测试结果是电缆对信号发生了衰减及不同程度的相移。18 kHz 以内，信号几乎没有什么畸变；1 MHz 以上 2 MHz 以下，方波变为不对称的三角波；2 MHz 以上，信号衰减十分厉害，噪声变得几乎淹没了信号。如果我们能将图像信号的传输频段压缩至 18 kHz 以内当然是最好的。但一幅图像信号经数字化后，按常规的 512×512 来计算，8 bit、50 帧的容量为 512×512×8×50=102.4 Mbit，要压缩至 18 kHz 即压缩比为 1.7×10^{-4}，这在不直接应用计算机进行采集时是根本无法用任何一种算法通过硬件来完成的，所以我们不可能选用这个频段的信号。如果一定要用，只有采用降低帧数的方法，而一帧图像的容量为 512×512×8=2048 kbit，要降到 18 kHz，只有几乎每 2 分钟传一帧图像，这种传输速度慢得根本无法进行动态图像检测。因此，我们选择 1 MHz 左右信号，加以适当的编码，并结合其他手段，以尽可能每秒多采集几帧为目标进行图像采集。

在直接用计算机作为图像接收、处理工具时，图像的采样频率及量化等级可以做到 512×512×8 bit，甚至更高。但在脱机的长线传输中，采样频率越高、量化等级越高，面临的图像压缩的问题就越严重。这样，就必须以图像传输的目的为决定因素，合理地进行采样和量化。一幅彩色图像的频带在 6 MHz 以内，而一幅黑白图像的频带就窄多了，因为它仅仅传送亮度信号而没有色彩信号。在工业用途中，我们往往选用黑白图像，因为工业用图像往往用于检测某部件是否完整，或监控其是否正常。

我们采集一幅黑白图像，并对它进行傅氏分析，结果发现其 2.5 MHz 以上的信号所占的能量很少。这样，根据奈奎斯特抽样定理，我们可以把采样频率定在 5 MHz，即从理论上来说，可以对 2.5 MHz 以下的信号不失真地采集，而对 2.5 MHz 以上的信号按混叠的方式来采集。少部分变化十分尖锐的细节将变得有些模糊，但这对大部分工业场合是毫无影响的。在这种采样频率下每一行将采集到 $51.2×10^{-6}×5×10^{6}=256$ 个样点。为了便于后续处理，我们采集 256 行，这样，一幅黑白图像将有 256×256=65 536 个样点。

确定了采样频率，也就确定了其分辨率，但还应当确定其量化等级。我们按不同的量化等级来采集一幅图像，结果发现对于主观得分而言，量化等级为 8 bit 的黑白图像并不比量化等级为 4 bit 的黑白图像好多少，二者不存在质的差别，按 4 bit 的图像足够用于工业检测中，其灰度等级可达 16 个等级。

通过这种合理地采样、量化，一幅用于长线传输的工业用黑白图像至少可压缩为 256×256×4=256 Kbit 的容量，与常规情况下相比，其压缩比为 1:8。

在 3 km 井下图像的采集的实现中，如果以 256×256×4 来采集一幅图像，则由于其场正程时间为 $64×10^{-6}×256=16.4$ ms，而 20 ms 为一场，故其逆程时间为 3.6 ms，如果要进行实时传输，则在 3.6 ms 的时间内要传送 256 Kbit 的数据，其数据率高达 256 K/3.6ms=71 Mbps，而正如在前面所讨论的，电缆传输的数据最好选在 1 MHz 左右，故其压缩比高达 1:70，这在脱机状态下是很难完成的。这就只好降低帧数。由于实际情况中，摄像机在井下运动的速度十分有限，大致为 10 cm/s，加之它是垂直运动，摄像头又有一定的景深，所以将传输频率定在 1 MHz，考虑到一定的编码，将帧数定为 3.25 帧/秒。

由此可见，长线脱机图像采集其采集帧数、采样速率、量化等级都成为影响图像压缩及传送正确与否的重要因素。

3. 图像数据的传输编码

在确定了一幅图像的压缩方案及传输的速率之后，就是如何将这帧数据发送出去。在数字传输方式下，有几个问题是至关重要的，那就是编码（通信的方式）、信道的特性、传输的波形。这几个问题解决得成功与否，直接关系到通信能否达成。我们总是力求以最佳的方式来传输信号。无一例外，数字通信都必须采用一定的规则进行编码传输。至于具体采用哪一种编码及码形进行传输，要受限于传输的环境（包括电缆特性、干扰等因素）。

在长线传输中如何选用正确的编码及码形对能否正确恢复数据是至关重要的，由于电缆的传输特性是以指数衰减的，其信号传输的上限为 1.5 MHz，如果想要以一定的帧数传输图像，就不能把传输速率定得太低，这样我们将信号传输率定为 1 MHz。可以看到，如果采取数字调制进行频谱搬移，则会超过信道本身的通带允许传输频率的上限，而且由于必须采取一定的方法识别帧同步，所以其他的数字调制办法也不合适。在这种情况下，只有采取基带传输的方法，这时我们就要认真分析以什么样的码形来传输而使基带系统达到最佳状态。

在基带传输系统中选择合适的码型是十分重要的，尽可能选择满足奈氏准则的双极性归零码。因为双极性归零码的功率谱最为集中，在"1"与"0"出现的概率为 1/2 的情况下其平均功率接近于 0，而最佳基带传输系统的平均误码率 P_e 与基带码波形平均功率 P_s 成正比，故这种码形的误码率较小。总之，在不得已要用到基带传输时，图像数据的编码最好能够使得 P_s 最小，这样误码率最小。

长线传输是一个分布参数的网络，可用分布参数网络模型来描述每一个微分长度的阻抗。如果在传输线终端接有负载，则在不同的频率段上将表现出不同的阻抗特性。但是，在实际应用的传输线中，一般容性效应占主导地位，因此我们往往根据电流的变化与电容成正比的关系来加大电流驱动能力，以驱动更大的容性负载。此外，长线传输的一个重要问题就是其阻抗匹配问题。通过适当地调节源端阻抗，就能使传输效果接近于最佳。

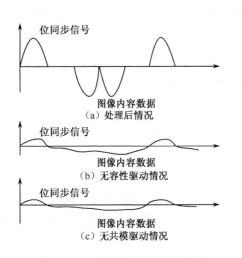

图 5-26 驱动前后图像数据波形

在 3 km 井下图像传输中，我们使用了与现有的信号发生器中相类似的驱动电路，其容性负载驱动能力可达 0.2 μF，驱动前后图像数据波形如图 5-26 所示。

由图 5-26 可看出有明显的改善，其根本原理就是加大电流驱动能力，并且可用电位器 R_3 来调整其传输最佳情况。

长线传输在终端的模型问题，事实上是一个接收电路中长线与放大器之间接口电路的问题。其传输方式与模型都有一定的选择余地。在常规传输中，我们采用的是图 5-27（a）所示的模式。但这种模式，由于其传输信道是一个分布参数互相影响的网络，在终端接负载构成一个回路时，分布参数对后续网络的影响较大。在井下 3 km 电缆实测时，空载时二根导线间电容为 0.1 μF（1 MHz 时），而加上负载后达到了 1 μF。这对于数据的延迟及对驱动电路的要求来说都面临着严重的问题。因此我们采取另一种模型进行传输，即双屏蔽等电位自举电路，如图 5-32（b）所示，也就是双线传输中的屏蔽线由输入信号的共模信号来驱动。由于电缆分布量 RC 的作用，当出现交流共模信号时，相移将使其共模抑制降低，对于屏蔽电缆也会出现同样的效果。但采取图 5-27（b）模式后，电缆的电容受到自举效应的影响，结果使电缆线对共模信号的等效电容为零。这样使差动相移减至最小，防止了共模抑制和系统带宽的降低。

在井下 3 km 数据传输中，两种模式下其波形比较如图 5-26 所示。

图 5-27　传输模式的选择

4. 图像数据的接收与恢复

以最佳基带系统传输过来的数据并不是说就可以直接应用了，因为信道不可能是一个无码间串扰的信道，再加上附加噪声的影响，所以信号的前置放大的第一准则就是降低噪声与码形失真。而前置放大器的倍数不能太大，以适合于一定的信噪比及带宽。在井下 3 km 信号接收端由于放大的是一个双极性信号，因此要格外注意其工作点的选择。由于信号的码率为 1 MHz，而经过 3 km 的长线后信号幅度降到了 0.5 V，因此将第一级放大器的放大倍数定为 2 倍，进行反相放大，再经第二级进行同样的处理。

要想准确地恢复传输来的图像数据就涉及到系统的同步与对于"1"、"0"的门限规定等。同步是通信中一个重要的实际问题。同步性能的降低，会直接导致通信系统性能的降低，甚至通信系统不能工作。可以说，在通信系统中，"同步"是进行信息传输的前提，为了保证信息的可靠传输，要求同步系统有尽可能高的可靠性。

为了提高同步系统的性能，在载波同步和位同步系统中广泛使用着锁相环，主要是利用其跟踪、窄带滤波和记忆性能。由于锁相环的跟踪性能，使同步系统可提取出的载波或位同步信号，不仅频率与所要求的相同，而且相位误差也很小；由于其窄带滤波性能，可改善同步系统的噪声性能；由于其记忆性能，当传输信号中断时，同步信号仍具有一定时间的保持能力。锁相环有一个重要的概念便是其同步保持时间 t_c，它是指锁相环原已锁定的情况下，由于信号中断，压控振荡器输出信号的相位变化不超过某一允许值 $\Delta\theta_o=2\pi\varepsilon$（$\varepsilon$ 为常数）。t_c 表示为

$$t_c + e^{-at_c} = 1 + a \cdot \frac{\varepsilon}{\Delta f} \tag{5-10}$$

式中，Δf 为压控振荡器的频偏；a 为环路滤波器放电支路的时间常数的倒数。

由于信息是一串相继的信号码元序列，解调时就必须知道每个码元的起止时刻。例如，对积分器或匹配滤波器进行取样判决，判决的时刻应位于每个码元的终止时刻，故接收端就必须产生一个用于取样判决的定时脉冲序列，它和接收码元的终止时刻应对齐。这种接收端产生与接收码元的重复频率一致的定时脉冲序列就称为码元同步或位同步。

锁相环的基本原理与载波同步类似，在接收端利用鉴相器比较接收码元和本地产生的位同步信号的相位，若二者相位不一致，鉴相器就产生误差信号去调整位同步信号的相位，直至获得精确的位同步信号为止。锁相法就是采用锁相环来提取位同步信号的。

数字通信时，一般总是以一定数目的码元组成一个个的"字"、"句"，即组成一个个的群进行传输，因而群同步信号很容易由位同步信号经分频而得出。但是，每群的开头和结尾却无法由分频器的输出决定，群同步的任务就是要给出这个"开头"和"结尾"的时刻。为了完成这个任务，通常是在数字流中插入一些特殊群码作为每群的头尾标记。接收端根据这些特殊码组的位置就可以实现群同步，群同步有时也称为帧同步。

图像数据一般包括位同步（在这种情况下又称为比特同步）与帧同步两类同步信号。在常规做法中，发出如图 5-28（a）所示的波形。它采用数据信号中不会出现的特殊码字节结构在数据信号流中发出帧同步信号，而在接收端，存储着相同的帧同步码，逐个输入码进行比较，若码字相同，则检出帧同步一次。为了避免由于误码使信号码流中出现与帧同步相同的结构，接收端往往采用一种飞轮同步（或称惯性同步）电路。在失去同步的状态中，若检测到一次帧同步还不算同步，只有经过一帧，若再收到帧同步，就算进入同步状态，否则再继续寻找一个帧同步信号。当进入同步状态后，仍继续每隔一帧核对一次同步信号，只有连续三次，核对都不对，才算进入失步状态，这时开始重新寻找同步。用这种方法的好处是，节省比特率，收发两端可以用锁相环进行锁相法同步来提取整个系统的时钟。

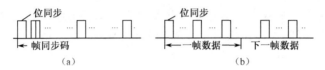

图 5-28　位同步与帧同步码

但在长线传输时，误码增大，如果此时图像内容的数据灰度等级本来就不多，则一来很难确定一个特殊的码组来作为帧同步码，二来误码造成的同步丢失情况比较严重。这样，我们就无法以一个特殊的码组来作为帧同步码来确定一幅图像信号的始末，其结果是在接收端我们无法正确恢复出原图像内容的数据。在这种情况下，我们只有采取帧同步自然确立的方法，即数据流中的位同步信号不是在整个时间轴上都存在的，如图 5-28（b）所示，而是在只有当一帧图像内容的数据信号有效时，才存在位同步信号，即每一帧图像从间隔一定时间后，第一次检测到位同步作为开始。

经实测，本系统误码率为 0.1%，也即 64K 的数据中有 640 个数据会发生错误，这样每个码组的误码概率为 6.25×10^{-5} 也较大了，所以采取帧同步是不合适的。这样，只能采取图（b）的方法，在一段无信号之后，检测到的第一个位同步脉冲就为一帧的开始，而检测到 256×256 个数据后，一帧就结束，等待下一个位同步头的到来再开始新的一帧。

在场正程，即 16.4 ms 的采样期间，我们是不发同步脉冲的。根据锁相环同步保持时间公式 2，要保证数码在理论值上不发生串扰，至少要保证"1"的放电周期不至延伸到下一个码元的 1/2 周期，即 1 Mbps 数据率的放电时间常数应为 1 μs（最大值）。此时 a 为 1 MHz，然后我们来考察 Δf，压控振荡器的频偏若以 f 为界限，则 $\Delta f = 1$ MHz。然后来考察 Δf 较小的情况，由于中心频率为 1 MHz，所以我们以 $\Delta f = 0.1\% f = 10K$ 的情况来计算。$\varepsilon = \Delta\theta / 2\pi$，它不会超过 1，则在这种情况下可以算出 $t_c = 1$ ms，即其最长保持时间只能为 1 ms。若想要保持至少 16.4 ms，则 Δf 至少要达到 5000 Hz 左右，这在长线传输系统中几乎是不可能的。在这种情况下我们无法提取供接收端用的定时时钟。因此接收端只有采用自己独立的晶振来产生供系统接收信号所需要的时钟信号。但如果收、发二端的时钟完全没有关系，则恢复出来的数据很有可能是完全错误的。

既不能同步又不能不同步，处于这种二难选择中，我们采取称之为"强制判 1"的方法来恢复数据。我们用一个比码元的周期小得多的信号去重新采样接收到的数据流（已分离出了同步的图像内容数据），计数到合理的个数时，才判断这个信号为"1"或者为"0"。这样一方面提高了整个接收电路的抗干扰能力，另一方面也使得我们总能在两地时钟不同步的情况下恢复出"1"和"0"。

但是，即使重新采样后已判出数据流为"1"或者是"0"。我们依然不能保证在后续与计算机并行传输数据时数据的正确性，如图 5-29 所示。

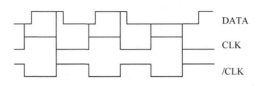

图 5-29 "强制判 1"的方法

由于串行数据的数码率与串一并转换时钟的频率一致，因此在整个系统不同步的情况下，"1"有可能转换为"0"，而"0"有可能转换为"1"，造成整个系统数据的混乱。但是，如图 5-29 所示那样，在 CLK 转换时钟为误判时，可采用/CLK 进行转换，由于数码率与时钟频率一致，所以 CLK 与/CLK 这两个转换时钟中总有一个可以保证我们正确地进行转换。

这样，在数据已重新采样判"1"或"0"的情况下，我们可以采用自动选择串/并转换时钟的方法来实现数据到计算机的并行传输。我们可以在每一帧图像的开头，发若干个固定码组，在考虑误码率的情况下，如果经串/并转换后有一大半（事实上不止）数据与已知固定码组相同，则采用 CLK 信号进行转换，否则自动采用/CLK 信号进行串/并转换。

井下 3 km 图像通信系统的采样、转换时序如图 5-30 所示。

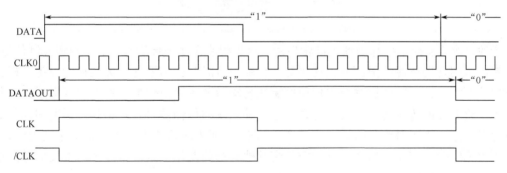

图 5-30 3 km 非标准电缆图像传输系统的采样、转换时序

由于数码率为 1 Mbps，而每个码元为单极性归零矩形脉冲。所以用 20 MHz 的钟频对数据流进行采样，并计数到方波半周期的一大半，即第 7 个脉冲时，对数据判为"1"，计不到 7 就判为"0"。这样在采样恢复出的数据中，实际上是"1"为一个占空比为 70%的矩形波，而"0"还是 0 电平。所以，在串/并转换时当用 CLK 无法采到正确的"1"时，用/CLK 即可。每一帧图像发 10 个"A"，经串/并转换后只要判出有大于 5 个"A"，即用 CLK 进行转换否则自动将转换时钟换为/CLK。为了确定每组数据的计数开始，用位同步信号来控制每 4 bit 的数据计数开端。

接收电路中数据的放大、位同步与图像内容数据的分离（采取"1"、"−1"幅度分离法）、数据的整形（采用施密特整形）在这里不作详述。值得注意的是，放大的幅度直接涉及数据流的宽度及系统数据恢复的准确性，所以放大器必须根据实际的需要进行调节。

203

在井下 3 km 图像数据与计算机接口中，由于每个字节的速率为 250K/字节，因此它属于低速传输。如果要恢复出直观的图像，由于它的行、场扫描格式不是标准视频信号的格式，所以不能在监视器上直接恢复出原图像，只有通过计算机处理，才能得到一幅直观的图像。这样，其图像数据与计算机采用口地址传输图像的方式，在计算机的显示缓冲区中直接写入要写的数据，然后可通过现有的 VGA-视频转换卡显示到普通的监视器上，并可通过其视频输出口与录像机等其他设备联接，使图像更易于存储。

由上述讨论和实践验证可得出如下的结论。

- 在系统误码率较高的情况下，采用图像数据的位同步信号起点与帧同步信号起点一致的方法，保证无误码扩散地可靠地传输数据；
- 在非标准电缆传输特性差，在小体积无法利用计算机直接通信的情况下，可采用基于信息冗余量的压缩编码方法来压缩信号频带，用双屏蔽等电位法传输归零双极性数字图像基带信号，以达到尽可能接近实时传输的目的；
- 在较高误码率传输压缩数字图像的情况下，异地通信无须采用传统的同步方法，可采用时钟不同步的"强制判 1"法，从而提高了系统的抗干扰能力，使通信的可靠性与速度得到提高。

这种非标准电缆图像传输方法所提出的同步通信方法，在许多实际应用中，使数据以更可靠的方法传输与接收，它为图像通信工业的应用提供了广阔的应用前景。

5.3　无线传输方式

一般，视频监控系统都是通过同轴电缆、双芯线或光缆来传送视频、音频和控制信号的，但当实际应用现场环境的限制而无法用有线传输设备时，就需要使用无线传输设备。根据使用频率的不同，在视频监控系统中使用的无线传输可分为微波传输（地面式或卫星式）和使用红外光束的光波传输等。通常，有线视频传输系统的传输效果一般都是可预期的，除非铜芯电缆经过强电磁辐射设备附近受到了严重的干扰；而无线传输设备的传输效果则无法预期。这是因为无线信号和光波信号通过的空气和其他介质的变化不定，以及不同波长信号的传输特性千变万化所致的。

下面先介绍微波传输技术、接着分别介绍无线移动网络、宽带无线、4G 与 5G 移动通信网络传输，以及红外光波等无线传输方式。

5.3.1　微波传输

微波传输，一般要求发射机和接收机之间没有任何可见的障碍物，其传输通路中间的任何金属物体和潮湿的物体都会引起严重的信号衰减和反射，这常常会导致系统瘫痪。然而，我们可以利用这一原理，使用金属杆和平面来反射微波信号，使其转弯。当然，这类反射会降低接收机收到的信号强度，导致传输距离缩短。有些微波频率可以穿透非金属物体，如木头、干燥的墙壁和楼板等，因此不能说存在障碍物时就一定无法完成传输。

微波可泛指波长为 1 m～1 mm，即频率为 300 MHz～300 GHz 的电磁波。细分起来，微波段又可分为分米波、厘米波和毫米波。实际上，微波均指常用的 3～40 GHz 的电磁波。由于微波在空间主要是直线传播，且会穿透电离层而进入宇宙空间，因此微波传输除了在地面进行中继接力方式外，还可通过空中同步卫星作为中继站的传输方式。

1. 地面微波中继接力传输方式

在地面上用微波作为长距离干线传输时，一条长度为几千千米的微波传输线路，由距离为 50 km 左右的许多微波站连接起来，称为视距微波中继传输系统，一般简称微波中继传输系统或微波接力传输系统。整个微波中继线路（又称为链路）由线路两端的端站和线路中间的许多中继站组成。端站的任务一方面是将电视信号（包括图像信号与伴音信号），调制到微波上发射出去；另一方面是将接收到的微波信号解调出电视信号。中继站的任务是完成微波信号的转发，即将接收到的微波信号加以变频、放大，以另外的频率再向下一站转发。

在端站的入端，由摄像机通过同轴电缆或短距离微波设备送来的电视信号，引入微波机房，先送到电视调制机对 70 MHz 的中频信号进行调频，得到的 70 MHz 调频信号经波道倒换机（或直接）送入微波机的发信部分变频，变换到微波频率上由天线发射出去。

在另一端站的入端，将天线接收到的微波信号经馈线引入微波机的收信部分，经变频成为 70 MHz 的中频信号，放大后经波道倒换机或直接送到调制机的解调部分，通过解调还原成电视信号，再送往监控中心。

如果距离远，中继站将天线接收到的微波信号由馈线引入微波机的收信部分进行变频，变换为 70 MHz 的中频信号，经中频放大器放大后用电缆再送到微波机的发信部分变频，变换到另一微波频率上向下一站转发。这比在微波频率上直接转发有更多的优点：因为中频信号容易处理，中频调制、解调和放大都容易实现高质量，容易调整、测试，容易保证频率稳定度，避免寄生调频引起的杂波；采用中频转接后，终端站和中间站的微波收发信机可以统一规格，给生产和维护带来很大方便。

由于通信是双方向的，双方的传输情况完全一样。所以，发、收两个端站都具有收发设备，而中继站因为是对着两个方向的，所以相应的设备应比端站增加一倍。

为了使更多的波道能够共用天线并减小系统内的干扰，现代的微波天线大多采用双极化，极化方向也就是电场强度的方向。对于双极化的天线和圆馈线，通常使用两种互相垂直的极化波，即水平极化波和垂直极化波。由于二者互相正交，相互间的干扰就很小了。若发信采用垂直极化，则收信就采用水平极化，这样可以大大减小发送信号对接收信号的干扰。

微波的波长很短，因此容易造出比波长尺寸大得多的天线，使其具有高增益和强方向性。所用的发射天线通常都选配为螺旋定向天线或抛物面天线。尤其抛物面天线，具有与手电筒的聚光镜相似的作用，它可将微波电磁波集成一束向前辐射。实际上，对于中继站间距离为 50 km 左右的线路，收、发天线都应当有 40 dB 以上的增益，这只有采用相当口径的抛物面天线才能达到。

2. 空中同步卫星传输方式

（1）同步卫星及其传输。微波视频传输技术也可以用于卫星通信。这类系统一般用于实现"地-星-地"式的通信。发射端的卫星地面站先将视频信号发送给同步卫星中继站，中继站进行一定的频率变换后，再将信号转发给地球上的一个或多个接收站，如图 5-31 所示。

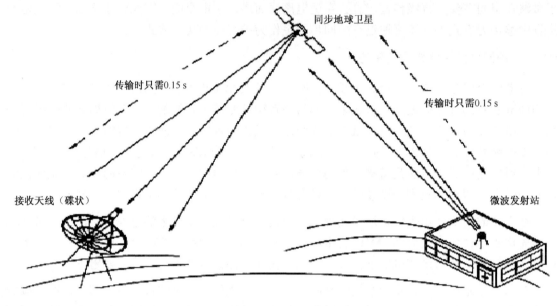

图 5-31　卫星电视传输系统

　　由于卫星距离地球约 36 000 km，因此可以把信号传送到很远的地方。它的覆盖面积也很大（覆盖区的跨度达 18 000 km），适合为全球性的通信服务。在那些需要跨海、翻山等地形复杂的地方，卫星传输方式就更加显示出了它的优越性。

　　现在，供"同步"卫星用的赤道上空的同步轨道已经拥挤起来，据不完全统计，在这个轨道上已有上百颗卫星了。它的发展如此迅速是，因为与目前的大容量远距离通信手段微波和同轴电缆相比，卫星通信具有作用距离远、通信容量大、性能可靠与费用低廉等优点。而且在覆盖区内，卫星传输的质量基本上与地面距离无关，容易保证通信的稳定和可靠。

　　目前，用于民用通信的卫星可分为两种：一种同步卫星是为大容量远距离通信而制造的，既可转发多路电话信号，也可转发多路电视信号，称为通信卫星；另一种同步卫星的功率较大，专为转发和直接广播节目，主要是电视节目，称为广播卫星或直播卫星。所谓同步，指的是卫星的公转与地球的自转角速度相一致。相对于地球来说，卫星好像停留在天空中某一点，静止不动，所以这种卫星称为同步卫星或静止卫星。同步轨道必须采用赤道轨道，使卫星运转方向与地球自转方向一致，轨道为圆形，且每当地球自转一周时，卫星正好绕地球转一圈，这时无论从地球上什么地方去看，卫星都是相对静止的。一般的人造卫星轨道常为椭圆形，而同步卫星轨道近似圆形。

　　通信卫星系统与微波系统类似，使用的频率及大部分高频设备也与微波系统相同，此时卫星好比一个中继站，将收到的微波信号放大、变频重新发回地面。卫星上的天线方向性不是很强，因为它要对覆盖区内的任一点通信，而又不能携带许多天线来分别对准各个通信点。若传输距离超过一个覆盖区，这时要将地面站收到的信号，通过另一地面站发送到另一个覆盖区的卫星，经这第二颗卫星的中继，转发信号就可以到达另一覆盖区，实现超远程传输。

广播卫星的主要任务是传送电视信号，它以更大的功率及较窄的波束覆盖地面的某一区域。在这一区域中形成足够的场强，以使地面接收设备大大简化，甚至用普通电视机另加一些辅助设备就可直接收看卫星转播的卫星节目。广播卫星在电视频道所发射的功率，比通信卫星电视频道所发射的功率大，其具体数值取决于卫星广播服务区的大小及地面接收设备的性能，目前的广播卫星发射功率在数十瓦到数百瓦的范围。

卫星电视广播需采用调频制，而地面上的电视广播是采用调幅制。因此，卫星地面接收设备要先将调频信号解调为视频信号，再按电视广播制式去调幅，形成标准的残留边带调幅信号播送给用户的电视机。利用通信卫星和广播卫星传送电视节目有许多共同点，如卫星均起到一个转发器的作用，均使用微波波段，均使用调频制等。二者的差别首先体现在广播卫星每频道的发射功率大于通信卫星，且波束张角小。在地面接收到的场强大得多，广播卫星是 70 μV/m，通信卫星是 1～5 μV/m。

在同步轨道上运行的卫星可以非常容易地完成亚洲大陆上的任意两点之间的通信，所使用的传输链路只有简单的"上行"和"下行"两条。此外，卫星视频传送的费用与地面传输距离无关。微波信号以光速传播，卫星与地面之间的单程距离，微波只需 0.15 s 即可穿越。因此，不论发送站和接收站之间的地面距离有多远，视频载波只需要 0.30 s 即可到达。

（2）视频监控系统中的微波传输设备。目前，在视频监控系统中使用的微波传输设备，大多为国产设备，如 MTVT-91 系列微波开路电视传输系统等。MTVT-91 的发射频率为 600～1500 MHz，其图像与伴音的调制方式均采用了调频方式，因而可以降低传输过程中的干扰。根据传输距离不同，发射机的发射功率为 0.1～5.0 W，接收机的灵敏度为 10 μV，在无遮挡的环境下，最远传输距离可达 100 km；而在有遮挡的环境下，靠微弱的绕射和反射信号，也能得到较好的传输效果。当传输路径受到严重遮挡而无法接收正常信号时，可以通过在第三点的中继器进行三角传输而绕过遮挡物。此外，当传输距离超过 100 km 时，也可以通过中继器而增加传输距离。微波传输用于视频监控系统，大都是点对点方式。显然，每一点的传输都需占用一个微波频道。

5.3.2　无线移动网络传输

无线移动视频传输技术，是指在移动目标上加装前端视频采集装置，通过无线移动传输单元将视频信号传输至监控中心，实现对移动目标动态、实时地跟踪、监控、调度的目的。由于基于无线传输技术的移动视频监控系统，可根据需要迅速地将新监控点加入网络，无须新建传输网络即可高效实现远程监控，且数字化视频便于存储、检索，对市政、公安等特殊要求的部门尤为合适，因而组网极其灵活、扩展性好；并且，由于地理环境、工作性质限制而采用有线传输可能存在诸多不便，甚至根本无法实现，而利用无线网络可摆脱线缆束缚，且实施周期短、维护方便、扩容能力强，加上网络维护由提供商实施，前端设备是即插即用的，因而综合成本低。

无线移动通信网络的发展，特别是 GPRS 和 CDMA 数据通信技术的出现，为各种智能设备的远程无线通信提供了新的手段，也成为了嵌入式系统应用的一个重要领域。在信息高速发展的今天，GPRS 与 CDMA1X 网络建设已日趋完善，它们都是 2.5 代的移动通信系统，现均过渡到 3G、4G。

1. GPRS 技术

（1）GPRS 的含义及其基本原理。通用无线分组业务（General Packet Radio Service，GPRS），其实质上是作为第二代移动通信技术 GSM 向第三代移动通信（3G）的过渡的中间技术。传统的 GSM 网络仅能以 9.6 kbps 速率数据传输业务，远不能满足用户对高速无线数据业务需求。而 GPRS 作为一种构架于传统 GSM 网络之上的新型移动数据通信业务，在移动用户和数据网络间提供连接，为移动用户提供高速无线 IP 或 X.25 服务，可提供高达 115 kbps 速率分组数据业务，使得包括图片、音频、视频在内的多媒体业务通过无线网络进行实时传输成为可能。

采用分组交换技术的 GPRS，其通信过程无须建立、保持电路，符合数据通信突发性特点，且呼叫建立时间很短。由于各用户均可同时占用多个无线信道，而同一无线信道也可多个用户共享，因此资源利用率得到显著提高。此外，数据分组发送、接收时，GPRS 根据实际数据流量计费，用户可始终在线，既大大降低了服务成本，又充分享受了方便快捷的通信服务。

GPRS 采用与 GSM 相同频段、频带宽度、突发结构、无线调制标准、跳频规则、相同 TDMA 帧结构，因而在 GSM 基础上构建 GPRS 时，GSM 系统的绝大部分部件都不需进行硬件改动，只要进行软件的升级即可。因此，实现 GSM 升级至 GPRS 非常容易，现有的基站子系统（BSS）从一开始就可提供全面的 GPRS 覆盖。

GPRS 允许用户在端到端分组转移模式下发送和接收数据，而不需要利用电路交换模式的网络资源，从而提供了一种高效、低成本的无线分组数据业务。特别适用于间断的、突发性的和频繁的、少量的数据传输，也适用于偶尔的大数据量传输。GPRS 理论带宽可达 171.2 kbps，实际应用带宽为 10～70 kbps，在此信道上提供 TCP/IP 连接，包括收发 E-mail、进行 Internet 浏览、即时聊天等应用。

GPRS 的基本原理是，利用分组业务传输数据时，多个用户可共享一个时隙，一个用户也可使用 8 个时隙。实际传输时，数据信息被包封到很短的分组里，每个分组含一个报头，报头中包括分组始发地址、目标地址。来自多用户的分组可交错传输，即按需分配传输容量，并在无分组传输时释放容量，可有效提高网络资源利用率。

（2）GPRS 技术的优缺点。GPRS 的优点是：可传输音视频；接入时间短（约 1 s），能提供快速实时连接；支持 IP 协议和 X.25 协议，能提供 Internet 和其他分组网络的全球无线接入；资源利用率显著提高；GPRS 网络覆盖率要比 CDMA 网的覆盖率高。其缺点是：存在包丢失现象；存在转接时延；调制方式不是最优；数据传输实际速率比理论值低（理论上 171.2 kbps，实际在为 35 kbps 左右）；传输图像的可靠性、稳定性还有待进一步地改善。

2. CDMA 技术

（1）CDMA 技术的含义与原理。码分多址（Code Division Multiple Access，CDMA）是在扩频通信技术上发展起来的一种新的无线通信技术，它占用的是全新的 800 MHz 频段（GSM 占用的是 900 MHz 频段），所以不能在原 GSM 设备上直接升级。中国联通通过二期工程建设，对 CDMA 网络进行了网络优化和提升，网络从 IS95 升级为 CDMA1X 网络；同时建成覆盖全国 32 个省（自治区、直辖市）的无线数据网。CDMA1X 的原义是指 CDMA2000 的第一阶段，可支持 153.6 kbps 的数据传输、网络部分引入分组交换，可支持移动 IP 业务；CDMA1X 是在 CDMAIS95 系统上发展出来的一种新的承载业务，目的是为 CDMA 用户提供分组形式的数据业务；CDMA1X 理论传输速率可达 300 kbps，目前的实际传输速率大约为 90 kbps，可以用于 Internet 连接、数据传输等应用。CDMA1X 无线数据通信系统的特点是按流量计费，即一直在线，按照接收和发送数据包的数量来收取费用，没有数据流量的传递时不收费用。

CDMA 是基于 PN 码（伪随机噪声）的扩频通信，由于信号频谱的扩展，因此在通信中，信号的传输功率很小，不易干扰别的设备，而且不易被截获，具有良好的保密性；同时由于扩展了频谱，因此抗频率选择性衰落能力强，抗多普勒频移能力强。当然，由于 PN 码的尖锐自相关特性能消除多径影响，因而抗多径干扰的能力强，加上 CDMA 又普遍采用了 RAKE 分集接收技术（即分别接收每一路信号进行解调，然后叠加输出达到增强接收效果），从而更加增强了抗多径干扰和抗衰落能力。

CDMA 技术的工作原理就是基于扩频技术，即将需传送的具有一定信号带宽信息数据，用一个带宽远大于信号带宽的高速伪随机码进行调制，使原数据信号的带宽被扩展，再经载波调制并发送出去。接收端使用完全相同的伪随机码，与接收的带宽信号作相关处理，把宽带信号换成原信息数据的窄带信号即解扩，以实现信息通信。此外，CDMA 系统还采用编码技术，其编码有 4.4 亿种数字排列，每部终端的编码还随时变化，这使得盗码只能成为理论上的可能。无线上网终端与联通总部间的 CDMA1X 分组网 PDSN 间的通信采用 CDMA 加密技术，所以可以充分保证无线终端与联通总部 CDMA1X 分组网 PDSN 间通信路由的安全性。

（2）CDMA 技术的优缺点。CDMA 技术的优点是：上网方式不占用语音通道，上网速率高（153.6 kbps），单基站覆盖范围大（150～200 km，是 GPRS 的 5 倍）；抗干扰强，手机保密性强防窃听、显示时间准确不对时；移动电话功耗小，无线辐射能量低；频谱利用率高，可以提供各种增值服务等多项业务；调制方式较好、易于过渡到 3G。其缺点是：服务网络的覆盖区域比 GPRS 少；延迟时间较长，比 GSM 手机多等 3～10 s；手机只能用 UIM 卡，扩展性较差；用高通的芯片，有高昂的专利费用，价格相对较贵。

3. CDMA-OFDM 技术

（1）OFDM 的含义及原理。正交频分复用（Orthogonal Frequency Division Multiplexing，OFDM）是一种无线环境下的多载波传输技术，也可以被看成一种多载波数字调制技术或多载波数字复用技术。OFDM 系统由于使用无干扰正交载波技术，单个载波间无须保护频带，比传统的 FDM 系统要求的带宽要小得多，因而带宽利用率较高，从而使 OFDM 走上了通信的舞台，并逐步迈向高速数字移动通信的领域。

OFDM 技术实际上是多载波调制（Multi-Carrier Modulation，MCM）的一种，是一种高效的数据传输方式。众所周知，无线信道的频率响应曲线大多是非平坦的，而 OFDM 技术的基本思想就是在频域内将给定信道分成许多正交子信道，将高速数据信号转换成并行的低速子数据流，在每个子信道上使用一个子载波进行调制，并且各子载波并行传输。正交信号可以通过在接收端采用相关技术来分开，这样可以减少子信道之间的相互干扰 ICI。尽管总的信道是非平坦的，具有频率选择性，但是每个子信道上的信号带宽小于信道的相关带宽，因此每个子信道是相对平坦的，从而可以消除符号间干扰。

正是由于在每个子信道上进行的是窄带传输，信号带宽小于信道的相应带宽，使信道均衡变得相对容易，可以大大消除信号波形间的干扰。由于在 OFDM 系统中各个子信道的载波相互正交，于是它们的频谱是相互重叠的，这样不但减小了子载波间的相互干扰，同时又大大提高了频谱利用率，因而是一种高效的调制方式，是一种无线环境下的高速视频传输技术。在向 B3G/4G 演进的过程中，OFDM 是关键的技术之一，它可以结合分集，时空编码，干扰和信道间干扰抑制以及智能天线技术，最大限度地提高系统性能。

基于快速傅里叶变换 FFT 的 OFDM 传输系统如图 5-32 所示。

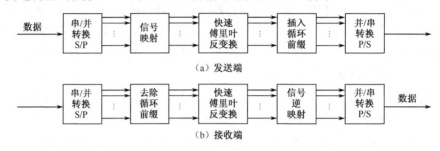

图 5-32　基于快速傅里叶变换 FFT 的 OFDM 传输系统

一般，数据信号先经过调制（一般为 BPSK、QPSK 或 QAM），然后经过傅里叶反变换（IFFT），由频域信号转变为时域信号。傅里叶反变换的好处就在于使得各子信道上的信号相互正交，然后经过数/模转换，成为 OFDM 基带信号。为消除多径衰落的影响，在 OFDM 符号间要加入循环前缀作为保护间隔，能有效地避免 ISI（符号间干扰）。

在接收器端，则正好相反，信号要经过快速傅里叶变换（FFT），由时域信号转换为等同的频谱，再经过解调，输出还原成数据信号。

（2）OFDM 技术的优缺点。OFDM 技术的优点是：抗衰落能力强；提高了频率利用效率；非常适合高速数据传输；对抗码间干扰的能力很强；特别适合使用在高层建筑物、居民密集和地理上突出的地方及将信号散播的地区；能保证持续地进行成功的通信；可自动地检测到传输载波存在高的信号衰减或干扰脉冲。其缺点是：对频偏和相位噪声比较敏感，降低了接收到的信噪比；功率峰值与均值比（PAPR）大，从而导致射频信号放大器的功率效率降低；对放大器的线性范围要求更高，增加了发射机和接收机的复杂度。

（3）CDMA 与 OFDM 结合的必要性及优点。由上述内容可看出，OFDM 和 CDMA 技术各有利弊。CDMA 具有众所周知的优点，而采用多种新技术的 OFDM 也表现出了良好的网络结构可扩展性、更高的频谱利用率、更灵活的调制方式和抗多径干扰能力。两者的比较主要在于以下几点。

● 在给定的带宽下，OFDM 的最大数据传输率要远远高于 CDMA，尤其可适应高速（大于 10 Mbps）无线网络视频通信；

● 在给定带宽下，在信道中以同样的信号功率传输时，CDMA 的传输距离要远大于OFDM；

● 在整体抗干扰性方面，CDMA 要优于 OFDM，因此将 CDMA 与 OFDM 技术组合起来，就能充分发挥其优势。

CDMA-OFDM 相结合能充分发挥各自优点，因为 CDMA 是扩频编码，本身就是一种信源编码，因而降低了 OFDM 对功放输出功率和线性度的要求，即在同样的功率下，可传输更远的距离。而 OFDM 是正交多子载波调制并允许子载波频谱混叠，因而具有更高的频率利用率，能适应高速数据传输，所以在 CDMA 与 OFDM 调制相结合的情况下，可大大提高基于 CDMA 的数据传输率。并且，可通过切换又易于与原有的 CDMA 网和 WLAN 网无缝连接且向下兼容。所以，对 4G 手机的一些指标要求，CDMA-OFDM 是一个具有一定优势的方案，因为 4G 手机既要求达到 OFDM 的高速（大于 20 Mbps），又要求与原 CDAM2000 和 CDMA1x，SM-GPRS 向下兼容。此外，在 WLAN 的发展上，又要求扩展通信距离，并做到与 WLAN 网的各个标准兼容互通，因而需要两者相结合的方案。

与普通的 CDMA 相比，CDMA-OFDM 系统具有下述优点。

● 由于信号中加入保护时间带来的灵活性，可以使得在不同小区环境中达到最佳的频谱利用率，因而具有更大的灵活性；
● 由于频率交织，系统提供了更多重数的频率分集，因而具有高容量、高性能；
● 因两者抗干扰的优势结合而有更高的抗干扰性；
● 由于多载波调制的特性，它将高速率信号分割成多个低速率信号，使得信号波形间的干扰得到消除，因而不需要均衡。

因此，CDMA-OFDM 传输技术，完全可用于 3G、4G，从而将大大促进移动视频监控系统的发展。

5.3.3　宽带无线传输

宽带无线传输技术在无线监控市场的应用中，主要有 Wi-Fi 与 WiMAX 两种。

1. Wi-Fi 技术

Wi-Fi（Wireless Fidelity）即无线保真技术，是属于无线局域网（WLAN）的一种，通常是指 IEEE 802.11b 产品，是利用无线接入手段的新型局域网解决方案。IEEE 802.11b 工作频段为 2.4 GHz 的 ISM 自由频段，采用直接序列扩频（DSSS）技术理论上可以达到 11 Mbps 速率。Wi-Fi 技术与蓝牙技术一样，同属于在办公室和家庭中使用的短距离无线技术。

Wi-Fi 是一种可以将个人计算机、手持设备（如 PDA、手机）等终端以无线方式互相连接的技术。Wi-Fi 是一个无线网路通信技术的品牌，由 Wi-Fi 联盟（Wi-Fi Alliance）所持有。目的是改善基于 IEEE 802.11 标准的无线网路产品之间的互通性。

（1）Wi-Fi 技术的特点。Wi-Fi 是指具有完全兼容性的 IEEE 802.11b 子集，它使用开放的 2.4 GHz 直接序列扩频，最大数据传输速率为 11 Mbps，也可根据信号强弱把传输率调整为 5.5 Mbps、2 Mbps 和 1 Mbps 带宽。无须直线传播，传输范围在室外最大为 300 m，室内有障碍的情况下最大为 100 m，是现在使用得最多的传输协议。Wi-Fi 作为宽带接入的一种有效方式，与有线接入相比，其优势主要体现在以下几点。

① 无线电波的覆盖范围广：基于蓝牙技术的电波覆盖范围非常小，半径大约只有 50 英尺左右，约合 15 m，而 Wi-Fi 的半径则可达 300 英尺左右，约 100 m。办公室自不用说，就是在整栋大楼中也可使用。最近，由 Vivato 公司推出的一款新型交换机，能够把目前 Wi-Fi 无线网络 300 英尺（接近 100 m）的通信距离扩大到 4 英里（约 6.5 km）。

② 传输速度快：根据无线网卡使用的标准不同，Wi-Fi 的速度也有所不同。其中 IEEE 802.11b 最高为 11 Mbps，部分厂商在设备配套的情况下可以达到 22 Mbps，IEEE 802.11a 为 54 Mbps，IEEE 802.11g 也是 54 Mbps，而 IEEE 802.11n 甚至可以达到 600 Mbps。因此，Wi-Fi 的传输速度快，完全符合个人和社会信息化的需求。

③ 传输距离较远：别看无线 Wi-Fi 的工作距离不大，在网络建设完备的情况下，IEEE 802.11b 的真实工作距离在室外可以达到 300 m，室内有障碍的情况下达到 100 m，而且解决了高速移动时数据的纠错问题、误码问题，Wi-Fi 设备与设备、设备与基站之间的切换和安全认证也都得到了很好的解决。

④ 无须布线，建设方便：Wi-Fi 最主要的优势在于不需要布线，不受布线条件的限制，非常适合移动办公用户的需要，具有广阔市场前景。由于电波可以达到距接入点半径数十米至 100 m 的地方，用户只要将支持 WLAN 的笔记本电脑或智能手机拿到该区域内，即可高速接入网络，不用耗费资金来进行网络布线接入，从而可节省大量的成本。目前，它已经从传统的医疗保健、库存控制和管理服务等特殊行业向更多行业拓展开去，甚至开始进入家庭以及教育机构等领域。

⑤ 组建方法简单、灵活、方便：Wi-Fi 是由 AP（Access Point）和无线网卡组成的。AP 一般称为网络桥接器或无线访问节点，作为传统的有线局域网络与无线局域网络之间的桥梁，任何一台装有无线网卡的 PC 均可透过 AP 去分享有线局域网络甚至广域网络的资源。一般架设无线网络的基本配备就是无线网卡及一台 AP，如此便能以无线的模式，配合既有的有线架构来分享网络资源，架设费用和复杂程序远远低于传统的有线网络。如果只是几台计算机的对等网，也可不要 AP，只需要每台计算机配备无线网卡，它主要在媒体存取控制层 MAC 中扮演无线工作站及有线局域网络的桥梁。有了 AP，就像一般有线网络的 Hub 一般，无线工作站可以快速且轻易地与网络相连。特别是对于宽带的使用，Wi-Fi 更显优势。有线宽带网络 ADSL、小区 LAN 等到户后，连接到一个 AP，然后在计算机中安装一块无线网卡即可。普通的家庭有一个 AP 已经足够，甚至用户的邻里得到授权后，无须增加端口也能以共享的方式上网。

⑥ 使用健康安全：健康安全也是 Wi-Fi 的一大亮点。IEEE 802.11 规定的发射功率不可超过 100 mW，实际发射功率为 60～70 mW。但是，手机的发射功率为 200 mW～1 W，手持式对讲机高达 5 W，而无线网络使用方式并非像手机那样直接接触人体。因此，使用 Wi-Fi 可以说是安全的。

（2）Wi-Fi 组网方案。

① 常用组网方案。较之有线网络，无线组网更加灵活、方便。对于最简单的两台计算机组网情况来说，可以采用点对点的对等结构，并且不需要无线 AP；如果是多台计算机组网（超过两台），最好以无线 AP（或无线路由器）为中心的 Infrastructure（基础结构）模式。采

用 Infrastructure 模式组网时，既可以是单纯的无线网络，也可以是无线、有线混合网络，将无线网络作为有线网络的补充。

（a）自组织网络：自组织（Ad Hoc）网络，又称为无 AP 网络或对等网络，是最简单的无线局域网拓扑结构，由一组有无线接口的计算机（无线客户端）组成一个独立基本服务集（Independent Basic Service Set，IBSS），这些无线客户端有相同的工作组名、扩展服务集标识符（ESSID）和密码，网络中任意两个站点之间均可直接通信。

（b）基础网络结构：基础网络机构（Infrastructure Network）也称为有中心网络，由一个或多个无线 AP 以及一系列无线客户端构成。在基础结构网络中，一个无线 AP，以及与其关联（Associate）的无线客户端成为一个基本服务集（Basic Service Set，BSS），两个或多个 BSS 可构成一个扩展服务集（Extended Service Set，ESS）。基础网络结构使用无线 AP 作为中心站，所有无线客户端对网络的访问均由无线 AP 控制，这样，当网络业务量增大时网络吞吐性能及时延性能的恶化并不剧烈。由于每个站点只需在中心站覆盖范围内就可与其他站点通信，因此网络布局受环境限制比较小。基础结构网络拓扑结构的弱点是抗毁性差，中心站点的故障容易导致整个网络瘫痪，并且中心站点的引入增加了网络成本。

② 基于无线网桥的室外组网方案。无线网桥主要有以下三种组网模式。

（a）点对点组网模式：点对点无线桥接模式一般由一对无线网桥和一对室外天线组成。可以采用 2.4 GHz 或 5.8 GHz 的室外型无线网桥，根据所采用的设备不同，数据传输速率为 5～30 Mbps。

（b）点对多点组网模式：点对多点无线桥接模式适用于有一个中心站、多个远端站的情况，中心站采用全向天线，以蜂窝覆盖方式进行，其他远端站均采用定向天线。点对多点无线桥接模式组网成本低、维护简单，并且由于中心站使用全向天线，设备调试相对容易。分布式蜂窝组网也属于点对多点桥接模式，也就是扇区组网，投入大，它利用不同增益的覆盖天线，来增加覆盖范围。

（c）中继组网模式：当需要连接的两个局域网之间有障碍物遮挡而无法直视时，可以考虑使用无线中继的方法绕开障碍物，来实现两点之间的无线桥接。中继站若使用两台设备，可以保证实际带宽不会有减少，若使用一台设备，则可以减少投资，可使用的实际带宽只有原来的一半，类似于点对多点一样。

（3）Wi-Fi 技术在安防中的应用。当前，很多安防设备都支持 Wi-Fi 接口，如网络摄像机、视频服务器与出入口控制设备等，市场上也存在着专门的无线 Wi-Fi 摄像机与无线 Wi-Fi 视频服务器，某些报警设备产品也集成了视频监控也支持 Wi-Fi 技术，它们通过 Wi-Fi 网络传输报警时的视频图像。在 Wi-Fi 网络覆盖区内，有如下的安防应用。

● 移动定位：如在车辆等移动物体上安装无线 Wi-Fi 视频终端或安全帽式无线 Wi-Fi 终端，系统就可以对它们进行实时定位。在紧急情况下，监控中心就可通过定位信息了解相关人员和车辆等移动物体的具体位置，从而可组织调度相关资源，以加快应急处理速度。

● 移动视频监控：如在车辆等移动物体上安装无线 Wi-Fi 视频终端或安全帽式无线 Wi-Fi 终端，它们的移动就不会受到网络的限制，而正常地进行视频拍摄，并传输至监控指挥中心。显然，除用于车辆等移动物体外，它还可用于矿山的矿井内的监控。

213

- 空间监控：无线 Wi-Fi 视频终端还可以与报警设备链接，对特殊气体、震动、温度、通风等进行检测，而形成空间监控，并把所有检测到的数据传送到监控中心处理。
- 家庭监控：在家庭中，一般可利用无线 Wi-Fi 网络监控家庭中的一切情况，如监控家庭的安全情况，尤其监控保姆照顾孩子与老人的情况，并且可提供远程访问服务。
- 幼儿园监控：可利用无线 Wi-Fi 网络监控孩子在幼儿园的活动情况，并且可提供远程访问服务。
- 医院监控：可利用无线 Wi-Fi 网络监控病人在医院的情况，并且也可提供远程访问服务。
- 机车监控：如在机车上安装 Wi-Fi 网络，就可监控每节车厢内及过道的情况，并且还可通过 3G 提供远程监控访问服务。

（4）Wi-Fi 技术的发展现状及方向。

① Wi-Fi 技术与现有通信技术的结合。家庭和小型办公网络用户，对移动连接的需求是无线局域网市场增长的动力，到目前为止，美国、日本等发达国家仍然是目前 Wi-Fi 用户最多的地区。随着电子商务和移动办公的进一步普及，廉价的 Wi-Fi 必将成为那些随时需要进行网络连接用户的必然之选。但 Wi-Fi 技术的商用碰到了许多困难：一方面，受制于 Wi-Fi 技术自身的限制，如其漫游性、安全性和如何计费等都还没有得到妥善的解决；另一方面，由于 Wi-Fi 的赢利模式不明确，如果将 Wi-Fi 作为单一网络来经营，商业用户的不足会使网络建设的投资收益比较低，因此也影响了电信运营商的积极性。但从 Wi-Fi 技术定位看，对于电信运营商而言，Wi-Fi 技术的定位主要作为高速有线接入技术的补充，将来逐渐也会成为蜂窝移动通信的补充。可以说，只有各种接入手段相互补充使用才能带来经济性、可靠性和有效性。因而，它可以在特定的区域和范围内，发挥对现有通信系统的重要补充作用，而 Wi-Fi 技术与它们相结合，必将具有广阔的发展前景。

Wi-Fi 是高速有线接入技术的补充。目前，有线接入技术主要包括以太网、XDSL 等。Wi-Fi 技术作为高速有线接入技术的补充，具有可移动性、价格低廉的优点。Wi-Fi 技术广泛应用于有线接入需无线延伸的领域，如临时会场等。由于数据速率、覆盖范围和可靠性的差异，Wi-Fi 技术在宽带应用上将作为高速有线接入技术的补充。而关键技术无疑决定着 Wi-Fi 的补充力度。现在 OFDM、MIMO、智能天线和软件无线电等，都开始应用到无线局域网中以提升 Wi-Fi 性能，比如说 IEEE 802.11n 计划采用 MIMO 与 OFDM 相结合，使数据速率成倍提高。另外，天线及传输技术的改进使得无线局域网的传输距离大大增加，可以达到几千米。

Wi-Fi 是蜂窝移动通信的补充，Wi-Fi 技术的次要定位是蜂窝移动通信的补充。蜂窝移动通信可以提供广覆盖、高移动性和中低等数据传输速率，因此它可以利用 Wi-Fi 高速数据传输的特点弥补自己数据传输速率受限的不足。而 Wi-Fi 不仅可利用蜂窝移动通信网络完善的鉴权与计费机制，而且可结合蜂窝移动通信网络广覆盖的特点进行多接入切换功能。这样就可实现 Wi-Fi 与蜂窝移动通信的融合，使蜂窝移动通信的运营锦上添花，从而可进一步扩大其业务量。

Wi-Fi 是现有通信系统的补充。无线接入技术主要包括 IEEE 802.11、IEEE 802.15、IEEE 802.16 和 IEEE 802.20 标准，这分别是指 WLAN、无线个域网 WPAN（蓝牙与 UWB）、无线城域网 WMAN（WiMAX）和宽带移动接入 WBMA。一般，WPAN 提供超近距离无线高数据传输速率连接，WMAN 提供城域覆盖和高数据传输速率。

WBMA 提供广覆盖、高移动性和高数据传输速率，Wi-Fi 则可以提供热点覆盖、低移动性和高数据传输速率。对于电信运营商来说，Wi-Fi 技术的定位主要是作为高速有线接入技术的补充，逐渐也会成为蜂窝移动通信的补充。当然，Wi-Fi 与蜂窝移动通信也存在少量竞争。一方面，用于 Wi-Fi 的 IP 语音终端已经进入市场，这对蜂窝移动通信有一部分替代作用；另一方面，随着蜂窝移动通信技术的发展，热点地区的 Wi-Fi 公共应用也可能被蜂窝移动通信系统部分取代。但总体来说，它们是共存的关系，如一些特殊场合的高速数据传输必须借助于 Wi-Fi，像波音公司提出的飞机内部无线局域网；而在另外一些场合使用 Wi-Fi 可以较为经济，像实现高速列车内部的无线局域网等。

此外，从当前 Wi-Fi 技术的应用看，其中热点公共接入在运营商的推动下发展较快，但用户数少，并缺乏有效的盈利模式，使 Wi-Fi 呈现虚热现象。所以，Wi-Fi 虽然是通信业中发展的新亮点，但是主要应定位于现有通信系统的补充。

目前，公共接入服务的应用，除了上网、接收 E-mail 等既有应用之外，并未出现对使用者而言具有独占性、迫切性、必要性之应用服务，可使消费者产生另一种新的使用需求，这也是它难以大量吸引用户的原因。百年来通信发展的历史证明，使用一种包办所有功能的通信系统是不可能的，各种接入手段的混合使用才能带来经济性、可靠性和有效性的同时提高。毫无疑问，第三代蜂窝移动通信（3G）技术是一个比较完美的系统，它有较高的技术先进性、较强的业务能力和广泛的应用。但是，Wi-Fi 可以在特定的区域和范围内发挥对 3G 的重要补充作用，Wi-Fi 技术与 3G 技术相结合，会有广阔的发展前景。

② Wi-Fi 技术的发展方向。Wi-Fi 技术作为无线局域网家族中的重要组成部分，近年来发展迅速。伴随着 3G 的快速发展，越来越多的运营商正在推出允许 Wi-Fi 无线网络访问其 PS 域数据业务的服务，以缓解蜂窝网数据流量压力。因此，在新的市场环境下，Wi-Fi 无线网络的应用又迸发出新的活力。对于 Wi-Fi 技术而言，漫游、切换、安全、干扰等方面都是运营商组网时需考虑的重点。随着骨干传输网容量和传输速率的提高，无论采用平面或者两层的架构都不会影响到用户的宽带快速接入。随着 IAPP 及 Mobile IP 技术的完善、IPv6 的发展也可以最终解决漫游和切换的问题。

当前，Wi-Fi 技术的发展方向包括以下几项。

● 网络技术，覆盖更大的范围，从热点到热区到整个城市；
● Wi-Fi 手持终端和 VoWLAN 业务必然成为潜在的应用模式；
● 基于 IP 的 Wi-Fi 的交换技术和开放的业务平台，将使 WLAN 网络更智能、更易管理；
● 基于多层次的安全策略（如 WEP、WPA、WPA2、AES、VPN 等）提供不同等级的安全方案，将使企业、个人用户可以根据不同的性价比来选择满足自己需要的安全策略。

2. WiMAX 技术

在 2001 年 4 月，成立了世界微波接入互操作性论坛（World Wide Interoperability for Microwave Access，WiMAX），当时是为了 10～66 GHz 频段的 IEEE 802.16 原始规范而成立的。WiMAX 的主要职能是根据 IEEE 802.16 和 ETSI HIPeRMAN 标准形成一个可互操作的全球统一标准，保证设备商开发的系统构件之间具有可认证的互操作性。随着 IEEE 802.16a 标准的推出，WiMAX 决定把重点放在 256 OFDM 物理层上，并与无任选项目的 MAC 结合，以保证所有的 WiMAX 实施项目有一个统一的基础。WiMAX 将制定一致性测试和互操作性测试的计划，选择认证实验室并为 IEEE 802.16 设备供应商主持有关互操作性的活动，采用早先由 Wi-Fi 倡导的方法，通过定义和开展互操作性测试，以及授予供应商"WiMAX Certified"标签，把相同的好处带给 BWA 市场。WiMAX 将有助于无线城域网产业的形成。

为了把可互操作性引入 BWA 市场，WiMAX 论坛把重点放在建立一套独特的基本特点子集，可以在所谓的"系统轮廓"（Sysytem Profile）中加以分类。系统轮廓是所有合格系统必须满足的，这些系统轮廓结合一套测试协议将形成一个基本的可互操作的协议，允许多个供应商的设备互操作。初期有三个系统轮廓，包括不需要牌照的 5.8 GHz 频段，以及需要牌照的 2.5 GHz 和 3.5 GHz 频段。现在还打算包括更多的系统轮廓，包括 2.3 GHz 频段等。系统轮廓可以使系统适应各地运营商所面临的在频谱管理方面的限制，例如，若欧洲一个工作在 3.5 GHz 频段的服务提供商分配到 14 MHz 的频谱，它就很可能希望设备能支持 3.5 MHz 和 7 MHz 的信道带宽，采用 TDD 或 FDD 工作方式，视管制需要而定；类似地，美国一个使用不需牌照的 5.8 GHz UNII 频段的无线 ISP（WISP）就可能希望设备支持 TDD 和 10 MHz 带宽。

目前，基于 ISO/IEC 9646 规定的测试方法，WiMAX 正在制订一套结构式合格程序，其最终结果是一整套测试工具。WiMAX 将把它们提供给设备开发商，使其在早期产品开发阶段把一致性和互操作性考虑进去。最终，WiMAX 论坛的一整套一致性测试和互操作性测试方法，将使服务提供商能够从多个生产符合 IEEE 802.16 标准的 BWA 设备的供应商那里，选购最适合它们独特环境的设备。

WiMAX 对元器件制造商的好处是，给硅片供应商创造了一个巨大商机；WiMAX 对设备制造商的好处是，由于存在一个基于标准的平台，在此平台上可以迅速增加新功能，故而使创新更快。

WiMAX 对运营商的好处更多，因为有一个公共平台，能使设备成本很快下降，性价比迅速提高；能通过填补宽带接入空白地区产生新的收入；迅速提供 T1/E1 级的、"按需"的高利润宽带业务；因规模经济而降低建设投资风险；不再锁定于一个供应商，因为基站与多家供应商的 CPE 可以互操作。

WiMAX 对消费者的好处是多一种宽带接入的选择，有利于促进竞争，降低服务费，尤其能促进在缺少服务地区的宽带接入建设，如在建设接入很困难的世界城市中心、在用户离中心局太远的郊区、在基础设施薄弱的农村地区和人口稀少地区。

IEEE 802.16 标准是一种无线城域网技术，它能向固定、携带和游牧的设备提供宽带无线连接，还可用来连接 IEEE 802.11 热点与因特网，提供校园连接，以及在"最后一公里"宽带接入领域作为 Cable Modem 和 DSL 的无线替代品。它的服务区范围高达 50 km，用户与基站之间不要求视距传播，每基站提供的总数据速率最高为 280 Mbps，这一带宽足以支持数百个采用 T1/E1 型连接的企业和数千个采用 DSL 型连接的家庭。IEEE 802.16 标准得到了领先设备制造商的广泛支持，许多 WiMAX 的成员公司同时参与 IEEE 802.16 和 IEEE 802.11 标准的制定，可以预料 IEEE 802.16 和 IEEE 802.11 的结合将形成一个完整的无线解决方案，为企业、住宅和 Wi-Fi 热点提供高速因特网接入。

（1）WiMAX 技术的特点。

① 传输距离远、接入速度高、应用范围广。WiMAX 采用 OFDM 技术，能有效地抗多径干扰；同时采用自适应编码调制技术，可以实现覆盖范围和传输速率的折中；利用自适应功率控制，可以根据信道状况动态调整发射功率。正因为有这些技术，WiMAX 的无线信号传输距离最远可达 50 km，最高接入速度达到 75 Mbps。由于其具有传输距离远、接入速度高的优势，其可以应用于广域接入、企业宽带接入、移动宽带接入，以及数据回传等几乎所有的宽带接入市场。

② 不存在"最后一公里"的瓶颈限制，系统容量大。WiMAX 作为一种宽带无线接入技术，它可以将 Wi-Fi 热点连接到互联网，也可作为 DSL 等有线接入方式的无线扩展，实现"最后一公里"的宽带接入。WiMAX 可为 50 km 区域内的用户提供服务，用户只要与基站建立宽带连接即可享受服务，因而其系统容量大。

③ 有利于抗衰落、抗多径干扰、降低成本。在物理层，WiMAX 支持 SC（单载波）、256 OFDM（正交频分复用）、2048 OFDM（OFDMA，正交频分多址）三种物理层，分别对应的 QPSK/16QAM/64 QAM/256 QAM 调制技术加频域均衡、256 FFT OFDM 调制技术、2048 FFT OFDM 调制技术，因而有利于抗衰落、抗多径干扰、降低实现成本。同时采用天线极化方式、天线阵等天线分集技术来应对 NLOS 和 OLOS 造成的深衰落，从而提高了 WiMAX 的无线数据传输性能。在"最后一公里"城域网的传输过程中，面对复杂的应用条件，WiMAX 采用物理层自适应参数调整技术，对前向纠错编码参数、ARQ 参数、功率天平等多项物理层参数进行自适应调整，效果非常明显。

④ 具有 QoS 保证，能提供广泛的多媒体通信服务。WiMAX 向用户提供固定比特率（Constant Bit Rate，CBR）、承诺速率（Committed Rate，CIR）及尽力而为（Best Effort，BE）三种 QoS 等级服务，其中 CBR 的优先级最高，CIR 次之，BE 最低。在 MAC 层加入了 AQR 机制、动态频率选择（DFS），以及具有 QoS 保证的包调度算法，并且还向用户提供具有 QoS 性能的数据、视频、语音业务。因此，WiMAX 具有 QoS 保证，也为无线传输性能提供了保证。由于 WiMAX 具有很好的可扩展性和安全性，从而可以提供面向连接的、具有完善 QoS 保障的、电信级的多媒体通信服务，其提供的服务按优先级从高到低有主动授予服务、实时轮询服务、非实时轮询服务和尽力投递服务。

⑤ 传输速率高、安全性高，能提高频谱利用率。IEEE 802.16 采用无须授权的 2～66 GHz 频段，信道带宽可根据需求在 1.5～20 MHz 范围进行调整，当在 20 MHz 的信道带宽时，能支持高达 100 Mbps 的共享数据传输速率。值得提出的是，新的 IEEE Std 802.16m—2011 作为下一代 WiMAX 标准，能支持超过 300 Mbps 的下行速率。

WiMAX 空中接口专门在 MAC 层上增加了私密子层，不仅可以避免非法用户接入，保证合法用户顺利接入，而且还提供了加密功能（如 EAP SIM 认证），以保护用户隐私。WiMAX 的 MAC 层采用 TDMA 方式，可以是 TDD 或 FDD 双工模式，以保证传输时延，支持面向连接的业务。它为系统提供动态分配带宽的能力，以满足多媒体传输业务的需求，包括音/视频、语音业务等。同时，在 TDD 双工模式下的非对称分配上下行带宽，也能满足像视频点播（VOD）业务的特殊性要求（下行带宽要求高）都同样提高了 WiMAX 的频谱利用率。

⑥支持移动性，支持非视距，适用于室外的 BWA 应用。WiMAX 利用无线发射塔或天线，能提供面向互联网的高速连接。它可以替代现有的有线和 DSL 连接方式，针对固定和移动的城域无线网络提供用户站（SS）和基站（BS）间的宽带无线接入（BWA）技术，来提供"最后一公里"的无线宽带接入。WiMAX 可应用于固定、简单移动、便携、游牧和自由移动这五类应用场景。

WiMAX 选用 OFDM 是由于它在保持高频谱效率、最大限度利用可用频谱的同时，还具备支持非视距性能的能力。在 CDMA 的情况下，为了保证处理增益能够克服干扰，射频带宽必须比数据吞吐量大许多。如果数据速率高达 70 Mbps，就需要射频带宽超过 200 MHz 才能提供相应的处理增益和非视距能力，并且所设计的 MAC 层还能适应杂乱的物理层环境，即在室外工作时遇到的干扰、快衰落和其他现象。

（2）WiMAX 组网技术。20 世纪 90 年代以来，随着移动通信的大发展，无线通信日益受到重视，其地位变得越来越重要，其应用也越来越广泛。大到卫星网，小到无线个人域网（WPAN）甚至人体域网（BAN），中间除了蜂窝移动通信外，还有固定无线接入（FWA）系统、WLAN、无线城域网、自由空间光（FSO）通信系统、平流层气球通信等宽带系统。它们各占各的频段，各有各的定位，各有各的设计目的，各有各的用武之地，各有各的市场空间。今后这些五光十色的宽带无线网将彼此相连，互为补充，并与固定网络融合在一起，为人类提供从窄带到宽带的各种无线服务。当然，这些无线宽带网在覆盖和服务方面免不了会有一些重叠，在经营上也必然会有竞争。

人们开发 3G 或 Wi-Fi/WiMAX 都是因为看到了市场对移动性日益高涨的需求，因为移动性是人类提高劳动生产率的下一个浪潮，人们希望在任何地方都能上网通信、做事、办公、娱乐和获取信息。但是，3G 和 Wi-Fi/WiMAX 的着眼点不同。3G 着眼于手机，数据速率相对较低，但在语音和手机应用方面将做得比较出色。而 Wi-Fi/WiMAX 着眼于笔记本电脑。有人预计在今后 5～10 年中，各行各业将纷纷转向无线。一旦人们用上了无线，使用笔记本电脑的时间将增加 30%，因为无线可使人们随身带着电脑随时随地使用。Wi-Fi 和 WiMAX 主要针对高速数据，语音是附带的。虽然 WiMAX 最终将能移动，但在语音上不会喧宾夺主。如果用户想要 DSL 水平的无线接入，他可能会选 WiMAX（这是它的定位），而不会选 EV-DO。但是，世界上想随时随地使用电脑的人毕竟只是一部分，还有许多人仍热衷于手机，故 3G 不会因为 WiMAX 的出现而死亡。即便在 WiMAX 与 Wi-Fi 之间同样也存在着互补与竞争的关系，不可能有一统天下的无线网络。因此，3G 发展比较好的日本和韩国现在也引入 WiMAX，因为只有这样它们才可能提供所有它们想提供的业务。

对电信运营商来说，采用 WiMAX 也是必然的，因为它们能使用户真正获得高速连接。由 WiMAX 的特点可知，WiMAX 终将成为固定网络的补充网络，也将是未来无线传输网络的重要组成部分。以下就是它的三种混合组网技术。

① WiMAX 与 Wi-Fi 的混合组网：Wi-Fi 是基于 IP 的无线网络技术，能提供较高的网络带宽，可用于组建 WLAN。但是，Wi-Fi 的覆盖范围小，无法覆盖较大的城区范围，也无法在高速移动环境下使用。WiMAX 与 Wi-Fi 联合组网，切实可行的方式是利用 WiMAX 把 Wi-Fi 热点连接起来，为 WLAN AP 提供 EI/TI 和 IP 双通道无线传输，实现更广范围的高速无线接入。使 Wi-Fi 摆脱地域空间的限制，更好地给用户提供数据服务。

② WiMAX 与 3G 的混合组网：WiMAX 的数据传输速率远高于 3G 系统，但它主要向固定、便携或者低速移动的用户提供接入方法，无法支持高速移动中的无缝漫游。而支持快速漫游和提供全网覆盖的通话业务又是 3G 的优势，这就为 WiMAX 与 3G 的融合组网提供了可能。

具体的融合组网方案是，利用 WiMAX 对高速数据业务的支撑能力，用它覆盖数据业务密集的城区，再利用 3G 支持快速漫游和提供全网覆盖，实现语音及低速数据的连续传输的特点。这样，就可给原有 3G 用户和 WiMAX 用户引入更强的业务优势。如 3G 用户就可使用更高速的无线宽带接入，WiMAX 用户可以享受更广域的无线服务，更好的移动性能。

③ WiMAX 与无线网状网络的混合组网：无线网状网络（WMN）作为宽带无线网络结构，具有多跳、自组织和自愈的特点，是一种高容量和高速率的分布式网络。为扩展覆盖范围、增强远离基站的终端通话质量，以及提高数据吞吐量，WiMAX 将新型网络结构形态 Mesh 结构，纳入到 IEEE 802.16 系列标准当中，以增强和扩展传统的点对点结构。而工作在高频段上的固定宽带无线接入系统，受视距传输的限制，无法直接面向众多的终端用户，但能实现较高的系统容量。Mesh 网中众多的网关节点，需要一个可连接到骨干网的接口，这一接口若采用光纤等有线技术，在网络规划和网络实施时将受到极大的限制。

因此，可以把 Mesh 网络结构同 WiMAX 无线接入系统相结合，然后通过 WiMAX 无线宽带接入基站，实现 Mesh 网络中的网关节点到骨干网的接入。另一方面，基于 Mesh 网络的特点，IEEE 802.16 标准规定，在 2～11 GHz 频段范围内，MAC 层需采用 Mesh 网络拓扑结构进行覆盖距离的扩展。通过基于分组数据的多跳路由技术，Mesh 绕过障碍、干扰和拥塞，为非视距传输提供良好的支持，从而大大增强了 WiMAX 系统。

（3）WiMAX 存在的问题。自 1994 年中国互联网开始商用，国内各运营商开始设计和搭建自己的城域网进行运营，城域网经历了蓬勃发展的历程，为互联网和其他数据业务提供了良好的支撑。通信网络的发展历史表明，市场需求的不断提升，要求城域网络提供相应的结构调整和升级。

WiMAX 发展还面临许多问题，具体概括为以下两个方面。

① 实际运营中存在的问题。由于历史和成本的问题，目前的城域网一般都是 ATM、SDH 和 MSTP 共存的形式，随着业务的发展逐渐显露以下问题。

城域网的最大潜力发挥问题。主要业务单独建网，传输承载网统一承载，业务的新增或变更带来城域网络大规模的建设和结构的大量调整，工程实施周期长，难以应对社会需求的迅速变化。另外，传输网对多业务网络的承载，使得传输网络传输效率较低，不能发挥城域网的最大潜力。

成本问题。由于城域网络的网络结构繁冗复杂，运营商可提供的产品相对于有线产品，成本太高，不利于普及，只能满足中高端客户，对低端客户尚不能提供低成本接入方案。随着 WiMAX 的大规模商用，其成本也将会大幅度降低。在未来的无线宽带市场中，尤其是专用网络市场中，WiMAX 将占有重要位置。

快速灵活部署问题。城市人口密集区域，从各个运营商的城域网到用户处都需要通过驻地网完成接入。若使用光缆施工，施工速度缓慢、工期较长，不利于业务的快速部署。其中，中国联通因为基站的大量建设，为固网接入提供了有别于光缆的微波接入，可以在北京各个角落提供微波部署，具备一定的灵活性。

② 城域网技术存在的问题。目前，城域网技术存在的问题主要体现在以下几个方面。

网络难以升级。基于电路交换网络的 ISDN、DDN、VDSL 专线可提供的带宽较窄，传输距离有限，难以组建规模企业数据网络，网络难以升级。此种方式已经较少有客户接受，市场上中国电信、中国网通、中国铁通可以提供此类专线。

接入能力有限，容易造成带宽浪费。ATM+IP 网络，虽然可以保证 QoS，提供灵活带宽分配，但是接入设备昂贵，接入能力有限。比如客户端一台可以接入 8E1 或 STM-1/4 专线的华为 MA5103，价格达数万元。可提供端口为 8E1 以下，或者是 STM-1/4，没有灵活的带宽过渡，容易造成带宽浪费。同时，ATM 网络需要 SDH 网络提供承载，层级复杂，市场上的提供商主要是中国联通。

端口类型有限，带宽不能灵活分配。PDH、SDH 网络，可以提供 $N \times$E1 或 STM-1/4 端口，端口类型有限，若用户需要其他类型的端口，需要加装相应的网桥设备，增加故障点。带宽不能够灵活分配，对于小带宽，如 5E1 专线，尚可采用 E1 转以太网网桥进行接入，对于数十兆带宽的用户同样需要占用 STM-1 端口，在加装相应设备后接入，造成带宽的严重浪费，相应的单节点设备接入能力受到限制，无法满足大量不同带宽用户的组网需求，各大运营商都可提供此类专线。

处理效率不高。MSTP 网络在 SDH 技术的基础上，吸收了以太网、ATM、MPLS、RPR（弹性分组环）等技术的优点，对业务接口进行了丰富，并且在业务接口板增加了以太网、ATM、MPLS、RPR 等处理能力，从而成为近期内实现统一以上业务的多业务传送平台。但是由于 MSTP 技术数据帧的处理只是在接口板上，须经过 GFP 封装进入 SDH 的帧，进行传送，处理效率不高。MSTP 构建于 SDH 技术基础上，受限于 SDH 网络的部署和带宽限制，虽然能够灵活分配带宽，但是当大量大带宽用户接入，MSTP 同样力不从心。中国电信、中国网通在部分大城市已经可以使用 MSTP 承载业务，其他运营商应用较少，处于观望状态。

需解决频率问题。许多国家的频率资源紧缺，目前都还没有分配出频带给 WiMAX 技术使用，频率的分配直接影响系统的容量和规模，这决定了运营商的投资力度和经营方向。

需解决与现有网络的相互融合问题。IEEE 802.16 系列技术标准只是规定空中接口，而对于业务、用户的认证等标准都没有一个统一的规范，因而需要通过借助现有网络来完成，因此还必须解决与现有网络的相互融合问题。在有线系统难以覆盖的区域和临时通信需要的领域，可作为有线系统的补充。

（4）下一代城域网的需求及发展方向。由于 DWDM 波分复用技术的使用，全国骨干网已可以实现 Tbps 级的传输速率；千兆以太网的推进，局域网也可以在可预见的时间内提供良好的业务支撑。所以，网络升级的瓶颈主要在于骨干网和局域网之间的城域网，尚不能适应市场和技术的发展。根据以上分析，下一代城域网络应该满足以下要求。

① 基于分布式管理的单一平台支持各种协议和业务。

在大中城市，业务的发起地点并不具备集中性，分布式的城域网络利于就近接入，提高

220

城域传输网络传输效率。传统电路交换网络中，采用城域骨干网、区域模块局、驻地接入网三个层面，业务需要通过驻地网汇入区局机房，再进入城域骨干网。下一代城域网络应采用二层结构，区局设备与驻地网设备进一步集中，用户至区局路由控制在一跳，增强区局管理能力。

单一业务平台可以集中建设和维护力量，减少网络层级和故障点，各种业务和协议运行于同一承载网络，非常便于新业务的开展和现有业务的调整，也利于统一的业务账户、业务计费、营销计划。

② 接入带宽灵活调配，扩展灵活。由于网络使用的普遍性，使得市场对网络产品的要求越来越具有多样性。早期的 SDH 组网方案考虑到用户使用 2 Mbps 电路可以满足中长期的需求，相应的接口规范主要为 2 Mbps、34 Mbps、45 Mbps、155 Mbps、622 Mbps、2.5 Gbps 等，而今，根据用户实际使用带宽的不同，出现了大量 20 Mbps、50 Mbps、70 Mbps 等不规则的需求，考虑到不同板卡的成本因素，运营商一般对此类用户提供了 SDH 155 Mbps 的端口，用于接入，造成了大量端口使用的低效率。下一代网络应该能够提供 2 Mbps～2.5 Gbps 范围内各种灵活的带宽，以适应市场的多样性需求，并且带宽的调配尽量控制在设备的数据调整层面，减少硬件的更迭，加快业务的提供。

③ 易于使用、可远程控制、统一的网管能力。

信息化的普遍性使得大部分具备通信网络需求但并没有网管能力的企事业单位开始逐步成为运营商的客户，对于这部分客户，易用性成为了重要的参考依据。以北京为例，虽然中高端的互联网用户被电信、联通、网通瓜分，但是在中低端市场，电信通、光环新网、中电华通、中电飞华、歌华网络竟然占据了较高的市场份额，这主要得益于二级运营商的服务前端化，提供了包括企业杀毒、局域组网、傻瓜式接入等一级运营商不能提供的服务，高易用性是这些企业生存的重要法宝。

信息化使得客户对网络的依赖程度进一步加大，企业网络渐渐成为正常运营的重要生命线，网络的故障和不稳定，往往会带来重大的经济损失。在信息化建设启动初期，由于运营商网管能力、空间距离等因素，若光缆线路出现中断，业务恢复的时间长达数小时至数天。

如今，虽然运营商已经可以部分实现远程控制，并把光缆故障修复时间承诺在 4 小时以内，但是，损失已经随着网络在企事业运营中的重要性的提高，而越来越大，相应的，客户要求业务恢复时间越来越短。由于大中城市的交通的恶化，维护人员到达现场的时间大大延长，所以提高恢复速度的一个较好的办法是进一步提升远程控制能力，减少不可控因素的发生概率。

市场竞争的激烈，使得运营商不得不提高自身的网管水平。下一代城域网络建设，应采用统一网管系统，可网管到用户上行端口的管理能力，便于维护人员主动发现问题，及时防范故障发生，提高用户对线路稳定性的感受。

④ 成本低廉。市场竞争主体的混乱竞争，使得网络业务资费快速走低，面对竞争的加剧，下一代城域网络需要实现成本低廉的接入方案，以保证企业合理的利润水平。同时，低廉的成本和资费也将加快信息化的推进速度，提升社会整体信息化水平。

⑤ 易于部署，快速接入。在目前情况下，运营商根据组网技术、施工流程、施工难度、

网络容量、物业阻碍、接入手段单一等限制，在双方签约后，往往需要 15～30 个工作日完成接入，不仅客户感知费神费力，而且运营商也需要内部多个部门协同合作，完成工程，人工和时间成本居高不下。例如，某用户需要光缆接入的互联网 100 Mbps 专线，运营商施工人员需要完成管道施工（若没有现成的路由情况下）、光缆铺设、ODF 成端、尾纤和电缆施工、传输设备安装、楼内布线、数据设备安装调测等环节，对于需求紧急客户，往往难以满足。下一代网络应结合光缆、微波、WiMAX、3G 等多种接入手段，这样可以提供 2～30 个工作日的弹性接入速度，以快速部署业务。

⑥ 支持不同服务质量要求。下一代城域网络作为骨干网和局域网之间的重要桥梁，需要能够承载骨干网的各种不同服务质量要求的业务，实现"一线接入、业务随选"的能力，不应像现在各种城域网，对于不同服务质量的语音、数据、视频等业务要建设不同的网络，这也是网络融合的需要。

⑦ 进一步加强无线网络安全问题的研究。基于 IEEE 802.16 标准的无线城域网技术是目前无线宽带接入网络的主流技术之一，能向固定、携带和游牧的设备提供宽带无线连接，它的安全性备受瞩目。宽带无线接入网是无线互联网的一个重要组成部分，宽带无线接入网的安全问题是整个无线互联网安全体系的重要组成部分，具有很高的研究价值。无线网络是计算机和通信技术结合发展的一个重要方向，随着无线网络的广泛应用，无线网络中的数据安全也越来越受到用户的关注，因此研究无线网络的安全问题有着非常重要的意义。

WiMAX 技术起点较高，采用了代表未来通信技术发展方向的 OFDM/OFDMA、AAS、MIMO 等先进技术，随着技术标准的发展，WiMAX 将逐步实现宽带业务的移动化，而 3G、4G 移动通信网则将实现移动业务的宽带化，这两种网络的融合程度将会越来越高。

5.3.4　4G 与 5G 移动通信技术

1. 4G 移动通信

4G 通信技术并没有脱离以前的通信技术，而是以传统通信技术为基础，并利用了一些新的通信技术，来不断提高无线通信的网络效率和功能。如果说 3G 能为人们提供一个高速传输的无线通信环境的话，那么 4G 通信会是一种超高速无线网络，一种不需要电缆的信息超级高速公路，这种新网络可使电话用户以无线及三维空间虚拟实境连线。

与传统的通信技术相比，4G 通信技术最明显的优势在于通话质量及数据通信速度。随着技术的发展与应用，现有移动电话网中手机的通话质量还在进一步提高。数据通信速度的高速化的确是一个很大优点，它的最大数据传输速率达到 100 Mbps（这个速率是移动电话数据传输速率的 1 万倍，也是 3G 移动电话速率的 50 倍）。由于技术的先进性确保了成本投资的大大减少，未来的 4G 通信费用也会比现在的通信费用低。

4G 移动通信系统和 3G 系统参数的比较如表 5-4 所示。

通过比较可以看出，同 3G 等已有的数字移动通信系统相比，4G 系统应具有更高的数据率、更好的业务质量（QoS）、更高的频谱利用率、更高的安全性、更高的智能性、更高的传输质量、更高的灵活性；4G 系统应能支持非对称性业务，并能支持多种业务；4G 系统应体现移动与无线接入网和 IP 网络不断融合的发展趋势，4G 系统是一个全 IP 的网络，有着不可比拟的优越性。

表 5-4　4G 系统和 3G 系统参数的比较

	3G	4G
开始时间	2002 年	2010—2012 年
驱动技术	智能信号处理	智能软件自动配置
典型标准	WCDMA、CDMA2000、TD-SCDMA	OFDM、UWB
标准化组织	3GPP 3GPP2 ITO	IEEE 802.16a/d/e（WiMAX）
频带范围	1.8～2.5 GHz	2～8 GHz
带宽	2～5 Mbps	10～20 MHz
多址技术	CDMA	FDMA、TDMA、CDMA、SDMA
蜂窝覆盖	小区域	微小区域
核心网络	电信网，部分 IP 网	全 IP 网
业务类型	语音为主，数据叠加其上，部分多媒体	语音和数据融合，多媒体
网络体系结构	基站方式的广域网模式	融合局域网、广域网的混合模式
数据速率	2 Mbps（实际部署 384 kbps）	20～100 Mbps
接入方式	W-CDMA	OFDM、MC-CDMA、LAS-CDMA
交换方式	电路/分组交换	分组交换
前向纠错码	1/2、1/3 卷积码	级连码
模块设计	天线优化设计，采用多载波适配器	智能天线，软件无线电
协议	多种空中接口链路协议并存	全数字全 ID
每扇区容量	数十以上	数百以上，甚至上千
QoS	4 类	固定带宽，承诺带宽，尽力带宽
移动台速率	200 km/h	200 km/h

4G 通信技术是继第三代以后无线通信技术的又一次演进，其开发所具有的明确目标是提高移动装置无线访问互联网的速度，进一步提升服务质量。为了充分利用 4G 通信给人们带来的先进服务，人们还必须借助各种各样的 4G 终端才能实现，而不少通信运营商正是看到了这种巨大的市场潜力，已经开始把眼光瞄准到生产 4G 通信终端产品上。例如，生产具有高速分组通信功能的小型终端、生产对应配备摄像机的可视电话以及电影电视的影像发送服务终端，或者是生产与计算机相匹配的卡式数据通信专用终端等。有了这些通信终端后，手机用户就可以随心所欲地漫游与随时随地地享受高质量的通信了。

因此，4G 是第四代移动通信技术的简称，是集 3G 与 WLAN 于一体并能够传输高质量视频图像，且图像传输质量与高清晰度电视不相上下的技术产品。尤其 4G 系统能够以 100 Mbps 的速度下载，比拨号上网快 2 000 倍，上传的速度也能达到 20 Mbps，并能够满足几乎所有用户对于无线服务的要求。此外，4G 可以在 DSL 和有线电视调制解调器没有覆盖的地方部署，然后扩展到整个地区，有着不可比拟的优越性。

（1）4G 移动通信系统的网络架构。4G 移动通信系统网络结构可分为物理网络层、中间环境层、应用网络层三层。物理网络层提供接入和路由选择功能，它们由无线和核心网的结合格式完成。中间环境层的功能有 QoS 映射、地址变换和完全性管理等。物理网络层与中间环境层及其应用环境之间的接口是开放的，它使发展和提供新的应用及服务变得更为容易，提供无缝高数据率的无线服务，并运行于多个频带。这一服务能自适应多个无线标准及多模终端能力，跨越多个运营者和服务，提供大范围服务。

4G 将采用单一的全球范围的蜂窝核心网来取代 3G 中密密麻麻的蜂窝网络，它采用全数字全 IP 技术，其网络体系结构如图 5-33 所示。这是从网络内智能化及网络边缘智能化向全网智能化的发展。

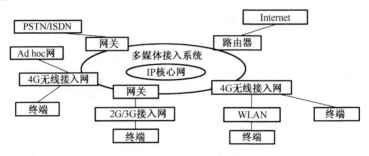

图 5-33　4G 网络体系结构

核心网能够支持不同的接入方式，如 IEEE802.11a、WCDMA、Bluetooth、HyperLAN 等。同时，每个用户设备拥有唯一可识别的号码，通过分层结构实现异构系统间的互操作。这种结构使得多种业务能透明地与 IP 核心网连接，具有较好的通用性和可扩展性。

4G 通信网络的接入系统包括：

- 无线蜂窝移动通信系统（如 2G、3G）；
- 无线系统（如 DECT）；
- 短距离连接系统（如蓝牙）；
- 无线局域网（WLAN）系统；
- 无线环路与固定无线接入系统；
- 卫星系统；
- STS 平流层通信系统；
- 广播电视接入系统（如 DAB、DVB-T、CATV）；
- 有线系统。

4G 移动通信系统的核心网是一个基于全 IP 的网络，即基于 IP 的承载机制、基于 IP 的网络维护管理、基于 IP 的网络资源控制、基于 IP 的应用服务。同 3G 移动网络相比，4G 系统具有根本性的优点，即可以实现不同的网络间的无缝互连。核心网独立于各种具体的无线接入方案，能提供端到端的 IP 业务，能同已有的核心网和 PSTN 兼容。核心网具有开放的结构，能允许各种空中接口接入核心网；同时，核心网能把业务、控制、传输等分开。采用 IP 后，所采用的无线接入方式和协议与核心网络（CN）协议、链路层是分离独立的。IP 与多种无线接入协议相兼容，因此在设计核心网络时具有很大的灵活性，不需要考虑无线接入究竟采用何种方式和协议。

（2）4G 移动通信系统的特点。

① 通信速度更快。由于人们研究 4G 通信的最初目的就是提高移动电话和其他移动装置

无线访问 Internet 的速率，因此 4G 通信的特征莫过于它具有更快的无线通信速度。而第四代移动通信系统数据传输速率可高达 100 Mbps 速度传输无线信息，这种速度相当于 2009 年最新手机的传输速度的 1 万倍左右。因此，有人这样描述 4G 通信的速度："如果说 3G 技术是一种高速传输的无线移动通信，4G 就是超高速无线移动通信"。

② 系统容量更大。在 4G 移动通信系统中，信号以毫米波为主要传输波段，蜂窝小区也会相应小很多，因而在很大程度上提高了用户容量。一般，4G 移动通信系统比 3G 系统提高 1～2 个数量级。

③ 通信质量更高。尽管 3G 系统也能实现各种多媒体通信，但 4G 通信能满足 3G 移动通信尚不能达到的在覆盖范围、通信质量、造价上支持的高速数据和高分辨率多媒体服务的需要。4G 系统提供的无线多媒体通信服务包括语音、数据、影像等大量信息，它通过宽频的信道传送出去。为此，第四代移动通信系统也称为"多媒体移动通信"。4G 移动通信不仅仅是为了因应用户数的增加，更重要的是，必须要因应多媒体的传输需求，当然还包括通信品质的要求。总之，4G 首先必须可以容纳市场庞大的用户数、改善现有通信品质不良，以及达到高速数据传输的要求。

④ 通信更加灵活。从严格意义上说，4G 手机的功能，已不能简单划归"电话机"的范畴，毕竟语音资料的传输只是 4G 移动电话的功能之一而已，因此 4G 手机更应该算得上是一只小型计算机了。人们可以想象的是，眼镜、手表、化妆盒、旅游鞋，以方便和个性为前提，任何一件能看到的物品都有可能成为 4G 终端。4G 通信使人们不仅可以随时随地通信，更可以双向下载传递资料、图画、影像，当然更可以和从未谋面的陌生人网上联线对打游戏。也许有被网上定位系统永远锁定无处遁形的苦恼，但是与它据此提供的地图带来的便利和安全相比，这简直可以忽略不计。

⑤ 网络频谱更宽。要想使 4G 通信达到 100 Mbps 的传输速度，通信运营商必须在 3G 通信网络的基础上对其进行大幅度改造，以便使 4G 网络在通信带宽上比 3G 网络的带宽高出许多。据研究，每个 4G 信道将占有 100 MHz 的频谱，相当于 WCDMA 3G 网络的 20 倍。

⑥ 频率使用效率更高。相比 3G 来说，4G 在开发研制过程中使用和引入了许多功能强大的突破性技术。如一些光纤通信产品公司为了进一步提高无线因特网的主干带宽宽度，引入了交换层级技术，这种技术能同时涵盖不同类型的通信接口。也就是说，4G 主要是运用路由技术（Routing）为主的网络架构。由于利用了几项不同的技术，所以无线频率的使用比 3G 系统有效得多。这种有效性，可以让更多的人使用与以前相同数量的无线频谱做更多的事情，而且做这些事情的时候速度相当快，其下载速率可达到 5～10 Mbps。

⑦ 兼容性能更好。由于采用大区域覆盖、接口开放技术，4G 通信系统具有良好的兼容性，可以与 3G、无线及固定网络进行无缝连接，真正实现全球漫游的通信目标。此外，4G 通信系统与 3G 通信系统的高兼容性，也极大地降低了现有通信用户的升级门槛，使 4G 通信技术普及成为可能，能让更多的用户在投资最少的情况下轻易地过渡到 4G 通信。4G 通信系统具有全球漫游、接口开放、能跟多种网络互联、终端多样化，以及能从 3G 平稳过渡等特点，为现有通信行业带来革命性的变化。

⑧ 智能化程度更高。4G 通信技术的技术优势将为手机服务带来革命性变化。在 4G 技

术支持下，未来的 4G 手机除传统的语音数据传输之外，将具备多媒体计算机的所有功能要素。此外，4G 手机外观也不再局限于手机的形式，眼镜、手表、化妆盒、旅游鞋都有可能成为 4G 终端。它不仅表现在 4G 通信的终端设备的设计和操作具有智能化，如对菜单和滚动操作的依赖程度会大大降低，更重要的是 4G 手机等终端可以实现许多难以想象的功能，例如，4G 手机等终端，能根据环境、时间及其他因素来适时提醒手机等终端的主人此时该做什么事，或者不该做什么事，又如 4G 手机可以把电影院票房售票情况、座位情况显示得清清楚楚，从而可以根据这些信息来在线购买自己满意的电影票；或者还可以被看成一台手提电视，用来看体育比赛之类的各种现场直播等。

⑨ 应用的技术更先进。4G 移动通信系统以几项突破性技术为基础，如 OFDM 多址接入方式、智能天线和空时编码技术、MIMO 技术、无线链路增强技术、软件无线电技术、高效的调制解调技术、高性能的收发信机和多用户检测技术等。

⑩ 通信服务更多元化。由于技术限制，第一、二代通信技术，甚至 3G 通信系统只能偏重于语音业务，而 4G 通信系统超高速的传播速度，将可以满足高清晰度图像业务，以及会议电视等要求较高的宽带业务需要。4G 通信系统 2～8 GHz 的网络频宽，将可以很好地支持语音、数据及影像等信息，从而真正实现多媒体通信。此外，4G 通信服务更多元化，个人通信、信息系统、广播、娱乐等业务无缝连接为一个整体，以满足用户的各种需求。4G 应能集成不同模式的无线通信，从无线局域网和蓝牙等室内网络、蜂窝信号、广播电视到卫星通信，移动用户可以自由地从一个标准漫游到另一个标准。各种业务应用、各种系统平台间的互联，将更便捷、安全，且面向不同用户要求，更富有个性化，如支持蜂窝电话、寻呼、GPS 定位等多种业务的个性化服务。

⑪ 增值服务更能提供。4G 通信并不是从 3G 通信的基础上经过简单的升级而演变过来的，它们的核心建设技术根本就是不同的。3G 移动通信系统主要是以 CDMA 为核心技术，而 4G 移动通信系统技术则以正交多任务分频技术（OFDM）最受瞩目。利用这种技术，人们可以实现如无线区域环路（WLL）、数字音讯广播（DAB）等方面的无线通信增值服务；不过考虑到与 3G 通信的过渡性，4G 移动通信系统在未来不会仅仅只采用 OFDM 一种技术，CDMA 技术会在 4G 移动通信系统中，与 OFDM 技术相互配合以便发挥出更大的作用，甚至未来的 4G 移动通信系统也会有新的整合技术，如 OFDM/CDMA 产生，DAB 真正运用的技术就是 OFDM/CDMA 的整合技术，同样是利用两种技术的结合。因此，以 OFDM 为核心技术的 4G 移动通信系统，也会结合两项技术的优点，一部分会是 CDMA 的延伸技术。

⑫ 多类型用户需求更能满足。4G 移动通信系统能根据动态的网络和变化的信道条件进行自适应处理，使各种各样的用户设备能够共存与互通，从而更能满足系统多类型用户的需求。

⑬ 网络架构是全 IP。3G 所采用的语音交换架构仍承袭了 2G 系统的电路交换，而不是纯 IP 的方式。但 4G 移动通信系统的核心网是一个基于全 IP 的网络，即基于 IP 的承载机制、基于 IP 的网络维护管理、基于 IP 的网络资源控制、基于 IP 的应用服务。采用 IP 后，4G 可以实现不同的网络间的无缝互连，它支持有线及无线接入，所采用的无线接入方式和协议与核心网络协议、链路层是分离独立的。IP 与多种无线接入协议相兼容，因此在设计核心网络时，具有很大的灵活性，不需要考虑无线接入究竟采用何种方式和协议。

⑭ 系统通信更安全。2G、3G 在安全方面存在算法过多、认证协议容易被攻击等安全缺陷。因此，人们注意了第四代移动通信（4G）安全方面的研究，并期望通过 4G 标准的制定来解决 3G 中存在的问题。

⑮ 通信费用更加便宜。由于 4G 通信不仅解决了与 3G 通信的兼容性问题，让更多的现有通信用户能轻易地升级到 4G 通信。4G 通信引入了许多尖端的通信技术，这些技术保证了 4G 通信能提供一种灵活性非常高的系统操作方式，因此相对其他技术来说，4G 通信部署起来就容易、迅速得多。在建设 4G 通信网络系统时，通信营运商们会考虑直接在 3G 通信网络的基础设施之上，采用逐步引入的方法，这样就能够有效地降低运行者和用户的费用。4G 通信的无线即时连接等某些服务费用，会比 3G 通信更加便宜。

（3）4G 移动通信系统的关键技术。上述的 4G 移动通信系统的优越之处，主要得益于采用了以下的一些关键技术。

① OFDM 技术。4G 移动通信系统主要是以 OFDM（正交频分复用）为技术核心，实际上是 MCM 多载波调制的一种，是一种无线环境下的高速传输技术。其特点是网络结构高度可扩展，具有良好的抗噪声性能和抗多信道干扰能力，可以提供无线数据技术质量更高（速率高、时延小）的服务，以及更好的性能价格比，能为 4G 无线网提供更好的方案。4G 移动通信对加速增长的宽带无线连接的要求，能提供技术上的回应，对跨越公众的和专用的、室内和室外的多种无线系统与网络，保证提供无缝的服务，通过对最适合的可用网络，提供用户所需求的最佳服务。它提供不同类型的通信接口，运用路由技术为主的网络架构，以傅里叶变换来发展硬件架构，实现第四代网络架构。移动通信会向数据化、高速化、宽带化、频段更高化方向发展，移动数据、移动 IP 预计会成为未来移动网的主流业务。

② 调制与编码技术。4G 移动通信系统采用新的调制技术，如多载波正交频分复用调制技术，以及单载波自适应均衡技术等调制方式，以保证频谱利用率和延长用户终端电池的寿命。4G 移动通信系统采用更高级的信道编码方案（如 Turbo 码、级连码和 LDPC 等）、自动重发请求（ARQ）技术和分集接收技术等，从而能在低 E_b/N_0 条件下，保证系统足够的性能。

③ 智能天线技术。智能天线定义为波束间没有切换的多波束或自适应阵列天线。多波束天线与固定波束天线相比，除了提供高的天线增益外，还能提供相应倍数的分集增益。其工作原理和核心思想是：根据信号来波的方向自适应地调整方向图、跟踪强信号、减少或抵消干扰信号。由于智能天线具有抑制信号干扰、自动跟踪，以及数字波束调节等智能功能，可以提高信噪比，提升系统通信质量，缓解无线通信日益发展与频谱资源不足的矛盾，降低系统整体造价，因此被认为 4G 的关键技术。这种技术既能改善信号质量又能增加传输容量，并能满足数据中心、移动 IP 网络的性能要求。因此，智能天线技术更加适用于具有复杂电波传播环境的移动通信系统，就是在我国提出的 3G 标准 TD-SCDMA 中，也采用了智能天线技术。

智能天线具有以下优点。

- 提高系统容量：智能天线采用了 SDMA 技术，利用空间方向的不同进行信道分割，在不同信道中可以在同一时间使用同一种频率，而不会产生干扰，从而提高系统容量。
- 降低系统干扰：智能天线技术将波束的旁瓣或零陷对准干扰信号方向，因此能够有效地抑制干扰。

- 扩大覆盖区域：由于智能天线具有自适应的波束定向功能，与普通天线相比，在同等发射功率的条件下，采用智能天线技术的信号能够传送到更远的距离，从而增加覆盖范围。
- 降低系统建设成本：由于智能天线技术能扩大覆盖区域，因此基站建设数量可相对减少，降低运营商的建设成本。

智能天线技术的主要缺点是，使用它将增加通信系统的复杂度，并对元器件提出较高的性能要求。

④ 多用户检测技术。多用户检测是宽带 CDMA 通信系统中抗干扰的关键技术。在实际的 CDMA 通信系统中，各个用户信号之间存在一定的相关性，这就是多址干扰存在的根源。由个别用户产生的多址干扰固然很小，可是随着用户数的增加或信号功率的增大，多址干扰就成为宽带 CDMA 通信系统的一个主要干扰。传统的检测技术完全按照经典直接序列扩频理论，对每个用户的信号分别进行扩频码匹配处理，因而抗多址干扰能力较差。

多用户检测技术在传统检测技术的基础上，充分利用造成多址干扰的所有用户信号信息对单个用户的信号进行检测，从而具有优良的抗干扰性能，解决了远近效应问题，降低了系统对功率控制精度的要求，因此可以更加有效地利用链路频谱资源，显著提高系统容量。随着多用户检测技术的不断发展，各种高性能又不是特别复杂的多用户检测器算法不断提出，因而在 4G 实际系统中，采用多用户检测技术将是切实可行的。

⑤ MIMO（多输入多输出）技术。MIMO 技术是指利用多发射、多接收天线进行空间分集的技术，它采用的是分立式多天线，能够有效地将通信链路分解成为许多并行的子信道，从而大大提高容量。信息论已经证明，当不同的接收天线和不同的发射天线之间互不相关时，MIMO 系统能够很好地提高系统的抗衰落和噪声性能，从而获得巨大的容量。如当接收天线和发送天线数目都为 8 根，且平均信噪比为 20 dB 时，链路容量可以高达 42 bps/Hz，这是单天线系统所能达到容量的 40 多倍。在功率带宽受限的无线信道中，MIMO 技术是实现高数据速率、提高系统容量、提高传输质量的空间分集技术。

在无线频谱资源相对匮乏的今天，MIMO 系统已经体现出其优越性，它除在 3G 系统中应用外，也会在 4G 移动通信系统中继续应用。在基站端放置多个天线，在移动台也放置多个天线，基站和移动台之间形成 MIMO 通信链路。MIMO 可以比较简单地直接应用于传统蜂窝移动通信系统，将基站的单天线换为多个天线构成的天线阵列即可。

MIMO 系统有以下五大优点。

- 降低了码间干扰（ISU）；
- 提高了空间分集增益；
- 提高了无线信道容量和频谱利用率；
- 大幅提高了传输速率；
- 提高了信道的可靠性，降低了误码率。

⑥ 软件无线电技术。在 4G 移动通信系统中，软件将会变得非常繁杂。为此，专家们提议引入软件无线电技术。所谓软件无线电（Software Defined Radio，SDR），就是采用数字信号处理技术，在可编程控制的通用硬件平台上，利用软件来定义实现无线电台的各部分功能。

也就是说，软件无线电是将标准化、模块化的硬件功能单元经过一个通用硬件平台，利用软件加载方式来实现各种类型的无线电通信系统的一种具有开放式结构的新技术。软件无线电的核心思想是在尽可能靠近天线的地方使用宽带 A/D 和 D/A 变换器，并尽可能多地用软件来定义无线功能，其各种功能和信号处理都尽可能用软件实现。

软件系统包括各类无线信令规则与处理软件、信号流变换软件、信源编码软件、信道纠错编码软件、调制解调算法软件等。软件无线电使得系统具有灵活性和适应性，能够适应不同的网络和空中接口，能支持采用不同空中接口的多模式手机和基站，实现各种应用的可变 QoS。

软件无线电技术能够将模拟信号的数字化过程尽可能地接近天线，即将 A/D 和 D/A 转换器尽可能地靠近 RF 前端，利用 DSP 进行信道分离、调制/解调和信道编/译码等工作。它旨在建立一个无线电通信平台，在平台上运行各种软件系统，以实现多通路、多层次和多模式的无线通信。因此，应用软件无线电技术，一个移动终端，就可以实现在不同系统和平台之间畅通无阻地使用。目前比较成熟的软件无线电技术有参数控制软件无线电系统。

总之，软件无线电是一种基于数字信号处理（DSP）芯片，以软件为核心的崭新的无线通信体系结构。软件无线电有灵活性、集中性、模块化等特点。

⑦ 基于 IP 的核心网技术。4G 移动通信系统的核心网是一个基于全 IP 的网络，它同已有的移动网络相比，具有根本性的优点，即可实现不同网络间的无缝互连。核心网独立于各种具体的无线接入方案，能提供端到端的 IP 业务，能同已有的核心网和 PSTN 兼容；核心网具有开放的结构，能允许各种空中接口接入核心网；同时，核心网能把业务、控制和传输等分开。采用 IP 后，所采用的无线接入方式和协议与核心网络（CN）协议、链路层是分离独立的；且 IP 与多种无线接入协议相兼容，因此在设计核心网络时，具有很大的灵活性，无须考虑无线接入究竟采用何种方式和协议。

⑧ IPv6 技术。4G 通信系统选择了采用基于 IP 的全分组的方式传送数据流，因此 IPv6 技术将成为下一代网络的核心协议。选择 IPv6 协议主要是 IPv4 不具备有足够的地址空间与支持移动性管理，并且还能够提供较 IPv4 更好的 QoS 保证及更好的安全性。由于承载网是 IP 网，未来的移动终端，必然需要拥有唯一的一个 IP 地址作为身份标识。目前，使用的 IPv4 的地址长度仅有 32 bit，其 IP 地址资源将被消耗尽。而 IPv6 具有长达 128 bit 的地址空间，即多达 2^{128} 个地址，因而能够彻底解决地址资源不足的问题。

选择 IPv6 协议主要基于以下几点的考虑。

● 巨大的地址空间：在一段可预见的时期内，它能够为所有可以想象出的网络设备提供一个全球唯一的地址。

● 自动控制：IPv6 还有另一个基本特性就是它支持无状态和有状态两种地址自动配置的方式。无状态地址自动配置方式是获得地址的关键。在这种方式下，需要配置地址的节点使用一种邻居发现机制获得一个局部链接地址。一旦得到这个地址之后，它使用另一种即插即用的机制，在没有任何人工干预的情况下，获得一个全球唯一的路由地址。有状态配置机制，如 DHCP（动态主机配置协议），需要一个额外的服务器，因此也需要很多额外的操作和维护。

- 服务质量：服务质量（QoS）包含几个方面的内容。从协议的角度看，IPv6 与目前的 IPv4 提供相同的 QoS，但是 IPv6 的优点体现在能提供不同的服务。这些优点来自于 IPv6 报头中新增加的字段"流标志"。有了这个 20 位长的字段，在传输过程中，中间的各节点就可以识别和分开处理任何 IP 地址流。尽管对这个流标志的准应用还没有制定出有关标准，但将来它用于基于服务级别的新计费系统。

- 移动性：移动 IPv6（MIPv6）在新功能和新服务方面可提供更大的灵活性。每个移动设备设有一个固定的本地地址（Home Address），这个地址与设备当前接入互联网的位置无关。当设备在本地以外的地方使用时，通过一个转交地址（Care-of Address）来提供移动节点当前的位置信息。移动设备每次改变位置，都要将它的转交地址告诉给本地地址和它所对应的通信节点。在本地以外的地方，移动设备传送数据包时，通常在 IPv6 报头中将转交地址作为源地址。

⑨ 定位技术。定位是指移动终端位置的测量方法和计算方法，它主要分为基于移动终端定位、基于移动网络定位，以及混合定位三种方式。在 4G 移动通信系统中，移动终端可能在不同系统（平台）间进行移动通信，对移动终端的定位和跟踪，是实现移动终端在不同系统（平台）间无缝连接和系统中高速率、高质量移动通信的前提和保障。

⑩ 切换技术。切换技术适用于移动终端在不同移动小区之间、不同频率之间通信或者信号降低信道选择等情况，是未来移动终端在众多通信系统、移动小区之间建立可靠移动通信的基础和重要技术，主要有软切换和硬切换。在 4G 通信系统中，切换技术的适用范围更为广泛，并朝着软切换和硬切换相结合的方向发展。

⑪ 高性能的接收机技术。4G 移动通信系统对接收机提出了很高的要求。香农定理给出了在带宽为 B_W 的信道中实现容量为 C 的可靠传输所需要的最小 SNR。按照香农定理，可以计算出，对于 3G 系统如果信道带宽为 5 MHz，数据速率为 2 Mbps，所需的 SNR 为 1.2 dB；而对于 4G 系统，要在 5 MHz 的带宽上传输 20 Mbps 的数据，则所需要的 SNR 为 12 dB。可见对于 4G 系统，由于速率很高，对接收机的性能要求也要高得多。

⑫ 交互干扰抑制和多用户识别技术。待开发的交互干扰抑制和多用户识别技术应成为 4G 的组成部分，它们以交互干扰抑制的方式引入到基站和移动电话系统，消除不必要的邻近和共信道用户的交互干扰，确保接收机的高质量接收信号。这种组合将满足更大用户容量的需求，还能增加覆盖范围。交互干扰抑制和多用户识别两种技术的组合将大大减少网络基础设施的部署，确保业务质量的改善。

2. 5G 移动通信

上述的 4G 通信技术的视频图像传输的效果可以媲美高清晰电视，拥有极高的下载速度及灵活的计费方式等，具有前三代无可比拟的先进性。但是，随着科技的发展、社会的进步，人们对于网络通信技术的要求也是与日俱增，尚处于研发阶段的第五代（5G）通信系统，作为当前最新一代的通信系统，符合了移动通信技术之发展规律，与第四代通信技术相比，其用户体验、传输延时、系统安全和覆盖性能等各方面都有显著的提高。5G 移动通信技术将紧密结合其他通信技术，构成新一代无比先进的移动信息网络。在未来十年的时间内，能够满足人们对移动通信技术的发展需求。

（1）5G 移动通信技术的特点。

① 频谱利用率高：在 5G 移动通信技术中，高频段的频谱资源将被应用的更为广泛，但是在目前科技水平条件下，由于会受到高频段无线电波的穿透能力影响，高频段频谱资源的利用效率还是会受到某种程度的限制，但这不会影响光载无线组网、有线与无线宽带技术的融合等技术的普遍应用。

② 大幅度提高通信系统性能：传统的通信系统理念，是将信息编译码、点对点之间的物理层面传输等技术作为核心目标，而 5G 移动通信技术的不同之处在于，它将更加广泛的多点、多天线、多用户、多小区的相互协作、相互组网作为重点的研究突破点，以大幅度提高通信系统的性能。

③ 设计理念先进：在通信业务中，占据主导地位的是室内通信业务的应用，5G 移动通信系统的优先设计目标定位在室内无线网络的覆盖性能及其业务支撑能力上，这将改变传统移动通信系统的设计理念。

④ 能耗和运营成本降低：5G 无线网络的"软"配置设计，将是未来的重要研究、探索方向，网络资源可以由运营商根据动态的业务流量变化而实时调整，这样，可以有效降低能耗和网络资源运营成本。

⑤ 主要指标提升：5G 通信网络技术的研究，将更为注重用户体验，交互式游戏、3D、虚拟实现、传输延时、网络的平均吞吐速度和效率等指标，这将成为 5G 网络系统性能的关键指标。

作为最新一代的 5G 移动通信技术，其应用必将大大提高频谱利用效率及其能效，在资源利用和传输速度效率方面较 4G 移动通信技术能提高至少一个等级，在系统安全、传输时延、用户体验、无线覆盖的性能等各个方面也将得到显著的提升。5G 移动通信技术结合其他无线通信技术后，将构成新一代高效、完美的移动信息网络，可以满足未来十年的移动信息网络的发展需求。不久的将来，5G 移动通信系统一定程度上还将具备较大的灵活性，实现自我调整、网络自感知等智能化功能，可以有充分的准备应对未来移动网络信息社会的不可预测的飞速发展。

（2）5G 的六大关键技术。2013 年 12 月，我国第四代移动通信（4G）牌照发放，4G 技术正式走向商用。与此同时，面向下一代移动通信需求的第五代移动通信（5G）的研发也早已在世界范围内如火如荼地展开。在移动通信的演进历程中，我国依次经历了"2G 跟踪，3G 突破，4G 同步"的各个阶段。在 5G 时代，我国立志于占据技术制高点，全面发力 5G 相关工作。组织成立 IMT-2020（5G）推进组，推动重大专项"新一代宽带无线移动通信网"向 5G 转变，启动"5G 系统前期研究开发"等，从 5G 业务、频率、无线传输与组网技术、评估测试验证技术、标准化及知识产权等各个方面，探究 5G 的发展愿景。

国家无线电监测中心（以下简称监测中心）正积极参与到 5G 相关的组织与研究项目中。目前，监测中心频谱工程实验室正在大力建设基于面向服务的架构（SOA）的开放式电磁兼容分析测试平台，实现大规模软件、硬件及高性能测试仪器仪表的集成与应用，将为无线电管理机构、科研院所及业界相关单位等提供良好的无线电系统研究、开发与验证实验环境。面向 5G 关键技术评估工作，监测中心计划利用该平台搭建 5G 系统测试与验证环境，从而实现对 5G 各项关键技术客观高效的评估。

　　为充分把握 5G 技术命脉，确保与时俱进，监测中心积极投入 5G 关键技术的跟踪梳理与研究工作当中，为 5G 频率规划、监测及关键技术评估测试验证等工作提前进行技术储备。下面对其中一些关键技术进行简要剖析和解读。

　　① 高频段传输技术。移动通信传统工作频段主要集中在 3 GHz 以下，这使得频谱资源十分拥挤，而在高频段（如毫米波、厘米波频段）可用频谱资源丰富，能够有效缓解频谱资源紧张的现状，可以实现极高速短距离通信，支持 5G 容量和传输速率等方面的需求。

　　高频段在移动通信中的应用是未来的发展趋势，业界对此高度关注。足够量的可用带宽、小型化的天线和设备、较高的天线增益是高频段毫米波移动通信的主要优点，但也存在传输距离短、穿透和绕射能力差、容易受气候环境影响等缺点。射频器件、系统设计等方面的问题也有待进一步研究和解决。

　　监测中心目前正在积极开展高频段需求研究，以及潜在候选频段的遴选工作。高频段资源虽然目前较为丰富，但是仍需要进行科学规划，统筹兼顾，从而使宝贵的频谱资源得到最优配置。

　　② 新型多天线传输技术。多天线技术经历了从无源到有源，从二维（2D）到三维（3D），从高阶 MIMO 到大规模阵列的发展，将有望实现频谱效率提升数十倍甚至更高，是目前 5G 技术重要的研究方向之一。由于引入了有源天线阵列，基站侧可支持的协作天线数量将达到 128 根。此外，原来的 2D 天线阵列拓展成为 3D 天线阵列，形成新颖的 3D-MIMO 技术，支持多用户波束智能赋型，减少用户间干扰，结合高频段毫米波技术，将进一步改善无线信号覆盖性能。

　　目前研究人员正在针对大规模天线信道测量与建模、阵列设计与校准、导频信道、码本及反馈机制等问题进行研究，未来将支持更多的用户空分多址（SDMA），显著降低发射功率，实现绿色节能，提升覆盖能力。

　　③ 同时同频全双工技术。最近几年，同时同频全双工技术吸引了业界的注意力。利用该技术，在相同的频谱上，通信的收发双方同时发射和接收信号，与传统的 TDD 和 FDD 双工方式相比，从理论上可使空口频谱效率提高 1 倍。

　　全双工技术能够突破 FDD 和 TDD 方式的频谱资源使用限制，使得频谱资源的使用更加灵活。然而，全双工技术需要具备极高的干扰消除能力，这对干扰消除技术提出了极大的挑战，同时还存在相邻小区同频干扰问题。在多天线及组网场景下，全双工技术的应用难度更大。

　　④ D2D 技术。传统的蜂窝通信系统的组网方式是以基站为中心实现小区覆盖，而基站及中继站无法移动，其网络结构在灵活度上有一定的限制。随着无线多媒体业务不断增多，传统的以基站为中心的业务提供方式已无法满足海量用户在不同环境下的业务需求。

　　D2D 技术无须借助基站的帮助就能够实现通信终端之间的直接通信，拓展网络连接和接入方式。由于短距离直接通信，信道质量高，D2D 能够实现较高的数据速率、较低的时延和较低的功耗；通过广泛分布的终端，能够改善覆盖，实现频谱资源的高效利用；支持更灵活的网络架构和连接方法，提升链路灵活性和网络可靠性。目前，D2D 采用广播、组播和单播技术方案，未来将发展其增强技术，包括基于 D2D 的中继技术、多天线技术和联合编码技术等。

⑤ 密集网络技术。在 5G 通信中，无线通信网络正朝着网络多元化、宽带化、综合化、智能化的方向演进。随着各种智能终端的普及，数据流量将出现井喷式的增长。数据业务将主要分布在室内和热点地区，这使得超密集网络成为实现未来 5G 的 1000 倍流量需求的主要手段之一。超密集网络能够改善网络覆盖，大幅度提升系统容量，并且对业务进行分流，具有更灵活的网络部署和更高效的频率复用。未来，面向高频段大带宽，将采用更加密集的网络方案，部署小小区/扇区将高达 100 个以上。

与此同时，愈发密集的网络部署也使得网络拓扑更加复杂，小区间干扰已经成为制约系统容量增长的主要因素，极大地降低了网络能效。干扰消除、小区快速发现、密集小区间协作、基于终端能力提升的移动性增强方案等，都是目前密集网络方面的研究热点。

⑥ 新型网络架构技术。目前，LTE 接入网采用网络扁平化架构，减小了系统时延，降低了建网成本和维护成本。未来 5G 可能采用 C-RAN 接入网架构。C-RAN 是基于集中化处理、协作式无线电和实时云计算构架的绿色无线接入网构架，C-RAN 的基本思想是通过充分利用低成本高速光传输网络，直接在远端天线和集中化的中心节点间传送无线信号，以构建覆盖上百个基站服务区域，甚至上百平方千米的无线接入系统。C-RAN 架构适于采用协同技术，能够减小干扰、降低功耗、提升频谱效率，同时便于实现动态使用的智能化组网，集中处理有利于降低成本，便于维护，减少运营支出。目前的研究内容包括 C-RAN 的架构和功能，如集中控制、基带池 RRU 接口定义、基于 C-RAN 的更紧密协作，如基站簇、虚拟小区等。

全面建设面向 5G 的技术测试评估平台能够为 5G 技术提供高效客观的评估机制，有利于加速 5G 研究和产业化进程。5G 测试评估平台将在现有认证体系要求的基础上平滑演进，从而加速测试平台的标准化及产业化，有利于我国参与未来国际 5G 认证体系，为 5G 技术的发展搭建腾飞的桥梁。

（3）5G 移动通信技术的发展趋势。

① 进一步提高频谱效率，开发并利用新的频谱资源。5G 移动通信技术，已经成为移动通信领域的全球性研究热点。随着科学技术的深入发展，5G 移动通信系统的关键支撑技术会得以明确，在未来几年，该技术会进入实质性的发展阶段，即标准化的研究与制定阶段。同时，5G 移动通信系统的容量也会大大提升，其途径主要是进一步提高频谱效率、变革网络结构、开发并利用新的频谱资源等。

② 积极启动关于 5G 移动通信技术的相关行业标准进程。2013 年初，欧盟等国家的第 7 框架计划中启动了关于 5G 的研发项目，共有 29 个参加方，我国的华为公司也参与其中。随着该项目的启动，各种 5G 移动通信技术的研发组织应运而生，如韩国成立的 5G 技术论坛、中国成立的 IMT-2020（5G）推进组等。目前，世界各个国家正积极的就 5G 移动通信技术的应用需求、关键技术指标、使能技术、候选频段、发展愿景等各个方面进行全面的研讨，以期在世界无线电大会时达成共识，在 2016 年后积极启动关于 5G 移动通信技术的相关行业标准进程。

③ 变革网络结构，提升网络业务能力。移动互联网的快速发展是推动 5G 移动通信技术发展的主要动力，移动互联网技术是各种新兴业务的基础平台，目前现有的固定互联网络的各种服务业务将通过无线网络的方式提供给用户，后台服务及云计算的广泛应用势必会对 5G

移动通信技术系统提出较高的要求，尤其是在系统容量要求与传输质量的要求上。5G 移动通信技术的发展目标主要定位在要密切衔接其他各种无线移动通信技术上，为快速发展的网络通信技术提供全方位和基础性的业务服务。就世界各国的初步估计，包括 5G 移动通信技术在内的无线移动网络，其在网络业务能力上的提升势必会在三个维度上同步进行。

- 引进先进的无线传输技术之后，网络资源的利用率将在 4G 移动通信技术的基础上提高至少 10 倍以上；
- 新的体系结构（如高密集型的小区结构等）的引入，智能化能力在深度上的扩展，有望推进整个无线网络系统的吞吐率提升大概 25 倍左右；
- 深入挖掘更为先进的频率资源，如可见光、毫米波、高频段等，使得未来的无线移动通信资源较 4G 时代扩展 4 倍左右。

④ 继续加强在网络技术和无线传输技术方面的研究。为了提升 5G 移动通信技术的业务支撑能力，其在网络技术方面和无线传输技术方面势必会有新的突破。在网络技术方面，将采用更智能、更灵活的组网结构和网络架构，如采用控制与转发相互分离的软件来定义网络架构、异构超密集的部署等；在无线传输技术方面，将会着重于提升频谱资源利用效率和挖掘频谱资源使用潜能，如多天线技术、编码调制技术、多址接入技术等。

⑤ 加快 5G 技术的研发应用。5G 移动通信技术的发展，在移动通信技术领域掀起了新一轮的竞争热潮，加快 5G 技术的研发应用，力求在 5G 通信领域的商业竞争中脱颖而出，已成为各国信息领域发展的重要任务。5G 移动通信技术，必将会得到空前的发展，并给社会的进步带来前所未有的推动力。

当代科学技术的飞速发展，尤其是网络通信技术的迅猛发展，将有力推动 5G 移动通信技术的发展进程。依据移动通信技术的发展规律，在 2020 年后，5G 移动通信技术将有望实现商用，能够满足未来移动互联网业务的发展需求，并带给移动互联网用户一种前所未有的全新体验。目前，5G 移动通信技术的科研尚处于起步阶段，并即将迈入发展的关键时期，其关键指标和技术需求都会在未来几年内陆续出台，届时将引领我国移动通信行业的新一轮变革。

5.3.5　红外光波传输

1. 无线光波传输系统的特点

无线光波传输或无线光通信，又称为自由空间光（Free Space Optical，FSO）通信，是一种无须光纤的新型的宽带接入技术，它是在空气介质中用激光或光脉冲在红外光谱范围内传输，提供无线高速的点对点或点对多点的连接。但红外光波传输的光波信号受天气条件的影响非常大，会被不透明的物体完全挡住。因此，它们在雾天和雨天的有效传输距离，远远短于在可见度好的天气中的传输距离。一般在红外传输系统中，我们不希望发射机和接收机之间有任何障碍物。但红外光束可以经过一次或几次镜面反射，以绕过弯角。

红外传输系统与射频和微波系统相比，具有保密性好（红外光束很窄，不易窃听）和带宽高等优点。由于红外传输系统的带宽较高，因而可同时传输多路信号。

目前市场上无线光通信产品最大支持 2.5 Gbps 的高带宽传输率，用以传输数据、语音和图像，最大传输距离为 4 km。无线光波传输系统有如无线微波传输系统般的快速安装性，并且传输安全和不需要频率执照。作为一种新的"宽带"选择，无线光波传输技术在国外已经开始得到日益广泛的应用。

无线光波传输技术是一种使用人眼看不见的红外光束在空气中的传输技术，它是现代光纤通信的有利补充。归纳起来，无线光波传输技术具有以下的特点：

- 施工、安装快速；
- 拥有光纤传输的性能，不受各种无线电设备及电气噪声的干扰；
- 不需要申请频率执照，因而不存在频率管制及频带分配的限制；
- 传输安全、可靠、保密性好；
- 最适用于有自然或人工障碍的地区；
- 不依赖于任何协议。

2. 无线光波传输系统的组成及工作原理

同光纤传输系统一样，无线光波传输系统也由光发送端机和光接收端机组成。因此，无线光波传输系统中使用的发射机和接收机与光纤传输系统中的设备非常类似，不同之处主要是所用设备内部的光学构件。

发射机的光学构件必须将 LED/LD 发出的光线尽可能多地传送到镜头和大气中。也就是说，要根据 LED 和 LD 的不同需要产生具有特定发散角的光束。接收机的镜片则做得尽可能地大（直径约为几 cm），以接收到尽可能多的光线，尽量增大系统的信噪比。

为提供全双工能力，每一个无线光波传输系统或 FSO 系统均含有光发射机与光接收机。用数据、语音或图像信号调制驱动光发射器件 LED 或 LD，并经透镜以较窄的发散角的红外光束发射到大气中，光接收机镜头与光电探测器件（一般为 PIN 光敏二极管或 APD 雪崩光敏二极管）接收到这种红外光束经低噪声放大、解调器解调出数据、声音或图像信号。

通常，短距离传输可以使用 LED 作为光源。在较远的传输距离（如几千米）下，天气清净时要获得较好的传输效果，则必须使用半导体激光器 LD。所以，LED 可用于短距离、低容量或模拟系统，其成本低、可靠性高；而 LD 适用于长距离、高速率的系统。

LED 系统的造价较低，光束一般比较宽，为 10°～20°，因此发射机和接收机之间的校准比较简单；LD 发射机的束宽为 0.1°～0.2°，其发射机和接收机之间的校准就比较困难。为了一直保持校准，对安装支架的稳定性要求比较高。为保证接收机能收到良好、稳定的信号，红外光发射机和接收机都必须稳固可靠地安装在建筑构件上，并且还要求这种建筑构件不能摇摆、晃动或震动，也不能由于热量不均衡而发生明显的扭转。

LED 和 LD 的发光系统的光束一般都能穿过各种透明玻璃窗。但如果玻璃上面的镀膜颜色较深，则信号强度将会受到严重影响，并使最终收到的图像的质量变得非常差。光束到底能不能穿过特定的窗户，实际只要做一个简单的测试就可以确定。因为许多系统都要求红外光束能够透过窗玻璃传送到街对面的房间去，所以我们在设计和安装这类红外系统前，就必须要先进行这种测试。用 LD 的主要好处是，它的传输距离较长，而且传送视频、音频和控制信号时的安全度较高。LD 传输系统很难窃听，这是因为窃听用的设备即激光接收机必须放到光束路径上，这样做比较难，即使对上了也很容易被发现。

需注意的是，在室外使用时，要为发射机配备带加热器、风扇和雨刷的全天候防护罩，以使其工作在正常范围内。无线光波传输系统网络主要有点到点、点到多点（星形）和网状结构三种拓扑结构，也可以把它们组合起来使用。

3. 无线光波传输技术的难点及其解决办法

虽然，无线光波传输技术有前述的优点，但在技术上还有几个应注意的难点问题。

（1）有传输距离与信号质量的矛盾。无线光波传输技术是一种视距宽带通信技术，因而其传输距离与信号质量的矛盾非常突出。当传输距离超过一定时（现在最远只能达 4 km），其波束就会变宽，以致难以被接收机正确接收。当前，只有在 1 km 以下才能获得最佳的效果和质量。

（2）在空气中传输的质量受天气的影响较大。经测试，无线光波传输受天气影响的衰减经验值为：晴天 5～15 dB/km、雨天 20～50 dB/km、雪天 50～150 dB/km、雾天 50～300 dB/km。目前解决这个问题，一般采用更高功率的 LD 管、更先进的光学器件和多光束。

（3）城市内高层建筑物的阻隔、晃动的影响。无线光波传输受高层建筑物的阻隔、晃动而影响两个点之间的激光对准。国外一些公司多采用全球卫星定位系统（GPS）来连续进行监测和调整发射机和接收机的位置，但调校费用会增高。国内清华同方以自主专利技术的控制算法和 DSP 信息处理技术，在无须 GPS 的帮助下，用短短的几秒就能完成初始链路连接，无论是建筑物的晃动还是其他外力因素干扰，都能自动跟踪、保持通信，在任何干扰下只要几 ms 就能重新对准。

（4）激光的安全影响了使用。为解决天气对光波传输质量的影响，往往要加大激光二极管的功率。但超过一定功率电平的激光，对人眼可能会产生影响，因此人体可能被激光系统释放的能量伤害，所以激光功率不能无限制地加大。

5.4 安防视频监控系统的网络传输、交换和控制及其互连结构

目前，现代安防视频监控系统的信息，主要是利用网络进行传输。由于有 IP 网络的地方，就会有 SIP 协议的存在，因而下面先要了解一下 SIP 的含义。

会话初始协议（Session Initiation Protocol，SIP）是由因特网工程任务组（Internet Engineering Task Force，IETF）制定的多媒体通信协议，它是一个基于文本的应用层控制协议，用于创建、修改和释放一个或多个参与者的会话。广泛应用于电路交换（Circuit Switched，CS）、下一代网络（Next Generation Network，NGN），以及 IP 多媒体子系统（IP Multimedia Subsystem，IMS）的网络中，可以支持并应用于语音、视频、数据等多媒体业务，同时也可以应用于 Presence（呈现）、Instant Message（即时消息）等特色业务。可以说，有 IP 网络的地方，就会有 SIP 协议的存在。

本节介绍安防视频监控系统中的网络传输、交换、控制的基本要求及其互连结构与通信协议结构，以及能进行实时视频传输的网络传输。

5.4.1　安防视频监控系统的网络传输、交换和控制的基本要求

1. 视频监控系统传输要求

（1）网络传输协议要求。连网系统网络层要支持 IP 协议，传输层要支持 TCP 和 UDP 协议。

（2）媒体传输协议要求。视/音频流在基于 IP 的网络上传输时要支持 RTP/UDP 协议，视/音频流的数据封装格式要符合以下要求：媒体流在连网系统 IP 网络上传输时要支持基于 UDP 的 RTP 协议，RTP 的负载要求采用如下两种格式之一：基于 PS 封装的视/音频数据或视/音频基本流数据，媒体流的传输要采用 RTP 协议，提供实时数据传输中的时间戳信息及各数据流的同步，要采用 RTCP 协议，为按序传输数据包提供可靠保证，提供流量控制和拥塞控制。

（3）信息传输延迟时间。当信息（可包括视/音频信息、控制信息及报警信息等）经由 IP 网络传输时，端到端的信息延迟时间（包括发送端信息采集、编码、网络传输、信息接收端解码、显示等过程所经历的时间）应满足下列要求。

- 前段设备与信号直接接入的监控中心相应设备之间，端到端的信息延迟时间应不大于 2 s；
- 前端设备与用户终端设备间，端到端的信息延迟时间应不大于 4 s。

（4）网络传输带宽。SIP 连网系统网络带宽设计要能满足前端设备接入监控中心、监控中心互连、用户终端接入监控中心的宽带要求，并留有余量。前端设备接入监控中心的单路网络传输带宽应不低于 512 kbps，重要场所的前端设备接入监控中心的单路网络传输带宽应不低于 1536 kbps，各级监控中心间网络的单路网络传输带宽应不低于 2.5 Mbps。

（5）网络传输质量。SIP 联网系统 IP 网络的传输质量（如传输时延、丢包率、包误差率、虚假包率等）应符合如下要求。

- 网络时延上限值为 400 ms；
- 时延抖动上限值为 50 ms；
- 丢包率上限值为 $1×10^{-3}$；
- 包误差率上限值为 $1×10^{-4}$。

（6）视频帧率。本地录像可支持的视频帧率应不低于 25 帧/秒，图像格式为 CIF 时，网络传输的视频帧率应不低于 15 帧/秒，图像格式为 4CIF 时，网络传输的视频帧率应不低于 10 帧/秒。

2. 视频监控系统交换的基本要求

（1）统一编码规则。连网系统应对前端设备、监控中心设备、用户终端进行统一编码，该编码具有全局唯一性。编码应采用 20 位十进制数字字符编码规则。局部应用系统也可用 18 位十进制数字字符编码规则。连网系统管理平台之间的通信、管理平台和其他系统之间的通信，应采用统一编码标识联网系统的设备和用户。

（2）SIP URI 编码规则。联网系统标准设备的 SIP URI 命名宜采用如下格式：

$$sip[s]:username@domain$$

用户名 username 的命名应保证在同一个 SIP 监控领域内具有唯一性，SIP 监控域名 domain 部分包含一个完整的 SIP 监控域名。

（3）媒体压缩编/解码。连网系统中视频压缩编/解码采用视频编解码标准 H.264/MPEG-4，在适用于安防监控的 SVAC 标准发布后，优先采用适用于安防监控的 SVA 标准；音频编/解码标准推荐采用 G.711/G.723.1/G.729。

（4）媒体存储格式。在连网系统中，视/音频等媒体数据的存储应为 PS 格式。

（5）网络传输协议的转换。应支持将非 SIP 监控域设备的网络传输协议与 SIP 网络传输协议进行双向协议转换。

（6）控制协议的转换。应支持将非 SIP 监控域设备的设备控制协议与 SIP 协议中规定的会话初始协议、会话描述协议、控制描述协议和媒体回放控制协议进行双向协议转换。

（7）媒体传输协议的转换。应支持将非 SIP 监控域设备的媒体传输协议和数据封装格式与媒体传输协议和数据封装格式进行双向协议转换。

（8）媒体数据的转换。应支持将非 SIP 监控域设备的媒体数据转换为符合 SIP 监控域中规定的媒体编码格式的数据。

（9）与其他系统的数据交换。连网系统通过接入网关提供与其他应用系统的接口，接口的基本要求、功能要求、数据规范、传输协议和扩展方式应符合要求。

3. 视频监控系统控制的基本要求

（1）设备注册。应支持设备进入联网系统时，向 SIP 服务器进行注册登记的工作模式。如果设备注册不成功，应延迟一定的随机时间后重新注册。

（2）实时媒体点播。应支持按照指定设备、指定通道进行图像的实时点播，支持多用户对同一图像资源的同时点播；要支持监控点与监控中心之间、监控中心和监控中心之间的语音实时点播或语音双向对讲；会话描述信息采用 SDP 协议规定的格式。

（3）历史媒体回放。应支持对指定设备上指定时间的历史媒体数据进行远程回放，回放过程应支持正常播放、快速播放、慢速播放、画面暂停、随机拖放等媒体回放控制。

（4）设备控制。应支持向指定设备发送控制信息，如球机/云台控制、录像控制、报警设备的布防/撤防等，实现对设备的各种动作的遥控。

（5）报警事件通知和分发。应能实时接收报警源发送来的报警信息，根据报警处置预案将报警信息及时分发给相应的用户终端或系统设备。

（6）设备信息查询。应支持分级查询并获取连网系统中注册设备的目录信息、状态信息等，其中设备目录信息包括设备名、设备地址、设备类型、设备状态等信息；应支持查询设备的基本信息，如设备厂商、设备型号、版本、支持协议类型等信息。

（7）设备状态信息报送。应支持以主动报送和被动查询的方式搜集、检测网络内的监控设备、报警设备、相关服务器的运行情况。

（8）历史媒体文件检索。应支持对指定设备上指定时间段的历史媒体文件进行检索。

（9）网络校时。连网系统内的 IP 网络服务器设备宜支持 NTP 协议的网络统一校时服务。

网络校时设备分为时钟源和客户端，支持客户端/服务器的工作模式；时钟源应支持 TCP/IP、UDP 及 NTP 协议，能将输入的或自身产生的时间信号以标准的 NTP 信息包格式输出。

联网系统内的 IP 网络接入设备应支持 SIP 信令的统一校时，接入设备应在注册时接收来自 SIP 服务器通过消息头 Date 域携带的授时。

（10）订阅和通知。应支持订阅和通知机制，支持事件订阅和通知，支持目录订阅和通知。

5.4.2　连网系统的构成及与其他系统的互连

1. 连网系统的构成

连网系统内部主要组成结构及实现的内部设备、子系统间互连的示例如图 5-34 所示。

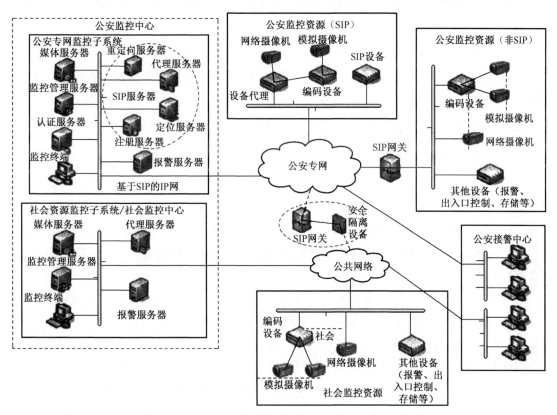

图 5-34　连网系统构成

图 5-34 所示的连网系统主要由以下部分组成。

（1）公安监控中心。内含公安网监控和社会资源监控两个相互物理隔离的子系统，其中，公安专网监控子系统中包含有可以提供 SIP 服务的各种服务器，所使用的内部网络为支持城市监控报警连网系统相关标准所规定的通信协议（SIP）的 SIP 网；社会资源监控子系统可以是一个社会监控中心，也可以是一台能够调用社会监控资源的监控终端。

（2）公安监控资源（非 SIP）。公安专网内不支持本部分及其他城市监控报警连网系统相关标准规定的通信协议（SIP）的监控资源。

（3）公安监控资源（SIP）。公安专网内支持本部分及其他城市监控报警连网系统相关标准规定的通信协议（SIP）的监控资源，主要特征是内部网络及设备支持城市监控报警连网系统相关标准所规定的 SIP 协议。

（4）社会监控子系统/社会监控中心。是指非公安性质的其他社会单位管理和使用的监控子系统/监控中心，主要特征是其网络环境是非公安专网。

（5）SIP 网关。负责在 SIP 网络与非 SIP 网络之间进行协议转换，以实现网络之间的信息交互。

（6）SIP 设备。支持本部分及其他城市监控报警连网系统相关标准规定的通信协议的所有相关设备，如网络摄像机、编码器、报警、出入口控制、存储设备等。

（7）公安报警中心。接收和处理报警信息的机构，可在公安监控中心内，也可在公安监控中心外。

（8）公安专网。目前相关管理标准或法规要求与公共网络之间实施物理隔离。

（9）公共网络。所有不属于公安专网的 IP 网络，包括公共通信网络和专为连网系统建设的独立网络等。

（10）安全隔离设备。负责在公安专网和公共网络间实施安全隔离的设备或设施。

2. 连网系统与其他系统的互连

（1）社会监控资源接。社会监控资源接入连网系统，在网络传输上可采用模拟方式或数字方式。

① 模拟方式。社会监控资源可通过模拟光端机、矩阵等方式输出模拟视频信号，并将模拟视频信号接入由公安部检测机构检测通过的视频服务器或编码设备，经过采样编码后接入公安监控系统。

② 数字方式。社会监控资源与连网系统进行数字接入，应满足相关部门的安全管理规定，如可采用公安机关认可的安全隔离设备（网闸），对社会监控资源进行隔离。社会监控资源的数字视频信号应通过网络接口接入到安全隔离设备，再由安全隔离设备接入到连网系统。社会监控资源的监控中心的数字视频图像信号，应单向传输给公安监控中心。

（2）与公安专网的连接。当连网系统使用公安专网以外的网络作为传输网络并需要与公安专网进行数据交换时，应在地级市以上的公安专网接入，可采用模拟接入或使用隔离设备数字单向传输方式。公安专网应专网专用。当其他网络需要与公安专网进行数据交换时，应采取相应措施，以保障公安专网的安全。一般，可在如下三个方案中选择。

① 将模拟视频输出信号接入由公安部门认可的视频服务器或编码设备，然后接入公安监控系统。

② 社会资源监控中心将数字视频图像单向传输给公安监控中心，当与公安专网接口时，应符合公安专网的安全管理规定。

③ 公安监控中心的数字视频图像输出给社会资源的监控中心时，应按照公安专网的安全管理规定，经安全隔离设备后方可输出。

（3）与其他应用系统互连。连网系统与公安业务应用系统互连时，宜采用 IP 互连方式，如其他系统不支持 IP 网络，也可采用其他系统所支持的接口（RS-232、RS-485 等）及其相应的协议。连网系统视频图像对外输出应满足相关部门的安全管理规定。网络间的互连应满足以下安全需求。

① 网络传输的安全。当连网系统使用公安专网、公共网络、无线网络进行传输时，应分别符合相关部门对各个网络的安全管理规定或标准。公共网络、无线网络在条件允许的情况下，宜采用虚拟专用网络（VPN）或者传输层安全（TLS）协议来保证传输的安全。

② 双网并存。当不能解决公安专网与其他网络的隔离问题时，要在公安监控中心设置两套完全物理隔离的监控系统，一套直接连接公安专网；另一套连接社会监控中心。

5.4.3 安防视频监控系统的网络互连结构

1. SIP 监控域的互连结构

SIP 监控域（SIP Monitoring Realm）是指支持使用 SIP 协议的监控网络，通常由 SIP 服务器和注册在 SIP 服务器上的监控资源、用户终端、网络等组成。

安防视频监控连网系统的信息传输、交换、控制方面的 SIP 监控域的互连结构如图 5-35 所示。

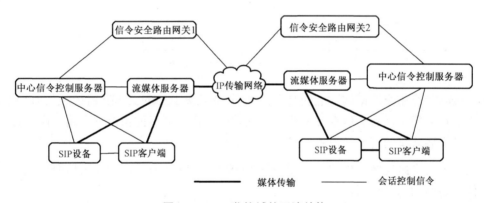

图 5-35 SIP 监控域的互连结构

图 5-35 描述了在单个 SIP 监控域内、不同 SIP 监控域之间两种情况下，功能实体之间的连接关系。功能实体之间的通道互连协议分为会话通道协议与媒体流（主要指视频、音频）通道协议两种类型。会话通道协议有会话初始协议、会话描述协议和控制描述协议；媒体流通道协议有媒体回放控制协议、媒体传输和媒体编/解码协议。

（1）区域内连网。区域内的 SIP 监控域由 SIP 客户端、SIP 设备、应用系统和连网服务器等功能实体组成。各功能实体以传输网络为基础，实现 SIP 监控域内连网系统的信息传输、交换和控制。

（2）跨区域连网。若干个相对独立的 SIP 或非 SIP 监控域，以信令安全路由网关为核心，通过 IP 传输网络，实现跨区域监控域之间的信息传输、交换和控制，以及视频监控资源的共享。

（3）连网方式。中心信令控制服务器之间的连接，支持以下两种连网方式。

241

① 级连。两个信令安全路由网关之间是上下级关系，下级信令安全路由网关主动向上级信令安全路由网关发起申请，经上级信令安全路由网关授权认证后，再交换所管辖的目录及设备信息。

级连方式的多级连网结构的示意图如图 5-36 和图 5-37 所示，前者为信令级连结构，后者为媒体级连结构的示意图，信令流都应该逐级转发。

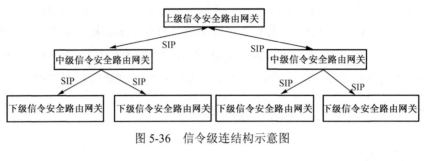

图 5-36　信令级连结构示意图

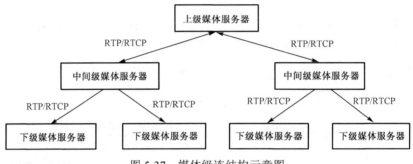

图 5-37　媒体级连结构示意图

② 互连。信令安全路由网关之间是平级关系，当需要共享对方 SIP 监控域的监控资源时，由信令安全路由网关向目的信令安全路由网关发起申请，经目的信令安全路由网关授权认证后，再交换需要共享的目录及设备信息。

互连方式的多级连网结构的示意图如图 5-38 和图 5-39 所示，前者为信令互连结构，后者为媒体互连结构的示意图。

图 5-38　信令互连结构示意图　　　　　图 5-39　媒体互连结构示意图

2. SIP 监控域与非 SIP 监控域的互连结构

非 SIP 监控域（Non-SIP Monitoring Realm）是指不支持 SIP 协议规定的监控资源、用户终端、网络等构成的监控网络。非 SIP 监控域包括模拟接入设备、不支持 SIP 协议的数字接入设备，模拟数字混合型监控系统、不支持 SIP 协议的数字监控系统，以及"三合一"系统与卡口系统等其他系统。

SIP 监控域与非 SIP 监控域通过网关进行互连，互连结构如图 5-40 所示。

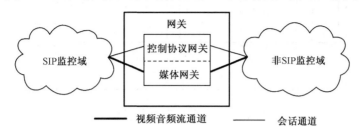

图 5-40　SIP 监控域与非 SIP 监控域互连结构

由图 5-40 可知，网关是非 SIP 监控域接入 SIP 监控域的接口设备，在多个层次上对连网系统信息数据进行转换。根据转换的信息数据类型，网关逻辑上分为控制协议网关和媒体网关。

（1）控制协议网关。控制协议网关在 SIP 监控域与非 SIP 监控域的设备之间进行网络传输协议、控制协议、设备地址的转换，其具体功能包括如下的一种或几种。

① 代理非 SIP 监控域的设备在 SIP 监控域的 SIP 服务器上进行注册。

② 将非 SIP 监控域的设备的网络传输协议与 SIP 连网系统网络层支持的 IP 协议、传输层应支持的 TCP 和 UTP 协议，按规定的网络传输协议进行双向协议转换。

③ 将非 SIP 监控域设备的设备控制协议与 SIP 连网系统通信协议结构中的会话初始协议、会话描述协议、控制描述协议和媒体回放控制协议进行双向协议转换。

④ 将非 SIP 监控域设备的设备地址与 SIP 连网系统中存储为 PS 格式的视频、音频媒体数据的设备地址进行双向协议转换。

（2）媒体网关。媒体网关在 SIP 监控域与非 SIP 监控域的设备之间进行媒体传输协议、媒体数据编码格式的转换，其具体功能包括如下的一种或几种。

① 将非 SIP 监控域设备的媒体传输协议和数据封装格式，与 SIP 媒体传输协议 RTP/RTCP 协议的媒体传输协议和数据封装格式进行双向协议转换。

② 将非 SIP 监控域设备的媒体数据，按 SIP 连网系统中视频压缩编/解码和音频编/解码的要求，采用视频压缩/解码标准 H.264/MPEG-4，在适用于安防视频监控的 SVAC 标准发布后，优先采用 SVAC 标准；音频编/解码标准推荐采用 G.711/G>723.1/G.729 的媒体数据压缩编码进行双向转码。

3. 连网系统通信协议结构

（1）连网系统通信协议结构概。连网系统内部进行视频、音频、数据等信息传输、交换、控制时，应遵循连网系统通信协议结构所规定的通信协议，这种连网系统视频监控通信协议结构如图 5-41 所示。

由图 5-41 可见，连网系统视频监控在进行视频、音频传输及控制时，应建立两个传输通道：会话通道和媒体流通道。会话通道用于在设备之间建立会话，并传输系统控制命令；媒体流通道用于传输视频、音频数据，经过压缩编码的视频、音频流（采用流媒体协议 RTP/RTCP 传输）。

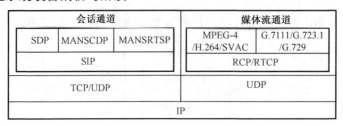

会话通道			媒体流通道	
SDP	MANSCDP	MANSRTSP	MPEG-4 /H.264/SVAC	G.7111/G.723.1 /G.729
SIP			RCP/RTCP	
TCP/UDP			UDP	
IP				

图 5-41　视频监控通信协议结构

（2）会话初始协议。安全注册、实时媒体点播、历史媒体回放等应用的会话控制采用 SIP 规定的注册、发起等请求和响应方法实现，历史媒体回放控制采用 SIP 扩展协议 RFC2976 规定的 INFO 方法实现，前端设备控制、信息查询、报警事件通知和转发等应用的会话控制采用 SIP 扩展协议 RFC3428 规定的消息方法实现。SIP 消息应支持基于 UDP 和 TCP 的传输。

（3）会话描述协议。连网系统有关设备之间会话建立过程的会话协商和媒体协商应采用 SDP 协议描述，主要内容包括会话描述、媒体信息描述、时间信息描述。会话协商和媒体协商信息应采用 SIP 消息的消息体携带传输。

（4）控制描述协议。连网系统有关前端设备控制、报警信息、设备目录信息等控制命令，应采用监控报警连网系统控制描述协议（MANSCDP）描述。连网系统控制命令，应采用 SIP 消息的消息体携带传输。

（5）媒体回放控制协议。历史媒体的回放控制命令，应修改采用 MANSRTSP 协议描述，实现设备端到端之间对视/音频流的正常播放、快速、暂停、停止、随机拖动播放等远程控制。历史媒体的回放控制命令，采用 SIP 消息 INFO 的消息体携带传输。

（6）媒体传输与媒体编/解码协议。媒体流在连网系统 IP 网络上传输时，应支持基于 UDP 的 RTP 传输，RTP 的负载应采用基于 PS 封装的视/音频数据或视/音频基本流数据。媒体流的传输应采用 RTP 协议，提供实时数据传输中的时间戳信息及各数据流的同步，并且应采用 RTCP 协议，为按序传输数据包提供可靠保证，提供流量控制和拥塞控制。

5.4.4　实时视频的网络传输

目前，基于 TCP/IP 的数据传输网络在本质上是尽力而为的网络，是为传统数据业务提供传输服务的网络，其传输带宽的波动是不可避免的，传输延时也是随机的。因此，如何在 IP 网络上提供流媒体服务并实时传输视频，在这里也需要详细解读一下。

1. 实时视频网络传输系统的组成及原理

一个完整的实时视频网络传输系统由视频采集、视频编码、传输控制协议处理、IP 通信网络、视频解码等组成。其系统的组成与原理框图如图 5-42 所示。

图 5-42　实时视频网络传输系统组成与原理框图

由图 5-42 可知，整个视频流的处理、传输流程是：在视频发送端，对模拟视频进行采样，获得数字视频并进行视频编码，生成适于网络传输的面向网络通信的视频码流；根据反馈信息，估计网络的可用传输带宽，自适应地调整编码器的编码输出速率（包括信源码率的调整与信道码率的调整），使得视频码流能够满足当前网络传输可用带宽的限制；在接收端，对接收的视频流进行解码、重构视频信号、计算当前网络传输参数（如传输中的丢包率等）并发送反馈控制信息。

视频采集部分主要由视频 A/D、视频 D/A、同步逻辑控制、视频处理、数据存储器构成。A/D 部分是将各种标准的模拟视频信号转换成数字视频信号，作为视频处理子单元的输入数据；逻辑产生单元通常选用 FPGA 或 CPLD 来完成各种同步逻辑控制，保证采集的实时性；对视频数据进行分析和处理，所需运算量常常较大，为了保证视频处理的实时性，常采用视频处理专用芯片、高速 DSP、FPGA 和 DSP 等来完成视频处理。

视频编码部分将数字视频信号压缩为满足一定视觉质量要求并且符合一定标准的数据流。在视频流的网络通信应用中，特别强调编码器所生成的视频流应该对网络传输带宽的随机波动具有自适应性。目前常采用可伸缩的视频编码器对视频信号进行编码，可伸缩的视频编码可以在时域、空域或正交变换域进行，其基本思想是将码流分成基本层和增强层。其中基本层码流是必须传输的，包括提供最低质量等级保证的视频码率和视频序列的运动矢量；增加层是可选择传输的，并且可以根据网络的传输条件进行任意截断。

传输控制部分根据网络的反馈信息，调整编码器的编码速率（信源码率调整）和信道差错控制（信道码率调整），并使信源码率与信道码率达到最佳分配。为了降低信道突发误码对视频码流的影响，常对视频数据包进行交织处理，以降低临近数据包同时发生误码的概率，便于接收端的错误隐藏和恢复。

在视频流的网络传输中，丢包是不可避免的（特别是在无线网络传输环境中）。为了保证完全正确的数据包传输，可以采用重传的策略，但对于视频流应用，因为对时延的敏感更胜于对丢包的敏感，所以在接收端，不需要强调完全正确的数据包传输。在正确接收的数据包基础上如何提供最大满意程度的视频质量则为接收端解码模块的中心问题。该问题等价于如何利用接收数据包的冗余信息，提供更为满意的解码视频流输出。解决的办法就是在接收端的错误隐藏和误差恢复。错误隐藏的方法有：

（1）基于空间相关性的错误隐藏。利用错误块在同一帧内相邻块的正确数据进行内插来重构错误块的数据，以此来达到错误隐藏的目的。这样才能够对相似或者很多细节的区域进行很有效的恢复。

（2）基于时间相关性的错误隐藏。这种方法是利用时间上相邻的帧具有很强的相关性来进行错误隐藏。错误隐藏的一个新的发展是采用自适应的方法进行改进，即根据图像的特点和误码的类型来选择相应的恢复方法或者是这几种方法的结合。自适应的一种准则是恢复图像的峰值信噪比（PSNR）最大化，结合的方式有线性加权合并、最大信噪比合并等。

2. TCP/IP 协议不适合网络实时传输视音频数据

视频流传输与传统的 TCP/IP 网络的数据传输有明显的区别，主要表现在：传统的数据传输对传输延时和传输抖动没有严格的要求，但是有严格的差错控制和错误重传机制。而视频流要求传输具有实时性，对同步要求较高，并且对传输延时和抖动非常敏感，但在一定的情况下可以允许分组丢失，即可以接受一定程度的传输误码，并且流媒体服务具有根据网络的实时用传输带宽自适应地调整视频的传输质量的能力。

IP 网已被广泛使用在各种场合，其中 TCP/IP 协议是各种网络操作系统互连和通信的工业标准。TCP/IP 协议最初是为提供非实时数据业务而设计的，IP 协议负责主机之间的数据传输，不进行检错和纠错，因此经常发生数据丢失或失序现象。为保证数据的可靠传输，人们将 TCP 协议用于 IP 数据的传输，以提高接收端的检错和纠错能力。当检测到数据包丢失或错误时，就会要求发送端重新发送，这样一来就不可避免地引起了传输延时和耗用网络的带宽，因此传统的 TCP/IP 协议传输实时音频、视频数据的能力较差。当然在传输用于回放的视频和音频数据时，TCP 协议也是一种选择。如果有足够大的缓冲区、充足的网络带宽，在 TCP 协议上，接近实时的视/音频传输也是可能的。然而，如果在丢包率较高、网络状况不好的情况下，利用 TCP 协议进行视/音频通信几乎是不可能的。TCP 和其他传输层协议如 XTP 不适合实时视音频传输的原因主要有：

（1）TCP 的重传机制不宜。在 TCP/IP 协议中，当发送方发现数据丢失时，它将要求重传丢失的数据包。然而这将需要一个甚至更多的周期（TCP/IP 的快速重传机制，将需要 3 个额外的帧延迟），这对于实时性要求较高的视/音频数据通信几乎是灾难性的，因为接收方不得不等待重传数据的到来，从而造成了延迟和断点（音频的不连续或视频的凝固等）。

（2）TCP 的拥塞控制机制不宜。它在探测到有数据包丢失时，就会减小它的拥塞窗口。而视/音频在特定的编码方式下，产生的编码数量（即码率）是不可能突然改变的。正确的拥塞控制应该是变换视/音频信息的编码方式，调节视频信息的帧频或图像幅面的大小等。

（3）TCP 的报文头较大。TCP 的报文头比 UDP 的报文头大，TCP 的报文头为 40 B，而 UDP 的报文头仅为 12 B，并且这些可靠的传输层协议不能提供时间戳（Time Stamp）和编/解码信息，而这些信息恰恰是接收方（即客户端）的应用程序所需要的。

（4）启动速度慢。因为即便是在网络运行状态良好、没有丢包的情况下，由于 TCP 的启动需要建立连接，因而在初始化的过程中，需要较长的时间。显然，在一个实时视/音频传输应用中，尽量少的延迟是我们所期望的。

因此，TCP 不适合于视/音频信息的实时传输。虽然，TCP/IP 协议可拓宽其应用范围。但单纯的 TCP/IP 协议已经很难适应视/音频通信，特别是连续的媒体流（如视频流）通信的要求。TCP 协议是面向连接的协议，被用于各种网络上提供有序可靠数据传输的虚电路服务，它的重传机制和拥塞控制机制（Congestion Control Mechanism）都是不适合用来传输实时视/音频数据的。

3. RTP/RTCP 协议适合实时传输视音频

若要在 Internet 上面提供流媒体数据服务，则需要使用 RTP/RTCP（Real-time Transport Protocol/Real-time Transport Control Protocol）协议。RTP 协议在一对一或者一对多的传输情况下工作，提供数据包传输过程中的时间信息和实现流数据同步；RTCP 协议与 RTP 协议一起工作，提供网络传输中的流量控制和拥塞控制。RTP/RTCP 是一种应用型的传输层协议，它并不提供任何传输可靠性的保证和流量的拥塞控制机制，它是由 IETF（Internet Engineering

Task Force）为视/音频的实时传输而设计的传输协议。RTP 协议位于 UDP 协议之上，在功能上独立于下面的传输层（UDP）和网络层，但不能单独作为一个层次存在，通常是利用低层的 UDP 协议对实时视/音频数据进行组播（Multicast）或单播（Unicast），从而实现多点或单点视/音频数据的传输。

UDP 是一种无连接的数据报投递服务，虽然没有 TCP 那么可靠，并且无法保证实时视/音频传输业务的服务质量（QoS），需要 RTCP 实时监控数据传输和服务质量。但是，由于 UDP 的传输延时低于 TCP，能与视/音频流很好地匹配。因此，在实际应用中，RTP/RTCP/UDP 用于视/音频媒体，而 TCP 用于数据和控制信令的传输。

RTP 协议没有连接的概念，它既可以建立在面向连接的底层协议上，也可以建立在面向无连接的底层协议上，因此 RTP 协议对传输层是独立的。RTP 协议一般由两个部分组成：数据报文部分（RTP 报文）和控制报文部分（RTCP）。RTCP 是 RTP 的控制协议，它用于监视服务质量和正在进行的与会者会话上传递信息，单独运行在底层协议上。根据协议规定，RTP 和 RTCP 选用不同的网络端口号，RTP 选择一个偶数位的端口号，而 RTCP 则选用下一个奇数位的端口号。RTCP 是由接收方向发送的报文，它负责监视网络的服务质量、通信带宽，以及网上传送的信息，并将这些信息发送给发送端。RTCP 包周期性地向同一个组播网内的所有成员发送。

RTCP 的基本做法是周期性地向会话的所有参加者进行通信，采用和数据包分配传送的相同机制来发送控制包。和 RTP 协议相同，RTCP 协议也要求下层协议提供复用手段（如要 UDP 提供不同的端口号来实现复用）。RTCP 的主要功能如下。

（1）数据传输的质量提供反馈，并提供 QoS 的检测。所有的接收方把它最近的接收情况报告给所有发送者，这些信息包括所接收到数据包的最大顺序号、丢失的包数、乱序包的数量，以及用于估计传输时延的时间戳的信息。而这些信息反映了当前的网络状况，发送方在接收到这些信息后自动地调整它们的发送速率。

（2）提供不同媒体间的同步。在视/音频传输服务中，RTP 源可能会有几种媒体（如视/音频)需要传输，这些不同的媒体之间的同步需要依靠 RTCP 中包含的时钟信息和相关的 RTP 时间戳信息来进行同步。

（3）在会话的用户界面上显示会话参与者的标识。RTP 报文中提供了 SSRC 字段来进行源标识，然而，进一步的会话参与者的描述是需要的。RTCP 报文中的源描述（SEDS）提供了会话参与者的详尽描述，包括姓名、住址、E-mail 等，主要是为会议电视提供更体贴的支持。当然，对于多视频服务器的组播模式也提供了很好的解决方案。

视频流和音频流在时间轴上的连续性，要求网络的实时传输及高带宽，同时又允许传输中存在一定的数据错误率及数据丢失率。由于 RTP 本身并不具有一种独立传输能力，它必须与低层网络协议结合才能完成数据的传输服务。又由于视/音频在时间轴上的相关性不强，而数据的实时性要高于其可靠性，所以在 UDP 之上利用 RTP/RTCP 协议对媒体（视频和音频）流进行封装、打包和同步，可以使数字视/音频信号的网络传输延时达到最小。

由上分析可知，与 TCP 协议相比较，RTP 协议提供了一种更适合于实时视/音频信息的传输机制。

第6章

安防视频监控系统的处理控制设备

6.1 微机控制系统

6.1.1 微机控制系统的结构

实际上，微机控制系统是由多微处理器构成的通信控制网络，它是以主机为核心的一种多台分机构成的星形网络式多级开环控制系统。由于整个系统以积木方式组成，因而构成系统方便灵活，已成为大中型视频监控系统的主流结构。在这种结构中，头、尾均为多个，并且各头、尾均可同时工作。一般，微机控制系统可分为两种结构。

（1）紧密型混合控制结构。紧密型混合控制结构如图6-1所示，这种结构的特点是：系统有一主控制器，以完成所有视频、数字信号的切换与分配，且所有信号的处理均由主控制器集中完成；各头均有一个解码器，以执行具体动作；各尾实质上就是一个编码器和一台监视器。这种结构较适合各尾对各头的频繁操作，头对各尾来说，均处于系统的同一层次。但因每一头均要有线连到主控制器，因而成本较高，尤其是系统包含的地理位置范围较大时，更是如此。

紧密型混合控制结构的优点是操作简单方便，各尾间互不影响。

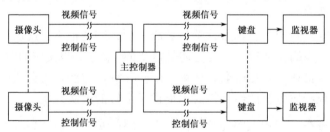

图 6-1　紧密型混合控制结构示意图

（2）松散型混合控制结构。松散型混合控制结构如图6-2所示，在这种结构中，按地理位置将头划区，每区用一区控器来实现一个小区内的紧密型结构，其监控功能主要在区内完成，各区间不相互控制，从工作安排上说，这就减轻了紧密型结构中各尾的监控工作量。

主控器将控制命令发往各区控器，即将区控器当作紧密型结构中的译码盒。而各区控器将此命令当成一个优先权较高的键盘命令来处理。从各区控器来的视频等信息，再由主控器本身的切换和控制电路处理。由于主控器主要用来监视全局工作，并完成统一指挥，因而这种结构的造价较低。

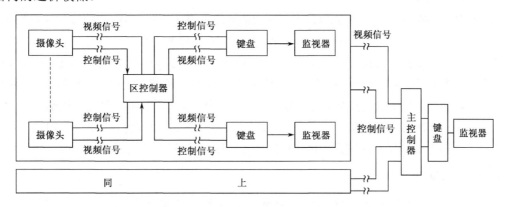

图 6-2　松散型混合控制结构示意图

6.1.2　主控制器及控制键盘

1. 主控制器

控制器是整个系统的心脏，它要完成系统的所有控制信号的管理工作，包含：键盘控制命令的处理及通信线的分配；各键盘优先权的设定与控制；相关设备控制信号的产生；系统工作状态的记载；译码设备的命令发送及数据的收集等。此外，主控制器也要完成整个系统与其他系统的接口，所以主控制器实际上是系统所有控制信息的集散地。

微机构成的主控制器的优点是：用户界面特别友好，由于程序是存放在磁盘上的，因此对于更改和完善系统的功能特别方便；并且当微机构成的主控制器的系统不工作时，它仍可作为一般微机使用。由于微机配有显示器和打印机等外设，因而可以很直观地了解系统的运行情况，并且可将这些数据存档保存。对系统的必要工作信息，可在关机时存入磁盘，从而保证系统下次运行的连续性。采用此构成的另一优点是开发周期较短、功能完善方便。

微机构成的主控制器的缺点是：系统的整体性较差，成本较高，易受计算机病毒之类的程序袭击而影响系统的正常运行。由于微机结构的限制，使得系统功能的硬扩展不太方便。

一般，系统对其他设备的通信采用串行通信方式，这样做接口简单、模块化程度高、系统可靠性好。由于主控器的工作环境较好，而且设计时可靠性保证较好，所以一般利用它的这一优势来提高整个系统的可靠性。其具体方法是：根据其记载的设备工作情况，定时形成命令到各设备，以确保各设备在受干扰等情况下能够恢复正常。由于这一工作定时进行，对用户是透明的，从而使系统的稳定性得到了较大的改善。

评价主控制器的性能，一般从以下几点进行。

- 主控制器的控制类型及负载能力；
- 系统运行的可靠性及抗干扰能力；
- 扩充的可能性与方便性；

- 用户界面是否友好；
- 决定系统最大扩充能力的系统的响应速度；
- 与其他控制设备连接的兼容性。

微机监控系统的核心是主控制器，主控制器的核心部件为微处理器（CPU）。在工作中，微处理器随时扫描主控键盘及分控键盘各控制按键的状态。当控制面板或控制键盘上有按键被按下时，微处理器可正确判断该按键的功能含义，并向相应控制电路发出控制指令信号。如果是对于前端设备的控制指令，则该指令经编码后，通过双绞线传送到远端指定地址的解码器，控制信号在解码器内解码后，恢复出主控端的控制指令，使解码器内的相应继电器吸合，以输出控制信号至外接设备，使其做与主控端指令相符合的动作。这些受控的外接设备包括云台、电动三可变镜头、室外防护罩的雨刮器及除霜器、摄像机的电源、红外灯或其他可控制设备等。

2. 控制键盘

（1）控制键盘及其主要功能。控制键盘是为嵌入式硬盘录像机（DVR）、视频服务器（DVS）、网络摄像机、视频综合平台和多路解码器设计的控制设备。现以 DS-1000K 控制键盘为例来作说明。该键盘可以通过网络实现对视频综合平台和多路解码器输出的矩阵进行切换控制，可以实现对前端通道的云台控制，因而也称网络键盘。其具体支持的设备型号如下。

- 支持的 DVR 型号：9100/9000 系列，8000/8100/8800 系列，7000/7100/7200/7800 系列（7204/7208H-S、7208/7216HV-S/7800H-S），8000/8100ATM 系列。
- 支持的 DVS 型号：6500/6100/6000 系列、6401HFH 高清服务器。
- 支持的解码器型号：6300D、6401HD、DS-B 系列视频综合平台。
- 支持网络摄像机、网络球机。

控制键盘的主要功能有：

- 网络键盘使用网络控制方式。
- 网络键盘支持用户有一定限制，每个用户通过网络管理监控设备（如编/解码器）。
- 网络键盘可以实现对前端设备云台的控制。
- 网络键盘可以通过网络实现对视频综合平台和多路解码器输出的矩阵切换控制。
- 支持多种输入方式，如大/小写字母、数字等。

（2）控制键盘的布局及各按钮的功能。控制键盘的布局如图 6-3 所示，其中各个按钮的功能，如表 6-1 所示。

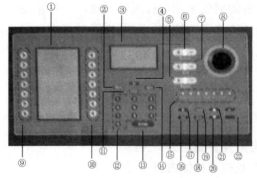

图 6-3　控制键盘的布局

表 6-1　控制键盘各个按钮的功能

序　号	名　　称	功　　能	序　号	名　　称	功　　能
①/③	显示屏	菜单和参数显示	⑪	Cam 按钮	摄像机编号选择
②	Menu 按钮	菜单链	⑫	数字按钮	数字输入
④	ID 按钮	用户选择键，用于打开用户选择界面	⑬	Enter 按钮	确认
⑤	Zoom 按钮	变倍调节	⑭	Mon 按钮	监视屏编号选择
⑥	Focus 按钮	焦距调节	⑮	状态指示灯	键盘状态显示
⑦	Inis 按钮	光圈调节	⑯	Del 按钮	删除
⑧	摇杆	云台方向控制	⑳/㉑	上、下翻页按钮	参数选择时上、下翻页
⑨/⑩	菜单选择按钮	用于选择菜单显示屏上对应的菜单功能	⑰/⑱/⑲/㉒	其他按钮	功能预留按钮

6.1.3　通信接口方式及其选择

对大部分国内厂家生产的集成控制系统来说，主机与分机控制键盘及解码器之间的通信，一般是采用 RS-485 通信协议。而国外产品，则多采用曼彻斯特（Manchester）编/解码通信接口方式，另有一些厂家的产品选用了 RS-422、RS-232C 等通信接口方式。

1. RS-485 通信接口方式

RS-485 通信接口方式是国内厂家应用比较多的一种编码通信方式。使用的芯片主要是MAXIM 公司的 MAX487 或 MAX1487，以及 TI 公司（Texas Instruments）的 SN65LBC184和 SN75LBC184 等。

实际上，MAXIM 公司的 RS-485 通信 IC 系列，包括 MAX481～MAX491 等 10 余种芯片，每种芯片都包括发送和接收两个部分。由于 MAX487 和 MAX1487 允许在通信总线上并接 128片同样芯片，而该系列其他芯片最多只能在总线上并接 32 片同样芯片。因此，国内厂家大都选择 MAX487 和 MAX1487 应用于其系统主机上，使得该主机最多可以挂接 128 个解码器，从而满足一般中型监控系统的需要。TI 公司的 SN65LBC184 和 SN75LBC184 为 1/2 单位负载，它可以在总线上并接 64 片同样芯片，因此也有些厂家选用此芯片。

MAX487 和 MAX1487 均为半双工通信方式，即可以在同一对双绞线上分时完成双向通信，芯片要么处于发送数据状态，要么处于接收芯片状态。该芯片采用单–5 V 电源供电，可接收–7～+12 V 信号输入电平。MAX487 和 MAX1487 的结构及典型工作电路如图 6-4 所示。

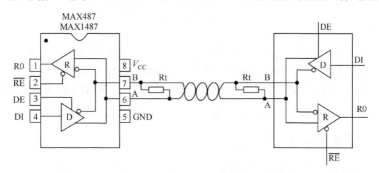

图 6-4　MAX487 和 MAX1487 的结构及典型工作电路

通常，RS-485 接收器的单位输入阻抗为 12 kΩ，总线上最多可以带 32 个芯片；而 MAX487 和 MAX1487 采用了 1/4 单位负载，即 48 kΩ，因此总线上的最大负载数量增加为原来的 4 倍，达 128 个芯片。

一般，RS-485 通信的标准通信长度，约为 1.2 km，如增加双绞线的线径，则通信长度还可延长。在实际应用中，用 RVV-2/1.0 的两芯护套线作通信线，其通信长度可达 2 km 以上。

2. 曼彻斯特通信方式

曼彻斯特通信方式，可由编/解码专用芯片来实现，如台湾华隆微电子公司生产的曼彻斯特编/解码器 HM9209、HM9210 及 HM9215 等。其中，HM9209 为 18 引脚，HM9210 为 20 引脚，而 HM9215 为 28 引脚。这三种芯片均为收/发一体型芯片，通过对其收/发控制端 TX / RX 状态的控制，即可决定芯片本身的收/发工作状态。这三种芯片的主要差别是，它们对并行处理的曼彻斯特码的位数不同，如 HM9209 并行处理 9 位曼彻斯特码，HM9210 并行处理 10 位曼彻斯特码，而 HM9215 可并行处理 15 位曼彻斯特码。HM9215 专门用于远程控制、安全监控、报警控制及无绳电话等方面。每一个芯片都含有发送器和接收器电路，由引脚 Tx/Rx 的状态决定其是发送方式还是接收方式。在发送方式时，该芯片可以将输入的 15 位曼彻斯特码形式的数码，编码成 1～32 768 之间的串行数据发送出去。在接收方式时，该芯片则可以将被发送过来的串行数据进行译码，并与本地码进行比较鉴别，从而输出比较结果。

编码方式功能方框如图 6-5 所示，选择编码功能是把 TX/RX 控制信号线接到 VDD 上，即发送方式。该电路一次获取 15 位并行数据，将其编码为不归零（NRZ）制，与时钟信号混合成曼彻斯特码送到 D/DO 脚发送出去。S/DI 每激活一次，编码器就发出一组串行数据。编码数据分两部分发送：第一部分是一串 12 个 "1"，以作为前同步信号，后跟一个空格指示编码数据跟在后面。这个前同步信号，用来同步接收器的锁定为低的一个脉冲。第二部分即编码信息，包含 15 位地址或控制信号。

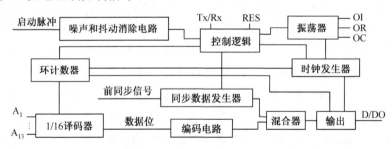

图 6-5　HM9215 的编码功能

选择译码功能是把 TX/RX 控制信号线接到地线上。在这种方式下，电路将接收串行曼彻斯特码格式的数据，释出其中的时钟信号，取样 15 位数据与本地数据比较。如果两个数据匹配，则 D/DO 输出将变为逻辑 "1"；如果两个数据不匹配，则 D/DO 输出将保持为 "0"；如果这两个数据不匹配，但 15 位数据流有效，则只有输出有效信号 DV 为逻辑 "1"。

3. RS-232C 通信接口方式

RS-232C 是美国电子工业协会（EIA）正式公布的串行总线标准，也是目前最常用的串

行接口标准，通常用它来实现计算机与计算机之间、计算机与外设之间的数据通信。RS-232C
串行接口总线适用于设备之间的通信距离不大于 15 m，传输速率最大为 20 kBps。

一个完整的 RS-232C 接口有 22 根线，采用标准的 25 芯插头座。RS-232C 采用负逻辑，
即逻辑"1"为–5 V～–15 V，逻辑"0"为+5 V～+15 V。

RS-232C 接口的主要电气性能如表 6-2 所示。

表 6-2　RS-232C 电气特性表

带 3～7 kΩ 载时驱动器的输出电平	逻辑 1：–5～–15 V；逻辑 0：+5～+15 V
不带负载时驱动器的输出电平	–25～+25 V
驱动器通断时的输出阻抗	>300 Ω
输出短路电流	<0.5 A
驱动器转换速率	<30 V/μs
接收器输入阻抗	3～7 kΩ
接收器输入电压的允许范围	–25～+25 V
输入开路时接收器的输出	逻辑 1
输入经 300 Ω 接地时接收器的输出	逻辑 1
+3 V 输入时接收器的输出	逻辑 0
–3 V 输入时接收器的输出	逻辑 1
最大负载电容	2500 pF

用 RS-232C 总线连接系统时，有近程通信方式和远程通信方式之分。近程通信是指传输
距离小于 15 m 的通信，这时可以用 RS-232C 电缆直接连接。15 m 以上的长距离通信，则要
采用调制解调器（MODEM）。当计算机与终端之间利用 RS-232C 进行近程连接时，这时有
几根线实现交换连接。计算机与终端之间利用 RS-232C 连接的最常用的交叉连线图，如图 6-6
所示，图中，发送数据与接收数据是交叉相连的，这样就可使两台设备都能正确地发送和接
收。数据终端就绪与数据设备就绪两根线，也是交叉相连的，这使得两设备都能检测出对方
是否已经准备好。一般，构成 RS-232C 标准接口的硬件有多种，如 INS8250、Inte18251A、
Z80-SIO 等通信接口芯片。通过编程，可使其满足 RS-232C 通信接口的要求，如 IBM-PC 系
列微机配备的标准 RS-232C 接口就是由 INS8250 芯片构成的。

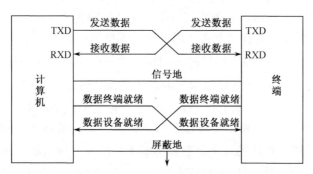

图 6-6　计算机与终端的 RS-232C 连接

RS-232C 规定了自己的电气标准，而此标准并不能满足 TTL 电平的传送要求。因此，当
RS-232C 电平与 TTL 电平接口连接时，必须进行电平转换。目前，RS-232C 与 TTL 的电平

转换最常用的芯片是传输线驱动器 MC1488 和传输线接收器 MC1489。其作用除了这种电平转换外，还实现正负逻辑电平的转换。MC1488 芯片内部，有三个与非门和一个反相器，它的供电电压为±12 V，输入为 TTL 电平，输出为 RS-232C 电平。MC1489 芯片内部，有四个反相器，它的供电电压为+5 V，输入为 RS-232C 电平，输出为 TTL 电平。在 MC1489 中，每一个反相器都有一个控制端，高电平有效，可作为 RS-232C 操作的控制端。

4. RS-449、RS-422 与 RS-423 通信接口方式

RS-232C 虽然应用很广，但因其推出较早，在现代网络通信中已暴露出明显的缺点，例如数据传输速率慢、通信距离短、未规定标准的连接器、接口处各信号间易产生串扰等。为此，EIA 制定出了新的标准 RS-449，该标准除了与 RS-232C 兼容外，还在提高传输速率、增加传输距离、改进电气性能方面做了很大的改进。

（1）RS-449 标准接口。RS-449 是 1977 年公布的电子工业标准接口，它在很多方面的应用可代替 RS-232C。而两者的主要差别是，信号在导线上传输的方法不同：RS-232C 是利用传输信号线与公共地之间的电压差的，而 RS-449 接口是利用信号导线之间的信号电压差的，它可在 1219.2 m（即 4000 英尺）的 24-AWG 双绞线上进行数字通信，速率可达 90 000 波特率。RS-449 规定了两种标准接口连接器，一种为 37 引脚，另一种为 9 引脚。

RS-449 的优点是，可以不使用调制解调器，它比 RS-232C 传输速率高、通信距离长，并且由于 RS-449 系统因为用平衡信号差电路传输高速信号，所以噪声低，又可以多点或者使用公共线通信，两台以上的设备可与 RS-449 通信电缆并联。

（2）RS-422 与 RS-423 标准接口。RS-422A 给出了 RS-449 应用中对电缆、驱动器和接收器的要求，规定了双端电气接口型式，其标准是双端线传送信号。它通过传输线驱动器，把逻辑电平变换成电位差，以完成始端的信息传送；通过传输线接收器，把电位差转变成逻辑电平，实现终端的信息接收。RS-422A 比 RS-232C 传输信号距离长、速度快，传输率最大为 10 Mbps，在此速率下电缆允许长度为 120 m。如果采用较低传输速率，如 90 000 波特率时，最大距离可达 1200 m。

RS-422 的每个通道要用两条信号线，如果其中一条是逻辑"1"状态，另一条就是为逻辑"0"。RS-422 电路由发送器、平衡连接电缆、电缆终端负载、接收器几部分组成。在电路中规定只许有一个发送器，可有多个接收器，因此通常采用点对点通信方式。该标准允许驱动器输出为±2～±6 V，接收器可以检测到的输入信号电平可低到 200 mV。

目前 RS-422 与 TTL 的电平转换最常用的芯片是传输线驱动器 SN75174 和传输线接收器 SN75175。SN75174 芯片是一个具有三态输出的单片四差分线驱动器，其设计符合 EIA 标准 RS-422A 规范，适用于噪声环境中长总线的多点传输，它采用+5 V 电源供电，功能上可与 MC3487 互换。SN75175 芯片是具有三态输出的单片四差分接收器，其设计符合 EIA 标准 RS-422A 规范，适用于噪声环境中长总线上的多点总线传输，该片采用+5 V 电源供电，功能上可与 MC3486 互换。

RS-422A 接口电平转换电路如图 6-7 所示，图中，发送器 SV75174 将 TTL 电平转换成标准的 RS-422A 电平，接收器 SN75175 将 RS-422A 接口信号转换成 TTL 信号。

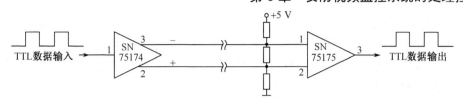

图 6-7　RS-422A 接口电平转换电路

RS-422A 和 RS-423 分别给出在 RS-449 应用中对电缆、驱动器和接收器的要求，RS-422A 给出平衡信号差的规定，RS-423 给出不平衡信号差的规定。

RS-423A 规定为单端线，而且与 RS-232C 兼容，其参考电平为地，要求正信号逻辑电平为 200 mV～6 V，负信号逻辑电平为–200 mV～–6 V。在 90 m 长的电缆上，RS-423A 驱动器传送数据的最大速率为 100 kbps，若速率降低至 1 kbps，则允许电缆长度为 1200 m。RS-423A 允许在传送线上连接多个接收器，接收器为平衡传输接收器，因此允许驱动器和接收器之间有个地电位差。逻辑"1"状态必须超过 4 V，但不能高过 6 V；逻辑"0"状态必须低于–4 V，但不能低于–6 V。

5. 20 mA 电流环路串行通信接口方式

20 mA 电流环是目前串行通信广泛使用的一种接口电路，其原理如图 6-8 所示，图中的发送正、发送负、接收正、接收负四根线，组成一个输入电流回路，一个输出电流回路。当发送数据时，根据数据的逻辑 1、0，使回路有规律地形成通、断状态（图中用开关示意）。

由于 20 mA 电流环是一种异步串行接口标准，所以在每次发送数据时必须以无电流起始，作为每一个字符的起始位，接收端检测到起始位时，便开始接收字符数据。

电流环串行通信接口的最大优点是低阻传输线对电气噪声不敏感，而且易实现光电隔离，因此在长距离通信时要比 RS-232C 优越得多。

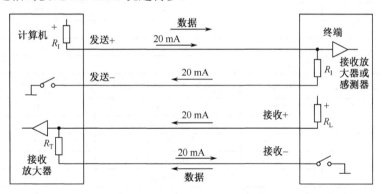

图 6-8　20 mA 电流环原理图

6. 通信接口方式的选择

当采用通信标准接口后，能很方便地把各种微机、外部设备、监控仪器有机地连接起来，从而构成一个监视、控制系统。RS-232C 是在异步串行通信中应用最广的标准总线。它包括了按位串行传输的电气和机械方面的规定，适合于短距离或带调制解调器的通信场合。为了提高数据传输率和通信距离，EIA 又公布了 RS-449、RS-422、RS-423 和 RS-485 串行总线接口标准。20 mA 电流环是一种非标准的串行接口电路，但由于它具有简单、对电气噪声不敏感的优点，因而在串行通信中也得到广泛使用。为保证高可靠性的通信要求，在选择接口标准时，必须注意以下两点。

（1）通信速度和通信距离。通常，标准串行接口的电气特性，都有满足可靠传输时的最大通信速度和传送距离指标。但这两个指标之间具有相关性：即适当地降低通信速度，可以提高通信距离；反之亦然。例如，采用 RS-232C 标准进行单向数据传输时，最大数据传输速率为 20 kbps，最大传送距离为 15 m。若改用 RS-422 标准时，则最大传输速率可达 10 Mbps，最大传送距离为 300 m。如适当降低数据传输速率，则传送距离可达到 1.2 km。

（2）抗干扰能力。通常选择的标准接口，在保证不超过其使用范围时，为保证可靠的信号传输，都有一定的抗干扰能力。但在一些工控系统中，通信环境往往十分恶劣，因此在通信介质与接口标准选择时，要充分注意其抗干扰能力，并要采取必要的抗干扰措施。如在长距离传输时，使用 RS-422 标准，能有效地抑制共模信号干扰；使用 20 mA 电流环技术，能大大降低对噪声的敏感程度。在高噪声污染环境中，通过使用光纤介质减少噪声干扰，通过光电隔离提高通信系统的安全性等，都是一些行之有效的办法。

RS-485 是 RS-422 的变型。RS-422 为全双工，可同时发送与接收；RS-485 则为半双工，在某一时刻，一个发送另一个接收，当用于多站互连时，可节省信号线，便于高速远距离传送。许多智能仪器设备均配有 RS-485 总线接口，将它们连网十分方便。

RS-423/422 与 RS-232C 性能比较，如表 6-3 所示。

表 6-3　RS-423/422 与 RS-232C 的主要性能参数

性 能 参 数	RS-232C	RS-423	RS422	单　位
驱动方式	单端	单端	平衡	
最大传输距离	15	600	1200	m
最大数据速率	20 k	300 k	10 M	bps
驱动器输出电压（开路）	±25	±6	6	V（最大）
驱动器输出电压（加载）	±5～±15	±3.6	2	V（最小）
驱动器输出电阻（断电）	300 Ω	在−6 V～+6 V 时为 100 μA	在+6～−0.25 V 时为 100 μA	（最小）
驱动器输出电流	±500	±150	±150	mA（最大）
驱动器转换速率	30 V/μs（最大）	依电缆长度和调制速率而定	不必控制	
接收器输入电阻	3～7	≥4	≥4	kΩ
接收器输入阈值	−3～+3	−0.2～+0.2	−0.2～+0.2	V（最大）
接收器输入电压	−25～+25	−12～+12	−12～+12	V（最大）

RS-485 与 RS-422 性能比较如表 6-4 所示。

表 6-4　RS-485 与 RS-422 比较

比 较 项 目	RS-422	RS-485
驱动方式	平衡	平衡
可连接的台数	1 台接收器、10 台接收器	32 台驱动器、32 台接收器
最大传输距离	1200 m	1200 m

续表

比　较　项　目		RS-422	RS-485
最大传送速率	12m	10 Mbps	10 Mbps
	120m	1 Mbps	1 Mbps
	1200m	100 kbps	100 kbps
同相电压（最大值）		+6 V，−0.25 V	+12 V，−7 V
驱动器输出电压	无负载时	±5 V	±5 V
	有负载时	±2 V	±1.5 V
驱动器负载电阻		100 Ω	54 Ω
驱动器输出电阻（高阻状态）	上电	无规定	±100 μA 最大，−7 V≤V_{com}≤12 V
	断电	±100 μA 最大，−0.25 V≤V_{com}≤6 V	±100 μA 最大，−7 V≤V_{com}≤12 V
接收器输入电压		−7 V～+7 V	−7 V～+12 V
接收器输入敏感度		±200 mV	±200 mV
接收器输入电阻		＞4 kΩ	＜12 kΩ

6.1.4　控制系统软件设计及其抗干扰

系统软件非常重要，现针对控制系统的特点，介绍系统软件设计的几个共同的问题。

1. 多媒体视频监控系统的软件

多媒体监控系统的最大特点就是可以对图像进行各种各样的处理，如图像放大、图像局域放大、亮度调节、色度调节、对比度调节、图像柔化、图像轮廓增强等。一般，可将监控区域的平面图输入计算机，并在该平面图上标明各摄像机、监听头、报警探头的位置。当用鼠标点击平面图上的某摄像机图标时，该摄像机所摄取的画面，便可经视频矩阵的切换在计算机屏幕上的图像窗口中显示出来，它可以满屏显示，也可以小窗口显示。如果系统配有监听功能，还可在接声卡的音箱中同步地听到监控现场声音。由于目前已有同时处理多路视频信号的图像采集卡，因此可在显示器的屏幕上同时显示多个实时视频画面。

对局域网上各分控计算机，必须安装相应的分控软件，它通常与主控软件具有相同的安装与控制界面，但一般不具有对整个监控系统进行初始化设置的功能。主控及各分控软件一般不能通过简单的复制而获得，因此多分控监控系统必须购买多套分控软件（含卡）。

多媒体监控系统对云台及电动 3 可变镜头的控制也是很方便的，它在计算机屏幕上（菜单界面）的控制区内设置与云台、镜头相对应的控制按钮，当用鼠标点击屏幕上的这些控制按钮时，即可以通过机内的控制卡（或直接通过 RS-232 接口）输出控制信号到控制主机，进而经前端解码器实现对云台、电动镜头的控制。如在屏幕左侧的菜单条上用鼠标点击电动镜头控制图标后，会在该图标右侧弹出 3 个控制按钮，分别用于控制光圈、变焦距及聚焦 3 个动作。一旦选定某一按钮，便会在屏幕上显示出一个小的圆环，当左右移动鼠标，该圆环内会显示出"+"号或"−"号，分别表示该控制量的增加或减小。与此同时，屏幕上显示的摄像机画面也会相应地得到调整。

一般，多媒体视频监控系统都具有视频报警功能。当需要在显示图像的重点区域进行设防时，只需用鼠标在屏幕上图像的相应位置画一个方框（即警戒区），有些更高档的系统还允许将警戒区画成不规则的闭合曲线，一旦警戒区内出现移动目标时，报警控制器就可发出报警控制信号，以驱动灯光、警号、报警电话等相应外设动作。无论是哪路报警探头发生报警，多媒体主机都可以自动切换到该报警画面，供自动或人工画面复核，并将该画面连续或继续存入计算机的硬盘上。报警画面可以经外接的打印机打印出来，供有关人员分析案情、发布通缉或存档之用。

多媒体视频监控系统软件可方便地对所存储的图文数据进行检索。一旦在软件设置中设定了"照片存于数据库"，就可以将采集的单帧图像存于图文数据库，并可在存储图像时加上日期时间字符。当以后需浏览存储的图像时，只需在"查看图像"按钮上用鼠标点击一下，即可弹出具有时间、日期、摄像机位置号等，以及图像画面窗口的图文菜单界面，使用户可以方便地查找出某日某时刻的单帧静态画面。如选择"录像浏览"方式，还可以播放一段已经录制的 AVI 格式的录像文件，通过鼠标拖动滑动条的操作，可以在 5%～200% 之间控制录像画面的播放速度。

此外，还具有值班报警记录查询管理功能，如新操作员注册、报警值班记录、布撤防记录的查询管理及数据库的日常维护等。

多媒体主机还可外接调制解调器，通过网络将视频图像信号传送到上级主管机关或公安部门。多媒体监控系统也可以独立地设置硬盘录像功能，该功能通常根据用户的实际需求设置为选装（Optional）。它需要在系统主机内加入一块实时视频压缩卡，并安装相应的驱动软件。

2. 系统软件的设计方法和步骤

应用控制系统的特点，决定了其软件设计的方法与一般的软件设计方法有所不同，它通常按以下步骤进行。

- 系统设备功能的划分确定；
- 各设备间通信协议的约定；
- 各功能模块的功能划分和接口标准；
- 制定内存分配表；
- 编制软件框图；
- 确定纠错编码方案；
- 编制程序代码；
- 单机程序调试；
- 设备连接调试；
- 程序固化。

3. 系统软件的抗干扰方案

视频监视的控制系统与微机系统软件的一个重要差别，就是其软件的抗干扰设计。它设计的具体方法有：

（1）程序对硬件设备的检查。检查方法类似微机中的上电自检，它用以确保以后程序运行的环境正确。一般，自检出错时要报警，以便操作人员及时了解情况和处理故障。

（2）软件的冗余抗干扰。有两层意思：对单个设备来说，主要是利用 CPU 的高可靠性来存储整个设备 I/O 口的信息，并定时用此信息刷新 I/O 口，从而确保 I/O 口在受干扰后，能及时恢复正常；整个系统可利用主控制器等工作条件较好设备的高可靠性，存储整个系统设备的工作情况，并定时通过通信线刷新系统设备，从而确保这些设备受干扰后能保证恢复正常的工作状态。用此方法时，如能与下面的自动复位措施相配合，效果会更加显著。

（3）自动复位措施。为保证程序在受到干扰后，能恢复到正常的工作状态，通常采用以下两种手段进行保证。

① 合理分配程序空间：即在未利用的地方加上跳转指令，保证程序可以跳回到正常的程序。此方法的前提是 CPU 要处于正常的工作状态，但有时干扰会损坏 CPU 的工作条件，而使 CPU 不能进行工作，因而就产生了自动复位手段。

② 自动复位：即在程序循环体中安排一监视程序，也就是在程序正常执行时，在某一口线上产生一定周期和脉宽的信号，将此脉冲送给复位检测电路。一旦 CPU 工作异常，此时检测电路就向 CPU 发出复位信号，以重新启动设备工作。

检测电路一般有两种工作方式：恒定电平检测法和定时器检测法。

- 恒定电平检测法主要是利用可再触发式单稳电路进行，利用上述信号不断触发单稳电路，以保证正常的输出，而一旦此触发电路失去，单稳电路便会给出复位信号。
- 定时器检测法主要是利用一振荡器脉冲计数，CPU 给出的周期信号用来复位计数器，而一旦此复位信号消失，则计数器便溢出产生一信号复位 CPU。

在大部分的设备中，复位监视程序仅提供一个周期信号是不够的，因为 CPU 一旦复位，将破坏所有状态，这样的设备对用户来说就不可靠了。为保证上述过程对用户透明，一般采用下述方法进行：即 CPU 在复位时，不影响其内部 RAM 的内容，利用内部 RAM 的这个特点，可在上电复位后，在 RAM 中设一上电后的标志。根据此标志，CPU 便可判定是上电复位，还是受干扰后自动复位；并且将程序分段执行，进入一个段便在 RAM 中做一标记，设备各 I/O 口的状态也存在 RAM 中，这样一旦自动复位后，便可将上述信息写到 I/O 口，以保证设备状态的连续，同时进行原程序段执行，从而保证程序运行的连续性。采用此方法后，保证了自动复位过程对用户的透明，提高了设备的稳定性和可靠性。

4. 其他软件抗干扰

（1）数字滤波。即滤去采样过程中由于干扰而叠加于采样值之上的成分。由于各种参数的干扰成分不同，所以滤去这些干扰成分的方式也不同。通常在使用中，可根据情况选用以下几种数字滤波方法。

① 一阶惯性滤波。实践证明是一种比较有效的动态滤波法，尤其对于低频干扰分量和一些周期性、脉冲性的干扰有很好的效果，可弥补 RC 滤波的不足。其基本公式为

$$y(n) = \beta x(n) + (1 - \beta) y(n-1) \tag{6-1}$$

式中，$x(n)$ 是本次采样值；$y(n)$、$y(n-1)$ 是本次、上次滤波输出值；β 是滤波系数。不同的采样参数和不同的干扰成分，滤波系数 β 的取值不同。β 值的选择非常重要，通常 β 的取值范围为 $0 \sim 1$，一般取 0.75 左右。

② 递推平均值滤波。当采样信号值出现频繁的振荡时，用此法可予以平滑，其计算公式为

$$\overline{y}(k) = \frac{1}{N}\sum_{i=0}^{N-1}y(k-i) \tag{6-2}$$

式中，$y(k)$是第 k 次 N 项的递推平均值；$y(k-i)$是往前递推第 i 项的测量值；N 是递推平均的项数。N 值的选择，对采样平均值的平滑程度与反应灵敏度均有直接的关系。N 选得过大，虽然平均效果较好，但占用机器时间长，并且对参数变化的反应很不灵敏；N 选得过小，效果不显著，尤其对脉冲性干扰。N 究竟取得多大，要视系统实际的采样参数和生产情况而定。一般情况下，流量时 $N=12$，压力时 $N=4$，温度时 $N=1$。

③ 限幅滤波。在工业现场采样，那些大的随机干扰或由变送器可靠性欠佳所造成的失真，都将引起输入信号的大幅度跳码，从而造成计算机系统的误动作。在这种情况下，一般可用限幅滤波法来抗干扰。

（2）输出限幅。在控制回路中，由于有干扰信号的串入，可能出现输出信号大幅度变化或产生小的振荡。为使系统在非特殊的情况下能正常稳定地输出，保护执行机构的安全，必须设置输出限幅环节。一旦输出达到或超过限定值时，则应使送往执行机构的信号受到箝位。

（3）计算机将没有使用的内存单元全部置成 FFH。当发生飞程序时，若程序"飞"到置成 FFH 的单元，将执行 RST 38 H 指令。若在 0038 H 单元中预先写入一条转移指令，使它转入用户程序的入口，就不会造成"死机"现象了。

（4）对不使用的中断方式的处理。对不使用的中断方式 0 入口，全部写成转到用户程序，也可防止出现"死机"现象。

5．系统软件中的通信纠错编码

纠错编码的目的是保证系统的正确性。在大部分的系统中，设备的通道是单向的，为保证各命令码不丢失，采用自动回询重传是不现实的，只能将可靠性保证措施的重点，放在通信码的纠错上下功夫。通常采用的通信码纠错编码的方法可分为以下两类。

（1）冗余码通信。将每个码多次发送，接收端进行软件判决，取多数的办法来实现。通常用的是三中取二的方法，具体是分按字节和按位两种方法发送和判决。采用此冗余码通信方法的缺点是，占用信道时间长，不能纠一个以上错。因控制系统的信道往往很少，过多地占用信道时间，会影响系统的实时性。

（2）纠错编码通信。一般，在保证系统实时性的情况下，根据信道的特点，可选择适当的码型进行编码和解码，常用的有汉明码、对偶码、循环码、BCH 码、卷积码等，读者可根据具体情况查找有关资料选择一个合适的码型。

6.1.5 微机控制系统的干扰及其解决措施

视频监控系统往往都工作在较恶劣的环境中，合理地设计系统，以保证系统的可靠性，是控制系统设计的重要组成部分。一个完善的控制系统不仅要实时准确，而且要可靠稳定，否则只能停留于实验室阶段，无法应用到现场，而失去实用价值。

在设计抗干扰的各种方案时，首先是抓住主要的干扰源，尽量削减其能量和峰值，然后阻止其剩余部分进入系统。下面按干扰源分类介绍各种干扰的来源和抗干扰措施。

1. 空间辐射干扰及其解决措施

（1）空间辐射干扰的来源。这种干扰主要来自大功率发射机（如电台）、雷达、大功率电器等，它们通过空间电磁波在引线、电源线中感应干扰信号，常见的示波器、电视机、计算机等也会产生此种干扰信号。

（2）空间辐射干扰的解决措施。对付此种干扰的办法是屏蔽，屏蔽的种类和作用如下。

- 静电屏蔽（法拉第屏蔽）：即接地屏蔽，用来防止高频电磁场的影响。
- 电磁屏蔽：用来防止电场影响。
- 磁屏蔽：主要用于防低频电磁场的影响，采用高导磁系数可以防止磁感应。

屏蔽的接地有两种。

- 与信号地浮悬而接大地，它主要用于弱信号的处理（比如数据采集）。
- 与信号地连接。主要用于一般系统。

2. 电源电压的脉冲干扰及其解决措施

（1）电源电压脉冲干扰的来源。电源电压的缓慢变化和不稳定性，可以通过交流稳压器和直流稳压器加以抑制，但它们对电源的脉动变化是无能为力的。这种脉动变化一般来源于大功率负载的启停、雷击等。

（2）电源电压脉冲干扰的解决措施。通常，抑制这种电源干扰的手段有：

- 采用交流稳压器或 UPS 不间断电源供电。
- 选用高导磁材料做磁芯组成 C 型变压器，线组采用对称线包结构，初次级加屏蔽。
- 变压器初级加压阻电阻和噪声滤波器。
- 分散独立供电，以减少公共电源的相互影响。
- 采用不同相序供电，以减少相互的影响。
- 采用开关电源和无感电源。
- 采用隔离变压器等。

3. I/O 口线的干扰及其解决措施

（1）I/O 口线的干扰来源。通常，由于 I/O 口线直接与检测信号、受控设备等外设相连，因此 I/O 口线也是干扰的主要渠道之一。

（2）I/O 口线的干扰解决措施。对付这种干扰的主要办法有：

- 使用光电隔离（对数字信号）和隔离放大器（对模拟量）对系统各部分进行隔离。
- 布线时高频信号尽可能远离信号线，中间加地线屏蔽。
- 电源线和信号线分开。
- 任何 I/O 线及电源线要尽量短，并且远离线圈和变压器。
- 不同的地要采取隔离措施。
- 对输入信号采用 RC 滤波器，使干扰信号有很大的衰减（尤其对高频干扰的抑制）。

4. I/O 信号传输线路的干扰及其解决措施

（1）I/O 信号传输线路的干扰来源。当 I/O 信号必须采用长线传输时，长线上就有共模干扰或感应噪声电压。

（2）I/O 信号传输线路的干扰解决措施。对付这种干扰的办法有：

- 提高信号电平值或改变信号传送方式。一般，电流传送优于电压传送，数字信号传输优于模拟信号传输。
- 选择合理的传输线和负载，尽量采用标准电缆和双绞线传输。因它们有抗干扰作用，同时要注意，在传输线路加入阻抗匹配和滤波电路。
- 设计合理的接口电路，最好采用隔离传输的办法。
- 选择合理的波形进行传输。
- 信号线不与动力线平行敷设，使信号线免于强磁场的干扰。
- 输入与输出线均采用穿管敷设的方式。
- 线路在敷设过程中尽量避开上、下水及通风等金属管道。
- 因电话线在接地和防雷等措施上较为成熟，所以可利用电话线。

5. 地线干扰及其解决措施

（1）地线干扰的来源。由于存在地电流，则接地间产生电位差，从而影响输入电平的变化。

（2）地线干扰的解决措施。这种地线干扰可根据需要进行单点和多点接地，也可进行地线隔离。

接地方式一般有混合接地系统、交直流分开接地系统、一点接地系统及悬浮接地系统等。此外，在三相四线制的配电网络中，是中性点直接接地，按规程往往还要进行重复接地，这样能大大地消除由于各相间不平衡负载，引起的中性线上的电流和漏电流，以及由这种电流所引起的中性点电位的漂移。显然，可设专用接地极，并在电源的馈线上增加一条中性线。对这种接地方式，只要选好专用接地极电阻（不大于 4Ω）就可以达到一定的效果。

一般地线要粗，数模分开，数字地干扰大，需建立一点公共地，各部分地分开走线。

6. 其他干扰及其解决措施

干扰的来源主要是元件内部的热噪声干扰，总线竞争干扰等。这种干扰的解决措施是，可采用高质量元件和合理的电路设计来解决。

7. 高可靠性的自动复位电路

为防止 CPU 受干扰后不能正常工作，一般都设有自动复位电路，以恢复其正常工作。因此，CPU 的复位是系统正常工作的前提，要注意其可靠性。

自动复位要发挥微机软件的作用，要在应用软件中采取修正、补偿和滤波，要和硬件方面的抗干扰措施相互补充、结合、形成强有力的双重抗干扰措施。软件方面的措施有时非常有效，而且往往简单、并修改容易和经济。软件抗干扰不需增加设备，只需在程序上做相应的修改处理即可。

6.2 视频切换器及模拟与数字视频矩阵切换主机

视频切换器可以从多路视频信号源中选出 1 路或几路信号送往监视器显示，或送往录像机去记录，因而可大大节省中心控制端视频设备的数量及相应的费用。

6.2.1 普通视频切换器

普通视频切换器又称为顺序切换器或跳台器，它可以从输入的多路视频信号源中任意选择 1 路输出，也可以选择多路视频信号源，并使其按选定的顺序切换输出。因此，从输出端口来看，无论输入到切换器的视频信号源有多少路，任何时刻在切换器的输出端口上只能有 1 路视频信号输出。采用通用的多路模拟开关集成电路或专用的视频切换集成电路构成的有源切换器，有 4 路切换器、6 路切换器、…、16 路切换器等。

1. 简单的有源切换器

由通用模拟开关集成电路 CD4052 构成的 4 路有源视频切换器如图 6-9 所示。在图中，$SB_1 \sim SB_4$ 为 4 位互锁按钮开关，三极管 VT 将 CD4052 的输出经缓冲后从 V_{out} 送出。由图 6-9 可见，当 $SB_1 \sim SB_4$ 的不同按键分别按下时，可以使 CD4052 的 9、10 引脚（即 A_0A_1）分别对应于 00、01、10、11 四种状态，从而可在 CD4052 的输出端（1 引 3 脚）分别得到 V_{in1}、V_{in2}、V_{in3} 或 V_{in4} 中的任意一路输入信号，该信号经 VT 隔离后在 V_{out} 端输出。

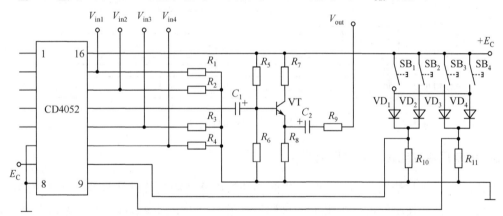

图 6-9 4 路有源视频切换器原理图

图 6-9 电路实际上使用了半片 CD4052，由于 CD4052 内部具有两个结构一样的 4 选 1 切换器，因此也可以用其中的一个进行视频切换，而用另一个进行音频切换，组成一个视/音频同步切换的 4 选 1 切换器，也可以将两部分并联使用，组成双 4 路视频切换器。

图 6-9 所示的切换器只能以手动方式进行信号切换，而不能实现自动切换。为使这种切换器具有自动切换功能，必须使 CD4052 的 9、10 脚自动地、周而复始地重复 00、01、10、11 四种状态，而这部分电路可以由模 4 计数器来完成。

2. 场逆程有源切换器

上述的视频切换器，由于输入到切换器的各路视频信号彼此是独立的，而切换时刻是随机的，因而在切换点前后的两场图像可能都不完整，由此造成了在视频切换的瞬间出现图像的跳动（画面瞬间滚动）。其原因主要是，在切换的瞬间，进入视频交叉点并接入到输出母线的视频信号正好赶上是图像的正程，也就是一场图像的显示还没有完成，此时突然跳进来半截另外的图像，而监视器又将有一个捕捉并锁定画面的过程所致。为避免这种现象的发生，就要求发生视频切换的瞬间应选在新的图像完整显示之前，即选在场逆程时刻。一般，要完成视频信号的场逆程切换，只需电路提供一个场控脉冲信号，当此脉冲达到切换控制电位时，才使视频交叉点闭合，从而使视频信号在场逆程期间完成转换。

场逆程切换的原理如图 6-10 所示，图中场频周期的全电视信号，表示将被切换输出的那一路视频信号。由图可见，当切换电压（高电平）到来时，因正好处于场正程期间，如果此时切换输出，画面必定不完整，因而此时由与门电路构成的控制电路并不立即工作。只有等到下一个场消隐期的场控脉冲到来时，即切换电压与场控脉冲同为高电平并同时作用于与门时，方可开启与门，而输出控制电压，以完成视频信号的切换，即视频开关闭合，因而在输出端得到一场完整的视频信号。后续视频设备在场逆程期间接到新的信号输入时，可以有充足的时间，来完成视频信号的捕捉与锁定。

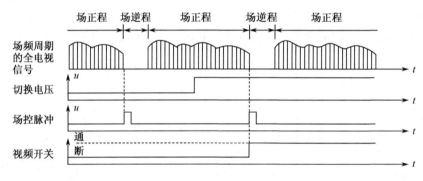

图 6-10　场逆程切换原理

3. 由专用集成电路构成的切换器

上述的视、音频切换器都是由两个相同的切换电路（如果音频是双语或立体声则需要三个切换电路）并联使用的，一个用于切换视频，另一个用于切换音频，且视频源与音频源要一一对应，并在同一个控制脉冲作用下进行切换。在视频监控系统的实际应用中，音频切换器的指标一般低于视频切换器。

日本三菱公司生产的集成电路 M51321P 的原理应用如图 6-11 所示，它专门用于一路视频信号和两路音频信号的同步切换。由图可见，集成电路 M51321P 是一种可以从三组视、音频信号源（每组含一路视频和两路音频，其中音频可以是双语或立体声）中任选一组输入的器件，当其 15 引脚置于 12 V 时，输出的视、音频信号为第一组信号源；当 15 引脚置于空档时，输出的视、音频信号为第二组信号源；当 15 引脚置于 GND 时，输出的视、音频信号为第三组信号源。在 M51321P 的内部，含有三个模拟开关，在开关的后面分别设有缓冲放大器，以补偿信号在传输过程中造成的衰减。在视频输出脚（14 引脚）外接一射极跟随器，可以使外接负载（75 Ω 同轴电缆）与切换器有效地隔离，同时对外接负载提供良好的驱动。

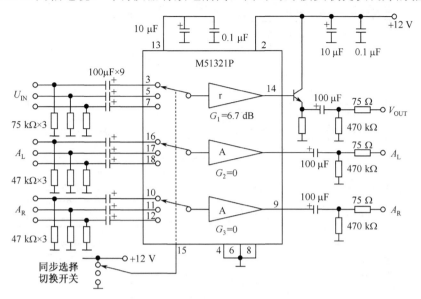

图 6-11　集成电路 M51321P 的原理应用图

类似的产品，还有视频和音频分别独立可调的集成电路 M51329P 等。

6.2.2　分组式切换器

在实际应用中，有时需要从多个输入信号中每次同时选出若干个信号，送入具有多输入端口的视频设备，如四画面、九画面或十六画面分割器，这时就要用到分组式视频切换器。如某系统有 36 部摄像机，但未配置系统主机，而仅有一台九画面分割器、一台监视器和一台录像机，为实现对 36 路视频信号的监视，就需配置一台 9×4 的分组式视频切换器，该切换器每次从 36 路视频信号中同时选出 9 路送往九画面分割器，使得在监视器屏幕上在每一个切换周期内，可以分 4 次看到 36 个画面。显然，这种设备的配备大大提高了画面的重复频率（仅为 4 个切换间隔），而又不需要添置过多的显示与记录设备，使系统效率提高。

分组式视频切换器的原理与上述的视、音频同步切换器类似，但要求各切换器的指标要完全一致，因此，它实质上是将多个普通视频切换器并联使用，用同一个控制脉冲对多个视频信号进行同步切换。如用 4 个图 6-9 所示的普通切换器并联使用（实际只需 2 片 CD4052），就可得到一个 4×4 的分组视频切换器。这种 4×4 分组视频切换器的原理图，如图 6-12 所示。

由图 6-12 可见，16 个视频输入信号分成 4 组，分别（同时）进入 4 个 4 选 1 视频切换器，则在同一个模 4 计数脉冲的作用下，可在 4 个视频输出端同时得到 4 路输出信号（每组各 1 个）。

由于该切换器以每 4 路视频信号为 1 组进行切换，因此可配合四画面分割器使用，完成对 16 个画面监视，如图 6-13 所示。

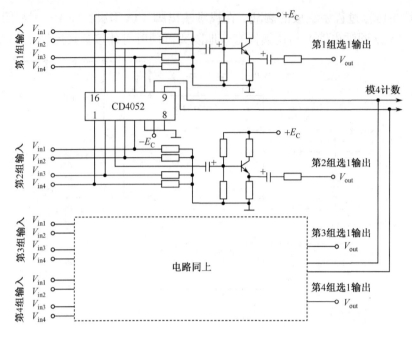

图 6-12 4×4 分组视频切换器原理图

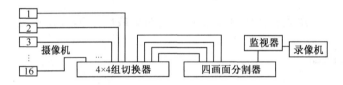

图 6-13 4×4 分组视频切换器与四画面分割器配合使用的示意图

6.2.3 模拟式视频矩阵切换主机

矩阵式切换器与上述的视频切换器不同点是有两个以上的输出端口，且这些端口输出的信号彼此独立。也就是说，这些端口的输出信号既可以是任意某一路输入信号（可以为同一路输入信号源），也可以是任意某几路输入信号的轮换，各端口的输出内容可以不相同。本小节介绍模拟式视频矩阵切换主机的原理及其状态检测方式。

1. 矩阵切换主机原理

大型视频监控系统中使用的矩阵切换主机的原理框图如图 6-14 所示。

在这类主机中，所有摄像机、镜头、云台、报警探头、监视器、录像机和打印机，都是由 CPU 统一管理和控制的。矩阵切换主机通过 RS-232 或 RS-485 接口与周边设备通信，以便将各种控制命令以实时或分时方式传送给这些设备。远端的摄像机的视频信号，通过同轴电缆、双芯线、光纤或无线设备传回主控机房，再送到矩阵切换主机背后的视频输入口上。

每只摄像机都有它自己的视频输入口，每台监视器也都有它自己的视频输出口。如果需要监听或对讲功能，也可以在系统中添加必要的设备，以同时完成视频和音频信号的切换。

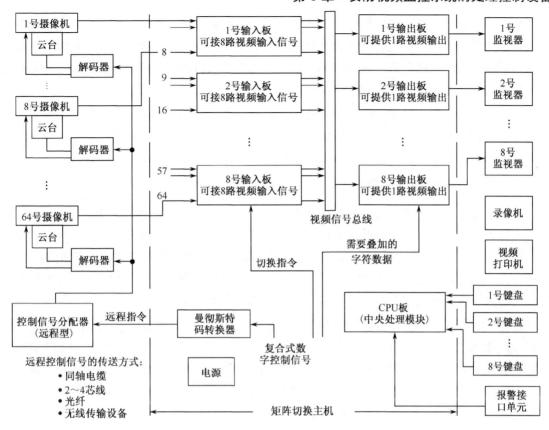

图 6-14　矩阵切换主机的原理框图

为使矩阵切换主机识别和管理系统中的摄像机、监视器和其他设备，必须根据系统中设备的类型和系统功能要求，对矩阵主机进行设置（即编程）。设置前应预先制定详细的计划，设置时则应注意采用较系统的步骤和合理的工作方法。

矩阵式视频切换器之所以具有以上特点，关键在于其特有的矩阵切换方式。一种 8 入 4 出的矩阵切换方式如图 6-15 所示。

由图 6-15 可以看出，矩阵切换方式是由多条视频输入子线与多条视频输出母线构成的，所有子母线的交点均可由开关控制。因此，每一条视频母线都是一个 "N 选 1" 的开关排（功能与前述的多选一方式相同），母线上的每一个交叉点就是一个开关。当某一子母交叉点接通时，该交叉点对应着的视频输入信号（由子线输入），就被切换到视频母线的输出端。设图中第 3 行第 6 列处的交叉点闭合，则可把第 6 路视频输入信号，切换到第 3 路输出端口上。

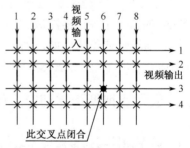

图 6-15　8 入 4 出矩阵切换方式示意图

上述切换方式中，同一母线的各子母交叉点，可以按一定的次序依次闭合，但不能同时闭合。因而上述切换方式可以将任意一路或多路输入视频信号，以一定次序输出在任意一路输出端口上。由于图 6-15 中的各交叉点排成了一个 8×4 的矩阵（一般为 $M \times N$ 矩阵），因而此种切换器被形象地称为矩阵切换器。矩阵切换器的 $M \times N$ 个交叉点可以按照任意设定的规律有选择地闭合，而这一设定的规律通常是由单片机来控制的。为了实现场逆程切换，上述交叉点的通断，也应由两个信号共同控制，其一即为手动或自动切换电压，而另一个则是由复合同步中（经积分）提取的场控脉冲。

场逆程切换的原理已如前面所述，这里需提出的是，在场控制脉冲与切换电压进行"与"的同时，控制电路部分还应输出一个复位脉冲，使同一条输出母线的其余各视频交叉点断开，以保证在某一时刻，在同一条输出母线上只切换出一路输入的视频信号。

2. 矩阵切换器的状态检测方式

由于矩阵切换器是多入多出的视/音频切换设备，如要想知道在哪一个输出端口输出哪一路摄像机输入的视频信号，则必须要有用于选择输入/输出端口的数字键盘，同时还应有显示端口编号的数码管或液晶显示屏，以进行端口状态提示。如要在连接于第 5 个输出端口上的监视器上，得到第 12 路摄像机摄取的画面，可以先通过键盘选择摄像机输入方式，然后键入12，再通过键盘选择监视器端口，键入 05，最后按下执行键。

此外，还有另一种信号切换与状态检查的方式，这种方式可省去数字键盘，而是以"加""减"两个键配合数字显示屏来显示输入输出端口状态。同上述要求，先按输入"加"键至输入端口数码管显示为 12，再按输出"加"键至输出端口数码管显示为 05，最后按执行键予以确认，就可在矩阵切换器的第 5 个输出端口上，得到第 12 路摄像机的输入信号。

目前，有专用视频矩阵切换器集成电路，如 MAXIM 公司生产的 MAX456 等，它是一个 8×8 视频矩阵切换电路，通过对输出选择端子及输入选择端子的控制，可以使 MAX456 的 8 个输入端中的任何一个或多个端子，连到 8 个输出端的任何一个或多个端子上。此外，在每一个输出端子处，还都有一个带宽为 35 MHz、转换速率为 250 V/μs 的输出缓冲放大器。这种把缓冲放大器与矩阵切换器集成在一起，与传统的矩阵切换器比较，可以至少省去十几片 IC，从而极大地节省印刷板面积，并进一步提高了系统的稳定性。

此外，这种集成的做法还大大地减少了分布电容，从而使通道间的串扰更小。在 5 MHz 时的实测表明，MAX456 在所有通道关闭时的隔离度达–80 dB，单通道串扰为–70 dB。MAX456 的每一个输出缓冲放大器，都有一个内部负载电阻，且该负载电阻可以通过负载选择，控制端连通或切断。如，当需要外接负载时，就需要将其内部的负载电阻切断。这一功能特别适合于将多个 MAX456 并联使用，以组成 16 路、24 路…等大型矩阵切换器的场合。

6.2.4 数字式视频矩阵切换主机

1. 数字矩阵与模拟矩阵系统的性能比较

（1）模拟视频矩阵系统的缺陷。上述的模拟视频矩阵式切换器，其视频切换在模拟视频层完成，信号切换主要是采用单片机或更高档的芯片来控制模拟开关来实现。这种模拟矩阵系统有以下缺点。

- 只适合于小范围的区域监控；
- 系统的扩展能力差；

- 在大系统中，施工困难、安装调试复杂；
- 系统升级困难，产品兼容性不好。

而数字视频的切换是在数字视频层完成的，这个过程可以是同步的也可以是异步的。数字矩阵能将任意一个输入的视频图像切换到任意一个视频输出通道，其核心是对数字视频的处理，因而需要在视频输入端增加模/数转换（A/D），在视频输出端增加数/模转换（D/A）输出。视频切换的核心部分由模拟矩阵的模拟开关，变成了对数字视频的处理和传输。

在数字矩阵中，基于对图像的数字处理：可以在实现视频切换的同时，对图像进行很多处理，比如叠加字符、叠加图像，区域遮盖等，这些都是目前 DVR 所普遍具有的功能，但是对于模拟矩阵，由于它的核心是基于模拟信号的处理，在面对这些功能时，则显得力不从心。

（2）数字矩阵系统与模拟矩阵系统的性能对比。目前，市面上大多数厂家推出的数字矩阵产品最大容量一般是 1000 多路视频输入，100 多个视频输出。但是在一些项目中已经不能满足客户的需求了，PELCO 推出了 4096 个视频输入，512 个视频输出的特大系统。Infinova（英飞拓）推出了以太网连网矩阵切换系统，在多级级连的情况下，可以构成最多 6 万多个视频输入的超大矩阵系统。

上述的数字矩阵系统与模拟矩阵系统的性能对比如表 6-5 所示。

表 6-5　数字矩阵系统与模拟矩阵系统的性能对比

项　　目	数 字 矩 阵	模 拟 矩 阵
视/音频输入	模拟信号与数字信号输入，数量及距离无限制	仅模拟信号输入，数量及距离有限制
视/音频输出	模拟信号与数字信号上电视墙，能输出多路	仅模拟信号输出，路数少，不能直接上电视墙
视/音频同步	每路均同步	不能
实时录像	每路均实时	动画
回放	可在电视墙远程回放任一路任一时间视频	不能
群组切换	可 256 组，报警联动支持 16 对以上的切换	可 16 组，报警联动支持 1 对 1 的切换
远程切换输出	可远程执行群组、同步、程序切换	无
主、副控	数量及距离无限制，可远程网络执行	有限制，无法远程操作执行
画面分割功能	支持多台监视器同时多画面分割	无画面分割，需外接
字符叠加功能	系统自带，无须字符叠加器	需字符叠加器
报警输入/输出	数量无限	数量少
设防、撤防	支持多用户不同设防状态	不支持多用户不同设防状态
视频联动电子地图报警	能报电子地图远程大屏显示，并能对换视频与地图窗口	只能实现单一矩阵报警的地图显示
级连	可实现无缝拼接	可级连，但麻烦
网络功能	强大	差
远程连网及费用	连网方便，成本低	连网困难，成本高
大屏与监视器图像相互调看	可相互调看	不行
云台控制	支持多种协议云台及快球	单一协议
二次开发与扩容	简单方便	差
集成度与稳定性	高	低
成本与功耗	低	高
性价比	高	低
施工	布线简单、施工成本低	布线复杂、施工成本高

2. 数字视频矩阵的类型

根据数字视频矩阵的实现方式不同，数字视频矩阵有以下两种类型。

（1）总线型数字视频矩阵。其数据的传输和切换是通过一条共用的总线来实现的，如 PCI 总线，其中最常见的就是 PC-DVR 型和嵌入式 DVR 型。

● PC-DVR 型的视频输出是 VGA，它通过 PC 显卡来完成图像显示，通常只有 1 路输出（1 块显卡），2 路输出的情况（2 块显卡）已经很少。

● 嵌入式 DVR 一般的视频输出是监视器，一些新的嵌入式 DVR 也可支持 VGA 显示。

PC-DVR 型和嵌入式 DVR 型都可以实现 1 路视频输出（还可以进行画面分割），可以把这两款产品当成视频矩阵的一个特例，也就是一个只有 1 路视频输出的特殊情况。

（2）包交换型数字视频矩阵。它是通过包交换的方式（通常是 IP 包）实现图像数据的传输和切换的。包交换型矩阵目前已经比较普及，比如已经广泛应用的远程监控中心，即在本地录像端把图像压缩，然后把压缩的码流通过网络（可以是高速的专网、Internet、局域网等）发送到远端，在远端解码后，显示在大屏幕上。

包交换型数字矩阵目前有延时长和图像质量差两个比较大的局限性。由于要通过网络传输，因此不可避免的会带来延时，同时为了减少对带宽的占用，往往都需要在发送端对图像进行压缩，然后在接收端实行解压缩，经过有损压缩过的图像很难保证较好的图像质量，同时编/解码过程还会增大延时。所以，目前包交换型矩阵还无法适用于对实时性和图像质量要求比较高的场合。

根据数字视频矩阵不同的功能还可细分为模拟入数字出的编码型数字矩阵、数字入模拟出的解码型数字矩阵、数字入数字出的流媒体型数字矩阵，以及正研发的模拟入模拟出的全能型数字矩阵。

值得指出的是，人的眼睛和耳朵都是接收模拟信号的，数字化信号最终还是要转为模拟信号才能被人接收，所以，数字化系统主要是通过数字化信号处理来避开模拟信号处理过程中的固有缺陷的。

目前，数字技术的发展日新月异、前途广阔。首先，随着硬件性能的提高，在高速总线方面 66 MHz 的 PCI 总线已经很成熟和普及，如 PCI-E 或其他的高速串行总线也不断地提出；在芯片技术上已经出现了 600 MHz、720 MHz，甚至是 1 GHz 的高性能 DSP，因此硬件平台性能的不断提高，必然使数字矩阵的功能不断地提升而向高端发展。与此同时，在软件上不断有新图像的压缩、处理算法提出，图像压缩的效率不断提高，也不断有更复杂、更智能的图像处理算法得到应用，如智能的移动检测、智能识别技术（人脸识别、指纹识别、车牌识别、签名识别）目前都已经有了比较成熟的应用，这些更高层次的图像处理技术，利用目前硬件平台，已经可以应用到数字视频系统中。随着软、硬件水平的飞速提高，数字矩阵的发展空间会非常广，无论是在性能上还是在功能上必然全面超过模拟矩阵。

3. 传统的连网矩阵系统的串口连网方式与以太网连网方式的比较

传统的连网矩阵系统多采用 RS-232、RS-422 及 RS-485 等通信协议，现有的许多连网矩阵基本上也都采用这几种通信协议作为网络构架的基础。但这类网络的局限性在于数据传输速率低、传输距离有限，以及必须使用转换器，而且由于各生产商都使用非标准协议，无法保证通用性。

显然，以太网相对于串口通信网络是一种彻底的革新。以太网的优势在于可以方便地接入现有网络、数据传输速率高、用通用的通信协议，并且现有网络（局域网、广域网、城域网和因特网）使其传输距离不再受限。因此，以太网使安防系统集成达到了新的高度。若使用老式的串口通信，网络非常笨重，需要许多接线和转接，如果网络庞大的话，需要很多通信连线，而且还时常无法通信。而使用以太网，则网络扩展及通信都不受限制，只要一根网线就可以和网络内的任何一个点取得联系。以太网使得一定范围（局域网、广域网、城域网）内的设备可以互相通信，不论跨越多少建筑，也不需要增加接线。以太网还为实现系统的简便控制和监视提供无限的可能性。

传统串口连网方式与以太网连网方式的比较如图 6-16 所示。

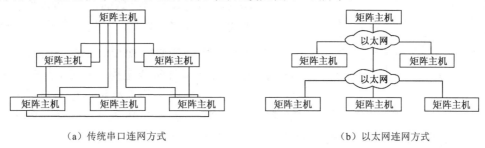

（a）传统串口连网方式　　　　　　　　　　（b）以太网连网方式

图 6-16　传统串口连网方式与以太网连网方式的比较

因此，相比传统连网构架，以太网连网矩阵的优势是：通信速率高，性能稳定，传输距离不受限制，组网方便、灵活，网络扩展方便，便于系统集成。图像（视频信号）本身具有可视、可记录及信息量大等特点，它能够通观全局、一目了然、判断事件具有极高的准确性，是报警复核、动态监控、过程控制和信息记录的有效手段。

由于以太网连网优势明显，有部分 CCTV 厂商通过使用计算机来实现接入网络。它把矩阵通过 RS232 与计算机连接，计算机再接入以太网，在计算机上安装软件实现网络控制。但这种软件连网方式由于使用多台计算机连网，其稳定性能下降。目前 Infinova（英飞拓）以太网连网矩阵是业内仅有的通过 LAN 或 WAN 实现控制功能的切换控制器产品之一。它有别于以往的网络系统，使用该产品无须再为 RS-422/485 的通信进行连线，在城市治安项目和高速公路实现全省连网方面优势非常突出。只用建立在高速公路已经存在的收费系统的网络或者城市里已经存在的网络里，因而不必浪费时间在布线问题上。

6.3　视频分配、放大、画面分割及图像处理器

6.3.1　视频分配器

视频信号的输出，可能需要送往监视器、录像机、传输装置、硬拷贝成像等终端设备，因而经常会遇到同一个视频信号需要同时送往多个终端设备的要求。当在终端个数为两个时，

利用转接插头或者利用某些终端装置上配有的环通输出，即可完成；但在个数较多时，如果简单地将各终端并联短接，则由于驱动负载不匹配，致使系统无法正常工作，视频输出就要发生失真。这时，就需要使用视频分配器，以实现一路视频输入在经过对信号进行阻抗匹配后多路视频输出的功能，从而可以在无扭曲或清晰度损失的情况下，观察视频输出。

1. 单输入视频分配器

即对单一的视频信号进行分配，常见的单输入分配器有 1 分 2、1 分 4、1 分 8，以及 1 分 10 等。单路 1 分 4 视频分配器的原理如图 6-17 所示。

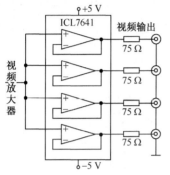

图 6-17　单路 1 分 4 视频分配器原理图

由图 6-17 可见，输入的视频信号首先经缓冲器隔离，然后进行宽带放大，最后经过 4 个缓冲器隔离输出。由于各路缓冲器的参数是一致的，因此可以保证各个输出端口的视频信号彼此独立，且信号格式完全一致。

（1）集成电路构成的视频分配器。视频分配器产品大多以单片或多片集成电路为核心，并配以少量周边电路构成，这使电路的性能指标进一步提高，而结构变得非常简单。MAX405 是一个具有 180 MHz 带宽、650 V/μs 转换速率的高精度缓冲放大器，其增益达 0.99，比常见的 HA5033 视频缓冲器提高 8 倍。此外，MAX405 还可接收反向输入信号，使用者可以在 0.99～1.10 的范围内做出正确的增益调整。MAX405 具有 0.6 pF 的低输入电容，连续输出电流达 60 mA，能够直接驱动 4 个 75 Ω 的负载，因而可很方便地构成 1 分 4 视频分配器。图 6-17 中的 4 个输出缓冲器，也可由单片 CMOS 4 运放 ICL7641 组成。这样，由于采用 4 个独立的输出缓冲器，可进一步减少各输出通道间的串扰。法国汤姆逊公司生产的单片视频信号分配器电路有 TEA5114 集成块，它加上少许的阻容元件即可构成视频信号 3 分配器电路。

（2）视频分配放大器。有的视频分配器产品除提供多路独立的视频输出外，还兼具有视频信号放大功能，这种称为视频分配放大器。在实际的系统中，可采用一种专用的 MA4138 芯片构成视频分配放大器。这种芯片为一入四出电压反馈视频分配放大器，可外部设置 2 倍以上的放大增益。MAX4138 的带宽为 140 MHz，通道切换时间为 25 ns，它的每个输出可驱动多达 5 个 150 Ω 的负载。TTL/CMOS 兼容的控制信号，可控制输出放大器的选通与禁止，适用于多路切换、画中画等应用场合。输出放大器禁止时呈高阻态，MAX4138 的输入放大器，将输出阶段的切换干扰与输入隔离，并提供高阻抗、低容抗输入。

2. 多输入视频分配器

实际上，多输入视频分配器是将多个单输入的视频分配器组合在一起而作为一个整体，以减少单个分配器的数量，从而减小设备体积，降低系统造价，提高系统的稳定性。常见的多输入视频分配器一般都为多路输入的 1 分 2，如 8 路 1 分 2 和 16 路 1 分 2 等。

由 8 片集成电路 AD8001 构成的 8 路 1 分 2 视频分配器如图 6-18 所示。

图 6-18 中，AD8001 为一电流反馈型放大器，它在单位增益时具有 800 MHz 的带宽，其

转换速度高达 1200 V/μs，通带增益均匀性小于 0.1 dB，并且可提供 70 mA 的驱动电流，从而保证了视频分配器具有优良的性能指标。

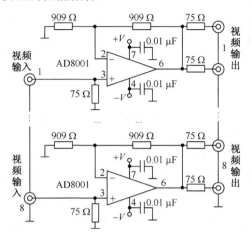

图 6-18　8 路 1 分 2 视频分配器原理图

6.3.2　视频放大器

众所周知，视频信号经同轴电缆长距离传输后，会造成一定的衰减，特别是高频部分衰减尤为严重。一般用 SYV-75-5 的同轴电缆传输视频信号的最远距离为 400 m 左右，用 SYV-75-3 电缆为 300 m 左右。虽然，超过这一距离后仍可看到较为稳定的图像，但图像的边缘部分已变得模糊。因此，当进行长距离视频信号传输时，必须要对视频信号进行放大。

视频放大器与普通放大器的区别，主要是带宽不同，理论上的视频信号下限频率为 0 Hz，标称的上限频率为 6 MHz。一般，实际视频放大器都做在 100 Hz～10 MHz，且要求通带平坦。

1. 由集成电路构成的视频放大器

随着高频线性集成电路的发展，目前大部分视频放大器都采用单片线性集成电路配合周边电路来实现。一种采用宽带集成运放 LF357 芯片构成的视频放大器，如图 6-19 所示，其增益由电阻 R_1、R_2 及电位器 R_P 决定，通过调整 R_P 的值，即可改变放大器的增益。

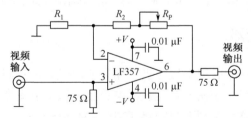

图 6-19　采用单片线性集成电路的视频放大器

2. 视频放大器的高频补偿

由于在长距离传输时，视频信号的高频成分损耗最大，所以在对视频信号进行均匀放大的同时，还特别要对其高频部分进行补偿。否则，在监视器屏幕上看到的视频图像的轮廓部分将变得模糊不清，如果图像内容有细密的竖条，则这些竖条会变成灰蒙蒙的一片。这种视频信号带宽与图像清晰度的关系，如图 6-20 所示。

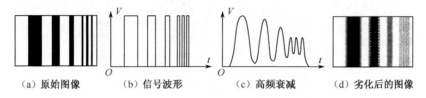

| (a) 原始图像 | (b) 信号波形 | (c) 高频衰减 | (d) 劣化后的图像 |

图 6-20　视频信号带宽与图像清晰度的关系

一般，视频放大器的高频补偿大致有两种方法。

（1）在放大器的反馈回路中进行补偿，如在负反馈电阻上并接小电容，使电路的高频负反馈减小。

（2）在放大器的输出回路中进行补偿，如在视频信号的输出回路中，增加有阻尼的低 Q 值 LC 谐振回路，并将其中心频率调谐在视频信号的高端。因此，当高频受损的视频信号通过该 LC 回路时，就可使高频部分得到补偿。一种高频补偿电路的原理图，如图 6-21 所示。

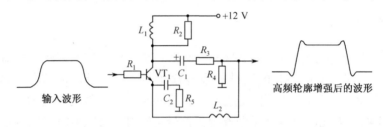

图 6-21　高频补偿电路原理图

由图 6-21 可见，视频信号由晶体管 VT_1 基极输入后，分两路输出：一路由集电极倒相输出；另一路由发射极输出。就发射极输出而言，VT_1 相当于射极跟随器，信号通过由 C_2、L_2 和 C_1 等构成的 π 型低通网络后，输出已滤除高频分量和高频噪声的视频信号，在电阻 R_4 上与集电极输出的信号叠加；而由集电极输出的这一路信号经放大器自身的输出电阻和 R_2、L_1 组成的一次微分电路微分，只有信号的跳变部分（脉冲的前后沿部分）才有输出，此信号再经 R_3、R_4 和 L_2 组成的二次微分电路微分后，输出轮廓增强的波形。

6.3.3　多画面图像分割器

通常，在视频监控系统中有很多摄像机，如果要同时显现它们各自的输出图像，需要将若干台摄像机输出的图像显示于同一个监视器屏幕上，以实现图像分割或画中画功能。具有这种图像分割功能的装置称为多画面分割器（Video Multiplexer）。

多画面分割器有两大类：一类是固定式的 4 画面分割器（Quad），另一类是可显示 4、8、9、16，甚至 32 画面的多画面分割器（Multiplexers）。4 画面和多画面分割器从色彩上有黑白和彩色之分；从分割方式上则有实时型、帧切换型和数字场切换型。4 画面分割器因仅录取 1/4 画面，故在全画面放大显示时，影像会显得模糊不清。多画面分割器则在技术上有很大的提高，其特点是：

● 录取速度快，每个画面仅需 1/30 s 即可编排完毕；

● 以全画面全程录像，因此在回放时其清晰度不会降低；

● 既可以多画面同时显示于一台监视器上，也可以只选择监视其中某一台摄像机，而输入至多画面分割器中的其他摄像机图像，则被存储于分割器的存储器之中，而不会遗漏和丢失，并且能够清楚地标识每台摄像机所在的位置、日期与时间；

● 多画面分割器有单工、双工和全双工类型之分。

1. 四画面图像分割器

四画面分割器是多画面分割器中的低价适用产品，可以满足小型视频监控系统的一般要求。从装置上分类，有单四画面显示与双四画面类。这种双四画面类，能以四画面双次显示，从而可显示 8 个摄像机的图像。从技术的角度看，除模拟式四画面分割器外，还有数字式四画面分割器，并且数字式实时四画面分割器的分辨率已达 400 线以上。

（1）单四画面分割。四画面是最基本的画面分割，也是在视频监控系统中应用较多的一种数字视频处理设备。它可以接收 4 路视频信号输入，并将该 4 路视频信号分别进行模/数转换、压缩、存储，最后合成为一路视频信号输出。它反映在监视器的屏幕上，可以在同一屏幕上，同时看到 4 个不同的视频信号的画面。

图 6-22 为四画面分割器的画面视频合成的原理，由图可见，4 路视频信号各自经模/数转换后，分别在水平和垂直方向上按 2∶1 的比率压缩取样、存储，而后各样点在同一个时钟驱动下顺序读出，经数/模转换后，即可形成 4 路画面合成一路的输出信号。

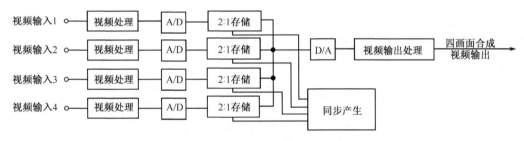

图 6-22　四画面分割器的画面合成原理

（2）双四画面分割处理器。双四画面分割器可接受 8 路视频信号输入，但是在任何时刻，在监视器屏幕上只能同时显示 4 个小画面，而另外的 4 个小画面则只能与前述的 4 个小画面分时交替显示。由于监视器屏幕的宽高比为固定的 4:3，为使分割后的小画面的宽高比仍保证为 4:3，就应使在水平和垂直方向上对整个屏幕的分割份数都相同，即要么分为 2×2（即四画面分割器），要么分为 3×3（即九画面分割器），要么分为 4×4（即十六画面分割器）。对输入的 8 路视频信号来说，只能是将每 4 个分为一组进行同屏显示。

这种双四画面数字式分割处理器的特点是：

● 可用一台监视器观看 8 台摄像机的图像信号，用画面分割键可以简单地切换四画面显示和一画面显示，并可分别显示各自的静止图像，调整四画面显示图像的垂直方向的位置；

● 可自动顺序切换出 8 台摄像机的图像及四画面显示,切换时间可以在 0～99 s 内设定，四画面显示时有 A 面和 B 面顺切模式；

- 可显示时、分秒，以及月、日、年，并且 8 个摄像机名称可用 8 个字符来显示，因而可很方便地判别该摄像机所在的场所；
- 有报警输出与环通摄像信号输出功能，可存储报警的时间、摄像机名称和日期，在实际使用中可以一带二，用与摄像机一样数量的监视器观看；
- 有防误操作功能，即除电源开关外的功能可用锁定键锁定，以保持原设定状态，防止误操作带来的麻烦。

2. 多画面图像分割器

大家知道，多画面分割器可同时分割显示多台摄像机的图像，在回放时既可放多画面图像，也可只放其中任一的单画面。但是，由于多画面分割器是依序对各画面做压缩处理的，因而各画面是分别进入的，当第二个画面进来时，第一个画面就会产生延迟的现象，从而在观看多画面分割器的每个画面时是不连续的，这就是多画面分割器本质上的不足之处。

多画面图像分割器有下列几种类型。

（1）单工型。在记录全部输入视频信号的同时，只能显示一个单画面图像，不能观看到分割画面，但在放像时，可看全画面及分割画面。

（2）双工型。录像状态既可监看单一画面，也可监看多画面分割图像，同样在放像时也可看全画面或分割画面。

（3）全双工型。这种多画面分割器性能更全，它可以连接两台监视器和两台录像机，其中一台用于录像作业，另一台用于录像带回放。这样，就同时具有录像和回放功能，等效于一机二用，因而尤其适于金融机构和股票期货这类要求录像不能停止的场合，其原理与功能如图 6-23 所示。

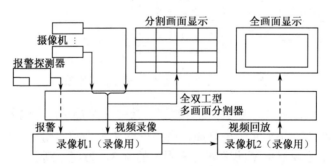

图 6-23　全双工型多画面分割器

评价多画面分割器性能优劣的关键是影像处理速度和画面的清晰度。现在，早已有了画面处理加矩阵切换控制的一体化系统，如英国 Baxall 公司的 ZMXplus 产品，它除有并行视频处理输出 PVP 功能与处理速度达 50 场/s 以上外，还可控制云台与镜头。此外，它有 32 路视频输入，5 路视频输出（其中 1 路数字、4 路模拟输出），并可实现视频信号的矩阵切换。在全双工模式时，屏幕上半部为回放显示，下半部为实时显示。

多画面分割器按分割画面的多少，有九画面、十六画面与三十二画面分割器。

6.3.4　数字多工与图像处理器

数字多工处理器，即前面提到的帧场切换处理器。在实际应用中，帧场切换处理器必须与录像机配合使用，它可以将各监视点传来的多路视频信号以帧（场）间隔进行切换，并用一台录像机记录下来。当进行录像回放时，由录像机输出的视频信号必须通过帧场切换处理器，才能任意选择某一路图像来观看，此时回放图像还会有轻微的停滞（即所谓的卡通效应），这是由于丢帧（场）的缘故。常见的帧切换处理器多为 8 路和 16 路，而场切换处理器多为 4 路和 8 路，有些帧场切换处理器，可以在进行帧场切换记录的同时，提供多画面同屏显示功能。多画面同屏显示的原理，与前面介绍的画面分割器原理相同。

1．帧切换器

帧切换器将输入的各路视频信号以电视信号的帧周期（40 ms）为时间间隔进行切换，使选通的信号送往输出端口。该输出端口直接与录像机的视频信号输入端相连，因而录像记录的将是以帧间隔轮换的多路视频信号。

帧切换器的基本功能有二：一是配合一台录像机以帧切换方式进行多路视频信号的记录；二是报警自动切换。一般，在进行帧切换录像的同时，要求能够对各路视频信号进行同屏或轮换监视；在录像回放时，则要求回放画面尽可能连续。此外，有些帧切换器还可以在单画面回放时，提供局部画面 2 倍放大的功能，这可方便地对所记录的某路图像的细节部分进行仔细观看。

2．场切换器

场切换器的工作原理与帧切换器类似，但切换的间隔是以图像的场为单位的，即 20 ms。由于切换的时间间隔减少了一半，因此录像回放时卡通效应要比帧切换器好一倍。如经 4 路场切换录像回放时，同一路图像的各画面重复间隔为 20×4=80 ms，相当于 12.5 Hz 的场重复频率，使人眼看到的画面基本顺畅。

由于奇偶场的信号格式略有不同，因此场切换器对于奇偶场的同步要求，比帧切换器对于相邻帧的同步要求要高。理论上，可以用行间隔来对各路视频信号进行切换，即每一行视频信号对应一路摄像机画面，这样便不会出现丢帧或丢场现象，但图像的垂直分辨率将下降，如 4 路行切换会使图像的垂直分辨率减低为原来的 1/4，这就与普通四分割的单路回放的效果差不多，而设备成本会很高，因此基本没有此种产品。

3．图像处理器

图像处理器是将多路视频信号合成，以便录像和监视的设备，其基本参数有：

- 输入视频信号路数，根据不同型号有 4916 路等多种规格；
- 单工或双工；
- 彩色或黑白；
- 图像效果（像素）；
- 有无视频移动报警功能等。

图像处理器包含了多画面处理器的所有功能，从而在大部分情况下代替了多画面处理器。

6.4　云台镜头防护罩控制器

在具有云台及电动镜头的小型视频监控系统中，必须配有操纵云台及电动镜头动作的控制器，如图6-24所示。这种控制器一般由面板按键的控制，对云台输出交流电压或对电动镜头输出直流电压，送到云台或电动镜头的控制电压输入端，使云台或电动镜头做相应动作。在某些应用场合，系统中可能只用到了水平或全方位云台，因而控制器仅需对云台进行控制，而在其他应用场合，系统中可能同时用到了云台及电动镜头或仅仅用到了电动镜头，因而控制器既要对云台进行控制，也要对电动镜头进行控制。若监控点在室外，还需对防护罩雨刮等进行控制。为降低系统成本，视频监控系统中的控制器输出的上述控制电压，一般都是用简单的逻辑，去控制电磁继电器或固体继电器执行。

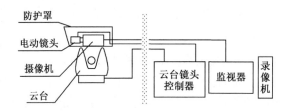

图6-24　具有云台、电动镜头及控制器的小型系统

6.4.1　云台控制器

云台控制器若按控制功能分类，可分为水平云台控制器和全方位云台控制器两种；若按控制路数则可分为单路控制器和多路控制器两种。实际上，多路控制器将多个单路控制器做在一起，由开关选路，共用控制键。此外，还可按输出控制电压分为输出24 V、110 V和220 V三种，其中110 V多为外国用。

1. 水平云台控制器

单路水平云台控制器原理图，如图6-25所示，图中，SB_1为自锁按钮开关，用于云台自动扫描或手动控制扫描的切换；SB_2、SB_3为非自锁按钮开关，交流电压的一端直接接到控制器的输出端口2（公共端）。当SB_1处于常态（即未被按下）时，继电器K不吸合，交流电压的另一端（称为扫描端或自动端）通过继电器K的动断触点加到SB_2、SB_3的一端。当按下SB_2或SB_3的按钮时，便可将交流电压输出到控制器的输出端口3或4，从而使水平云台向左或向右方向旋转。当自动扫描按钮SB_1被按下时，继电器K吸合，这时交流电压的扫描端，通过继电器K的动合触点加到控制器的输出端口1，使水平云台做自动扫描运动。此时，SB_2或SB_3按钮的通路被继电器K切断，而不再起作用。

2. 全方位云台控制器

由上分析可知，若要对全方位云台进行控制，只需在图6-25的电路中增加两个垂直控制电压输出端口，以及相应按钮即可。一种单路全方位云台控制器原理图，如图6-26所示。

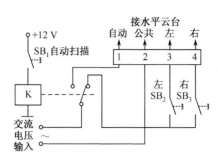

图 6-25　单路水平云台控制器原理

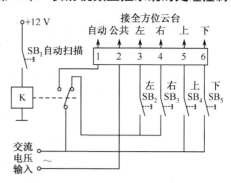

图 6-26　单路全方位云台控制器原理

由图 6-26 可见，全方位云台控制器与水平云台控制器的主要差别是，增加了 SB_4、SB_5 两个控制按钮，它们不经过继电器而直接与交流电压输入端相连。因此，无论是自动还是手动方式（即无论 SB_1 是否按下），只要按下 SB_4 或 SB_5 按钮，就可使云台在垂直方向上向上或向下转动。

如果要对多个云台进行控制，可以在单路控制器的基础上增加多个用于云台选通的继电器及选通按钮即可，而控制键可以共用。

云台控制器的基本控制原理是，在其输出端口的相应引脚上，输出驱动云台电动机运转的控制电压，而具体要在哪一个引脚上输出这一控制电压，则完全取决于操作者在控制器面板上对何种按钮进行了操作。因此，云台控制器是根据控制按钮的状态，来控制相应继电器的导通，以便将交流控制电压，送到相应输出端口的相应引脚。

6.4.2　镜头控制器

在视频监控系统中，通常要用到变焦镜头。一般，这种镜头有光圈、变焦、变倍三个电机，因而可做正反向旋转，以实现六个动作，这六个动作分别称为：光圈大、光圈小、聚焦远、聚焦近、变倍进、变倍出。变焦镜头的电机大部分是直流电机，直流电机加反相电压后就会倒转，如果三个电机用一个公共接地端，总共就只有四根控制线。

由于电动三可变镜头内部的微型电动机均为小功率直流电动机，因此控制器要完成对电动三可变镜头的控制，只能输出小功率的直流电压，这就要求控制器内部具有稳压的直流电源，这一电源通常为直流 3～12 V。在实用中，为了能更精确地对镜头调焦或在小范围内调整镜头光圈，一般希望电动镜头的电动机转速慢些，也就是要控制器输出到电动镜头的直流控制电压稍小些；但有的时候，为了快速跟踪活动目标（如在很短的时间内将摄像机镜头由广角取景推到主体目标的局部特写景），就要求控制器输出的直流控制电压稍大一些。

因此，大多数云台镜头控制器的镜头控制输出端通常都设计为可变电压输出，即通过对控制器面板上的电压调节旋钮的调节，使镜头控制输出端的控制电压在直流 3～12V 之间连续变化。一种单路云台镜头控制器的电路如图 6-27 所示。

在摄像机离控制室比较近的情况下，通常可采用 10 芯电缆，云台两个交流电机需加 AC 220 V 或 AC 24 V；镜头三个直流电机可加 DC 3～12 V，将它们加到电机的控制线上。这种

279

用多芯电缆传送电动云台和变焦镜头的控制电压的优点是，原理简单，工作可靠；但其缺点是，浪费线材，且有很多能量消耗在传输电缆上，只适于近距离使用。

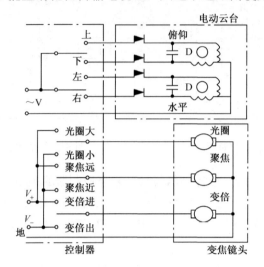

图 6-27 电动云台和变焦镜头控制电路图

　　目前，微机广泛用于控制器，在距离较远的场合，常常用微机进行控制命令的串行传输。一般，用微机发串行控制码传送命令的优点是可以节省线材，其传输控制电缆由多芯改为 2 芯；电机的驱动电源就地供给，避免了电机驱动电源长途传送时的能量损失等。但是，为了对串行命令进行串/并转换、解码，以及形成电动云台和变焦镜头的驱动电压，必须在系统前端摄像机附近，配置一个接收解码器。当几个摄像机相距很近时，也可以共用一个特殊设计的接收解码器。

1. 串行控制码的形式

　　用微机进行控制命令的串行传输的串行控制码的位数，由控制器的设计者根据控制器的功能自行决定，但一般包括五个部分，如图 6-28 所示。

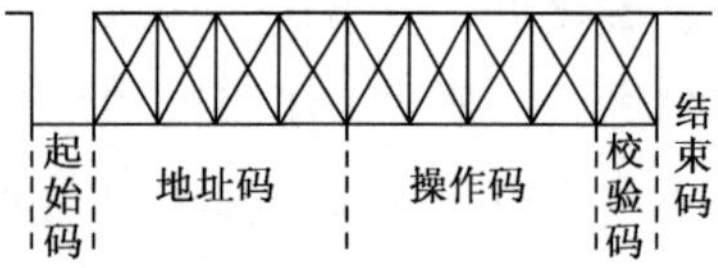

　　（1）起始码：起始码通常是一位低电平，串行信号线上，平时是高电平，当控制码到达时，首先出现一位低电平。

　　（2）地址码：由于控制码要发到各个接收解码器，而每个接收器有一个地址，也就是接收器的序号，常常与摄像机号相同。接收器的本机地址通常由拨动开关设定，只有当接收到的地址码与本机地址相符合时，才执行后面的操作命令。

图 6-28 串行控制码示意图

　　（3）操作码：操作码是指示地址相符的接收机进行何种操作，即控制某一电机做何种转动，这事先由设计者规定。

　　（4）校验码：校验码是为了校验地址码和操作码是否发生误码而设定的，最简单的方法是奇偶校验，即将地址码、操作码、校验码每一位都相互"异或"后，应得结果是 0，否则就认为发生误码。奇偶校验能检验出一位误码。

　　（5）结束码：结束码通常是一位高电平。

2. 发串行控制码的几种方法

在视频监控系统中，终端解码器中的 CPU 只有接收串行控制信号一个任务，CPU 始终处于准备好接收的状态，所以没有必要进行双工通信。发送端只要把串行信号发出就行了，至于终端解码器是否接到串行控制命令并且执行，从监视器的图像上就能清楚地看到。一般，有下述几种发串行控制码的方法。

（1）控制器 CPU 无串行口但任务不多。当控制器使用没有串行口的 CPU，且任务不多时，可用并行口或其他锁存器的一位输出串行信号。CPU 执行程序依次将起始码、地址码、操作码、校验码的各个位，经这一位锁存器输出，每次锁存数据后，经一固定时间（波特率的倒数）再锁存下一位数据。

（2）控制器 CPU 无串行口但任务较多。在这种情况下，可以使用可编程串行接口，如 8251 等，也可以使用相应位数的锁存器和并/串转换电路来达到目的。后者编程比较方便，其方框图如图 6-29 所示，图中，分频器将 CPU 的时钟分频为串行发送的波特率，CPU 执行程序将控制码存入锁存器，然后向并/串转换电路送并入控制信号，串行控制码就发出去了。

（3）控制器 CPU 有串行口。当使用具有串行口的单片机 8031 时，可按 CPU 的具体要求发出串行控制码。将 8031 的串行发送置于方式 3（SM0=1，SM1=1）。这时 8031 发送 1 个起始位（0），8 个数据位（先发 LSB），1 个可编程的第 9 数据位，1 个停止位（1）。当接收的终端解码器数目不多时，地址码用 4 位，操作码用 4 位，第九数据位作为奇偶校验位。

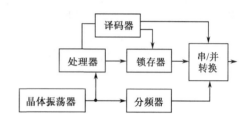

图 6-29　编程简单的串行控制码发送方法

接收解码器个数超过 16 个，4 位地址码不够，这时需要连续发送两次串行信号，发送端 8031 置多机通信方式，而接收端也置成多机通信方式。发送端的 8031 先发 8 位地址码，其第 9 位数据为 1，再发 8 位操作码，第 9 位数据为 0。接收端 8031 置多机通信方式时 SM2=1，接收数据的第 9 位进入 RB8，地址字节会中断所有接收器的 CPU，CPU 查看地址码是否与本机地址相符，相符时 CPU 清 SM2，准备接收后面发来的操作码；当地址码与本机地址不符时，CPU 将保持 SM2 不变，这时后面发来的操作码就不会引起中断。

在这种情况下可取消校验码，也可用地址码和操作码的最高位作为校验码，分别进行校验。

6.4.3　云台镜头防护罩多功能控制器

除了具有上述云台镜头控制的功能外，有的控制器还包括有对室外防护罩的喷水清洗、雨刷，以及射灯、红外灯等辅助照明设备的控制功能，一般防护罩的加热及通风，由其内置的温控电路自动控制。实际上，这部分电路的原理与云台控制的原理类似，即在控制器的后面板上增加一个辅助控制端子，当对前面板上的辅助控制按钮进行操作时，可以将 220 V 或 24 V 的交流电压输出到辅助控制端子上，从而启动喷水装置、雨刷器或辅助照明灯等。需要说明的是，对一般控制器来说，辅助控制输出端口的输出电压一般与云台的控制电压相同。如 AC 220 V 的控制器，要求外接云台及其他辅助设备均为交流 220 V。因此，如果云台及各外接辅助设备要求的驱动电压不相同，需通过加装变压器进行电压转换。此外，一般控制器的辅助控制输出端口的各引脚结构与电特性完全相同，在实际使用时，不必严格按控制器面板上的文字标注来接线，只要使外接设备与面板按钮通过自行定义统一起来即可。

对功能更强一些的控制器，还可以接收各类传感器发来的报警信号，并控制警号、射灯及自动录像的启动。一种多功能控制器的原理图如图 6-30 所示。

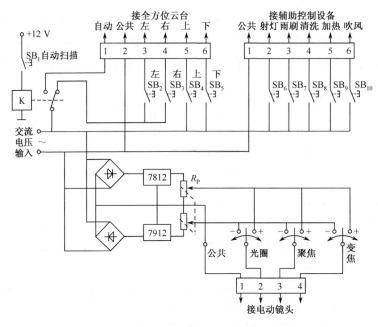

图 6-30　多功能控制器原理图

由图 6-30 可见，驱动电动镜头的控制电压是直流量，并且其幅值经电位器 R_P 连续可调。因此，通过调整 R_P 就可以控制电动镜头中的电动机转速，进而改变镜头的变倍、聚焦或开闭光圈的速度。在图中，辅助控制按钮及自动扫描按钮均为开关；云台控制按钮为非自锁按钮；镜头控制按钮为鸭嘴式自复位开关，并具有上、下两组触点。当向上或向下按压手柄时，可以接通正极性或负极性的镜头控制电源，使电动镜头做相应动作，松开鸭嘴式手柄时，则开关自动复位。

在某些急用场合，当需用 220 V 的控制器去控制交流 24 V 云台时，可以拆开控制器的机箱盖板，在连接输出端口的控制按钮及连接控制按钮的交流 220 V 的交流电源之间，串入一个 220 V/24 V 的变压器。这样，当按压云台控制按钮时，220 V 的交流电源先经过 24 V 变压器降压，才经由按钮开关到达输出端。相反，当需用 24 V 的控制器去控制交流 220 V 云台时，可以在机箱内找到上述变压器并将其断开，将 220 V 电源直接接通到原控制按钮即可。如果仅对辅助控制端口的某几个引脚进行改动，则只能在该引脚与外接设备之间串接变压器。

6.5　其他控制处理设备

在视频监控系统中，除上述控制处理设备外，还常常用到能够在视频画面上叠加时间日期及字符识别信息的时间日期发生器与字符叠加器，以及视频移动处理的探测器等。

6.5.1　时间日期发生器与字符叠加器

在视频监控系统中，时间日期发生器是一种广泛应用的设备，因为它可以将时间日期信息叠加在视频信号中，从而使用户在监视器的屏幕上可以同时看到图像及当时的时间。特别是经录像记录后，时间信息便可以与图像内容一起保存起来，为日后的复查提供极大的方便。

对大中型的视频监控系统，系统主机内部也多配有时间日期及字符发生的功能，其中有些产品对每一路输入的视频信号叠加字符信息，而有些产品则只在输出端口处，对输出的视频信号叠加字符信息。对有些中小型的简单视频监控系统，也只是通过简单的多路切换器来完成（可不需要多画面分割器）。在这种情况下，就需要单独的时间日期发生器，以便将上述字符信息与画面内容同时保存起来。

1. 时间日期发生器

一般，时间日期信息的产生，由数字钟集成电路来实现，它可以在标准石英晶体振荡器提供的 60 Hz 时基信号作用下，输出驱动 LED 显示屏字符笔划的信号。这一信号经整形处理后，被送往单片机，形成调用的时间日期字符 ROM 的地址，进而通过字符叠加部分，将反映时间日期的字符，叠加在监视器的图像画面上。在监视器屏幕上叠加的时间日期信息及下一部分介绍的字符信息，绝大多数均为白颜色的字符，有些场合为突出显示的效果，还可以对白色字符镶嵌黑边。一般，这些白颜色的字符以点阵方式形成，为使字符在监视器屏幕上能够清晰可辨，可以将字符看成由若干白色方块组成。

（1）字符叠加原理。要想在图像上叠加一白色方块信息，即要在监视器屏幕上显示一个宽为 B、高为 D 的白色方块，如图 6-31（a）所示，因此要求送入监视器的视频信号的形状应如图 6-31（b）所示波形那样。

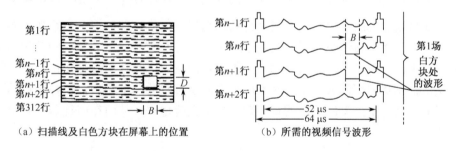

（a）扫描线及白色方块在屏幕上的位置　　（b）所需的视频信号波形

图 6-31　显示白色方块的屏幕及所要求的视频信号波形

也就是说，在扫描线扫描到白色方块位置时，视频信号突然达到白电平值（可通过同步开关来切换），并且要求以后的每一场信号在扫描到白色方块位置时，均重复同样的规律（奇、偶场波形类似）。这样，就可在监视器屏幕的固定位置上，恒定地显示该白色方块。在屏幕上显示白色方块，如图 6-32 所示。

显然，为了产生上述方块，必须从全电视信号中

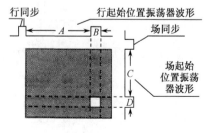

图 6-32　在屏幕上产生白色方块

分离出行同步信号，去触发一个作为行起始位置振荡器的单稳多谐振荡器，以产生宽度可变的脉冲（脉冲宽度为 A），从而确定白色方块在水平方向的起始位置。然后，用这一经过延时的脉冲（相对于行同步而言）去触发另一个振荡器，由它决定水平像素的多少，再去进行计数，从而确定白色方块在水平方向上的宽度 B。同理，白色方块的垂直位置则由场同步脉冲去触发场起始位置振荡器的单稳多谐振荡器（其电路结构与行位置振荡器相同，由 1/2 片 74LS123 构成），从而产生图 6-32 中所示的宽度为 C 的脉冲。显然，改变 C 的宽度，即可改变白色方块的垂直位置，而白方块的垂直高度可由所设计的字符高度所占行数来确定。如字符的设计高度为 32 行，则由于电视隔行扫描的原因，在屏幕上显示的字符的实际高度将为 64 行，约占整个电视屏幕高度的 1/10。如果将上述 4 种反映方块位置信息的脉冲，送到由与非门构成的字符形成门的输入端，即可在其输出端得到为产生白色方块所需的负脉冲串。将该脉冲串与原视频信号相混合，就可得到图 6-31（b）所示的视频信号，从而在图像上获得一个白色的方块显示。

用 74LS123 构成的单稳态多谐振荡器的原理图，如图 6-33 所示。该振荡器的脉冲宽度可由下式近似确定：

$$t_w = 0.45 R_T C_{ext} \tag{6-3}$$

式中，$R_T = R_P + R$，t_w 的单位为 ns。可选择不同的电路参数，将图 6-33 所示的电路，分别用作行位置及场位置振荡器。在图 6-33 中，R_P 为可变电位器，分别调节行或场位置振荡器中的脉冲宽度。R_P 也可使白色方块作水平或垂直方向的位移，从而保证白色方块出现在监视器屏幕的任意位置上。

由上可知，只要在电视图像的扫描过程中，合理地设计出不同位置时刻的行、场位置振荡器的波形（见图 6-31 及图 6-32），就可以将由多个白色方块组成的反映时间日期的字符，叠加在监视器屏幕的确定位置上，而各字符的样式，则可以预先写入 EPROM 存储器中。

（2）时间日期信息的叠加。用于将字符信息与视频信号叠加的混合电路如图 6-34 所示。在正常情况下，无字符图形叠加时，图中 VT_2 发射极电位约在 3 V，VT_2 的基极由字符形成与非门供给电压，在高电平时为 3.5 V 以上的 TTL 高电平，此时 TV_2 截止；当有字符图形叠加时，则 VT_2 的基极电压降为 0 V，使 VT_2 导通，字符脉冲经倒相后，正好以正脉冲的形式叠加在图像信号上，使得 VT_3 输出的视频信号出现白峰电平，从而在监视器屏幕上出现白色方块显示。

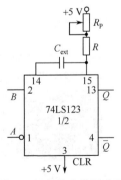

图 6-33　单稳多谐振荡器

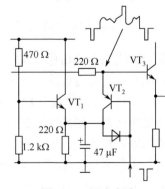

图 6-34　混合电路

作为表示时间日期的字符，只需有"0"、"1"、"2"、…、"9"及"一"、"："12 个字符即可。这 12 个字符预先存储于 EPROM 中，并按一定的规律不断地被调出去显示，其中字符随时间变化进行的刷新是由时间计数器来完成的。

2. 字符叠加器

它可以将反映图像场景特征信息的字符叠加在视频信号中，这样就不需要再对着屏幕去反复猜测，所看到的画面到底是由哪一个摄像机传来。显然，字符叠加器的使用，方便了管理者对监视现场情况的了解。尤其是对多监视点的大系统，或者对场景近似的多个画面的监视场合，字符叠加器都是必不可少的设备之一。字符叠加器的视频叠加原理与时间日期信息的叠加原理是一样的，只是表示时间日期的字符换成了表示场景特征信息的字符，它可以是英文，也可以是复杂的汉字等。因此，字符叠加器大多与时间日期发生器做在一起，以构成独立的时间日期/字符发生器。在大中型视频监控系统的主机中，字符叠加器则多以模块形式插入主机的视频通道中，有些在主机内部叠加字符，有些则在输出卡上叠加字符。

常用的字符叠加器有集成电路式、单片机式与专用叠加芯片式等。

（1）由集成电路构成的字符叠加器。由集成电路构成的字符叠加器如图 6-35 所示，其电路可以分成 4 个部分：图像信号通路、水平像素的产生与计数、垂直行计数，以及字符发生电路。字符信息以字符图形的形式存储于字符图形存储器（EPROM2716）中，其容量为 2 KB，从 $A_0 \sim A_{10}$ 共有 11 条地址线，每一个存储单元为 8 bit。由于字符在垂直方向上显示时将占 32 行，故可用 $A_5 \sim A_9$ 的 5 条地址线确定；字符在水平方向上占 8 个像素宽，像素的大小可由 74LS123 所构成的多谐振荡器确定。

目前市场上已有不少可实现行、场同步信号分离的专用集成电路，如 LM1881 等。

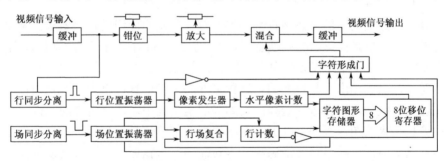

图 6-35　字符发生器原理方框图

此外，随着大规模可编程逻辑器件的普及，还可在共用一片 CPU、字库 ROM 和实时时钟的前提下，利用 FPGA 集成若干路独立的显示 RAM 计数扫描电路，以实现多路时间字符叠加。如要实现 4 路连续显示，就应以 625 kHz（即移位寄存器的置数时钟应为字符数据串行输出移位时钟 5 MHz 的 8 分频）的 4 倍频（即 2.5 MHz 的频率）分别从显示 RAM 中的各个存储区域中取出字符点阵数据，经过锁存置入 4 个输出移位寄存器。需要说明的是，还要用一个大规模的多路开关，使 RAM 的地址具有各路计数扫描控制下的快速跳转能力。这个多路开关，采用 ALTERA 公司的 FLEX10K10（1 万门 FPGA），即可实现 4 路时间字符叠加。

（2）由单片机构成的字符叠加器。上述方法用硬件电路实现对显示 RAM 的计数扫描和点阵数据的移位输出，实际上利用软件也可实现这些功能。但用软件实现字符点阵数据的输出，其速度必须满足如下两个条件。

● 要能以 5 MHz 的频率将数据串行输出；
● 要在视频信号行场消隐期内完成字符数据的读取和与主控 CPU 的通信等操作。

常用的 51 系列单片机，由于外接 12 MHz 时钟时，一条单周期指令的执行时间为 1 μs 而无法满足上面的要求。因此，选用 Atmel 公司的 AT90S1200 单片机，其内部有 1 KB 的 Flash 程序存储器和 64 B 的 EEPROM 数据存储器，内置有模拟比较器和看门狗，通过 SPI 口可以串行下载程序而不必通过专用的编程器。当外接 16 MHz 时钟时，每条指令仅需 0.06～0.12 μs，可完全满足视频字符叠加数据串行输出的要求。一种利用 AVR 单片机构成的字符叠加器的实例，在前面 3.3.7 节十字标尺摄像机中已介绍，这里就不再述说了。

（3）由专用叠加芯片构成的字符叠加器。通常，由单片机构成的字符叠加器常用于要求显示字符较少的情况下（如仅显示一行标题、一行时间时），若显示的字符较多，且位置复杂时，应采用专用字符叠加集成电路构成的字符叠加器，较为合适。如 NEC 公司的专用字符叠加芯片 μPD6145、μPD6450、μPD6453、μPD6461 及 μPD6462、μPD6466，以及 LTOE 公司的 LTOEOSD01（在点钞数据视频叠加器中介绍）等。μPD6453 最多可同时显示 12 行 24 列 1218 点阵的字符，其芯片内部固化了 240 个日文、英文字母和数字等字符的字模，还有 16 个字符的空 RAM 区供用户添入自定义字符。该芯片的显示编辑功能非常强大，其控制方式也非常灵活简单。它共有 5 条单字节指令、6 条双字节指令和 1 条三字节指令，且所有的指令均串行输入 μPD6453，使用非常方便。此外，该芯片显示字符的大小有单倍、双倍、三倍和四倍模式。值得指出的是，该芯片外接的 LC 振荡电路对显示字符的横向长度影响很大，调整 L 值，可改变字符的横向尺寸，推荐 L 取 15μH、C 取 56pF 较为合适。

（4）有计算机通信接口的动态字符叠加器。有一些实际应用场合，要求在屏幕上叠加的汉字是可变的，如在公路收费站的视频监控系统中，需要将时间日期、收费员姓名、车道号、车型、收费金额等信息叠加到视频画面上，并由录像机去记录。由于这些字符信息是可变的，因此要求字符叠加器的输出也是可变的。这种可变的字符信息，将受车型判别仪或收费员按下收费确认键来对叠加的字符进行选择；又如高层建筑物中对运行电梯的监视，要求在电梯轿厢内的摄像机传来的图像画面上叠加上表示楼层的字符信息，显然这些字符也是可变的。

由于字符叠加器输出的字符是可变的，这就要求该叠加器具有一个受控接口，以接收外来信号的控制。通常这种接口多为 RS-232C 通信接口，可直接与计算机的串口连接，通过对计算机的简单编程操作，就可以动态地控制字符叠加器的字符输出。如国产的汉频 ICK 系列数据文字信息动态叠加器就是根据此基本思想研制成功的，它实际上相当于一个可编程驱动的监控屏幕，对外提供一组打印控制命令，使得任何具有 RS-232、RS-422 和 RS-485 接口的设备都可以对它进行控制，从而把一些动态变化的信息实时地叠加到监视器的屏幕上。这种动态字符叠加器还适用于目前在各类学校广为应用的电视教学监控系统，即在教室传来的视频图像画面上，除叠加时间日期及班级等固定字符信息外，还可叠加课程名及任课教师姓名等可变字符信息。此外，还可用于银行点钞机的可变的点钞数据的视频叠加。

总之，字符叠加器的应用很广，可用于任何需要视频叠加的地方。

6.5.2　点钞数据与客户面像视频叠加显示器

目前，银行为了给办理业务的客户显示点钞机的数字，在柜台上往往会有一个点钞机外接电子显示屏，以面对着客户同步显示点钞张数。但传统的银行"柜员制"视频监控系统也无法记录点钞机电子显示屏上的点钞计数，一旦发生交易纠纷，银行方面只能逐帧回放当时录像，查看柜员手工点钞的动作来计数。因此，非常需要将点钞数据与客户面像及动作叠加到视频图像上去，以便监控显示与清晰地录像回放。

1. 点钞数据视频叠加器

这里的点钞数据视频叠加器是武汉乐通光电公司高新技术研究所利用专用叠加芯片LTOEOSD01 研制而成的，并且现已用于公司的银行专用的柜员制视频监控系统中，以及广东中山百佳的智能防伪点钞机内。点钞数据视频叠加器的组成及原理如图 6-36 所示。

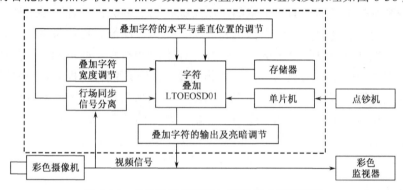

图 6-36　点钞数据视频叠加器的组成原理框图

由图 6-36 看出，点钞数据视频叠加器（图中虚线以内）的核心是字符叠加芯片，其周边部分有：

（1）行场同步信号分离部分，它用于提取视频信号中的行场同步信号。

（2）叠加字符的水平与垂直位置的调节部分，它们通过改变单稳态电路的 Q 与 Q-端输出的正负脉冲的宽度，用于调节叠加字符在监视器屏幕上的水平与垂直显示的位置。

（3）叠加字符宽度调节部分，它与字符叠加芯片内部的自激振荡环路部分组成一个完整的自激振荡环路，并通过两个非门可调整监视器屏幕上所显示的叠加字符的宽窄。

（4）叠加字符的输出及亮暗调节部分，它通过调节一个 PNP 管射极信号的大小来改变从集电极输出的字符叠加信号在监视器屏幕上所显示的叠加字符的亮暗。

（5）存储器部分，它用于存放叠加字符的点阵数据信息，以及一些暂存的控制信息和中间数据信息。

（6）单片机部分，它用于建立点钞机的点钞数据信息和控制信息的传输通道，实现具体字符叠加应用电路与输入设备（点钞机等）的连接。

2. 带客户像与点钞数视频叠加的银行"柜员制"视频监控系统

带客户像与点钞数视频叠加的银行"柜员制"视频监控系统的组成如图 6-37 所示。

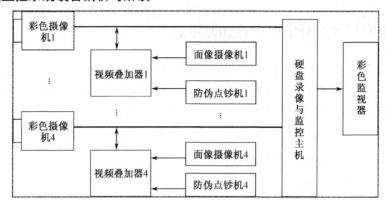

图 6-37　带客户像与点钞数视频叠加的柜员制视频监控系统

由图 6-37 看出，在不改变银行现有的视频监控系统的条件下，监控系统比一般的"柜员制"视频监控系统多出了客户面像采集的微型摄像机与点钞数据的视频叠加器，它与银行内的每个出纳柜营业人员使用的防伪点钞机相连接。而客户面像采集的微型摄像机，可隐蔽地安装在防伪点钞机外接的电子显示屏上。这样，在不改变现有"柜员制"视频监控系统的条件下，除将其点钞的数据叠加到所监控的视频图像上外，还能自动提取视频中的客户面像，将面像特写叠加到柜员视频画面中，即将一路客户视频画面叠加到另一路视频画面上，实现了柜员操作画面与客户画面的叠加，或与点钞机特写画面的叠加。它们被实时地显示在彩色监视器上，实时地记录在硬盘录像机中，并可根据柜员监控画面与客户视频画面制止犯罪，解决柜员业务纠纷，也便于事后查找取证时进行录像回放。

3. 系统的特点

這种带客户像与点钞数据视频叠加器的主要特点是：

- 对原监控系统无插入损耗，安装简单方便，用一个 T 形的 BNC 插头座或以视频线并接的方式连接在摄像机和监视器组成的视频监控系统中即可。
- 将营业窗口的客户面像（如有人脸识别也可进行比对）与点钞数的视频叠加在柜员监控通道的视频后，送至监控主机记录保存，因此无须增加监控主机的通道数量和存储空间。
- 速度快（每分钟可至少显示 1000 张以上），显示编辑功能强。
- 字符与像在屏幕上的位置、亮暗和宽窄均可调节。
- 电路简单、功耗低、成本低、可靠性高。
- 实用性强、用途广。

6.5.3　电梯楼层显示器

电梯楼层视频叠加显示器能将电梯的上下运行状态及符号，电梯所在楼号、单元门号及电梯编号全部用中文叠加在电梯内摄像机的视频图像上，并在监视器上显示出来。因此，它比用摄像机直接看电梯内的楼层数显示要可靠得多，这样可避免因数字显示被遮挡或其他任何原因而导致重要的信息丢失。这种电梯楼层视频叠加显示器能使监控中心的工作人员准确快速地看到出入大楼的人员所在的楼号、单元号、电梯号和楼层号，以便电梯内发生事变时，工作人员能够实时地采集电梯内的信息，并根据收集的信息分析进出人员的活动情况。并且，还可保留录像，以备日后查阅。

历代电梯楼层视频叠加显示器的性能对比如表 6-6 所示。

表 6-6　历代电梯楼层视频叠加显示器的性能比较

	接触方式（与电梯商协调）	视频电缆出线方式	传感器的安装	停电数据丢失	误差	调试	售后维护	数据出错
利用电梯本身信号接触式电梯楼层显示器	接触式（需要）成本高			无	无	无	会和电梯商发生纠纷	无
旧磁钢脉冲感应式电梯楼层显示器	非接触式（不需要）	从电梯机房出线到弱电桥架/竖井成本高	安装精度要求高（三粒磁钢120°）	有	有	有	有	有
第四代红外反射式电梯楼层显示器	非接触式（不需要）	从大楼中间层出线到弱电桥架/竖井节约线材	传感器与选层板的距离要求不能太远	有	有	有	有	有
第五代红外对射式电梯楼层显示器	非接触式（不需要）	直接使用摄像机视频信号，不用另外布线	使用配套安装支架，将其整体固定在轿箱顶部即可	无	无	无	无	无

由表 6-6 可知，目前的电梯楼层视频叠加显示器，已是第五代光电对射式产品。这种产品安装在电梯轿箱的顶部，当正确安装后，不易被破坏，也不会影响电梯的正常使用。它对电梯信息的采集为非接触式独立光电采集方式，彻底摆脱与电梯原电路的连接，因而适用于任何型号电梯，而且不受到电梯运行的电磁干扰。该设备安装调试极为方便，光电收发组件与视频信息叠加器置于一起，无长距离相连的信号采集线。由于它安装于摄像机附近，也无多余的视频线，因而工程造价成本大大降低，从而使可靠性明显提高。

1. 电梯楼层视频叠加显示器的组成及工作原理

第五代光电对射式电梯楼层视频叠加显示器系统由光电对射式信号采集头（光电收发组件）、电梯楼层视频叠加器、复位开关（磁性）等组成。先将光电对射式信号采集头与配送的安装支架整体固定在电梯的轿箱上，或者固定在栏杆上，保证平层时光电收发组件与电梯平层器的隔磁板上或下的距离大于 10 cm。安装后，电梯运行时，能确保隔磁板在对射的收发组件的中间通过，即其隔磁板能挡住对射的光电收发器，不能让光电收发组件碰到隔磁板或其他电梯配件。电梯在一楼平层后，先将复位开关的磁体部分固定在一楼的墙壁上，或平层器隔磁板支架上（找一个合适的位置即可），再将磁开关固定在轿箱上，并让磁开关和磁体的距离在电梯一楼平层时小于 20 mm，以保证能够让磁开关吸合，使电梯楼层视频叠加显示器复位（即在楼层显示器通电后，能够看到复位开关指示灯点亮）。

显然，电梯楼层视频叠加显示器的电梯楼层信号，首先是通过光电对射式采集头采集电梯信息的，经处理后将其和摄像机输出的视频信号叠加为新的图文视频信号，以送入监视器上显示。当电梯运行到首层（一层）时，复位开关采集到磁信息，即对电梯楼层视频叠加显示器进行自动复位，复位后方可显示正确楼层数。

2. 电梯楼层视频叠加显示器的功能特点

● 能有效抑制电梯运行强磁场带来的干扰，设备和电梯之间无任何线路连接，可适合任何型号的电梯。

- 开机首层楼自动复位，每运行一次都会校准一次，因而不会误显。
- 安装调试简单，只需将所配支架连同光电收发组件固定在轿厢上面即可。
- 采用交互式菜单选项设置模式，方便脱机调试。
- 所有显示内容显示位置全屏可调，适用于画面分割器和硬盘录像机。
- 可设置十几个汉字的电梯名，手工或电脑（RS 232）设置，没有视频输入也能显示楼层数。
- 可显示电梯楼层号及轿厢运行方向，楼层范围地上 255～地下 255，图像和字符都很清晰。
- 用户可根据实际情况随意更改楼层显示表，方便一些有夹层或者有漏层的大厦安装。

6.5.4 视频移动检测器

视频移动探测器（Video Motion Detector，VMD）的任务是对摄像机产生的图像进行分析，以检查图像中有否出现足够程度的变化。这种装置能够毫不疲倦地对摄像机画面进行长时间地监视，并在出现情况时通知安防人员，因此能够很好地弥补安防人员的不足。实际上，VMD 主要是通过数学计算，来确定摄像机画面的某个区域内是否有移动的目标出现的。具体方法是，不断将某个视频帧内像素的亮度水平与下一个视频帧进行比较，以寻找被认为值得注意的变化。

低成本的模拟式 VMD 将某画面中的大块区域，与下一帧画面中的对应区域进行比较。由于室内的光线条件和场景较少发生变化，因而这种方法在室内环境中是可行的。但在室外环境中，模拟式很容易因光线变化或摄像机的震动而产生误报。因此，室外使用功能较强的数字式 VMD。数字式 VMD 是一种以微处理器为核心的电子装置，它可以同时对数千个图像布防单元进行跟踪分析。即使场景的亮度发生了明显的变化，系统也不容易产生误报。

显然，内置 VMD 的摄像机，可以当报警探头使用。首先，检测电路会将所监视的静态图像存储起来，以后如果发现画面的变化量超过了预先设定的值，系统就会发出报警信号，以提醒安防人员或启动录像机。VMD 有模拟式和数字式两种：模拟式主要通过检测布防区域的画面亮度来探知变化；数字式则可以对布防区域内成百上千个单元进行分析，它可以在图像上标出检测异动的位置和移动目标的前进路径，并驱动警号或警灯发出警告信号。

VMD 工作时会不断地从摄像机处收取视频图像，并与先前存储的图像相比较，以了解所监控的场景有无发生变化。如果没有检测到明显变化，系统不会有任何动作；如果检测到了可度量的、达到某个标准的变化，系统就会立即发出报警信号。

1. 模拟式视频移动检测器

模拟式 VMD 已有多年的生产历史，这种设备能够以较低的成本，实现对场景内移动目标的探测。但它只适于对光照条件较为恒定、环境变化不大的室内图像进行检测，不应将它们用于室外图像的检测。

（1）模拟式 VMD 的工作原理。模拟式 VMD 的工作原理如图 6-38 所示。

最简单的 VMD 使用模拟减法对图像进行检测，它将参照帧与新抓取的帧相减，如果得到的差值超过予先设定的阈值，系统就输出一个报警信号。所有模拟式 VMD 都允许用户在屏幕上设置移动目标探测区，即布防区域。系统通过对画面照度的持续监测，发现布防区域内出现的移动目标后，就发出报警信号。其具体形式有：

● 发出报警声。
● 面板上的报警指示灯开始发光。
● 输出交流驱动信号，以启动使用交流电的信号装置。
● 输出一个开关信号，以用来驱动录像机、打印机、警铃或其他装置。

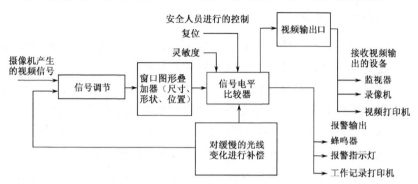

图 6-38　模拟式 VMD 原理框图

　　模拟式 VMD 通过对摄像机画面进行的模拟式分析，来确定场景有否发生变化。其具体步骤是，系统先将布防区域内的画面保存起来，再将当前画面与先前保存的画面相减，然后根据差值确定布防区域内的场景有无发生变化。如果有移动目标侵入，或场景的照度水平发生了较大变化，计算得到的差值应当能够达到总值的 10%～25%，系统据此判断画面发生了较大变化，随即发出报警信号。报警信号可用来驱动警号/警灯等，还可以用来控制录像机进行录像。VMD 与监视器或视频记录设备都没有什么紧密关联，也不会对它们造成干扰。

　　（2）模拟式 VMD 的布防区的设置。通常，多数模拟 VMD 的布防区域，都可以通过其前面板上的控制键进行调整，其可调整的项目包括形状、大小和位置等。布防区域的具体尺寸和配置，应根据监视系统的实际需要确定。一些常见的布防区域的形状，如方形、三角形、L 形、马蹄形等，如图 6-39 所示。

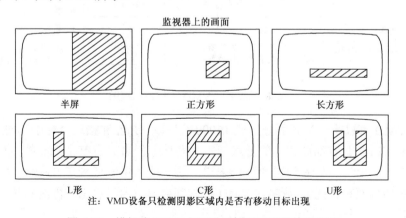

注：VMD 设备只检测阴影区域内是否有移动目标出现

图 6-39　模拟式 VMD 上可设置的不同形状的布防区

一般，设置布防区域时，应当将可能出现侵入的位置都包括进去。虽然屏幕上显示的仍然是整个画面，系统却只对布防了的区块进行检测。布防区块之外，即使有移动目标出现，系统也不会报警。当设置布防区域时，布防区块在屏幕上显示为一个有边框线的闭合区，其形状和大小，可以通过控制面板进行调节。在设置完毕后，屏幕上的框线会自动消失，因此屏幕上的画面看起来与平常一样。布防区块在屏幕上占据的面积最小为5%，最大可为95%。这类VMD系统的灵敏度，一般相当于1%布防区域内的视频信号电平出现了25%的变化（在几十分之一秒内）。

2. 数字式视频移动检测器

数字式VMD必须采用专门的室外算法，以区分整个场景亮度快速变化和移动目标引起的部分场景的亮度变化。同时，还必须注意及时更新从布防区块中抽取的数据。当场景中出现移动目标时，数字式VMD必须在目标进入并离开场景期间，抽取至少两组数据。如果数据的更新速度太慢，系统完全可能漏掉那些移动速度较快或体积较小的目标。为确定系统中真的出现了值得注意的移动目标，还是发生误报，VMD设备必须能够辨别目标的速度、大小和形状。数字式VMD是唯一一种能够有效应用于室外环境的报警系统。

（1）数字式VMD的工作原理。数字式VMD的工作原理框图如图6-40所示。当数字式VMD工作时，首先将来自不同摄像机的画面转换成数字化了的数据，其数据分组存放，每组对应监视器屏幕上的一个区块，而每幅图像中可以划分出几千个区块。VMD将各个区块的亮度值存放到系统的内存中，亮度值共分16或256级。当参照数据保存好后，VMD就开始不断地将后续画面进行分区和数字化处理，并将得到的数据与内存中的参照数据相比较。如参照画面中某点的灰度级与当前画面中对应点的灰度级有1到2级的差别时，即可认定图像发生了变化。

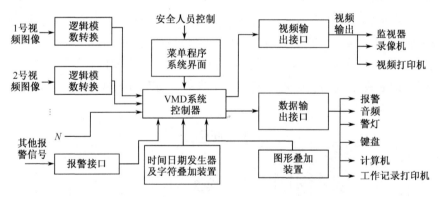

图6-40　数字式VMD工作原理框图

数字式VMD可以将一幅画面分解成16000个区块，并能够按这个标准同时处理16路视频信号。由于VMD具有如此强大的处理能力，即使入侵者只占整个画面的0.01%，系统也能轻易地将其"揪出"。对16通道的型号来说，这一比值更降低到了0.006%（与16只摄像机看到的全部场景面积相比）。数字式VMD通常都接有一台监视器；检测到某个通道图像中的移动目标后，系统会将该通道的图像切换到这台监视器上，同时发出声光报警信号。并且，联动的录像机也会同时启动，以将入侵场景记录下来备查。尽管入侵者在屏幕上占据的面积可能很小，但借助 VMD 叠加的标志，安防人员仍能轻易地找到他。此外，由于屏幕上还显示了入侵者的移动路径，即使他躲藏起来，安防人员也可以知道其所在的大致位置。因此，借助 VMD 设备，安防人员既知道侵入发生的地点，又知道入侵者所在的位置，这样安防人员就能够马上将注意力集中到事故处理上，并尽快决定应采取何种行动。

现场的平面图显示是 VMD 系统最有用的辅助功能之一。当发生侵入时，系统能在监视器上叠放现场的平面图，其中标有每个摄像头和报警探头的具体位置，并使与报警有关的图标不停闪烁。为确保不漏掉任何侵入事件，特别是多重侵入，应当使用录像机对报警时的画面进行详细的记录。录像机能够将报警画面、入侵者、入侵者的移动路径、报警平面图等一齐保存到录像带或盘上。有的 VMD 能够以顺序切换的方式，在一台录像机上同时保存多个入侵场景的视频图像。在录制时，系统先将第一个场景的画面送往录像机，并持续一段时间（可设置），接着是第二个场景的画面……如此循环往复。如果系统中的报警探头检测到了情况，系统也能够根据探头所在的位置，将相应摄像机的画面录下来。屏幕上显示的图形信息的价值，能令安防人员迅速准确地对现场的情况作出判断。

（2）数字式 VMD 的抽样存储过程。数字式 VMD 对移动目标的侦测，是通过一系列的抽样和存储过程来实现的。开始，系统会将参照用的画面存储到系统内存中去，所存储的内容是一系列抽样得到的数据。典型的 VMD，最多可以从一幅画面中抽取 16384 个离散点的数据，费时约 33 ms。系统能自动测量各抽样点的亮度（分 16 或 256 个灰度级），并将其与抽样点的座标值一起保存到内存中。在这个被称为“对比数据存储”的过程中，画面中所有块区的数据都有存储。在以后，系统就开始不停地对相关数据进行比较。用来对比的数据，是从每秒更新 30 次的当前图像中抽取的。

经过对比比较，如发现某些采样点的亮度发生了变化，系统会将其位置和亮度值记录下来。而电气噪声和背景场景的变化（如树枝、树叶和旗帜等）所引起的亮度变化，则会被系统自动忽略。如果有些区块不要求系统进行检测，系统还可以将其屏蔽。

通常，报警系统每秒共进行 30 次比较。当亮度发生变化的抽样点达到一定数目时，系统就会输出一个报警信号。一般，测得变化的抽样点数目达到总积数的 1/8 时，系统即确认画面中出现了移动目标。在这里，1/8 只是一个常规比例，实际上的阈值可以是任意值。每次抽取最新数据时，系统都会将前一次的对比结果清除，以防止发生累积。存储过程开始时，此计数值被清零。对比数据则每 1/15 秒到几秒更新一次，以滤除场景照度变化、天空中飘过的云块、摄像机内的电子漂移等因素引起的图像变化。当系统确认某个画面中有移动目标出现时，会将该画面自动显示到监视器上。

有些数字式 VMD 能够同时处理几十路视频信号，这是通过采用分时技术来实现的。在分时技术中，VMD 按照一定的顺序，从不同通道的视频画面中提取数据，并加以处理。每个通道的布防区域和灵敏度都可以单独设置，以提高系统工作的效率和准确度。根据系统的安全需要，每个通道内可以设置多个不同的布防区。如果摄像机监看的场景范围较大，而预期出现的移动目标相对较小，屏幕上的布防区块就可以设置得小一些；如果摄像机监看的场景范围较小，要寻找目标在其中占的比例较大，则屏幕上的布防区块就应当设置得大一些。

6.6 视频信号的编码压缩处理

6.6.1 常用的压缩编码方法

数字视频图像是最重要的信息媒体之一,它具有直观、生动和内涵丰富的特点。但是,由于数字图像的数据量非常之大,这给图像的存储、传送和处理都带来很大困难。解决这一问题最常用的方法是进行数字图像压缩编码,在保证图像质量的前提下,最大限度地降低图像的数据量,以减少数据存储量,节约传送和处理的时间。

能够进行图像压缩的机理主要来自两个方面:一是图像信号中存在着大量的统计冗余(如频谱冗余、空间冗余、时间冗余等)可供压缩,这种冗余度在解码之后可无失真地恢复;二是利用人眼的视觉生理冗余,如人眼对色彩的高频分量没有对亮度的高频分量敏感,对图像高频(细节)处的噪声不敏感等,在不被主观视觉察觉的容限内,通过减少信号的精度,以一定的客观失真换取数据压缩。

最基本的图像压缩编码方法有统计编码、预测编码、变换编码,以后又出现了子带编码、分形编码、小波变换编码等。这里仅对这些压缩编码技术进行概述。

1. 统计编码

统计编码是根据像素灰度值出现概率的分布特性而进行的压缩编码,或根据各个信号源符号出现的概率不同而进行的概率匹配编码。它在不引起任何失真的前提下,可以将传输每一信源符号所需的平均码长降至最低。统计编码是识别一个给定的码流中出现频率最高的比特和字节模式,利用比原始比特更少的比特来对其编码。也就是频率越低的模式,其编码位数越多,频率越高的模式编码位数越少。

统计编码是无损压缩(即无失真压缩),通常可分为两大类。

(1)模式替换。是常用于文本信息的编码。对多次出现的字符,即常见词用一个字符替代,如将出现"Communication"的地方用"C"替代,"Netwok"用"N"替换。

(2)Huffman 编码。是一种常见的统计编码。对给定的数据流,计算每个字节的出现频率。根据频率表,运用 Huffman 算法可确定分配给每个字符的最小位数,然后给出一个最优的编码,代码字传入代码簿。Huffman 编码适用于压缩静态和动态图像。根据参数,可对几个或一组图像构造出一个新的代码簿。在运动图像中,可重新计算一个或一系列帧的代码簿。在所有情况下,都必须将代码簿从源端传到目标端才能进行译码。它的优点是能很好地与代编码符号的概率分布匹配,使平均码长达到最短;但其硬件实现较为复杂;编码要求确知信源的统计特性,即各信源符号的出现概率,否则编码效率要明显下降。

2. 差分或预测编码

预测编码就是用已经编码传送的像素,预测实际要传送的像素。即从实际要传送的像素值中减去预测的像素值,传送它们的差值,因而也称为差分编码。显然,传送差值比传送原图像值所需的比特率要低。因为图像各像素间存在着强烈的相关性，采用预测编码可减少像素间的相关性，提高传输效率、压缩比特率。差分编码特别适用于其连续值与零值差别很大而彼此之间差异不大的信号。因此，码非常适用于运动图像信号（它仅传送图像的差异）或音频信号。预测编码有无损预测与有损预测之分。实际中由于预测值的确定方法不同，各种预测技术也就有所差别。

差分编码技术有 3 大类：DPCM、δ 调制和 ADPCM。DPCM（差分脉冲编码调制），是一种实用的有损预测编码技术，也是最早的一种数字图像压缩技术，其原理是当前的像素可由它邻近的像素值预测而得，也就是说，其冗余度可由邻近的像素来确定。据此，再对当前的像素和预测像素的差值进行量化、编码。考虑到在高性能和复杂性之间的折中，通常用于帧内预测（二维预测）的邻近像素的个数并不多（不超过 4 个），使用更多的像素并不能获得预测性能的显著改进。对于帧间预测（三维预测），一般只用相邻帧的对应像素进行预测。图像的相关性越大，其预测误差越小，取得的压缩比也越大。DPCM 相对说来是一种比较容易实现的压缩方法，但在较低速率时其压缩能力一般不如下面的变换编码好。

3. 变换编码

预测编码是直接在空域对图像进行压缩处理的，而变换编码相当于在频域进行压缩处理。变换编码的基本原理是通过正交函数把图像从空间域转换为能量比较集中的变换域，然后对变换系数进行量化和编码，从而达到缩减数码率的目的。因此，变换编码也称正交变换编码。对于大多数自然界图像变换得到的变换域的系数，有些值很小，这些系数可较粗地量化，或甚至完全忽略掉而只产生很小的失真。虽然失真很小，但信息仍有损失，因而变换编码是有损压缩编码方法。变换编码是一种源编码方法，而源编码要考虑被压缩信号的性质，特别是它有赖于音频、静态图像和动态图像的特征。

在变换编码时，初始数据要从初始空间或时间域进行数学变换，变换为一个更适于压缩的抽象域。该过程是可逆的，即使用反变换可恢复原始数据。变换编码法中要选择一个最佳的变换，以便对特定数据实现最优的压缩，此处就要考虑数据的性质。其思想是：经过变换后，使信息中最重要的部分（即包含最大"能量"的最重要的系数）易于识别，并可能成组出现。变换编码特别适合于图像的压缩，常用的数学变换是离散余弦变换（DCT）。

4. 子带编码

子带编码利用带通滤波器组把信号分解为若干个频带内的分量之和，通过等效于单边带调幅的调制过程，将各子带搬移到零频率附近，以得到低通表示后，再以奈奎斯特速率对各子带输出取样，并对取样值进行通常的数字编码。在接收端，将各子带信号解码，并重新调制回其原始位置，再将所有子带输出相加，就可得到接近于原始信号的恢复波形。

把信号分为子带后进行编码有如下优点。

● 通过频率分解，可以去除信号频率相关性，减少冗余度。
● 由于能量在不同频带分布的不同，可以采用不同长度的码字对各不同频带内的信号进行编码。

- 由于量化在各子带内单独进行，因此量化噪声被限制在各子带内，可以防止能量较小频带内信号受其他频带内量化噪声的干扰和影响。

实践证明，在相同失真条件下，子带编码将比全频带编码有较低的比特率。

5. 分形压缩编码

其基本思想是，传统的绘置直线和圆的几何与自然界几何形状不相像，可用一种称为分形的几何来描述自然界，在不同地点、不同范围和不同角度下，重复出各种不规则的变化，用所谓的分形的变换对同一分形的不同出现，分别进行刻画。

分形图像压缩是寻求一幅图像中的一组分形，由这组分形重构或描述原整幅图像。一旦这组分形找到后，只保留这组分形就可以很好地复原原图，从而达到数据压缩的目的。这是由于这些分形具有自相似性和尺度变化无限性等特点决定的。因此，分形图像压缩的关键在于寻找到这一组分形，即分形图像压缩理论基础中的迭代函数系统（IFS）。找到 IFS 的方法有两个：一是基于图像的自相似性，直接计算迭代函数系统各收缩仿射变换的系数；二是把图像分割成较小的物体，然后从迭代函数系统库中查找这些小物体所对应的迭代函数系统。

分形图像压缩是一种利用图像的自相似性，来减少图像冗余度的新型压缩编码技术，其优点如下。

- 有很高的压缩比，对一般图像，当压缩比在 20 倍以上时，仍有较好的保真度。对于某些自相似性强的图像，压缩比可达上百倍。
- 解码图像与分辨率无关，可任意高于或低于原图像的分辨率进行解码，当要解码成高分辨率的图像时，引入的细节会和整个图像大致和谐一致，比像素复制或插值方法得到的图像看起来更自然（这种缩放能力也可应用于图像增强）。
- 图像解码速度快，靠专用硬件已能达到每秒几帧的图像重建速度。但图像编码时间过长，实时性差，从而阻碍了该方法在实际中的应用。

6. 小波变换编码

小波变换 WT（Wavelet Transform）就是把信号展开成一序列称为小波的基函数集，它是一种表达在时域和频域都有限的信号的新方法。这种变换对于小范围内的瞬态信号的频谱分析是非常有效的。由于小波变换的多分辨率特性非常适于图像压缩，因而可产生许多很有意义的编码器。小波分析以其良好的局部性特征为数字图像压缩编码带来了新的工具，使得这一领域充满了生机。

小波的图像分解思想是属于子带分解的一个特例，它是完备的、正交的，且多分辨率的分解。在空间域里，小波分解将信号分解为不同层次分解运算的同时，形成了频率域中的多层次分解。在频率域中的每个层次上，高频分量与低频分量的分布与原数据中频率分布的方向有关。利用小波变换对图像进行压缩的原理与子带编码方法一样，是将原图像信号分解成不同的频率区域，持续的压缩编码方法根据人的视觉、图像的统计、细节和结构等特性，对不同的频率区域采取不同的压缩编码手段，从而使数据量减少。

利用小波变换进行图像压缩，一般采用离散小波变换编码的方法。图像压缩中所用的离散正交小波，一般是由滤波函数构造的。对于给定的数字信号矩阵，将其分解为一个高通的和一个低通的子信号，且两者是相互正交的。在必要时，可以递归地对每一个子信号分下去，一直到需要的带宽为止，然后进行分析和运算。

在图像编码领域中，小波变换编码技术是一个新兴的图像编码方法。一方面，小波编码拥有传统编码的优点；另一方面，小波变换多分辨率的变换特性，提供了利用人眼视觉特性的良好机制。因此，小波图像编码在较高压缩比的图像编码领域中被非常看好。

目前，小波变换的图像压缩编码有扩展零树编码、零树与游程相结合的编码、多项式近似分形编码、多小波变换图像编码等。

7. 低码率图像编码新技术

图像编码的另一个研究重点就是极低码率的图像压缩，其传输码率低于 64 kbps，应用范围将更为广泛，如 PSTN 网上的电视电话、多媒体电子信箱、移动的可视通信、电子报纸、交互多媒体数据库、可视游戏、远程医疗，以及聋哑人的辅助通信等。近来出现的一些新的编码方法大多是针对极低码率的图像编码的，如在多媒体可视电话中，它要求把图像压缩后能在现有的公共电话网上传输，压缩比可达到上千倍，其难度极大。对于一般的电视图像，要达到如此高的压缩比，同时又保证一定的观赏质量是难以办到的。对于典型的电视电话图像，其图像内容相对简单，动作幅度不大，这些都是在极低码率图像编码中可以利用的条件。

目前极低码率的图像编码的研究大致分为两个方向。

（1）波形基编码（Wave-From-Based Coding）：波形基编码的出发点是图像各像素亮度和色差信号的波形，利用其各种内部统计特性进行压缩编码。

（2）知识基编码（Knowledge-Based Coding）：知识基（有时也称为模型基）编码是从一种新的角度进行编码的方法，它把图像看成三维物体在二维平面上的投影。编码的第一步是建立物体的模型，然后通过对输入图像和模型的分析得出模型的各种参数（几何、色彩、运动等），再对参数进行编码传输，解码端则由图像综合法恢复图像。因此，这种方法又称为分析、综合编码。这种编码方法，比前者更多地利用了图像的先验知识，它用参数（而不是像素的电平）进行编码传输，因此可以获得更高的压缩比。

6.6.2　图像压缩的国际标准

目前，图像压缩标准化工作主要由国际标准化组织（ISO）和国际电联（ITU-T）在努力推进。此外还有一些大的计算机及通信设备公司也在进行这一方面的工作，以使不同制造厂家的设备可以互相兼容。

随着计算机和网络技术的进展，通信数字化、综合化的进展，为了使数字图像信息的交流畅通无阻，不少相当接近的数字图像编码国际标准或方案已陆续制定出来了。如对于静止二值图像，ISO 有 JBIG 压缩编码标准，ITU-T 有对应的 T.82 标准；对静止彩色图像，ISO 有 JPEG 标准，ITU-T 有对应的 T.81 标准；对于不同速率的彩色视频图像，ITU-T 有 H.261 标准，ISO 有 MPEG-1 和 MPEG-2 标准；对于用于多媒体通信的极低码率的图像压缩，ITU-T 有 H.263 标准（<28.8 kbps）和最新推出的 H.264 标准，ISO 则制定有相应的 MPEG-4 标准，并在 MPEG-4 和 H.264 标准中，采用了一些图像压缩编码的新方法。

除上述的国际标准外，还有一些大公司制定的标准，如飞利浦公司和索尼公司于 1986 年 4 月公布了，CD-I（Compact Disk-Interctive）多媒体光盘交互系统和相应的 CD-ROM 的文件格式等。下面就简介一下几种常用的标准。

1. JPEG（T.81）静止图像与 MJPEG 运动图像编码标准

JPEG 是联合专家组的简称，成立于 1986 年年底。JPEG 选择了 DCT 变换编码的方法作为其标准的骨架。在 1991 年 3 月，公布了 ISO/TEC DIS10918 号建议草案（ITU-T T.81）："连续色调静止图像的数字压缩编码"，即 JPEG 标准。JPEG 标准规定了基本系统和扩展系统两部分，符合 JPEG 标准的编/解码器至少要满足基本系统的指标。在基本系统中，每幅图像被分解为相邻的 8×8 图像块。对每个图像块采用离散余弦变换（DCT）。然后用一个非均匀量化器（其量化步长对不同频率位置的 DCT 系数不同）来量化变换系数，减少可能出现的电平的个数。由于人的视觉系统在高频区对失真不敏感，所以在这些频率位置上可以用较大的量化步长，以获得较大的压缩而几乎没有视觉质量的下降。量化后的 DCT 系数再经之字形扫描方式（Zig-Zag）成一维符号序列，对其中的非零幅值和零游程长度再进行 Huffman 编码，分配较长的码字给那些出现概率较小的符号。

显然，图像的解码过程和编码器相反。通过对一系列各种不同特征的图像实行 JPEG 算法，可得到不同平均速率的图像质量。如一幅典型的数字彩色图像为 512×480 像素，每个像素 24 bit，共占据 737280 B 的存储空间。如将其压缩到 1 比特/像素，压缩比为 24：1，则存储空间减少到 30720 B，传输时间也由分减少为 2.8 s。

JPEG 标准是一种帧内编码技术，它只考虑图像的空间冗余度，比较适用于静止图像。对于视频序列，它的每一帧都不是一个独立的过程，因而帧内 DCT 的压缩能力就比不上把空间和时间冗余度都除去的帧间技术。帧间编码技术可在相当低的比特率时取得与帧内 DCT 相同的图像质量。此外，还有新的静态图像压缩标准。如 JPEG-LS，其编码效率比早先的 JPEG 提高约 29%，某些情况下可达到 80%。于 2000 年完成的 JPEG-2000 是具有更高效率的静止图像压缩标准，其编码变换采用小波变换，它已代替原有的 JPEG 标准。

MJPEG（Motion JPEG）编码压缩技术是基于 JPEG 静态视频压缩而发展起来的，其主要特点是基本不考虑视频流中不同帧之间的变化，只单独对某一帧进行压缩。基于该技术的视频卡主要完成数字视频捕获功能，在后台则由 CPU 或专门的 JPEG 芯片完成压缩工作。

MJPEG 编码压缩技术可获取清晰度很高的视频图像，并可灵活地设置每路视频清晰度与压缩帧数。但在保证每路都是高清晰度的情况下，受处理速度所限而无法完成实时压缩，并有很强的丢帧现象。同时由于没有考虑到帧间变化，造成大量冗余信息被重复存储，因而单帧视频的占用空间较大，目前最好也只能做到3k/帧，一般都要 8～20k/帧。实际上，即使是丢帧录像，也将耗费大量的硬盘空间。这样，在摄像机较多的电视监控系统中，它一个月的录像存储量就十分惊人，甚至远远超过采用 MPEG-1 的实时录像产品。

2. MPEG 图像编码标准

MPEG 是运动图像专家组（Moving Picture Experts Group）的缩写，它是国际标准化组织

（ISO）和国际电工技术委员会（IEC）的一个联合委员会。MPEG 主要有 MPEG-1、MPEG-2、MPEG-4、MPEG-7 等。

（1）MPEG-1 的视频编码标准。 MPEG-1 标准为工业级标准而设计，于 1992 年制定。它包括三个部分：视频、音频、同步和多路复用的系统。MPEG-1 引入了双向运动补偿，它包括图像序列（GOP）层、图像（帧）层、条层、宏块层和块层等。双向运动补偿形成较低的比特率而图像质量牺牲很少。在给定比特率的情况下，MPEG-1 的图像质量要胜过 ITU-T 的 H.261 标准。

MPEG-1 可适用于不同带宽的设备，如 CD-ROM、Video-CD、CD-i 等，它可针对 SIF 标准分辨率（PAL 制为 352×288）的图像进行压缩，其传输速率为 1.5 Mbps（最低 192 kbps），每秒播放 30 帧，并具有激光唱盘 CD 的音质。在 1.2 Mbps 时，编码的视频图像的质量是良好的，相当于 VHS 水平。MPEG-1 的编码速率最高可达 4～5 Mbps，但随着速率的提高，其解码后的图像质量有所降低。

在实时压缩、每帧数据量，以及处理速度上，MPEG-1 比 MJPEG 有显著地提高。如在 PAL 制式下，MPEG-1 可满足多路（16 路）25 帧/s 的压缩速度，在 500 kbps 压缩码流（352×288）下，每帧大小仅为 2 kB。其主要的限制参数为：每行最大像素为 720；每幅图像最大行数为 576；每秒最大帧数为 30，每幅图像最大的宏块数为 9900，最高比特串为 1.86 Mbps，最大解码器缓存容量为 376832 比特。可以预见，所有和 MPEG-1 标准兼容的解码器，都能够解由限制参数所产生的二进制比特流。MPEG-1 与 MJPEG 的致命弱点是硬盘耗费量大，且不能同时满足保安与实时录像场合的需要。

（2）MPEG-2 的视频编码标准。它于 1994 年制定，其基本算法也是运动补偿的预测和带有 DCT 的帧间内插编码，输入信号为典型的 CCIR501 或相当的数字视频信号。它和 MPEG-1 的主要差别在于对隔行视频的处理方式上。如用于场数据的 DCT 在某些地方比用于帧数据的 DCT 的质量可能有所改进。由此可见，对于场/帧运动补偿和场/帧 DCT 进行选择（自适应和非自适应）在 MPEG-2 中成为改进图像质量的一个关键性的措施。MPEG-2 具有广阔的应用场合，如电子新闻采集，光盘、数字 VTR 图像存储，ATM 或其他网络的图像库业务，陆地和卫星电视广播的传输，遥感、遥测和遥控图像传输等。

MPEG-2 标准还提供图像等级选择编码方式，这种方式对提供多种清晰度图像业务是非常有用的。MPEG-2 所能提供的传输率为 3～10 Mbps 间，它旨在最优化 ITU-R601 推荐的分辨率，即光度信号为 720×480 个像素，色差信号为 360×480 个像素。MPEG-2 能提供广播级的视像和 CD 级的音质，其音频编码可提供左中右及两个环绕声道，以及一个加重低音声道和多达 7 个伴音声道。此外，还可提供一个较广的范围改变压缩比，以适应不同画面质量、存储容量以及带宽的要求。

值得提出注意的是，MPEG-2 既可在逐行扫描模式下，也可在隔行扫描模式下运行。但实际中我们将看到 MPEG-2 也有运行于高速率下的模式，这是因为它是高清晰度电视所衍生的标准。

（3）MPEG-4 编码。1998 年 11 月，MPEG 委员会颁布了 MPEG-4 标准（ISO/IEC 14496）。该标准对交互式多媒体的多种应用提供支持，同时，它将进一步促使通信、消费电子和计算机三项技术领域的融合。

MPEG-4 标准由下面 6 个主要部分构成。

① 多媒体传送整体框架（Deliveries Multimedia Integration Framework，DMIF）：它主要用于解决交互网络中、广播环境下及磁盘存储应用中多媒体应用的操作问题，通过传输多路合成比特信息，来建立客户端和服务器端的连接与传输。

② 数据平面：为了使基本流和 AV 对象（Audio/Visual Objects）在同一场景中出现，引用了对象描述（OD）和流图桌面（SMT）的概念。桌面把每一个流与一个 CAT（Channel Association Tag）相连，CAT 可实现该流的顺利传输。

③ 缓冲区管理和实时识别：MPEG-4 定义了一个系统解码模式（SDM），该解码模式描述了一种理想的处理比特流句法语义的解码装置，它要求特殊的缓冲区和实时模式。通过有效的管理，可以更好地利用有限的缓冲区空间。

④ 音频编码：不仅支持自然声音，而且支持合成声音。MPEG-4 的音频部分将音频的合成编码和自然声音的编码相结合，并支持音频的对象特征。

⑤ 视频编码：与音频编码类似，MPEG-4 也支持对自然和合成的视觉对象的编码。合成的视觉对象包括二维、三维动画和人面部表情动画等。

⑥ 场景描述：MPEG-4 提供了一系列工具，用于组成场景中的一组对象。并且，提供一些必要的合成信息组成场景描述，用于描述各 AV 对象在一具体 AV 场景坐标下，如何组织与同步等问题。

与 MPEG-1 和 MPEG-2 相比，MPEG-4 的特点是其更适于交互 AV 服务及远程监控。MPEG-4 是第一个使用户由被动变为主动（不再只是观看，允许加入其中，即有交互性）的动态图像标准，它的另一个特点是其综合性。从根源上说，MPEG-4 试图将自然物体与人造物体相融合（视觉效果意义上的）。它的设计目标还有更广的适应性和更灵活的可扩展性，可以利用很窄的带宽，通过帧重建技术，压缩和传输数据，从而以最少的数据获得最佳的图像质量，广泛应用于数字电视、动态图像、实时多媒体监控、移动多媒体通信、互联网、Internet/Intranet 上的视频流与可视游戏、DVD 上的交互多媒体应用等方面。

MPEG-4 采用小波变换（Wavelet transform）技术使压缩比可达 70∶1，压缩复杂度约为 JPEG 的 3 倍。2003 年 5 月，MPEG 在对 H.26L 压缩算法修改的基础上，将该技术规范纳入到 MPEG-4 的标准中，作为 MPEG-4 Part10 发布，即 MPEG-4 的第三版（MPEG-4 AVC）。目前，MPEG4 采用 Object Based 方式解压缩，压缩比指标远远优于以上几种压缩方式，压缩倍数为 450 倍（静态图像可达 800 倍），分辨率输入可从 320 ×240 到 1280 ×1024，这是同质量的 MPEG1 和 MJEPG 的 10 多倍。

MPEG4 使用图层（Layer）方式，能够智能化选择影像的不同之处，可根据图像内容，将其中的对象（人物、物体、背景）分离出来，分别进行压缩。从而使图文件容量大幅缩减，加速音/视频的传输，这不仅仅大大提高了压缩比，也使图像探测的功能和准确性更充分地体现出来。

（4）MPEG-7 编码标准。该标准于 2001 年初完成并公布。MPEG-7 的主要目标是指定一系列的标准描述符来描述各种媒体信息（不仅指静态或动态的图像，也包括 3D 模型、图形、语音等），这种描述与多媒体信息的内容有关，便于用户进行基于内容和对象的视听信息的搜索与查询。因此，MPEG-7 并不是一种压缩编码方法，而是一个多媒体内容描述接口。因为继 MPEG-4 之后，要解决的矛盾就是对日渐庞大的图像、声音信息的管理和迅速搜索，MPEG-7就是针对这个矛盾的解决方案。这种标准力求能快速且有效地搜索出用户所需的不同类型的多媒体影像资料。显然，MPEG-7 不仅用于多媒体信息的检索，更能广泛地用于其他与多媒体信息内容管理相关的领域，它将会在教育、数字图书馆、新闻、导游信息、娱乐等各方面发挥巨大的作用。

现在，又由 MPEG-7 发展到 MPEG-21，目前已开始启动。MPEG-21 的主要目标是规定数字节目的网上实时交换协议等。

MPEG-1 的出现，使 VCD 取代了录像带；MPEG-2 的出现，使数字电视逐步取代模拟电视；MPEG-4 的出现，使多媒体系统的交互性和灵活性大为增强；MPEG-7 的出现，将带我们进入一个互动多媒体的网络时代。

6.6.3　H.264 与 H.265 图像编码压缩标准

1. H.264 图像编码压缩标准

H.264 在 1997 年 ITU 的视频编码专家组（Video Coding Experts Group，VCEG）提出时被称为 H.26L。2001 年 12 月，ITU 与 ISO 在泰国 Pattaya 成立联合视频专家组（Joint Video Team，JVT）。JVT 的工作目标是制定一个新的视频编码标准，以实现视频的高压缩比、高图像质量、良好的网络适应性等目标。目前 JVT 的工作已被 ITU-T 接纳，新的视频压缩编码标准称为H.264（JVT）标准，该标准也被 ISO 接纳，称为 MPEG-4 AVC（Advanced Video Coding）标准，即 MPEG-4 的第 10 部分。H.264 使图像压缩技术上升到了一个更高的阶段，能够在较低带宽上提供高质量的图像传输，非常适合国内接入网/骨干网带宽相对有限的状况，是视/音频编/解码方面的最新成果。

H.264 不仅比 H.263 和 MPEG-4 节约了 50%的码率，而且对网络传输具有更好的支持功能。它引入了面向 IP 包的编码机制，有利于网络中的分组传输，支持网络中视频的流媒体传输。H.264 具有较强的抗误码特性，可适应丢包率高、干扰严重的无线信道中的视频传输。H.264 支持不同网络资源下的分级编码传输，从而获得平稳的图像质量。H.264 能适应于不同网络中的视频传输，网络亲和性好。

H.264 标准可分为三档：基本档次（简单版本、应用面广），主要档次（采用了多项提高图像质量和增加压缩比的技术措施，可用于 SDTV、HDTV 和 DVD 等），扩展档次（可用于各种网络的视频流传输）。

（1）H.264 视频压缩系统。H.264 标准视频压缩系统由视频编码层（Video Coding Layer，VCL）和网络提取层（Network Abstraction Layer，NAL）两部分组成。VCL 中包括 VCL 编码器与 VCL 解码器，主要功能是视频数据压缩编码和解码，它包括运动补偿、变换编码、熵编码等压缩单元，可以传输按当前的网络情况调整的编码参数。NAL 则用于为 VCL 提供一个与网络无关的统一接口，它负责对视频数据进行封装打包后使其在网络中传送，它采用统一的数据格式，包括单个字节的包头信息、多个字节的视频数据与组帧、逻辑信道信令、定时信息、序列结束信号等。包头中包含存储标志和类型标志，存储标志用于指示当前数据不属于被参考的帧，类型标志用于指示图像数据的类型。

（2）H.264 的技术特色。

① 帧内预测编码。在以前的 H.26x 系列和 MPEG-x 系列标准中，都是采用的帧间预测编码的方式。在 H.264 中，还用帧内预测编码。对于每个 4×4 块（除了边缘块特别处置以外），每个像素都可用 17 个最接近的先前已编码的像素的不同加权和（有的权值可为 0）来预测，即此像素所在块的左上角的 17 个像素。然后对预测值与实际值的差值进行编码，这相对于直接对该帧编码而言，可大大减小码率。显然，这种帧内预测不是在时间上，而是在空间域上进行的预测编码算法，可以除去相邻块之间的空间冗余度，取得更为有效的压缩。

H.264 提供 6 种模式进行 4×4 像素宏块预测，包括 1 种直流预测和 5 种方向预测。对于图像中含有很少空间信息的平坦区，H.264 也支持 16×16 的帧内编码。

② 帧间预测编码。是利用连续帧中的时间冗余来进行运动估计和补偿的。H.264 的运动补偿支持以往的视频编码标准中的大部分关键特性，而且灵活地添加了更多的功能，除了支持 P 帧、B 帧外，还引入一种新的 SP 帧，即流间传送帧。码流中包含 SP 帧后，能在有类似内容但有不同码率的码流之间快速切换，同时支持快速回放和随机接入。在帧间编码时，可选 5 个不同的参考帧，提供了更好的纠错性能，这样可以改善视频图像质量。

③ 分层设计。H.264 的算法在概念上可以分为两层：视频编码层（VCL）负责高效的视频内容表示，网络提取层（NAL）负责以网络所要求的恰当的方式对数据进行打包和传送。VCL 层包括基于块的运动补偿混合编码和一些新特性。NAL 负责使用下层网络的分段格式来封装数据，包括组帧、逻辑信道的信令、定时信息的利用或序列结束信号等。在 VCL 和 NAL 之间定义了一个基于分组方式的接口，打包和相应的信令属于 NAL 的一部分。这样，高编码效率和网络友好性的任务分别由 VCL 和 NAL 来完成。

④ 高精度、多模式运动估计。H.264 支持 1/4 或 1/8 像素精度的运动矢量。在 1/4 像素精度时可使用 6 抽头滤波器来减少高频噪声，对于 1/8 像素精度的运动矢量，可使用更为复杂的 8 抽头的滤波器。在进行运动估计时，编码器还可选择"增强"内插滤波器来提高预测的效果。在 H.264 中，允许编码器使用多于一帧的先前帧用于运动估计，这就是所谓的多帧参考技术。例如，2 帧或 3 帧的刚刚编码好的参考帧，编码器将选择对每个目标宏块能给出更好的预测帧，并为每一宏块指示是哪一帧被用于预测。对每一个 16×16 像素宏块的运动补偿可以采用不同的大小和形状，H.264 支持 7 种模式。小块模式的运动补偿为运动详细信息的处理提高了性能，减少了方块效应，提高了图像的质量。H.264 还定义了自适应去除块效应的滤波器，这可以处理预测环路中的水平和垂直块边缘，大大减少了方块效应。

⑤ 4×4 块的整数变换。H.264 与先前的标准相似，对残差采用基于块的变换编码，但变换是整数操作而不是实数运算，其过程和DCT变换类似。这种方法的优点在于：在编码器和解码器中允许精度相同的变换和反变换，便于使用简单的定点运算方式。这里没有"反变换误差"，变换的单位是 4×4 块，而不是以往常用的 8×8 块。由于用于变换块的尺寸缩小，运动物体的划分更精确，不但变换计算量比较小，而且在运动物体边缘处的衔接误差也大为减

小。为了使小尺寸块的变换方式对图像中较大面积的平滑区域不产生块之间的灰度差异，可对帧内宏块亮度数据的 16 个 4×4 块的DC系数（每个小块一个，共 16 个）进行第二次 4×4 块的变换，对色度数据的 4 个 4×4 块的DC系数（每个小块一个，共 4 个）进行 2×2 块的变换。整数 DCT 变换具有减少运算量和复杂度，有利于向定点 DSP 移植的优点。

⑥ 量化 H.264 中可选 32 种不同的量化步长，这与 H.263 中有 31 个量化步长很相似，但是在 H.264 中，为了提高码率控制的能力，量化步长的变化的幅度控制在 12.5%左右，而不是以不变的增幅变化。变换系数幅度的归一化被放在反量化过程中处理以减少计算的复杂性。为了强调彩色的逼真性，对色度系数采用了较小量化步长。

在 H.264 中，变换系数的读出方式也有两种：之字形（ZigZag）扫描和双扫描。大多数情况下使用简单的之字形扫描；双扫描仅用于使用较小量化级的块内，有助于提高编码效率。

⑦ 熵编码。视频编码处理的最后一步就是熵编码，在 H.264 中采用了两种不同的熵编码方法：通用可变长编码（Universal VLC，UVLC）和基于文本的自适应二进制算术编码（Context-Adaptive Binary Arithmetic Coding，CABAC）。UVLC 使用一个长度无限的码字集，设计结构非常有规则，用相同的码表可以对不同的对象进行编码。这种方法很容易产生一个码字，而解码器也很容易地识别码字的前缀，UVLC 在发生比特错误时能快速获得重同步。UVLC 的优点是简单，但单一的码表是从概率统计分布模型得出的，没有考虑编码符号间的相关性，在中高码率时效果不是很好。因此，还提供了可选的 CABAC 方法，其编码性能比 UVLC 稍好，但计算复杂度也高。算术编码使编码和解码两边都能使用所有句法元素（变换系数、运动矢量）的概率模型。为了提高算术编码的效率，通过内容建模的过程，使基本概率模型能适应随视频帧而改变的统计特性。内容建模提供了编码符号的条件概率估计，利用合适的内容模型，存在于符号间的相关性可以通过选择目前要编码符号邻近的已编码符号的相应概率模型来去除，不同的句法元素通常保持不同的模型。

⑧ 面向 IP 和无线环境。H.264 中包含了用于差错消除的工具，便于压缩视频在误码、丢包多发环境中传输，如移动信道或 IP 信道中传输的健壮性。为了抵御传输差错，荏视频流中的时间同步可以通过采用帧内图像刷新来完成，空间同步由条结构编码（Slice Structured Coding）来支持。同时为了便于误码以后的再同步，在一幅图像的视频数据中还提供了一定的重同步点。此外，帧内宏块刷新和多参考宏块允许编码器在决定宏块模式的时候不仅可以考虑编码效率，还可以考虑传输信道的特性。除了利用量化步长的改变来适应信道码率外，还常利用数据分割的方法来应对信道码率的变化。即是在编码器中生成具有不同优先级的视频数据以支持网络中的服务质量 QoS。在无线通信的应用中，可以通过改变每一帧的量化精度或空间/时间分辨率来支持无线信道的大比特率变化。

（3）H.264 的优点。H.264 与 MPEG-4、H.263++编码性能对比采用了以下 6 个测试速率：32 kbps、10 F/s 和 QCIF、64 kbps、15 F/s 和 QCIF、128 kbps、15 F/s 和 CIF、256 kbps、15 F/s 和 QCIF、512 kbps、30 F/s 和 CIF、1024 kbps、30 F/s 和 CIF。测试结果标明，H.264 具有比 MPEG 和 H.263++更优秀的 PSNR 性能，其 PSNR 比 MPEG-4 平均要高 2 dB，比 H.263++平均要高 3 dB。

H.264 是继 MPEG-4 之后的新一代数字视频压缩格式，它既保留了以往压缩技术的优点和精华，又具有其他压缩技术无法比拟的许多优点。

① 低码流（Low Bit Rate）：和 MPEG-2 和 MPEG-4 ASP 等压缩技术相比，在同等图像质量下，采用 H.264 技术压缩后的数据量只有 MPEG-2 的 1/8，MPEG-4 的 1/3，可大量节省存储空间及带宽占用。显然，也大大节省用户的下载时间和数据流量收费。

② 很高的数据压缩比：在同等的图像质量下，其压缩比是 MPEG-4 的 1.5～2 倍。

③ 高质量的图像：MPEG-4 编码技术在 3M bps 的带宽下尚达不到标清的图像质量，而 H.264 编码技术可以在 2 Mbps 带宽下提供要求的图像效果，即能够在较低带宽上提供高质量的图像传输，且又引进全新的环路滤波（In-loop Filtering）技术帮助提高图像质量，因而能提供连续、流畅的高质量图像（DVD 质量）及高清图像。

④ 容错能力强：提供了解决在不稳定网络环境下容易发生的丢包等错误的必要工具，有利于对误码和丢包的处理。

⑤ 网络适应性强：提供了网络适应层（Network Adaptation Layer），使得 H.264 的文件能容易地在不同网络上传输（如互联网、CDMA、GPRS、WCDMA、CDMA2000 等）。

⑥ 采用了中国专利的新的快速运动估值算法使运算量降低：新的快速运动估值算法 UMHexagonS 是一种运算量相对于 H.264 中原有的快速全搜索算法可节约 90%以上的新算法，全名是"非对称十字型多层次六边形格点搜索算法"（Unsymmetrical-Cross Muti-Hexagon Search），这是一种整像素运动估值算法。由于它在高码率大运动图像序列编码时，在保持较好地失真性能的条件下，运算量十分低，已被 H.264 标准正式采纳。

⑦ 无须使用版权，具有开放的性质，应用目标广泛：H.264 的基本系统无须使用版权，具有开放的性质，能很好地适应 IP 和无线网络的使用，这对目前因特网传输多媒体信息、移动网中传输宽带信息等都具有重要意义。可满足各种不同速率、不同场合的视频应用。因此，H.264 被普遍认为是最有前途与影响力的行业标准，有可能被广播、通信和存储媒体（CD DVD）接受成为统一的标准，并最有可能成为宽带交互新媒体的标准。

值得提出注意的是，由于 H.264 采用了许多新技术，显然均需要大量的运算处理资源，这对视频编解码处理平台，尤其是 CPU 及多媒体芯片，也提出了更高的速度要求。

2. H.265 图像编码压缩标准

随着网络技术和终端处理能力的不断提高，人们对目前广泛使用的 MPEG-2、MPEG-4、H.264 等提出了新的要求，希望能够提供高清、3D、移动无线，以满足新的家庭影院、远程监控、数字广播、移动流媒体、便携摄像、医学成像等核心领域的应用。此外，H.264/AVC 发布后，经过几年的积累（新型运动补偿、变换、插值和熵编码等技术的发展），也具备了推出新一代视频编码标准的技术基础。

新一代视频压缩标准的核心目标是在 H.264/AVC high profile 的基础上，压缩效率提高了 1 倍。即在保证相同视频图像质量的前提下，视频流的码率减少 50%。在提高压缩效率的同时，可以允许编码端适当提高复杂度。

H.265 是 ITU-T VCEG 继 H.264 之后所制定的新的视频编码标准，标准全称为高效视频编码（High Efficiency Video Coding，HEVC）/H.265，相较于之前的 H.264 标准有了相当大的改善，中国华为公司拥有最多的核心专利，是该标准的主导者。

H.265 标准围绕着现有的视频编码标准H.264，保留原来的某些技术，同时对一些相关的技术加以改进。H.265 是实现超高清的关键性技术。主要研究内容包括提高压缩效率、提高错误恢复能力、减少实时的时延、减少信道获取时间和随机接入时延、降低复杂度，旨在解决有限带宽下传输更高质量的网络高清视频，仅需原先的一半带宽即可播放相同质量的视频。H.265 标准也同时支持 4K（4096×2160）和 8K（8192×4320）超高清视频。可以说，H.265 标准让网络视频跟上了显示屏"高分辨率化"的脚步。

当前视频监控领域主流的编解码标准是 H.264 和 MPEG-4，并围绕这这些编码标准构建了成熟的产业链环境。但是，随着数字视频应用产业链的快速发展，在数字视频应用产业链的快速发展中，面对视频应用不断向高清晰度、高帧率、高压缩率方向发展的趋势，当前主流的视频压缩标准协议 H.264（AVC）的局限性不断凸显。

（1）H.264 编码的局限性。

① 宏块个数的爆发式增长，会导致用于编码宏块的预测模式、运动矢量、参考帧索引和量化级等宏块级参数信息所占用的码字过多，用于编码残差部分的码字明显减少。

② 由于分辨率的大大增加，单个宏块所表示的图像内容的信息大大减少，这将导致相邻的 4×4 或 8×8 块变换后的低频系数相似程度也大大提高，导致出现大量的冗余。

③ 由于分辨率的大大增加，表示同一个运动的运动矢量的幅值将大大增加，H.264 中采用一个运动矢量预测值，对运动矢量差编码使用的是哥伦布指数编码，该编码方式的特点是数值越小使用的比特数越少。因此，随着运动矢量幅值的大幅增加，H.264 中用来对运动矢量进行预测，以及编码的方法压缩率将逐渐降低。

④ H.264 的一些关键算法，例如采用 CAVLC 和 CABAC 两种基于上下文的熵编码方法、Deblock 滤波等都要求串行编码，并行度比较低。针对 GPU、DSP、FPGA、ASIC 等并行化程度非常高的芯片，H.264 的这种串行化处理越来越成为制约运算性能的瓶颈。

（2）HEVC（H.265）的技术亮点。作为新一代视频编码标准，HEVC（H.265）仍然属于预测加变换的混合编码框架。然而，相对于 H.264，H.265 在很多方面有了革命性的变化。HEVC（H.265）的技术亮点如下。

① 灵活的编码结构。在 H.265 中，将宏块的大小从 H.264 的 16×16 扩展到了 64×64，以便于高分辨率视频的压缩。同时，采用了更加灵活的编码结构来提高编码效率，包括编码单元（Coding Unit，CU）、预测单元（Predict Unit，PU）和变换单元（Transform Unit，TU），如图 6-41 所示。

其中编码单元类似于 H.264/AVC 中的宏块的概念，用于编码的过程，预测单元是进行预测的基本单元，变换单元是进行变换和量化的基本单元。这三个单元的分离，使得变换、预测和编码各个处理环节更加灵活，也有利于各环节的划分更加符合视频图像的纹理特征，有利于各个单元更优化的完成各自的功能。

② 灵活的块结构 RQT（Residual Quad-tree Transform）。RQT 是一种自适应的变换技术，这种思想是对 H.264/AVC 中 ABT（Adaptive Block-size Transform）技术的延伸和扩展。对于帧间编码来说，它允许变换块的大小根据运动补偿块的大小进行自适应的调整；对于帧内编

305

码来说，它允许变换块的大小根据帧内预测残差的特性进行自适应的调整。大块的变换相对于小块的变换，一方面能够提供更好的能量集中效果，并能在量化后保存更多的图像细节，但是另一方面在量化后却会带来更多的振铃效应。因此，根据当前块信号的特性，自适应的选择变换块大小，如图 6-42 所示，可以得到能量集中、细节保留程度，以及图像的振铃效应三者最优的折中。

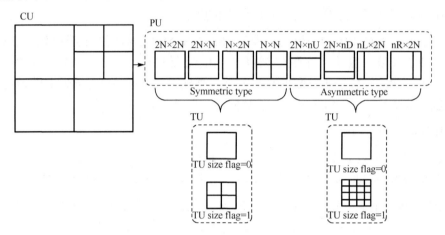

图 6-41　编码单元（CU）、预测单元（PU）、变换单元（CU）

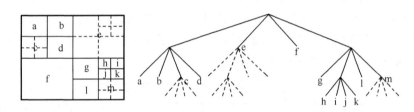

图 6-42 灵活的块结构示意图

③ 采样点自适应偏移（Sample Adaptive Offset，SAO）。SAO 在编解码环路内，位于 Deblock 之后，通过对重建图像的分类，对每一类图像像素值加减一个偏移，达到减少失真的目的，从而提高压缩率，减少码流。采用 SAO 后，平均可以减少 2%～6%的码流，而编码器和解码器的性能消耗仅仅增加了约 2%。

④ 自适应环路滤波（Adaptive Loop Filter，ALF）。ALF 在编解码环路内，位于 Deblock 和 SAO 之后，用于恢复重建图像以达到重建图像与原始图像之间的均方差（MSE）最小。ALF 的系数是在帧级计算和传输的，可以整帧应用 ALF，也可以对于基于块或基于量化树（Quadtree）的部分区域进行 ALF，如果是基于部分区域的 ALF，还必须传递指示区域信息的附加信息。

⑤ 并行化设计。当前芯片架构已经从单核性能逐渐往多核并行方向发展，为了适应并行化程度非常高的芯片实现，HEVC/H265 引入了很多并行运算的优化思路，主要包括以下几个方面。

Tile：如图 6-43 所示，用垂直和水平的边界将图像划分为一些行和列，划分出的矩形区域为一个 Tile，每一个 Tile 包含整数个 LCU（Largest Coding Unit），Tile 之间可以互相独立，以此实现并行处理。

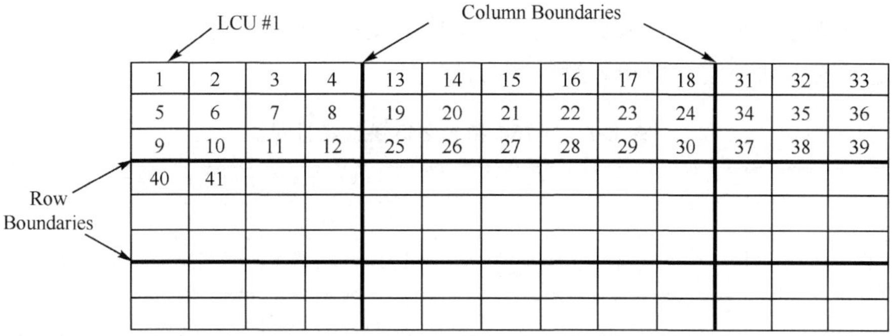

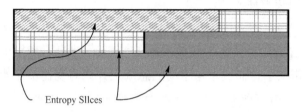

图 6-43　Tile 划分示意图

Entropy slice：如图 6-44 所示，Entropy Slice 允许在一个 Slice 内部再切分成多个 Entropy Slices，每个 Entropy Slice 可以独立编码和解码，从而提高了编/解码器的并行处理能力。

图 6-44　每一个 Slice 可以划分为多个 Entropy Slice

WPP（Wavefront Parallel Processing）：上一行的第二个 LCU 处理完毕，即对当前行的第一个 LCU 的熵编码（CABAC）概率状态参数进行初始化，如图 6-45 所示。因此，只需要上一行的第二个 LCU 编/解码完毕，即可以开始当前行的编/解码，以此提高编/解码器的并行处理能力。

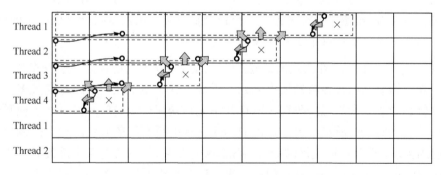

图 6-45　WPP 示意图

⑥H.264 中已有特性的改进。相对于 H.264，H.265 标准的算法复杂性有了大幅提升，以此获得较好的压缩性能。H.265 在很多特性上都做了较大的改进，如表 6-7 所示。

（3）H.265 应用价值。和 H.264 相比，H.265 应用价值在于以下几个方面。

① 高压缩、编码效率：H.265 先进画面预测模式与精准编码架构，将压缩比提高至 H.264 的 2 倍，达到 400:1 水准，可缩短 50%视频压缩时间。以编码单位为例，H.264 中每个宏块（Marco Block，MB）大小都是固定的 16×16 像素，而 H.265 编码单位可以动态选择从最小 8×8

到最大 64×64 像素。同时，H.265 的帧内预测模式支持 33 种方向（H.264 只支持 8 种），并且提供了更好的运动补偿处理和矢量预测方法。

表 6-7 H.264 和 H.265 关键特性对比

	H.264	H.265
MB/CU 大小	4×4～16×16	4×4～64×64
亮度插值	Luma-1/2 像素{1,-5,20,20,-5,1} Luma-1/4 像素{1,1}	Luma-1/2 像素{-1,4,-11,40,40,-11,4,-1} Luma-1/4 像素{-1,4,-10,57,19,-7,3,-1} Luma-1/4 像素{-1,3,-7,19,57,-10,4,-1}
MVP 预测方法	空域 MVP 预测	空域+时域 MVP 预测 AMVP/Merge
亮度 Intra 预测	4×4/8×8/16×16:9/9/4 模式	34 种角度预测+Planar 预测 DC 预测
色度 Intra 预测	DC, Horizontal, Vertical, Plane	DM, LM, planar, Vertical, Horizontak, DC, diagonal
变换	DCT 4×4/8×8	DCT 4×4/8×8/16×16/32×32 DST 4×4
去块滤波器	4×4 和 8×8 边界 Deblock 滤波	较大的 CU 尺寸，4×4 的边界不进行滤波

② 存储的便捷：随着用户对监控视频质量的要求越来越高，高清视频在安防监控中的应用越来越普及，由此带来了存储成本与空间的急剧上升。与现在正在使用的 H.264 编码技术相比，H.265 的高压缩率特性能够节省一半左右的存储空间，从而显著降低视频的存储成本。随着半导体技术的发展，解决了 H.265 计算复杂度的瓶颈后，在超高清监控应用方面，就像 H.264 替换之前的 MPEG-2 一样，H.265 必然会替换现在的 H.264 技术。

此外，H.265 在后端，可带来更小的存储容量。分辨率从 CIF→D1→720p→1080p，最头疼的就是数据量增加带来的存储问题。但是，如果采用 H.265 来降低码流，一个本来只能容纳 1000 个摄像机的存储池，现在可以装 2000 个，甚至更多，而不用增加存储的成本。反之，如果摄像机清晰度、视场角是以前的几倍，而存储不变，这就为更高清提供了一种很好的解决方案。试想，用 4K 摄像机捕捉视频，一个摄像机能覆盖的区域可能是以前 1080p 的 4 倍，并且为更多的智能化分析提供了更好的保障。

③ 信息共享效率提升：在大连网的趋势下，跨区域跨部门的信息共享变得尤为重要。当前各个业务部门的信息都有各自的情报来源，于是也就出现了在一个路口安装多台摄像机的情况，如此势必造成庞大的冗余数据，信息共享无从谈起。H.265 不仅减轻了视频情报的负重，更提升了视频情报的质量。另外，由 H.265 带来的更高清的好处，一个摄像机可照顾多项业务的应用需求，提升监控质量的同时，还能减少布点（相对传统来说是覆盖了更多区域），可以让系统包含更丰富的视频数据。如此一来，H.265 很好地使各部门的情报去粗取精，减轻网络负担，有效提升信息共享的效率。

④ 高分辨率：H.265 标准支持 4K（4096×2160）和 8K（8192×4320）超高清视频。因此，H.265 标准让网络视频跟上了显示屏"高分辨率化"的脚步、无论是运营成本还是用户体验都有很大提升。

⑤ 用户价值：相比 H.264 编码算法，H.265 编码算法可以在维持画质基本不变的条件下，让数据传输带宽减少至 H.264 的一半。另一方面在相同体积、码率的情况下，H.265 比 H.264 画质细腻度提升一倍。

由于 HEVC（H.265）标准在压缩效率、并行处理能力，以及网络适应性方面的极大改进，它的发展和应用必将把视频编/解码理论和应用推向一个新的高度。

6.7　视频编码器与视频服务器

众所周知，网络摄像机虽然有许多优点，但其广泛应用还需要时间，主要制约因素之一是其价格较为昂贵；第二是与以前的在用的设备难以衔接，如果采用网络摄像机则以前的摄像机等设备将被弃之不用，没有哪个企业或者个人心甘情愿地去付出这个成本。这就是下面要介绍的，既能把以前在用的摄像机用上，又能具备网络摄像机功能的数字视频服务器（DVS）。但由于有人在他出版的书籍中将 DVS 与视频编码器的概念混为一谈，因而这里特予以澄清与纠正。

6.7.1　视频服务器的组成原理及特点

1. DVS 的含义、组成及原理

数字视频服务器（Digital Video Server，DVS）是近几年发展起来的视频监控设备，它将输入的模拟视频信号数字化处理后，以数字信号的模式传送至网络上的专用设备，从而实现远程实时监控的目的。由于视频服务器能将模拟摄像机成功地转化为网络摄像机，因此它也是网络视频监控系统与当前模拟系统进行整合的最佳途径。

随着网络技术的发展及宽带网络的普及，网络视频监控系统也会逐渐侵吞传统视频监控设备的市场份额。尽管数字硬盘录像机（DVR）也具有网络监控功能，但它主要功能是存储，因而目前主流的网络视频监控设备还是视频服务器 DVS。它可以把模拟的音/视频或者语音信号转化为数字信号并通过 IP 网络传送出去，同时还具有报警、云台控制等诸多的辅助功能。

利用上述嵌入式系统特点，构建的嵌入式视频服务器 DVS 的组成及工作原理框图如图 6-46 所示。

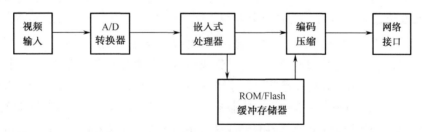

图 6-46　嵌入式视频服务器的组成及工作原理框图

由图 6-46 可知，嵌入式视频服务器 DVS 由视频输入、A/D 转换器、嵌入式处理器及 ROM/Flash 缓冲存储器、编码压缩模块、网络接口等部分组成。当 1 至 4 路摄像机（4 路以上较少）的视频信号输入时，经 A/D 转换器转换为数字视频信号后，进入嵌入式处理器的处理或缓冲存储器。但是，经过 A/D 转换器转换后的数字信号数据量相当庞大，而目前国内的

计算机网络带宽有限，不可能传输大量的数据流，这就需要对它进行编码压缩处理，即在尽量保证图像清晰度的同时对数据压缩，被压缩后变成小流量的数据才能在因特网上传输。

因此，数字视频信号最后经编码压缩模块处理后，送入网络接口输出进入网络传输，到达监控中心或授权用户。而网络部分则需要支持 DHCP、DDNS、UPNP 和 NFS 等网络协议。网络上的用户可以直接用浏览器观看视频服务器上的摄像机图像，授权用户还可以控制摄像机、云台、镜头的动作或对系统配置进行操作等。

2. DVS 的特点

目前流行的视频服务器的特点如下所述。

（1）线缆连接简单，应用简便。在监控摄像机和 DVS 之间只需通过简短的传输线连接即可，从而可省去长距离铺设线缆的开销。DVS 输出的视频数据只需要一根价格低廉的 5 类网络线缆，即可通过目前经济高效的计算机通信网络把视频数据传输到监控中心。如果视频服务器内部有 Wi-Fi 模块，采用无线局域网方式的话，还可省去 5 类网络线缆。如某 DVS 产品采用 1 路 D1/CIF 视频输入，压缩标准采用 H.264 编码技术，兼容 PAL 制和 NTSC 制式，音频采集标准为 8K×16 bit PCM，采用高度集成 ARM9 和 DSP 的处理器芯片，数据可采用 100 Mbps 网络接口或者无线 Wi-Fi 传输（Wi-Fi 支持 802.11a/b/g 通信协议），同时内部还含有 3G 功能模块，可以使视频服务器和 3G 移动网络融合。因此，能使用户选择通过有线网络或无线网络进行数据传输，充分体现了视频服务器应用简便的特点。

（2）能实现远程实时监控，节约监控成本。视频服务器网络视频监控系统，只要是能够上网的地方就可以浏览画面，所有的视频信息，无论是实时的还是已经录制下来的，都可以在世界的任何角落安全地获得。只要是采用配套的解码器，就可以不需要计算机设备直接传输到电视墙等方式浏览，因而它能实现远程实时监控，且极大地节约远程监控的成本。

（3）有强大的中心控制能力。大家知道，只要利用一台工业标准的视频服务器和一套控制管理应用软件，就可以使整个视频监控系统运行。这时，用户只要打开一台与因特网连接的电脑上的客户端程序，在里面输入对应的视频服务器的 IP 地址，就可以进行全面远程监视。任何经授权客户都可直接访问任意摄像机，也可通过中央服务器访问所需监视的图像。如某 DVS 产品配有客户端管理应用软件，可以支持网络升级，而且在万一网络升级无法进行的情况下也能支持 USB2.0 通过 U 盘升级，这也充分体现了视频服务器有强大的中心控制能力的特点。

（4）能将多通道、网络传输、录像与播放等功能简单集成网络，应用广泛。视频服务器能将多通道、网络传输、录像与播放等功能简单集成网络，它除用于安防网络视频监控系统外，还广泛用于非安防监控领域。如现在已广泛用于电视领域中，因为利用视频服务器可以构建自动播出系统，并可实现视频点播。这是由于视频服务器能将多通道、录制与播放等功能集于一体，容易实现向前或向后的变速播放；它又具有非线性设备的优点，查找素材方便；素材可由多个输出通道共享；可同时或相继调出播放等。同时，也非常适用于延时播出和视频点播等领域。

（5）可易于升级与全面扩展。视频服务器 DVS 易于升级与全面扩展，如可以支持网络升级，可轻松添加摄像机，中心服务器也能够方便升级到更快速的处理器、更大容量的磁盘驱动器，以及更大带宽等。实际上，视频服务器的扩展性非常好，可以从一台扩充到上千台的容量，可以无限制地提供实时的用户；可选择帧率输出。

（6）具有经济高效的架构，系统维耗费低。视频服务器具有更加经济高效的、基础的架构，现在的大多数设备都由双绞线接入，这就为视频服务器提供了很好的前期准备。只需接入网络线，就可以使所有的数据、视频、声音及控制通过网络进行传输和管理。

视频服务器是目前所有的摄像机安装方式中最为经济型的选择，它基于开放的标准网络协议，这就使它对比于 DVR 的优势得以凸显。如需存储图像信息即可加一块硬盘，而它简捷的安装和简单的维护却是 DVR 所不能比拟的，因而系统维护费用低。

3. DVS 的发展方向

数字视频服务器 DVS 还必须朝向高清、前端存储、无线和特殊防护，以及增加视频内容分析的智能化方向发展。

（1）要高清化。高清的视频服务器必须满足高清的需求，其核心编码芯片必须支持高清视频分辨率的输出，对于总线或采集芯片的处理也不能对高清的流量产生影响。此外，一般的 BNC 满足不了高清视频传输，因而必须配备高清输入端口，即具备如 VGA、DVI、HDMI 等接口，这些接口都可以支持到高清以上。

（2）要有前端存储。前端存储是近几年兴起的一项功能需求，其基本的要求是将录像文件可以在一定时间段内在视频服务器内存储，存储的介质可以是 CF 卡、SD 卡、IDE 硬盘、SATA 硬盘等。前端录像的设置，通常也可以在双码流的情况下操作，可单独对前端进行录像分辨率、码流的设定，并且可设置响应的触发条件，如报警触发、定时触发、手动触发、继电器触发等类型。

（3）要能无线监控。无线监控在目前应用得比较普遍，除了可以使用无线发射器和接收器来连接外，视频服务器还可以内置无线模块，以实现短距离的无线网络构建，以满足短距离无线监控的需求。目前，第三代数字通信在传输声音和数据的速度上都得到了提升，它能够在全球范围内更好地实现无缝漫游，并处理图像、音乐、视频流等多种媒体形式，因此也需要视频服务器能够融入其中。

（4）要能面向特殊的环境应用。在当前监控设备应用广泛的情况下，一些特殊的环境应用也需要视频服务器有特殊的防护措施来保证实施。如海港，在应用视频服务器时就需要特殊的防腐蚀处理，部分条件恶劣的海港，其湿度几乎能达到98%，盐雾等级也较高；在亚热带及热带区域，温度达40℃以上等。在这种高温、高湿、高盐度的情况下，金属就容易被腐蚀，容易造成电路板短路，接口处也容易生锈，因而视频服务器必须要有特殊的防护措施。

（5）要智能化。是整个安防监控系统的发展方向，因此数字视频服务器 DVS 必须要增加智能化功能，即针对前端采集的视频信息进行分析处理与识别，以代替人来分析一些事物，如摄像机工作不正常、有遗留化学与爆炸物体、非法跨越围栏、汽车违章等人与物的异常等，这尤其在卡口检查、围栏警戒，博物馆布控等一些特定的领域比较实用。

4. 网络 DVS 智能化的实现框架

由嵌入式网络视频服务器的组成可知，在上述的基础上，只要再嵌入具有智能功能软件算法的智能功能模块，即可构成嵌入式智能网络视频服务器。其实现方案的组成及工作原理框图如图 6-47 所示。

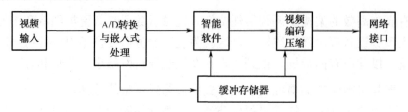

图 6-47　实现智能网络视频服务器方案的组成及工作原理框图

由图 6-47 可知，当多路监控点的摄像机输出的视频信号输入智能网络视频服务器后，即进行 A/D 转换，并进行嵌入式处理，一方面将数字视频图像信号送入缓冲存储器，另一方面送入嵌入所需功能的智能软件算法模块进行分析与识别。编码压缩模块一方面将预/报警前的图像压缩后送网络接口进入网络传输，另一方面接收经智能识别需预/报警的图像进行压缩再送到网络接口经网络传输到监控中心。这样，既可节省网络带宽资源，又可遏制犯罪的发生。

这种智能网络视频服务器的网络视频监控系统拥有更好的系统弹性，相对模拟系统而言，可依靠视频服务器来连接本地的模拟摄像机，并可在通过网络对其视频流进行监控和存储前，对视频流进行数字化、智能分析与识别，然后压缩传输。系统的优势是数字化和压缩的过程都在本地完成，此时可通过已连入互联网的现有网络设备来传输智能数据，从而有效降低使用成本。

智能软件算法模块除嵌入各监控点均需要的基本的智能功能外，其不同场景应用的智能功能则应分别嵌入不同的模块，这一方面便于按需进行组合使用，另一方面可避免很多智能功能放一起而需要采用高端的 IC。因此，只需要进行基本的配置，就可以搜集特定的智能信息，使管理者更容易决定分派哪些具体的工作。随着各机构希望能增强其视频系统，不同类型的分布式智能应用可能会被组合到一起，而网络分布式智能拥有无限的扩展能力，未来的扩展就如同搭积木一样简单。

6.7.2　视频编码器的组成及原理

视频编码器的组成架构如图 6-48 所示。

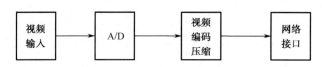

图 6-48　视频编码器的组成架构

由图 6-48 可知，视频编码器主要的任务是将输入的数字视频信号进行视频压缩编码，以便能通过网络进行传输。显然，对比图 6-46，视频编码器的组成架构比数字视频服务器 DVS 的组成架构少了嵌入式处理器与缓冲存储器两个部分。因为数字视频服务器 DVS 除对数字视频信号进行视频压缩编码以便通过网络进行传输外，它主要是实现远程实时监控的目的，因而它还需要具有报警、云台控制等诸多的视频监控的辅助功能等。作为视频编码器来说，它只需图 4-64 中的三个组成部分即可。

6.7.3　视频服务器与视频编码器的区别

很多时候有人把数字视频服务器 DVS 与视频编码器等同起来了,如清华大学出版社 2010 年出版的某安防书中说: 视频编码器,简称 DVS;电子工业出版社 2013 年 9 月出版的一安防书中的 4.2 节是,视频编码器(DVS),以及一些文章等中,均把视频编码器与 DVS 说成是一回事。因此,有必要在这里搞清楚,它们之间是不能画等号的。虽然,DVS 与视频编码器在同网络连接方面有些类似,但作为产品来讲,它们还是有区别的,其具体的区别如下所述。

(1)两者的组成架构重点不同。由图 6-48 可知,视频编码器主要的任务是将输入的数字视频信号进行视频压缩编码,以便能通过网络进行传输。对比图 6-46,视频编码器的组成架构比数字视频服务器 DVS 的组成架构少了嵌入式处理器与缓冲存储器两个部分。因为数字视频服务器 DVS 除对数字视频信号进行视频压缩编码以便通过网络进行传输外,它主要是实现远程实时监控的目的,因而它还需要具有报警、云台控制等诸多的视频监控的辅助功能等。因此,它们的组成架构重点是不同的。

(2)两者的软件处理要求不同。视频编码器产品软件的主要目的是将数字视频信号进行视频压缩编码处理,以便通过网络进行传输;而数字视频服务器 DVS 的软件处理的主要目的是为了实现远程实时监控。因此,它除具有对数字视频信号进行视频压缩编码处理外,还必须要有对视频监控的管理与控制等软件的处理等。

(3)两者对网络传输带宽要求不同。正是由于两者有上述的不同,实际上真正的视频服务器 DVS 和视频编码器的最大区别是,视频服务器更重视视频编码数率和低带宽传输,真正做到了优秀的视频算法和产品的结合;而视频编码器的主要概念很多还停留在常用高带宽传输图像。

(4)从视频服务器的产生也证明两者不同。实际上,视频服务器是从视频编码器发展而来的。十多年前,为了解决视频的长距离传输问题,市场上出现了视频编码器,其主要功能就是把模拟视频数字化,可以传输得更远,当时使用的方法是一对一使用。视频服务器则是在此基础上采用新的视频压缩算法,增加一些诸如报警、视频分析等功能,可以提供多人同时访问的负载能力,具有视频"服务"的效果,所以才把名字升级为视频服务器。由此也可知,视频服务器与视频编码器是不能等同的。

由上述可见,不能把数字视频服务器 DVS 与视频编码器等同起来,即不能把数字视频服务器 DVS 称为视频编码器,不能把这两者的概念混淆了。视频服务器 DVS 是根据安防视频监控系统网络化智能化的需要而从视频编码器发展而来的,即把视频编码器增加前述的两部分做成视频服务器 DVS,但这时它就不再称为视频编码器,而是视频服务器 DVS 了,所以两者不能等同起来。

第 7 章

安防视频监控系统的终端设备

由 1.2.1 节可知，终端设备是视频监控系统前端信息的存储记忆、显示与处理的输出设备。也可比喻为人的大脑的记忆与存储，以及前端设备"观看"、监听的再现。人们可根据终端设备所获取的前端信息，去分析、综合、判别真伪、判断是非，及时地打击各类犯罪，以保卫国家和人民生命财产的安全。所以，终端设备配备的好坏和与前端设备搭配的合理与否，是系统是否丢失前端信息和不失真地再现前端信息的重要关键。安防视频监控系统的终端设备，最主要的是用于监视的显示设备与记录存储的设备。因为整个视频监控系统的状态最终都体现在监视器的显示屏幕上，以及记录存储的设备上，从而可反映系统的优劣，所以监视器与录像机也是整个系统的关键设备之一。

7.1 平板显示器

众所周知，显示器是各种视频信息和计算机数据信息的终端显示器件，因而显示技术是信息技术领域的支柱之一，它的发展水平反映一个国家在世界信息技术领域的战略地位。在现代信息社会内，几乎所有人的工作和生活都离不开信息显示技术。信息显示器是科学研究和工业应用的基本工具，而电视显示屏也是千家万户老百姓获取信息的主要来源，并且信息显示技术已形成数以千亿美元计的技术产业链，产生了巨大的经济效益。

显示技术经历了由黑白显示到彩色显示、由普通彩显到高清晰度彩显的过程，目前，平面显示技术已经取得了很大的成就。虽然，CRT 显示技术长期以来一直占据着监视器（或显示器）市场的主流，但其体积大、面板厚、消耗功率大等，一直不为人们所接受。随着光电信息技术、材料科学及其相关技术的发展，已出现 LCD、PDP、LED、OLED、QLED 等大小平板显示器。目前，LCD 显示技术已基本取代了 CRT 显示技术。虽然，LCD 显示技术具有工作电压低、功耗小、环保护眼、无失真、寿命长、抗干扰能力强等优点，但它又有被动发光显示（靠背光源）、亮度和对比度低、可视角度小、响应速度慢、出现坏点无法维修等缺陷。因此，它也将被近期出现的 OLED、QLED 显示技术取代。

凡是搞光电信息技术的人都知道，人类可通过视觉获得周围世界 80%以上的信息，而随着生活水平的提高和科技的发展进步，人类需要越来越多丰富的视觉信息。而显示技术，就是为了给人类提供不同形式的视觉信息而存在的。

根据目前光电信息显示技术的发展情况及市场的需要，我们将光电信息显示技术分为平板显示技术、投影显示技术及三维立体显示技术三类予以介绍，最后介绍它们的发展趋势。平板显示技术有液晶（LCD）、等离子体（PDP）、发光二极管（LED）、有机发光二极管（OLED）、量子点发光二极管（QLED）显示技术，下面分别介绍。

7.1.1　液晶（LCD）显示技术

液晶（Liquid Crystal）是一种介于固态和液态之间的物质，是具有规则性分子排列的有机化合物。液晶按照分子结构排列的不同分为三种：类似黏土状的 Smectic 液晶、类似细火柴棒的 Nematic 液晶、类似胆固醇状的 Cholestic 液晶。用于液晶显示器的是第二类的 Nematic 液晶，采用此类液晶制造的液晶显示器被称为 LCD（Liquid Crystal Display）。

1．LCD 的基本结构及工作原理

LCD 器件的结构如图 7-1 所示。由于液晶的四壁效应，在定向膜的作用下，液晶分子在正、背玻璃电极上呈水平排列，但排列方向互为正交，而玻璃间的分子呈连续扭转过渡，这样的构造能使液晶对光产生旋光作用，使光的偏振方向旋转 90°。

图 7-2 显示了液晶显示器的工作过程。当外部光线通过上偏振片后形成偏振光，其偏振方向成垂直方向。这种偏振光通过液晶材料之后，被旋转 90°，使偏振方向成水平方向，此方向与下偏振片的偏振方向正好一致，因此此光线能完全穿过下偏振片而到达反射板，经反射后能沿原路返回，从而呈现出透明状态。如果在液晶盒的上、下电极加上一定的电压，则电极部分的液晶分子转成垂直排列，从而失去旋光性。因

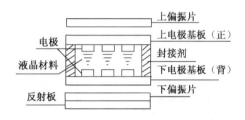

图 7-1　LCD 的基本构造

此，从上偏振片入射的偏振光不被旋转，这种偏振光到达下偏振片时，其偏振方向与下偏振片的偏振方向垂直，从而被下偏振片吸收，而无法到达反射板形成反射，所以呈现出黑色。由此，我们可根据需要将电极做成各种文字、数字或点阵，就可获得所需的各种显示。

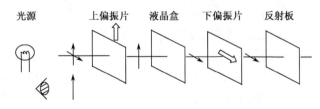

图 7-2　液晶显示工作原理

LCD 是基于液晶电光效应的显示器件，它包括段显示方式的字符段显示器件，矩阵显示方式的字符、图形、图像显示器件，矩阵显示方式的大屏幕液晶投影电视液晶屏等。液晶显示器的原理是利用液晶的物理特性，在通电时导通，使液晶排列变得有秩序，从而使光线容易通过；不通电时，排列则变得混乱，而阻止光线通过。LCD 就是利用此原理来制成的。

2. 液晶显示器的类型及比较

（1）液晶显示器的分类。

① 按使用范围分为两种。

- 笔记本电脑液晶显示器（Notebook LCD），是目前我国最为常见的液晶显示器产品，它与笔记本电脑的其他部分连为一体，以其轻便和小巧给使用者带来了方便。
- 桌面计算机液晶显示器（Desktop LCD），是 CRT 传统显示器的替代产品。

② 按物理结构分为四种。

- 扭曲向列型（Twisted Nematic，TN）；
- 超扭曲向列型（Super TN，STN）；
- 双层超扭曲向列型（Dual Scan Tortuosity Nomograph，DSTN）；
- 薄膜晶体管型（Thin Film Transistor，TFT）。

前三种类型在名称上只有细微的差别，说明它们的显示原理具有许多共性，不同之处是液晶分子的扭曲角度各异。其中，DSTN 可以算是这三种的"杰出"代表，由这种液晶体所构成的液晶显示器对比度和亮度仍比较差、可视角度较小、色彩也欠丰富，而它的结构简单、价格低廉，因此还占有着一定的市场。第四种 TFT 是现在最为常用的类型。

（2）几种液晶显示器的比较。TN、STN、TFT 三种类型液晶显示器的比较如表 7-1 所示。

表 7-1　TN、STN 和 TFT 型液晶显示器比较表

类　别	TN	STN	TFT
原理	液晶分子 扭转 90°	液晶分子 扭转 240°～270°	液晶分子 扭转 90° 以上
特性	黑白、单色 低对比（20∶1）	黑白、彩色（26 万色） 低对比，较 TN 佳（40∶1）	彩色（1667 万色） 高对比，较 STN 佳（300∶1）
全色彩化	否	否	可媲美 CRT 的全彩色
动画显示	否	否	可媲美 CRT
视角	狭窄（30° 以下）	狭窄（40° 以下）	较宽（80° 以下）
面板尺寸	1～3 英寸	1～12 英寸	6～17 英寸
应用范围	电子表、计算机、简单的掌上游戏机	电子辞典、移动电话、个人数字助理、股票机、低档笔记本电脑	彩色笔记本电脑、墙壁型彩色电视、投影仪、汽车导航系统、监视器

TFT 是指液晶显示器上的每个液晶像素点都由集成在其后的薄膜晶体管来驱动。TFT 液晶显示器具有屏幕反应速度快、对比度好、亮度高、可视角度大、色彩丰富等特点，比其他三种类型更具优势。同时还克服了 DSTN 液晶显示器固有的一些缺点，确实可以算是当前液晶显示器的主流设备。因此，目前已广泛应用于监视器、笔记本电脑、可视门铃、汽车 VCD、可视电话、数码相机、安全监控等产品中。

新型的 TFT 液晶显示器与 TN 型的结构基本上相同，同样采用两夹层间填充液晶分子的设计，只不过把 TN 上部夹层的电极改为 FET 晶体管，而下层改为共同电极。但两者的工作原理还是有一定的差别的。在光源设计上，TFT 的显示采用"背透式"照射方式，即假想的光源路径不是像 TN 液晶那样从上至下，而是从下向上，即在液晶的背部设置类似日光灯的光管。光源照射时先通过下偏光板向上透出，并借助液晶分子来传导光线，由于上下夹层的

电极改成 FET 电极和共同电极，在 FET 电极导通时，液晶分子的表现如 TN 液晶的排列状态一样会发生改变，它也是通过遮光和透光来达到显示的目的的。其不同的是，因 FET 晶体管具有电容效应，能够保持电位状态，先前透光的液晶分子会一直保持这种状态，直到 FET 电极下一次再加电时才改变其排列方式。而 TN 就没有这个特性，液晶分子一但没有施压，就立即返回原始状态。这就是 TFT 液晶和 TN 液晶显示的最大不同之处，也是 TFT 液晶的优越之处。

3. 大尺寸 TFT 液晶显示屏

大尺寸 TFT LCD 显示屏的每个像素都是由红、绿、蓝三个基本光点组成的，这与 CRT 显示器荧光屏涂红、绿、蓝荧光粉的原理是一样的。每个颜色光点由若干比特的数字信号控制，其比特数的多少与屏的分辨率有关。数字信号控制的是每色点的发光强度，红、绿、蓝就组成不同的色彩。对于一个 800×600 的屏就有 480000 个像素。一个 800×600 分辨率的液晶屏的结构，如图 7-3 所示。

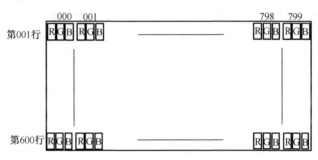

图 7-3　800×600 液晶屏的结构

大尺寸液晶显示屏是由屏、矩阵电路和背光源组成的，一般矩阵电路是围在屏的四周，但也有电路在屏的背后，这种屏就不适宜去掉背光源用于投影。屏的后面是散射膜，再后面是反射膜，在散射膜与反射膜之间的上部，是细长的冷阴极荧光管。反射膜的作用是增加光效率，散射膜的作用是使光能均匀透过，使正面观看时整个液晶屏亮度均匀。15 英寸以上的屏用到 2 根、4 根，甚至 6 根冷阴极荧光管（目前，新的液晶显示器的背光源已改为白光 LED 灯）。

如果将液晶屏用于投影，则要将背光源拆掉，并且屏的结构还要合适才行。一般，日立的所有屏结构都适宜做投影，而东芝、夏普、三星、爱普生的屏有的行，有的不行。

液晶屏的显示也同传统的 CRT 一样是一行一行和一场一场地扫描的，但它是逐行扫描。液晶屏靠有源矩阵电路来选通一个个像素，所以除了行同步信号和场同步信号外，还需要一个像素时钟，把每个像素所需要的数字色彩信息施加上。

液晶屏控制驱动电路就是将模拟的图像信号数字化，选通屏上的对应像素，用数字信号控制像素的亮度和色彩，显示完整和连续的图像。一个液晶屏的像素数是由其物理结构决定的，是固定不变的，这也就决定了液晶屏的最大分辨率。如一个分辨率为 800×600 的屏，可以显示 640×480 的图像，但不能满屏显示，如果要显示 1024×768 的图像，则只能显示一部分，所以一个液晶屏的最大分辨率也是其最佳分辨率。控制电路的一个重要作用就是对输入的图像信号进行识别，如果不符合液晶屏最佳分辨率的，就要进行再加工，使图像能在最佳分辨率下完整显示。液晶屏控制驱动电路都有微处理器进行控制。图 7-4 所示为液晶屏控制驱动电路内部结构图。

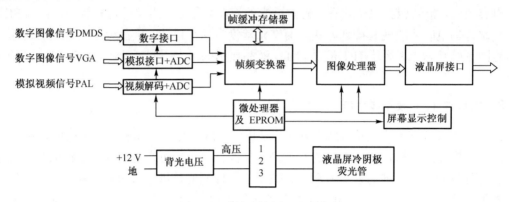

图 7-4　液晶屏控制驱动电路

液晶屏显示发光靠屏后的一根或两根冷阴极荧光管作为光源，通过散射膜使光均匀照射在屏的背后。冷阴极荧光管需要背光电源点亮，背光电源实际上就是一个小型逆变器，它产生荧光管所需要 1000 V 左右、30～60 kHz 的高压脉冲。

三星公司推出了两款大型 LCD 显示器：第一款显示器 SyncMaster 403TN 是一款 40 英寸 LCD 监视器，其显示分辨率为 1280×768，水平和垂直视角分别为 170°，亮度 500 cd/m²，对比度 600：1，具有以太网连接，安装了三星的 MagicNet 软件，该软件允许用户同时控制多台显示器，并由一台计算机向多部显示器提供信号；第二款显示器 SyncMaster 460P 是三星面向商用推出的最大显示器，规格为 46 英寸，其分辨率 1366×768，对比度 800：1，亮度 500 cd/m²，响应时间 8 ms。这两款显示器提供多种接口，包括复合视频、S 视频、HDTV 组合视频，以及 PC 的 RGB 模拟和数字接口等。

此外，还可用 LCD 液晶拼接大屏幕墙，这种"数字液晶拼接墙"由多个专业液晶屏作为显示单元，以矩阵排列（如 2×2、3×3、4×4 及更大的自由无限拼接）组成的一个大屏幕显示屏；每个子屏幕显示大图像的一部分，共同显示一个大的图像，也可分屏显示不同图像。

大屏幕显示墙由三大部分组成，即拼接显示墙、多屏拼接处理器和信号源。其中多屏拼接处理器是关键技术的核心，支持不同像素的图像在大屏显示墙上显示，以及在大屏显示墙上任意开窗口、窗口放大缩小、跨屏漫游显示。

液晶拼接显示屏，除了拼接数量任意选择外，屏幕组合方式亦有多种选择，可满足不同使用场所的需要。大屏幕拼接画面宏大、视觉冲击强烈，具有很好的展示、演示、广告、宣传的效果。并且安装简便、不受空间限制，广泛应用于视频监控、电信、公共事业、过程处理、交通控制，以及国防、舞台娱乐、电视演播厅、股票证券、大型会展、商场、银行、办公大厅、公司迎客屏、专卖店、调度指挥等。

4. 液晶显示器的优缺点

（1）相对 CRT 显示器来说，液晶显示器具有以下的优点。

● 工作电压低、功耗小；

- 没有丝毫辐射、对人体健康无损害；
- 完全平面、又薄又轻，LCD 同尺寸比纯平 CRT 可视面积大；
- 显示字符锐利、画面稳定无闪烁、环保护眼；
- 精确还原图像，无失真，屏幕边沿图像清晰度与屏幕中心相同；
- 屏幕调节方便；
- 抗干扰能力比 CRT 强；
- 寿命长，至少可达 5 万小时以上；
- 可达到高清晰度电视 200 万像素的显示格式。

（2）LCD 的缺点如下。

- 需靠背光源发光、亮度和对比度低；
- 可视角度小、最多达 140°；
- 对输入信号响应速度偏慢、一般在 40 ms 左右；
- 大部分低价 LCD 采用模拟接口、数字接口尚未形成统一标准；
- 与 CRT 相比价格偏高；
- 出现坏点无法维修。

随着科学技术的不断发展与提高，现在最新的 TFT-LCD 显示器，在克服这些缺点方面已有了相当的进步。当前，LCD 已经成为平板显示领域的主导技术，其产品从直视的超小型头盔显示（Head Mount）到 40 英寸的高清晰度（HDTV）LCD 显示。目前，LCD 显示已基本取代 CRT 而得到更广泛的应用。

由于液晶是一种自身不能发光的物质，需借助背光源才能工作，这一物理特性是无法改变的，因此液晶技术的"进化"自然需要从背光系统下手。液晶技术的背光系统主要经历了冷阴极荧光灯管（Cold Cathode Fluorescent Lamp，CCFL）和白色发光二极管（White Light Emitting Diode，WLED）两个阶段，目前量子点发光二极管（Quantum DotsLight Emitting Diode，QD-LED 或 QLED）背光极有可能是继 CCFL 背光和 WLED 背光之后，液晶发展史上的最后一次革命。因此有人称，量子点 QLED 技术，将会把液晶技术进化至"完美的终极形态"，详情可参见后面 QLED。

7.1.2　等离子体（PDP）显示技术

等离子是电子、自由离子和中性粒子构成的混合体（宏观上说，它是中性的），由于它的正电荷和负电荷相等，因而称为等离子。等离子体状态是物质存在的基本形态之一，它是固态、液态和气态之外的另一种物质形态，通常称之为物质的第四态。

PDP 是 Plasma Display Panel 的简写，也就是等离子体显示器，是继 LCD 后发展的等离子平面屏幕技术的新一代显示器，它是利用气体放电原理实现的一种发光型平板显示技术，故又称为气体放电显示。PDP 的出现，使得中大型尺寸（40～70 英寸）显示器的发展应用产生极大变化，以其超薄体积与质量远小于传统大尺寸 CRT 电视，在高解析度、不受磁场影响、视角广及主动发光等胜于 TFT-LCD 的特点，完全符合多媒体产品轻、薄、短、小的需求，被视为未来大尺寸电视的主流。

1. PDP 的结构、原理与类型

（1）PDP 的结构及显示原理。PDP 主要由等离子显示屏体、屏蔽玻璃、电源、接口电路、信号存储控制驱动电路、XYZ 三极低压驱动电路、外壳构成。信号存储控制将接口送来的数字图像信号进行子场分离，实现灰度控制。

PDP 采用等离子管作为发光元件，显示屏中有大量等离子管，每一个等离子管对应一个像素。等离子管之间由 100~200 μm 的玻璃基板相隔，四周经气密性封装，形成放电小室，其中充有 Ne-Xe 或 He-Xe 混合惰性气体作为工作媒质，在两块玻璃基板的内侧涂有金属氧化物导电薄膜作为激励电极。当在等离子管电极间加足够的电压后，混合惰性气体会产生等离子体放电（也称为雪崩/电浆效应）。随着放电的进行，电子被加速，加速的电子碰撞 Xe 原子，Xe 被激发至更高能级，形成不稳定的激发态 Xe，这种激发态最终跃迁至 Xe 的基态，产生波长为 147 nm 的真空紫外光。当使用涂有三原色（也称为三基色）荧光粉的荧光屏时，紫外线激发荧光屏，荧光屏发出的光则呈红、绿、蓝三原色。当每一原色单元实现 256 级灰度后再进行混色，便实现了彩色图像的显示。

也就是说，PDP 是一种利用气体放电激发荧光粉发光的显示装置，其发光过程由气体的电离放电和荧光粉发光两部分组成（类似于日光灯的发光原理），其原理如图 7-5 所示。

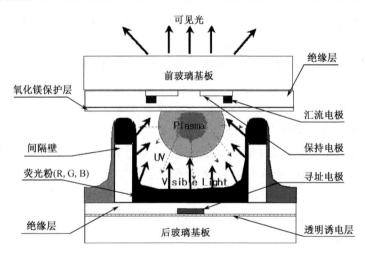

图 7-5　PDP 的结构及原理示意图

显然，PDP 和 LCD 的成像原理截然不同，液晶是通过一个大的背光灯照亮画面的，而等离子则每个像素都在发着光。实际上，等离子屏幕中的每个像素都是由 3 个玻璃气室组成的，在每个玻璃气室当中都含有惰性气体，通过大量的玻璃气室组组成了一个平板。一个像素的 3 个气室会分别涂有红色、绿色和蓝色荧光粉。然后通过电极导线在驱动电路的控制下对每个气室放电，在气室中的惰性气体中放电导致离子体发射出紫外线，紫外线再激发荧光粉发光，这就实现了等离子成像。等离子的亮度与导线放电频率有关，通过驱动电路的控制，放电频率越快，亮度就越大。由于是通过高温放电来实现成像的，所以每个气室像素必须有一定间距，这也就是 PDP 的分辨率无法做得很高的原因。

（2）PDP 的类型。PDP 按其工作方式，可分为电极与气体直接接触的直流型 PDP，以及

电极上覆盖介质层的交流型 PDP 两大类。目前研究开发的彩色 PDP 的类型主要有三种：单基板式（又称为表面放电式）交流 PDP、双基板式（又称为对向放电式）交流 PDP 和脉冲存储直流 PDP 等。

① DC-PDP。放电气体与电极直接接触，电极外部串联电阻做限流之用，其发光位于阴极表面，且与电压波形一致的连续发光。PDP 按直流驱动式可分为刷新型和自扫描型。

② AC-PDP。放电气体与电极由透明介质层相隔离，隔离层为串联电容，做限流之用，放电因受该电容的隔直流通交流作用，需用交变脉冲电压驱动。因此，无固定的阴极和阳极之分，其发光位于两电极表面，且是交替呈脉冲式发光。PDP 按交流驱动式可分为刷新型和存储效应型；AC-PDP 又可分为表面放电式和对向放电式。目前的产品多以交流型为主，并可按照电极的安排区分为二电极对向放电（Column Discharge）和三电极表面放电（Surface Discharge）两种结构。

③ SM-PDP。这种类型以金属荫罩代替传统的绝缘介质障壁，它具有制作工艺简单，易于实现大批量生产的特点；并且，还具有放电电压低、亮度高、响应频率高的优点。

2. 交流 PDP 显示板结构

由于表面放电式 AC-PDP 结构简单、易于制作、放电效率较高，几乎为所有公司采用，是目前批量生产和研究开发的主流技术。

交流等离子体显示板结构按颜色显示方式可分为单色和彩色两种。单色 PDP 板利用 Ne-Ar 彭宁气体在电场作用下放电发橙红色可见光进行单色显示；彩色 PDP 板利用 Ne-Xe 等彭宁气体在电场作用下放电产生真空紫外光，来激发涂敷在放电单元内的三基色荧光粉获得红、绿、蓝三基色，三基色经时间调制和空间混色实现彩色显示。

单色和彩色 PDP 板基本结构是相同的，所不同的是单色显示由一个放电单元显示一个像素，而彩色显示由 R、G、B 三个单元显示一个像素。交流等离子体显示板按电极结构的不同可分为对向放电型和表面放电型两种。图 7-6 为表面放电型彩色交流等离子体显示板的基本结构示意图，其中图 7-6（a）为结构图，图 7-6（b）为放电单元发光示意图，其中下基板旋转了 90°。

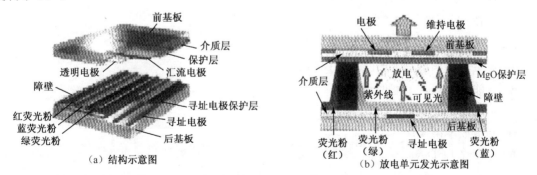

（a）结构示意图　　（b）放电单元发光示意图

图 7-6　表面放电型彩色交流等离子体显示板的基本结构

表面放电型结构有许多种，图 7-6 为最典型的。大多数制造公司采用的三电极表面放电型 AC-PDP 结构，它是富士通公司的技术。现在也有许多在该结构基础上改进的新型结构出现，如先锋公司的华夫饼式（Waffle）结构。由图 7-6（a）可看到，在三电极表面放电型 AC-PDP 结构中显示电极（X 电极和 Y 电极）成对地平行制作在前基板上，电极由透明电极（ITO）和汇流电极组成。对于 107 cm（42 英寸）PDP，显示电极宽度为 200～300 μm。由于透明电极电阻较大，电极长度可达 1 m，汇流电极的加入可减少相应的电阻，从而降低因透明电极电阻压降引起的驱动电压衰减，使相应电极所对应的各放电单元电压具有较好的一致性。在显示电极上覆盖透明介质层，该介质层把电极与放电等离子体隔开，起到保护电极的作用。一方面由于它可限制放电电流的无限增长，因此无须制作限电流电阻，使得结构较 DC-PDP 板简单；另一方面，放电时在该介质层表面有壁电荷积累，正是这些壁电荷使得 AC-PDP 板具有存储功能，并降低放电维持电压。介质层厚度通常在 30 μm 左右，介电常数为 10～15。由于介质材料的抗离子轰击能力差，因此在其表面覆盖一层抗轰击、二次电子发射系数较高的 MgO 保护膜。MgO 层厚度为 0.5～1.0 μm，这样可延长显示板寿命、增加工作电压的稳定性以及降低着火电压。在实际 PDP 板放电单元中，由于 MgO 的高二次电子发射系数，放电可在 170 V 左右维持。寻址电极制作在后基板上，宽度在 80 μm 左右。寻址电极和显示电极相互正交。在寻址电极上制作条状介质障壁，将相邻放电单元隔开，起到光隔离和电隔离的作用。介质障壁高度通常为 100～150 μm，障壁节距由屏的大小和显示分辨率决定。

3. PDP 显示器的优缺点

（1）PDP 显示器的优点如下。

- 薄型大面积显示，宽视角，可做壁挂；
- 屏幕不存在聚焦，图像惰性小，响应速度快；
- 可实现全色彩显示，图像清晰，色彩鲜艳；
- 屏幕亮度非常均匀，无图像畸变，即使边缘也无扭曲失真；
- PDP 是自发光，具有存储功能，其显示亮度高、对比度高；
- 不受磁场影响，环保无辐射，对人眼无伤害；
- 结构整体性好，抗震与抗电磁干扰能力强，适合恶劣环境下工作；
- 工作于全数字化模式，有双稳态特性，便于数字化信号处理；
- 可实现 2000 线以上选址，有齐全的输入接口，应用较广。

（2）PDP 显示器的缺点如下。

- 功耗大，要注意散热；
- 显示屏玻璃极薄，要防止重压与大气压；
- 只能做大屏，不能做小屏；
- 不能在海拔 2000 m 以上使用；
- 制造成本偏高；
- 寿命比 LCD 短。

由上述缺点可看出，它还有比 LCD 差的，因而还不能取代 LCD。但彩色 PDP 在大屏幕（对角线 1～1.5 m）显示方面具有明显的优势。目前，PDP 的关键技术已基本突破，彩色 PDP 除用于普通彩电及计算机终端显示外，还推出用于军事指挥中心的显示军用地图、部队部署状况及敌我双方作战态势等的彩色显示屏，并且还研制生产了专门用于工业生产过程监控、航天发射状况监控及 HDTV 等的彩色 PDP。彩色 PDP 的发展方向是实现全色、提高发光效率、提高使用寿命、扩展存储容量、降低功耗与成本、并实现大批量生产。

7.1.3　LED（发光二极管）阵列显示器

随着光电信息技术、微电子技术、自动化技术、计算机技术的迅速发展，半导体制作工艺日趋成熟，发光二极管 LED 作为显示器件的应用范围也日益扩大。

发光二极管点阵阵列显示技术（简称 LED 显示屏技术）由单色到现在的全彩色显示屏，已有了长足的发展，目前，更高亮度、更高耐气候性、更高的发光密度、更高的发光均匀性、可靠性、全色化，仍然是其发展的主要方向。LED 显示屏的关键控制技术随着新型超大规模集成电路（VLSI）的发展也有了新的提高，可编程电子逻辑设备（EPLD）、数字信号处理器（DSP）和现场可编程门阵列（FPGA）等得到了应用。通过 VLSI 在产品性能提高的同时成本也在呈下降趋势，新一代 LED 控制专用集成电路也已开始得到推广和应用。经过多年发展，LED 显示屏研制、生产技术已趋于成熟、稳定，新产品质量也有很大提高。

LED 显示器应用非常广泛，在军事、车站、码头、宾馆、体育、新闻、金融、证券、广告及交通运输等许多行业都能见到各种类型的 LED 显示装置。它不仅有条屏、图文单色屏、双基色屏，还有全彩色点阵显示屏及 LED 数码显示屏；不仅能显示文字，还能显示图形、图像，并能产生各种动画效果。一般，单色、双色屏主要用来播放文字，彩屏主要是播放动画与视频。显然，它是广告宣传、新闻传播的有力工具，其应用也越来越普遍。

1. LED 显示屏的结构与原理

发光二极管显示屏是由 LED 点阵和 LED PC 面板组成的，它是通过红色、绿色、蓝色 LED 灯的亮灭来显示文字、图片、动画、视频的，其内容可以随时更换，各部分组件都采用块化的结构。

传统 LED 显示屏通常由显示模块、控制系统及电源系统组成。显示模块由 LED 灯组成的点阵构成，负责发光显示；控制系统通过控制相应区域的亮灭，可以让屏幕显示文字、图片、视频等内容，单色、双色屏主要用来播放文字的，全彩屏主要是播放动画与视频的；电源系统负责将输入电压电流转为显示屏需要的电压电流。

LED 显示屏是由计算机（或带多媒体卡等）、采集卡、主控制器、数据传输（发送卡、接收卡）、扫描板、显示屏单元等 6 大部分组成，如图 7-7 所示。

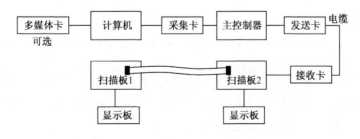

图 7-7　LED 显示屏系统结构

LED 显示屏的驱动电路及显示系统示意框图如图 7-8 所示，它是由计数器、译码器、图形译码器和显示屏等组成的。计数器是由多个双稳触发器构成的。译码器是由"与门"组成的，它可将二进制代码转换成十进制数，如果按编码将计数器的输出端同各"与门"输入端相连就可以产生代表十进制的电信号。电信号加到显示屏的各像素点上并显示出相应的图形，这是由图形译码驱动器完成的。图形译码器由一些 LED 组成，各"与门"输出的电信号通过 LED 连接列在各像素点上。由于 LED 是单向导电，因而可以保证各像素点不会互相串扰或短接。

LED 点阵显示屏的原理是，将要显示的图文信息首先进行数字化处理，使图文信息转换成相应的数字化视频信号，经过数字通信系统将数字视频信号传输到 LED 显示屏显示缓存中，由显示单元控制电路读取相应的显示信息进行显示。由于 LED 显示屏在进行图文显示时，其显示方式丰富多变，因此其相应的视频控制模板也十分复杂，一般分为单色显示和彩色显示两大类。

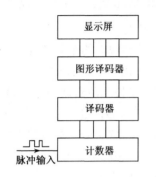

图 7-8 显示屏驱动及显示系统

由于 LED 点阵显示屏具有美观的画面、灵活的内容更换、较低的功耗、较长的寿命等优点，因而被广泛运用在商场、街道、广场、车站和机场等人群密集或流动量大的场合，可及时地传播信息和播放电视，尤其适合用来播放广告、产品介绍等。

2．LED 显示屏的类型

（1）从显示方式来分，可分为静态和动态扫描显示两种。

① 静态显示。LED 的亮度高，软件编程也比较容易，但是静态显示每一个像素需要一套驱动电路，如果显示屏为 $n×m$ 个像素屏，则需 $n×m$ 套驱动电路，而它又占用比较多的 I/O 口资源，因而常用于显示位数不多的情况。

② 动态扫描显示动态扫描显示则采用多路复用技术，如果是 P 路复用的话，则每 P 个像素需一套驱动电路，$n×m$ 个像素仅需 $n×m/P$ 套驱动电路。对动态扫描显示而言，P 越大驱动电路就越少，成本也就越低，其引线也大大减少，这就更有利于高密度显示屏的制造。并且，它利用了人眼的"视觉暂留"效应（虽看上去在很短的时间周期内 LED 显示屏上的灯全部点亮，但实际上并没有全亮），占用资源少，其动态控制又节省了驱动芯片的成本，节省了电（亮度小功率就小了），因而在实际的 LED 大屏幕显示中采用。但编程比较复杂，在同样规格同样灯管芯片的情况下，动态扫描的亮度不如静态的好。

（2）按颜色分为三种。

● 全彩显示屏：红、绿、蓝三基色，256 级灰度的全彩色显示屏，可以显示 1600 多万种色。

● 单色（单基色）显示屏：单一颜色（红色，绿色，黄色，白色，蓝色等）。

● 双色（双基色）显示屏：红和绿双基色（红绿色、蓝绿色），256 级灰度或者 512 级灰度，可以显示 65536 种颜色。

（3）按使用环境分为三种。

● 室内显示屏：发光点较小，一般 $\Phi3\sim\Phi8$ mm，显示面积一般几至十几平方米。

- 半户外显示屏：像素点大小之于室内和户外显示屏之间，常用于银行、商场或医院等门楣上。
- 室外显示屏：面积一般几十平方米至几百平方米，亮度高，可在阳光下工作，具有防风、防雨、防水功能。

（4）按安装方式可分为立柱式 LED 显示屏（单立柱和双立柱）、壁挂式 LED 显示屏、吊装式显示屏、嵌入式显示屏等。

（5）按用途可分为信息发布屏、交通诱导屏、广告发布屏、车载屏、球场屏、舞台租赁屏和楼梯屏等。

3. LED 大屏幕显示器真彩实现

LED 显示屏的显示单元中，三基色 LED 管芯为核心器件，要想质量好，必须选用高质量的 LED 管芯，对此应严格挑选波长及发光强度一致性好的管子。

与彩色电视机一样，全彩 LED 显示屏是通过红、绿、蓝三种颜色的不同光强实现图像色彩的还原再现的。显然，红、绿、蓝三种颜色的纯正度，直接影响图像色彩再现的视觉效果。而白光的三色配比不是简单的三种颜色的叠加，一般要求：

- 在保证红、绿、蓝光频纯正的前提下，要求红、绿、蓝光强之比必须接近 3：6：1；
- 因人们视觉对红色的敏感性，要求红色发光源在空间上必须要分散分布；
- 因人们视觉对红、绿、蓝三颜色光强的不同的非线性曲线响应，要求不同光强的白光对红、绿、蓝要进行类似电视机里的 γ 校正；
- 由于人的视觉对色差的分辨能力有限，因此必须找出图像色彩再现真实性的客观指标。

因此，为了再现真实的图像色彩，在 LED 显示屏的配光上还应满足下面一些要求。

- 红、绿、蓝三色的波长应分别约为 660 nm、525 nm、470 nm；
- 一般采用 4 管单元配白光为佳，当然多管单元也可，但主要取决于光强；
- 选用 256 级为红、绿、蓝三色的灰度级；
- 采用针对 LED 像素管的非线性校正。

红、绿、蓝三色配光及非线性校正，可以用显示控制系统硬件实现，也可由播放系统软件实现。

国内外的 LED 显示屏朝着真彩（224 种颜色）、高分辨率（＞4096 像素点/m^2）方向发展，现在 7100 像素点/m^2 分辨率的显示单元已经出现。目前，LED 显示屏的显示单元正向着超亮度、高分辨率、高灰度级方向发展；其显示媒体向着多媒体（静止/动态图文、视频图像、音/视频同步）方向发展；系统的运行、操作与维护向着集成化、网络化、智能化方向发展。

TI 公司已推出两款适用于大型彩色显示屏的 16 通道恒流下沉式 LED 驱动器 TLC5940 和 TLC5923，其数据传输速率均为 30 MHz，提供了更高的系统可靠性及更佳的动态亮度控制，使大型运动场的记分板、广告显示及视频显示屏等设备具有更高的分辨率。

4. LED 显示屏的优缺点

（1）LED 显示屏的优点。

- 寿命长，比 LCD 显示屏寿命长 10 倍以上；

- 节能环保，是典型的绿色显示光源；
- 显示性能优越，是目前唯一能够在户外全天候使用的大型显示终端；
- 由于单颗 LED 的功率很低，发热量小；
- 因为轻薄、色彩纯正等特点，应用范围广。

（2）LED 显示屏的缺点。

- 由于它的亮度太高，给人们的城市生活带了许多困扰；
- LED 显示屏对于观看距离有一定的要求，如果近距离观看会产生刺眼的感觉，而且近距离的观看效果也难让人满意等，这也让许多户外用户困扰不已；
- LED 显示墙的造价比较昂贵，尤其是全色显示屏价格很高，尺寸越大，成本越高；
- 在画面的精密度上相比投影机也会差一些。

由上看出，LED 显示屏在节能环保和显示效能上都优于一些传统的显示设备，但是 LED 显示屏也存在光污染、造价偏贵、不适于近距离观看等，所以用户选择 LED 显示屏要考虑最终的使用环境才能扬长避短，发挥 LED 显示屏的优势。

7.1.4 OLED（有机发光二极管）显示器

大家知道，显示器不仅应用于电脑，而且广泛应用于手机、数码相机（DSC）、数字摄像机（DVC）、PDA、数字电视接收机及汽车卫星导航系统等领域。但是，目前还没有一种显示技术可以完全适用于所有的领域，因而使显示器生产商转向下一代显示产品的研制。其中，最为突出的就是有机发光二极管（Organic Light-Emitting Diode，OLED）显示器。

由于 OLED 具有视角宽、亮度高、响应速度快、温度特性好、可弯曲等优异性能，而代表着显示技术的发展方向，因而成为发光技术和平板显示技术研发的重中之重。OLED 的最大突破在于材料的机械韧性和低温制程，它可在任何轻薄的基板，如塑胶基板上应用。长远而言，OLED 可发展成为新式可弯曲的柔性的显示器，因而发展潜力雄厚。

OLED 克服了第一代显示器 CRT 体积大、笨重、功耗大和不便于携带的缺点，也克服了 LCD 视角小、响应速度慢、在低温下不能使用，且自身不能发光的不足。并且，OLED 是放射性器件结构，可获得比传导性结构 LCD 更好的视觉效果，因而有着非常诱人的应用前景，已被公认是可以取代 LCD 的产品，因而使其成为显示器行业的后起之秀。

1. OLED 的基本结构及其发光原理

OLED 是一种利用有机半导体材料和发光材料，在电流驱动下发光的新型显示技术，即基于有机材料的一种电流型半导体发光器件。一个最简单的 OLED 可以由阴极、发射层和阳极组成，称为单层夹心式有机薄膜电致发光（EL）器件。一般制作过程是在导电玻璃基质 ITO 上（阳极）旋涂、浸涂或真空蒸镀一层发光材料（发光层），然后镀上阴极材料，连接直流电源即构成电致发光器件。OLED 去除了 LCD 生产中复杂的电池及液晶显示模块工艺，同时也无需背光源及滤波器。显然，生产过程相对简单，因此 OLED 比 LCD 更具有成本优势。

为了提高有机发光器件的稳定性和效率，应使电子和空穴载流子的注入达到平衡，这就要求电极材料的功函数与发光材料的能级相匹配。在电极材料的选择上，阴极和阳极的要求是不一样的。阴极需采用低功函数材料，以便电子可以在较低激发电压下注入到发光层内；而阳极则必须选择高功函数的材料。在上述单层器件的基础上，已开发出双层和三层结构的有机薄膜 EL 器件。这种双层和三层结构的有机薄膜电致发光器件结构如图 7-9 所示。

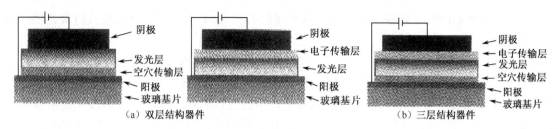

（a）双层结构器件　　　　　　　　　　　　　　　　　　　（b）三层结构器件

图 7-9　有机薄膜电致发光器件结构

当电极上加有电压时，发光层就产生光辐射。和无机薄膜电致发光器件不同，有机材料的电致发光属于注入式的复合发光，其发光机理是由正极和负极产生的空穴和电子在发光材料中复合成激子，激子的能量转移到发光分子，使发光分子中的电子被激发到激发态，而激发态是一个不稳定的状态，去激过程复合就产生可见光。为增强电子和空穴的注入和传输能力，通常又在 ITO 和发光层间增加一层有机空穴传输材料或在发光层与金属电极之间增加一层电子传输层，以提高发光效率，这是双层结构器件。如果既有空穴传输层，又有电子传输层，则是图 7-9 中的三层结构器件。

OLED 主要有机小分子电致发光与聚合物电致发光。

有机小分子电致发光的原理是：从阴极注入电子，从阳极注入空穴，被注入的电子和空穴在有机层内传输。第一层的作用是传输空穴和阻挡电子，使得没有与空穴复合的电子不能进入正电极；第二层是电致发光层，被注入的电子和空穴在有机层内传输，并在发光层内复合，从而激发发光层分子产生单重态激子，单重态激子辐射跃迁而发光。

聚合物电致发光过程为：在电场的作用下，将空穴和电子分别注入到共轭高分子的最高占有轨道（HOMO）和最低空轨道（LUMO），于是就会产生正、负极子，极子在聚合物链段上转移，最后复合形成单重态激子，单重态激子辐射跃迁而发光。

实际上，电致发光机理属于注入式发光，在正向偏压的作用下，ITO 电极向电荷传输层注入空穴，在电场的作用下向传输层界面移动，而由铝电极注入的电子也由电子传输层向界面移动，由于势垒的作用，电子不易进入电荷传输层，而在界面附近的发光层（Alq）一侧积累。由于激子产生的几率与电子和空穴浓度的乘积成正比，在空穴进入 Alq 层后与电子界面处结合而产生激子的几率很大，因而几乎所有的激子都是在界面处与 Alq 层一侧很狭窄的区域（约 36 nm）内产生。因而发光不仅仅是在 Alq 层，而且主要在电子/空穴传输层的界面。

2. OLED 的分类

（1）按发光材料或分子结构分类。

① 小分子 OLED。在小分子 OLED 中，发光体是离散的分子。八羟基喹啉铝（Alq3）是常用的发光材料，Alq3 可发出波长为 450～700 nm 的宽带绿光辐射，峰值波长位于 550 nm。如果在 Alq3 中加入掺杂剂或用其他原子（如铍）取代铝，就可得到不同颜色的光辐射。Kodak

公司的 C.W.Tang 于 1987 年发表的划时代结果采用的就是 Alq3。现在 Kodak 公司拥有小分子 OLED 的基本专利。美国新泽西的 UDC（Universal Display Corporation）公司，主要开发电致磷光 OLED 器件，其功率效率居世界领先水平（大于 30 lm/W）。

② 聚合物 OLED（高分子 OLED，简称 PLED）。这类有机发光材料是共轭聚合物，也称为高分子型。与小分子不同，聚合物发光材料的成膜可用溶液方法进行处理。通常采用的方法是旋涂法和喷黑打印方法，其中喷墨法是剑桥显示技术公司（CDT）和精工爱普生（SEIKO-EPSON）的专利技术。PLED 是剑桥大学卡文迪许实验室 Friend 小组于 1990 年首次发布的，使用的发光材料是 PPV。PPV 本身是难溶性的，不易加工处理，但 PPV 的前驱物可溶于某些溶剂，如氯仿、甲醇等。目前广泛使用的材料除了 PPV 之外，主要还有 MEH-PPV 和聚芴类材料。剑桥显示技术公司（CDT）成立于 1992 年，该公司拥有 PLED 的基本专利。德国法兰克福的 Cavion 公司，则主要向 PLED 厂商提供聚合物发光材料。

③ 镧系有机金属 OLED（稀土 OLED）。镧系金属有机化合物介于小分子和聚合物发光材料之间，它属于稀土类发光材料。由这类材料构成的器件也称为稀土 OLED。在稀土 OLED 中，发光分子由一个金属核心和外围的有机壳层组成。其发光机制与前两类 OLED 不同，加电之后，首先在外围有机壳层中形成激发态，然后将其能量传递给金属核心，金属核心去激时，辐射出颜色比较纯正的光。稀土 OLED 重要特点之一是，单重态和三重态都产生光辐射，其量子效率在理论上可达 100%。因此，它的 PL 和 EL 效率都很高，EL 功率效率的理论值为 120 lm/W。由于是金属核心发光，与小分子和聚合物 OLED 相比，稀土 OLED 的光谱非常窄，半峰宽（FWHW）的典型值只有 100 nm。目前，英国的两家公司正在从事稀土 OLED 产品的开发工作：一家是成立于 1997 年的 Opsys 公司；另一家是成立于 1999 年的 ELAM-T 公司，主要开发镧系金属有机化合物材料，功率效率已经超过 70 lm/W。

（2）按驱动方式分类。

① 被动矩阵（Passive Matrix）驱动（无源驱动）显示方式，简称 PM-OLED，其实际结构如图 7-10 所示。其中，ITO 玻璃（阳极）和金属电极（阴极）都是平行的电极条，二者相互正交，在交叉点处形成像素，也就是发光的部位 LED。LED 逐行点亮就形成一帧可视图像。由于每一行的显示时间都非常短，要达到正常的图像亮度，每一行的 LED 的亮度都要足够高。每个像素的亮度与施加电流的大小成正比。如一个 100 行的器件，每一行的亮度必须比平均亮度高 100 倍。这就需要很高的电流和电压，从而引起功耗增加，使显示效率急剧下降，这就使得 PM-OLED 在大面积显示中的应用受到限制。模拟结果表明，当显示面积提高 4 倍时，功率要提高 10 倍。对于 2 英寸的小面积显示器件，PM-OLED 的节能效果比同样尺寸的背光源 LCD 要明显得多；但 10 英寸的大面积 PM-OLED 和相同尺寸的 LCD 相比，节能效果就不复存在了。因此，这就限制了它在大面积显示中的应用。

PM-OLED 易于制造，但其耗电量大于其他类型的 OLED，这主要是因为它需要外部电路的缘故。PM-OLED 用来显示文本和图标时效率最高，适于制作小屏幕（对角线 2～3 英寸），如人们在移动电话、掌上型电脑及 MP3 播放器上经常能见到的那种。即便存在一个外部电路，被动矩阵 OLED 的耗电量，还是要小于这些设备当前采用的 LCD。

② 主动矩阵（Acitive Matrix）驱动（有源驱动）显示方式，简称 AM-OLED，其实际结

构如图 7-11 所示。它具有完整的阴极层、有机分子层以及阳极层，但阳极层覆盖着一个薄膜晶体管（TFT）阵列，形成一个矩阵。利用类似于 AM-LCD 的制造技术，在玻璃衬底上制作 CMOS 多晶硅 TFT，发光层制作在 TFT 之上。TFT 阵列本身就是一个电路，能决定哪些像素发光，进而决定图像的构成。

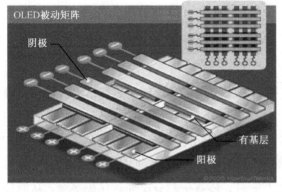
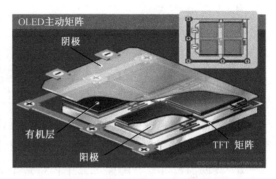

图 7-10　PM-OLED 的实际结构　　　　图 7-11　AM-OLED 的实际结构

驱动电路完成两个功能：一是提供受控电流以驱动 OLED；二是在寻址期之后继续提供电流以保证各像素连续发光。和 PM-OLED 不同的是，AM-OLED 的各个像素是同时发光的。这样单个像素的发光亮度就大大地降低了，电压也得到了相应的下降。这就意味着 AM-OLED 的功耗比 PM-OLED 要低得多，是大面积显示比较理想的选择。

一般，驱动 OLED 的薄膜晶体管有以下三种薄膜晶体管技术。

● 低温多晶硅薄膜晶体管（LTPS TFT）；
● 非晶硅薄膜晶体管（a-Si TFT）；
● 有机薄膜电晶体（OTFT）。

低温多晶硅薄膜晶体管相对于另两种晶体管技术，具有较高的载流子（电子或孔穴）迁移率（约 100 倍）及较高的热稳定性，可提供足够高的电流供应给有机发光二极管。因此，低温多晶硅薄膜晶体管与有机发光二极管两种技术的结合，已成为未来必然的发展趋势。

AM-OLED 的耗电量低于 PM-OLED，这是因为 TFT 阵列所需电量要少于外部电路，因而 AM-OLED 适合用于大型显示屏。AM-OLED 还具有更高的刷新率，适于显示视频。AM-OLED 的最佳用途是电脑显示器、大屏幕电视及电子告示牌或看板。

有源矩阵的驱动电路藏于显示屏内，更易于实现集成度和小型化。由于解决了外围驱动电路与屏的连接问题，这在一定程度上提高了成品率和可靠性。现在，CDT、精工爱普生、三洋电机等公司展出的 17 英寸 OLED 采用的就是主动矩阵方式。可以预见，主动矩阵驱动技术将是今后 OLED 发展普遍采用的方式。

3. OLED 的优缺点

（1）OLED 的优点如下。

● OLED 是自发光，因而视角宽，亮度高；

- 不存在聚焦，失真小，清晰度，色纯全屏一致；
- 不受磁场影响，无闪烁，材料绿色环保；
- 响应速度快；
- 工作电压低、功耗低，发光效率高；
- 面板超薄，超轻，可做成能弯曲的柔性显示器；
- 生产成本低；
- 高低温特性好，温度范围宽（-40℃～+85℃），且耐温差；
- 耐震，适用于震动环境使用。

（2）OLED 的缺点。OLED 似乎是一项完美无缺的技术，适合各类的显示器，但它目前还存在一些需要解决的缺陷问题：

① 寿命和稳定性问题。OLED/PLED 器件要达到实用化，要求实用寿命至少大于 10000 小时，存储寿命至少 5 年。但目前还未达到，影响 OLED 寿命和稳定性的主要原因如下。

- 器件温度升高：因器件在工作过程中除发光外，还有一部分电能转化为热量，从而使分子振动加剧，器件发热温度升高，这将导致薄膜结晶、界面变化等。
- 氧化：器件包封不够严密（或在使用过程中泄露空气），即使有微量空气渗入，在内部高电场作用下，氧分子将引起光氧化降解反应，破坏有机/高分子材料的共轭特性，使发光效率降低，导致器件退化。
- 水：在高电场下，微量的水分都可能会导致电化学等反应，使器件界面遭到破坏。水氧的存在还可能造成电极被腐蚀，导致电子注入效率下降；氧化产生的离子可能注入器件发光区，造成猝灭中心，进而影响器件的发光效率。
- 杂质：杂质可能成为载流子捕获和生热中心，引起内部电场的局部畸变，杂质产生的无辐射中心，是器件老化的重要原因，所以有机/高分子材料的提纯是一个很关键的问题。据报道，每 400 个苯基乙烯基单元中含一个羰基就会使器件的发光猝灭一半。
- EL 器件的光辐射：因为发光层发出的光可能破坏材料分子的化学键。此外，有机薄膜的厚度、均匀性等都可能影响到器件的稳定性。

② 色度问题。OLED 的大部分发光材料色彩纯度不够，不容易显示出鲜艳、浓郁的色彩，尤其是红色的色度性能尤为不良。

③ 大尺寸问题。因为尺寸变大后会出现如驱动形式、扫描方式下材料的寿命、显示屏发光均一化等问题。目前大屏幕显示器成品率低，因而制造大屏幕显示器的成本偏高，还不能实现大尺寸屏幕的量产，因而目前只适用于小尺寸便携类的数码类产品。

我国台湾省以铼德公司为代表的一批企业已经走到世界 OLED 产业化的前列；清华大学和维信诺公司已联合建立了国内第一条 OLED 生产线等。相信不久，在解决好大尺寸 OLED 的长期可靠性和使用寿命等后，OLED 必将成为显示器市场的主流。LCD 花了 15 年时间才超过 CRT 成为电脑显示器的主流技术。专家们预言，OLED 将花费更短的时间超越 LCD。

7.1.5　量子点发光二极管（QLED）显示器

由 7.1.4 节可知，在视觉的明度和节能方面，很少有显示技术能与 OLED（有机发光二极管技术）媲美。但目前 OLED 多被应用于手机类小型的显示设备上，OLED 的生产技术正在克服前述问题，努力向制造如计算机显示器或者电视机等大型化的设备迈进。

量子点 QLED 显示技术主要包括量子点发光二极管显示技术（QLED）和量子点背光源技术（QD-BLU）。下面在介绍量子点 QLED 显示技术前，需要先了解量子点的概念。

1. 量子点的基本概念

（1）量子点的含义

量子点（Quantum Dot）这个听来有些科幻的名字是美国耶鲁大学物理学家马克·里德提出的，也往往被称为"纳米点"或者"零维材料"。量子点是一类特殊的纳米材料，往往是由砷化镓、硒化镉等半导体材料为核，外面包裹着另一种半导体材料而形成的微小颗粒。每个量子点颗粒的尺寸只有几纳米到数十纳米，包含了几十到数百万个原子。因为其体积的微小，让内部电子在各方向上的运动都受到局限，所以量子限域效应特别显著，也让它能发出特定颜色的荧光。在受到外界光源的照射后，量子点中的电子吸收了光子的能量，从稳定的低能级跃迁到不稳定的高能级，而在恢复稳定时，将会将能量以特定波长光子的方式放出。这种激发荧光的方式与其他半导体分子相似；而不同的是，量子点的荧光颜色，与其大小紧密相关，只需要调节量子点的大小，就可以得到不同颜色的纯色光。

量子点是由有限数目的原子组成，其三个维度尺寸均在纳米数量级。量子点一般为球形或类球形，是由半导体材料（通常由 IIB～VIA 或 IIIA～VA 元素组成）制成的、稳定直径在 2～20 nm 的纳米粒子。量子点是在纳米尺度上的原子和分子的集合体，既可由一种半导体材料组成，如由 IIB.VIA 族元素（如 CdS、CdSe、CdTe、ZnSe 等）或 IIIA. VA 族元素（如 InP、InAs 等）组成，也可以由两种或两种以上的半导体材料组成。作为一种新颖的半导体纳米材料，量子点具有许多独特的纳米性质。

量子点是在把导带电子、价带空穴及激子在三个空间方向上束缚住的半导体纳米结构。这种约束可以归结于静电势（由外部的电极，掺杂，应变，杂质产生），两种不同半导体材料的界面（如在自组量子点中），半导体的表面（如半导体纳米晶体），或者以上三者的结合。一个量子点具有少量的（1～100 个）整数的电子、空穴或电子空穴对，即其所带的电量是元电荷的整数倍。

量子点，也可称为纳米晶，是一种由 II-VI 族或 III-V 族元素组成的纳米颗粒。量子点的粒径一般为 1～10 nm，由于电子和空穴被量子限域，连续的能带结构变成具有分子特性的分立能级结构，受激后可以发射荧光。基于量子效应，量子点在太阳能电池、发光器件、光学生物标记等领域具有广泛的应用前景。

小的量子点，例如胶状半导体纳米晶，可以小到 2～10 nm，这相当于 10～50 个原子的直径的尺寸，在一个量子点体积中可以包含 100～100000 个这样的原子，自组装量子点的典型尺寸在 10～50 nm。通过光刻成型的门电极或者刻蚀半导体异质结中的二维电子气形成的量子点横向尺寸，可以超过 100 nm。将 10 nm 的 300 万个量子点首尾相接排列起来，可以达到人类拇指的宽度。

量子点按其几何形状，可分为箱形量子点、球形量子点、四面体量子点、柱形量子点、立方量子点、盘形量子点和外场（电场和磁场）诱导量子点；按其电子与空穴的量子封闭作用，量子点可分为1型量子点和2型量子点；按其材料组成，量子点又可分为元素半导体量子点、化合物半导体量子点和异质结量子点。此外，原子及分子团簇、超微粒子和多空硅等也都属于量子点范畴。

（2）量子点的主要性质。

① 量子点的发射光谱可以通过改变量子点的尺寸大小来控制。通过改变量子点的尺寸和化学组成可以使其发射光谱覆盖整个可见光区。以 CdTe 量子为例，当它的粒径从 2.5 nm 增加到 4.0 nm 时，它们的发射波长可以从 510 nm 红移到 660 nm。

② 量子点具有很好的光稳定性。量子点的荧光强度比最常用的有机荧光材料"罗丹明6G"高20倍，稳定性更是"罗丹明6G"的100倍以上。因此，量子点可以对标记的物体进行长时间的观察，这也为研究细胞中生物分子之间长期相互作用提供了有力的工具。

③ 量子点具有宽的激发谱和窄的发射谱。使用同一激发光源就可实现对不同粒径的量子点进行同步检测，因而可用于多色标记，极大地促进了荧光标记的应用。而传统的有机荧光染料的激发光波长范围较窄，不同荧光染料通常需要多种波长的激发光来激发，这给实际的研究工作带来了很多不便。此外，量子点具有窄而对称的荧光发射峰，且无拖尾，多色量子点同时使用时不容易出现光谱交叠。

④ 量子点具有较大的斯托克斯位移。量子点不同于有机染料的另一光学性质就是大的斯托克斯位移，这样可以避免发射光谱与激发光谱的重叠，有利于荧光光谱信号的检测。

⑤ 生物相容性好。量子点经过各种化学修饰之后，可以进行特异性连接，其细胞毒性低，对生物体危害小，可进行生物活体标记和检测。

⑥ 量子点的荧光寿命长。有机荧光染料的荧光寿命一般仅为几纳秒（这与很多生物样本的自发荧光衰减的时间相当），而量子点的荧光寿命可持续 20～50 ns，这使得当光激发后，大多数的自发荧光已经衰变，而量子点荧光仍然存在，此时即可得到无背景干扰的荧光信号。

总之，量子点具有激发光谱宽且连续分布，而发射光谱窄而对称、颜色可调、光化学稳定性高、荧光寿命长等优越的荧光特性，是一种理想的荧光探针。

（3）量子点的物理效应。量子点独特的性质基于它自身的量子效应，当颗粒尺寸进入纳米量级时，尺寸限域将引起尺寸效应、量子限域效应、宏观量子隧道效应和表面效应，从而派生出纳米体系具有常观体系和微观体系不同的低维物性，展现出许多不同于宏观体材料的物理化学性质，在非线性光学、磁介质、催化、医药及功能材料等方面具有极为广阔的应用前景，同时将对生命科学和信息技术的持续发展，以及物质领域的基础研究发生深刻的影响。

① 量子尺寸效应。通过控制量子点的形状、结构和尺寸，就可以方便地调节其能隙（禁带）宽度、激子束缚能的大小，以及激子的能量蓝移等电子状态。随着量子点尺寸的逐渐减小，量子点的光吸收谱出现蓝移现象，尺寸越小，则谱蓝移现象也越显著，这就是所谓的量子尺寸效应。

② 表面效应。它是指随着量子点的粒径减小，大部分原子位于量子点的表面，量子点的

比表面积随粒径减小而增大。由于纳米颗粒大的比表面积，表面相原子数的增多，导致了表面原子的配位不足、不饱和键和悬键增多，使这些表面原子具有高的活性，极不稳定，很容易与其他原子结合。这种表面效应将引起纳米粒子大的表面能和高的活性。表面原子的活性不但会引起纳米粒子表面原子输运和结构型的变化，同时也会引起表面电子自旋构象和电子能谱的变化。表面缺陷导致陷阱电子或空穴，它们反过来会影响量子点的发光性质，引起非线性光学效应。金属体材料通过光反射而呈现出各种特征颜色，由于表面效应和尺寸效应使纳米金属颗粒对光反射系数显著下降，通常低于 1%，因而纳米金属颗粒一般呈黑色，粒径越小，颜色越深，即纳米颗粒的光吸收能力越强，呈现出宽频带强吸收谱。

③ 介电限域效应。由于量子点与电子的 De Broglie 波长、相干波长及激子 Bohr 半径可比拟，电子局限在纳米空间，电子输运受到限制，电子平均自由程很短，电子的局域性和相干性增强，将引起量子限域效应。对于量子点，当粒径与 Wannier 激子 Bohr 半径相当或更小时，处于强限域区，易形成激子，产生激子吸收带。随着粒径的减小，激子带的吸收系数增加，出现激子强吸收。由于量子限域效应，激子的最低能量向高能方向移动即蓝移。最新的报道表明，日本 NEC 已成功地制备了量子点阵，在基底上沉积纳米岛状量子点阵列。当用激光照射量子点使之激励时，量子点发出蓝光，表明量子点确实具有关闭电子的功能的量子限域效应。当量子点的粒径大于 Waboer 激子 Bohr 半径时，处于弱限域区，此时不能形成激子，其光谱是由干带间跃迁的一系列线谱组成。

④ 量子隧道效应。传统的功能材料和元件，其物理尺寸远大于电子自由程，所观测的是群电子输运行为，具有统计平均结果，所描述的性质主要是宏观物理量。当微电子器件进一步细微化时，必须要考虑量子隧道效应。100 nm 被认为微电子技术发展的极限，其原因是电子在纳米尺度空间中将有明显的波动性，量子效应将起主要功能。电子在纳米尺度空间中运动，物理线度与电子自由程相当，载流子的输运过程将有明显电子的波动性，出现量子隧道效应。电子的能级是分立的，利用电子的量子效应制造的量子器件，要实现量子效应，要求在几个微米到几十个微米的微小区域形成纳米导电域。电子被"锁"在纳米导电区域，电子在纳米空间中显现出的波动性产生了量子限域效应。纳米导电区域之间形成薄薄的量子垫垒，当电压很低时，电子被限制在纳米尺度范围运动，升高电压可以使电子越过纳米势垒形成费米电子海，使体系变为导电。电子从一个量子阱穿越量子垫垒进入另一个量子阱就出现了量子隧道效应，这种绝缘到导电的临界效应是纳米有序阵列体系的特点。

⑤ 库仑阻塞效应。当一个量子点与其所有相关电极的电容之和足够小时，只要有一个电子进入量子点，系统增加的静电能就会远大于电子热运动能力，这个静电能将阻止随后的第二个电子进入同一个量子点，这就是库仑阻塞效应。

2. 量子点背光源技术（QD-BLU）

目前最成熟的 QLED 应用是用于改善液晶显示设备的显示效果，这种应用采用的是三原色的光致发光 QLED 材料。量子点具有发光特性，量子点薄膜（QDEF）中的量子点在蓝色 LED 背光照射下生成红光和绿光，并同其余透过薄膜的蓝光一起混合得到白光，从而能提升整个背光系统的发光效果。

量子点 QLED 显示技术与众不同的特性是，每当受到光或电的刺激时，量子点便会发出有色光线，光线的颜色由量子点的组成材料和大小形状决定，量子点能够将 LED 光源发出的蓝光完全转化为白光（传统 YAG 荧光体只能吸收一部分），这意味着在同样的亮度下，量子点 QLED 所需的蓝光更少，在电光转化中需要的电力亦更少，从而有效降低背光系统的功耗总成。

例如，在苹果 iPhone6 和 TCL 的 QLED 电视中，QLED 起到的作用是改变液晶显示背光源的品质。目前，白光 LED 光源是超薄、节能液晶显示设备的主流光源，这种光源的 LED 灯主要由发蓝色光的 LED 芯片和对应的红色、绿色荧光粉构成。这种设计的问题在于，荧光粉的转化效率并不是特别高、色彩纯度也有限，前者导致液晶电视能耗水平一直高于 OLED，后者导致液晶电视色彩表现比 OLED 差。

但是，在应用 QLED 技术后，液晶显示的背光系统可以是另一种状态。QLED 技术的液晶背光源中，LED 发光器件选择蓝色的（不是白色，也不是红绿蓝三种，之所以选择蓝色，是因为蓝色 LED 的效率最高、成本最低），蓝色的 LED 光通过导光板形成平行的面蓝色光源，然后照射到涂覆有 QLED 物质的另一个薄膜上，不同种类和数量的 QLED 量子点物质将蓝色 LED 的光，按比例转化成红绿蓝三原色，并合成液晶显示需要的"高品质白色"背光源。

液晶显示应用 QLED 技术之后，背光源的色彩转换效率大幅度提升，同时原色的纯度也大幅度提升。前者使得电视机和手机更为节能，后者则使得电视机和手机的色彩表现力显著提升。

当然，任何技术都不是完美的。QLED 技术目前用于改善液晶显示设备的显示效果，也会产生副作用，这些副作用主要是：QLED 材料的热稳定性不好，这就要求采用该技术的液晶显示设备更注重散热；QLED 材料在空气中的稳定性不好，这就需要注重显示设备相关组件的密封；同时，QLED 的材料寿命低于传统的荧光粉很多（目前和 OLED 材料寿命相当或者略长），QLED 材料会成为采用该技术的液晶显示设备的寿命"瓶颈"，尤其是在个别 QLED 材料寿命只有 1～3 万小时的背景下，对比传统 LED 光源 10 万小时的寿命，差异巨大。

用 QLED 加强 LCD 背光后液晶显示的结构如图 7-12 所示。

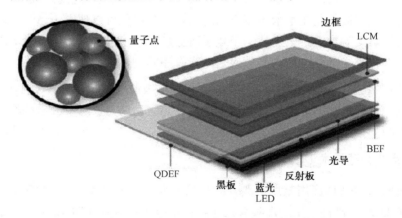

图 7-12　用 QLED 加强 LCD 背光后液晶显示的结构图

传统液晶显示技术的画面效果瓶颈主要由液晶反应速度、滤光膜效果和背光源系统提供的背光品质决定，而 QLED 可以显著改善背光源的品质；同时，在产品工艺上，QLED 材料层可以和液晶背光源模组、背光模组中的导光板，甚至液晶和 TFT 工艺层混合，具有多种工艺和架构选择，可以让液晶显示厂商选择最为经济合理的技术方案。更为重要的是，这些技术路线中的任何一个，都不会较大地改变现有的产品生产工艺和流程体系。也就是说，引入 QLED 技术的液晶产品，制造成本的增长有限。同时，可以和液晶面板结合，也可以和背光源模组结合的特点，使得 QLED 可以在整机厂商或者面板厂商的产业链阶段同时渗透，采用该技术制造显示设备整机企业，不需要完全依赖面板厂商。

目前，液晶显示行业已经把应用 QLED 作为改善液晶画质品质的关键突破点。但是，QLED 创造的想象空间还远不止这些，如 QLED 还可以抛弃液晶成为独立的显示技术门类，这就是下面论述的量子点发光二极管显示技术。

3. 量子点发光二极管显示技术（QLED）

据报道，2005 年，毕业于麻省理工大学的科尔·苏利文创建 QD Vision 公司，随后 QD Vision 联手韩国 LG Display 和比利时化学品公司 Solvay，研究并制造了 QLED 有源矩阵显示屏。与目前的显示屏相比，QLED 在大大提高了亮度和画面鲜艳度的同时，还减少了能耗。

该产品能够进行商业化生产并能同有机发光显示屏（OLED）相竞争，如制造 OLED 时，需要使用一个"阴罩"，当屏幕尺寸变大时，"阴罩"板容易发生热胀冷缩，会使得色彩等不够精确。而 QLED 的制造过程不需要使用"阴罩"，因此不会出现精确度减少的问题。另外，量子点还可悬停在液体中，并使用多种技术让其沉积，包括将其喷墨打印在非常薄的、柔性或者透明的衬底上。

OLED 还有一处不足，即其纯色需用彩色过滤器才能产生，而 QLED 从一开始就能产生各种不同纯色，也在将电子转化为光子方面优于 OLED，因此能效更高，制造成本更低。在同等画质下，QLED 的节能性有望达到 OLED 屏的 2 倍，发光率将提升 30%～40%。

值得指出的是，2012 年，浙江大学高新材料化学中心有合成化学背景的彭笑刚课题组和具有制备溶液工艺光电器件经验的金一政等科学家紧密合作，在首先解决了量子点合成化学方面的问题后，通过在器件中插入一层超薄绝缘层，很好地解决了载流子平衡注入这一困扰 QLED 领域多年的难题，从而设计出一种新型的量子点发光二极管（QLED）。并且，其制备方法基于低成本、有潜力应用于大规模生产的溶液工艺，其综合性能则超越了已知的所有溶液工艺的红光器件，尤其是将使用亮度条件下的寿命推进到 10 万小时的实用水平。这种新型的 QLED 使用的发光材料是可溶的无机半导体纳米晶（量子点），这种高效的无机发光中心同时可以兼容溶液工艺。金一政说："采用溶液工艺制备光电器件具有高速度、低成本的优势，其制备过程有可能如同印刷报纸一样简单高效，还有可能采用轻薄、柔性的塑料基板。"

（1）量子点发光二极管的结构原理。和 OLED 类似，量子点屏的每种颜色的像素都和一个薄膜发光二级管对应，由二极管发光为量子点提供能量，激发量子点发出不同强度、不同颜色的光线，在人眼中组合成一幅图像。由于量子点发光波长范围极窄，颜色非常纯粹，所以量子点屏幕的画面比其他屏幕都要更清新明亮。

QLED 是利用单反射镜结构的量子点结构制造的发光二极管，如图 7-13 所示。

这个器件的有源层是由 InAs 量子点层组成的，InAs 量子点层被离开器件表面的镀金反射镜的 InGaAs 层包覆。为了限制注入的载流子，利用一个单量子点层有源区，而 InGaAs 层生长在 GaAs 衬底和有源区之间。为了提高输出信号光功率，单量子点层位于离开表面反射镜发光 $\lambda/2$ 的位置。这样，由反射镜反射的光信号不断地与来自有源层下面的辐射发光作用，从而使衬底收集的光信号功率增大 4 倍。人们已成功地研制出工作波长为 1310 nm 和 1550 nm 时，输出光功率可以达到 10 mW 的 QLED。

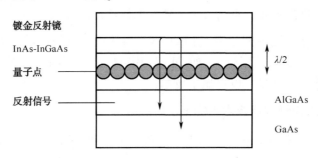

图 7-13　量子点发光二极管的结构原理

　　目前，已经研制出了外量子效率大于 20% 的带有谐振腔的 QLED。对于那些没有谐振腔的 QLED，可以通过在发光二极管表面引入一个薄的有源层来提高外量子效率。这样的器件称为表面织结薄膜发光二极管，在这种组织结构中，经过全内反射的光信号，再通过织构顶面散射，从而改变了光信号的传播角度，来自后反射镜反射的光信号可以耦合至发光二极管的输出。现在，已经研制出了没有谐振腔的 QLED，其在 1 Gbps 以上的传输速度的外量子效率可以达到 29%。如果在光器件的顶部再配置光学透镜，可以使光器件的量子效率提高到 40%。

　　过去十多年来，研究人员一直在研究量子点显示器。过去是把量子点喷在基底材料表面作涂层，类似于喷墨打印。这种技术要把量子点溶解在有机溶剂中，会污染显示器，降低色彩亮度和能效。为克服这一缺点，研究人员找到一种压印的方法，用有图案的硅片造出一种"墨水印章"，然后用"印章"来选取大小合适的量子点，不需要溶剂就可将它们压在薄膜基片上，平均每平方厘米约分布 3 万亿个量子点。用这种方法制成的显示器密度和量子一致性都更高，能产生更明亮的画面，能效也比以前更高。研究人员指出，新技术印制量子点显示器是在柔软薄膜上，在可卷曲便携式显示器、柔软发光设备、光电设备等领域该技术都会有广泛应用。

　　（2）量子点发光二极管（QLED）的优势。目前，三星公司已在研发可弯曲的 OLED 屏幕，但 QLED 屏幕将比它更薄、更容易卷起。QLED 的狭义定义为尺度小于 10 nm 的零维半导体晶体，它的大小只有人类头发的 1/100000。科学家研究出把这种晶体印刷到柔韧有弹性的的塑料上，可便于携带，甚至印刷到更大的薄板上创造出巨型屏幕。由于 QLED 的体积非常小，因此制造商能自由决定放射波长，即人眼所见的光的颜色，可在生产过程中调整任何颜色，做出彩色屏幕。当前市面上多数电视是使用由 LED 作为背光源的 LCD 屏幕，厚度多为数毫米。应用 QLED 技术，则可达到史上最轻、最薄的境界，影像质量也较 LCD 和 OLED 屏幕来得好，并维持得更久。

　　相比于液晶显示设备（LCD），OLED 的优势非常明显，其更薄更轻，显示效果也更好，尤其是在能耗方面（能耗仅为 LCD 的 10%～20%）。但因为 OLED 使用的是有机材料，显示设备的寿命比 LCD 要短很多，并且技术成本也很高，当屏幕尺寸变大时，阴罩板容易发生热胀冷缩，会使得色彩等不够精确。这限制了 OLED 在大尺寸屏幕上的应用。

量子点发光二极管（QLED）与 OLED 相比，具有更大的优越性。

- QLED 屏比 OLED 屏更亮、寿命更长，不使用阴罩，可应用于大屏幕。
- QLED 屏比 OLED 屏生产成本低，因为 QLED 屏采用了稳定可靠的无机半导体材料，降低了生产成本；在将电子转化为光子方面也优于 OLED，因此能效更高，制造成本更低。QLED 屏生产成本还不到 OLED 屏的一半，更适用于大规模市场推广。
- QLED 屏比 OLED 屏能耗小，因为量子点能够将 LED 光源发出的蓝光完全转化为白光，而不是像 OLED 那样只能吸收一部分，这意味着在同样的灯泡亮度下，量子点 LED 灯所需的蓝光更少，在电光转化中需要的电力自然更少，因而更加节能。在同等画质下，QLED 的节能性有望达到 OLED 屏的 2 倍。
- QLED 屏比 OLED 屏电光转换效率或发光效率高，发光率将提升 30%～40%。并且，它不存在散热的问题，可用于大面积和家庭照明。同时 OLED 可以达到与无机半导体材料一样的稳定性、可靠性。
- QLED 屏比 OLED 屏色纯度高，OLED 的纯色需用彩色过滤器才能产生，而 QLED 从一开始就能产生各种不同纯色，其颜色纯度是现有产品的 2 倍，光线非常柔和，色彩更丰富。
- OLED 在封装过程中要求条件很高，QLED 则受条件限制较少。

不过，QLED 的发展也面临着两个挑战：其一是寿命短，最好的 QLED 寿命仅为 1 万小时，这对大尺寸显示屏来说还不够；其二是需要确保色彩能始终如一地再现。目前，已经在这两方面取得了很大进步，QLED 即将开始商业化生产。

（3）QLED 电视与 4K 超高清液晶电视画质比较。下面我们再具体看一下量子点 QLED 显示技术所显示的画质情况。与其对比的是一台高端 4K 超高清液晶电视（基于 WLED 背光技术）对多个场景的对比效果。

QLED 屏与 4K 超高清液晶电视屏对同一野外场景的显示比较，如图 7-14 所示。

（a）QLED 屏显示的场景　　　　　　　　（b）4K 超高清液晶电视显示的场景

图 7-14　QLED 屏与 4K 超高清液晶电视屏对同一野外场景的显示比较

QLED 屏与 4K 超高清液晶电视屏对同一人像的显示比较，如图 7-15 所示。

由图 7-14 和图 7-15 可见，尽管实拍对比图已经"缩小"两种显示技术的画质差异，但量子点 QLED 显示技术已经在各个方面无悬念地压制传统 4K 超高清液晶电视，无论是画面的透亮程度、色彩纯度、暗部细节等，量子点 QLED 显示技术的确在画质表现上令人感到惊讶。事实证明，上述我们对量子点 QLED 显示技术的技术解析，并非言过其实。

（a）QLED 屏显示的人像　　　　　　　　　　　（b）4K 超高清液晶电视显示的人像

图 7-15　QLED 屏与 4K 超高清液晶电视屏对同一人像的显示比较

虽然，QLED 量子屏技术处于初期阶段，依旧有技术改善的空间，但该技术具有非常好的市场前景。目前，国内外已经取得很大的进展，QLED 必将开始展现巨大的商业价值。

7.2　大屏与投影显示器

投影显示是指由平面图像信息控制光源，利用光学系统和投影空间把图像放大并显示在屏幕上的方法或装置。它由光学成像系统最终来完成图像的显示，在我们生活中应用广泛，如教学，现在所用的基本都是投影显示。由于投影显示屏幕较大，显示清晰是最大的特点，因而方便教学。因此，投影显示技术适应了大屏幕显示的要求，特别是 HDTV 的要求。经过 60 多年的研究和开发，投影显示技术已经比较成熟，目前广泛地应用于学校、宾馆、影院、会议室及家庭中等。

过去，我们看到和用到的多是 CRT、PDP、LCD、LED 等的投影显示技术，但目前则多应用 LCOS、DLP（用 DMD）、LV、激光等新型投影显示技术，下面就予以论述。

7.2.1　硅基液晶投影显示器

由于普通液晶显示器采用透射式工作方式，会造成照射光被吸收，从而导致亮度不高，其用途也受到一定的限制。而硅基液晶（Liquid Crystal On Silicon，LCOS）显示器采用了反射式装置，在功耗相同的情况下，光源产生的光将更多地通过光学传输介质，提高了显示器亮度。

LCOS 显示是一种新型微显示技术，也是一种全新的数码成像技术，称为数字硅基反射液晶显示技术，它采用半导体 CMOS 集成电路芯片作为反射式 LCD 的基片。CMOS 芯片上涂有薄薄的一层液晶，控制电路置于显示装置的后面，可以提高透光率，从而实现更大的光输出和更高的分辨率。

1. 硅基液晶显示器的结构

硅基液晶是由 Aurora Systems 融合半导体和液晶两项技术的优势，在 2000 年开发出的分辨率更高、价格却可能更低的新技术。由于 LCOS 采用半导体的方式来控制分辨率，而较高的分辨率又导致较小的画面颗粒，所以画质自然真实。LCOS 技术代表了倍频扫描电视和电脑显示器的完美结合，分割画面和多重扫描可使其应用多样化、生活化和人性化。

LCOS 面板的结构有些类似 TFT LCD，在上下两层基板中间撒布间隔物（Spacer）以便加以隔绝，然后在基板间填充液晶以形成光阀，这样便可以由电路的开关来驱动液晶分子的旋转，以决定画面的明暗。与 TFT LCD 面板不同的是，LCD 上下两面都以玻璃作为基板，而 LCOS 仅上面采用 ITO 导电玻璃，底层基板则是硅晶圆 CMOS 基板（玻璃基片与 CMOS 硅芯片之间的间隔是 2 μm），将液晶材料涂于 CMOS 硅芯片表层，芯片包含了控制电路，并在表层涂有反射层。

LCOS 结构包括 CMOS 基板、ITO 玻璃、配向层、间隔物与液晶层等，如图 7-16 所示。

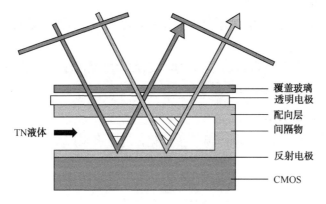

图 7-16　LCOS 的结构

由图 7-16 可知，在芯片外部或者内圈设置有隔离器以保持盒厚的均匀性（盒厚只有 1 μm 左右）；配向层可以确保液晶分子趋向一致；由于液晶需通过一部分电流，因而在晶体上部加设了一个次级透明电极；玻璃基板用以保护液晶和稳定液晶的位置。反射电极层位于液晶层的下面，而像素地址寻址的各种控制电极和电极间的绝缘层位于反射电极层的下面，整个结构是一个立体排列方式。

LCOS 面板最大的特色在于下基板的材质是单晶硅，因此拥有良好的电子迁移率，而且单晶硅可制作成较细的线路，与现有的 HTPS LCD 及 DLP 投影面板相比较，LCOS 更容易达到高分辨率的投影技术。由于 LCOS 液晶板的光圈比率可以达 93％，因此其分辨率可以很高。

在 LCOS 微显示器中，采用的是扭曲向列相液晶材料，当电流到达液晶体时，液晶分子的扭曲程度会发生变化。根据这个原理，光束要首先通过一个起偏器以使光波传播保持特定的偏振方向，然后在液晶介质中光的偏振方向随着液晶分子的扭曲方向的变化而变化，接着光束又经过 LCOS 反射表面的定向反射，然后穿过一个检偏器。

2. LCOS 投影显示器的原理及其优缺点

（1）LCOS 投影显示器的工作原理。LCOS 投影显示的原理与 LCD 投影机一样，只是 LCD 投影机是利用光源穿过 LCD 面板做调变的，而 LCOS 面板以 CMOS 芯片的电路基板及反射层，然后涂布液晶层后，以玻璃平板封装。该制作过程的关键在于如何使得上下两块面板之间保持平坦平行，尤其是对于较大尺寸的 LCOS 面板。

因此，LCOS 投影显示器的工作原理是，单晶硅片下面制造了控制电路，可控制每个液晶像素的工作状态；当穿过液晶像素的光被下层硅片上的反射电极反射回去，再次穿过液晶像素时，利用液晶分子对光源透过率的改变，而形成图像光信号；这种图像光信号，再通过光学系统和投影系统，把图像光信号聚焦、放大而投射到屏幕上，以形成彩色图像。

LCOS 投影显示器有单片 LCOS 投影显示器和三片 LCOS 投影显示器两种。

（2）LCOS 投影显示器的优点。

● 与 LCD 显示器的优点大致相同，图像失真小，属固定分辨率显示器件，全屏清晰度相同，会聚不受地磁场影响；

● 易于实现平板显示，易于实现逐行寻址和高场频显示，可以消除行间闪烁和图像大面积闪烁；

● 三片式 LCOS 投影显示亮度高，开口率（也称为填充因子）可达 90%；

● 分辨率高，有可能实现 HDTV 显示。

（3）LCOS 投影显示器的缺点。

● 成品率低，售价高，但面板制作易于小型化，现有多家厂商投入研发，可形成降低成本的空间；

● 芯片制造困难；

● 投影灯泡寿命短。

目前，LCOS 投影显示技术正朝着扩展可视角、降低惰性、降低价格、提高背光源（灯泡）寿命等方面发展，并已取得了可喜的进展。

3. 硅基液晶技术特色及与其他显示技术的比较

（1）LCOS 技术特色。常用在投影机上的高温多晶硅 LCD，通常用透射式投射的方式，其光利用效率只有 3%左右，分辨率低，并且需要有特殊的工艺制作过程，成本不易降低；LCOS 则属于新型的反射式微显示投影技术，光利用效率可达 40%以上，而且其最大的优势是可利用最便宜的 CMOS 制作工艺，无须额外的投资，并可随半导体制作工艺快速的微细化，其特点是环保、节能、体积小、便宜、分辨率高。因此，硅基液晶投影技术特色是：高分辨率、高亮度、低成本。

（2）LCOS 技术与其他显示技术的比较。LCOS 与 CRT、PDP、OLED、LCD、DLP 在寿命、价格、耗能、分辨率、尺寸、像素点、视角、视频、颜色等方面参数的比较，如表 7-2 所示。

表 7-2　LCOS 与其他显示技术的比较

种类	寿命/h	价格	耗能	分辨率	尺寸	像素点	视角/°	视频	颜色
CRT	15000	低	高	1600×1200	4"～42"	0.21 mm	160	可	16 百万
PDP			高		25"～50"	0.13 mm	360	可	16 百万
OLED	10000	低	低	852×222	4"	0.57 mm			16 百万
LCD	30000	低	低	1024×168	5"～22"	0.21 mm	150	慢	16 百万

续表

种类	寿命/h	价格	耗能	分辨率	尺寸	像素点	视角/°	视频	颜色
DLP	15000	中	低	1280×1024	1.2"	12 μm	160	可	16 百万
LCOS	15000	中	低	1376×1024	0.7"～1.2"	14 μm	160	可	16 百万

7.2.2 使用数字微镜器件的 DLP 投影显示器

数字微镜器件（Digital Micro-mirror Device，DMD）是由美国 TI 的科学家 Larry J.Hom-beck 在 1987 年发明的，它是一种快速响应、反射式的数字光开关器件。目前，其显示分辨率已达 2048×1080 像素。一块 1280×1024 像素的 DMD，它含有 130 万个规则排列相互铰接的微型反射镜，每个反射镜的大小约为 16 μm×16 μm，反射镜之间的间隔约为 1 μm，可以将 DMD 与图像信号、光源和光学投影单元，彼此协调组合成一个图像显示系统。由于其优越的技术性能，DMD 近年在多媒体数字投影仪、高清晰度电视和数字电影院系统中得到了广泛的应用。

1. 数字微镜器件的结构和工作原理

一块 DMD 是由成千上万个微小的、可倾斜的铝合金镜片组成的，这些镜片被固定在隐藏的轭上，扭转铰链结构连接轭和支柱，并允许镜片旋转±10°（最新产品为±12°）。支柱连接下面的偏置/复位总线，使得偏置和复位电压能够提供给每个镜片。镜片、铰链结构及支柱都在互补金属氧化物半导体（CMOS）上地址电路及一对地址电极上形成。在一个地址电极上加上电压，连带着把偏置/复位电压加到镜片结构上，将在镜片与地址电极一侧产生一个静电吸引，镜片倾斜直到与具有同样电压的着陆点电极接触为止。在这点，镜片以机电方式锁定在位置上。在存储单元中存入一个二进制数字 1，使镜片倾斜+10°；同时在存储单元中存入一个二进制数字 0，使镜片倾斜−10°。

图 7-17 是一个 DMD 上单独镜片的结构分解示意图。DMD 上每一个 16 μm×16 μm 的镜片包括这样三个物理层和两个"空气隙"层，"空气隙"层分离三个物理层，并且允许镜片倾斜+10° 或−10°。

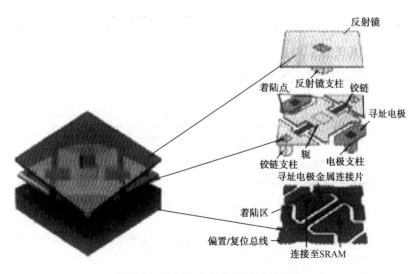

图 7-17 DMD 中单个反射镜的结构

DMD 上的每一微反射镜都能将入射的光线从两个方向反射出去，实际反射方向则由底层存储单元的状态而定。当存储单元处于"ON"状态时，反射镜会旋转至+12°，若存储单元处于"OFF"状态，反射镜会旋转至−12°。只要结合 DMD 以及适当光源和投影光学系统，反射镜就会把入射光反射进入或者离开投影镜头的透光孔，使得"ON"状态的反射镜看起来非常明亮，"OFF"状态的反射镜看起来就很黑暗。利用二位脉冲宽度调变可以得到灰阶效果，如果使用固定式或旋转式彩色滤镜，再搭配一枚或三枚 DMD 芯片，即可得到彩色显示效果。

DMD 的输入是由电流代表的电子字符，输出则是光学字符，这种光调变或开关技术又称为二位脉冲宽度调变，它会把 8 位数字符送至 DMD 的每个数字光开关输入端，产生 28 或 256 级灰阶。最简单的地址序列是将可供使用的字符时间分成 8 个部分，再从最高有效位（MSB）到最低有效位（LSB），依序在每个位时间使用一个地址序列。当整个光开关数组都被最高位寻址后，再将各个像素致能（重设），使它们同时对最高有效位的状态（1 或 0）做出反应。在每个位时间，下个位会被加载内存数组，等到这个位时间结束时，这些像素会被重设，使它们同时对下一个地址位做出反应。此过程会不断重复，直到所有的地址位都加载内存。

入射光进入光开关后，会被光开关切换或调变成为一群光包，然后反射出来，光包时间则由电子字符的个别位所决定。对于观察者来说，由于光包时间远小于眼睛的视觉暂留时间，因此可以看到固定亮度的光线。

2. 使用数字微镜器件的投影系统

DMD 为美国德州仪器公司研发的成像器件，它为数字光学处理器（Digital Light Processor，DLP）的实现提供了技术保障，从而使 DLP 技术开辟了投影机技术发展的数字时代。

DLP 投影成像系统有单片 DMD 式、两片与三片式三种，单片式主要用在便携式投影产品；两片式主要用于大型拼接显示墙；三片式则主要用于屏幕和高亮度应用领域，如数字电影院。DLP 投影机清晰度高，画面均匀，色彩锐利，三片机可达到很高的亮度，且可随意变焦，调整十分方便。

使用 DMD 的投影显示器的基本构架如图 7-18 所示，由图可知，使用 DMD 的投影显示系统主要有下列几个组成部分。

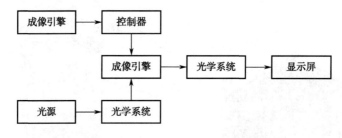

图 7-18　使用 DMD 的投影显示系统框图

（1）光源。采用 Philips 公司首创的超高压（UHP）弧光灯，其功率一般在 100～200 W，寿命一般在 3000～6000 h。

（2）光学系统。采用椭圆形凹面镜，其任务是将光源发出的光汇聚集中到成像引擎中。

成像引擎后的光学系统利用一系列的微透镜，将光源发出的高斯光束整理转变为亮度基本一致的均匀的矩形光。

（3）成像引擎。其作用是把图像信号转变为光学信号，它涵盖了一系列用于生产适于作为计算机显示器的轻量级投影机的技术。DMD 的微反射镜具有每秒切换（开关）1000 次左右的能力，通过控制该点切换次数的快慢可以决定该点所控制图像的灰度等级，也就是说这些镜面每秒切换次数越快，再现的图像层次就越丰富。目前单个镜面可以进行这样的工作大约 1 万亿个时钟周期，也就是大约可以无故障地工作 20 年。这种技术的优势就在于具有极高的反应速度，因为它使用了 DLP 芯片。

（4）显示屏幕及投影方式。显示屏幕实际上已经不是投影机内的部分，但却是完整的投影显示系统必可少的部分。屏幕投影方式分为前投影和背投影两种：大多数投影机都采用前投影方式，这同电影院放映模式一样。由于便携式投影机亮度非常高，可不使用专用屏幕，直接投在白色或浅色墙壁上即可；背投影式的投影机位于半透明的屏幕之后，而观众在屏幕的前方观看。显然，它需要将输出的光线经处理反射到屏幕上，很多大屏幕投影电视就是采用这种显示方法。

3. DLP 与其他常见投影显示技术的比较

随着经济技术的发展，各种投影显示技术也逐步走向成熟。到目前为止，根据成像原理的不同，投影显示大致可分为 CRT 投影、LCD 投影、DLP 投影、LCOS 投影，以及 7.2.3 节要讲的 LV（光阀）投影 5 种技术，现将这几种投影显示技术作一比较，如表 7-3 所示。

表 7-3　DLP 与其他几种投影显示技术的比较

种　类	工　作　原　理	优　点	缺　点
CRT 投影	通过红绿蓝三个阴极射线管的电子束轰击玻壳上涂的荧光物质发光成像，经光学透镜放大后，在投影屏或幕上会聚成一幅彩色图像	图像细腻、色彩还原性好、逼真自然、分辨率调整范围大、几何失真调整功能强	亮度低、亮度均匀性差、体积大、重、调整复杂、长时间显示静止画面会使管子灼伤
LCD 投影	透射式 LCD 投影机将光源发出的光分解成红绿蓝三色后，射到一片液晶板的相应位置或各自对应的三片液晶板上，经信号调制后的透射光合成为彩色光，通过透镜成像并投射到屏幕上	体积小、重量轻、操作简单、成本低	光利用率低、像素感强
DLP 投影	由微镜的转动（±10°）控制调制光的反射方向，即控制该点信号的通断，然后通过透镜成像并投射到屏幕上	光利用率高、色彩丰富、响应速度快、亮度和色均匀性好、体积小、质量轻	
LCOS 投影	将透射式电极转换成反射膜，调制光经液晶反射后，通过透镜投射到屏幕上	控制电路不影响亮度，提高了光的利用率	
光阀（LV）投影	根据寻址技术、光阀及上述两者之间所用的转换介质的不同可以分成许多种类，目前市场上常见的是由 CRT、转换器和液晶光阀组成的大型光阀投影机。它使用高清晰度 CRT 做像源，经转换后通过光阀成像	分辨率高、没有像素结构、亮度高，可用于光线明亮的环境和超大屏幕显示	成本高、体积大、重量大、维护困难

7.2.3　光阀投影显示器

光阀（Light Valve，LV）是一种在光路中起通断光路并对光路强行进行调制和放大的应用光电子器件。在投影显示技术中，光阀相当于一个图像亮度增强器，它利用微弱的图像信号输入改变器件的电光性能（如偏振、折射率等）或几何微结构特性。外部读出光被光阀（反射或透射）作用后，再经投影物镜投影，最后在投影屏幕上得到与微弱输入图像结构相同，但强度和尺寸已得到增强放大的图像。

按照光阀的上述定义，光阀的基本结构由控制界面、变性/变形单元及相应附件组成。

根据变性/变形材料性质，光阀可以分为以下几类。

- 变形介质膜光阀，如油膜光阀、压电陶瓷光阀、热塑光阀、弹性体光阀；
- 电光晶体光阀；
- 铁电陶瓷光阀；
- 液晶光阀；
- 变形金属膜光阀，如 DMD 光阀、镜振光阀、槽缝式光阀、栅状光阀。

目前商业化应用的投影显示光阀主要有数字微镜器件（DMD）光阀、液晶光阀（LCLV）和油膜光阀（OFLV）。DMD 投影显示技术在前面已做了介绍，液晶光阀投影技术是主流技术之一，这里将对其结构、原理、应用及相关技术进行描述。

1. 液晶光阀的结构与工作原理

液晶光阀投影技术是一种比较成熟的光阀投影技术，具有亮度高、色泽好的特点，加之良好的经济性能，使其在民用投影系统中得到了广泛的应用。液晶光阀器件利用液晶的扭曲（或超扭曲）向列效应对入射光（不是信号光）进行调制，实现对信号光的放大，得到高清晰度、大容量的信息输出。

（1）液晶光阀的结构。反射式液晶光阀的基本结构如图 7-19 所示，图中使用高清晰度的 CRT 作为图像信号源（也有使用 LCD 或其他显示器的）。由图 7-19 从右至左的顺序，液晶光阀的构成单元是：

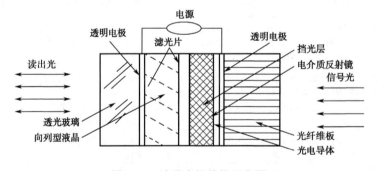

图 7-19　液晶光阀结构示意图

① 光纤导光面板。它由数以亿根像素光纤热压而成，图像可以从一端无失真地传输到另一端，且面板可保证良好的气密性。其主要作用是补偿输入图像的场曲、消除像散，保证图像满足分辨率的要求。

② 透明电极。透明电极是一种 ITO 导电膜，两导电膜间加有一个数伏的直流驱动电压。

③ 光电导体层。光电导体层是由很薄的光电材料（如 CdS）组成的光敏层。当有光照时，

光敏层阻抗迅速下降，成为导体，否则阻抗很高，呈现绝缘体特征。利用该特征，可使上述驱动电压根据光信号变化，实现液晶层的光调制作用。

④ 挡光层和反射膜。挡光层实现信号光和读出光的隔离，以消除相互之间的干扰，而在其前面有反射读出光的介质高反射膜。

⑤ 液晶层。液晶层是一层厚度特别设计的液晶（如 TN 或 STN 液晶），该液晶层基于电光双折射和偏振原理，在驱动电压作用下，液晶分子能作 45°扭曲。液晶层两边分别设有偏振片和检偏振片，读出光强经过时，将随液晶层两端施加电场变化而变化，此即液晶的光调制作用。此外，液晶层两边还设有匹配滤光片，以滤掉非期望波长的光。

由图 9-19 还可知，液晶光阀结构的主要单元实际上由两部分组成，由光导层、光阻层组成的光敏层，以及由透明电极、液晶层、电介质反射镜组成的反射光调制层。

（2）液晶光阀的工作原理。由 7.1.1 节描述可知，对于向列型液晶，其分子排列取向有序，分子长轴近似平行，没有信号光或加在液晶层两边的平均电压值小于其电控双折射效应的阈值时，光导层处于高阻状态，这样液晶仅显示出扭曲效应。此时，入射线偏振光读出光垂直通过液晶，再经过介质反射镜反射出来时，线偏振光经过检偏器（或偏振滤光片）时被阻挡，相应的视场就呈现暗态；而当有信号光作用于光导层时，光导层呈现低阻态，电压经阻光层直接加在液晶单元上，液晶分子排列在垂直于电场方向产生变化。当电压足够大时，出射光相当于入射光的偏振方向附加旋转 90°，相应的视场为亮态；当电压介于开启和关闭之间时，即可实现亮度调制。

根据上述原理，当写入信号光是呈一定亮度分布的图像时，相应的液晶透射率便与图像亮度相对应，当使用强光照射液晶层时，可得到与信号光亮度分布相同但强度已增强的图像，该图像经投影物镜投射在投影屏上，从而实现大屏幕投影。

2. 液晶光阀投影显示系统

液晶光阀投影机是 CRT 投影机与液晶光阀相结合的产物，它采用 CRT 管和液晶光阀作为成像器件，信号光与投影光相分离，只要信号光的图像分辨率足够高，即使亮度不高，也可获得高亮度、高清晰度的投影画面。它很好地解决了传统 CRT 大屏幕投影显示时图像分辨率与亮度间的矛盾。由于投影光源采用外光源，也称为被动式投影方式。

目前，液晶光阀投影和 DMD（也称为 DLP）投影技术都是大屏幕投影显示的主流技术。液晶光阀大屏幕投影系统主要由 3 部分组成：光源（一般使用高亮度的高压氙灯）、液晶光阀与 CRT 组元，以及投影物镜光路系统。

液晶光阀投影系统光路主要由聚光镜、分光板与投影物镜等组成，如图 7-20 所示。

在液晶光阀大屏幕投影系统中，液晶光阀起可控光开关作用。高清晰度 CRT 输出的图像信号，经像素光纤板传至液晶光阀的光敏层上，两透明电极上的直流电压经光敏层后形成与图像信号对应的分布电场，并加在液晶层的两边。使用外光源产生的准直强光束，通过液晶层并由内部的介质镜反射，再次通过液晶层射向投影物镜，投影物镜将其投射在屏幕上，从而获得强度和尺寸得到放大的与信号相似的图像。

液晶光阀还设计有特定的滤光片，以滤去其他方向的光线（或不需要的色光）。

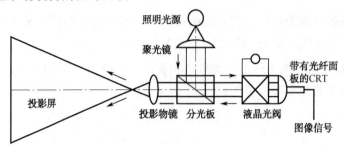

图 7-20　液晶光阀投影系统光路

由于液晶光阀投影是目前亮度、分辨率最高的投影技术之一，因而适用于环境光较强、面积较大的投影显示场合，目前广泛用于控制中心、电教中心、会议演示中心，以及各类民用场所。

3. 液晶光阀投影与其他投影系统比较

液晶光阀投影系统与其他几种投影系统的比较如表 7-4 所示。

表 7-4　LCLV 投影系统同其他投影系统比较

指　标	液晶光阀投影机	CRT 投影机	液晶投影机	DLP 投影机
亮度	最高	高	高	高
视频分辨率	高	高	一般	高
对比度	好	好	一般	好
RGB 频宽	较宽	宽	较宽	宽
色彩	好	较好	好	好
使用维护	较好	好	一般	较好
价格	较高	低	低	高
体积	较大	大	小	较小
适用环境	强光环境，会议中心	固定场所，会议中心	便携，小会议室	便携，小会议室
生产厂商（品牌）	休斯、JVC、Barco、Ampro	ECP、NEC、SONY、Barco	NEC、EPSON、SHARP、HITACHI	ECP、PROXIMA

值得说明的是，目前液晶光阀投影系统的图像写入器件除了 CRT 管外，也可以是液晶板。后者可以实现小型化，使系统结构更加紧凑，但原理上没有本质差别。在图像写入元件前都有一个固态图像光放大器（光阀），图像再经过光学镜头形成超高亮度、超高对比度、超高分辨率的高质量画面。

带有 CRT 管的液晶光阀投影技术，是目前大屏幕投影影像质量最高的一种投影技术，但存在体积较大、价格偏高和结构复杂不易维修的缺点。

7.2.4　激光投影显示器

激光投影显示技术（激光投影电视）即激光无拼接大屏幕显示技术，它充分地利用了激光本身的优点，是新的激光图像再现技术。在光的传播方式上，激光光源与传统的白炽灯、卤化物灯有着本质上的不同。普通白炽灯、卤化物灯的光线向所有方向发射，而激光器将所有的光线都聚集在一个平行的光束中。它比传统投影电视能够表达更大的颜色范围，提供更加清晰的图像。

激光投影电视放映系统的不同之处在于，无论激光以垂直或水平角度照射银幕，效果都是一样的，即没有失真。即使怪异的投影几何结构，比如一个拱形银幕，甚至一个圆形屏幕，激光投影在任何地方都不会产生模糊不清的现象。激光投影电视的这种特性为环形放映开创了一个美好的前景。

与传统投影电视中的卤化物灯相比，激光是一种非常高效的光源。在传统投影电视中，卤化物灯只将光线能量的一小部分（2%～3%）进行转化，其余的都变成热量浪费了。而且卤化物灯价格昂贵，易损耗，亮度衰减迅速，对震动非常敏感。而激光投影电视系统的机械部件很少，激光束可以通过镜面进行偏转，系统稳定性好。

当前，投影式激光显示即微显示投影机，由于采用激光光源，因而激光显示具有色域宽、色纯度高、亮度高、节约资源、节省能源、优化环境、显示画面尺寸灵活可变、无有害电磁射线辐射、能够实现不用眼镜的真三维显示等优点。激光显示技术是新型显示技术，是一种具有前瞻性的显示技术，所以国家将激光显示列入"十二五"规划，特别是国家"十二五"科学技术规划，在新一代信息技术中将激光显示列为新型显示首位加以发展，是非常必要而具有战略意义的。

1. 激光显示系统工作原理

激光显示系统工作原理如图 7-21 所示。

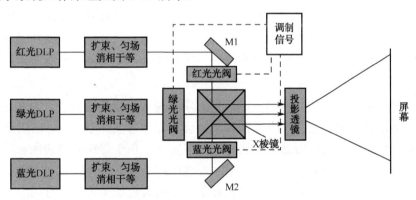

图 7-21　激光显示系统工作原理

由图 7-21 可知，它主要由三基色激光光源、光学引擎和屏幕三部分组成。其中，光学引擎则主要由红绿蓝三色光阀、合束 X 棱镜、投影镜头和驱动光阀组成。红、绿、蓝三色激光分别经过扩束、匀场、消相干后入射到相对应的光阀上，光阀上加有图像调制信号，经调制后的三色激光由 X 棱镜合色后入射到投影物镜，最后经投影物镜投射到屏幕，就可得到激光全色显示图像。

由于激光显示技术是以高饱和度的红、绿、蓝（RGB）三基色激光为光源的显示技术，它充分利用激光波长可选择性和高光谱亮度的特点，使显示图像具有更大的色域表现空间，色域覆盖率可达 90%（人眼所能看到的色域中，液晶只能再现 27%，等离子为 32%，而激光的理论值超过 90%），可实现 2 倍于传统光源的色彩再现能力，色彩饱和度为传统显示的 100 倍以上。因此，它最大程度地能展现人眼可以识别的色彩，真实地再现客观世界丰富、艳丽的色彩，提供更具震撼的表现力。同时，它完全继承数字时代的高分辨率、数字信号等特征，实现人类有史以来最完美的色彩还原。所以，激光显示将成为下一代显示即大色域全色显示时代的主流技术。

在应用层面，激光显示技术将成为未来高端显示的主流，在公共信息大屏幕、激光电视、数码影院、手机投影显示、便携式投影显示、大屏幕指挥及个性化头盔显示系统等领域具有很大的发展空间和广阔的市场应用前景。可在超大屏幕展现更逼真、更绚丽的动态图像，实现其他显示技术所不能达到的视觉震撼效果。

2. 激光显示技术的特点

由于激光显示技术利用半导体泵浦固态激光工作物质，产生红、绿、蓝三种波长的连续激光作为彩色激光显示的光源，通过控制三基色激光光源在 DMD 芯片上反射成像。因而激光光源显示技术与传统光源显示技术相比，具有如下优势与特点。

（1）激光显示技术节能减排绿色环保。今天，显示技术正进行着一场新的革命，环保节能已经成为了全球各国政府共同的使命，同时环保节能理念日益成为国家与国家、企业与企业生产制造能力竞争的重要手段之一。激光显示作为新一代的节能显示技术具有卓越的低能耗特点。以 1000 万台 LED 电视每天工作 4 小时计算，年耗电共计 29 亿度，如果这些家庭采用更节能的激光电视每年将节电 20 亿度，约为几个大型火力发电厂年发电量的总和，相当于每年减少 173 万吨二氧化碳的排放。同时，激光显示无有害电磁射线辐射，其核心部件在生产过程中不使用任何重金属，没有废水、废气、废物排放，是名副其实的环境友好型绿色环保光源。激光显示技术能节约资源、节省能源、优化环境，非常具有发展前景，是投影显示技术的发展方向。

（2）激光显示具有色域宽、色纯度高，能真实再现客观世界的色彩。激光是 100%单色光，激光投影显示红、绿、蓝三色光分别调制，屏幕显示彩色鲜艳纯正。它所显示的图像具有更大的色域表现空间，色域覆盖率可达 90%，能实现 2 倍于传统光源的色彩再现能力，其色彩饱和度为传统显示的 100 倍以上，可最大程度地能展现人眼可以识别的色彩，真实地再现客观世界丰富、艳丽的色彩。因此，激光显示将成为大色域全色显示时代的主流技术。

（3）激光显示亮度高，稳定可靠，不受视角的方向性影响。由于激光本身的特点，能增加显示亮度，并大幅提高画面色彩和亮度的均匀性、一致性，又能增强图像的层次感。激光显示大屏幕的亮度比 LED 拼接大屏幕还亮，且稳定可靠，不受视角的方向性影响。它所显示的鲜艳靓丽的画面，能带给人们不同凡响的视觉冲击。

（4）激光显示画面尺寸灵活可变，并可投射到各种材料表面，甚至弯曲表面。激光显示画面尺寸灵活可变，并可投射到各种材料表面，甚至弯曲表面，能实现图像的完整，无失真。如投射在玻璃上，所显示的图像也具有高对比度，且不受外部光线影响，白天夜间与任意角度均可见。我国苏州巨像就开发了这种激光投影仪，安装位置灵活，不仅适用于超市、商店玻璃橱窗、餐饮娱乐场所的玻璃墙面及玻璃屏风，而且适合在任何亮点环境下使用，可以有效地应用于专卖店橱窗、酒吧、咖啡厅、汽车 4S 店、展会展厅等地点的广告展示和品牌宣传。

（5）激光大屏幕实现真无缝，可适应所有大屏幕标准，且投影距离短，使用寿命超长。

激光显示大屏幕实现真无缝，彻底消除图像边缘的物理拼缝，实现图像的完整一体化、无失真、多通道无缝拼接。激光无拼接大屏幕显示系统能为我们呈现出没有任何割裂感觉的整幅画面，能给人们完美的视觉享受。在提高清晰度的同时，高的分辨率使人们感受到细微显示的魅力。这种系统还可适应目前使用的所有大屏幕标准，如 PAL 制、NTSC 制、SECAM 制 VGA 或高清晰度大屏幕。

激光显示大屏幕投影距离短，它可以在不足 1 m 的距离内投射出上百英寸的画面，从而大大提高空间利用率，减少使用成本。并且，它的使用寿命超长，其室温寿命一般可达 10 万小时，经高温老化试验推算出的室温寿命可达百万小时，可连续长时间不间断开机，可做到八年无须更换光源。

（6）激光显示可多用户同时与机器交互，能实现不用眼镜的真三维显示。激光投影显示技术可做到多个用户同时与机器交互，每个用户可以用多个手指操作屏幕。例如，神州服联技术服务（北京）有限公司的激光投影显示系统，可允许用户在屏幕的多个位置同时输入，代替了鼠标的功能。更重要的是，该系统还可以识别手指的姿态，如可以用两个手指缩放一幅图像，用一根手指移动物体，还可以产生"捏"的效果等。显然，利用激光光源的投影显示技术，能实现不用眼镜的真三维显示，是图像显示技术的发展方向。

3. 激光大屏幕显示技术的应用

由于激光投影显示技术具有的独特优势，因而它在公共信息大屏幕、激光电视、数码影院、手机投影显示、便携式投影显示、大屏幕指挥及个性化头盔显示系统等领域具有很大的发展空间和广阔的市场应用前景。它可在超大屏幕展现更逼真、更绚丽的动态图像，实现其他显示技术所不能达到的视觉震撼效果。

一般，追求亮丽的超大画面、纯真的色彩、高分辨率的显示效果，历来是人们对视觉感受的一种潜在要求。大到指挥监控中心、网管中心的建立，小到视频会议、学术报告、技术讲座和多功能会议的进行，都是对大画面、多色彩、高亮度、高分辨率显示效果的渴望越来越强烈，而传统的监控电视墙、投影硬拼接屏和箱体拼接墙等，都很难满足人们在这方面的要求。目前，激光无拼接大屏幕投影显示技术，正在逐步成为适应这一需求的有效途径。这种激光无拼接大屏幕投影显示技术一般用于虚拟仿真、系统控制和科学研究，近来开始向展览展示、工业设计、教育培训、会议中心、指挥监控、会议调度、展览宣传、立体动感影院、环幕电影、球幕展示、虚拟仿真、大视野大视角合成军事演练等专业领域发展。显然，激光无拼接大屏幕投影显示技术将成为未来高端显示的主流。

由于激光显示技术是新型显示技术，是一种具有前瞻性的显示技术，我国将激光显示技术早已列入"十二五"规划，特别是国家"十二五"科学技术规划，并在新一代信息技术中将激光显示列为新型显示首位加以发展，因而现在我国激光显示技术总体水平已与国际同步，激光显示大屏产品也已投放市场。2002 年 9 月，在国内首次实现全固态激光全色显示，目前已研制出 60 英寸激光家庭影院、84 英寸及 140 英寸大屏幕激光显示样机。2006 年 5 月研制成功 200 英寸大屏幕激光显示工程样机，形成的色域国际最大，可显示世界上最丰富的色彩，具有自主知识产权。我国激光显示技术多项成果达到国际领先、先进水平，在晶体材料、全固态三基色激光、激光显示等关键器件和技术方面均有自己的专利保护。

中国激光显示产品与国际产品的参数比较如表 7-5 所示。

表 7-5 中国激光显示产品与国际产品的参数比较

	红光/nm	绿光/nm	蓝光/nm	色域（%NTSC）	覆盖率/%
中国	669	515	440	253.4	79.2
日本 SONY	642	532	457	214.4	67.0
德国 LDT	628	532	446	209.4	65.4
美国 LPC	656	532	457	221.7	69.3
美国 Q-peak	628	524	449	215.5	67.3
瑞士 ETH	603	515	450	169.0	54.8

7.2.5 大屏与投影显示技术的发展趋势

1. 投影显示技术的发展趋势

在前面介绍的 4 种投影显示技术中，显然以用 DMD 芯片的 DLP 投影显示与激光投影显示技术为最好，因为 DLP 有数字光学处理，而激光投影显示技术则融合了光阀与 DLP，可最大程度地展现人眼可以识别的色彩，真实地再现客观世界丰富、艳丽的色彩，可多用户同时与机器交互，能实现不用眼镜的真三维显示。显然，投影显示技术的发展趋势是向激光投影显示技术的方向发展。

2. 大屏幕拼接系统的发展趋势

随着信息化技术的提高，人们对于视觉欣赏的要求越来越高。视觉冲击力成为人们评判显示性能的一个标准，视觉冲击力不仅来自于清晰的画面，还来自于超大尺寸的画面。为了满足这种需求，大屏拼接应运而生。此外，能实现超大画面的还有基于投影技术的边缘融合技术。

目前，比较常见的大屏幕拼接系统，通常根据显示单元的工作方式分为两个主要类型：一是 PDP、LED、LCD 平板显示单元拼接系统，其缺点是有拼接缝隙；二是 DLP 投影单元拼接系统，其优点是无拼接缝隙。而边缘融合拼接系统也是无缝拼接。显然，大屏幕拼接系统，必须向无拼接缝隙的系统，如 DLP 与边缘融合技术的方向发展。

3. 边缘融合技术及其优势

所谓的边缘融合技术，就是将一组投影机投射出的画面进行边缘重叠，并通过融合技术显示出一个没有缝隙、更加明亮、超大、高分辨率的整幅画面，画面的效果就好像是一台投影机投射的画质。当两台或多台投影机组合投射一幅两面时，会有一部分影像灯光重叠，边缘融合的最主要功能就是把两台投影机重叠部分的灯光亮度逐渐调低，使整幅画面的亮度一致。这种边缘融合的技术优势如下。

（1）增加了图像尺寸与画面的完整性。多台投影机拼接投射出来的画面一定比单台投影机投射出来的画面尺寸更大，鲜艳靓丽的画面，能带给人们不同凡响的视觉冲击。另外，采用无缝边缘融合技术拼接而成的画面，在很大程度上保证了画面的完美性和色彩的一致性。

（2）增加了分辨率与可达超高分辨率。每台投影机投射整幅图像的一部分，这样展现出的图像分辨率被提高了。例如，一台投影机的物理分辨率是 800×600，三台投影机融合 25% 后，图像的分辨率就变成了 2000×600。

利用带有多通道高分辨率输出的图像处理器和计算机，可以产生每通道为 1600×1200 像素的三个或更多通道的合成图像。如果融合 25%的像素，可以通过减去多余的交叠像素产生的 4000×1200 分辨率图像。目前市场上还没有可在如此高的分辨率下操作的独立显示器，其解决办法为使用投影机矩阵，每个投影机都以其最大分辨率运行，合成后的分辨率是减去交叠区域像素后的总和。

（3）缩短了投影距离，提高了空间利用率。随着无缝拼接的出现，投影距离的缩短变成必然。例如，原来 200 英寸（4000 mm×3000 mm）的屏幕，如果要求没有物理和光学拼缝，将只能采用一台投影机，投影距离=镜头焦距×屏幕宽度，采用光角镜头 1.2∶1，投影距离也要 4.8 m，现在采用融边技术，同样画面没有各种缝痕，距离就只需要 2.4 m，从而提高空间利用率。

（4）能在特殊形状的屏幕上投射成像。例如，在圆柱或球形的屏幕上投射画面，单台投影机就需要较远投影距离才可以覆盖整个屏幕，而多台投影机的组合不仅可以使投射画面变大投影距离缩短，而且可使弧弦距缩短到尽量小，对图像分辨率、明亮度和聚集效果来说是一个更好的选择。

（5）增加了画面层次感与亮度。由于采用了边缘融合技术，画面的分辨率、亮度得到增强，同时配合高质量的投影屏幕，就可明显增强整个显示系统的画面层次感和表现力。

总之，边缘融合是一组投影机投射出的画面进行边缘重叠，从理论上来讲，利用边缘融合技术显示的画面可以是无限大的而且是清晰的。而大屏拼接则会随着显示画面的扩大，无论是从技术上还是空间布局上都会更加困难。因此，具体来讲，边缘融合技术更加适用于空间较大的场所，即所谓超大的空间清晰应用。

显然，在投影显示与大屏显示技术中，其发展趋势是向激光投影显示与边缘融合技术的方向发展。

7.3　3D 立体显示技术

我们生活在三维的立体世界中，然而呈现在人眼（单个的左眼或右眼）视网膜上的图像却是二维图像，这些二维图像在经过人脑复杂的融合反应后，最终可呈现出三维图像。

三维立体显示作为当今世界各国大力发展的下一代新型显示技术，正逐渐成为一个引人注目的前沿科技领域。近年来，立体显示技术在电视广播、视频游戏、医疗、教育等领域的应用越来越多，三维显示已从电影银幕向电视终端、计算机终端、智能手机终端、平板电脑终端等发展。

目前，主流的三维显示已经占据了大半壁江山，已知的三维显示设备包括有立体视觉、头盔式显示器、CAVE、裸眼立体显示器和真三维显示等。

本节主要介绍眼镜 3D 立体显示技术、裸眼 3D 立体显示技术与真 3D 立体显示技术。

7.3.1　眼镜 3D 立体显示技术

眼镜式 3D 技术又可以细分为三种主要的类型：色差式、偏光式和主动快门式，也就是平常所说的色分法、光分法和时分法。

1．色差式 3D 技术（Anaglyphic 3D）

色差式眼镜 3D 立体显示技术的原理如图 7-22 所示，主要配合使用的是被动式红-蓝（或者红-绿、红-青）滤色 3D 眼镜。色差式 3D 先由旋转的滤光轮分出光谱信息，使用不同颜色的滤光片进行画面滤光，使得一个图片能产生出两幅图像，人的每只眼睛都看见不同的图像，再经过大脑合成为立体影像。

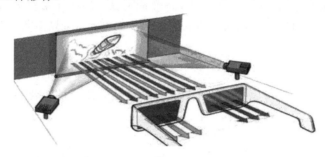

图 7-22　色差式眼镜 3D 立体显示技术的原理

这种技术历史最为悠久，成像原理简单，实现成本相当低廉，眼镜成本仅为几块钱，但这种方法容易使画面边缘产生偏色，3D 画面效果也是最差的。

2．偏光式 3D 技术（Polarization 3D）

偏光式眼镜 3D 立体显示技术称为偏振式 3D 技术，配合使用的是被动式偏光眼镜，又称为被动式 3D 眼镜（Passsive 3D Glasses）技术。偏光式 3D 是利用光线有"振动方向"的原理来分解原始图像的，先通过把图像分为垂直向偏振光和水平向偏振光两组画面，然后 3D 眼镜左右分别采用不同偏振方向的偏光镜片，这样人的左右眼就能接收两组画面，再经过大脑合成立体影像。具体地说，它是在 TV/Monitor 前面贴上一层微偏光膜（Micro-retarder），利用光的偏振方向将左眼与右眼的影像分离，当观赏者戴上偏光眼镜时，即可正确地分别看到左、右眼画面而产生 3D 效果。偏光式眼镜 3D 立体显示技术应用示例如图 7-23 所示。

偏光式 3D 技术的优点是图像效果比色差式好，而且眼镜成本也不高，大多数电影院采用的也是该类技术。但是，由于偏光 3D 技术采用的是分光法成像原理，会使画面分辨率减半，从而难以实现真正的全高清 3D 影像，并且还降低了画面的亮度。因此，偏光式 3D 技术对显示器的亮度要求较高，且需达到 240 Hz 的刷新频率。目前，应用较多的没有闪烁的所谓不闪式就是偏光式的一种。市场上以乐金（LG）3D 电视，宏碁（Acer）、联想（Lenovo）笔记本电脑采用了这种偏光式眼镜 3D 立体显示技术。

3．快门式 3D 技术（ActiveShutter 3D）

快门式眼镜 3D 立体显示技术如图 7-24 所示，又称为主动式 3D 眼镜技术（Active 3D

Glasses），主要配合主动式快门 3D 眼镜使用。这种 3D 显示器以高达 120～240 Hz 的萤幕刷新频率，连续性的交叉显示左、右眼的画面；由快门眼镜快速切换、遮蔽左右眼，使左右眼各自看到正确的左右眼画面，在大脑内呈现出具有深度感的立体影像。

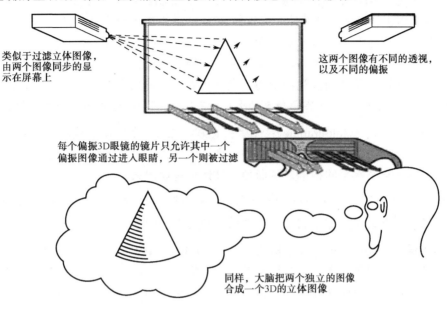

图 7-23　偏光式眼镜 3D 立体显示技术应用示例

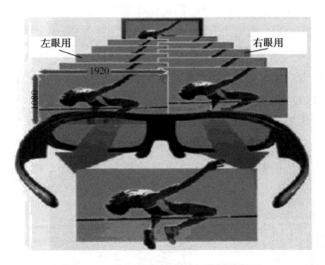

图 7-24　快门式眼镜 3D 立体显示技术

快门式眼镜 3D 立体显示技术的优点是不会牺牲 3D 画面解析度且立体效果良好，在电视和投影机上面应用得最为广泛，资源相对较多，而且图像效果出色，受到很多厂商推崇和采用。但是，少数人观看主动式 3D 眼镜的显示会有头晕不舒服的情况，且其匹配的 3D 眼镜价格较高。

目前，三星（Samsung）、Panasonic、Sony Bravia 等 3D 电视、NVIDIA 3D Vision 及 3D Vision2 等产品均是使用这种主动快门式眼镜 3D 立体显示技术。

7.3.2 裸眼 3D 立体显示技术

裸眼 3D 显示器由 3D 立体现实终端、播放软件、制作软件、应用技术四部分组成，是集光学、摄影、电子计算机，自动控制、软件、3D 动画制作等现代高科技技术于一体的交差立体现实系统。裸眼 3D 显示技术是影像行业最新、前沿的高新技术，它的出现改变了传统平面图像给人们带来的视觉疲惫，也是图像制作领域的一场技术革命，是一次质的变化，它以新特奇的表现手法，强烈的视觉冲击力，良好优美的环境感染力，吸引着人们的目光。裸眼 3D 技术目前提出不少，本小节简介 5 种形式，7.3.2 节真 3D 技术再较详细地解读一下。

（1）全像投影式（Holographic）：全像投影式裸眼 3D 立体显示技术，是利用红、绿、蓝 3 色激光光源各自经过调变器产生相位型光栅，激光在经过全像片合并之后，以垂直扫描镜及多面镜进行垂直及水平的扫描，从而使立体影像呈现出来。

例如，2014 年 5 月 Billboard 音乐颁奖现场，就是利用这种全像投影技术，让已逝的摇滚巨星麦克·杰克逊，活生生的重现于现场观众与世人面前。

（2）体积式（Volumetric）：体积式裸眼 3D 立体显示技术，是由 TI 开发的激光 3D 投影技术。它以激光光源照射在一个高速旋转盘上的散射现象，于一个玻璃密闭空间内显示立体物件的每一个点，并组成立体影像。但其缺点在于投影物件体积受到限制，且越靠近中央转轴解析度越低。

（3）视差光栅式（Parallax Barrier）：视差光栅裸眼 3D 立体显示技术是利用透光栅栏來控制左右眼画面的光线前进、折射方向，从而呈现出立体影像的，其优点是成本较低，但有亮度与可观视角/点数限制，且显示 2D 文字时较不清晰。

2013 年，分别有飞利浦、友达、东芝、京东方等开发出具备 9 个视点 55 寸显示电视/面板。目前，它已为 LG Optimus 3D、HTC Evo 3D 等智慧手机，任天堂 3DS 游戏器与佳的美（Gadmei）裸眼 3D 平板所采用。

（4）柱状透镜式（Lenticular）：柱状透镜技术也称为微柱透镜 3D 技术，它利用液晶分子因通电的扭转使光线通过时造成折射现象，以形成垂直柱状透镜的聚焦效果，其原理如图 7-25 所示。

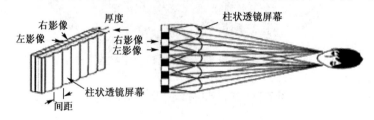

图 7-25　柱状透镜技术原理示意图

由图 7-25 可知，它在液晶显示屏的前面加上一层柱状透镜，使液晶屏的像平面位于透镜的焦平面上，从而使每个柱透镜下面的图像的像素被分成几个子像素，这样，透镜就能以不同的方向投影每个子像素，双眼从不同的角度观看显示屏就能看到不同的子像素。柱透镜与像素列不是平行的，而是成一定的角度，这样就可以使每一组子像素重复投射视区，而不是只投射一组视差图像，从而呈现出立体影像。

柱状透镜裸眼 3D 立体显示技术最大的优势是其亮度不会受到影响，即亮度高。若搭配摄影镜头追踪观赏者还可以做到全视角，但相对成本偏高。

采用该技术的代表厂商有欧洲的飞利浦、中国重庆的卓美华视等。友达于 2011～2012 年也展示过柱状透镜技术搭配摄影机的全视角裸眼 3D 显示面板。而东芝（Toshiba）的 Qosmio F750、F855，华硕（ASUS） ROG G53SX 等笔记本电脑也使用柱状透镜的裸眼 3D 面板技术。

（5）分时多工式（Time-multiplexed）：分时多工裸眼 3D 立体显示技术称为指向背光板（Directional Backlight）技术，它以一组指向性背光板搭配快速反应面板，来快速切换显示左、右眼影像，从而让使用者观看以形成 3D 影像。

目前，3M 掌握该技术的相关专利，并曾开发出 10 英寸中小尺寸显示面板，它能够在不减低光源、色泽与亮度的情况下，达到某个范围视角内裸眼 3D 的立体显示效果。

7.3.3　真 3D 立体显示技术

值得指出的是，在裸眼 3D 显示技术基础上，现又提出一种真 3D 立体显示技术，因为人类发展显示技术追求的终极目标是在观察三维影像时，犹如在观察一个真实存在的物体，完全满足人类对真实场景的三维视觉体验，即真 3D 立体显示技术。相对于当下主流的基于双目视差深度暗示的三维显示技术，真三维显示技术不会造成观看者的视觉疲劳，其显示的图像更加真实，更符合人们的视觉习惯。

目前，被列为真三维立体显示技术的有体三维显示技术、光场三维显示技术、全息三维显示技术、光栅三维显示技术与集成成像三维显示技术 5 种。

1. 体三维显示技术

体三维显示技术是一种基于多种深度暗示的真三维显示技术，它通过特殊方式来激励位于透明显示空间内的物质，利用光的产生、吸收或散射形成体素，并由许多分散体素构成三维图像，或采用二维显示屏旋转或层叠而形成三维图像。由此形成的三维图像如同真实的物体，能满足人的几乎所有生理和心理的深度暗示，可供多人多角度裸视观看，符合人们在视觉观看及深度感知方面的习惯，所以是一种真三维显示技术。

具体地说，体三维显示通过二维图像在空间不同位置的叠加，产生三维空间发光点的分布，从而实现三维显示。该方法可以通过二维平面图像的空间扫描或通过静态的多层平面显示器（如液晶显示面板）的叠合产生体像素分布，由此，体三维显示主要有三种实现方式：动态屏、上转换发光和层屏显示技术，现分述如下。

（1）基于动态屏的体三维显示：基于动态屏的体三维显示，依靠机械装置旋转或移动平面显示屏，利用人眼的视觉暂留效应实现空间立体显示效果。

（2）基于上转换发光的体三维显示：基于上转换发光的体三维显示，使用两束不同波长的不可见光束来扫描和激励位于透明体积内的光学活性介质，在光束的交汇处取得双频两步上转换效应而产生可见光荧光，从而实现空间三维图像的显示。

（3）基于层屏的体三维显示：基于层屏的体三维显示，使用高速投影机将待显示物体的深度截面，连续投射到与显示体相对应的深度位置上，且保证在较短时间（如 1/24 s）内完成在显示体上的投影成像，其中显示体是由距离观看者远近不同的层屏组成的。利用人眼的视觉暂留效应，观看者可在显示体前方任意位置观看到三维图像。

扫描型体三维显示技术如图 7-26 所示，扫描型体三维显示技术的原理是通过平面屏幕绕中心旋转，构建出一个圆柱形空间三维显示的。

静态体的三维显示技术如图 7-27 所示，其原理是通过高速投影机把图像投射在层状分布的投影屏幕上，从而形成空间发光点分布的。

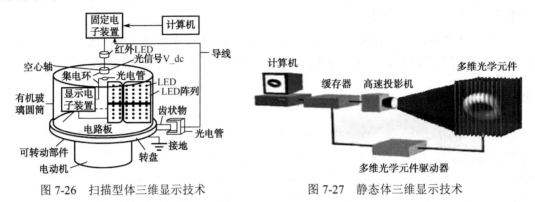

图 7-26　扫描型体三维显示技术　　　　图 7-27　静态体三维显示技术

由上可见，体三维显示采用基于重构物体原光点方式，得到的图像是在相应位置真实存在的图像。当人的眼睛聚焦到图像上时，不会产生辐辏-聚焦调节的冲突。图像具备运动视差的特性，适于全视场观看，观察者数量也不受限制。因此，这种方式的三维显示效果较好，其缺点是所有的显示点都能被看到，不具备空间遮挡关系，无法显示物体的表面纹理。

2. 光场三维显示技术

（1）光场三维显示技术的基本原理。任何物体，不论是自行发光，还是漫射/反射周边其他光源的光，都会在该物体的周围形成自己独特的光场分布，如图 7-28 所示。

如果能够构建这样一个可进行三维显示的屏幕，它可以重建物体发出的光场（它的出射光线分布与之前的物体是相同的），而人眼会自发地逆向追踪光线，使得观察者依然可以感受到这个三维物体的存在。这就是空间光场三维显示技术的基本原理，如图 7-29 所示。

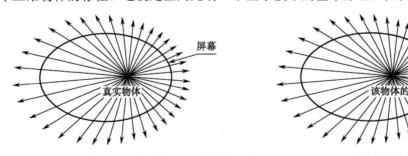

图 7-28　物体发光的光场　　　　图 7-29　由可三维显示的屏幕所构建的光场

综上，光场三维显示就是在空中再现三维物体的发光光场分布，从而再现出三维景象的。

由于光场包含了物体发光的光线方向，因此具有空间遮挡效应，可以很好地克服体传统三维显示的缺点。

（2）光场三维显示的技术实现。光场三维显示既可以通过高速投影机及屏幕的 360°扫描实现，也可以利用投影阵列通过三维光场的空间拼接实现。

通过高速投影机及屏幕的 360°扫描实现光场三维显示的原理如图 7-30 所示，图中高速投影机投影出不同方向的光线，通过屏幕的旋转，构造出任意方向的光线分布。

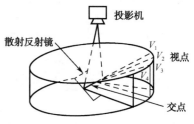

图 7-30　通过高速投影机以及屏幕的
360°扫描实现光场三维显示的原理

利用投影阵列通过三维光场的空间拼接实现光场三维显示的原理如图 7-31 所示，图中投影机投射不同方向的光线，发光点 A 或 B 的光线由不同投影机提供，当投影机足够密时，就可以构造出空间的三维图像。

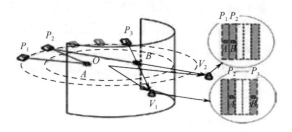

图 7-31　利用投影阵列通过三维光场的空间拼接实现光场三维显示的原理

在光场三维显示中，由于显示的图像和显示的硬件重叠在一起，所以无法实现三维显示场景的悬浮和可探入性。但是，在三维显示的应用中，下面要介绍的基于光场扫描的 360°可探入悬浮三维显示系统，就可以增强显示的交互性，从而扩大应用的范围。

（3）基于光场扫描的 360°可探入悬浮三维显示系统。基于光场扫描的 360°可探入悬浮三维显示系统，是一种典型的光场三维显示技术，它可以增强显示的交互性，扩大应用的范围。基于光场扫描的 360°可探入悬浮三维显示系统的结构如图 7-32 所示，它可通过特殊的反射屏幕，把光场反射到屏幕的上方，通过高帧频投影机和屏幕的扫描构建出悬浮于屏幕上方的三维显示，图中高速投影机置于系统上方。

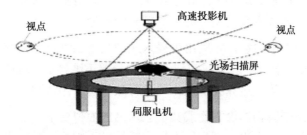

图 7-32　基于光场扫描的 360°可探入悬浮三维显示系统的结构

基于光场扫描的 360°可探入悬浮三维显示系统中光场扫描屏的结构如图 7-33 所示，由图可见，扫描屏是一个圆形的反射式定向散射屏，散射屏上的微结构可以使入射光向观察者所在区域偏折，并且在竖直方向上以较大的角度散射，而在水平方向上保持光线方向不变。

高速投影机将事先处理过的光场图像同步地投射到高速旋转的光场扫描屏上，经过屏幕转折和散射，重建出360°可视的三维光场，并在屏幕上方呈现出360°可视的悬浮三维物体。

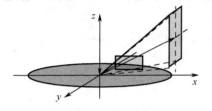

图7-33　基于光场扫描的360°可探入悬浮
三维显示系统中光场扫描屏的结构

光场绘制技术在计算机图形学领域是一种基于图像的绘制方法，它通过对预采集的场景图像进行组合采集，得到新的任意视点位置的图像。预采集的图像可以是绘制的，也可以是实拍的大量图像，设计者通过这些图像重建光场。光场建立后，可以通过查找、插值和组合等方式提取出正确的光场切片，并实时重建出新的不同位置的视角图像，然后通过再现采样的三维光场，使观察者自然地获取正确的360°视角的图像。

其具体方法是：通过绘制或者实拍的一系列图像来得到多组照片序列（这些拍摄所得的照片即场景光场的切片），然后对三维光场进行预处理，得到适合投影的图像。在确定了视点位置后，从三维光场中查找到该点的辐射度，即从已经获取的该视点位置所拍摄的图像上查找对应的像素值，当预先获取的光场切片数量足够多时，可以从已获取的切片内精确得到或通过相邻视点的视图近似得到各视点视图。像素级别的映射可以确保重构的光场点云足够密集，只不过数据量会十分庞大。

此外，可探入性是基于光场重建的360°可探入悬浮三维显示系统的亮点。利用此特性，人们就可以通过一系列的手势或动作，实现更加直观、犹如身临其境般的人机交互应用。这种效果一般是通过摄像头或体感交互器件（如微软公司的Kinect等）抓取并分析人的手势动作的，主机再根据动作的含义来改变投影机输出的图像实现的。

为了确保输出的三维影像可以流畅地变化，需要投影机能够快速地更换图像，即要求计算机快速地绘制图像。这里依然会采用图形处理器进行并行运算来提高速度。在对速度要求更高的场合，可以事先将处理好的图像存于计算机硬盘里，再利用查表的方式进行实时调用传输即可。

（4）光场三维显示技术的应用前景。基于光场重建的360°可探入悬浮三维显示有着广阔的应用前景。光场三维显示的悬浮性、可探入性加上丰富的人机交互手势，将使得光场三维显示拥有更广阔的发展前景。这种三维显示技术会与个人电脑、智能手机一样，不仅仅是一种新技术，还会带来一场改变我们现有的生活模式的革命。

例如，可建造电子军事沙盘，它利用可探入式的光场三维显示系统，通过计算机迅速地构造模型，然后由输出设备进行投影，实现360°的悬浮三维显示。这种沙盘制作快捷而且便于运输，甚至可以依靠计算机运算分析能力，进行敌我态势预估和虚拟对抗。

又如，可将其应用于博物馆内文物或其他艺术品的虚拟展示。这种展示不受时间、地点和空间的限制，若在此基础上进一步应用人机交互技术，则参观会变得更加直观。如人们可以翻转瓷器来观看它的底部特征，对某些质量巨大的艺术品，也可以随人的手势任意翻转。

再如，还可将其应用于一些机械结构的加工。在可探入式的三维显示系统中，无须在计算机上频繁地输入坐标，以及各种零部件的命令，只需利用人机交互直接进行操作，设计过程就像组装虚拟的积木一样，更加直观和快捷。

3. 全息三维显示技术

（1）全息三维显示技术的基本原理。人是通过接收自然界反射/辐射的光波来对物体进行观察的，这些光波携带的信息包括振幅、相位。其中，振幅信息反映了物体的表面特性（比如颜色、材质和光照效果等），而相位信息则反映物体的空间位置特性。目前，市场上的图像记录和显示设备只能记录和显示物体的振幅信息，没有保存表示物体立体结构特征的相位信息。

而全息技术利用干涉原理，能将光波的振幅和相位信息记录下来，使物光波的全部信息都存储在记录介质中。当用光波照射记录介质时，根据衍射原理，就能重现出原始物光波，从而实现十分逼真的三维图像。因此，基于全息技术的三维显示技术，被认为目前最理想的三维显示方式。

（2）全息三维显示技术的发展现状。20 世纪发明的全息术是一种基于物理光学原理，以完整记录和重建三维物体光波为基础的三维显示技术。由于全息的再现光波保留了原有物体光波的全部信息（振幅信息和相位信息），故全息再现影像与原始物体有着完全相同的三维特性，能够提供人眼视觉系统所需的全部深度感知信息。人们在观看全息再现影像时，会得到与观看原物时完全相同的视觉效果。因此，全息技术被国际上广泛认为最有发展前景的真三维显示技术。

传统的全息技术基于光学记录材料，主要用来显示静态图像和具有简单动作的动态图像。但由于三维显示的媒介是一张张的全息图，且其制作受到光学记录材料、制造工艺、成本、实验环境要求等方面的限制，因此这种技术并不适于视觉信息的传输和共享。目前，传统的全息图主要用于艺术创作、室内装饰、博物馆展示、信用卡、票据和商品防伪等。

计算全息三维显示技术，是近年来全息术与光电信息技术及计算机高速计算技术相结合发展起来的一种最具潜力的真三维显示技术。最早成功实现计算全息三维图像视频显示的是美国麻省理工学院媒体实验室 Benton 领导的空间光学成像试验小组。他们自 1989 年以来先后开发了以扫描声光调制器为核心的三代全息投影显示系统，其中第二代系统可以显示成像空间为 150 mm×75 mm×150 mm 和视场角为 30°的三维图像。但是由于声光调制器是一个一维装置，必须通过扫描镜来获取水平和垂直的图像，因此该系统在使用时受到了限制。

英国 QinetiQ 公司和剑桥大学高级光子和电子技术中心，于 2004 年利用电寻址的液晶空间光调制器和光寻址的双稳态液晶空间光调制器，研制了一套视频显示的计算全息三维投影显示系统，其像素数超过 100M，且帧速刷新频率为 30 Hz，通过视频方式可显示宽度大于 300 mm 的全视差三维彩色图像。该系统采用了 4×4 的光寻址液晶空间光调制器拼接和 400 个 CPU 并行运算，系统复杂且造价昂贵。

2010 年，美国亚利桑那大学光学科学学院的 Nasser Peyghambarian 博士领导的小组研制了一种基于新型全息记录材料的全息显示技术，可以以 2 秒每帧的刷新率显示窗口大小为 250 mm×250 mm 的三维图像。该技术一经发表，就引起了轰动。媒体认为其有望让电影"星球大战"中的场景出现在真实现实生活中。这项技术的进展，使得我们离制造出远程、具有临场感的全息三维显示装置这一终极目标又近了一步。该装置最终能够将高分辨率、全彩色、图像尺寸与人类大小相仿的三维影像，以视频形式从世界的某个地方传送到另一个地方。

综上所述，传统全息技术是利用空间物理光学进行再现图像的，它使用银盐、明胶等化学介质和感光材料来记录全息图。随着计算机技术和数字传感技术的发展，图像分辨率逐步提高，特别是 CCD 与 CMOS 等数字成像元件的出现，全息技术从需要化学介质感光材料记录及化学处理发展到数字记录及数字再现，从而形成了一门全新的数字全息技术。

采用数字全息可实现动态三维显示，但目前尚不能得到高分辨率的空间光调制器。为此，一种基于可擦写材料的全息三维显示技术应运而生。该技术的关键是采用了基于光生电荷运动和诱捕的光致折变聚合物材料，这种材料具有可逆特性。利用两束相干激光和外部施加电场在聚合物中形成复制干涉图案的空间电荷场，空间电荷效应对局部折射率进行改变，使得全息图以折射率图案的形式编码。研究人员已研究出基于可擦写材料的全息三维显示系统，但存在全息图对震动敏感，以及还没有完全达到实时更新等问题。研究人员力求研制出更快速记录和低延迟时间的光折变聚合物，从而实现真正的动态全息三维显示。

此外，清华大学、北京理工大学、上海交通大学、东南大学、北京邮电大学、上海大学、中山大学、安徽大学、浙江大学及西北工业大学等高校也对计算全息三维显示进行了研究，并在全息图计算算法、三维显示系统等方面取得了卓有成效的进展。

（3）计算全息三维显示技术的优势。计算全息技术的出现、空间光调制器等光电子器件的发展，以及计算机计算能力的迅速提高，使动态全息三维显示逐渐成为可能。与传统的光全息术相比，计算全息技术避开了传统全息技术记录光路的限制，可对其他手段获得的三维数据或人工制作的三维模型通过计算机设备进行全息图计算。

计算全息三维显示技术的优势包括：灵活，可重复性好，可充分利用光能，可显示虚拟和真实物体，可显示三维物体外观或者透视其内部，可让观察者从任意角度观看影像，可实现虚拟现实和增强现实，令观察者与真实场景和虚拟场景产生互动等。

基于此，计算全息术在军事、医疗、工业、商业、教学、科研、影视、娱乐等众多领域具有十分广阔的应用前景。

（4）图形处理器在全息三维显示技术中的应用。为了提高全息图的计算速度，日本千叶大学的 Tomoyoshi Ito 小组，开发出专门用来对全息图计算进行加速的硬件设备 HORN 系列，其计算速度比当时普通计算机的速度大约提高了 4000 倍。

在过去的十几年间，图形处理器 GPU 的计算能力有了飞速的发展，其每秒万亿次的计算性能吸引了很多人的关注。一般来说，CPU 擅长处理的是循环、分支、逻辑判断及执行等逻辑程序，而对于具有上百个线程的并行执行则无能为力。图形处理器擅长处理的是没有逻辑关系的高度并行数值计算，其优势是可以执行上千个无逻辑关系数值的并行计算，即在同一个程序操作中运行多个并行数据。在处理从一般信号处理、物理模拟、金融计算或者生物计算所获得的大量数据集时，许多算法都可以通过并行数据处理得到加速。

全息图的计算机生成过程是，对三维物体所有离散点发出的光波在全息平面上所有抽样像素点的复数振幅分布进行计算的过程。每个离散点在全息平面不同抽样点执行的计算过程完全相同，且每个过程相对独立，因此，全息图的计算具有很高的并行性。正因为图形处理器的这种处理大数据量的能力和全息图的计算过程的高度并行性，科学家们纷纷开始利用图形处理器加速全息图的计算。如德国学者 Lukas Ahrenberg 利用图形处理器硬件对具有 1 万个物点、像素数为 960×600 的全息图进行计算，共耗时 1 s。2010 年，日本千叶大学的 Tomoyoshi Shimobaba 比较了市场上图形处理器主要生产厂商 ATI 和英伟达 NVIDIA 生产的图形处理器的计算性能，实验表明，在 OpenCL 架构下，ATI 生产的图形处理器计算速度是 NVIDIA 的 2 倍。图形处理器在计算全息术中的应用，大大提高了全息图的计算速度，为三维图像的实时动态显示带来了曙光。

（5）计算全息三维显示技术所面临的挑战及解决方法。计算全息三维显示技术是一种理想的真三维显示技术，但该技术仍然面临诸多技术难题，诸如再现影像尺寸和视场角较小，相干光源、光电显示器件引起的噪声和真彩色显示等技术难题还有待解决。如果这些问题得不到解决，该技术仍然无法进入实际的应用阶段。计算全息三维显示发展至今，尽管在各方面取得了进展，但始终受到两个问题的制约。

① 全息再现影像的质量受限。由于计算全息三维显示通常需要借助空间光调制器来显示三维图像，因此全息再现影像的质量受目前空间光调制器的阵列大小、像素尺寸、空间带宽积（可以简单认为是像素数）、填充率、刷新频率、衍射效率等性能参数的限制。其中，空间光调制器的像素数直接决定了再现三维图像的尺寸和视场角。目前的尺寸仍然较小，降低了三维显示效果，且仅能供一人观看。假设再现光的波长为 632.8 nm 的红光，要想获得再现影像尺寸大小为 300 mm×300 mm×300 mm，水平与垂直视场角均为 30° 的三维图像，至少需要空间光调制器的像素数达到 10^{12} 量级，因而要想获得大尺寸和大视场角的三维图像就需要大阵列的显示设备。但是，目前市场上可以买到的纯相位型空间光调制器像素数仅为 1920×1080，显然无法满足要求。

一个解决办法是，使用多空间光调制器无缝拼接，通过增大系统总像素数获得大尺寸和大视角的三维图像。但是这种方法增加了系统的复杂度且成本较高。另一方面，若利用时分复用的方法，则需要高帧频的空间光调制器。由此可见，目前还没有一种方法能摆脱显示器件的限制，有效提高再现三维图像的尺寸与视场角。因此，发展高分辨率的空间光调制器，是提高计算全息三维显示图像质量最直接有效的方法。

2013 年，美国麻省理工学院在 Nature 上报道了他们最新研制的基于波导和声光效应的新型空间光调制器。与传统基于液晶的空间光调制器相比，该新型空间光调制器有效增大了空间带宽积，能够获得较大的衍射角，同时消除了空间光调制器引入的零级光和多级衍射光等噪声的干扰，而且其制造成本大幅降低。该技术为突破目前器件的瓶颈问题提供了一个新的方向。

② 全息图的计算速度达不到实时显示的要求。全息图的计算机生成，主要包括三维物体模型的建立与全息图的计算。在计算机图形学中，为了更精确地描述三维物体模型，通常需要使用海量的点基元或面基元，以及一些光照阴影、渲染材质、遮挡效果等信息，因而所需的数据量非常庞大。在全息图的计算过程中，通常将组成三维物体模型的点基元或面基元看成一个个发光源。

全息图计算的核心，就是计算所有离散点基元或面基元发出的光波在全息图平面上的复数振幅分布，并对全息图上所有抽样点像素进行计算。因此，全息图的计算量也十分巨大。为了能够实时动态地显示三维图像，全息图的计算速度至少要达到 25 帧/秒，但对于计算三维物体上一个点基元的全息图，传统的方法所需的时间为几十毫秒，远远无法满足实时动态显示要求。

为了提高全息图的计算速度，根据目前的报道，科学家们主要采用改进全息图计算算法的方法。由于全息图的计算速度依赖于计算机设备的计算能力，因此发展高性能的计算设备也是一条有效途径。其中一个目前公认为较好的解决方法，就是前述的图形处理器在全息三维显示技术中的应用，它让人们见到了"曙光"。

4. 光栅三维显示技术

光栅三维显示是基于双目视差深度暗示的三维显示技术，分为狭缝光栅三维显示和柱透镜光栅三维显示两种。

（1）狭缝光栅三维显示技术。狭缝光栅三维显示的结构和原理如图 7-34 所示，狭缝光栅三维显示由二维显示屏和狭缝光栅精密耦合组成，其中，狭缝光栅由相间排列的透光条和挡光条组成。通过透光条和挡光条，左眼和右眼可以分别观看到二维显示屏上与狭缝光栅对应排列的左视差图像和右视差图像，从而实现左右视差图像的光线在空间上的分离。

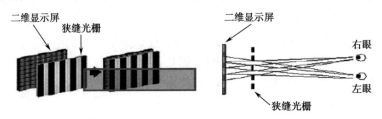

图 7-34　狭缝光栅三维显示的结构和原理

（2）柱透镜光栅三维显示技术。柱透镜光栅三维显示的结构和原理如图 7-35 所示。柱透镜光栅三维显示由二维显示屏和柱透镜光栅精密耦合组成，其中柱透镜光栅由众多完全相同的柱透镜单元平行排列而成。在柱透镜单元的排列方向上，每个柱透镜单元将置于其焦平面上不同位置的左右视差图像光折射到不同方向，从而实现左右视差图像的光线在空间上的分离。

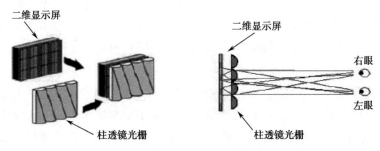

图 7-35　柱透镜光栅三维显示的结构和原理

综上所述，光栅三维显示就是将左右视差图像交错排列在二维显示屏上，利用光栅的分光作用将左眼视差图像和右眼视差图像的光线向不同方向传播。根据双目视差深度暗示原理，当观看者位于合适的观看区域时，其左眼和右眼分别观看到左视差图像和右视差图像，经大脑融合便可感知到具有三维感的图像。

在制作方面，狭缝光栅比柱透镜光栅要简单，成本也比柱透镜光栅低。然而，由于在狭缝光栅三维显示中，狭缝光栅挡光条部分对光线的遮挡导致三维图像亮度降低，大大影响了其应用；而在柱透镜光栅三维显示中，柱透镜光栅为透明介质，只吸收小部分光，因此对三维图像亮度影响较小。随着工艺的不断成熟，柱透镜光栅三维显示得到了广泛应用，成为目前裸视光栅三维显示的主流。

5. 集成成像三维显示技术

（1）集成成像三维显示原理。集成成像三维显示技术是利用微透镜阵列对物空间的场景进行记录，并再现空间场景的基于多种深度暗示的真三维显示技术，其起源于 1908 年诺贝尔奖获得者 Gabriel Lippmann 提出的集成摄影术。集成成像三维显示包括记录和再现两个过程，其原理如图 7-36 所示。

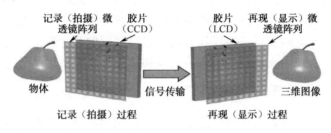

图 7-36　集成成像三维显示的原理

其中的记录过程，利用一个记录微透镜阵列对物空间场景成像，并把图像记录到位于微透镜阵列焦平面处的胶片上。每个透镜元对应生成一幅不同方位视角的微小图片，即图像元。通过这一过程，物空间任意一点的立体信息，被与透镜元个数相同的图像元扩散记录到整个胶片上，胶片上所记录到的像称为图像阵列。

其中的再现过程，利用与记录微透镜阵列具有同样参数的再现微透镜阵列，把记录有图像阵列的胶片，放在再现微透镜阵列后方的焦平面处，根据光路可逆原理，再现微透镜阵列把许许多多图像元透射出来的光线聚集还原，从而在再现微透镜阵列的前方，重建出物空间场景的三维图像。

随着电荷耦合器件 CCD 和液晶显示器 LCD 的发展，记录端的胶片可由电荷耦合器件代替，再现端的胶片可由液晶显示器代替，其对应的两个过程分别称为拍摄和显示。

（2）集成成像三维显示模式。根据微透镜阵列与显示屏间的距离 g 与透镜焦距 f 之间的关系，集成成像三维显示模式可分为实模式、虚模式和聚焦模式三类。

● 当 $g>f$ 时为实模式，三维图像位于显示微透镜阵列前方。

● 当 $g<f$ 时为虚模式，三维图像位于显示微透镜阵列后方。

● 当 $g=f$ 时为聚焦模式，可在微透镜阵列的前后同时显示出三维图像。

集成成像三维显示可供多人同时观看到具有全视差、全真色彩的三维图像。但由于成像使用的是微透镜阵列或针孔阵列，以及受到拍摄器件和显示器件的分辨率有限等因素的制约，目前集成成像三维显示存在三维图像深度反转、深度范围小、分辨率低和观看视角窄等不足。随着技术的发展，这些问题正在逐步解决。

真三维立体显示技术是一种全新的三维图像显示技术，基于这种显示技术可以直接观察到具有物理景深的三维图像，该技术具有全视景、多角度、多人同时观察，即时交互等众多优点。它将引领科学可视化进入崭新的发展方向，具有广阔的应用前景。因此，能够真实反映真实世界的三维显示技术，被誉为"21世纪最伟大的革命之一"。

7.4 磁存储录像设备

7.4.1 磁性记录与重放的基本原理

磁性记录与重放，主要是通过磁头、磁带、磁头与磁带之间的相对运动来完成的。所谓磁头是在一个环形铁芯上绕有一组线圈的电磁铁、且铁芯中央有一缝隙的实现电磁或磁电转换的器件；磁带是一涂有磁性层的塑料软带而用来存储图像和声音信息的载体。通过磁头和磁带做相对运动即可实现图像与声音信息的记录和重放（通常所说的录放）。

1. 磁带磁性记录的原理

磁带的磁性记录是通过磁头把彩色全电视信号转换为磁带上的磁信号而实现存储的，它实质上是一电磁转换过程。

当彩色全电视信号电流通过磁头线圈时，在磁头铁芯中感应出相应的磁通。由于磁头缝隙处的磁阻大，此处的磁力线不能完全从铁芯的一端渡越到另一端，有一部分磁力线外溢，在缝隙周围产生漏磁场。当磁头缝隙与磁带磁性层接触时，因磁性层呈低磁阻，磁性层将磁头缝隙的磁力线旁路，磁力线经过磁性层再与磁头铁芯构成闭合磁路，并使与磁头缝隙相接触的磁性层磁化。如果磁带以一定的速度相对于磁头移动，则被磁化的磁性层离开磁头缝隙后，就留下与磁头内磁通相对应的剩磁，从而把彩色全电视信号的信息记录在磁带上。

磁带经过磁头所形成的一条条剩磁痕迹称为磁迹。如果记录信号是正弦波，则磁带上的剩磁强度也沿磁带方向按正弦变化。记录信号一个周期在磁带上所形成磁迹的长度称为记录波长。记录波长的大小与磁头磁带相对速度成正比，而与被记录电信号的频率成反比，即

$$\lambda = v / f \qquad\qquad (7\text{-}1)$$

式中，λ为记录波长，v为磁头磁带相对速度，f为信号频率。

2. 磁带磁性重放的原理

磁带的磁性重放是把记录在磁带上的磁信号复原成彩色全电视信号，是磁性记录的逆过程，即磁电转换过程。

当将已记录有信息的磁迹的磁带表面与磁头缝相接触时，这时磁带上的磁迹与磁头缝隙两端呈桥接状态而形成闭合磁路。于是任何时刻通过磁头铁芯的磁通量取决于磁带对应处的剩磁强度，其大小等于磁头缝隙与磁带实际接触部分剩磁强度的平均值。当磁带按照规定的速度通过磁头缝隙时，磁带的剩磁强度发生变化，磁头铁芯的磁通量也相应发生变化，因此在铁芯线圈中感应出与磁通量相对应的电动势，完成磁电转换过程。

根据电磁感应定律，重放磁头感应电动势 E 与磁通对时间变化率成正比，它等于

$$E = -N(\mathrm{d}B / \mathrm{d}t) \tag{7-2}$$

式中，N 为线圈匝数，B 为磁通量。

如果记录信号电流为正弦信号，频率为 f，即可推导得到下列感应电动势表达式。

$$E = kf\sin(2\pi ft - \pi / 2) \tag{7-3}$$

式中，k 为常数。式（7-3）表明，重放感应电动势 E 和记录信号频率 f 成正比，若记录信号频率 f 增加 1 倍，则输出的感应电动势 E 也增加 1 倍。

重放感应电动势随频率的增加也不是无限的，当记录波长减小到与重放磁头缝隙宽度相等时，磁头缝隙间的剩磁强度平均值因正负抵消而等于零，其重放电压输出也为零，称这时的临界频率为所能录放信号的上限频率。考虑到因频率增高，磁头磁带各种高频损失随之增加，要求最短记录波长应大于磁头缝隙的 2 倍。实际上录像机所能录放的上限频率仅为其临界频率的 1/2 左右。

3. 磁带录像的缺陷及磁盘录像

虽然，使用实时或时滞磁带录像机，可以在录像带上顺序记录几秒或几十个小时的视频信息。每盘录像带总计可以存储成千上万幅图像，如两小时型 VHS 带可以记录的图像帧的数目是 2 小时×25 帧/秒=180000 帧。但磁带录像系统有一个最大的缺点，当我们想在磁带上寻找某帧图像时，我们需要花相当长的时间（因磁带是卷起的）才能找到，显然录像带无法适用于快速检索系统。虽然录像时将摄像机编号、时间、日期和图像一齐存储起来，但即使这样，也仍然需要相当长的时间才能到达特定的帧，因为它至少需要花几分钟的时间卷过几十米长的磁带。

这样，高速视频图像存取系统不再使用顺序读写式的磁带，而是使用随机读写式的磁盘或光盘。因为这种系统，可快速地检索和定位某帧图像或某段图像，其整个过程只需要几分之一秒到几秒。当有报警发生时，对应的摄像机画面会马上被记录下来；几秒后，这些图像又被读出、打印，供远处的监视器察看。在这类应用中，所有任务只需要在数秒间完成。磁盘和光盘记录系统可以很好地完成这一任务。

实际上，磁盘同光盘系统一样，其存储视频图像的介质是一个高速旋转的盘片。它在保存图像的同时，还将相关摄像机的编号、录像日期、录像时间记录下来了。因此，可通过高速随机操作来读取这些图像。磁盘上有许多互相平行的同心圆，称为磁道；图像就是记录在这些磁道上。视频信息在磁盘上的记录形式可以是模拟式的，也可以是数字式的，而在光盘上记录时则清一色地采用数字形式。这种存储视频图像的硬盘与计算机上的硬磁盘没有任何区别。一般地，一只 2.1 GB 的硬盘足以存放几万幅到几十万幅黑白视频图像，而读取画面需要的时间约为几秒。硬盘录像时也是逐帧记录的（这与磁带录像机有点类似），其录像的格式有两种。

- 直接采用计算机技术，在硬盘上存储的是数字式的视频文件。
- 在硬盘上保存的是模拟式的图像信息。

7.4.2 硬磁盘录像机 DVR

1. 模拟式硬磁盘存储技术

在模拟式硬磁盘录像系统中，使用 2.1 GB 的硬盘可以存储到 24.6 万个画面，而调用一幅画面只需 0.05 s。模拟式录像系统存储同样多的图像所需要的硬盘空间，仅为数字式录像系统所需空间的 1/5。

模拟式硬磁盘录像系统就是使用模拟磁信号将视频信号记录到硬盘上的（如图 7-37 所示）。这种硬盘每 1/60 s（对 PAL 制为 1/50 s）转动一圈，因此每个磁道正好存储一场画面。每 1/30 s（PAL 制为 1/25 s）可以存储一个完整的帧（2 场）。这样，每只 2.1 GB 的硬盘有 246000 个磁道，即可以存储 246000 幅（场）黑白图像，每幅图像的读取时间只需 0.05 s。显然，这是目前存取速度最快的视频图像存储系统。由于录像介质就是计算机上使用的硬盘，因而可将以前记录的画面删除，再存入新的图像。这种黑白录像系统的水平分辨率为 250TVL，如果每幅画面的两场都有记录，那么系统的分辨率将可达到 500TVL。模拟式硬磁盘录像系统也可录制彩色画面，但每只 2.1 GB 的硬盘就只能存储 125000 帧，且单帧画面的存取速度约为 0.2 s。

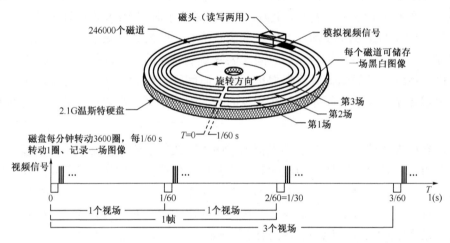

图 7-37　模拟式硬磁盘录像系统的组成及原理

硬磁盘录像系统中的任何图像也可以使用视频打印机打印出来。

2. 数字式硬磁盘存储技术

数字式硬磁盘录像（Digital Video Recorder，DVR）是一套进行图像存储处理的计算机系统，目前应用得非常广泛。与模拟式硬磁盘录像相比，这种技术需要多用 5～10 倍的存储空间，图像的读写时间亦相应地增加 5～10 倍。一般地，磁盘可以存储几十万幅高清晰度的黑白或彩色图像，其容量越大，存储数量越多。

数字式硬磁盘录像系统的组成如图 7-38 所示。数字式硬磁盘录像系统采用了数字记录技术以后，能大大增强已录制的图像的抗衰弱、抗干扰的能力，因此无论进行多少次的检索或录像回放，都不会影响播放图像的清晰度。如果需要对已存储的图像进行复制时，数字方式记录的图像也不存在复制劣化的问题,而模拟方式记录的图像则每经过一次复制就劣化一次。因此,数字式硬磁盘录像系统最适合做电视监控系统的图像记录设备。

图 7-38　数字式硬磁盘录像系统的组成及原理

DVR 具有对图像/语音进行长时间录像、录音、远程监视和控制的功能,DVR 集合了录像机、画面分割器、云台镜头控制、报警控制、网络传输五种功能于一身,用一台设备就能取代模拟监控系统一大堆设备的功能。此外,DVR 影像录制效果好、画面清晰,并可重复多次录制,能对存放影像进行回放检索。DVR 的基本结构及其基本处理流程如图 7-39 所示。

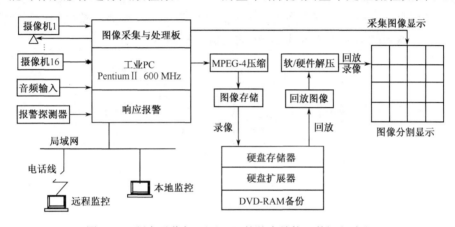

图 7-39　硬盘录像机(DVR)的基本结构及其运行流程

DVR 系统的技术,主要表现在图像采集速率、图像压缩方式、硬磁盘信息的存取调度、解压缩方案、系统功能等诸多方面。

目前,DVR 采用的压缩技术有 MPEG-4、H.264;从压缩卡上分有软压缩和硬压缩两种,软压受到 CPU 的影响较大,多半做不到全实时显示和录像,故逐渐被硬压缩淘汰;从摄像机输入路数上分为 1 路、2 路、4 路、6 路、9 路、12 路、16 路、32 路,甚至更多路数。DVR 不仅革命性地扩展了视频监控系统的功能,并且所增加的功能使其远远优于以前使用的模拟录像机。首先,DVR 把高质量的图像资料记录在硬盘中,免除了不停地更换录像带的麻烦;其次,DVR 内置的多路复用器可以多路同时记录录像机的视频资料,降低视频监控系统中所需的设备,显示出了强大的功能。这样,通过把安防摄像机的视频信息数字化并进行压缩,DVR 可以高效率地记录多路高质量的视频流。DVR 也可用其他方式备份视频信息,如 CD-RW/DVD-RW、USB 驱动器,记忆卡或者其他存储卡等。DVR 不仅在普遍意义上增加了监控系统的部件和功能,而且其软件已经极大地扩展了视频监控系统的设计、功能和效益。通过把数字报警信号输入和输出到硬盘录像机,几乎所有类型的安全系统组合都允许 DVR 作为主要的监测和控制设备嵌入。

DVR 按系统结构可以分为 PC 式 DVR 和嵌入式 DVR 两大类。

PC 式 DVR 以传统的 PC 为基本硬件,以 Win98、Win2000、WinXP、Vista、Linux 为基

本软件，配备图像采集或图像采集压缩卡，编制软件成为一套完整的系统。PC 是一种通用的平台，PC 的硬件更新换代速度快，因而 PC 式 DVR 的产品性能提升较容易，同时软件修正、升级也比较方便。PC-DVR 各种功能的实现都依靠各种板卡来完成，如视/音频压缩卡、网卡、声卡、显卡等，这种插卡式的系统在系统装配、维修、运输中很容易出现不可靠的问题，不能用于工业控制领域，只适合于对可靠性要求不高的商用办公环境。

嵌入式 DVR 指非 PC 系统，有计算机功能但又不称为计算机的设备或器材。它实际上是以应用为中心，软硬件可裁剪的，对功能、可靠性、成本、体积、功耗等严格要求的微型专用计算机系统。简单地说，嵌入式系统集系统的应用软件与硬件于一体，类似于 PC 中 BIOS 的工作方式，具有软件代码小、高度自动化、响应速度快等特点，特别适合要求实时和多任务的应用。嵌入式 DVR 就是基于嵌入式处理器和嵌入式实时操作系统的嵌入式系统，它采用专用芯片对图像进行压缩及解压回放，嵌入式操作系统主要是完成整机的控制及管理。图 7-40 给出了有 4 路视频输入的嵌入式 DVR 的组成方框图。

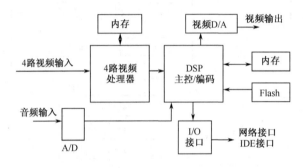

图 7-40　4 路嵌入式 DVR 的组成方框图

此类产品没有 PC-DVR 那么多的模块和多余的软件功能，在设计制造时对软、硬件的稳定性进行了针对性的规划，因此此类产品品质稳定，不会有死机的问题产生，而且在视/音频压缩码流的储存速度、分辨率及画质上都有较大的改善，就功能来说丝毫不比 PC-DVR 逊色。嵌入式 DVR 系统建立在一体化的硬件结构上，整个视/音频的压缩、显示、网络等功能全部可以通过一块单板来实现，大大提高了整个系统硬件的可靠性和稳定性。

我国杭州海康威视（Hikvision）公司采用德州仪器（TI）以 DaVinci 技术为基础的数字媒体处理器（DSP），推出了 DS-9000 混合式数字录像机（DVR）。DS-9000 系列混合式 DVR 为一款嵌入式产品，具体采用 TI 以 C64x+核心为基础的 TMS320DM647 与 TMS320DM648 数字媒体处理器，可将模拟及 IP 视频与强大网络效能及人工智能进行无缝整合。此款新型架构可实现多信道视频输入编码、智能型视频分析，并支持包括 H.264、MPEG-4、MJPEG 及 AVS 在内的四种编译码器功能。透过 IP 视频解决方案与模拟系统整合，客户可获得更高的视频品质，并节省成本，同时还可自模拟系统升级至 IP 系统。

7.4.3　网络存储技术

1. 传统网络存储技术

网络存储技术是基于数据存储的一种通用网络术语，传统网络存储技术的结构大致分为三种。

（1）DAS 存储。DAS（Direct Attached Storage）是直接连接存储的简称，它是指将存储设备通过 SCSI 接口或光纤通道直接连接到服务器上的方式。这种连接方式，主要应用于单机或两台主机的集群环境中。其主要优点是，存储容量扩展的实施简单，投入成本少、见效快。当服务器在地理上比较分散很难通过远程连接进行互连时，或传输速率并不很高的网络系统，直接连接存储是比较好的解决方案，甚至可能是唯一的解决方案，但是由于 DAS 存储没有网络结构，存在许多缺点：一方面，该技术不具备共享性，每种客户机类型都需要一个服务器，从而增加了存储管理和维护的难度；另一方面，当存储容量增加时，扩容变得十分困难，而且当服务器发生故障时，数据也难以获取。因此，难以满足现今的存储要求。

（2）NAS 存储。NAS（Network Attached Storage）是网络附加存储的简称，它将存储设备通过标准的网络拓扑结构（如以太网），连接到一群计算机上，以提供数据和文件服务。NAS 服务器一般由存储硬件、操作系统，以及其上的文件系统等几个部分组成。简单地说，NAS 是通过与网络直接连接的磁盘阵列，它具备了磁盘阵列的所有主要特征：高容量、高效能、高可靠。NAS 由于其较好的可扩展性、可访问性、低价位、安装简单、易于管理等优点，广泛应用于电子出版、CAD、图像、教育、银行、政府、法律环境等那些对数据量有较大需求的应用中。多媒体、Internet 下载，以及在线数据的增长，特别是那些要求存储器能随着公司文件大小规模而增长的企业、小型公司、大型组织的部门网络，更需要这样一个简单的可扩展的方案。

但在实际应用中，NAS 也存在着以下不足。

● 不适合在对访问速度要求高的应用场合，如数据库应用、在线事务处理；
● 需要占用 LAN 的带宽，浪费宝贵的网络资源，严重时甚至影响客户应用的顺利进行；
● 只能对单个存储设备之中的磁盘进行资源的整合，难以对多个 NAS 设备进行统一的集中管理，只能进行单独管理。

（3）SAN 存储。SAN（Storage Area Network）是存储区域网络的简称，它是指存储设备相互连接且与一台服务器或一个服务器群相连的网络，其中的服务器用 SAN 的接入点。SAN 是一种特殊的高速网络，连接网络服务器和诸如大磁盘阵列或备份磁带库的存储设备，SAN 置于 LAN 之下，而不涉及 LAN。利用 SAN，不仅可以提供大容量的存储数据，而且地域上可以分散，并缓解了大量数据传输对于局域网的影响。SAN 的结构允许任何服务器连接到任何存储阵列，不管数据置放在哪里，服务器都可直接存取所需的数据。

在实际应用中，SAN 也存在着以下一些不足。

● 设备的互操作性较差；
● 大大增加了构建和维护费用；
● 存储资源的共享是不同平台下的存储空间的共享，而非数据文件的共享；
● 连接距离限制在 10 km 左右等。

更为重要的是，目前的存储区域网采用的光纤通道的网络互连设备都非常昂贵。这些都阻碍了 SAN 技术的普及应用和推广。

2. 较新的网络存储技术

（1）NAS 网关技术。NAS 网关与 NAS 专用设备不同，它不是直接与安装在专用设备中的存储相连接，而是经由外置的交换设备，连接到存储阵列上。无论是交换设备还是磁盘阵列，通常都是采用光纤通道接口。正因为如此，NAS 网关可以访问 SAN 上连接的多个存储阵列中的存储资源。它使得 IP 连接的客户机可以文件的方式访问 SAN 上的块级存储，并通过标准的文件共享协议（如 NFS 和 CIFS）处理来自客户机的请求。当网关收到客户机请求后，便将该请求转换为向存储阵列发出的块数据请求。存储阵列处理这个请求，并将处理结果发回给网关。然后网关将这个块信息转换为文件数据，再将它发给客户机。对于终端用户而言，整个过程是无缝和透明的。NAS 网关技术使得管理人员能够将分散的 NAS 文件整合在一起，增强了系统的灵活性与可伸缩性，为企业升级文件系统、管理后端的存储阵列提供了方便。

（2）IP-SAN 技术。是以 IP 为基础的 SAN 存储方案，是一种可共同使用 SAN 与 NAS，并遵循各项标准的纯软件解决方案。IP-SAN 可让用户同时使用吉比特以太网 SCSI 与光纤通道，建立以 IP 为基础的网络存储基本架构。由于 IP 在局域网和广域网上的应用，以及良好的技术支持，在 IP 网络中也可实现远距离的块级存储，以 IP 协议替代光纤通道协议。IP 协议用于网络中实现用户和服务器连接，随着用于执行 IP 协议的计算机的速度的提高及吉比特以太网的出现，基于 IP 协议的存储网络实现方案成为 SAN 的更佳选择。IP-SAN 不仅成本低，而且可以解决光纤通道的传播距离有限、互操作性较差等问题。

当前网络存储技术还在不断地快速发展，SAN 和 NAS 的融合、统一虚拟存储技术将是未来发展的两个趋势。

3. 视频监控中应用的网络存储技术

在视频监控中，目前应用的网络存储设备主要有 NAS、IP SAN、NVR 等。

（1）NAS 有几个引人注意的优点。

- NAS 是真正即插即用的产品，NAS 设备支持多计算机平台，用户通过网络协议可进入相同的文档，无须改造即可用于混合 UNIX/Windows 局域网内。
- NAS 设备的物理位置同样是灵活的，它们可放置在工作组内，靠近数据中心的应用服务器，也可放在其他地点，通过物理链路与网络连接起来。
- NAS 无须应用服务器的干预，NAS 设备允许用户在网络上存取数据，这样既可减小 CPU 的开销，也能显著改善网络的性能。但 NAS 没有解决与文件服务器相关的一个关键性问题，即对业务应用以太网络的带宽消耗。

（2）IP SAN。采用的 ISCSI 通信协议是 Internet Small Computer System Interface 的缩写，实际上是一个互联协议，通过将 SCSI 协议封装在 IP 包中，使得 SCSI 协议能够在 LAN/WAN 中进行传输。IP SAN 主要有以下特点。

- 支持数据库应用所需的基于块的存储。
- 基于 TCP/IP，所以它具有 TCP/IP 的所有优点。
- 可以建立和管理基于 IP 的存储设备。
- 提供高级的 IP 路由，管理和安全工具。

ISCSI 是 IETF 制定的一种基于互联网 TCP/IP 的网络存储协议，是目前应用最广、最成熟的 SCSI 和 TCP/IP 两种技术的结合与发展。这两种技术让 ISCSI 存储系统成为一个开放式架构的存储平台，系统组成非常灵活。如果以局域网方式组建闭路监控系统的 ISCSI 存储系统，只需要投入少量资金，就可以方便、快捷地对数据和存储空间进行传输和管理。由于 ISCSI 是一种基于 IP 网络的存储技术，它会随着 IP 网络的延生而将存储距离不断扩大，因此 ISCSI 是无距离限制的。ISCSI 的数据传输速度是根据以太网络的速度而变化的，当以太网的速度增加时，ISCSI 的数据传输速度也将不断加快。由于 ISCSI 存储系统可以直接在现有的网络系统中进行组建，无须要改变网络体系，加上运用交换机来连接存储设备，因此 ISCSI 存储系统的可扩展性高。

一般认为，SAN 具有良好的可靠性、可扩展性、快速数据访问能力等优势；而 NAS 使用方便、节约成本、易于管理。因此，SAN 与 NAS 产品已开始向融合方面发展。

（3）NVR。NVR 为网络硬盘录像机，它可在网络的任何位置接收视频并存储。与传统的 DVR 相比较，NVR 主要有以下几个特点。

- 可以实现视频采集跟存储分开，从而有效地提高数据的可靠性和可用性。
- 具有一定的容灾能力。
- 可以有效避免由于视频采集器损坏而造成对存储系统中文件产生任何影响。
- 可以轻松实现高并发的在线播放。
- 可靠性更高，组建成本更低。
- 可以轻松实现在线扩容、在线管理。

NVR 在实际应用中，配合 IP Camera 及视频服务器 DVS 等前端产品，可全面取代 DVR，从而提供纯 IP 视频监控解决方案。但 NVR 的应用在很大程度上受到网络条件的限制，主要表现在网络中断及网络带宽两个方面。视频监控系统对数据的连续性要求很高，这就要求在数据传输的过程中，应尽量要避免由于网络中断而造成的数据丢失。目前应对这一问题的方法主要是通过自动网络填补技术来实现的。

自动网络填补技术（ANR）使 NVR 网络视频录像机可以轻松应付网络中断，而不破坏记录的完整性。如果网络出现中断或网络出错时，能够保持录像，并且录像不会产生间隙。自动网络填补概念的根本是检测网络的可用性。IP 摄像机或视频服务器，与网络视频录像机交换实况检查信息。每当网络状态发生改变，如网络不可连接而后又恢复，视频源和网络视频录像机会创建一个事件。这项事件被记录在数据库中，可用来替代网络中传递信息或者稍后当网络可用后传送信息。为了应对网络不可使用的情况，视频录像必须在视频服务器和网络视频录像机两边各自独立进行，即在发送端和接收端两端分别进行。如录像在视频服务器和 NVR 两端同时进行。自动网络填补概念的最后一步是修复网络视频录像机中被破坏或未存储的记录。由于对网络状态变化的检测，发送端和网络视频录像机都清除记录中存在的空白。当网络恢复后，自动填补程序就会启动。此时，网络视频录像机一端丢失的数据就会从发送端传递过来。事实上，被破坏的记录不断被修复，使网络视频录像机在即使有网络故障的情况下也不会出错。

这里还有必要提到虚拟硬盘技术，因为在多个驱动器上录像，常常导致检索和备份十分麻烦。在大多数情况下，当一个硬盘驱动器的容量用完时，录像将会停止，而稍后才在第二个硬盘上重新开始录像。这就造成了两段录像之间的空白。虚拟硬盘是指硬盘上的一个更大的虚拟内存，将无缝扩大现行的物理存储空间。视频服务器或 IP 摄像机内的本地硬盘，仅仅是更大的虚拟磁盘的一个部分。在本地硬盘上记录视频的过程中，同等数量的数据也同时通过网络被复制到网络存储器上。随后，通过网络成功复制的数据可从本地硬盘中删除，这样就有效地为本地驱动器保留了容量。

目前视频监控存储的模式主要分为本地存储模式和网络存储模式两大类，网络存储模式又分成以下几种模式。

- 存储服务器+SCSI 盘阵方式。
- 存储服务器+ISCSI 盘阵方式。
- 存储服务器+光纤盘阵方式。
- 视频服务器直连 NAS 方式。

经过比较发现，视频服务器直接以 NAS 方式进行集中存储是性价比最高的方案。该方案不仅可以节省存储服务器硬件，更因为本身具有文件共享功能，使得视频数据的存储和查看变得更加方便。但通用的 NAS，不论在管理还是使用上都不能很好地满足要求。在规模稍大的视频监控环境中，都需要部署多台设备，如果使用 NAS，那么多设备的集中管理，以及提供可靠性和业务连续性的需求都是普通 NAS 所不具备的。因此，只有专门针对视频监控需求进行优化的 NAS 设备，才能更好地满足需求。

7.4.4　高效存储技术与 RAID

目前，在安防监控存储技术中，主要使用的是磁存储技术，虽然人们想了很多办法使其存储容量等性能获得很大提高，但硬磁盘有致命的弱点是存在机械磨损、可靠性及耐用性较差、抗冲击抗震动能力弱、功耗大，终究不是我们安防监控系统理想的存储技术。因此，出现了高效存储技术与 RAID，以及 7.4.5 节介绍的软件定义存储与云存储技术。

1. 高效存储技术

随着信息化技术水平的不断提高，数据已经取代计算成为了信息计算的中心，数据将成为企业最终有价值的财富。根据预测，2020 年数据宇宙将达到 35.2 ZB（1 ZB=100 万 PB），比 2009 年的 0.8 ZB 增加 44 倍。在如此强大的实际需求推动下，人们不断追求海量存储容量、高性能、高安全性、高可用性、可扩展性、可管理性等特性，对存储的需求不断提高。信息量呈现爆炸式增长趋势，使得存储已经成为急需提高的瓶颈，因此需要另辟蹊径来解决信息的急剧增长问题。高效存储技术理念正是为此而提出的，它旨在缓解存储系统的空间增长问题，缩减数据占用空间，简化存储管理，最大程度地利用已有资源，降低成本。

所谓高效存储，即提高存储利用效率、简化存储管理、降低存储能耗，从而获得较低的总持有成本和运营成本。目前，业界公认的高效存储技术有如下五种。

（1）数据压缩技术。数据压缩是一种对数据进行编码以减小数据量的处理方法和过程。存储技术中使用无损数据压缩技术来减小数据量，无损压缩算法一般可以把普通数据压缩到原来的 1/2～1/4。

数据压缩要求在写入数据前进行编码，在读取数据前进行解码，因此会对存储系统性能产生一定的影响。然而，数据压缩技术可以有效缩减数据存储容量及存储硬件需求，在存储技术中应用非常广泛，尤其是近线和离线存储。数据压缩并非对任何数据都会效果显著，诸如 JPEG、MPEG、MP3 等文件格式，这类数据已经由应用层做过压缩处理，存储系统对它的再次压缩几乎没有效果，而且会产生额外的性能损失。另外，数据压缩和加密机制往往同时被应用，压缩和加密操作需要按照合适的顺序执行。加密会对数据进行转置和变换，通常会增加字节冗余数据发现的难度，以及降低数据压缩率，所以数据压缩应当先于数据加密执行，而解压缩则以相反次序执行，以获得更高的压缩率。

数据压缩可以有效缩减数据存储容量，缓解数据增长压力，不足之处是相应产生一定性能损失。因此在存储系统中实际运用时，需要根据存储的性能、容量、成本等因素综合考虑，不能由于采用数据压缩而导致性能指标不能达标，为了提高性能而又增加总成本。通常，性能要求高的实时在线数据存储不适合采用数据压缩；而以数据备份、容灾、归档、复制为主的近线和离线存储，存储容量需求大，但性能要求较低，非常适合采用数据压缩技术。然而，如果有方法可以解决压缩和解压所产生的性能损失问题（如专用芯片、高效算法），在线存储采用数据压缩也是可行的。

（2）重复数据删除（Deduplication）技术。重复数据删除是一种数据缩减技术，可对存储容量进行有效优化。它通过删除数据集中重复的数据，只保留其中一份，从而消除冗余数据，如图 7-41 所示。

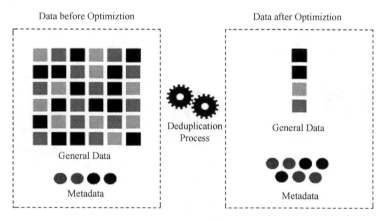

图 7-41　重复数据删除技术原理

（3）自动精简配置（Thin Provisioning）技术。自动精简配置是一种全新的存储空间管理技术，利用虚拟化方法减少物理存储部署，可最大限度提升存储空间利用率。传统的存储系统中，为确保存储容量足够使用，用户往往会部署多于实际需求的充足物理存储空间。但在实际使用过程中，部署容量通常未受到充分利用。行业研究组织发现在某些项目中，实际使用容量仅占部署容量的 20%～30%。因此，自动精简配置技术应运而生，旨在实现更高的存储容量利用率，并带来更大的投资回报。

自动精简配置不会一次性地划分过大的空间给某项应用，而是根据该项应用实际所需要的容量，多次、少量地分配给应用程序，当该项应用所产生的数据增长，分配的容量空间已不够的时候，系统会再次从后端存储池中补充分配一部分存储空间。自动精简配置技术扩展了存储管理功能，虽然实际分配的物理容量小，但可以为操作系统提供超大容量的虚拟存储空间。随着应用写入的数据越来越多，实际存储空间也可以及时扩展，而无须手动扩展。换句话说，自动精简配置提供的是"运行时空间"，可以显著减少已分配但是未使用的存储空间。利用自动精简配置技术，能够帮助用户在不降低性能的情况下，大幅提高存储空间利用效率，降低初始投资成本；需求变化时，无须更改存储容量设置；通过虚拟化技术集成存储，降低运营成本；减少超量配置，降低总功耗。

（4）自动分层存储 ATS（Automated Tiered Storage）技术。自动分层存储属于分层存储（Tiered Storage），也称为层级存储管理（Hierarchical Storage Management）。广义上讲，就是将数据存储在不同层级的介质中，并在不同的介质之间进行自动或者手动的数据迁移、复制等操作。同时，分层存储也是信息生命周期管理（ILM）的一个具体应用和实现。分层存储发展至自动分层存储，主要摒弃了甄别数据和迁移数据的人工操作，而实现了智能化和自动化。

存储设备有高低贵贱之分，性能好、可靠性高、读写速度快的设备，自然价格就高；而性能较低、读写速度慢的设备，价格也就相对低廉。"分层"是指对数据的访问需求增加或减少时，将数据在不同类型的存储介质之间迁移，即把那些不常被访问的数据或过时的数据转移到速度较慢、成本较低的存储介质上，如 SATA 磁盘或磁带，以此来降低硬件成本；而把那些经常被访问或重要的数据放在速度较快、成本较高的光纤磁盘甚至固态硬盘（SSD）上，以此来提升性能，如图 7-42 所示。自动分层存储就是要让数据和设备"门当户对"，不仅可以降低存储容量成本和管理成本，同时还维持适当的性能水平。

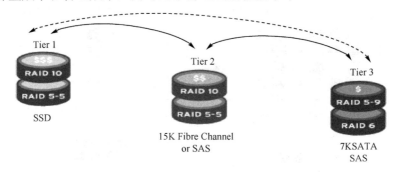

图 7-42　自动分层存储结构

以往，数据的分层存储依靠存储管理员的手工操作。如今，这一过程实现了自动化，智能软件可以自动将数据转移到最经济高效的存储介质上。SSD 的出现使自动分层技术显得更加有必要，它能使一个两层甚至三层的存储系统享有 SSD 级的性能，同时反过来又促进 SSD 的应用。随着自动化数据分层技术不断成熟，它有助于促进 SSD 的采用，因为它可以帮助管理员将分层技术调整到足够优化的地步，从而确保能够从性能最高但成本也最高的存储介质中获得最大效益。

（5）存储虚拟化技术。存储虚拟化将分散的物理存储资源整合抽象成单一逻辑资源池，使得管理员仅以单一的逻辑视图对存储资源进行识别、配置和管理，如图 7-43 所示。

虚拟化将存储资源的物理特性隐藏起来，对于用户来说虚拟化的存储资源就像是一个巨大的"存储池",而不必关心其背后的物理存储设备。存储虚拟化是存储整合的一个重要组成部分,它能减少管理问题,而且能够最大化存储利用率,减缓存储需求,这样可以降低新增存储的费用。如果没有存储虚拟化,只能分别管理物理存储设备,不仅管理复杂性很大,并且容易造成存储资源的浪费。

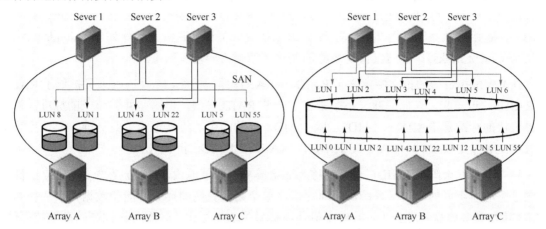

图 7-43 存储虚拟化简化存储管理

存储的虚拟化技术有很多优点,如提高存储利用效率和性能,简化存储管理复杂性,绿色节省,降低运营成本等。现代数据应用在存储容量、I/O 性能、可用性、可靠性、利用效率、管理、业务连续性等方面对存储系统不断提出更高的需求,基于存储虚拟化提供的解决方案可以帮助数据中心应对这些新的挑战,有效整合各种异构存储资源,消除信息孤岛,保持高效数据流动与共享,合理规划数据中心扩容,简化存储管理以及绿色节能等。它还是自动精简配置、动态卷、快照等存储技术的基础。存储虚拟化是目前的存储热点技术,也是未来的存储技术趋势,受到众多存储软硬件厂商的大力推崇。

除了上述的五大基本的高效存储技术之外,还有其他许多高效存储技术和策略。

- 管理数据:根据数据价值和 SLA 定制数据管理和保护策略,减少冗余数据副本,减缓数据增长速率,降低成本。
- 选择 RAID 级别:根据数据价值和 SLA 选择合适的 RAID 级别,并结合其他高效存储技术来减少存储量和能耗(本节下面专题解读)。
- 动态数据卷:按照实际存储需求动态调整数据卷大小,提高存储利用率,以减小存储需求。
- SSD 技术:SSD 是固态硬盘,它具有高性能、低能耗的特点,有效缓解高性能应用的 I/O 瓶颈问题,并可作为分层存储的顶层存储介质,提高整合性能和降低成本(7.5.3节再专题解读)。
- MAID 技术:将空闲磁盘转换成非活动或低带旋转模式,可有效节省能耗。
- 可写快照技术:可减少用于测试、仿真、建模等应用的存储空间需求。

2. RAID 存储技术

(1)RAID 的基本概念。1988 年美国加州大学伯克利分校的 D.A.Patterson 教授等首次在论文"A Case of Redundant Array of Inexpensive Disks"中提出了 RAID 概念，即廉价冗余磁盘阵列（Redundant Array of Inexpensive Disks，RAID）。由于当时大容量磁盘比较昂贵，RAID 的基本思想是将多个容量较小、相对廉价的磁盘进行有机组合，从而以较低的成本获得与昂贵大容量磁盘相当的容量、性能、可靠性。随着磁盘成本和价格的不断降低，RAID 可以使用大部分的磁盘，"廉价"已经毫无意义。因此，RAID 咨询委员会（RAID Advisory Board，RAB）决定用"独立"替代"廉价"，于是 RAID 变成了独立磁盘冗余阵列（Redundant Array of Independent Disks）。但这仅仅是名称的变化，实质内容没有改变。

D.A.Patterson 等的论文中定义了 RAID1～RAID5 原始等级，1988 年以来又扩展了 RAID0 和 RAID6。近年来，存储厂商又不断推出了一些 RAID 等级，但这些并无统一的标准。目前业界公认的标准是 RAID0～RAID5，除 RAID2 外的四个等级被定为工业标准，而使用最多的 RAID 等级是 RAID0、RAID1、RAID3、RAID5、RAID6 和 RAID10。

独立磁盘冗余阵列 RAID，通常简称为磁盘阵列。简单地说，RAID 是由多个独立的高性能磁盘驱动器组成的磁盘子系统，从而提供比单个磁盘更高的存储性能和数据冗余的技术。RAID 是一类多磁盘管理技术，其向主机环境提供了成本适中、数据可靠性高的高性能存储。SNIA 对 RAID 的定义是：一种磁盘阵列，部分物理存储空间用来记录保存在剩余空间上的用户数据的冗余信息。当其中某一个磁盘或访问路径发生故障时，冗余信息可用来重建用户数据。

RAID 的初衷是为大型服务器提供高端的存储功能和冗余的数据安全。在整个系统中，RAID 被看成由两个或更多磁盘组成的存储空间，通过并发地在多个磁盘上读写数据来提高存储系统的 I/O 性能。大多数 RAID 等级具有完备的数据校验、纠正措施，从而提高系统的容错性，甚至镜像方式，大大增强了系统的可靠性。

这里要提一下 JBOD（Just a Bunch Of Disks），最初 JBOD 用来表示一个没有控制软件提供协调控制的磁盘集合，这是 RAID 区别与 JBOD 的主要因素。目前 JBOD 常指磁盘柜，而不论其是否提供 RAID 功能。

RAID 的两个关键目标是提高数据可靠性和 I/O 性能。在磁盘阵列中，数据分散在多个磁盘中，然而对于计算机系统来说，就像一个单独的磁盘。通过把相同数据同时写入到多块磁盘（典型的如镜像），或者将计算的校验数据写入阵列中来获得冗余能力，当单块磁盘出现故障时可以保证不会导致数据丢失。有些 RAID 等级允许更多的磁盘同时发生故障，如 RAID6，可以是两块磁盘同时损坏。在这样的冗余机制下，可以用新磁盘替换故障磁盘，RAID 会自动根据剩余磁盘中的数据和校验数据重建丢失的数据，保证数据一致性和完整性。数据分散保存在 RAID 中的多个不同磁盘上，并发数据读写要大大优于单个磁盘，因此可以获得更高的聚合 I/O 带宽。当然，磁盘阵列会减少全体磁盘的总可用存储空间，牺牲空间换取更高的可靠性和性能。例如，RAID1 存储空间利用率仅有 50%。

磁盘阵列可以在部分磁盘（单块或多块，根据实现而论）损坏的情况下，仍能保证系统不中断地连续运行。在重建故障磁盘数据至新磁盘的过程中，系统可以继续正常运行，但是性能方面会有一定程度上的降低。一些磁盘阵列在添加或删除磁盘时必须停机，而有些则支持热交换（Hot Swapping），允许不停机下替换磁盘驱动器。这种高端磁盘阵列主要用于要求高可能性的应用系统，系统不能停机或尽可能少的停机时间。一般来说，RAID 不可作为数据备份的替代方案，它对非磁盘故障等造成的数据丢失无能为力，如病毒、人为破坏、意外删除等情形。此时的数据丢失是相对操作系统、文件系统、卷管理器或者应用系统来说的，对于 RAID 系统本身，数据都是完好的，没有发生丢失。所以，数据备份、灾备等数据保护措施是非常必要的，与 RAID 相辅相成，保护数据在不同层次的安全性，防止发生数据丢失。

RAID 思想从提出后就广泛被业界所接纳，存储工业界投入了大量的时间和财力来研究和开发相关产品。而且，随着处理器、内存、计算机接口等技术的不断发展，RAID 不断地发展和革新，在计算机存储领域得到了广泛地应用，并从高端系统逐渐延伸到普通的中低端系统。

（2）RAID 的关键技术。RAID 中主要有三个关键概念和技术：镜像、数据条带和数据校验。

① 镜像（Mirroring）。镜像是一种冗余技术，为磁盘提供保护功能，防止磁盘发生故障而造成数据丢失。对于 RAID 而言，采用镜像技术会同时在阵列中产生两个完全相同的数据副本，分布在两个不同的磁盘驱动器组上。镜像提供了完全的数据冗余能力，当一个数据副本失效不可用时，外部系统仍可正常访问另一副本，不会对应用系统运行和性能产生影响。而且，镜像不需要额外的计算和校验，故障修复非常快，直接复制即可。镜像技术可以从多个副本进行并发读取数据，提供更高的读 I/O 性能，但不能并行写数据，写多个副本会会导致一定的 I/O 性能降低。

镜像技术提供了非常高的数据安全性，其代价也是非常昂贵的，需要至少 2 倍的存储空间。高成本限制了镜像的广泛应用，主要应用于至关重要的数据保护，这种场合下数据丢失会造成巨大的损失。另外，镜像通过"拆分"能获得特定时间点的上数据快照，从而可以实现一种备份窗口几乎为零的数据备份技术。

②数据条带（Data Stripping）。磁盘存储的性能瓶颈在于磁头寻道定位，它是一种慢速机械运动，无法与高速的 CPU 匹配。再者，单个磁盘驱动器性能存在物理极限，I/O 性能非常有限。RAID 由多块磁盘组成，数据条带技术将数据以块的方式分布存储在多个磁盘中，从而可以对数据进行并发处理。这样写入和读取数据就可以在多个磁盘上同时进行，并发产生非常高的聚合 I/O，有效提高了整体 I/O 性能，而且具有良好的线性扩展性。这对大容量数据尤其显著，如果不分块，数据只能按顺序存储在磁盘阵列的磁盘上，需要时再按顺序读取。而通过条带技术，可获得数倍与顺序访问的性能提升。

数据条带技术的分块大小选择非常关键。条带粒度可以是 1 B 至几 KB，分块越小，并行处理能力就越强，数据存取速度就越高，但同时就会增加块存取的随机性和块寻址时间。实际应用中，要根据数据特征和需求来选择合适的分块大小，在数据存取随机性和并发处理能力之间进行平衡，以争取尽可能高的整体性能。

数据条带是基于提高 I/O 性能而提出的，也就是说它只关注性能，而对数据可靠性、可用性没有任何改善。实际上，其中任何一个数据条带损坏都会导致整个数据不可用，采用数据条带技术反而增加了数据发生丢失的概念率。

③ 数据校验（Data parity）。镜像具有高安全性、高读性能的优点，但冗余开销太昂贵。数据条带通过并发性来大幅提高性能，然而对数据安全性、可靠性未做考虑。数据校验是一

种冗余技术，它用校验数据来提供数据的安全，可以检测数据错误，并在能力允许的前提下进行数据重构。相对镜像，数据校验大幅缩减了冗余开销，用较小的代价换取了极佳的数据完整性和可靠性。数据条带技术提供高性能，数据校验提供数据安全性，RAID 不同等级往往同时结合使用这两种技术。

采用数据校验时，RAID 要在写入数据同时进行校验计算，并将得到的校验数据存储在 RAID 成员磁盘中。校验数据可以集中保存在某个磁盘或分散存储在多个不同磁盘中，甚至校验数据也可以分块，不同 RAID 等级实现各不相同。当其中一部分数据出错时，就可以对剩余数据和校验数据进行反校验计算重建丢失的数据。校验技术相对于镜像技术的优势在于节省大量开销，但由于每次数据读写都要进行大量的校验运算，对计算机的运算速度要求很高，必须使用硬件 RAID 控制器。在数据重建恢复方面，检验技术比镜像技术复杂得多且慢得多。

海明校验码和异或校验是两种最为常用的数据校验算法。海明校验码是由理查德·海明提出的，不仅能检测错误，还能给出错误位置并自动纠正。海明校验的基本思想是：将有效信息按照某种规律分成若干组，对每一个组进行奇偶测试并安排一个校验位，从而能提供多位检错信息，以定位错误点并纠正。可见海明校验实质上是一种多重奇偶校验。异或校验通过异或逻辑运算产生，将一个有效信息与一个给定的初始值进行异或运算，会得到校验信息。如果有效信息出现错误，通过校验信息与初始值的异或运算能还原正确的有效信息。

不同等级的 RAID 采用一个或多个以上的三种技术，来获得不同的数据可靠性、可用性和 I/O 性能。至于设计何种 RAID（甚至新的等级或类型）或采用何种模式的 RAID，需要在深入理解系统需求的前提下进行合理选择，综合评估可靠性、性能和成本来进行折中的选择。

（3）RAID 主要优势。RAID 技术如此流行，源于其具有显著的特征和优势，基本可以满足大部分的数据存储需求。总体说来，RAID 主要优势有如下几点。

① 容量大。这是 RAID 的一个显然优势，它扩大了磁盘的容量，由多个磁盘组成的 RAID 系统具有海量的存储空间。现在单个磁盘的容量就可以到 1 TB 以上，这样 RAID 的存储容量就可以达到 PB 级，大多数的存储需求都可以满足。一般来说，RAID 可用容量要小于所有成员磁盘的总容量。不同等级的 RAID 算法需要一定的冗余开销，具体容量开销与采用算法相关。如果已知 RAID 算法和容量，可以计算出 RAID 的可用容量。通常，RAID 容量利用率在 50%～90%。

② 性能高。RAID 的高性能受益于数据条带化技术。单个磁盘的 I/O 性能受到接口、带宽等计算机技术的限制，性能往往很有限，容易成为系统性能的瓶颈。通过数据条带化，RAID 将数据 I/O 分散到各个成员磁盘上，从而获得比单个磁盘成倍增长的聚合 I/O 性能。

③ 可靠性提升。可用性和可靠性是 RAID 的另一个重要特征。从理论上讲，由多个磁盘组成的 RAID 系统在可靠性方面应该比单个磁盘要差。这里有个隐含假定：单个磁盘故障将导致整个 RAID 不可用。RAID 采用镜像和数据校验等数据冗余技术，打破了这个假定。镜像是最为原始的冗余技术，把某组磁盘驱动器上的数据完全复制到另一组磁盘驱动器上，保证总有数据副本可用。比起镜像 50% 的冗余开销，数据校验要小很多，它利用校验冗余信息对数据进行校验和纠错。RAID 冗余技术大幅提升数据可用性和可靠性，保证若干磁盘出错时，不会导致数据的丢失，不影响系统的连续运行。

④ 可管理性好。实际上，RAID 是一种虚拟化技术，它对多个物理磁盘驱动器虚拟成一个大容量的逻辑驱动器。对于外部主机系统来说，RAID 是一个单一的、快速可靠的大容量磁盘驱动器。这样，用户就可以在这个虚拟驱动器上来组织和存储应用系统数据。从用户应用角度看，使存储系统简单易用，管理也很便利。由于 RAID 内部完成了大量的存储管理工作，管理员只需要管理单个虚拟驱动器，可以节省大量的管理工作。RAID 可以动态增减磁盘驱动器，可自动进行数据校验和数据重建，这些都可以大大简化管理工作。

（4）实现方式。通常计算机功能既可以由硬件来实现，也可以由软件来实现。RAID 系统也同样，它既可以采用软件方式实现，也可以采用硬件方式实现，或者采用软硬结合的方式实现。

① 软 RAID。软 RAID 没有专用的控制芯片和 I/O 芯片，完全由操作系统和 CPU 来实现 RAID 的功能。现代操作系统基本上都提供软 RAID 支持，通过在磁盘设备驱动程序上添加一个软件层，提供一个物理驱动器与逻辑驱动器之间的抽象层。目前，操作系统支持的最常见的 RAID 等级有 RAID0、RAID1、RAID3、RAID5、RAID6 和 RAID10 等。比如，Windows Server 支持 RAID0、RAID1 和 RAID5 三种等级，Linux 支持 RAID0、RAID1、RAID4、RAID5、RAID6 等，Mac OS X Server、FreeBSD、NetBSD、OpenBSD、Solaris 等操作系统也都支持相应的 RAID 等级。

软 RAID 的配置管理和数据恢复都比较简单，但是 RAID 所有任务的处理完全由 CPU 来完成，如计算校验值，所以执行效率比较低下，这种方式需要消耗大量的运算资源，支持 RAID 模式较少，很难广泛应用。

软 RAID 由操作系统来实现，因此系统所在分区不能作为 RAID 的逻辑成员磁盘，软 RAID 不能保护系统盘 D。对于部分操作系统而言，RAID 的配置信息保存在系统信息中，而不是单独以文件形式保存在磁盘上。这样当系统意外崩溃而需要重新安装时，RAID 信息就会丢失。另外，磁盘的容错技术并不等于完全支持在线更换、热插拔或热交换，能否支持错误磁盘的热交换与操作系统实现相关，有的操作系统支持热交换。

② 硬 RAID。硬 RAID 拥有自己的 RAID 控制处理与 I/O 处理芯片，甚至还有阵列缓冲，对 CPU 的占用率和整体性能是三类实现中最优的，但实现成本也最高的。硬 RAID 通常都支持热交换技术，在系统运行下更换故障磁盘。

硬 RAID 包含 RAID 卡和主板上集成的 RAID 芯片，服务器平台多采用 RAID 卡。RAID 卡由 RAID 核心处理芯片（RAID 卡上的 CPU）、端口、缓存和电池 4 部分组成。其中，端口是指 RAID 卡支持的磁盘接口类型，如 IDE/ATA、SCSI、SATA、SAS、FC 等接口。

③ 软硬混合 RAID。软 RAID 性能欠佳，而且不能保护系统分区，因此很难应用于桌面系统。而硬 RAID 成本非常昂贵，不同 RAID 相互独立，不具互操作性。因此，人们采取软件与硬件结合的方式来实现 RAID，从而获得在性能和成本上的一个折中，即较高的性价比。

这种 RAID 虽然采用了处理控制芯片，但是为了节省成本，芯片往往比较廉价且处理能力较弱，RAID 的任务处理大部分还是通过固件驱动程序由 CPU 来完成。

（5）RAID 应用选择。RAID 等级的选择主要有三个因素，即数据可用性、I/O 性能和成本。目前，在实际应用中常见的主流 RAID 等级是 RAID0、RAID1、RAID3、RAID5、RAID6

和 RAID10，它们之间的技术对比情况如表 7-6 所示。如果不要求可用性，选择 RAID0 以获得高性能。如果可用性和性能是重要的，而成本不是一个主要因素，则根据磁盘数量选择 RAID1。如果可用性、成本和性能都同样重要，则根据一般的数据传输和磁盘数量选择 RAID3 或 RAID5。在实际应用中，应当根据用户的数据应用特点和具体情况，综合考虑可用性、性能和成本来选择合适的 RAID 等级。

表 7-6　主流 RAID 等级技术对比

RAID 等级	RAID0	RAID1	RAID3	RAID5	RAID6	RAID10
别名	条带	镜像	专用奇偶校验条带	分布奇偶校验条带	双重奇偶校验条带	镜像加条带
容错性	无	有	有	有	有	有
冗余类型	无	有	有	有	有	有
热备份选择	无	有	有	有	有	有
读性能	高	低	高	高	高	高
随机写性能	高	低	低	一般	低	一般
连续写性能	高	低	低	低	低	一般
需要磁盘数	$n \geq 1$	$2n\,(n \geq 1)$	$n \geq 3$	$n \geq 3$	$n \geq 4$	$2n\,(n \geq 2)\ \geq 4$
可用容量	全部	50%	$(n-1)/n$	$(n-1)/n$	$(n-2)/n$	50%

近年来，企业的信息化水平不断发展，数据已经取代计算成为了信息计算的中心，信息数据的安全性就显得尤为重要。随着存储技术的持续发展，RAID 技术在成本、性能、数据安全性等诸多方面都将优于其他存储技术，如磁带库、光盘库等，大多数企业数据中心首选 RAID 作为存储系统。当前存储行业的知名存储厂商均提供全线的磁盘阵列产品，包括面向个人和中小企业的入门级的低端 RAID 产品，面向大中型企业的中高端 RAID 产品。这些存储企业包括了国内外的主流存储厂商，如 EMC、IBM、HP、SUN、NetApp、NEC、HDS、H3C 等。另外，这些厂商在提供存储硬件系统的同时，还往往提供非常全面的软件系统，这也是用户采购产品的一个主要参考因素。

回顾 RAID 发展历史，从首次提出概念至今已有 20 多年。在此期间，整个社会信息化水平不断提高，数据呈现爆炸式增长趋势，数据取代计算成为信息计算的中心。这促使人们对数据愈加重视，不断追求海量存储容量、高性能、高安全性、高可用性、可扩展性、可管理性等。RAID 技术在这样强大的存储需求推动下不断发展进步，时至今日技术已经非常成熟，在各种数据存储系统中得到了十分广泛的应用。

然而，当前的 RAID 技术仍然存在诸多不足，各种 RAID 模式都存在自身的缺陷，主要集中在读写性能、实现成本、恢复时间窗口、多磁盘损坏等方面。因此，RAID 技术显然还存在很大的提升空间，具有很大的发展潜力。近年来新出现的 RAID 模式，以及学术研究显示了其未来的发展趋势，包括分布式校验、多重校验、混合 RAID 模式、水平和垂直条带、基于固态内存 RAID、网络校验等。特别指出的是，多核 CPU 和 GPU 是当前的热点技术，它们大幅提升了主机的可用计算资源，这可以解决 RAID 对计算资源的消耗问题，软 RAID 很可能将重新成为热点。另外，存储硬件性能的提升、存储虚拟化技术、重复数据删除技术，以及其他存储技术都会极大地推动 RAID 技术的进一步创新和发展。

7.4.5　软件定义存储与云存储

1. 软件定义存储（SDS）

（1）软件定义存储的基本概念。众所周知，软件是用户与硬件之间的接口界面，用户主要是通过软件与硬件进行交流的。早期，为了大规模生产，降低制造的复杂度和成本。许多功能都固化在硬件里，我们可以称之为硬件定义。随着人民日益增长的多样化、个性化定制的需求，以及云计算的要求，更加智能、更加灵活的自动化的需求，由软件定义来操控硬件资源的需求将越来越多、越来越广。最早的空调里面也有软件，但相对固化，不提供或者提供非常少的接口，缺乏灵活性。那时，我们只能选择温度，或者开关；后来出现了更多的选择，如风速、风向等的设定。到了智能家居的时代，通过向应用软件开放空调的编程接口，使得我们能在回家之前，就借助手机或者平板，开启并设置空调了。

软件定义，究其本质，就是将原来高度耦合的一体化硬件，通过标准化、抽象化（虚拟化），解耦成不同的部件。围绕这些部件，建立起虚拟化软件层，以 API（应用编程接口）的方式，实现原来硬件才提供的功能。再由管理控制软件，自动进行硬件资源的部署、优化和管理，提供高度的灵活性，为应用提供服务。简而言之，就是更多地由软件来驱动并控制硬件资源。

值得提出注意的是，软件定义其实是一个过程，不是一蹴而就的目标，它分成不同阶段。软件定义逐渐将硬件与软件进行解耦，将硬件的可操控成分按需求，分阶段的，通过编程接口或者以服务的方式逐步暴露给应用，分阶段地满足应用对资源的不同程度、不同广度的灵活调用。

在前述的高效存储技术中，实际主要多是靠软件，而软件定义存储（Software Defined Storage，SDS）是最近几年被频繁提及的一个词汇。软件定义的存储产品是一个将硬件抽象化的解决方案，它可以轻松地将所有资源池化，并通过一个友好的用户界面（UI）或 API 来提供给消费者。一个软件定义的存储的解决方案可以在不增加任何工作量的情况下进行纵向扩展（Scale-Up）或横向扩展（Scale-Out）。

用软件来定义存储，前提是仍有足够的存储空间。简单来说，一款容量管理程序就是一个软件定义存储的例子，但最近出现的词汇显然拥有更深层次的含义。也可将虚拟化存储（Storage Virtualization）归入这一类别。但对于严谨的人来说，这两类技术略有不同。虚拟化存储和软件定义存储都将存储服务从存储系统中抽象出来，且可同时向机械硬盘及固态硬盘提供存储服务。然而虚拟化存储只能在专门的硬件设备上使用。对于许多厂商来说虚拟化存储都要使用自己为其量身定制的设备；或者在特定服务器上加载的一款软件。虚拟设备并不代表其不需要设备，只能说不需要硬件即可运行。这本质上是虚拟后的虚拟化存储。虚拟存储设备可视为专用外部设备的一种进化，因为它拥有一般存储的性能，且花费可控制在一般虚拟设备的水平。

而软件定义存储是现存操作系统或监管程序中一种扩展的存储软件，它不需要特定的虚拟机来运行。许多操作系统、监管程序供应商或第三方服务都提供了相关特性如自动精简配置、快照技术、克隆与同步等。在这一层面，可靠的设计与潜在的高可用性是物理存储设备的必然要求。

这两种技术各有各的特点，均可为企业带来巨大的价值。随着数据中心的持续虚拟化，软件定义存储和虚拟化存储正成为扩展存储能力，以及提高虚拟环境性能的理想选择。

软件定义存储普遍代表了一种趋势，那就是软件和硬件的分离。对数据中心用户来说，只需要通过软件来实现对自身存储资源的管理和调度，而无须考虑后端的硬件基础设施。针对软件定义存储，各家厂商提出的概念也不尽相同，但意见比较统一的几点是软件定义存储需要实现存储资源的虚拟化、抽象化、自动化。总之，软件定义存储的核心在于用软件解决原先由硬件解决的（弹性）问题。

SDS 允许异构的或者专有的平台。必须满足的是，这个平台能够提供部署和管理其虚拟存储空间的自助服务接口。除此之外，SDS 应该包括。

- 自动化：简化管理，降低维护存储架构的成本。
- 标准接口：提供应用编程接口，用于管理、部署和维护存储设备和存储服务。
- 虚拟数据路径：提供块、文件和对象的接口，支持应用通过这些接口写入数据。
- 扩展性：无须中断应用，也能提供可靠性和性能的无缝扩展。
- 透明性：提供存储消费者对存储使用状况及成本的监控和管理。

（2）中国电信率先实现 SDS 商用。2015 年 2 月，中国电信浙江公司和华为共同宣布，通过联合创新，中国电信浙江公司采用华为 FusionStorage 解决方案实现了软件定义存储（SDS）的商用部署，并已稳定承载电信核心业务。据悉，这是业界首次在电信核心业务中应用软件定义存储技术。

软件定义存储是构建云数据中心的重要支撑技术，也是存储未来的发展方向之一。它虽然红到发紫，但仍属于新兴技术。而在云计算实践上，中国电信浙江公司实际上一直走得比较超前。该公司从 2011 年开始启动云计算建设，目前形成了规模近 500 台 x86 服务器，绍兴、金华两个物理节点双活的、统一的资源池，在网络上已经部署了 VMware 为主的虚拟化软件和 SDN（软件定义网络），可以将计算、网络能力进行按需分配。

但是，该公司之前的存储采用的是高端 FC SAN 存储，如 HP XP20000、IBM 8870 等，通用 FC 网络进行连接。然而，随着业务的发展，传统的 FC SAN 存储数量多、组网复杂、成本高、存储功能单一等弊端越来越使得存储渐渐成为资源池的短板，因此将目光盯住了更灵活、开放的软件定义存储。通过与华为进行近一年的项目攻关，中国电信浙江公司构建 P2P 的万兆 IP 网络架构（骨干采用 40GE 互连），采用高弹性、超大容量的汇聚存储资源池代替了原资源池里中高端 SAN 存储阵列和 FC 网络。目前，该软件定义存储资源池已经上线了 61 台服务器，其中 57 台是存储节点、3 台是管理节点、1 台备份节点。采用 3 副本冗余的方式，全部用 SATA 盘保持数据，裸容量达到 2 PB。

大家知道，存储方案和系统的选择主要从性能、成本、可靠性、扩展性、运维便捷性等几个方面来衡量。其中，存储性能决定了一个应用能不能跑得更快，成本决定了部署业务系统的 CAPEX 是否更优，可靠性不丢数据是存储生存的基本要求，扩展性决定存储系统是否能够支撑业务的持续增长和发展，运维便捷性决定了新业务部署和实施是否更迅速、同时也决定了系统的 OPEX 是否更优。从上述几个维度来衡量，中国电信浙江公司部署的华为

FusionStorage 软件定义存储解决方案已超过人们心中高高在上的传统 FC SAN 存储，具体从下述 4 个方面给出了回答。

① 在性能和成本方面，中国电信部署的这套软件定义存储通过普通低成本的 SATA 盘和分布式的软件架构就达到了 130 万 IOPS 和 120 Gbps 的高性能，超过了多套高端 FC SAN 存储阵列联合的性能。

② 在可靠性方面，软件定义存储通过跨服务器的数据冗余机制，保障了多台服务器同时故障的情况下，数据仍然可读写、不丢失，解决了 SAN 双机头故障带来的性能下降和数据不可读写问题。而且，华为的 FusionStorage 软件定义存储还支持了异构的 VMware 虚拟化平台，应该说这更加开放，也更加符合中国电信的要求。

③ 在扩展性方面，通过分布式的软件定义架构达到近乎无限扩展的能力，满足迅速增长的未来业务需求。存储的扩容只需要增加普通服务器即可完成。

④ 在运维便捷性方面，华为的软件定义存储架构和扁平化的计算存储网络，真正让企业和运营商的 IT 做到了像互联网一样，维护人员只需要每周推车去更换一些故障硬盘即可，简单便捷高效。

上例反映了 Sever SAN 模式的软件定义存储已经走向成熟，可以大规模部署，在一定场合可替代传统高端存储。外国分析师社区 wikibon 2013 年的报告指出，到 2022 年，整体存储市场 90%的份额都将是软件定义存储。

2. 云存储

近年来，随着云计算技术的兴起，云存储受到了人们的广泛关注。云计算为用户提供两种服务：一种是计算资源服务，把计算能力作为一种服务提供给用户；另一种是存储服务，将存储作为服务提供给用户，即云存储。云存储通过一系列软件集合将各种异构存储设备集合在一起，构成海量存储空间供用户使用，需要存储服务的用户不再需要建立自己的数据中心，只需向云存储服务商申请存储服务，将自己的数据存放在云存储服务商提供的存储空间中。云存储模式使企业避免了存储平台的重复建设，节约了昂贵的软硬件基础设施投资。

目前，云存储模式得到了众多厂商的支持和关注，众多知名厂商纷纷推出自己的云存储服务，如 Amazon 公司推出的简单存储服务 S3、谷歌推出的在线存储服务、微软公司推出的存储服务等。

（1）云存储技术的基本概念。从狭义上来说，云存储是指通过虚拟化、分布式技术、集群应用、网格技术、负载均衡等技术，将网络中大量的存储设备通过软件集合起来高效协同工作，共同对外提供低成本、高扩展性的数据存储服务。

从广义上来讲，云存储可以理解为按需提供的虚拟存储资源，如同云计算的 Paas、Iaas 服务一样，可称为 DaaS（Data Storage As a Service），即数据存储服务，即基于指定的服务水平请求，通过网络提供适当的虚拟存储和相关数据服务。

云存储不是指某一个具体的设备，而是指一个由许许多多个存储设备和服务器所构成的集合体。使用者使用云存储，并不是使用某一个存储设备，而是使用整个云存储系统带来的一种数据访问服务。云存储的核心是应用软件与存储设备相结合，通过应用软件来实现存储设备向存储服务的转变。

云存储是将储存资源放到网络上供人存取的一种新兴方案，使用者可以在任何时间、任何地方，通过任何可连网的装置方便地存取数据。

云存储系统以传统的分布式存储技术为基础，利用高吞吐率网络技术为依托，一方面高效地整合管理网络存储资源，另一方面对外提供友好的接口，发布便捷的网络数据存储服务。

云存储是在云计算概念上延伸和发展出来的一个新的概念，是指通过集群应用、网格技术或分布式文件系统等功能，将网络中大量各种不同类型的存储设备通过应用软件集合起来协同工作，共同对外提供数据存储和业务访问功能的一个系统。

当云计算系统运算和处理的核心是大量数据的存储和管理时，云计算系统中就需要配置大量的存储设备，那么云计算系统就转变成为一个云存储系统，所以云存储是一个以数据存储和管理为核心的云计算系统。

云存储的核心是应用软件与存储设备相结合，通过应用软件来实现存储设备向存储服务的转变。与传统的存储设备相比，云存储不仅仅是一个硬件，而是一个网络设备、存储设备、服务器、应用软件、公用访问接口、接入网、和客户端程序等多个部分组成的复杂系统，各部分以存储设备为核心，通过应用软件来对外提供数据存储和业务访问服务。

此外，云存储更多的是应用。应用存储是一种在存储设备中集成了应用软件功能的存储设备，它不仅具有数据存储功能，还具有应用软件功能，可以看成服务器和存储设备的集合体。应用存储技术的发展可以大量减少云存储中服务器的数量，从而降低系统建设成本，减少系统中由服务器造成单点故障和性能瓶颈，减少数据传输环节，提供系统性能和效率，保证整个系统的高效稳定运行。

（2）云存储系统的特点。综合以上定义，云存储系统至少应该具备如下特点。

① 高可靠性：云存储系统的可靠性是应排到第一位的，因为没有人喜欢买三天两头坏掉的硬盘，因此代表高科技形象的云存储系统，其可靠性必须要求高。

② 高可扩展性：云存储组件应该具有足够高的扩展性，应该能够通过在线扩充存储单元，进行有效的平滑线性扩展。云存储架构采用的是并行扩容方式，当容量不够时，只需采购新的存储服务器，容量即可增加，而且几乎没有上限控制。云存储系统可支持海量数据处理，资源可以实现按需扩展。

③ 高可用性：如果云存储服务不是针对在线用户的，则没有什么实际意义，如果针对在线用户，不具备足够高的可用性也是没有意义的。如 Amazon 的 S3 服务，给足够多的 Web2.0 企业解放了在硬件存储上的压力，但是偶然的一次宕机，就会影响所有的 Web 2.0 用户。

④ 低成本：云存储本质上还是规模化经济，如果成本不能有效地控制，则云存储对厂家、对用户来说是没有意义的。云存储系统应具备高性价比的特点，其低成本体现在两方面，即更低的建设成本和更低的运维成本。

⑤ 无接入限制，容易使用：相比传统存储，云存储强调对用户存储的灵活支持，服务域内存储资源可以随处接入、随时访问。如果将数据存储在云存储系统，就可以从任何有互联

网接入的地方得到这些数据。根本不需要随身携带一个物理存储设备或使用相同的计算机，来保存和检索你的信息，因而无接入限制，容易使用。

⑥ 容易管理：构建云存储系统，可管理性应该在设计之初就要考虑到，如果管理太复杂，则很难做到低成本、稳定性、可靠性。对云存储管理者来说，即使再多的存储服务器也只是一台存储设备，管理人员只需在整体硬盘容量快用完时，增加采购存储服务器即可。而每台存储服务器的使用状况都可以很方便地在一个管理界面上看到。少量管理员可以处理上千节点和 PB 级存储，更高效地支撑大量上层应用对存储资源的快速部署需求。

⑦ 自动容错能力：因为低成本的、存储组件的损耗率应该很高，云存储厂商应该能在软件层、做到自动容错，而不是依赖硬件本身的容错。

⑧ 负载均衡：云存储能自动将工作任务均匀地分配到不同的存储服务器上，从而可避免因个别存储服务器工作量过大，而造成性能瓶颈。这样，就可使整个存储系统发挥最大的功效。

⑨ 去中心化：对元数据的管理，不应该通过少数或者单一的管理节点来操作或者存储。

总之，云存储具有资源共享、海量存储、超强安全、随意读取、统一管理、实时扩容、SaaS 等特性。此外，云存储对各种协议能灵活地支持，在空间、容量、性能方面具有扩展能力，能够提供高效技术构架。由于它具备高效的存储，因而在制冷、空间、电耗等方面能节省很多。在云的环境里，云存储能够迁移应用、自由移动。基于商业组件的云存储，不受具体地理位置的限制，可跨不同的应用，可按需收费等。

（3）云存储系统架构的类型。云存储架构分为两类。

● 通过服务来架构；
● 通过软件或硬件设备来架构。

传统的系统利用紧耦合对称架构，这种架构的设计旨在解决 HPC（高性能计算、超级运算）问题，现在其正在向外扩展成为云存储从而满足快速呈现的市场需求。下一代架构已经采用了松弛耦合非对称架构，集中元数据和控制操作，这种架构并不非常适合高性能 HPC，但是这种设计旨在解决云部署的大容量存储需求。

① 紧耦合对称（TCS）架构。构建 TCS 系统是为了解决单一文件性能所面临的挑战，这种挑战限制了传统 NAS 系统的发展。HPC 系统所具有的优势迅速压倒了存储，因为它们需要的单一文件 I/O 操作要比单一设备的 I/O 操作多得多。业内对此的回应是创建利用 TCS 架构的产品，很多节点同时伴随着分布式锁管理（锁定文件不同部分的写操作）和缓存一致性功能。这种解决方案对于单文件吞吐量问题很有效，几个不同行业的很多 HPC 客户已经采用了这种解决方案。这种解决方案很先进，需要一定程度的技术经验才能安装和使用。

② 松弛耦合非对称（LCA）架构。LCA 系统采用不同的方法来向外扩展，它不是通过执行某个策略来使每个节点知道每个行动所执行的操作的，而是利用一个数据路径之外的中央元数据控制服务器。集中控制提供了很多好处，允许进行新层次的扩展。

● 存储节点可将重点放在提供读写服务的要求上，无须来自网络节点的确认信息。
● 节点可以利用不同的商品硬件 CPU 和存储配置，而且仍然在云存储中发挥作用。
● 用户可以通过利用硬件性能或虚拟化实例来调整云存储。

- 消除节点之间共享的大量状态开销，也可以消除用户计算机互联的需要，如光纤通道或 infiniband，从而进一步降低成本。
- 异构硬件的混合和匹配使用户能够在需要的时候在当前经济规模的基础上扩大存储，同时还能提供永久的数据可用性。
- 拥有集中元数据意味着，存储节点可以旋转地进行深层次应用程序归档，而且在控制节点上，元数据经常都是可用的。

（4）云存储系统架构实现方案。一般，云存储系统的架构大多采用松耦合非对称系统架构，云存储系统在具体软件设计的层次上，可以划分为以下五个层次，如图 7-44 所示。

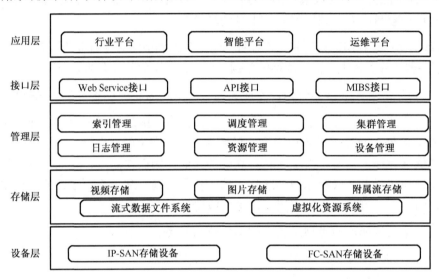

图 7-44　云存储的松耦合非对称系统架构

① 设备层：设备层是云存储最基础、最底层的部分。在系统组成中，存储设备可以是标准 SAN 架构下的 FC 光纤通道存储设备或 ISCSI 协议下的 IP 存储设备，这些存储设备构成云存储的存储资源基础。

② 存储层：存储层含有云存储流式文件系统和虚拟化资源系统。通过云存储流式文件系统和虚拟化资源系统，实现存储传输协议和标准存储设备之间的数据逻辑结构或磁盘阵列的映射。存储层另一类重要功能就是具体实现数据（视频、图片、附属流）和设备层存储设备之间的通信连接，完成数据的高效写入、读取和调用等服务。

③ 管理层：在管理层融合了多种核心的管理功能。负责实现存储设备的逻辑虚拟化管理、多链路冗余管理、录像计划的主动下发，以及硬件设备的状态监控和故障维护等；存储业务响应，以及存储资源调配也由管理层负责。

④ 接口层：应用接口层是云存储最灵活多变的部分，接口层面向用户应用提供完善以及统一的访问接口，接口类型可以是 Web Service 接口、API 接口、MIBS 接口，可以根据实际业务类型，开发不同的应用服务接口，提供不同的应用服务，实现与外部系统之间的对接。

⑤ 应用层：从逻辑上划分，除了应用层外，剩下的四层都属于通常云存储的范畴。如将云存储应用在视频监控系统中，为了与视频监控系统的建设和应用更加紧密的结合，更加符

合用户的业务需求，就可将应用层纳入整个系统架构中，从根本上提高视频云存储系统的针对性。

云存储可以实现存储完全虚拟化，大大简化应用环节，节省客户建设成本，同时提供更强的存储和共享功能。在云存储中，所有设备对使用者完全透明，任何地方任何被授权用户，都可以通过一根接入线与云存储连接，以进行空间与数据访问。用户无须关心存储设备型号、数量、网络结构、存储协议、应用接口等，应用简单透明。

视频监控云存储的出现，突破了传统存储方式的性能和容量瓶颈，使云存储提供商能够连接网络中大量各种不同类型的存储设备，形成异常强大的存储能力，实现性能与容量的线性扩展，让海量数据的存储成为了可能，从而让企业拥有相当于整片云的存储能力，成功解决存储难题。

新一代由视频云存储、数据云存储和云计算组成的视频监控云存储系统解决方案，还可以为用户提供智能存储、智能分析等云服务。这种提供完全透明的、高效便捷的、安全的云存储系统解决方案，特别适合大规模部署的视频存储系统。欲知云存储技术的详情，可参阅本书参考文献[8]安防新技术及系统系列精品丛书之三：《安防&云计算——物联网智能云安防系统实现方案》书中的第 4 章。

7.5　固态存储录像设备

随着光电信息技术、半导体技术与微电子技术的发展，半导体存储技术也随之得到发展而获得了广泛的应用。

7.5.1　半导体存储器特点、类型与结构

1. 半导体存储器的特点

半导体存储器是目前微型计算机中的主存储器，它与磁芯存储器相比，具有下述优势。

- 存取速度快、功耗低：因为半导体存储单元与外围电路均为电子线路，其整个芯片可工作在逻辑电平一级，所以存取速度快、功耗低。
- 生产工艺简单，生产过程便于自动化：因为整个生产过程采用大规模集成电路工艺技术而可一次性完成，所以生产工艺简单，生产过程便于自动化。
- 体积小、结构紧凑、价格低：因为在同样存储容量情况下，它只有磁芯存储器的几十分之一，所以体积小、结构紧凑、价格低。
- 可靠性高：因为是集成芯片，所以可靠性高。

半导体存储器的主要缺点是，断电后会丢失信息，因此存储单元保留信息需要一定的功耗，且动态系统需要定时刷新，从而使得在一些场合中减少了系统的可用率；此外，它的抗辐射性能也不如磁芯存储器。

2. 半导体存储器的类型

半导体存储器按信息的存取方式可分为随机访问存储器（RAM）和只读存储器（ROM）。

（1）RAM。RAM 中的存储内容需要可以随时读出和随时写入，它主要是用来存放各种正在执行的输入/输出数据、处理程序、中间结果，以及作为堆栈等。

RAM 又可分为静态随机访问存储器（SRAM）和动态随机访问存储器（DRAM）两种。SRAM 是由固定稳态及稳态的转换来记忆信息"1"和"0"的，其特点如下。

- 集成度高于双极型 RAM，但低于 DRAM；
- 不需要刷新；
- 功耗比双极型 RAM 低，但比 DRAM 高；
- 存取时间较 DRAM 长；
- 易用电池做备用电源。

DRAM 是靠电容的存储电荷来表示所存内容的 RAM，其特点如下。

- 集成度高于 SRAM 和双极型 RAM；
- 功耗比 SRAM 还要小；
- 价格比 SRAM 低；
- 由于用电容存储信息（电容有泄漏电荷现象），因而要对它进行刷新（再生）；
- 存取时间略短于 SRAM，但较双极型 RAM 长。

（2）ROM。ROM 中所存的内容是预先给定的，在工作过程中只能按地址单元读出，而不能写入新的内容。因此，ROM 作为计算机主存的一部分，用来存放一些固定的程序，如监控程序、启动程序、磁盘引导程序等。ROM 也可作为控制存储器存放微程序，应用于微程序控制器、字符显示器等外用设备。只要一接通电源，这些程序就能自动地运行。而这些存储的信息是用特殊方法写入的，一经写入就可长期保存，不受电源断电的影响。

从功能上说，ROM 可分为以下 4 种类型。

- 掩膜 ROM-MROM；
- 可编程 ROM-PROM；
- 可擦除可编程 ROM-EPROM；
- 系统可擦除可编程 ROM。

这类 ROM 包括电可改写 EPROM（EEPROM 或 E2PROM）和快闪存储器。它们不仅有 EPROM 的性能，而且改写过程可直接在工作系统中进行，无须专用设备。

此外，半导体存储器按所用材料的性质还可分为 MOS 存储器、双极型晶体管存储器和 Bi-CMOS 存储器，这里就不述说了。

3. 半导体存储器的基本结构和组成

一个半导体存储器芯片内，除了存储单元阵列外，还包括有读写电路、地址译码电路和驱动器等。存储芯片通过地址总线、数据总线和控制总线与外部连接。地址总线是单向输入的，其数目与芯片容量有关。数据线是双向的，既可输入，也可输出，其数目与数据位数有关。控制线主要有读/写控制线与片选线两种。一个典型的 RAM 存储器的结构组成框图如图 9-18 所示，它有下列几个部分。

（1）存储单元阵列。存储单元用来存储 1 位二进制信息 "0" 或 "1"，是组成存储器的基础和核心。存储单元阵列是存储单元的集合，如果一个存储单元为 n 位，则需由 n 个存储元才能组成一个存储单元。在较大容量的存储器中，往往把各个字的同一位组织在一个集成片中。图 7-45 中的 4096×1 位，是指 4096 个字的同一位。由这样的 16 个片子则可组成 4096×16 的存储器。同一位的这些字通常排成矩阵的形式，如 64×64=4096。由 X 选择线一行线和 Y 选择线一列线的交叉来选择所需的单元。

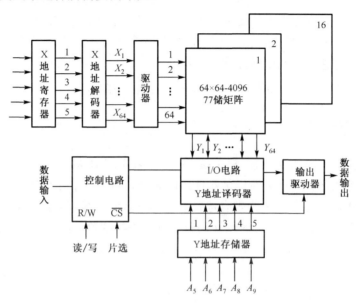

图 7-45　典型的 RAM 存储器示意图

（2）地址寄存器和地址译码器。中央处理器若要访问某 "存储单元"，就要在地址总线 A0～A11 上输出此单元的地址信号，并存放于地址寄存器。地址译码器把来自地址寄存器的表示地址的二进制代码转换成输出端的高电位，用来驱动相应的读写电路，以便选择所要访问的存储单元。

地址译码有两种方式：一种是单译码方式；另一种是双译码方式，也称为位选法或重合法。为节省驱动电路，存储器中通常用双译码结构，它可减少选择线的数目。在双译码方式中，地址译码器分成 X 向和 Y 向两个译码器，若每一个有 $n/2$ 个输入端，它可以译出 $2^{n/2}$ 个输出状态，两个译码器交叉译码的结果，共可以译出 $2^{n/2} \times 2^{n/2} = 2^n$ 个输出状态，其中 n 为地址输入量的二进制位数。但此时译码输出线却只有 $2 \times 2^{n/2}$ 根。若 $n=12$，则双译码输出状态为 $2^{12}=4096$ 个，而译码线仅只有 $2 \times 2^6 = 128$ 根。如采用单译码方式，就需要 4096 根译码线。

（3）驱动器。由于在双译码结构中，一条 X 方向选择线要控制挂在其上的所有存储元电路，如在 4096×1 中要控制 64 个电路，因此其所带的电容负载很大。所以，需要在译码器输出后加驱动器，由驱动器输出去驱动挂在各条 X 方向选择线上的所有存储元电路。

（4）I/O 电路。I/O 电路处于数据总线和被选用的单元之间，用以控制被选中的单元读出或写入，并且具有放大信息的作用。

（5）片选控制器 $\overline{CS}$。显然，单存储容量是有限的，因而需要一定数量的片子按一定方式进行连接后才能组成一个完整的存储器。在地址选择时，首先要对片子进行选择。通常，用地址译码器的输出和一些控制信号（如读/写命令）来形成片选信号。只有当片选信号有效时，才能选中某一片，此片所连的地址线才有效，这样才能对这一片上的存储元进行读或写的操作。片选信号用来确定哪个片被选中，读/写控制线决定芯片进行读/写的操作。至于是读还是写，则取决于中央处理器所给的是读还是写的命令。

（6）输出驱动器——三态输出缓冲器。为扩展存储器的容量，常需要将几个集成片的数据线并联使用。此外，存储器的读出或写入的数据都放在双向的数据总线上，这就要用到三状态输出缓冲器。标准的逻辑门只有"0"和"1"两个状态，而三态逻辑门除通常的"0"和"1"输出态外，还有输出为高阻悬浮状态的第三态。

此外，在动态 RAM 中，还有预存、刷新等方面的控制电路。

7.5.2　快闪存储器

快闪存储器又称为闪烁存储器，它是在 EPROM 和 E2PROM 的制造技术基础上发展产生的一种新型的电可擦除、非易失性记录器件。EPROM 为单管单元叠栅器件，编程靠沟道热电子，擦除靠紫外光。E2PROM 为带有选择管的两管单元，编程和擦除均靠 F-N 隧道效应，它既可在系统中进行可编程，又可通过译码对个别位进行擦除和改写，因此系统调试很方便。

闪烁存储器采用 EPROM 单管单元结构，其加工工艺和编程机理都与 EPROM 类似，只是浮栅氧化层采用 E2PROM 的隧道氧化层。因此，它既具有 EPROM 的价格便宜、集成度高的优点，又具有 E2PROM 的电可擦除和可重写性。并且，它的访问时间短（小于 60 ns），擦除和重写的速度快。一块 1M 位的闪烁存储芯片，其擦除和重写一遍的时间小于 5 s，比一般标准的 E2PROM 要快得多。由于单元面积小，集成度可做到 EPROM 的水平，且全塑料封装，因而成本较低。但它只能整片擦除，不能像 E2PROM 那样逐个字节进行擦除和重写，且允许的擦除次数有限，目前只能达 10 万次左右。

1．快闪存储器的工作原理

快闪存储单元如图 7-46 所示，它在 MOS 管中印入一个浮栅，这个浮栅与源极、漏极以及控制栅之间都是电绝缘的。栅氧化层的厚度为 10～20 mm，其信息写入与读出的原理与 EPROM 类似。如果浮栅上注入电子状态表示"1"，无注入电子状态表示"0"。当漏极以及控制栅均加高压，源极接地时，漏极与控制栅间形成的电场使沟道中运动的电子加速，这些高能量的电子中的一部分将会获得足够的能量以穿过栅氧化层到达浮栅。高压撤除后，这些电子由于没有通路将仍被限制在浮栅上。读取信息时，在控制栅加上 +12 V 的工作电压，根据沟道有否电流流过，即可判断"1"或"0"。

信息的擦除是将控制栅隔离（断开），漏极接地，源极接正高压，使栅氧化层两边产生一个强电场，引起所谓的 F-N（Fowler Nordheim）隧道效应，即将电子从浮栅上拉下来，并在电场的加速下到达源极而复合掉，从而达到擦除的目的。

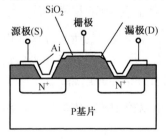

图 7-46　快闪存储单元

2. 快闪存储器与其他半导体存储器的性能比较

从非易失性来看，半导体 ROM 是最早出现的一种非易失性存储器（NVM）。由于它是在扩散级进行编程的，因而价格最便宜，但不具有电可编程性，即灵活性差。因此，掩膜 ROM 主要用于设计成本低且量大的应用领域。

EPROM 的竞争优势在于热电子注入浮栅的方法使其具有可编程性，即灵活性，但其擦除不可在系统中进行，而要用紫外光。因此，它需要一种特殊的陶瓷封装材料，这就使成本大大提高。此外，还有一种组装在无窗口的塑料封装中的 EPROM，它只能一次性编程，故称为一次性可编程 EPROM。E2PROM 每单元有两只晶体管，能进行位级擦除和编程，其功耗低、耐用，因采用塑料封装而成本较低。但是，其单元面积较大，通常为 EPROM 的 2～3 倍。由于它有 10 nm 左右的薄隧道氧化层，工艺难度较 EPROM 的大，因而价格也比 EPROM 的高。现在，已设计出由不同类型的组合而成的用于高速非易失性存储器的专用存储器（ASM），当然成本也就相应地提高了。

快闪存储器是 EPROM 和 E2PROM 技术有机结合的产物，因而它兼有两者的优点。它工作于 12 V 时，可以像 E2PROM 一样实现带电改写，而工作于+5 V 或 0 V 时，其内容就像 EPROM 一样不可改写，它还具有不挥发性、存储密度高、功耗低等特点。快闪存储器与其他半导体存储器的性能比较如图 7-47 所示。

3. 快闪存储器与磁盘性能的比较

大家知道，磁盘很容易受到各种机械震动的影响，受震动后，磁头就容易错位，而修复它既费钱又费时。大部分磁盘规定的工作震动容量是 10 千兆次，而快闪存储器的工作震动容量是 1000 千兆次。由于软、硬磁盘驱动器带有机械转动部件，因而与不需要机械转动部件的快闪存储器相比，可靠性低、功耗大。并且，机械因素也制约着磁盘的数据访问速率。因为写/读数据时，磁头必须首先移动到正确的磁道上，然后还要等待磁盘旋转

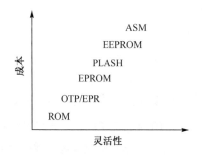

图 7-47　快闪存储器与半导体
存储器成本与性能比较

到要读的扇区。磁盘的这个延迟时间为数十 ms，而快闪存储器中的数据访问时间只受到电子路径的限制，可以低于 0.2 ns。快闪存储器和磁盘的几种典型参数值如表 7-7 所示。

表 7-7　快闪存储器和磁盘的几种典型参数值

	访问时间/ms	功耗/W	MB/g	MB/cm³	振动/千兆次
快闪驱动器	0.5	0.03	0.36	0.51	1000
快闪存储芯片	0.2	0.002	2.41	5	1000
1.7"硬盘驱动器	20	1	0.21	0.34	10
2.5"可换硬驱器	14.5	0.4	0.25	0.34	10
3.5"软盘驱动器	94	0.14	0.01	0.02	5

由上可见，快闪存储器几乎同时具有其他存储器的优点。就成本和灵活性而言，快闪存储器正好处于各种半导体存储器的中间位置。功耗是便携机用户考虑的关键因素之一，因这影响到靠电池供电的仪器的使用时间，且低功耗还便于用户使用更轻的电池。从表 7-6 可见，

快闪存储器的功耗远低于磁盘的功耗。此外，如果以单位质量和体积所容纳的字节数来表示存储容量的话，快闪存储器就占有绝对优势。

7.5.3 固态硬盘 SSD

固态存储器是采用电子介质（即半导体）"读/写"信息的存储技术，早期由于半导体技术的局限性导致固态存储器发展相对缓慢。随着半导体技术的迅猛发展，在磁存储技术相对停滞的今天，固态存储技术以其特有的优势，突破了磁存储的性能瓶颈，价格逐年降低，从早期主要应用于军事、高性能计算机等领域，逐步应用到民用市场。特别是快闪存储器，也称为闪速存储器（Flash Memory），简称闪存，其单片容量越来越大、价格越来越低，目前已成为便携式电子产品的主流存储设备，并开始广泛应用于信息领域。

1. 固态存储器类型

根据掉电后所存储数据是否仍存在，固态存储器分如下两种。

（1）挥发性固态存储器。掉电后所存储数据随之消失，这种存储技术比较成熟，是目前半导体存储器的主流，它包括动态随机存储器（DRAM）、静态随机存储器（SRAM）等。

（2）非挥发性固态存储器。掉电不影响所存的数据，包括只读存储器（ROM）、可擦除可编程只读存储器（EPROM）、电擦除可编程只读存储器（EEPROM）、Flash 存储器、新颖的磁性存储器（MRAM）、铁电存储器（FRAM），以及相变存储器（OUM）等。

近年来，便携式电子产品迅猛发展，而目前磁存储、光存储无法满足轻、薄、短、小的要求。半导体存储技术尤其非挥发性存储器的发展非常迅速，完全满足轻、薄、短、小的要求，可望成为存储技术发展的未来之星。

快闪存储器 Flash，是在 EPROM 和 EEPROM 的制造技术基础上发展产生的一种新型的电可擦除、非易失性记录器件。EPROM 为单管单元叠栅器件，编程靠沟道热电子，擦除靠紫外光。EEPROM 为带有选择管的两管单元，编程和擦除均靠 F-N 隧道效应。它既可在系统中进行可编程，又可通过译码对个别位进行擦除和改写，因此系统调试很方便。

Flash 集其他非易失性存储器优点于一身：与 EPROM 相比较，它可电擦除及重复编程，不要特殊的高压；与 EEPROM 相比较，它成本低、密度大、能在不加电的情况下长期存储信息。因此，由于其特有的存取速度快、存储密度高、低功耗、低成本、可多次擦写等性能，使之能广泛运用于许多领域，包括嵌入式系统，如计算机及外设、移动电话、网络设备、仪器仪表等；图像、语音、数据存储类产品，如 DC、DV、PDA、U 盘、数字录音机等。

随着半导体工艺的发展，借助先进工艺的优势，使闪存容量更大、芯片更小、功耗更低，并推动闪存位成本下降，利用电子存储芯片阵列制成的固态硬盘（Solid State Disk，SSD）将可取代磁盘。这种固态硬盘是目前备受存储界广泛关注的存储新技术，它被看成一种革命性的存储技术，可能会给存储行业甚至计算机体系结构带来深刻变革。

2. 固态硬盘 SSD 与硬磁盘比较

SSD 与传统磁盘不同，它是一种电子器件而非物理机械装置，它没有磁盘存在的机械磨损，具有抗振动抗冲击能力强，再加上其工作温度范围宽（一般在–10℃～70℃，工业级在–40℃～85℃，而磁盘驱动器典型工作范围仅为 5℃～55℃）、体积小、能耗小、抗干扰能力强、寻址时间极小（甚至可以忽略不计）、IOPS（每秒进行读/写操作的次数）高、I/O 性能高等特点，已成为磁盘未来发展的趋势。但固态硬盘在性能、成本、寿命等方面还存在局限性，如芯片损坏，所存的数据难以恢复，虽然可通过备份解决，但代价太高，这些都是未来发展需克服的。

固态硬盘 SSD 与硬磁盘比较，有以下优点。

- 启动及数据存取速度快：SSD 不用磁头，启动及存取速度很快，如用 SSD 的笔记本电脑，开机到出现桌面仅需 18 s，而采用磁盘的需 31 s。
- 防振抗摔：SSD 无活动部件，不会发生机械故障，因而不怕碰撞、冲击震动，即使高速移动或翻转倾斜也不影响使用，电脑意外掉落或与硬物碰撞时，能将数据丢失的可能性降到最小。
- 工作温度范围宽：SSD 一般在–10℃～70℃，工业级在–40℃～85℃，而磁盘驱动器典型工作范围仅为 5℃～55℃。
- 无噪声：SSD 无马达和风扇，工作时无噪声，且发热量小、散热快，因此，SSD 可取代磁盘存储技术。

7.6　光电存储录像设备

随着光电等科学技术的发展，人类步入了一个全新的数字化时代和信息时代。由于信息的多媒体化，人们处理的不仅是简单的数据、文字、声音、图像，而是由高清晰度和高质量的声音和运动图像等综合在一起的数字多媒体信息。由于需要处理、传输和存储的信息急剧增加，这对信息的存储和管理提出了越来越高的要求。为了满足信息社会的发展需要，光电信息存储技术应运而生，并成为现代信息社会中不可缺少的存储技术之一。

光电信息存储技术是一种非接触的写入和读出，其原理是利用材料的某种性质对光敏感的特性，当带有信息的光照射材料时，该性质即发生改变，且能够在材料中记录这种改变，从而就实现了光信息的存储。当用激光对存储材料读取信息时，读出光的性质随存储材料性质的改变而发生相应的变化，于是就能实现对已存储的光信息的读取。

现有的光电信息存储技术与传统的磁存储技术相比，具有如下特点。

- 理论估计光储存的面密度为 $1/\lambda^2$（其中 λ 是用于光存储的波长）的数量级，存储的体密度可达 $1/\lambda^3$，因而数据存储密度高、容量大；
- 磁存储的信息一般只能保留 2～3 年；而光存储只要其介质稳定，寿命一般在 10 年以上，因而寿命长；
- 用光读/写和擦除是非接触式的，不会磨损和划伤存储介质，这不仅延长了存储寿命，而且使存储介质易于更换、移动，从而更容易实现海量存储；
- 由于光存储密度高，其信息位价格低，可比磁记录低几十倍；
- 由于是光，并行程度高，更不受电磁干扰等。

正是由于这些优点，光电信息存储技术自激光器发明以来，就一直受到人们的极大关注。

目前，最普遍最成熟的光电信息存储技术是光盘存储技术。下面首先介绍光盘存储技术、接着介绍超大容量光带存储技术、全息存储技术，以及未来的超高密度存储技术。至于目前应用的硬磁盘存储技术与半导体存储技术，将在专业课——安防视频监控技术中论述。

7.6.1 光盘存储技术

第一代光盘存储的光源用 GaAlAs 半导体激光器，波长为 0.78 μm（近红外），5 寸光盘的存储容量为 0.76 GB，即 CD 系列光盘；第二代光盘存储的光源用 GaAlInP 激光器，波长为 0.65 μm（红光），存储容量为 4.7 GB，即数字多功能光盘（DVD）系列；第三代光盘存储已经兴起，使用 GaN 半导体激光器，波长为 0.41 μm（蓝光），存储容量可达 27 GB，为高密度数字多功能光盘，即 HD-DVD 光盘（蓝碟）。20 世纪 80 年代后期出现的磁光盘（MOD）技术和 20 世纪 90 年代初期出现的相变光盘（PCD）技术也得到了飞快发展，并且已经进入实用。

1. 光盘存储的原理

光盘是一种圆盘状的信息存储器件，它利用受调制的细束激光加热介质表面，使不同位置处的反射率改变，以记录下存储的数据。当有激光束照明介质层时，依靠各信息点处反射率的不同提取出被存信息。在光盘上写入信息的装置称为光盘记录系统，能从光盘上读出数据的装置是光盘重放系统。前者如光盘文件记录器，后者包括视频光盘放像机和光盘文件检索系统等。图 7-48 给出了光盘写入读出的原理示意图。

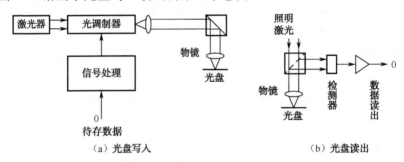

图 7-48　光盘写入读出原理示意图

光盘写入记录状态如图 7-48（a）所示，载有音频、视频或文件信息的调制激光束被聚束透镜缩小成直径 1 μm 左右的光点。细束激光的高能量密度加热记录介质表面，使局部位置发生永久性变形，或者使金属膜的结晶状态发生变化。这些都造成介质表面反射率的二值化改变。经过适当处理之后，在盘面上形成了轨迹为螺旋或同心圆状的一系列长短不同的微小凹坑或其他形式的永久性变形点。这些信息点的不同编码方式就代表了被存储的信息数据。

光盘读出状态如图 7-48（b）所示，将照明激光束聚焦在光盘信息层上。当读出激光束落在光盘信息层的平坦区域时，大部分光束被反射回物镜；当光束落在凹坑边缘时，反射光因衍射作用而向两侧扩散，只有少量反射光能折回物镜；当光束落在凹坑底部时，由于坑深为 $\lambda/4$，使反射光波相位恰巧与坑上的反射光相反，它们反相叠加的结果使坑内反射光最暗，从而提高了信号的对比度。用光电检测器接收反射回来的被信息点调制的光强，则输出信号

的电流 ΔI 可表示为

$$\Delta I = STE_{O}R(x, y) \qquad\qquad (7\text{-}4)$$

式中，E_O 为入射于介质膜上的激光束光强；T 为由介质膜到光电检测器的光传输效率；S 为光电检测器的灵敏度；$R(x,y)$ 是膜面反射率，它是信息点位置的函数，随凹坑的有无呈二值化变化。

式（7-4）表明，光盘存储是以记录介质表面的反射率 R 为信息的载体，通过在薄膜介质上高密度的空间调制实现信息存储的。光电信息电流除用做数据信号经解调后变为再现信息之外，还用来实现为光盘正常工作所必需的循迹跟踪和调焦控制。

一种基本的光盘存储系统如图 7-49 所示。

光盘是在衬底上淀积了记录介质及其保护膜的盘片，在记录介质表面沿螺旋形轨道，以信息斑的形式写入大量的信息（见图 7-50），其记录轨道的密度达 1000 道/mm 左右。可见，信息斑越小，光盘的存储密度越大。由于物镜衍射极限影响焦点处光汇集的最小直径（约为 $\lambda/2N_A$ 为物镜的数值孔径），因此光盘的存储密度为 $(N_A/\lambda)^2$。例如在采用氩离子激光器（λ=457.9 nm）和物镜数值孔径为 0.8 的系统中，信息斑的最小直径为 $\lambda/(2N_A)$=457.9/(2×0.8)≈0.29 μm，则存储密度为 $(N_A/\lambda)^2 \approx 3 \times 10^{12}\,\text{m}^{-2}$。对于普通尺寸（内径为 70 mm、外径为 145 mm）光盘而言，其有效存储面积约为 $5 \times 10^{-2}\,\text{m}^2$，则它的最大存储容量为 $3 \times 10^{12} \times 5.0 \times 10^{-2} = 1.5 \times 10^{10}$ b。可见，采用更短波长的激光器和高数值孔径的物镜，可以提高光盘的存储密度，如现在发展的蓝光光盘就比红光光盘的存储密度高得多。

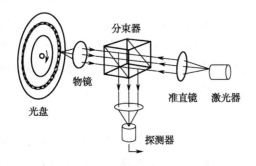

图 7-49　基本的光盘系统示意图

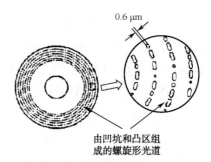

图 7-50　光盘记录斑示意图

光盘存储除了具有密度高、抗电磁干扰、存储寿命长、非接触式读/写信息及信息位价格低廉等优点外，还具有信息载噪比 CNB（载噪比是载波电平与噪声电平之比，以分贝 dB 表示）高的突出优点。其光盘载噪比均在 50 dB 以上，且不受多次读/写的限制。因此，光盘多次读出的图像清晰度和音质是磁带和磁盘所无法比拟的。

2. 光盘存储的类型

光盘按读写方式的不同，可分为只读式、写入式和可擦除式三种。

（1）只读式光盘（第一代光盘）存储技术。只读式存储（Read Only Memory，ROM）光盘的记录介质主要是光刻胶，记录方式是先将信息刻录在介质上制成母盘，然后进行模压复制大量子盘。这种光盘只能用来播放已经记录在盘片上的信息，用户不能自行写入。它只能用来再现出专业工厂事先复制的信息，不能由用户自行追加记录，所以也称为专用再现光盘，如激光数字唱盘 CD、电视录像盘及在 CD 唱盘基础上开发的 CD-ROM 盘。

从信息存储的角度看，一张以光存储的 CD-ROM 完全可以看成是一种新型的纸。一张小小的塑料圆盘，其直径不过 12 cm（5 英寸），质量不过 20 g，而存储容量却高达 600 MB。如果单纯存放文字，一张 CD-ROM 相当于 15 万张 16 开的纸，足以容纳数百部大部头的著作。但是，CD-ROM 在记录信息原理上却与纸大相径庭，CD-ROM 盘上信息的写入和读出都是通过激光来实现的。激光通过聚焦后，可获得直径约为 1 μm 的光束。

最初的产品就是大家所熟知的激光视盘（Laser vision Disc，LD）。其直径较大（12 英寸），两面都可以记录信息，但它记录的信号是模拟信号。1982 年，由飞利浦和索尼公司制定了 CD-DA 激光唱盘的红皮书（Red Book）标准，由此诞生了 CD-DA 激光唱盘。它把模拟的音响信号进行 PCM（脉冲编码调制）数字化处理，再经过 EFM（8～14 位调制）编码之后记录到盘上。数字记录代替模拟记录的好处是：对干扰和噪声不敏感；由于盘本身的缺陷、划伤或玷污而引起的错误也可以校正。CD-DA 系统取得成功以后，很自然地想到利用 CD-DA 作为计算机大容量只读存储器。由此产生了 CD-ROM 的黄皮书（Yellow Book）标准，以及 CD-ROM 的文件系统标准，即 ISO 9660。因此，CD-ROM 在全世界范围内得到了迅速推广和越来越广泛的应用。东芝公司为 MSX 个人计算机配备了 CD-ROM，它存储图像达 9000 帧，相当于数据容量 13200 MB；美国 STC 公司的 7600 型盘则达 40000 MB 等。

CD-ROM 光盘不仅可交叉存储大容量的文字、声音、图形和图像等多种媒体的数字化信息，而且便于快速检索，因此 CD-ROM 驱动器已成为多媒体计算机中的标准配置之一。MPC 标准已经对 CD-ROM 的数据传输速率和所支持的数据格式进行了规定。MPC 3 标准要求 CD-ROM 驱动器的数据传输率为 600 kbps（4 倍速），并支持 CD-ROM、CD-ROM XA、Photo CD、Video CD 和 CD-I 等光盘格式。目前，大量的文献资料、视听材料、教育节目、影视节目、游戏、图书、计算机软件等都通过 CD-ROM 来传播。

（2）一次写入式光盘（第二代光盘）存储技术。

① 一次写入式光盘的基本概念。由于 CD-ROM 是只读式光盘，因此无法利用 CD-ROM 对数据进行备份和交换，更不可能制作自己的 CD、VCD 或 CD-ROM 节目。CD-R 的出现适时地解决了上述问题，CD-R 是 CD Recordable 的英文简称，中文简称刻录机。CD-R 的另一英文名称是 CD-WO（Write Once），就是只允许写一次，写完以后，记录在盘上的信息无法被改写，但可像 CD-ROM 一样，在 CD-ROM 驱动器和 CD-R 驱动器上被反复地读取多次，所以也称为一写多读式光盘。

CD-R 盘与 CD-ROM 盘相比有许多共同之处，它们的主要差别在于 CD-R 盘上增加了一层有机染料作为记录层，反射层用金，而不是 CD-ROM 中的铝。当写入激光束聚焦到记录层上时，染料被加热后烧溶，形成一系列代表信息的凹坑。这些凹坑与 CD-ROM 盘上的凹坑类似，但 CD-ROM 盘上的凹坑是用金属压模压出的。CD-R 驱动器中使用的光学读/写头与 CD-ROM 的光学读出头类似，只是其激光功率受写入信号的调制。CD-R 驱动器刻录时，在要形成凹坑的地方，半导体激光器的输出功率变大；不形成凹坑的地方，输出功率变小。在读出时，与 CD-ROM 一样，要输出恒定的小功率。

为使 CD-R 在 DOS 或 Windows 环境下对 CD-R 驱动器直接进行读写，国际标准化组织下的 OSTA（光学存储技术协会）制定了 CD-UDF 通用磁盘格式。Philips 公司推出的第四代 CDD2600 刻录机首先采用了 CD-UDF 文件格式，并可在 Windows 环境下即插即用，使 CD-R 技术的发展步入了一个新的里程。一写多读式光盘允许用户直接写入信息，并可在写后直接读出（DRAM），但不能擦除。因此，它非常适用于存储需永久保存的图像或资料。目前，这种光盘多使用 650 nm 的红色激光，其记录单元凹槽的最小直径为 0.4 mm，而使用短波长的蓝光，其最小直径减小到 0.14 mm。因此，蓝光 DVD 单面单层盘片的存储容量可达 27 GB，是红光 4.7 GB 的近 6 倍。荷兰 Philips 公司在 2002 年 7 月已推出用蓝光 DVD 的袖珍产品，虽然其盘片直径只有 3 cm，其存储容量却达 1 GB，而驱动器非常小（5.6 cm×3.4 cm×0.75 cm），因而可放入数码相机，掌上电脑及手机当中。

② 一次写入式光盘的类型。根据用途，写入式光盘可分如下三类。

● 图像存储光盘：该光盘记录介质为碲碳合金，数据传输率为 1 Mbps。日本 NEC 公司的 N7921 光盘组的容量为 48000 MB，数据传输率为 0.785 Mbps。

● 编码存储光盘：该光盘记录介质为碲硒合金，有较高的数据传输率、较低的误码率。如美国 STC 公司 1984 年提供的产品其数据传输率为 24 Mbps，误码率为 10^{-12}，容量为 40 000 MB。日立 1986 年提供的 301 子系统，一台计算机可连接 4 台驱动器，误码率为 10^{-12}，容量为 20 800 MB，平均存取时间为 250 ms。

● 电视存储光盘：该光盘记录介质是碲的氧化物，容量为 11 200 MB，可存储彩色图像 3 万幅以上，有的产品可存储 X 光图像。

③ 一写多读式光盘存储的优点。

● 存储密度高，容量大（5.25 英寸光盘可存储几万幅彩色的数字图像）；

● 光盘的可靠性极高；

● 录有图像的盘片可以从光驱中取出，并保存到安全的地方；

● 光盘的价格比较合理；

● 光盘的使用寿命无限，其最小平均无故障时间超过 10 年。

（3）可擦除式光盘（第三代光盘）存储技术。可擦除式光盘是第三代光盘存储技术，即可多次写入、读取信息，也称为可读写光盘（CD-ReWritable，CD-RW），它主要有磁光盘（Magneto-Optical Disk，MOD）和相变光盘（Phase Change Disk，PCD）两种。

① 可擦除式磁光盘。可擦除式磁光盘采用磁光技术来记录数据，其容量为 200～600 MB，它是指利用激光与磁性共同作用的结果记录信息的光磁盘。

（a）可擦除式磁光盘的工作原理。磁光盘是在光盘技术基础上发展起来的利用光热效应的信息存储系统，其基本设备也和光盘装置相类似。与光盘间的主要区别在于采用了磁性记录介质，在细束激光的调制作用下，通过改变介质的磁化方向完成信息的存储；在信息读出时不是检测光的反射率，而是检测信息点处的磁化方向。

图 7-51 给出了磁光盘的写入、擦除和读出原理。在如图 7-51（a）的写入状态下，应先将磁性薄膜相对膜面作取向朝下的垂直磁化。将此磁膜置于取向向上的写入磁场 H 中，并用细束调制激光使局部加热，于是该信息点处的磁化方向反转为取向向上，记录下被存储的信

息。为了擦除掉已记录的信息，如图 7-51（b）所示，可用取向向下的擦除磁场和激光束相互作用实现。常用的磁光盘读出方法有以下两种。

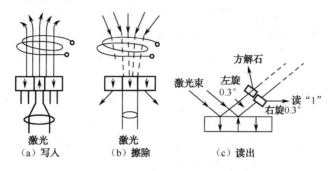

图 7-51　磁光盘存储的写入、擦除和读出原理

法拉第效应读出法：利用线偏振光照射磁膜上的信息点，由于磁光效应的影响，反射光的偏振方向随磁化方向而异。用检偏器将不同偏振方向转换为输出光强的变化，经光电探测器件即能读出已存储的信息。这种方法一般只用于聚碳酸酯、有机玻璃等透明物质。

克尔效应读出法：此方法可用于各种材料的盘基，用一束偏振光分别照射到磁化区，不同方向的磁化区使反射的偏振光方向分别产生左旋和右旋，如图 7-51（c）所示；然后通过方解石晶体使光束偏转而改变方向；再用光电二极管检测读出。所检测的信号电流 ΔI 可表示为

$$\Delta I = 2STRE_0 \sin 2\theta \cdot \varphi(x, y) \tag{7-5}$$

式中，E_0 为入射偏振光强；S 为光电检测器灵敏度；T 为光路传输效率；R 为磁膜反射率；θ 为检偏器对入射线偏振光的设定角；$\varphi(x, y)$ 为克尔旋转角，取决于信息点处的磁化方向，是磁光盘位置的函数。

可擦除式磁光盘录像机如图 7-52 所示。

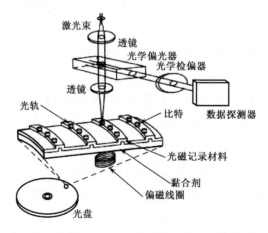

图 7-52　可擦除式磁光盘录像机示意图

由图 7-52 可见，它的操作方式与硬磁盘完全相同，但其容量比一般硬磁盘要大得多。改写这种光盘数据的方法也非常简单，利用激光束将光盘上的某个点加热到磁记录材料的居里温度，并施加特定方向的磁场，其磁记录单元的磁性就可以改变，这样就修改了数据。要读

取数据时，需先用低功率的激光束照射光盘表面，再通过读取记录单元反射的光束来探知该单元的极性。一般，每个单元可以记录一个比特的信息：0 或 1。磁光盘记录的图像都有各自的编号，采用随机访问的方法，可很容易地读出所需的图像，而查找和读取图像只需要不到 1 s 的时间。一般地，普通光盘的容量约为 800 MB，它可存储 1 万幅未压缩的彩色画面。1 张 5.25 英寸光盘的存储量等同于 31 卷数据磁带。

（b）可擦除式磁光盘的优点。

- 像磁盘一样可以重复使用；
- 存储容量大；
- 便于携带；
- 可随机读出，且读取时间不到 1 s；
- 使用寿命长和可靠性高；
- 不怕灰尘、磨擦等破坏因素。

MOD 虽然比硬盘和软盘便宜和耐用，但与 CD-R 盘片相比显得比较昂贵。目前，130 mm（5.25 英寸）磁光盘及 90 mm（3.5 英寸）磁光盘已相继投入市场，其容量分别可达到 640 MB 及 128 MB。由于它们与硬磁盘相比，具有可随意更换、非接触读写、信息信噪比高、每位信息价格比低等优点，其每片容量及存储密度也很大。因此，可擦写光盘从一问世即呈供不应求之势，世界各大公司都投入巨资大量生产。日本佳能公司的 130 mm 磁光盘驱动器已被选为美国 Next 计算机的主存储器，而温盘驱动器仅作为任选附件。为实现 1 GB 的主内存的计算机，其外存容量要求 4.5～10 GB 的大容量。这为目前 90 mm 光盘的 40～100 倍、130 mm 光盘的 8～20 倍。因此，制造更大容量的光盘，已为当务之急。

②可擦重写相变光盘。可擦重写相变光盘是用激光技术来记录和读出信息的，其容量为 128 MB～1 GB。与磁光盘相比，由于相变光盘仅利用光学原理来读写数据，所以其光学头可以做得相对简单，它用一束激光，一次动作在完成写入新信息的同时自动擦除原有信息。因为它利用某些材料在激光作用下可实现晶态与非晶态间相互转化的特性，使记录介质在写入激光束的粒子作用下快速晶化，从而实现信息的存储。这种光致晶化的可逆过程非常快，因而可大大缩短了数据的存储时间。又由于相变光盘的读出方式与 CD-ROM、WORM 相同，所以多功能的光盘驱动器就变得容易实现。这种利用记录介质在两个稳定态之间的可逆相结构变化来实现反复的写和擦的相变光盘，其相结构变化有：

- 晶态 I 与晶态 II 之间的可逆相变，这种相变反衬度太小，没有使用价值；
- 非晶态 I 与非晶态 II 之间的可逆相变，这种相变的反衬度也太小，也没有使用价值；
- 发生玻璃态与晶态之间的可逆相变，这种相变有使用价值。

（a）相变光盘存储原理与过程。当近红外波段的激光作用在介质上时，能加剧介质结构中原子、分子的振动，从而加速相变的进行。近红外激光对介质的作用以热效应为主，其中写、读、擦激光与其相应的相变过程如图 7-53 所示。图 7-53（a）所示为用来写入、读出及擦出信息的激光脉冲，图 7-53（b）所示为出在这三种不同的脉冲作用下，在介质内部发生的相应的相变过程。

现将图中写/读擦激光脉冲与其相应的相变过程说明如下。

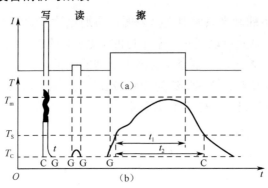

图 7-53　写/读擦激光脉冲与其相应的相变过程

信息的记录（即信息的写入）：即对应介质从静态 C 向玻璃态 G 的转变。选用功率密度高、脉宽为几十至几百 ns 的激光脉冲，使光斑微区因介质温度刹那间超过熔点 T_m 而进入液相，再经过液相快速完成，达到玻璃态的相转变。如介质的熔点 T_m=600℃，激光的脉宽 τ=100 ns，则快淬过程的冷却速率≈6×10^9℃/s，从而很快就使介质的光照微区进入玻璃态。

信息的读出：用低功率密度、短脉冲的激光，扫描信息道，从反射率的大小辨别写入的信息。一般介质处在玻璃态（即写入态）时反射率小，处在晶态（即擦除态）时反射率大。在读出的过程中，介质的相结构保持不便。

信息的擦除：对应介质从玻璃态 G 向晶态 C 的转变。选用中等功率密度、较宽脉冲的激光，使光斑微区因介质温度升至 T_m 处，再经过成核-生长完成晶化。在此过程中，光诱导缺陷中心可以成为新的成核中心。因此，由于激光作用使成核速率大大增加，从而导致激光热晶化比单纯热晶化的速率要高。

总之，激光热致相变中通过成核-生长过程完成晶化：随着温度升高，非晶薄膜中有晶核形成，晶粒随温度升高而长大。激光作用使这一过程速度加快。

（b）激光光致相变。随着激光波长移向短波长，激光的光致相变结构变化效应逐渐明显，相变机制也与热相变的机制不同。研究表明，符合化学计量比的介质不仅可以用单纯加热的方式使之晶化，还可以不加热，通过激光束或电子束的粒子作用，在极端时间内完成晶化的全过程。这一过程中，介质在光激发作用下，通过无原子扩散的直接固态相变，实现从玻璃态到晶态的突发性转变，在晶化突然发生的瞬间，介质中光照微区的温度还来不及生高至晶化温度 T_C 之上，因而相变速度极快。

光致相变介质内部光吸收过程如图 7-54 所示。

由于入射激光束不与非晶网络直接作用，光子能量几乎直接用来激发电子，用 N 表示任意时刻受激载流子浓度。若激光束的光子能量是 $h\nu$，介质的吸收功率密度是 ρ，则自由载流子的产生率 R_e=$\rho/h\nu$。用 R_r 表示电子与空穴的复合率，R_c 表示电子与网络作用时将能量传递给声子的概率。在高功率密度的激光作用下，$R_e\gg R_r$，$R_c\gg R_e$。可见，这时介质内部的光吸收由带间吸为主变为以自由载流子浓度猛增，从而使得电子-电子（e-e）碰撞的概率（正比于 N^2）远远超过电子-网络碰撞的概率（正比于 N），自由载流子吸收的光能远比它与网络作用损失的能量为高，形成温度很高的电子-空穴等离子体，但网络的温度变化不大。

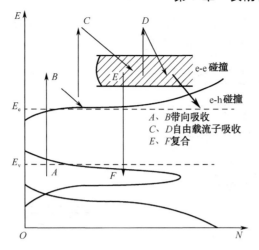

图 7-54　光致相变介质内部光吸收过程

激光脉冲结束后，等离子体中的过热电子在与声子相互作用（e-h 碰撞）过程中将能量传递给网络，或与空穴复合而释放能量，最终使介质回到自由能最低的晶态。对于组分符合化学计量比的介质，在光晶化的过程中没有长程原子扩散，只有原胞范围内原子位置的重新调整。所以光晶化的机制是一种无扩散的跃迁复合机制，它利用弛豫过程和复合过程释放的能量，促成网络原胞内原子位置的调整，以及键角畸变的消失，从而完成晶化的全过程。

由此可见，光致晶化过程包括光致突发晶化和声子参与的弛豫过程，前者需时在 $10^{-12}\sim$ 10^{-9}s 量级，后者约几十 ns。它与激光热致晶化过程的对比参见表 7-8。

表 7-8　激光热致晶化与光致晶化过程对比

项　　目	热 致 晶 化	光 致 晶 化
本质	扩散型成核-长大式晶化过程	非扩散型跃迁-符合式晶化过程
条件	符合或不符合化学计量比的组分；所用的亚稳相	符合化学计量比组分；直接固态相变，无须成核
起因	热致起伏	激光束激发或电子束激发
耦合性质	相分离，原子扩散；原子振动；分子振动	无相分离，无扩散；原子位置调整；键角畸变消失
自持效应	不重要	自持晶化，重要
穿透深度	整体效应	激光束：$10^2\times10^{-10}\sim5\times10^3\times10^{-10}$m（100～5000Å）；电子束：1～2μm
晶化时间	较长的退火过程（0.5～1.0ms）	突发作用（1ns～1ps）+弛豫过程（10～200ns）

（c）可擦重写光盘存储机构。可擦重写光盘在记录信息时一般需要先将信道上原有信息擦除，然后写入新信息。这可以是一束激光的两次动作，也可以是两束激光的一次动作，即用擦除光束之后写入光束的协调动作来完成擦、写功能。

图 7-55 是可擦重写光盘存储机构与信息存储过程示意图。图 7-55（a）中的虚线框内是一个双光束光学头，或称为光学读写头。图中 1、2 和 3 分别为写入激光光斑、擦除激光光斑和写入的信息道，激光聚焦在盘面上的写入光斑 1′、擦除光斑 2′和写入的信息 3′，都在图 7-55（b）中放大示出。读写头的左侧以半导体激光器 λ_1 为光源的光路是写读光路；右侧以 λ_2 为光源的光路是擦除光路。

由于擦信号的脉宽较宽，必然影响光盘数据传输速率提高，并带来光盘驱动器设计与制作上的复杂性。为了能像磁盘那样具有在记录新信息的同时自动擦除旧信息，就必须寻找快速晶化即快速擦除的光存储材料，实现真正的直接重写光盘存储。

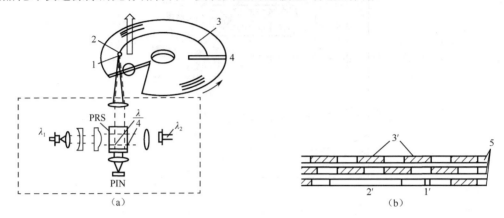

图 7-55   可擦重写光盘存储机构与信息存储过程

（d）相变光盘的优点。

● 利用由介质材料的结晶相变化而引起的反射率变化进行记录和擦除，其信号电平比磁光材料高几个数量级，因而信噪比高；

● 由于不需要磁场元件，因而所用光学头的结构简单、质量轻、易实现集成化，有利于提高伺服跟踪精度和数据传输速率；

● 相变材料的稳定性好，成本较低；

● 相变光盘驱动器可以兼容一次写入和可擦重写两种相变光盘。

由于上述优点，相变光盘被认为是未来最有潜力的。

多年来，人们研究了多种体系的相变型光存储记录介质，如金属合金材料具有化学稳定性好和相变速度快的优点，越来越多地引起了人们极大的兴趣。研究表明，Cu-Ag、Cu-Al、Al-Ag 等合金材料中，除 Cu-Ag 薄膜外，其他几种合金薄膜材料都在一定范围内形成非晶态薄膜，它们在晶化过程中普遍有多级亚稳态出现。由于多种亚稳相共存，通过选择合适的激光功率和脉冲宽度，可以实现对晶化相的选择控制，以达到最佳的写/擦效果。目前，相变光盘材料还需研究解决高速擦除与高稳定性之间的矛盾，多次（大于 10）重复擦写等。

为使可擦写相变光盘与 CD-ROM 和 CD-R 兼容，早在 1995 年 4 月，飞利浦公司就提出了与 CD-ROM 和 CD-R 兼容的相变型可擦写光盘驱动器 CD-E（CD Erasable），CD-E 得到了包括 IBM、HP、Mitsubishi 、Mitsumi、松下电器、Sony、3M 及 Olympus 等公司的支持。1996年 10 月，Philips、Sony、HP、Mitsubishi 和 Ricoh 五家公司共同宣布了这一新的可擦写 CD 标准，并将 CD-E 更名为 CD-RW（CD-ReWritable）。CD-RW 标准的制定标志着工业界可以开发并向市场提供这种新产品。CD-RW 是一个已经得到众多公司和用户普遍支持的可擦写光盘标准。由于 CD-RW 仍沿用了 CD 的 EFM 调制方式和 CIR 检纠错方法，CD-RW 盘与CD-ROM 盘具有相同的物理格式和逻辑格式，因此 CD-RW 驱动器与 CD-R 驱动器的光学、机械及电子部分类似，一些零部件甚至可以互换，这就降低了 CD-RW 驱动器的成本，使它能迅速在可擦写光盘产品市场占有一定的份额。

PD 是 Phsae Change ReWritable Optical Disk 的简写,它是松下公司采用相变光方式(Phsae Change)存储的可重复擦写存储设备,是一种比 CD-RW 性能更好、运行更稳定的光盘介质驱动器。PD 驱动器的运行速度较低,可以兼容 CD-ROM。使用专门 PD 光盘,可重复擦写大约 50 万次。PD 的平均寻址时间为 89 ms,数据传输率为 518～1141 KBps,相当于 8 速光驱,写入并效验时的数据传输率为 300～600 KBps,相当于 4 速光驱。除了可以读写 PD 光盘外,也可以当做普通的 8 速 CD-ROM 使用。

3. 光盘存储器

光盘存储器由光存储盘片及其驱动器组成。驱动器提供高质量的读出光束,引导精密光学头、读出信息,给出检测光盘聚焦误差信号并实现光束高精度伺服跟踪等功能。

(1)光盘存储器的光学系统。光盘存储器的光学系统,一般都采用半导体激光器作为光源,采用一束激光、一套光路进行信息的写/读(如只读存储器及一次写入存储器);或用两个独立的光源、配置两套光路:一套用来读/写,另一套用来擦除(如可擦重写存储器)。直接重写式相变光盘存储器,只需一束激光、一套光路完成全部读、写、擦除功能,可与一次写入存储器兼容。

光盘存储器的光学系统,大致可分为单光束光学系统和双光束光学系统两类。单光束光学系统适合于只读光盘和一次写入光盘,具备信息的写/读功能,而双光束光学系统用于可擦重写光盘。下面以图 7-56 所示的双光束光学系统为例做一简介,图中,器件 1～8、10～13 构成写/读光路,器件 14～19、5～8、20～21 构成擦除光路,9 是可擦重写的光盘。其中关键器件的作用如下:1 为写/读激光器(0.83μm);5 为二向色反射镜,它只反射特定波长的入射光;11 为刀口,将从光盘反射回来的激光分割为两部分,分别进入探测器 12 和 13,得到读出和聚焦、跟踪误差信息;18、19 为一对正、负柱面透镜,改变光束为椭圆截面,以利擦除;17 为偏振分束器;14 为擦除激光器。

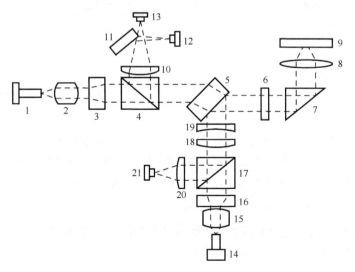

图 7-56　光盘存储器的双光束光学系统

光盘存储技术具有低成本、可大量模压复制等优势,这是其他光存储技术难以替代的。

但目前光盘的直接重写性能仍然不及磁盘，所以光盘存储技术是在提高其存储密度优势的同时，正在继续研究新的直接重写技术，以及如何提高数据存储、传输的速率等。随着短波波长激光技术和其他光学存储技术的成熟，以及新存储介质材料的发现，光盘存储技术还将有更大的发展。

只读式、一次写入式、可擦重写式光盘，这三种形式系统的结构十分相似，都使激光在旋转的光盘表面上聚焦，通过检测从盘面上来的反射光的强弱，以读出记录的信息。其中，只读式光盘上已记录的信息只能读出，用户不能修改或写入新的信息；一次写入式即 DRAW（Direct Read After Write）光盘，是用会聚的激光束的热能，使盘面材料的形状发生永久性变化而进行记录的，因而是一种记录后不能在原址重新写入信息的不可逆记录系统，它既可用于存储图像，文件和档案资料，也可用于计算机的外存储器；可擦式光盘存储器是可以写入、擦除和重写的可逆型记录系统，它利用激光照射，引起介质的可逆性物理变化而进行记录。这三种光盘存储器的机电结构与主要技术基本相似。其主要区别在于存储介质和记录机理不同，因而写入和读出信息的方法也不尽相同。

（2）光盘存储系统的组成与工作原理。光盘存储系统的组成与工作原理如图 7-57 所示。

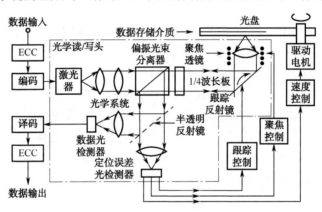

图 7-57　光盘存储器组成框图

该系统的功能部件包括：

① 激光源和与之相连形成读/写光点的光学系统，通过它可以将数据写入光盘或由其中读出。

② 检测和校正读/写光点与数据道之间的定位误差的光电系统，通过光电检测器产生聚焦伺服与跟踪伺服信号，根据这些信号在与光盘垂直的方向上移动聚焦透镜，在光盘的半径方向上移动聚焦镜或使跟踪反射镜偏转，即可相应地实现聚焦控制和跟踪控制，把激光聚焦在光盘的记录层上，使光点中心与信道中心吻合。

③ 检测和读出数据的光电系统。通过数据光电检测器产生数据信号，在记录过程中还产生形成凹坑（或其他信息标志）的监测信号。

以上三部分组成小巧的光学读/写头，简称光头，即图中的点画线框内的部分。

④ 移动光头的机构。光头安置在平台或小车上，并与直线电机连接，以便在径向读/写数据，校正光盘的偏心。

⑤ 写/读数据通道中的编/译码，以及误差检验与校正（即 ECC）电路。

⑥ 光盘，即数据存储媒体。

⑦ 光盘旋转机构。由直流电机转动光盘，通过旋转编码器产生伺服信号，控制光盘转速，以便进行写/读操作。

⑧ 光盘机的电子线路。包括所有运动机构的伺服电路和把数据传送到光盘，以及从光盘上输出数据的通道电路。

（3）光盘存储系统的数据通道。光盘存储系统的数据通道如图 7-58 所示。

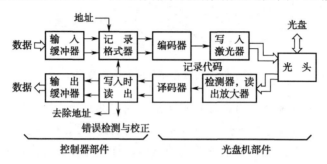

图 7-58　光盘存储器的数据通道

由图 7-58 可知，用户数据通过接口送进输入缓冲器，缓冲器可提供"弹性"存储能力，以适应变化着的输入数据速率。数据从输入缓冲器以称为子块的字符组形式进入记录格式器。每个子块要通过错误检测与校正编码器，加入奇偶校验位，以便随后读出时进行错误校正。记录格式器将子块组成地址块，在其上加入地址信息，以便读出时的数据检索。最后，记录格式器将地址块编组成若干字节的面向用户的数据块，在读出时可随机检索出最小数据单位。格式化数据从记录格式器送到光盘机的记录电路，在该处将数据编成记录代码，并加上识别地址的信息，然后送往光学读/写头，把数据记录到光盘上。

读出电路检测并解调从光盘上来的反射光，将信号送至控制部件的读出格式器。它校正数据中的任何错误，除去记录时所加的用于识别信道的地址信息，并重新组织位序列，使之与输入到格式器的序列一致。最终的读出数据，即被送到输出缓冲器。缓冲器再按要求的数据速率，将数据传送给用户。

7.6.2　大容量光带存储技术

随着多频道多媒体时代的来到，要求图像素材的有效应用日益提高。因此，需要一种可以代替过去录像带的在小盒内可长期保存，并可多次再生的大容量记录存储媒体。这种大容量记录存储媒体，不光是电视领域需要，在计算机和通信领域，随着静止图像和动态图像等信息量多的数据自由处理，也期待出现一种在光盘和磁盘中不能实现的大容量、高可靠性的记录存储媒体。光带录像机就能满足这一要求。

这种光带存储系统，可以实现磁盘、光盘、磁带等不能实现的高可靠、大容量记录，这在多媒体时代的需要是很大的。下面就简要介绍一下这种光带（实际是磁光带）记录存储设备的基本结构原理及其应用领域。

1. 大容量光带存储系统的结构原理及类型

（1）大容量光带存储系统的结构原理。光带存储系统的基本结构原理如图 7-59 所示。把光带装在密封的盒内，通过透明窗用激光进行存储、再生。这种系统利用了四束激光，激光从旋转型光头中射出，在光带上呈圆弧状扫描，其进行存储和再生的扫描角为 90° 左右。

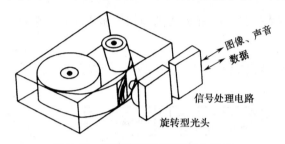

图 7-59　光带存储系统的基本结构

旋转型光头的光学系统分为固定部和旋转部。固定部有激光器，有用于检测信号再生和聚焦误差的光学系统，以及进行聚焦控制及跟踪控制的光学系统。旋转部是一种只有物镜和改变光路棱镜的最小结构，它利用中空结构的马达进行高速旋转并提高数据传输速率。设置在两个互相垂直方向的变位的执行元件上，是用于聚焦控制和跟踪控制的聚焦与跟踪透镜，利用光轴方向的变位执行元件控制聚焦，利用平行于光带长度方向的变位执行元件控制跟踪。

固定部和旋转部之间的信号传送并不是电气信号的输入输出，而是用光的空间进行传送。为了存储、再生电视的高品质的数字动态图像，需要 100 Mbps 以上的数字传送速率，为此其有效手段是对旋转光头进行多光束化，所以这里应用了 4 个光束。这种光带存储系统采用激光存储，因此可以实现高密度存储，它具有如下特征。

- 无光带摩擦，可进行无论多少次的再生，因它是非接触记录和再生；
- 防尘性好、可靠性高，因它可做成密封盒式结构；
- 光带行走系统简单，可高速存取，因不需把光带拉出盒子。

（2）光带的类型。光带存储媒体有两种类型。

- 可擦型光带：在可擦型光带中，采用磁光存储媒体。
- 追记型光带：在追记型光带中，采用与 CD-R 一样的有机色素材料。

2. 大容量光带存储的方式及与磁光盘的比较

（1）光带存储的方式。光带存储兼有可以高密度存储的光存储特征，以及可以扩展存储媒体面积的磁带存储特证。光带存储与光盘相比，存储面积可以高 2～3 个数量级以上。

随着激光器的短波长化及近场光学、超分辨率、信息处理等技术的发展，光盘的存储容量为几十 GB，而光带通过利用光盘的高密度技术，在 VHS 磁带盒那样光带上，将可实现 1 TB 以上的存储容量。

光带存储系统，具有下列几种方式。

- 使光带圈在旋转滚筒上，用固定光头进行存储的方式；
- 光头在光带上往复运动进行存储的方式；

- 像 VTR 那样，光头内藏在旋转滚筒内进行存储的方式；
- 利用多角镜使光带上的光头以微小区间高速运动进行存储的方式等。

（2）可擦除磁光带与磁光盘比较。图 7-60 所示为磁光带和磁光盘的剖面结构。

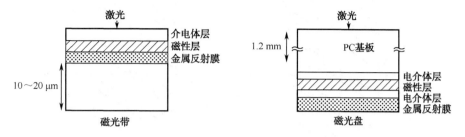

图 7-60　磁光带和磁光盘的剖面结构

由图 7-60 可知，在光盘中应用 4 层结构，而在光带中应用 3 层结构。为了制作长的磁光带，必须简化媒体结构和制造工艺。为了避免基底薄膜双折射的影响，同时为了形成记录层一侧与行走机构不接触，磁光带以记录层一侧入射激光。这正好与磁光盘相反。实际上，三层结构可实现与 4 层一样的品质因素（FOM）。

用磁光带反复进行了记录、擦除，其结果表明：重复 1 万次擦除也可得到与 4 层媒体一样的特性，因此反复记录、擦除不会出现问题。

7.6.3　全息存储技术

自激光全息技术诞生之日起，激光体全息光存储技术（以下简称全息存储）就开始受到人们的关注。目前，全息存储研究已取得很大进展，存储容量迅速增大，存储器性能不断改进，高密度全息存储技术正日益走向实用。

1. 全息存储的原理

全息存储方式利用光的干涉原理，在记录材料上以体全息图的形式记录信息，并在特定条件下以衍射形式恢复所存储的信息。三维多重体全息存储，是利用某些光学晶体的光折变效应记录全息图形图像。一般常用的材料有重铬酸盐明胶、光致聚合物和光致变色材料等。

三维体全息存储的原理是，待存储的数据由空间光调制器调制成二维信息，然后与参考光在记录介质中发生干涉，并利用材料的光折变效应形成体全息图而完成信息的记录。读取时，使用和原来相同的参考光寻址，以读出存储在晶体中的相应的全息图。根据体全息图的布拉格角度或波长选择性，改变参考光的入射角度或波长，以实现多重存储。由于布拉格选择性非常高，所以体全息存储可在一个单位体积内复用多幅图像，从而实现超高密度存储。

根据光波干涉原理，当信号光和参考光都是平面波时，在一定厚度的记录介质内部都会形成等间距的、具有平面族结构的体光栅，从而实现对光信号的存储。

体全息图光路示意图如图 7-61 所示。

光信号存储时，待存储的信号光 O 和参考光 R 分别以角度 θ_1 和 θ_2 入射到介质内，形成的条纹面与两束光的夹角 θ 满足 $\theta=(\theta_1-\theta_2)/2$。该等间距的平面族结构被记录并形成光栅（其光栅常数Λ满足布拉格条件：$2\Lambda\sin\theta=\lambda$，其中$\lambda$为光波在介质内传播的波长），从而实现某波长光信号在某角度下的存储。

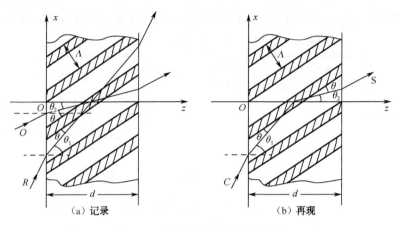

图 7-61　体全息图光路图示意图

体全息图对再现光的衍射作用与布拉格晶体对 X 射线的衍射现象相似，也满足布拉格条件：$2\Lambda\sin\theta=\lambda$，式中$\theta$称为布拉格角。图 7-61（b）是其再现示意图。只有满足布拉格条件的再现光才能得到最强的衍射光，任何对布拉格角和光波长的偏离都会使衍射光急剧衰减，即布拉格条件表现出很强的选择性。当某一波长的光以某一角度入射到存储介质的某一区域（该区存有数据信息）时，如果出现较强的、满足布拉格条件的衍射光，则表示该区域在该波长和角度下的存储信息为"1"，反之则为"0"。由此可见，体全息可采用波长复用和角度复用来实现超高密度存储。

2. 全息存储的特点

与磁存储技术和光盘存储技术相比，全息存储有以下特点。

（1）数据冗余度高。在传统的磁盘或光盘存储中，每一数据比特占据很小的空间位置，当存储密度增大，存储介质的缺陷尺寸与数据单元大小相当时，必将引起对应数据失真或丢失；全息存储的信息以全息图的形式存储在一定的扩展体积内，而记录介质局部的缺陷和损伤只会使信号的强度降低，但不至于引起数据丢失，因此冗余度高，抗噪能力强。

（2）存储容量大。利用体全息图可在同一存储体积内存储多个全息图，其有效存储密度很高，存储密度的理论极限值为$1/\lambda^3$（λ为光波波长），在可见光谱区中该值约为10^{12} b/cm^3。

（3）数据并行传输。全息图数据以页面形式存储和恢复，一页中所有的位都并行地记录和读出（不像磁、光盘那样串行方式逐点存取），其存取一页的时间≤1 s，因而具有极高的数据传输率，其极限值主要由 I/O（输入/输出）器件来决定。目前多信道 CCD 阵列的运行速度已达到 128 MHz/s，采用并行探测阵列的全息存储系统的数据传输率将有望达 8 GBps。

（4）寻址速度快。数据检索采用声光或电光等非机械寻址方式，因而系统的寻址速度很快，寻址一个页面的时间可小于 50 μs。数据访问时间可降至亚毫秒范围或更低。

（5）有关联寻址功能。块状角度复用体全息存储用角度多重法存储多个全息图，读出时若用物光中的某幅图像光波（或其部分）照射其公共体积，则会读出一系列不同方向的"参考光"，各光的强度大小代表对应存储图像与输入图像之间相似程度。利用此关联特性，可实现内容关联寻址操作和基于图像相关运算的快速目标识别。

7.6.4　超高密度光电存储技术

随着计算机技术，特别是多媒体技术的发展，需要处理和存储的数据量大幅度增加。例如，一部通常长度的电影没有压缩的数据量将超过 10 TB。大型探测器，如哈勃望远镜所传回的数据量达到 10 TB/天；医学及大地遥感图数据量巨大。显然现在基于二维方式的光存储器已难于满足这种日益增长的要求了。现行的 CD、磁光和相变光盘的容量在 650 MB 左右，即使新兴的 DVD 光盘，单面单层的 DVD-5 的容量也只达到 4.7 GB。虽然，现可使用波长为 0.41 μm（蓝光）的 GaN 半导体激光器，即 HD-DVD 光盘，其存储容量可达 27 GB，是高密度数字多功能光盘，但还不能满足信息时代发展的需要。因此，必须研发新的超高密度光电存储系统。除全息存储以外，短期有实用前景的超高密度光电存储技术，主要有双光子双稳态三维数字存储、近场光学存储、电子俘获存储、光谱烧孔存储等新技术。

1. 双光子双稳态三维存储技术

（1）三维存储的概念。由于光相互之间不会被屏蔽，所以光存储较之磁存储更为容易实现三维存储。传统的光存储是存储在光盘或全息膜等二维存储介质上，而三维存储则是像一摞二维光存储介质，故存储容量很大。从理论上说，在三维存储中，一个记录点可存储于 λ^3 的体积内，也就是说，对于一个体积为 V 的存储体来说，如使用的存储波长为 λ，则其存储量可达到 V/λ^3。如选用波长为 CD 中使用的 780 nm 时，一个 1 cm^3 的存储体可存储 2×10^{12} bit，即 2.5×10^{11} B。相当于 300 张 CD-ROM 盘的存储量。因此，三维存储可在不改变激光波长的情况下，极大地提高存储密度。由于其密度与波长的三次方成反比，因此缩短波长在三维存储中会获得比二维更大的容量。

三维存储是指利用双波长、多波长、多偏振态光波和光波干涉等方法在存储体上实现体存储的方法。三维存储主要包括页面存储、多层存储、多色存储和全息存储等几个方面。如 7.6.3 节所述的全息存储，其最小记录斑点为 $\lambda \times \lambda$，在立体全息存储中，存储量扩大了 (d/λ) 倍，存储密度仍为 V/λ^3。因此，在三维存储中，不管是逐点记录还是全息记录方式，其记录密度均为 $1/\lambda^3$。

（2）双光子吸收的光致色变三维存储。具有双光子吸收的光致变材料的发现，为逐点三维存储提供了实现的可能。利用光子作用下发生的化学变化实现信息存储，是一种光子吸收的存储技术，它的反应时间极短（皮秒或飞秒），能够实现高速存储；此外，由于这种反应建立在分子尺度上，因此理论上可将单个信息符尺度缩小到分子量级，从而有利于大幅提高介质的存储密度，实现高密度存储。由于其反应时间短和分子量级上的尺度，突破了传统热效应存储在时间和空间上的极限。

① 双光子吸收的光致色变材料的光学双稳态效应。许多光致变色材料，如螺吡喃、螺恶嗪、俘精酸酐及二芳基环烯分子等，具有相对稳定的光学双稳态效应，每一种状态对一特定波长的光线有明显的吸收。在一定条件下，以该状态吸收波长的激光照射，可使之激发至另一稳定状态，而且该过程是可逆的。光学双稳态记录根据这一光化学现象，以这两种稳定状态来表示数字"0"和"1"，从而实现数字式数据存储。读出时，用两种波长之一的激光以较

小功率照射，通过检测反射率变化或荧光效应即可辨别读出点处的记录介质处于何种稳定状态，从而读出记录信息。

任何一个光子都可以穿透介质而不被吸收，只有当两个光子聚焦于一点，能量叠加才会导致光致变色反应发生，从而实现光信息记录。同时为了能有效读出相应的信息，材料还需具有荧光特性，它需要三种不同波长的激光。写入与上述类似，也是使用短波长激光（如355 nm）使介质发生光化学反应的，分子从状态"0"变成状态"1"。读出时使用较长波长（如590 nm）的激光，处于状态"1"的分子在该波长激光照射下会发出荧光，而处于状态"0"的分子则不会，因此通过检测读出光照射下介质的荧光效应，就可以区分所写入的信号。对于发荧光材料而言，只要提高分子的荧光量子产率，就可以避免分子在读出光照射下发生状态变化，因此这是一种无损读出过程。擦除时由于需要更高的能量，因此需要用两束光同时照射（如1064 nm+590 nm）。

由于一定光致色变材料对一定波长的光线有吸引并反应，而对其他波长的光线不敏感。因此，若记录层含有吸收带不同的多种或多层光致色变材料，则可用相应的多种波长分别写入和读出，从而实现多波长的多重记录。通过多重多维记录，在不改变光斑尺寸的情况下，能进一步提高单盘存储容量。

② 光致色变存储的优缺点。光致色变存储化合物作为光存储介质有许多优点。

- 灵敏度高、速度快，可达纳米量级；
- 可用旋转涂布法制作光盘，制作成本低；
- 信噪比高、抗磁性好；
- 光学性能可通过改变分子结构来调整，有利于有机合成等。

但是，光致色变的实用化，还需解决与半导体激光器波长相适应、热稳定性、写擦疲劳等问题。

（3）双光子吸收光学存储的形式。实际上，任何光性质的不同，都可用于信息的光记录和读出，所以双光子吸收光学存储有很多种形式。

- 光致色变存储；
- 光敏聚合物存储；
- 光致荧光漂白存储；
- 光折变效应存储等。

（4）双光子双稳态三维数字存储的原理。双光子双稳态三维数字存储的基本原理是，根据两个不同光束中的光子同时作用于原子时，能使介质的原子中某一特定能级上的电子激发至高的电子能态即另一稳态，并使其光学性能发生变化。因此，若使两个光束从两个方向聚焦至材料的同一空间点时，便可实现三维空间的寻址、写入与读出。由于光信号的写入与读出属于原子对光量子的吸收过程，除反应速度快外，其最小记录单元的尺寸在理论上可达到原子级。这种方法能实现 TB/cm^3 量级的体密度、40 Mbps 的传输速率。

（5）双光子存储技术有以下特点。

- 在双光束记录结构中，对各光束的峰值功率要求不太高，而单光束记录结构中，对光束的峰值功率要求很高，必须采用飞秒级锁模脉冲激光器；

- 存储体的形状可采用立方体或多层盘片结构，以提高存储容量；
- 记录信息的读取，普遍采用"共焦显微"系统及 CCD 摄像头；
- 对于光色变材料的记录信息可采用双光子读出或单光子读出方案；
- 在光色变存储方案中，掺杂 AF240（2%）光色变分子（有机聚合物）的存储密度可达 100 GB/cm^3 以上。

2. 电子捕获存储技术

（1）电子捕获存储技术的基本概念。电子捕获存储技术的原理是电子的俘获和释放。其信息的记录和读取的过程只与电子的俘获和释放有关，而与光学材料的状态及结构变化无关。因此，可以以纳秒时间实现写入和读出，反应时间很快；无热效应；可反复擦除、使用寿命非常长等。

一种适用于未来大容量计算系统的理想存储器必须同时具有高存储密度、高存取速率和长寿命三个特点。电子捕获存储方式具有这些特点，它是通过低能量激光去捕获光盘特定斑点处的电子来实现存储的，是一种高度局域化的光电子过程。从理论上讲，它的写、读、擦除不受介质物理性能退化的影响。最新开发的电子捕获材料的写、读、擦除次数已达 10^8 以上，且写、读、擦除的速率快至纳秒量级。因此，借助于电子捕获材料的固有特性，可以使激光存储密度远远高于其他类型的光存储介质。

（2）电子捕获存储技术的工作原理。电子捕获激光存储的具体过程是：当一束激光（其光子能量在电子跃迁能量范围内）照射到电子捕获材料上时，材料中的基态电子被激发到高能级 E 后下落，并被低能级 T 处的陷阱捕获，形成被电子填充了的陷阱，它代表二进制信息位"1"。写入光束中断后，此状态仍能保持，从而实现了对数字光信号的存储；信息的读出是以陷阱对电子的释放为基础的，在一束近红外光（其波长对应于足以使被捕获电子逃逸出陷阱并跃入能级 E 之中的光子能量）照射下，光斑局域位置的被捕获电子，在获得光子能量后跃迁到能带 E 中，并与另一种稀土原子作用后，返回到基态 G，同时发射出与跃迁过程损失的能量相对应波长的光子，探测到这种光，就能证实存储单元局域位置处的陷阱被电子所填充（存在二进制信息位"1"）。所以，多次读出（或选用适当大的功率光一次读出）会使被捕获电子基本耗尽，这就对应于信息的擦除。

实际测量表明，电子捕获激光存储技术可实现对模拟或多电平数据的存储，利用这种技术并采用多电平信号鉴别和相关码，可使传统光盘的每面存储容量增加至 1.5 GB。若进一步将不同光谱响应度的电子捕获材料薄膜层堆叠起来，则能实现三维光存储。

（3）电子捕获存储技术的优点。

- 对表面缺陷及形貌扰动不敏感；
- 可反复擦除、写/擦循环次数不受限；
- 存取速度很快，以纳秒时间实现写入和读出；
- 无热效应；
- 使用寿命非常长等。

总之，电子捕获存储是一种相当有前途的光存储技术。

3. 持续光谱烧孔存储技术

（1）光谱烧孔存储技术的基本概念。光谱烧孔存储技术利用分子对不同频率光吸收率不同来识别不同的分子，从而实现用一个分子来存储一位信息，达到超高密度存储的目的。

由于可以通过改变激光频率在吸收谱线内烧出多个孔，即利用频率维来记录信息，从而在一个光斑内存储多个信息，其存储密度可提高 2～3 个数量级。

光盘存储通常称为"位置选择光存储"，三维全息存储称为"角度和波长选择光存储"，由于衍射限制它们的存储密度所能达到的极限是 $1/\lambda^3$ 数量级或 $10^{-12} cm^3$ 左右，相应的 1 比特信息所占据的空间含有 $10^6 \sim 10^7$ 个分子。如果能用 1 个分子存储 1 位信息，存储密度便能在目前光存储的基础上提高 $10^6 \sim 10^7$ 倍，但相应地要求有适当选择或识别分子的方法。

（2）持续光谱烧孔存储技术的基本原理。持续光谱烧孔（Perisistent Spectral Hole-Burning，PSHB）技术利用不同频率光的吸收率不同来识别不同分子，它有可能使光存储的记录密度提高 3～4 个数量级，它属于四维光存储。

用频率为 ν_0 且线宽很窄的强激光（烧孔激光）激发非均匀加宽谱线的工作物质，同时用另一束窄带可调谐激光扫描该物质的非均匀加宽的吸收谱线，则在吸收频带上激发光频率 ν_0 处会出现一个凹陷，这就是"光谱烧孔"，如图 7-62 所示。

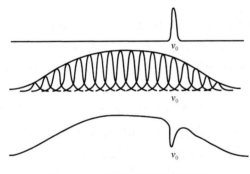

图 7-62　光谱烧孔的原理示意图

PSHB 光存储器是把烧孔激光调谐到荧光吸收谱带内的不同频率位置，孔就出现在不同的频率上，于是以有孔和无孔分别表示信息"1"和"0"两个状态。用测量透射光强的方法可以检测孔的有无。但这种"孔"是瞬时的，可用强激光激发与之共振的离子，发生光化学或光物理变化，从而使"孔"能保存较长的时间，这样就实现了光信息的存储。这就是 PSHB 存储技术的基本原理。

光谱烧孔方法有可能突破光存储密度的衍射限制，因为光谱烧孔除了利用记录材料的空间自由度以外，还可利用光频率自由度。在光斑平面位置不变的情况下，调谐激光频率在吸收谱带内烧出多个孔，可实现在一个光斑位置上存储多个信息。

（3）光谱烧孔的全息存储。除了 PSHB 存储信息外，还实现了光谱烧孔的全息存储，全息图的记录是通过不同子集分子的光学特性来实现的。Lachru 和 Shen 等人使用掺稀土的烧孔材料，在数据输入/输出速率方面取得了突破性的进展，实现了以 30 Hz 的帧速（视频速率）随机读取 500 幅全息图（每幅含有 512×488 个像素）。这种存储方法基于平面全息图的存储，如果将 PSHB 技术与体全息技术相结合，其应用前景将不可限量。

4. 近场光学存储技术

（1）近场光学存储的基本概念。目前各种光盘驱动器均用光学镜头进行读或写，其物镜离介质为 mm 量级，属于远场光学存储系统。虽然可通过短波长光激光器和固体浸没透镜等技术能使光盘记录密度有一定的提高。但物镜聚焦的光斑尺寸受远场衍射极限的制约，不可能从根本上实现光学存储的超高密度。而在近场光学显微镜中，近场的小孔功能由光学探针的针尖来完成，光学探针尖端孔径远小于光的波长。当把这样的纳米小孔置于距样品表面一个波长以内（即近场区域时），不仅可以探测到由物体衍射的传导分量，还可探测到非辐射场-隐失场分量（对应于高的空间频率，包括丰富的纳米光学信息）。采用近场光学原理设计超分辨率的光学系统，使数值孔径超过 1.0，相当于探测器进入介质的辐射场，从而能够得到超精细结构信息，突破衍射极限，获得更高的分辨率，可使经典光学显微镜的分辨率提高两个数量级，面密度提高 4 个数量级。

（2）近场光学存储的基本原理。近场光学存储的基本原理是，通过纳米尺寸的光学头和纳米尺寸的距离控制，实现纳米尺寸的光点记录。所以克服了衍射极限而提高了光存储的密度。就提高光学存储密度来说，近场光学的超衍射分辨方法是最基本的方法。

（3）近场光学存储的优点。与其他高密度存储方法相比，这种存储方法具有两大优点。

① 密度高、容量大。由于其读写光斑小，可大大提高存储密度和存储容量，并且存储每兆比特数据的花费，比普通光盘大大降低。如果采用多光束多光点并行的方法，其数据传输率还可进一步地提高。

② 可充分运用已有的存储中的成熟技术，以减少开发的时间和投资。这种近场光学存储方法，可以利用其他存储技术已经成熟的相关技术。如硬盘驱动器中的磁头悬浮技术和光盘存储中的光头飞行技术，因而不用另外去进行新的系统设计和开发。显然，这对降低产品的价格起了很大的作用。

5. 超高密度光电存储技术的发展趋势

（1）高密度光存储技术的研究重点。各种光存储技术都是以提高存储容量、密度、可靠性和数据传输速率为主要发展目标的，从整个学科发展的角度预测，高密度光存储技术的发展将着重于对以下几个方面的研究。

- 最基本、有效的数字式记录方式。
- 进一步缩小记录单位。近场超分辨存储是发展高密度光存储的一个典型尝试，随着精密技术及弱信号处理等相关技术的进步，光信息的记录单元将从目前的分子团逐渐减小到单分子或原子量级。
- 从目前的二维存储向多维存储发展。多维包括两方面的含义：一是指记录单元的空间自由度，平面存储拓展到三维体存储，以及基于持续光谱烧孔效应的四维光存储；二是指复用维数的多维，用全息的波长或角度选择性，来增加实际存储的复用维数。
- 并行读写逐步代替串行读写，以提高数据的读取速率。并行读写功能是体全息页面存储的一个固有特性，是体全息存储被普遍重视的原因之一。
- 改善和发展存储系统的寻址方法，努力实现无机械寻址的实用化，从根本上解决目前难以提高随机寻址速度的问题。
- 光学信息存储同光学信息处理相结合，以提高信息系统整体性能及功能，充分利用光学特性实现信息存储、传输、处理和计算的集成。

（2）光电存储技术的发展趋势。上述新型的光电存储技术可以实现存储密度达 $1/\lambda^3$，或者其记录材料的微观结构的分辨率，所以能够实现真正意义上的海量存储。目前，光电存储技术的发展趋势是：

- 从远场光存储到近场光存储；
- 从二维光存储到多维光存储；
- 从光热存储到光子存储；
- 从有运动部件存储设备到无运动部件存储设备等。

超高密度光电存储技术是一种代表着信息存储发展方向的新技术，它在新世纪的信息光子时代将会发挥巨大的威力。与国外的发展态势相比，必须加快我国超高密度光存储技术的研究和发展，使它在促进我国信息科学与产业的发展中起到关键的作用。

7.7 其他终端设备

7.7.1 视频印像机

在视频监控系统的图像记录设备中，除录像机外，还有一种能将视频图像转印出来的视频印像机。彩色视频印像大多采用热敏染料转移成像工作方法，其分辨率已达 400dpi 以上。它采用减色法，其中青、品红、黄每一原色都可以区分为 256 个阶次来表现色彩，因此影像色彩还原性特别好。影像中的密度升降又与扫描点的数据相对应，而且色彩与密度之间互相独立，互不干扰，印像时色彩的饱和度与层次还可进行控制调节，其最大像素可达到 3800×2759（30 MB）和 4709×3431（48 MB）。

彩色视频印像机是智能化装置，只要连接显示器后即可进行功能选单操作，典型的选择有：

- 视频输入：可接收模拟 RGB、Y/C 及复合视频信号。
- 转印方式：有全屏幕印像、4 画面同时印在一张相纸上、25 个相同图像同时印在一张相纸上、画中画印像等。
- 打印张数：可多达 100 张。

1. 视频印像机的原理

视频印像机的原理是将输入的视频图像信号用黑色或黄、洋红和青蓝三色以热转印方式在单色或彩色感热纸上印刷出来。例如，对监视现场的可疑人员或一些重要场合，就需要将当时的图像画面转印出来备查。近年来，不少安全监控系统都配置或增加了彩色或黑白视频印像机。图 7-63 为彩色视频印像机的原理方框图。

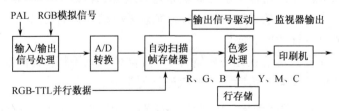

图 7-63 彩色视频印像机的原理方框图

2. CP100E 型视频印像机

CP100E 型视频印像机日本三菱公司的 PAL 制视频印像机,其转印图像的颜色可达 26000 种之多,共有 64 级灰度等级,分辨率为 640×580,标准图片尺寸为 75 mm×100 mm,转印一帧图像约需 85 s。CP100E 的内部设有数字式帧存储器,可接入复合视频信号、RGB 模拟视频信号或 RGB-TTL 数字视频信号,机内自动扫描频率为 15~35 kHz,转印图片的亮度、对比度、色饱和度均可人为调整。该机还附有一个遥控器,可以将操作者的注释及时间印刷在图片的空位上。另外还可以使用专用透明胶片转印图像,并可转印单色图片的负像效果,每次可存储 100 张纸并有纸数显示。

值得指出的是,由于数字照相机的实用化,以及 1996 年由柯达、富士、佳能、美能达、尼康五大公司联手推出新的 APS(Advanced Photo System)摄像系统,在胶卷磁道上附有每张照片的曝光条件及辅助信息,使图像拍摄到印像连成一个过程,促进了摄影过程的自动化,在此过程中,彩色视频印像机的成像作用将日渐加强。

7.7.2 打印机

(1)微机报警打印机。微机报警打印机是报警系统自动记录设备,它可配合美国 C&K 等报警主机,实时打印报警系统的所有报警状态和其他信息,对该报警系统起到了较好的完善作用。

北京通威公司的 TW2300 打印机采用大规模电脑芯片进行数据处理,可做到报警实时打印;布防、撤防实时打印;旁路、区号实时打印;故障、编程实时打印等。采用键盘一体化式,安装使用简单方便,同时设有 8 条报警信息储存及备电系统。

(2)普及型彩色视频打印机。普及型彩色视频打印机的图像存储器为一场 256 个色阶,打印输出图像为 860(V)×976(H)点阵,打印速度为每张 35 s,印像大小为 80 mm×107 mm(像纸尺寸为 100 mm×148 mm),具有自动送纸机构(最多可放 50 张纸),可连续打印 9 张。

这种打印机的打印输出方式有多种,如正常大小的单张打印、画中画打印(除单张图像外,在像片四角的某一角上套有 1/9 大小的另一图像)、多画面打印(即每张相片可输出 4、9、16 或 25 个不同的小图像)、选通打印(即一个运动图像以 1.5 s 或 3 s 间隔顺序输出,形成 4、9、16 或 25 个子图像)、多份拷贝(即一张相片上有 4、9、16、25 个相同的小图像,供证件使用)、局部图像放大 2 倍后打印输出、打印信用卡大小图像(即在一张相纸上打印左右两半不同的图像)。

(3)喷墨式打印机。液态喷墨打印技术是利用彩色墨水作画,色彩丰富,层次分明,完全不同于常规打印头概念。但在普通纸上打印效果较差,必须用于不渗透墨水的高级铜版纸,才有高清晰、光泽、彩色饱和度好的效果。喷墨式打印机共分三种:连续喷墨式打印机、请求墨滴式打印机、相变喷墨式打印机。

新型相变喷墨打印技术采用一种常温下呈固态的特种墨水,打印时这种固态墨水瞬间熔化并喷涂到纸上,墨水一经触及纸面又立即固化。因为从喷涂到固化时间非常短促,从而有效地控制住了墨水在纸纤维中的渗透,可保持层次分明、彩色饱和等特点。相变喷墨打印机,已有效地克服了普通液态喷墨打印机的打印头容易阻塞的缺点。

（4）激光打印机，激光打印机有两类。

● 普通激光打印机。通常用于计算机桌面排版，其清晰度可达到 300DPI，但其灰度再现能力差一些。

● 高清晰度热敏激光打印机。可以产生清晰度极高、色调连续的图像打印件，清晰度可达 500～600 个像素点，灰度级可达 64 级。每幅图像的打印时间为 60～80 s。

（5）染料升华打印机。该种打印机采用升华染料热扩散技术，打印的制品看起来像照片一样。染料升华技术有时称为染料扩散、染料转移或可升华染料技术。如图 7-64 所示，染料升华法利用打印头设计和油墨化学两种方面的最新技术进展，提供了连续色调打印。在染料升华过程中，色带上的染料被加热，颜色逐渐扩散或转移到接受载体。因为打印头的每一个加热元件，都能调节温度范围和加热时间，染料逐渐扩散使得色饱和度的变化成为可能。

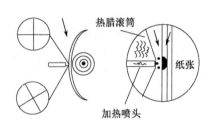

图 7-64　染料升华打印过程

升华法的打印头阵列复杂，施加的热量需精确控制与定时，色带上某一数量的染料被加热，扩散到载体上，产生不同密度水平和色调。

7.7.3　自动拨号电话机

当有报警信号触发时，自动拨号电话机能拨打事先设定的几个电话号码（如 Jablotron Ltd 的 TD-101 与 110 型自动拨号电话机能拨打 4 个），并能播放事先录制好的电话录音，同时该拨号机还能传呼两个传呼机号码（包括信息码）并能向接警中心发送 4 个报警代码。每一电话号码最长为 16 位数字，能依次拨出每一个电话号码，直到拨通为止（但最多只会拨打 3 次）；每一个传呼机号码与信息代码最长为 26 位数字；接警中心连网号码最长为 16 位数字。2 个录音，每一录音时间为 10 s（或 1 个录音，时间为 20 s），拨通后会重复 40 s 播放该录音。

自动拨号电话机的特点如下。

● 具有摘机自动拨号功能；
● 拨号号码可根据需要任意设定或修改；
● 具有普通电话机的所有功能；
● 高抗破坏性，高可靠性，防水防潮；
● 适于在所有无人值守或有人值守环境使用。

7.7.4　警号和警示灯

警号即警笛，说通俗一点就是喇叭（扬声器），有的还带有蜂鸣器或闪光灯。警示灯大多是带红色的灯泡或发光二极管，哪一路灯亮就代表这一路的防区有警情。由于警号和警示灯都是大家所熟知的，这里只说明它们是终端的设备器材，至于其具体结构等就不再叙述了。

第 8 章

移动式安防视频监控系统

8.1 移动式安防视频监控系统概述

随着现代科学技术与信息社会的进一步发展，人们对获取的信息要求越来越高，不仅是文字信息，而且还需要实时的图像信息。同样，对视频监控需要随时随地即时监控，如工作繁忙需随时监控家居安全，保姆对小孩的照顾情况；交通警察需要及时掌握各个交通路口的情况；外出的主管需要方便、快捷地了解公司的工作情况，以及营业柜台、生产线或经营场所各方面是否正常运作等，因而发展了利用手机等移动终端的移动式视频监控。

此外，当被监控点和监控管理中心相距较远且位置较分散时，利用传统网络布线的方式不但成本非常高，而且一旦遇到河流山脉等障碍或对于目标监控点不固定或移动物体（如运钞车、轮船等）的监控时，也非常需要采用这种移动式视频监控系统。

随着无线通信技术的日益发展，传输带宽不断提高，通信终端的实时信息处理能力也在飞速增强，使无线多媒体应用日渐成为业内关注的焦点，也成为人们的必然需求。基于多种无线传输手段的移动视频监控以其特有的灵活性而成为视频监控新的发展方向。

无线移动式视频监控系统包括两方面内容：一是监控系统的使用者（监控中心）是动态的和移动的，被监控对象或是摄像机往往是固定的；二是视频监控网络是无线化的。显然，当监控点分散且与监控中心距离较远，或被监控对象不固定时，利用传统有线网络的视频监控技术，往往成本高且难以实现，因而必须采用移动式视频监控系统。

移动式视频监控系统主要利用中国移动的 GSM/GPRS 网络与中国联通的 CDMA 网络，让它们扮演连接被监控点和监控中心数据传输链路的角色。移动式视频监控系统利用公用移动通信网络（如 CDMA2000-1X）将远程的多个监控点设备连接起来，而进行的一种传输视频和控制信号的系统。

实际上，这种移动式视频监控系统，是通过在基于 BREW 平台的手机或者具有嵌入式操作系统的 PDA 等上安装专用的视频解码软件，用户就可以随时随地打开手机或 PDA 等，查看家中、公司的情况，从而能放心地工作和旅行。

本节介绍无线视频监控系统的特点与类型，无线视频监控系统与联网系统的关系，移动网络选择原则，移动式视频监控系统的组成、原理、特点及应用。

8.1.1 无线视频监控系统的特点与类型

1. 无线视频监控系统的特点

一般，无线视频监控系统由无线前端设备、移动通信网络、无线接入网关等部分构成。根据不同的应用需求，移动通信网络可以是专业/专用移动通信网络，也可以是公众移动通信网络等，还可以是两种网络的混合体等。

这种无线视频监控系统具有下述的特点。

● 无线视频监控系统的无线前端设备与移动通信网络之间是通过无线信道相连的；

● 移动通信网络与无线接入网关之间可采用无线或有线的方式相连；

● 无线视频监控系统是通过 IP 网络与城市的报警监控联网系统相连等。

2. 无线视频监控系统的类型

根据应用方式的不同，可将无线视频监控系统分为如下 4 种类型。

（1）应急移动无线视频监控系统。应急移动无线视频监控系统，是指对突发事件现场或某些特定区域进行临时的视/音频监控系统。其典型的应急移动无线视频监控系统如图 8-1 所示。

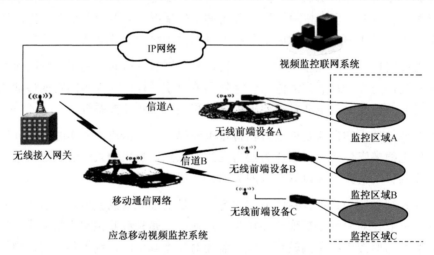

图 8-1　典型的应急移动无线视频监控系统

由图 8-1 可知，其无线前端设备有如下两种。

① 车载式（图中设备 A）：车载式无线前端设备与无线接入网关之间通过专业、专用视/音频传输信道（信道 A）进行视/音频信号传输，可实现较大范围内的移动视/音频监控。

② 便携式（图中设备 B 与 C）：便携式无线前端设备可通过使用移动转发器的方式建立视/音频信号传输通道，便携式无线前端设备可在移动转发器附近一定范围内移动，与移动转发器配合，可实现对较大区域的移动视/音频监控。

应急移动无线视频监控系统的主要特点是：

● 移动无线视/音频监控系统在需要时能快速建立；

- 需要监控的区域数量较少，监控的时间一般为数小时或数天；
- 前端设备要能够在一定范围内移动；
- 对监控图像的质量、实时性及安全性的要求高；
- 突发事件结束后，系统能迅速拆除，并能到下一站快速建立。

（2）普通交通工具内部无线视频监控系统。普通交通工具内部无线视频监控系统是指对普通交通工具内部进行视/音频监控，如对公共汽车、出租车、渡轮等交通工具内部进行视/音频监控的系统。其典型的普通交通工具内部无线视频监控系统，如图 8-2 所示。

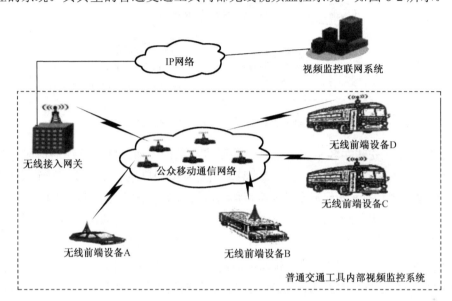

图 8-2　典型的普通交通工具内部无线视频监控系统

由图 8-2 可知，安装在各个交通工具上的无线前端设备通过公众移动通信网络与无线接入网关进行信令及视/音频数据的交换。无线前端设备与公众移动通信网络间采用无线方式相连，可实现在较大范围内对交通工具内部进行视/音频监控。无线接入网关与公众移动通信网络之间可采用无线或有线方式相连。在接入连网系统时，无线接入网关包含必要的安全隔离设备。

普通交通工具内部无线视频监控系统的主要特点是：

- 交通工具移动范围很大，且数量很多；
- 无线前端设备在交通工具上的安装位置相对固定，其需要监控的区域较小；
- 需要进行长时间连续监控；
- 对监控图像与存储图像的质量要求较高；
- 对获得监控图像实时性及安全性要求相对较弱。

（3）特殊交通工具内部无线视频监控系统。特殊交通工具内部无线视频监控系统，使用宽带移动网络（专用或公众）作为其视/音频信号与控制信号的传输通道。当采用公众移动通信网络时，要采取必要的安全措施，以防止视/音频监控信息外泄。

典型的特殊交通工具内部无线视频监控系统如图 8-3 所示。

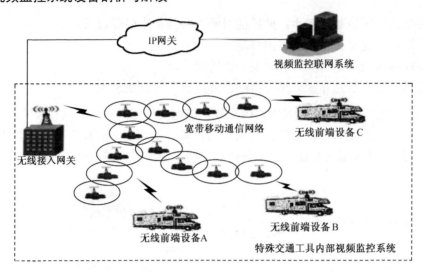

图 8-3　典型的特殊交通工具内部无线视频监控系统

由图 8-3 可知，安装在各个交通工具上的无线前端设备通过宽带移动通信网络与无线接入网关进行信令及视/音频数据的交换。宽带移动通信网络的典型覆盖区域为一个或多个链状区域。安装在交通工具上的无线前端设备与宽带移动通信网络间采用无线方式相连，可实现在预定线路上对交通工具内部进行视/音频监控。无线接入网关与宽带移动通信网络之间可采用无线或有线方式相连。在使用公众移动通信网络时，无线接入网关应包含必要的安全隔离设备。

（4）固定前端无线接入应用的视频监控系统。固定前端无线接入应用的视频监控系统，是指用于将固定视/音频监控前端设备通过无线信道连接到监控中心的系统。固定监控前端的无线接入可以使用宽带专业/专用无线网络，宜使用视距传输，点到点/点到多点组网方式，前端设备宜使用定向天线。

典型的固定前端无线接入应用的视频监控系统如图 8-4 所示。

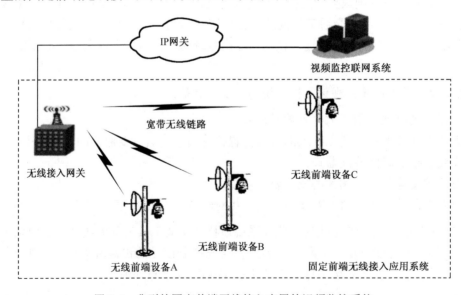

图 8-4　典型的固定前端无线接入应用的视频监控系统

固定前端无线接入应用的视频监控系统的主要特点是：

- 监控点固定不变；
- 各监控点距离监控中心的距离较近；
- 需要对监控区域进行长时间连续监控；
- 对监控图像质量、实时性及安全性均无特殊要求。

8.1.2　无线视频监控系统与连网系统的关系

实际上，无线视频监控系统是连网系统中的区域子系统，而连网系统可连接一个或多个无线视频监控系统。当连网系统连接多个无线视频监控系统时，每个无线视频监控系统均应通过各自独立的网关接入。

无线视频监控系统与连网系统的互连如图 8-5 所示。

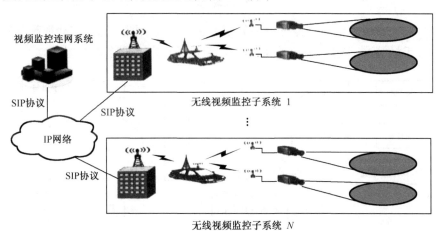

图 8-5　无线视频监控系统与连网系统的互连

由图 8-5 可知，无线视频监控系统通信 IP 网络与连网系统相连，互连时采用的传输、交换及控制协议，应符合 GA/T 669.5—2008 规范中所规定的 SIP 协议。对于使用公众移动通信网络的无线视频监控系统，在接入连网系统时，应采取必要的安全隔离措施。

8.1.3　移动网络选择原则

一般，在建立移动式无线视频监控系统时，必须要根据应用的需求，选择好移动通信网络，其具体的选择原则主要有如下几点。

（1）移动通信网络的带宽选择。当无线前端设备能够对所采集到的视/音频数据进行有效存储，且监控中心对上传数据的实时性要求不高时，可选用窄带移动通信网络；在其他情况下，则应选择宽带移动通信网络。

（2）公众移动通信网络与专业/专用移动通信网选择。当对监控的视/音频数据的安全性、可靠性要求不高，且满足传输信道带宽的要求时，可选择使用公众移动通信网络；在其他情况下，则应选择专业/专用移动通信网络。

（3）根据监控区域对无线信号覆盖的要求选择组网技术。应根据不同的应用需要，来考虑所监控区域对无线信号覆盖方面的要求，并根据要求选择适当的组网技术。

8.1.4 移动式视频监控系统的组成与工作原理

移动式视频监控系统是利用公用移动通信网络将远程的多个监控点设备连接起来，而进行的一种传输视频和控制信号的新型系统，它采用了先进的视频压缩算法 H.264，甚至 H265 流媒体视频数据压缩技术的无线传输网络解决方案，并整合了公用移动通信网络的数据通信功能和数字视频编码功能。即把摄像机图像经过视频压缩编码模块压缩，通过无线通信终端发射到公用移动通信网络，实现视频数据的交互、发送/接收、加/解密、加/解码、链路的控制维护等功能。根据应用，把实时动态图像传到距离用户最近的移动通信网络，并可以通过 Internet 访问系统服务器得到实时图像信息。该系统整合了公用移动通信网络和 Internet 网络的优势，从而在空间和距离上产生了突破性的拓展。

移动视频监控系统的组成与原理框图如图 8-6 所示，由图可知，移动视频监控系统主要由移动终端（手机等）、监控前端、传输网络、监控管理中心四个部分组成。

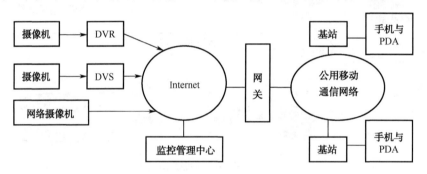

图 8-6　移动视频监控系统的组成及原理框图

1．移动终端（客户端）

移动视频监控系统的移动终端包括具有中国移动的 GSM/GPRS 网络与中国联通的 CDMA 网络（如联通 CDMA2000-1X 网络），运行 BREW/WinCE/Linux 平台的手机或者 PDA，以及带 CDMA 网卡的笔记本电脑等。显然，这些终端需安装专用视频解码软件，方可实现移动视频监控功能。

2．监控前端（采集端）

移动视频监控系统的监控前端主要由信号采集设备、可遥控动作设备、嵌入式数字硬盘录像机 DVR、网络视频服务器 DVS，以及安装音/视频压缩卡的 PC 式 DVR 构成。

信号采集设备包括音/视频信号、报警信号采集及其他模拟采集设备，主要由摄像机、拾音设备、报警器、红外探头、门磁、烟雾传感器等组成，其作用主要是提供监控前端各种信号采集功能，如音/视频、震动、烟雾、非法入侵等其他异常信号及相关参数的采集。

可遥控动作设备包括电动变焦镜头、全方位云台、室外电控防护罩及射灯开关等其他可控机电设备，这些设备按照中心控制端发来的遥控指令进行动作。

嵌入式数字硬盘录像机 DVR、网络视频服务器 DVS 及 PC 式 DVR 是整个系统中最重要的设备,负责将采集到的音/视频、报警等模拟信号编码、压缩为数字信号,按照标准的网络通信协议通过局域网、互联网或专网传输到监控管理中心机房。同时,还可以将监控管理中心机房发出的数字控制命令转化为模拟信号指令发给机电、报警等前端设备。整个系统可以做到监控前端无人值守、高效监控的运作方式。

3. 传输网络

移动视频监控系统的前端监控设备(硬盘录像机 DVR、网络视频服务器 DVS)数据上传通道将采用 IP 网络,如局域网、宽带接入、ADSL 拨号等方式实现数据上传,对于少数无法采用有线通道实现上传的应用环境,也可以采用 5.8 GHz 无线宽带设备、无线局域网,以保证视频数据采集的实时性。

移动视频监控系统的终端设备(PDA、手机、笔记本电脑)数据下传通道采用中国移动的 GSM/GPRS 网络与中国联通 CDMA2000-1X 公用移动通信网络实现音/视频实时监控,并最好使用后者。CDMA 是码分多址的英文缩写(Code Division Multiple Access),它是在数字技术的分支——扩频通信技术上发展起来的一种移动电通信技术。它原是中国联通在完善优化 CDMA 网络建设过程中推出的第"2.75"代通信技术,在 IS-95 CDMA 网络的基础上进一步升级了无线接口,使其支持高速补充业务信道,从而可实现高速互联网接入服务。CDMA2000-1X 的最高下载速度可以达到 153 kbps,能满足视频监控对数据传输速度的需求。显然,这种速度是 GPRS 数据传输的 2~3 倍,而且网络使用成本较低,特别适合像金融交易、远程监测等行业的通信需求,可完全取代过去传统的有线 Modem、X.25、数传电台、短信等通信方式。

除上述公众移动通信网络外,还有 Wi-Fi 与 WiMAX 宽带移动通信网络。随着第三代移动通信技术(3G)商业化规模的不断拓展,其无线移动网络传输的带宽能达到 2 Mbps,而目前又已进入 4G 时代,并还在向 5G 推进,显然这些都将会大大推动无线网络的移动视频监控的发展。

4. 监控管理中心

移动视频监控系统的监控管理中心按照逻辑功能可以划分为下列服务器群。

(1)数据库服务器。数据库服务器提供系统数据的集中管理服务。该服务器采用 MySQL 数据库进行数据综合管理,主要用于移动终端的流媒体业务支持能力的协商。该数据库系统功能有用户账号、登录信息管理;DVR 视频服务器信息管理;计费和流量统计管理。

(2)管理服务器。管理服务器主要负责与数据库交互,为整个移动监控系统提供业务逻辑控制。其功能模块包括建立并维护多个客户端的网络连接;鉴权和身份认证;维护用户的登录会话;接收用户的服务器定位搜索请求,从数据库服务器返回结果;根据用户的监控点要求,将用户需要浏览的服务器数据流复位位到客户端设备。

(3)流媒体服务器。流媒体服务器是移动流媒体业务平台的服务器,是提供流媒体业务的核心设备,主要负责移动流媒体的录像保存、实时流媒体转发和码流负载均衡控制。

(4)备用服务器。备用服务器在管理服务器或者数据库服务器发生意外故障时,能够自动转入服务状态,替代执行管理服务或者数据库服务。根据数据库服务器、流媒体服务器和管理服务器的架构可以为每一台服务器都架设一台备用服务器，备用服务器与主服务器组成双机冗余热备份系统。

8.1.5　移动式视频监控系统的特点及应用

由上可知，移动式视频监控系统是计算机、移动网络、视频编码技术及视频传送器的结合，它可以将不同地点的现场信息实时通过移动网络传送到监控管理中心和掌上设备。在被监控点，通常使用摄像头对现场情况进行实时采集，摄像头与本地视像传送器相连，并通过移动网络将数据信号发送到监控中心。

1．移动式视频监控系统的特点

移动式视频监控系统最大的特点体现在以下几个方面。

（1）网络覆盖面广，只要有网络信号就可监控。目前，中国移动的 GSM/GPRS 网络与中国联通的 CDMA 网络，几乎覆盖了全国大部分地区，无处不在。只要有网络信号的地方就可以使用手机监控，几乎不受区域限制。

（2）使用灵活方便、操作简单。手机是目前最普及的电子产品，其使用非常灵活方便，操作也简单。只要会使用手机，就可以进行移动式视频监控。

（3）无须布线，使用成本低。由于手机能适应多种有线和无线网络，主要是无线网络，因而无须布线构筑新的专用网络，从而减少人力投入，减少施工运营成本。此外，由于目前移动数据业务量不大，移动运营商为鼓励使用这一业务，会采用很多优惠政策。通常在移动数据业务兴起以后，其使用的费用还会大幅度降低。

（4）随时随地、即时有效。由于手机是随时随地带在每个人的身边的，因而可随时随地实时监视，并可同手机短信、手机彩信等即时通信结合起来，更加灵活方便。由于 GPRS/CDMA2000-1X 具有"始终在线"特性，有良好的实时响应与处理能力，使访问服务变得非常简单、快速，即时有效。

（5）更加安全、可靠。由于每个手机的号码都是专一的，因而这种手机设备系列号的唯一性，使得利用中国移动 GSM/GPRS 的数据网络与中国联通 CDMA 的数据网络的手机视频监控比利用互联网的 PC 视频监控更加安全可靠。

（6）能远程报警，方便报警确认。移动式视频监控系统还可与电子报警设备配合使用，实现远程报警功能。当前，误报警的比例还相当高，为确认报警要花费一定的人力与财力，但利用手机的即时通信和手机的视频监控，能很方便地解决报警确认问题。

（7）使用群体庞大，真正实现远距离视频监控。当前，由于手机通信的方便与即时性，因而使用手机的群体庞大，而具有视频监控能力的手机将会迅速普及，这类手机用户，均可进行移动式视频监控。只要有网络信号的地方就可以使用手机监控，几乎不受区域限制，因而距离也无限制，可方便地实现真正的远距离视频监控。

（8）不仅获取视频监控，还能及时获取其他视频信息。利用手机进行的移动式视频监控，不仅能获取视频监控信息，还能及时获取其他的视频信息，如交通信息、天气预报等信息的实时获取，以及医院病人的探视、幼儿园小孩的探视、家庭老人的监看等。

（9）能调节图像的大小、质量及传送速度。移动式视频监控可根据用户的需要而有不同级别的图像效果，并且还可以调节图像的大小、质量及传送速度。

（10）实现现场无人值守，方便系统扩充。移动式视频监控能实现远程报警，并可根据需要设置抓拍、录像等功能，实现现场无人值守的视频监控功能。只需要增加前端监控设备，即可非常方便地实现系统扩充。

（11）不受时空限制，对多个现场可同时进行指挥。由于网络覆盖面广，移动式视频监控可对多个现场同时进行监控，不受时空限制，能方便地对多个现场同时进行指挥。

（12）可进行云台和镜头的控制与跟踪。移动式视频监控系统同其他数字式网络式视频监控系统一样，只要前端监控设备增加解码器，即可对前端监控设备进行云台和镜头的控制与跟踪等。

2. 移动式视频监控系统的应用

移动视频监控适用于公安、交通、银行、环保、水利、市政、电信、油田、铁路等各种民用及工业监控范围，真正解决了超远距离的难题问题。这种移动视像监控方案适用于任何环境及流动性极高的场合，为远程视像监控开展了新的应用层面。具体应用如下。

（1）用于家庭、企事业单位和重要设施管理等。由于系统扩展了手机和电脑的功能，为广大客户提供一种随时随地观察家居和办公场所的手段。拥有它，就拥有了属于自己的专属网络，可随时看到关心的人和事情。

① 个人家庭。可随时随地了解身边的家庭生活，体验亲情及家庭安全防范等。如在办公室，可轻轻单击手机键，就能开关家中的家电。不管走到何处，都能随时通过手机或电脑观看家中的现场动态，如火警、盗警、煤气泄漏等；也能在第一时间得到通知；网络摄像头还能立即抓拍现场图像或录像，以短信的方式发送到手机或是发邮件到指定的电子邮箱，以便及时发现家中异常，并可通过系统对现场的拍照和录像，供事后分析和破案使用。

② 社区生活。该系统能增强住户的安全感，发挥住户自我监察能力，可起到实时监察，实时关心社区生活、监察物业与保安工作的作用；该系统也方便社区保安监控，如对住宅楼、停车场的安全防范视频监控等。

③ 企业管理。该系统便于企业管理以及商品、服务展示，如工厂、车间视频监控、工业管理监控、商业洽谈等；方便适合点多分散的数据传输，适合跨地域的企业应用等。

④ 重要单位部门。该系统更适合重要单位部门的应用，如银行、珠宝店、停车场、加油站等移动监控管理，可随时随地监察，防患于未然。

⑤ 政府、管理机构。该系统可改善各部门的协调工作，提高工作效率，增加政府所提倡的办事透明度等。

⑥ 事业单位管理。该系统可方便医疗、教育、科研等事业单位的管理，移动视频监控与信息化，可以直接为其工作带来便利等。

⑦ 重要设施管理。该系统可方便地对水利、电力、桥梁、隧道、军事、房地产等重要设施进行监察管理，如对军事基地、边境、哨卡远程视频监控；水利系统的河流、船闸等视频监控；电力系统的无人值守变电站、电厂的视频监控；电力、电信无人值守机房视频监控；

铁路运输系统的车站、铁路道口视频监控；港口、码头、仓库设施视频监控；山林交通治安消防视频监控等。

⑧ 媒体应用。该系统可方便媒体应用，如方便手机可随时随地视频点播，在线点播各类影片和歌曲等。

⑨ 旅游、娱乐业。该系统可方便旅游、娱乐业的应用，如可方便将商务、旅游、娱乐的配套设施的视频影像直观地、即时地直播；并将各地风土人情，展现在旅客的手机中。此外，管理部门还可同时对服务性行业进行监管、监察。

（2）方便用于城市道路监控。城市交通路口众多，交通流量大，如果全部采用光纤布线用于路口视频监控，其工程造价相当昂贵。但如果减少相应的路口视频监控，则道路交通路口监控就显得不足，这时可采用移动视频监控系统。该系统通过 CDMA2000-1X 移动网络，无须布线，从而可节省大量资金；另外，也可将视频图像回传交管部门进行监控管理，可以随时发现交通违章，进行非现场执法。该系统还便于司机、旅客等出行人员及运输企业通过 PDA、手机、电脑随时查看道路交通实况，以做好出行计划。

（3）用于移动车辆监控。这种系统适用于公安警车、金融运钞车、消防车、货运车、长途客车、城管监察车、市政监察车、其他应急抢险车等。尤其是运钞车，虽然现在绝大多数运钞车已经装备了对讲机、手机甚至 GPS 系统，大大提高了其安全性，但这些只能传送音频和数据，对于运钞车的安全还远远不够，添加远程移动视频监控设备提供视像可弥补这一空白。有了该系统，银行调度监控中心随时能找到移动运钞车的位置，跟踪其运行道路及其周边环境；随时跟司机保持联系；遇到紧急情况时，司机可按动远程移动视像监控系统隐蔽的紧急按钮，通过 CDMA2000-1X 移动网络向报警中心实时传送现场视频图像，银行调度监控中心即刻能确定事故状况，并进行现场录像，同时与当地 110 联网报警，从而能迅速组织救援。

（4）用于有线网络无法到达的地方的监控。移动视频监控适用于有线网络无法到达的地方，尤其适合条件差、野外的使用环境，如山川、河流、沼泽地，以及电力高压线线路、高速公路、公安侦查临时布防、环境监测、部队野战训练、森林防火、路灯、石油开采、石油输油管线、物流、运输船、长途车、火车、车库、防洪抢险等。

（5）用于人员无法接近的场所的监控。移动视频监控适用于易燃易爆等危险场所、急性疾病传染区、生物武器危险区等人员无法接近的场所；并支持频繁的、少量突发型数据业务（如行政执法的现场）。

总之，该系统能广泛应用到银行、交通、军事、警局、保安、公司、仓储、港口、社区、酒店等诸多领域。

由上看出，这种移动式视频监控系统，只要通过在基于 BREW 平台的手机或者具有嵌入式操作系统的 PDA 上安装专用的视频解码软件，用户就可以随时随地打开手机或 PDA，通过中国移动的 GSM/GPRS 网络与中国联通的 CDMA 网络（目前均发展到 3G、4G）来进行监控。这种监控不受时空限制，非常灵活、方便、实时、实用；由于手机号码的唯一性，使这种监控非常安全可靠，加上成本低，又能实现现场无人值守等视频监控功能，其应用将非常广泛，是视频监控发展的一个方向。

这种移动多媒体业务，被看成 3G、4G 时代的主要业务应用。

8.2　无线视频监控系统所依赖的关键技术

8.2.1　无线视频传输网络链路及组网技术

对于无线视频监控而言，无线网络传输链路的选取主要取决于用户的需求和系统工作的具体环境。目前已投入使用的无线视频监控系统主要有基于移动通信网络的和基于无线局域网 Wi-Fi 与城域网的 WiMAX 等宽带类型，但在对音/视频质量要求不高的应用中，也可以采用低端的无线数据传输网络。

在中国目前移动通信网络的两大运营商中，中国联通采用基于码分多址的 CDMA2000-1x 制式，最高下载速度可达 153 kbps，现网实测可达 100 kbps 左右。中国移动采用 GPRS 技术，是基于 GSM 网络发展而来的新型分组交换数据应用业务，带宽理论最高可达 171.2 kbps，现网测试至少也可达到 35 kbps 左右。在目前的网络带宽下，普通用户可以采用彩 e 传输视频文件，不少厂家也推出了基于 2.5G 移动公网的视频监控系统，作为对有线网络监控系统的有力补充。

基于无线局域网络（WLAN）的多媒体信息传输，是基于 IEEE 802.11 协议族的解决建筑物内灵活视频监控的主要手段。IEEE 802.11a 规定的频点为 5 GHz，适合于室内及移动环境，传输速率为 1～2 Mbps。IEEE 802.11b（Wi-Fi）工作于 2.4 GHz 频点，当信噪比低于某个门限值时，其传输速率可从 11 Mbps 自动降至 5.5 Mbps，或者再降至直接序列扩频技术的 2 Mbps 及 1 Mbps 速率。IEEE 802.11e 及 IEEE 802.11g 是下一代无线 LAN 标准，被称为无线 LAN 标准方式 IEEE 802.11 的扩展标准，是在现有的 IEEE 802.11b 及 IEEE 802.11a 的 MAC 层追加了 QoS 功能及安全功能的标准，为其上可靠的视频信息传输奠定了基础。

随着 WiMAX 技术和 3G 与 4G 技术的日趋成熟，基于 WiMAX 和 3G、4G 甚至 5G 的无线视频监控也成为研究热点。WiMAX 是一种无线宽带接入技术，采用多载波调制技术，能够提供高速的数据业务，具有频谱资源利用率高、覆盖范围大（传输距离可达数十千米）等特点。无线城域网（WMAN）采用了 WiMAX 技术，组网采用的 IEEE 802.16 协议族。与现有的移动通信技术相比，WiMAX 技术可以提供更高的数据速率，更强的数据业务能力。

多媒体业务是 3G、4G 甚至 5G 数据业务的重点，其 3G 传输速率要求为：高速移动时能够达到 144 kbps，慢速移动时为 384 kbps，静止状态为 2 Mbps。3G 的带宽非常适合无线视频监控的应用。随着 4G 甚至 5G 的商用，无线视频监控必将会蓬勃发展。

在无线实时视频监控系统中，控制协议决定了整个系统的效率、兼容性、安全性等诸多重要问题，是系统运转的指挥中心。控制协议尤其是无线实时监控系统的控制协议，不但要求能够快速稳定地建立连接，而且要求对该连接具有一定的控制能力。会话启动协议（Session Initiation Protocol，SIP）是 IETF 的 MMUSIC 工作组制定的多媒体通信框架应用层信令协议，设计理念和协议结构完全符合 NGN 的特性和要求，得到了越来越多业内人士的认可，国内外许多知名企业都开始从事 SIP 的研究与开发工作。诺基亚和爱立信已经开发出了基于 SIP 的端到端的网络多媒体系统，3GPP 和 3GPP2 分别在 R5 和 Phase2 阶段引入了基于 SIP 的 IMS（IP 多媒体子系统）。基于 SIP 的多媒体通信已经成为新的主流发展方向。

8.2.2　高效率、抗干扰的视频编/解码技术

视频压缩标准 MPEG-4 目前已应用于 Internet 流媒体领域，为了尽量减轻 MPEG-4 视频流对误码的敏感性，保证压缩视频解压后的恢复质量，MPEG-4 提供了多种抗误码工具，承载流媒体业务的实时网络传输层及底层移动通信系统也可以进一步改善流媒体传输的抗误码性能。而 MPEG-7 是针对存储形式或流形式的应用而制定的，不仅仅用于多媒体信息的检索，更能广泛地用于其他与多媒体信息内容管理相关的领域，并且可以在实时和非实时环境中操作。

目前，新的视频编码技术 H.264，采用了高精度、多模式预测技术用来提高压缩比以降低码流。H.264 标准针对网络传输的需要设计了视频编码层 VCL 和网络提取层 NAL 结构，网络抽象层是提供"网络友好"的界面，从而使视频编码层能够在各种系统中得到有效的应用。H.264 标准针对网络传输的需要设计了差错消除的工具便于压缩视频在误码、丢包多发环境中传输，从而保证视频传输的有效性。何况，现在又最新出现了视频编码技术 H.265，因此虽然目前移动式无线视频监控产品，大多使用 H.264，但很快将会是 H.265 压缩标准。

为了能在时变、带宽有限、误码率较高、缺乏 QoS 保证的无线信道上传输视频数据，视频编码算法必须满足以下要求。

- 高效的视频压缩比；
- 较高的传输实时性，更短的传输时延，更快的编码速度；
- 较强的视频传输鲁棒性，更好地适应传输信道的误比特干扰。

因此，研究在无线视频监控应用中的编/解码技术机制，重点在于进一步提高编/解码效率及抗干扰能力。

8.2.3　数据管理与数据安全技术

在视频监控系统中，必须使数据不因偶然和恶意的原因而遭到破坏、更改和泄漏，因而保护数据的安全是非常必要的。通过无线网络或 Internet 传输的数据，很有可能会遭到截取，这会给敏感数据带来巨大的风险。对于一些网上黑客或恶意员工而言，为数据处理系统建立和采取技术和管理上的安全保护是不够的，还很有必要对数据采取加密技术。

随着视频监控点的增多、应用行业的日益普遍化、监控时间周期的延长和视频清晰度的提升，视频数据容量也在飞速发展。即使按照一定的标准以压缩形式存储这些数据，仍然有成百的 TB 直至上千的 TB 的数据需要归档、存储并需要高速传输。因此，就是针对这些情况，也还需要利用大数据技术来优化视频存储、归档等解决方案，以及设备选择等，这些都已经是很多用户的一个现实考虑。

一般，从应用需求来看，设计的系统必须具有以下的要求。

- 具备长时间无故障运行的能力；
- 能够远程实时传输高清晰图像，并实现回放；
- 具备灵活存储图像资料的能力，存储保留时间达到一定的要求；
- 图像传输必须具备防窃取功能，图像资料具备防篡改功能；

● 设备操作必须具有安全的管理和控制手段等。

所以，数据管理与数据安全技术也是无线视频监控系统所依赖的关键技术之一。

8.3 车载式无线移动视频监控系统

8.3.1 车载式无线移动视频监控系统的组成与工作原理

车载式无线移动视频监控系统，是将拾取视频图像的摄像机安装在可开动的车上，并利用公用移动通信等网络，将远程的多个监控点设备（含利用手机摄取的视频信息）连接起来，而进行的一种传输视频和控制信号的系统。实际上，这种无线移动视监控系统通过在基于BREW 平台的手机或者具有嵌入式操作系统的 PDA 上安装专用的视频解码软件，用户就可以随时随地打开手机或 PDA，通过公用移动通信网络去进行监控。此外，也可查看家中、公司的情况，从而能放心地工作和旅行。这种无线移动视频监控不受时空限制，非常灵活、方便、实时、实用。由于手机号码的唯一性，这种监控又非常安全可靠，加上成本低，又能实现现场无人值守等视频监控功能，因而其应用将非常广泛，是视频监控发展的一个方向。

1. 车载系统的组成及原理

车载系统是车载式无线移动视频监控系统的核心，即这种视频监控系统的监控前端。车载系统的组成及原理框图如图 8-7 所示。

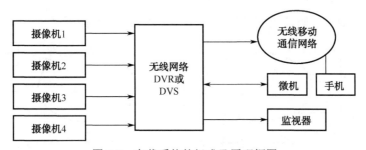

图 8-7 车载系统的组成及原理框图

由图 8-7 可知，车载系统主要由 4～8 台摄像机、无线网络 DVR 或 DVS，以及微机或笔记本电脑与监视器、手机与对讲机等组成。这种车载系统可安装在不同用途的车、船、飞机上，如安装在公共安全重大突发性事件监控车、交警流动监控车、110 巡逻车、红十字救护车、银行运钞车、电视采访车、公交车、长途巴士、出租车、消防车等车辆及船舶、直升机等可移动运载工具上，可实现对异地事发现场的实时监控。

显然，选择摄像机的多少是根据车的大小与需要而设的，并可根据需要选择十字标尺摄像机（一般可选 1～2 台），以便对目标的距离与大小进行检测，以及对现场易倒塌的物体进行预/报警等。

由图 8-7 可看到，摄像机所采集的视频信号输入到嵌入式无线网络 DVR、无线网络 DVS或安装音/视频压缩卡的 PC 式无线网络 DVR 中，它一方面将视频信号分割显示在监视器与微机屏幕上；另一方面经 MPEG-4 或 H.264 及最新的 H.265 编码、压缩为数字信号，并按照标准的无线移动网络通信协议发送到无线移动网络，供移动终端显示和传输到远程监控管理中心去处理。通过微机，还可控制安装在车顶上的摄像机的电动变焦镜头、全方位云台、室外防护罩雨刷及红外灯开关等。

值得指出的是，这里专用的无线网络 DVR 或无线网络 DVS 是监视系统前端的核心设备，它集成了视频捕捉、视频分割、视频编码压缩、网络传输及报警触发等功能。它们根据预定的间隔定期采集视频数据，将选中的模拟视频信号编码压缩成所需格式的数字视频流，通过公用移动通信网络模块无线发送。前端还可采用三可变镜头的夜视级摄像机，并配备红外聚光灯等，以解决大雾、暴雨等恶劣环境下的照明问题。

无线移动监视系统前端的车载系统采用汽车蓄电池进行供电，各监视前端通过公用移动通信网络无线信道连接监控中心的监视系统服务器，由视频监视系统软件进行集中显示和统一管理。

2. 车载式无线移动视频监控系统的组成与工作原理

车载式无线移动视频监控系统，采用了先进的视频压缩算法 H.264 及最新的 H.265 流媒体视频数据压缩技术的无线传输网络解决方案，并整合了公用移动通信网络的数据通信功能和数字视频编码功能。即把摄像机图像经过视频压缩编码模块压缩，通过智能无线通信终端发射到公用移动通信网络，实现视频数据的交互、发送/接收、加/解密、加/解码、链路的控制维护等功能。根据应用，把实时动态图像传到距离用户最近的联通通信网络，并可以通过 Internet 访问系统服务器得到实时图像信息。该系统整合了公用移动通信网络和 Internet 网络的优势，从而在空间和距离上产生了突破性拓展。

车载式无线移动视频监控系统的组成与工作原理如图 8-8 所示。

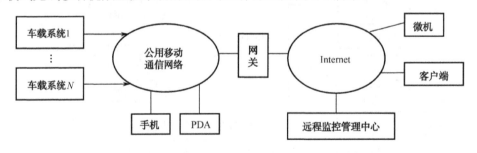

图 8-8　车载式无线移动视频监控系统的组成及原理框图

由图 8-8 可知，车载式移动视频监控系统主要由监控前端的车载系统、移动终端、传输网络、远程监控管理中心四个部分组成。

（1）监控前端。监控前端即前面所述的车载系统。

（2）移动终端。包括有中国联通的 CDMA 与中国移动的 GSM/GPRS 网络运行 BREW/WinCE/Linux 平台的手机、3G 与 4G 手机，或者 PDA 及带 CDMA 网卡的笔记本电脑等。显然，这些终端需安装专用视频解码软件，方可实现移动视频监控功能。

值得指出的是，装有摄像头的手机同时也可作为移动采集端，其所采集的图像除可传给其他移动终端外，也可传到监控管理中心。

（3）传输网络。移动视频监控系统的传输网络，采用中国联通的 CDMA 与中国移动的 GSM/GPRS 公用移动通信网络，以及 3G、4G 等的公用移动通信网络来实现视/音频实时监控。目前，系统一般优先考虑 CDMA 方式，在 CDMA 信号覆盖不良的区域才选择 GRPS 方式。现在，由于 3G 与 4G 的商用，实际多采用 CDMA-OFDM 传输方式。

远程监控管理中心，可以通过 Internet 访问系统服务器得到实时的图像信息。由于系统整合了公用移动通信网络和 Internet 的优势，从而在空间上和距离上产生了突破性的拓展。

（4）远程监控管理中心。远程监控管理中心除电视墙与声光报警等设备外，按照逻辑功能可划分为数据库服务器、管理服务器、流媒体服务器和备用服务器等服务器群。

总之，车载式无线移动视频监控系统集无线移动通信网技术功能和数字视频编码技术为一体，把摄像机拍摄的图像信息经过压缩，通过无线移动通信接口发射到公用移动通信网络。根据应用，把实时图像传到手机、PDA、营运商网关。还可以通过 Internet 从营运商网关得到实时图像信息。这种移动视频监控系统，具有经济、可靠、高效、便捷、安全的突出特点，尤其可在移动状态传输视频，部署非常灵活、广泛，真正实现了"千里眼、顺风耳、处处通"，使人类视觉得到了无限延伸。

8.3.2 智能车载 DVR 的组成及原理

1. 智能车载 DVR 的组成

由本书参考文献[6]安防新技术及系统系列精品丛书之一：《安防&智能化——视频监控系统智能化实现方案》第 3 章中，智能网络 DVR 系统的方案组成与工作原理框图可知，要想使 DVR 系统智能化，主要是要在 DVR 系统中嵌入智能软件算法模块。作为智能车载 DVR，除嵌入所需的智能软件算法模块外，因为车是移动的，所以还必须内置 GPS 定位模块。这样，GPS 定位模块就可与第三方 GPS 定位平台对接，从而可在后端监控中心通过电子地图（GIS）查看车辆的运行路线、车速及车内状况，以实现对车辆的管理调度。

此外，在嵌入式智能车载 DVR 中，还可内置 Wi-Fi 模块，以用于视频录像文件的拷贝。这样，设备就可与 Wi-Fi 接收设备进行绑定，等车辆回到总站管理中心后，即可将车辆的运行视频自动连接中心端进行录像文件的拷贝存档，这在一定程度上节省了人力和物力。

智能车载 DVR 的组成如图 8-9 所示。

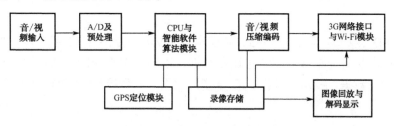

图 8-9 智能车载 DVR 的组成

由图 8-9 可知，智能车载 DVR 由 A/D 及预处理、CPU 与智能软件算法模块、音/视频压缩编码模块、GPS 定位模块、3G 网络接口与 Wi-Fi 模块、录像存储、图像回放与解码显示七大部分组成。显然，还有报警等输入与输出未绘入。

2. 智能车载 DVR 的原理

智能车载 DVR 的工作原理是，首先将输入的音/视频信号进行 A/D 变换及必要的预处理后输入 CPU，通过智能软件算法模块进行所需的视频内容分析与智能识别，当识别有异常时，一方面进行本地的录像存储、显示与预/报警；另一方面经过编码压缩处理，通过 3G 网络接口与 Wi-Fi 模块，经 3G 网络与局域网发送到总站监控中心存储、显示与预/报警。同时，GPS 定位模块经 GPS 定位平台对接，在后端监控中心通过电子地图（GIS）查看车辆的运行地址、车速及车内状况，以便采取必要的措施进行处理。

8.3.3 智能车载 DVR 的特点

智能车载 DVR 具有如下的十大特点。

（1）内置有所需的智能软件算法模块。智能车载 DVR 内置有所需的智能软件算法模块，这样才能使车载移动式视频监控系统智能化。当它分析识别有异常时，除自动地进行本地的录像存储、显示与预/报警外，并经编码压缩处理，通过 3G 网络与局域网发送到总站监控中心存储、显示与预/报警。

（2）内置有 GPS 定位模块。智能车载 DVR 内置有 GPS 定位模块，它经与监控中心 GPS 定位平台对接，在后端才能通过电子地图查看车辆的运行路线、车速及车内状况，实现对车辆的管理调度。还可通过特有的录像 OSD 叠加功能，在客户端显示车辆的行驶时间、车牌号码、通道名称等。

（3）支持 3G 和 Wi-Fi 两种无线传输技术的自动切换。由于公交车采用的是 3G（现 4G 已商用）与 Wi-Fi 两种无线传输技术相结合的方案，因而智能车载 DVR 在图像传输过程中支持 3G 与 Wi-Fi 自动切换。由于 Wi-Fi 网络带宽比 3G 网络宽，系统优先采用 Wi-Fi 网络。当车辆进入没有 Wi-Fi 网络的区域，系统自动切换到 3G 网络并自动调节分辨率；当车辆进入有 Wi-Fi 网络的区域，系统自动切换到 Wi-Fi 网络。由于公交车终点总站自建有 Wi-Fi 网络，此时车中存储的录像资料即可自动导入总站存储服务器中。

（4）录像功能强大，支持报警输入/输出与语言对讲功能，智能车载 DVR 的录像功能强大，支持报警输入/输出与语言对讲功能，它既可单机工作，通过解码器将 IP 视频数据解码为复合视频信号输出到监视器上显示，也可通过多种网络传输，实现本地或远程的视频浏览、存储、抓拍等。

（5）提供 SDK 接口，可扩展性强。智能车载 DVR 还提供 SDK 接口，可扩展性强，它支持其他应用程序从智能车载 DVR 中调用数据，以实现多系统的集成。通过扩展接口，可实现对车辆的行驶数据、投币机数据、IC 卡接口数据、人数统计、LCD 显示、温度传感器数据的采集等。

（6）支持延时关机功能，以保证监控记录的全面性和车体的实时安全性。为保证监控记录的全面性和车体的实时安全性，智能车载 DVR 还支持延时关机功能。当车辆熄火之后，可自动延长关机时间，其具体的延时长度可根据调度中心的需求来进行设置，如 3 分钟、…、24 小时。

（7）有随机不可逆空中数据加密功能。智能车载 DVR 有随机不可逆空中数据加密功能。在录像传输前，系统会通过配置密钥先加密前端录像，如要通过 IE 或平台客户端下载播放录像文件，则要通过输入密钥才能播放，从而保证系统在 3G 传输的网络环境下系统数据的安全性。

（8）有分辨率可调与双码流功能。智能车载 DVR 有分辨率可调与双码流功能，在一定程度上能缓解传输网络的带宽问题。它能区别应用不同画质传输和存储的码流环境，以保证无线视频传输的稳定性。

（9）有抗震减震散热的功能。在公交车特殊环境的应用下，智能车载 DVR 采用了机械减震、电子减震和软件减震相结合的综合减震方案，以保障录像数据的安全。机械减震先从硬盘做起，最好采用笔记本硬盘，从而可提高磁盘的可靠性、抗干扰和震动性能；然后是整机的减震，这可通过阻尼橡胶或钢丝绳军用减震技术来达到能量转换（转为热能）的目的；电子减震和软件减震通过外部加速度传感器获取震动信息，它根据震动强度对硬盘读写周期进行干预，或将硬盘磁头复位到安全区域，以保护硬盘磁头正常读写，并不受震动的干扰。

此外，智能车载 DVR 还采用了铝型材外壳散热，在保证低功耗、低碳排放前提下，使系统能良好运行。

（10）可塑性强。智能车载 DVR 系统可塑性强，通过对接扩展系统，实现如 GPS 定位、轨迹回放、行驶数据记录、自动语音报站、媒体播放等功能。

此外，它的客户端浏览方式多元化，能满足公交车等无线移动视频监控的需求等。

8.4　几种车载式无线移动智能视频监控系统的实现方案

随着通信技术的发展，以 CDMA、GSM/GPRS 为主的移动通信网络，已发展到 3G、4G，并在积极向 5G 推进。因此，其数据服务，更不会受地理环境和天气条件的限制而组网方便，对应用所需的额外设备要求不高，投资和运行费用低，并且数据传输准确，安全可靠性高，时效性和带宽更能满足业务的信息传输要求。

本节具体介绍城市公交车、学校的校车，以及长途客车与货车实现无线移动视频监控系统智能化的实现或解决方案。

8.4.1　公交车无线移动智能视频监控系统的实现方案

1.　移动视频监控系统的设计原则

（1）安全可靠性。公交车移动视频监控系统的安全可靠性可分为以下三个方面。

- 数据的安全可靠性：系统中各项数据在传输过程中应采用加密策略，数据支持 VPDN 虚拟网络传输，系统用户在登录过程中采用认证策略，各级用户则具有鉴权策略等。
- 设备运行的安全可靠性：监控设备在运行过程中应具有良好的容错能力和自我恢复能力，并在恶劣的网络环境下保持优秀的视频质量。

- 车辆运营的安全可靠性：在监控设备安装好后，应对车辆运行不产生影响，如设备线路设计不合理导致车辆短路起火，或设备功率过大导致车辆油耗过大以致影响车辆发动等。

（2）稳定性。车载监控设备应能适应公交车运行中的恶劣环境，如能适应高湿度、高温、低温、长期颠簸、电压变化较大的工作环境，并在这种环境下能稳定地运行。

（3）统一性。系统软硬件各子系统间应按标准进行集成，并保持高度的独立性；监控设备各种接口应按标准进行预留，以方便对接与维护；应统一建设与管理，以达到服务规范化和管理高效化。

（4）实用性。系统应实用，如有用户需求的集中而统一的监控平台；操作界面人性化，简单、易用；避免多系统多方面的维护，使维护尽量集中而简单。

（5）可拓展性。系统应能快速方便地进行扩容，如增加车辆，后台系统不影响原业务的运行。系统的软件应采用分层的模块化的结构设计，能灵活方便地修改设置，从而使各项功能可根据需求进行扩充，使业务扩充迅速。

2. 公交车移动视频监控系统的智能功能

（1）司机醉酒与疲劳驾驶检测和识别的预/报警的智能功能。据统计，司机醉酒与疲劳驾驶是造成交通事故中的比例最高的，因而必须要有司机醉酒与疲劳驾驶检测和识别的预/报警的智能功能，即能有效地检测司机的醉酒与疲劳驾驶的状态。当检查到司机醉酒迷糊与疲劳出现睡意时，立即预警，通过扬声器给予警告或提醒其停车休息，经提醒仍未停车时，则强行自动刹车，并向总站监控中心报警，更换司机，以减少交通事故的发生。

（2）摄像机视频被遮挡、模糊、视角转动的检测与识别的预/报警的智能功能。当公交车上的车载监控系统检测与识别到摄像机的视频被遮挡、模糊、视角转动时，即主动发出预/报警，录像与显示并传给监控中心，以便在第一时间进行处理，消除隐患，防止意外事故的发生。

（3）人数统计与拥挤度的检测与识别的预/报警的智能功能。该功能可统计车内的人流量，估计车内的人员密度，对人员超载提供预/报警信息。在显示屏上实时显示人流数量或拥挤程度的百分比，如果数值超过预设值，就发出预/报警。该功能还可生成统计报表，统计时间段和统计单位可设置，便于总站对车辆的调度。

（4）异常行为的检测与识别的预/报警的智能功能。该项智能功能可检测与识别发生在车内的偷窃、打架、持刀行凶等异常行为。当检测与识别有异常行为时，即自动进行预/报警，录像与显示，并传给监控中心与就近公安派出所，以尽快进行处理，防止事态进一步扩大。

（5）超速、逆行、闯红灯等违章的检测与识别的预/报警的智能功能。该项智能功能主要是防止司机违章操作，如当司机使公交车有超速、逆行、闯红灯等违章操作时，系统检测与识别后会自动打开录音提醒与警告不得违章，录像与预/报警并且传送到监控中心，以便采取措施制止，如发指令使汽车制动等。

（6）非法侵入与司机身份识别的检测与识别的预/报警的智能功能。该项智能功能在司机座位周围设置有虚拟的警戒线，当有人进入该警戒区域时，司机身份识别系统立即进行检测与识别，若识别不是该车的司机进入时，即为非法侵入，系统立即预/报警、录像与显示，并传给监控中心，此时车辆也不能点火启动；若识别是该车的司机进入时，车辆才能点火启动。

3. 公交车移动智能视频监控系统的组成方案

（1）公交车移动智能视频监控系统的组成。公交车智能移动视频监控系统的组成如图 8-10 所示。

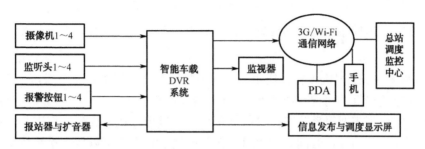

图 8-10　公交车移动智能视频监控系统的组成

由图 8-10 可知，该系统由智能车载 DVR 系统、监控摄像机、监听头、报警按钮、车载监视器、对讲机、报站器与扩音器、信息发布与调度显示屏，以及 3G（或 4G）/Wi-Fi 通信网络与总站调度监控中心管理平台等组成。值得说明的是，GPS 定位模块与 3G（或 4G）/Wi-Fi 网络接口模块等部分均在智能车载 DVR 系统主机内。

此外，一般 4 个监听头也分别隐藏在 4 台监控摄像机中。

（2）公交车上摄像机监控点位的设置。根据实际需要，公交车上一般至少安装 4 台监控摄像机，其具体安装点位如图 8-11 所示。

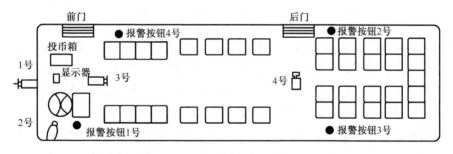

图 8-11　公交车上摄像机与报警按钮安装点位示意图

图 8-11 中，1～4 号 4 台摄像机的安装位置与作用如下。

① 1 号车前摄像机：一般用枪式摄像机，具体安装在公交车前面挡风玻璃后面，镜头朝前。其作用是采集前方道路状况、行车标志、红绿灯等信息，目的是有利于提高司机的交通规则意识，以保障行车的安全。

② 2 号前门摄像机：一般用半球摄像机，具体安装在公交车驾驶座前方的车内顶板上，镜头对着前车门、投币箱及驾驶座位置。其作用是采集乘客上车、投币、司机驾驶等情况，目的是可记录乘客上车信息，并规范司机驾驶的行为，分析和记录司机与乘客的行为有否异常，以保障行车的安全。

③ 3号车厢监控摄像机：一般用半球摄像机，具体安装在公交车厢前部的车内顶板上，镜头向着后方。其作用是采集车厢内所有坐位与站立者的行为信息，目的是用于分析和记录乘客的各种行为有否异常，也便于事后查证。

④ 4号后门摄像机：一般用半球摄像机，具体安装在公交车车厢中后部天花板上，镜头向着后门。其作用是采集乘客下车情况，并兼顾采集发生在车厢后部的事件，目的是用于分析和记录乘客的行为有否异常，便于事后查证，保障行车的安全。

（3）公交车上报警按钮点位的设置。公交车上报警按钮一般有司机报警按钮与群众报警按钮两类。

① 司机报警按钮：司机报警按钮由一个预警按钮和一个报警按钮组成，一般安装在司机位，较隐蔽而方便司机的地方（如图 8-11 所示的报警按钮 1 号）。当司机发现车内有异常情况时，但没有发展到需要报警状态，这时候可以按下预警按钮，提醒监控中心注意该车，及时有效预报警情，节约处理时间。如果可以确认警情，司机就可以按下报警按钮，这时监控中心管理人员利用警视联动功能对报警信号进行复核，并通过报警网络向公安机关报案，并同时向司机发送报警确认信息。公交车报警系统工作流程如图 8-12 所示。

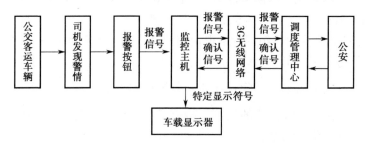

图 8-12　公交车报警系统工作流程

② 群众报警按钮：在公交车内至少要安装 1 个群众报警按钮，一般布置在公交车体内中间位置，方便乘客容易接触的地方（如图 8-11 所示的报警按钮 2 号）。当乘客按下报警按钮时，司机位车载显示器上能马上显示。司机在看到后会马上做出反应，他根据情况可选择是本地处理还是按下司机位报警按钮将报警信号上传到监控管理中心。

最好要分布安装 3 个群众报警按钮（3 与 4 号报警按钮安装点位也如图 8-11 所示），当车内有违法犯罪行为时，更方便群众报警。实际上，当按钮被按下时，也能够启动向监控中心的图像实时传输，监控中心对报警时声音图像进行录音录像并可以双向通话。

8.4.2　校车无线移动智能视频监控系统的实现方案

近年来，校车交通安全事故已经成为中小学生安全事故意外伤亡当中最主要的杀手。究其原因，主要存在四大隐患：校车质量不达标；司机安全意识弱；超载现象严重；多头管理无人负责。实际上，很大部分因素都涉及监管问题，如驾驶司机、跟车教师、学生在车上的活动状态等，均缺乏相关部门有效地监管和监测。

因此，校车运输作为一个长期的监管问题，迫切需要借助技术设施对其安全运行实行有效地监控，并且在发生事故时，还可作为追责的判断依据。我国首部小学校车安全国标《专用小学生校车安全技术条件》于 2010 年 7 月 1 日起已正式实施，专用小学生校车必须安装汽车行驶记录仪 GPS（俗称为"黑匣子"）。但是，校车 GPS 监控存在的弊端是无法实时监视车内的情况，因而必须安装车载智能移动视频监控系统。

1. 校车移动智能视频监控系统的组成架构

校车车载智能移动视频监控系统是基于 3G 与 4G 无线传输技术，并结合了 GPS 定位监控、汽车行驶记录、司机身份识别、异常报警等智能功能，进行全天候实时监控与高清晰录像，从而有效地解决了原校车监控的滞后性缺陷，并且系统还采用了数字化视频压缩、视频内容分析、RFID 卡等现代技术，使系统更为人性化和智能化。

校车移动智能视频监控系统的组成架构如图 8-13 所示。

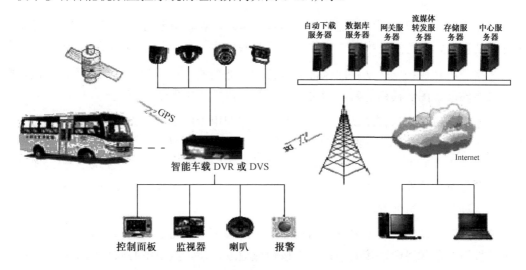

图 8-13　校车移动智能视频监控系统的组成架构

由图 8-13 可知，系统由智能车载 DVR 或 DVS 系统、服务器系统、音/视频输入系统、3G 与 4G 无线通信/Internet 网络、全球卫星定位系统（GPS）、监控中心后台六部分组成。

智能车载 DVR 或 DVS 内的 GPS 定位模块以及 CPU 等芯片均经过严格测试，符合国家交通运输部部标检验，能够抗电子杂波干扰，并可工作在−20℃～+60℃的运行温度区间，因而适用于全国不同地区的幼儿园、中小学。

服务器系统主要用于数据的存储、转化、调用和传输等。固定 IP 外网服务器具有一个固定 IP 地址，以使 GPS 终端上线后能主动寻找该地址的服务器进行数据双向通信，以便 GPS 设备终端实时与服务器进行通信，并且 GPS 还能实现数据的定位跟踪。

监控中心后台其实是一个查车平台，它方便校方管理层或有关部门，对车辆行驶过程实施监控、管理、调度、追踪等。

3G 与 4G 无线通信/Internet，连接设备和各种服务器/后台。采用 3G 或 4G 网络卡，加强网络带宽，并采用双码流技术，使传输更快、录像清晰流畅。系统采用 H.264 视频压缩技术，图像分辨率有 D1、Half、D1 或 CIF 可选。3G 与 4G 传输最大好处在于实现了实时监控，校方发现异常时可提醒或监督司机。

此外，系统自带的多媒体行驶记录分析软件，还可以实现 4 路图像同步回放、条件回放、剪辑存储、字符叠加、地理信息和行驶记录叠加、事件分析和记录提取功能。

2. 校车移动视频监控系统所需的智能化功能

（1）司机疲劳驾驶报警的智能功能。该项智能功能在检测到司机疲劳驾驶出现睡意与司机醉酒迷糊时，即可自动报警，以防止出现交通事故。

（2）司机违规行驶报警的智能功能。该项智能功能在检测到司机超速、逆行、压黄线、闯红灯等违规行驶时，即可自动报警，以防止出现交通事故。

（3）校车超载报警的智能功能。该项智能功能在检测到校车内学生超载时，即可自动报警，以防止出现交通事故。

（4）车内异常情况报警的智能功能。该项智能功能在检测到校车内学生有生病发晕、打架等异常情况时，即可自动报警，以防止意外事故发生。

（5）摄像机被遮挡、转动、图像模糊报警的智能功能。该项智能功能在检测到监控摄像机被遮挡、转动、图像模糊等时，即可自动报警，以防止出现安全事故。

（6）司机身份识别的智能功能。该项智能功能利用 RFID 身份识别卡读取识别，每个司机对应一张 RFID 身份卡，每部校车均对应有 2～3 名司机，以备司机轮班。只有该部校车司机的 RFID 身份卡通过读卡器感应后才能打开司机车门，车辆才能点火起动。相应司机行驶过程的全部信息包括停车、超速、疲劳驾驶等会被记录，以便校方监控中心了解相应司机的行车情况，加强对司机的管理和绩效评估。

报警系统除上述的自动报警外，司机还可主动报警，如当司机遇到设备故障、安全事故时，主动按下与车载终端连接的一键报警按钮或通过安装了监控中心软件的手机发出报警，报警信息通过平台/短信/邮件提醒校方监控中心人员，以及时响应。

一般，上述智能功能识别报警连网到相关监管部门后，会及时责令校方或司机停靠处理，无效的可通过监控中心对目标车辆发出断油断电指令（配装断油断电继电器），设备接到指令后启动断油断电继电器切断车辆的油电供应。

由此可知，3G（何况现已发展到 4G，并积极向 5G 推进）远程视频监控系统将极大地促进校车管理，保证学生上下学途中的安全，防止意外事故发生，已成为学校集中管理必不可少的一部分。

8.4.3 长途客车无线移动智能视频监控系统的实现方案

1. 长途客车（含货车）无线移动智能视频监控系统的智能功能

（1）应有防止罪犯遮挡、破坏摄像机的检测识别与预/报警的智能功能。这一智能功能是保障安防监控系统安全正常而又稳定可靠地工作的保证，属于最基本的智能功能。当犯罪分子企图实施犯罪而遮挡摄像机、或使摄像机转向、或剪断电源线等时，被智能监控系统侦测与捕捉后，会立即进行声光报警，以便及时抓捕罪犯，保障车载安防监控系统能安全正常而又稳定可靠地工作。

（2）应有人员异常行为的检测识别与预/报警的智能功能。这一智能功能的好处是，当罪犯拿出刀或枪对准车上人员或司机进行威胁时，智能系统能分析识别为异常，立即启动声光报警，从而可抓捕罪犯，以保障长途客货车上人员与司机的安全。

（3）应有非法滞留爆炸物等的检测识别与预/报警的智能功能。有了这一智能功能，就可使犯罪分子有意放下的爆炸物、燃烧物、化学违禁品等非法滞留物超过一定时限后预/报警与停车，司乘人员询问但无人拿时，即下车进行处理，或及时排除，从而使犯罪分子的阴谋不能得逞，以保障人民的生命和财产安全。

（4）应有人的面像与步态的检测识别与预/报警的智能功能。这一智能功能能检测有案底的罪犯在长途客车上或货车附近露面的面像与长途车附近走路的步态，当与数据库中被通辑的留有面像与步态等的案犯的相同时，就会立即启动声光报警，从而使犯罪分子落网。

（5）应有乘车人数统计计数的智能功能。这一智能功能是长途客车通过检测门口的摄像机进行的，它通过进入车门的视频计数，掌握乘车人数，防止超载。当车辆关门后，则停止计数并将人数叠加到视频上。

（6）应有自动调节与关闭汽车前后灯光的智能控制功能。这一智能控制功能能自动调节汽车内灯与前后外灯及车门灯的灯光的强弱或关闭与打开，以保证天气阴晴变化摄像机所需的最佳照度，从而保障显示的图像最佳，也方便智能分析与比对，最大限度地减少识别错误而保障识别率。

（7）应有自动检测汽车前后障碍物与车的距离或偏离道路行驶的智能功能。通过车前后的十字标尺摄像机，可检测汽车前后的障碍物与车的距离等。当十字标尺摄像机检测汽车行驶偏离道路超过一定刻度时，会立即启动声光报警，并立即自动停车，以保障汽车的安全。

（8）应有自动检测汽车司机是否正常驾驶的智能功能。这一智能功能主要检查司机是否正常驾驶，如司机打瞌睡或酒后不正常开车，或有人持刀威胁时，会立即启动声光报警，自动停车或更换司机，以保障车辆与人员不出事故。

2. 长途客车无线移动智能视频监控系统的总的架构

长途客车无线移动智能视频监控系统的总的架构如图 8-14 所示。

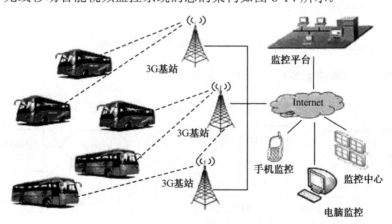

图 8-14　长途客车无线移动智能视频监控系统的总的架构

439

由图 8-14 可知，长途客车的音/视频信息均通过就近的 3G 基站经 Internet，远程传输到总站监控中心，从而可自动地监控长途客车。当发现异常时，即可快速地采取对策进行处理。

3. 智能方案的组成

长途客车无线移动智能视频监控系统的具体方案组成如图 6-8 所示，只不过是将图中含监听头的摄像机从 4 台增加到 7 台，而长途客运车是远程视频监控，则后面与图 8-14 一样，是从 3G 到 Internet，再至监控中心，其余不变。

这种长途客运车移动视频监控，除按前面所述公交车监控点位安装 1～4 号监控摄像机外，这里还加装了 3 台摄像机，即 5 号摄像机，安置于车后，镜头对着透明玻璃朝向车的后方；6 号与 7 号摄像机分别安置于车前左右 2 个后视镜上，以观测车的两侧，当从窗户侵入人与物时，就会立即录像、显示与声光报警。

对着前方的 1 号与对着后方的 5 号摄像机，均为十字标尺摄像机，以监看前后道路，并方便测量车的前方、后方车辆和障碍物的距离，如接近最小距离或偏离前方道路一定刻度时，即自动闪灯、声光报警靠边停车。

车载主机是前述的智能车载 DVR 或 DVS，被放置在长途客车中部（震动最小的地方），用来采集车内图像，并利用 H.264 编码压缩技术对图像进行压缩传输。由于 GPS 利用绕着地球的 24 颗卫星所发射的信号，再加以几何上的计算来得到接收者的位置，因而系统利用 GPS 模块将接收的卫星数据转换为规定的数据格式，其中包括经度、纬度、高度、速度等。利用 GPS 模块实时接收全球定位卫星发射的信号，可得到当前车辆位置和速度。最后 CPU 将压缩后的视频流与 GPS 数据通过无线通信网络和 Internet 发送到监控中心，从而在监控中心可以看到车内情形，以及在 GIS 上显示客车的方位与速度。

这种新一代的车载智能移动视频监控系统是利用公用移动通信网络技术进行视频数据的无线网络传输的新型系统，它采用了先进的视频压缩算法 H.264 流媒体视频数据压缩技术、DSP 技术和无线传输网络解决方案，是整合了公用移动通信网络数据通信功能和数字视频编码功能、GPS 空间定位与 GPS 的便捷式产品。根据智能功能，它把检测识别异常的实时的动态图像传送到任何公用移动通信网络覆盖的地方，监控中心可以通过 Internet 从系统终控端得到这些异常的实时图像信息。

8.4.4 长途货车无线移动智能视频监控系统的实现方案

1. 长途货车无线移动智能视频监控系统的方案组成

长途货车无线移动智能视频监控系统的方案组成如图 8-15 所示。

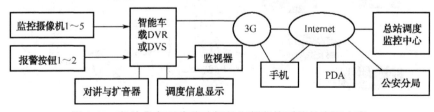

图 8-15 长途货车无线移动智能视频监控系统的实现方案

由图 8-15 可知，智能车载 DVR 或 DVS 仍是系统的核心，它除了包含智能分析软件算法模块外，仍含有 GPS 定位模块，能实时接收全球定位卫星发射的信号，可得到当前车辆位置和速度。最后 CPU 将压缩后的视频流与 GPS 数据通过 3G 无线通信网络和 Internet 发送到监控中心，从而在监控中心看到车内情形，以及在 GIS 上显示客车的方位与速度。

长途货车至少需安置 5 台监控摄像机，其设置是：摄像机 1 与 2 可分别安置于车前左右 2 个后视镜上，以观测车的两侧有否罪犯侵入或向下掉货物，或监测道路两边的山石松脱滚动等；摄像机 3 与 4 为十字标尺摄像机，分别安置于车的前后，车后摄像机的作用除监测障碍物与后面车距外，还可监测有否货物掉在路上；车前摄像机除检测前方道路状况、障碍物与前面车距外，还监测是否偏离道路方向；摄像机 5 监视司机是否正常驾驶，如有否打瞌睡、喝酒，或有人拿刀枪威胁司机等。若上述摄像机检测识别异常，立即会声光报警、录像与显示，并传送到监控中心处理。

2 个报警按钮的设置是：1 个按钮隐蔽设置于司机旁边易接触的地方，或脚容易踏到的地方；另 1 个设置于副驾驶位置这边或门边易接触的地方。

2．方案的功能及特点

（1）传输效果好。采用高效的视频压缩算法 H.264，解决国内外同类产品传输效果达不到远程监控要求的问题。一般地，只要采用 CDMA-OFDM 调制技术，即可完全满足远程监控的要求。监控中心可以任意调看一台或多台监控设备拍摄的现场实时图像，并且可根据线路速率及监控的需要，来调整监控设备的图像质量和传送速率。

（2）不受时空限制。监控人员不受时空限制，可在监控中心，也可在异地通过笔记本电脑或 PDA 了解现场状况。监控中心可以任意调看一台或多台监控设备拍摄的现场实时图像。

（3）永远在线。在分组数据业务下，所有的移动用户共享无线资源，并且每个用户只在有业务数据传送时，才动态地申请和占用无线资源，采用分组数据方式可以做到"永远在线"。CDMA-OFDM 调制技术的数据和语音采用不同的信道传输，在同一基站下语音用户数量增加，也不会影响数据与视频通信。

（4）安全可靠。监控系统具有权限管理功能，也具有信息保密功能。要保护整体系统的安全，首先要保证网络本身的安全。必须尽可能地屏蔽外部非法访问及非法数据，对从外部网络连入的终端进行严格的用户认证及控制。系统平台充分利用网络隧道、128 位加密算法、防火墙/VPN、加密锁、权限管理、安全认证、实时时钟等技术，保证监控系统和录像资料不被越权使用和破坏。

公安系统中心可通过公网连接公用移动通信网络，也可通过专线直接接入；考虑到公安业务对安全性和可靠性的要求，建议采用系统中心专线接入的方式，以保障网络性能和高可靠性。此种接入方式在 CDMA1X 的分组接入设备上即发起隧道连至用户侧 LNS 设备，中间经过骨干网和专线，具有极高的安全性保障，而且整个隧道的开启和通过均在联通网络内部，终端无开销，不存在互连互通瓶颈，可以有效保证用户使用性能。

采用特定的数据格式，或根据用户需要支持 IPSec 技术对视频数据进行加密，满足用户对数据安全的要求。

（5）使用简单方便。利用抽拉式模块，方便系统迁移；车载供电模块，使用方便；利用公网，无须布线；利用汽车载，可灵活监控所需的地方，并可操控摄像单元，随时掌握现场环境等，因而使用非常简单方便。

（6）存储介质多样化。不仅可采用大众化的硬盘作为存储介质，还可选用小巧、灵活的半导体存储设备——闪存卡（CF Card），使得应用简单，性能稳定，操作可靠、方便。

（7）应用面广、适应力强。由于无线移动网络的移动性能可满足任何地方的工作需求，因而可方便地应用到现有的各种业务系统等可移动工具上。前端监控点能实时采集现场的视频图像，通过远程传输系统传送到监控中心，从而实现对异地事发现场的实时监控。例如，可安装在各种车辆上，能够直接使用车载电源，并且不受时空限制，可对多个现场可同时进行指挥。

8.5 公共安全突发事件无线移动智能视频监控车系统

随着现代科学技术与信息社会的进一步发展，人们对获取的信息要求越来越高，因而视频监控的应用越来越广泛。视频监控主要完成的功能是，能对另一个地方的事物和发生的事情的视频进行监视和控制。所谓监视，是指对被监控场景的了解和掌握；而所谓控制，是对被监控地点的事情的一种反应。

无线网络的发展，给视频监控技术又带来了全新的应用方式，如利用公共移动通信网络，就可以将多个难于连线的监控点与控制中心连接起来，达到无线移动视频监控的目的。这种无线移动视频监控系统，由于其无须连线，具有安装方便、灵活性强、性价比高等特性，被很多行业所接受，在军事、公检法、安保、金融、交通、电信、电力、石油、新闻、消防、水利等领域，有线网络无法到达的地方，以及人员无法接近的场所，尤其在公共安全重大突发性事件中得到了广泛的应用。

一般，公共安全重大突发性事件包括战争、地震、台风、洪涝、飞机失事、火车出轨、客轮遇险、特大交通安全事故、特大建筑质量安全事故、民用爆炸物品和危险化学品特大事故、生物恐怖事件、山体崩塌滑坡、井下透水/瓦斯/坍塌、锅炉/压力容器/压力管道和特种设备特大事故、特大急性中毒、重大疾病与突发性疫情、重大环境污染、聚众械斗/骚乱/暴乱/叛乱、邪教活动、核泄露事故、网络黑客事件，以及其他特大安全事故等。这类公共安全重大突发性事件的共同特点是：具有突然性，没有预见性或难以预见等。我们必须在平时制定相应的应对预案，以加强对此类事件的监控。除避免事件发生外，一个重要目的是，能对突发事件顺利地实施监控和采取应急救援等措施。

信息和网络技术的应用，是应急救援预案设置工作的一项重要内容，是保证突发性事件应急指挥和处理所必须的硬件。只有在一个有效、高速、安全的现代信息网络上才能实现快速反应，从而达到应急指挥和监控的目的。因此，可以将视频监控系统安装在可以高速移动和机动的车辆或飞机上，这就将应急指挥的监控范围和应急程度大大提高。由无线移动数字图像传输设备组成的车载式视频图像传输系统，其主要目的是用于移动车辆对应急指挥中心的数据、语音和图像进行实时传输。这就可使指挥机关和领导能在指挥中心或在办公室中甚至车内看到实时传输的现场图像和声音，如亲临现场及时了解重大突发事件现场实况，从而做出准确的分析判断，以达到实时指挥，提高决策系统的快速准确性，增强快速反应能力、指挥能力和突发事件的处置能力。因此，保证信息的可靠、安全和实时快速传输是该系统的核心要求。车载式无线移动视频监控系统的研究和应用，对于提高应急指挥快速反应能力，打击恐怖活动和各种犯罪，维护社会安定，保障人民生活安全，有效处理各种突发事件，具有重要的社会、政治和经济意义。

随着通信技术的发展，现在我国 3G 已到了 4G，并将向 5G 过渡，从而能弥补 CDMA 不能传输高速视频的缺陷。在公共安全重大突发性事件里，采用无线传输公用移动通信网络方式的车载式移动视频监控是一种较好的选择。本节在前述的无线移动视频监控系统的智能化实现方案的基础上，再简述实用的公共安全重大突发性事件无线移动智能视频监控车应具备的智能化功能及其实现方案，以及这种监控车的广泛的应用范围。

8.5.1　公共安全突发事件无线移动智能视频监控车的智能功能

（1）应有防止罪犯遮挡、破坏摄像机的检测识别与预/报警的智能功能。这一智能功能是保障安防监控系统安全正常而又稳定可靠地工作的保证，属于最基本的智能功能。当犯罪分子企图实施犯罪而遮挡摄像机、或使摄像机转向、或剪断电源线等时，被智能监控系统侦测与捕捉后，会立即进行声光报警，以便能及时抓捕罪犯，保障车载安防监控系统能安全正常而又稳定可靠地工作。

（2）应有人员异常行为的检测识别与预/报警的智能功能。这一智能功能的好处是，当罪犯拿出刀或枪对准车上工作人员或司机进行威胁时，智能系统即能分析识别为异常。这时，就能立即启动声光报警，从而可抓捕罪犯，以保障监控车工作人员与司机的安全。

（3）应有人的面像的检测识别与预/报警的智能功能。这一智能功能的安置，能检测有案底的罪犯在公共安全突发事件处或附近露面的面像，当将所获面像与数据库中被通辑的留有面像等的案犯的面像相同时，就会立即启动声光报警，从而使犯罪分子落网。

（4）最好应有人的步态的检测识别与预/报警的智能功能。这一智能功能的好处是，当有案底的罪犯在公共安全突发事件处进行煽动或附近走动时，其走路的步态被摄像机所捕捉，经系统与数据库罪犯的步态比对，若识别出是罪犯，就会立即启动声光报警，从而进行抓捕。

（5）应有自动调节与关闭汽车前后灯光的智能控制功能。这一智能控制功能，能自动调节汽车内灯与前后外灯及红外灯的灯光的强弱或关闭与打开，以保证天气阴晴变化摄像机所需的最佳照度，从而保障显示的图像最佳，也方便智能分析与比对，最大限度地减少识别错误而保障识别率。

（6）应有自动检测汽车四周的目标与障碍物的大小与距离的智能功能。通过旋转汽车顶部的十字标尺摄像机，可检测汽车四周的公共安全重大突发性事件的目标与障碍物的大小与距离等，以便及时上报救援中心。

（7）应有自动检测汽车司机是否正常驾驶的智能功能。这一智能功能，主要检查司机是否正常驾驶，如司机打瞌睡或酒后不正常开车时，会立即启动声光报警，停车或更换司机，以保障车辆不出事故。

443

（8）应有自动检测道路交通参数或识别骚乱打砸抢等的智能功能。自动检测道路交通参数（如车速、车辆与人员拥堵等）可用于交通警察的智能交通管理；并能自动识别犯罪分子制造的骚乱、打砸抢等，也可用于110处警车，便于即时传送图像到市局处理，以防止事态的进一步扩大。

8.5.2 公共安全突发事件无线移动智能视频监控车系统实现方案

公共安全突发性事件无线移动智能视频监控车，可用越野车或面包车，其无线移动智能视频监控车的组成架构，与前述图8-15基本相同，这里就不再重复绘制了。

与图8-15不同的是，这里只需4个监控摄像机，它们的设置分别是：摄像机1与2为十字标尺摄像机，并排装到车的顶部的两个全方位云台上，可同时或分别进行360°旋转，两摄像机的间距根据车的宽度一般为0.6~1 m，其连接线应与车辆行走的正前方垂直，以便测量公共安全突发性事件目标的大小与距离；摄像机3对准车门监控车门口内外；摄像机4装在车内尾部对准司机与车内。此外，车顶除有可调的白光探照指示灯外，还有可调的红外灯，以利于夜晚工作。

与图8-15类似也有2个报警按钮，它们的设置是：1个按钮隐蔽设置于司机旁边易接触或脚容易踏到的地方；另1个设置于门边易接触的地方。

同样，安置在车内的智能车载DVR或DVS仍是系统的核心，它除了含有智能分析软件算法模块外，也含有GPS定位模块，能实时接收全球定位卫星发射的信号，可得到当前车辆的位置和速度。最后，由CPU将压缩后的视频流与GPS数据通过4G网络和Internet发送到监控中心，在监控中心可以看到车内情形，以及在GIS上显示监控车的方位与速度。

这种新一代车载智能移动视频监控系统是利用公用移动通信网络技术进行视频数据的无线网络传输的新型系统，它采用了先进的视频压缩算法H.264（现已到H.265）流媒体视频数据压缩技术、DSP技术和无线传输网络解决方案，是整合了公用移动通信网络数据通信功能、GPS空间定位和数字视频编码功能的便捷式产品。它把摄像机图像经过视频压缩编码模块压缩，通过智能无线通信终端连接到公用移动通信网络，把实时的动态图像传到任何公用移动通信网络覆盖的地方。监控中心可通过Internet，从系统终控端得到公共安全突发事件与检测识别异常的实时的图像信息。

8.5.3 无线移动智能视频监控车的应用范围

无线移动智能视频监控车完全可作为一种最有效地体现突发事件等现场实况的手段，特别是针对某些具有移动性、突发性、紧急性和临时性等特点的场合，借助无线网络的通信手段可以方便地实现与中心交互，将现场的视频图像迅速采集传回中心。显然，这种无线移动智能视频监控车，应用非常广泛，其具体的应用范围如下。

（1）便于对各种自然灾害进行实时视频传输。由于无线移动智能视频监控车灵活机动，因而可方便地用于各种自然灾害、火灾险情等突发事件的现场，进行实时视频传输。

（2）便于对大型活动、突发事件等现场进行实时监控。无线移动智能视频监控车便于执法部门对大型活动、突发事件，如群众集会、大型文艺表演、外事活动等的现场进行实时监控。此外，如有其他的需要，还可用来在室外搭建临时监控点或流动监控点等。

（3）便于交通管理部门对交通状况进行实时监控。将无线移动智能视频监控车的智能车载 DVR 或 DVS 系统装于 122 交通事故受理车或交通巡逻车上，完全可用于对光纤不能到达或布线不易地区的交通状况进行实时监控，以及对事故现场的处理和控制等。

（4）便于电视采访实况播放。由于无线移动智能视频监控车的智能车载 DVR 或 DVS 系统的反应灵敏、视野广阔，便于新闻从业人员能及时进行电视采访，并将现场采访的报道图像，实时传输到电视台进行实况播放。

（5）便于应用在有线网络无法到达的地方。无线移动智能视频监控车可设置在山区、海岸、岛屿等难于铺设有线网络、自然条件比较恶劣的地方。例如，可设置在地震救灾、防洪抢险等有线网络一时无法铺设的地方；此外，还可用于部队野战训练、公安侦查与拦截等的临时快速布防等。值得指出的是，其监测现场无须铺设电源线，而利用蓄电池或太阳能板来提供电源即可。

（6）便于应用在人员无法接近的场所。无线移动智能视频监控车的系统设计，应可应对各种应用环境。如可选用高强度复合材料，可抗高温、低温、防腐蚀、防破坏、抗击打等，因此可应用在易燃易爆等危险场所；烈性疾病传染区；生物武器危险区等人员无法接近的场所。

（7）便于应用在其他很多行业。由于无线移动智能视频监控车系统具有独特的移动性，易操作性等，因而可应用在很多其他行业里，如适用于 110 警车、119 消防车、120 急救车、运钞车、城管监察车、环保稽查车、路政监督车、气象监测车、工商检查车、长途货运车、长途客车，以及其他应急抢险等车辆上；还可应用于水利水坝、林业森林防火、电力动力、电力塔架、井架、无人值守机房、高速公路、交通道口、石油开采、油田井场环境、输油管线等重点场所，以实现对异地现场的实时监控等。

由上可知，车载式无线移动智能视频监控系统完全适用于突发性事件或其他特殊情况的现场处理和控制。由于现场情况需要实时而迅速地传回监控指挥中心，而事发地点又通常具有不确定性，利用这种无线移动智能视频监控车强劲的技术优势和灵活的反应能力，通过 3G 或 4G 网络即可将现场情况及时传回指挥中心，便于远程指挥和调度，极大地缩短反应时间，从而增强战斗力，降低危险性。

车载式无线移动智能视频监控系统采用方向可控摄像单元，可以环顾车体周围 360° 现场情况，可选配远距离探照灯与红外灯，以应对深夜环境下的工作，并且监控管理中心还可连接视频服务平台，实时调度管理多个监控车辆，以便进行统一指挥。

车载式无线移动智能视频监控系统把无线视频监控技术和 GPS 定位系统相结合，同单一的 GPS 定位系统相比而具有明显的优势。在实际测试中，实现了视频和 GPS 的同步传输。通过对 GPS 数据的解析，可准确地确定客车的位置和速度。无线移动智能视频监控车系统具有移动性强、图像质量高、视频流畅性好，系统扩展能力强等特点。随着 4G 网络的性能不断提高，这套系统能够获得更好的使用效果，同时能够平滑地升级到将要使用的 5G 网络，用户系统随时保持先进性。根据应用，可把实时动态图像传到距离用户最近的通信网络，也可以通过 Internet 从系统客户端得到实时图像信息。这种无线移动智能视频监控车，整合了 GPS 空间定位、4G 网络和 Internet 的优势，必将获得极大的发展。

第 9 章

安防智能视频监控系统

网络化的安防监控系统，目前还是一种事后取证的系统，它仅提供事发后的录像数据查询。而且这种系统的摄像机的数量大，但如果还是用人来观察提取有价值的信息，则效果很差，在很大程度上失去了监控系统的预防与积极干预的功能。因此，必须借助计算机强大的数据处理功能，对视频画面海量数据进行高速分析，将监控者不需要关注的信息过滤掉，仅提供人与物异常等的关键信息，一旦发现异常，即触发启动录像，并进行预/报警，从而使可能发生的事故被制止。这样的系统就是智能网络安防监控系统。

从技术角度来看，这种系统将向着适应更为复杂和多变的场景发展；向着分析与识别更多的行为和识别异常事件的方向发展；向着真正"基于场景内容分析"的方向发展；向着更低的成本方向发展。随着市场和技术的日趋成熟，智能网络安防监控系统必将在各个城市、各行各业得到大面积的推广，将来甚至走进千家万户。由于智能化是数字化、网络化安防监控系统构建新型安全防范及保障系统建设的必由之路，因此，智能化是平安城市建设的需要，也是现代信息社会发展的需要，智能化也是一个国家科技实力与创新力的体现。本章介绍用于平安城市的安防智能视频监控系统的必备功能及其实现方法，所表现的产品形态，安防智能视频监控系统的设计，1 个设计实例（基于 DSP 的智能视频监控系统的设计），以及安防智能监控系统产品的智能化评估等。

9.1 安防智能视频监控系统的必备功能与实现方法

9.1.1 安防智能视频监控系统的必备功能

智能化网络安防视频监控系统所需要的必备功能应该有下列几个方面。

1. 应能联动相应防区的安全防范设备，从而实现综合化的安全防范功能

安防智能视频监控系统除主要的视频监控系统外，必须要能联动相应防区的安全防范设备，如出入口控制系统，防火防盗报警系统等，即门禁探测器、防火与防盗及煤气与放射线等泄漏等安全的报警探测器等，以达到综合化的安全防范的目的。例如，当接收到门禁探测器或防火、防盗及煤气与放射线等泄漏的报警信号时，相应位置的网络摄像机应能通过可预

置云台自动转到相应的预置位，以自动进行录像，并触发警铃与警灯，进行声光报警，从而实现综合化的安全防范功能。

2. 应能充分保证智能监控系统的安全与可靠性

智能化网络安防监控系统也是基于计算机网络的安防监控系统，因而系统应对网络中的非法访问、非法入侵等具有抵御能力，从而充分保证视频监控系统的安全性，如访问安全性、传输安全性等。此外，智能监控系统还应经过可靠性设计，EMC 设计，以提高系统的抗干扰能力，充分保证系统工作的可靠性，以真正做到保平安。

3. 应有简单而基本的智能功能

（1）有视频遮挡与视频丢失侦测的识别与预/报警功能。在一个大型的安防监控系统中，监控中心的值班人员所能顾及或者查看的最大可能是几十路视频图像。如果系统中某一路视频图像被遮挡或丢失时，大多是因为这一路摄像机被人为遮挡或破坏或本身故障等，而值班人员很难在第一时间发现，这有可能会带来重大的安全隐患。但当系统具有视频遮挡或视频丢失侦测感知的智能识别与预/报警功能时，值班人员则能第一时间根据声光报警进行查看与处理，从而可消除视频图像被遮挡或丢失所造成的安全隐患。

（2）有视频变换侦测的识别与预/报警功能。在一般的网络安防监控系统中，当其中某一路视频图像变换了（即不是原定的设防点的视频图像范围）时，这多半是罪犯想对原设防点实施犯罪而移动了摄像机或摄像机受到较大的震动而移动等，值班人员在第一时间也很难发现。当系统具有视频变换侦测感知的识别与预/报警的智能功能时，值班人员则能第一时间根据声光报警进行查看与处理，从而可消除视频变换所造成的安全隐患。

（3）有视频模糊与对火灾、雾灾、风沙灾侦测的识别与预/报警功能。在智能安防监控系统中，当侦测到其中某一路视频图像模糊，可能是因为摄像机镜头被移动（即焦距丢失），或者是因为火灾前的烟雾，或大雾天气，或风沙灾（即大风或沙尘）引起的原设定的视频图像模糊不清等时，即可自动启动录像、定点显示与预/报警。这样，值班人员就能第一时间根据声光报警的指示位置去进行查看与处理，并且还可参考气象台当天的预报，以判别是天灾还是人祸。

（4）有对水灾、危房、桥梁、山石崩、雪崩、地震侦测的识别与预/报警功能。在智能安防监控系统中，还必须有对城市水灾的水位、危房、桥梁易断处、道路危险路段或铁路公路旁易发生山石崩、雪崩，以及地震站侦测地震等的地方，进行智能检测与识别。为检测方便易行，最好安置带十字刻度标尺的摄像机加上这种智能软件模块去进行监视。当视频设防点的视频图像移动到十字标尺的某一警告刻度时，经智能软件识别即能自动启动录像、定点显示与预/报警，从而使值班人员能第一时间根据声光报警去进行查看与处理。

（5）有视频移动侦测的识别与预/报警功能。在在智能安防监控系统中，必须至少有视频移动侦测的预/报警功能，这尤其在银行、珠宝店、商店、仓库、财会室、军械室、保密室、博物馆、油库，以及一切重要的监控的场所对安全性要求比较高的地方均需设置。当然，这一功能必须要滤除老鼠、猫、狗等小动物，以及由光线变化等环境带来的干扰，尤其在如雨雪、大雾、大风等复杂的天气环境中，要能精确地侦测和识别单个物体或多个物体的运动情况，包括其运动方向、运动特征等。还需指出的是，较好的视频移动侦测可设置不同的检测方式，在定义区域内的任何变化均可触发报警的标准方式；允许在某个方向发生变化而不报警，但如果往另一相反方向的变化则发生报警的方向方式；存储一幅图像并与活动图像进行比较，只有当这幅图像发生变化或观察被阻碍时才发生报警的防守方式。此外，视频移动的检测区域还可单独地进行开或关，以适应特殊时间段各出入口、大厅、停车场等的要求，以及有标定监视区域各位置的物体大小容差的透射补偿校正功能等。

当侦测与识别到是不认识的移动人体侵入时，即自动启动录像、定点显示与预/报警，使值班人员能第一时间根据声光报警进行查看与处理。在侦测到移动人体之后，要能根据其运动情况，自动发送 PTZ 控制指令，使带云台的摄像机能够自动跟踪物体。如人体超出该摄像机监控范围之后，能自动通知人体所在区域的其他摄像机继续进行追踪，直到抓捕罪犯为止。

（6）出入口人数统计功能。该项智能化功能能够通过视频监控设备对监控画面的分析，自动统计计算穿越国家重要部门、重要出入口或指定区域的人或物体的数量。

这一智能化功能的应用还可广泛用在商业用途，如服务、零售等行业用来协助管理者分析营业情况，或提高服务质量，如为业主计算某天光顾其店铺的顾客数量等。

上述的智能化功能，较简单而基本，因而可安置于安防监控系统的前端网络摄像机或网络 DVS 与网络 DVR 中。

4. 应拥有的高端的智能功能

（1）有对电子警察联动与车牌识别的检测、处理、识别、跟踪的预/报警功能。在平安城市的安防监控系统中，还必须要有与电子警察联动及与车牌识别的检测、处理、识别、跟踪的预/报警功能。在电子警察系统中，有车辆闯红灯、压黄线、逆向行驶、超速等违章行为的检测，并检测识别违章车辆的车牌，除存储打印该车及违章时间外，同时预/报警并跟踪该车。欲知详情，可参阅作者撰写于 AS（安防工程商）中的"智能交通中的视频检测的电子警察系统"一文。

（2）有对智能交通的联动功能，如车型、车速、车辆拥堵与疏导等的检测、处理、识别、跟踪的预/报警功能。在平安城市的安防监控系统中，还必须要有对智能交通的联动功能，如车型、车速、车辆拥堵与疏导等的检测、处理、识别、跟踪的预/报警功能。智能安防监控系统可对从前端接收的视频进行智能分析，并在此基础上实现所需要的智能交通中的各种应用，如对道路车辆视频进行分析，从而实现车速的视频检测、车型与车辆拥堵与疏导等的视频检测、识别等功能。欲知详情，可参阅作者撰写于 AS（安防工程商）中的"平安城市中的智能交通系统"一文，与刊于 ITS 中的"视频检测技术在智能交通中的应用"文章。

（3）有对人体生物特征如面像、步态、声音检测、处理、识别、跟踪的预/报警功能。通常，智能安防监控系统必须要在城市出入口（民航、铁路与公路站口、轮船码头等）、过道，以及军事、公安、政府、银行、博物馆、珠宝店等重要机密与财产的地方，设置面像，或步态，或声音等人体生物特征识别。尤其面像与步态识别，不像指纹识别与眼虹膜识别等那样需要人的配合，它可以在离摄像头有相当远的距离内在人群中识别出特定的个体。因为它可将捕捉到的面像与步态的视频或声音，与数据库档案中的面像、步态或声音的资料进行比对识别，如识别是通揖等逃犯与其他疑犯，则会立即自动启动录像与预/报警，并进行跟踪，直到抓捕罪犯为止。

（4）有对人与物异常行为的检测、处理、识别、跟踪的预/报警功能。智能安防监控系统，还必须要有对人与物异常行为的检测、处理、识别、跟踪的预/报警功能。有了这一功能后，即可对公共场所视频进行分析处理，实现人与物的异常动作捕捉。如对持刀或枪抢劫、绑架杀人、翻越院墙、栏杆，机动车开进绿化草地、撞人逃跑，以及可疑滞留物体（如化学与爆炸物体）超过预定时间段等异常行为，进行分析处理、识别、并锁定跟踪与预/报警，从而保障人民生命和财产的安全。

（5）人群及其注意力的检测控制、识别与预/报警。该项智能化功能，能识别人群的整体运动特征，包括速度、方向等，用以避免形成拥塞，或者及时发现可能有打群架等异常情况，其典型的应用场景包括超级市场、火车站、娱乐场所等人员聚集的地方。

此外，还可统计人们在某物体前面停留的时间，据此还可以用来评估新产品或新促销策略的吸引力，也可以用来计算为顾客提供服务所用的时间等。

（6）有自动开关灯光、调整光强与监控有无外人侵入的智能功能。在党政机关、学校、企业和大型家居环境，视频分析技术还可用来消除巨大的电能浪费与安全隐患，如能视天气情况等自动关闭不必要的灯或调整灯光的强度，以及自动监控有无外人入侵等。因为智能安防视频监控系统可随时计算出在一定的环境中什么位置有人走动或办公，能自动打开或增强相应位置的灯光，自动关闭或减弱其他位置的灯光。在单位或家庭有存入本单位或家庭人员情况的数据库时，还可用来自动分析与识别这些环境中的人是否与数据库中已有的一致，如发现不同时，能及时进行预/报警等。

（7）有与 GPS、GIS 等集成的联动功能。智能安防监控系统，还必须要有与 GPS、GIS 等集成的联动功能。系统在后端服务器，视频管理平台将资源集中于系统集成性上，以实现视频监控系统与 GPS、GIS 电子地图系统、警务管理系统，以及办公管理系统、电话系统的无缝集成。当发生前端视频异常需预/报警时，通过 Outlook 向相关人员发送电子邮件，上传图像，同时通过 GPS、GIS 电子地图实现地点精确定位，并联动警务系统查找相关区域负责警员，再由电话系统自动拨打警员电话，通知其迅速响应。

（8）有与微波雷达、THz 波雷达等的联动功能。在大中城市的大型智能安防监控系统中，最好还要有与微波雷达、THz 波雷达等的联动功能。这一功能主要是防止类似美国"9·11"事件的发生，因为雷达可监视天空，尤其将要诞生的新的 THz 波雷达，其监视距离远、精度高。只要发现在某一空域出现非计划中飞行的飞机与飞行物，即可触发预/报警，监控中心核实无误后，即实施打击，以确保城市安全。

9.1.2　安防智能视频监控系统的实现方法

实际上，网络视频监控系统是以计算机网络架构为基础，用网络摄像机或编码器为前端设备，再加载视频管理软件的服务器、工作站为后端管理平台与终端设备而形成的一种视频监控系统。在基于这种网络视频监控系统的基础上，如何加载智能化功能，以形成智能安防视频监控系统呢？其实现方法主要有以下几种。

现代安防视频监控系统设备剖析与解读

1. 将智能化功能加于系统前端设备来实现

这种实现方式是指通过前端网络视频设备对视频信息进行智能分析，实现相应的智能视频功能。在这种系统中，前端摄像机主要是通过嵌入的智能软件，对拍摄的视频进行分析、处理、识别的。这样，系统的压力就分散在各个前端视频设备上。由于所有的智能分析与识别功能都通过前端视频设备实现，而前端网络视频设备的 CPU 资源有限，所以往往需要提高前端设备的配置或者使用专用的视频分析仪器共同作用，以实现在前端进行视频分析与识别的功能。

实际上，在网络摄像机前端，嵌入在网络摄像机内部的智能视频分析与识别服务，充分利用了网络摄像机的富余的 CPU 资源，以实现内置的移动侦测功能和视频遮挡、视频模糊等上述的最简单而基本的功能，因为这些功能无须大量视频分析计算而易于在前端实现，也无须添加任何辅助分析仪器，就可实现当摄像机的焦距丢失、视频丢失、摄像机被遮挡、镜头被喷涂等情况下的主动预/报警，以及重点区域的移动侦测功能；同时，利用网络摄像机集成的数字 I/O 端口，可在前端实现与报警器、防盗防火探测器、门禁等的联动功能，以满足综合安保一体化。

2. 将智能化功能加于系统后端软件平台来实现

这种实现方式是指通过运行在后端服务器的视频管理软件，对前端摄像机传输回来的视频流进行智能化的视频分析，从而实现对前端视频信息的智能化处理与识别。在采用这种智能视频实现方式的系统中，前端视频设备的职责是完成摄像的基本功能，只负责将前端摄像机拍摄的视频信息传输至后端，而不进行任何分析工作，这样前端视频设备的压力很小。相反，对于后端服务器或后端管理软件，不但需要负责日常视频的实时浏览、视频录像、回放和日志事件的管理，同时还需负责对各路视频进行智能分析与识别，从而实现如移动侦测、视频遮挡、视频模糊等简单而基本的智能功能与联动触发预/报警等功能，还要实现人与物异常行为，以及人脸与步态捕捉、车牌识别等高端的应用性智能功能。

在大型监控系统中，采用这种实现方式会对后端管理资源带来较大压力，需要通过提高后端设备性能来缓解，如提高服务器配置、增加服务器数量等。

在后端服务器，视频管理平台需将资源集中于系统集成性上，实现视频监控系统与 GPS 电子地图系统、警务管理系统，以及办公管理系统、电话系统等的无缝集成上，从而实现发生前端视频异常或报警时，通过 Outlook 向相关人员发送电子邮件、上传图像，同时通过 GPS 电子地图实现地点精确定位，并联动警务系统查找相关区域负责警员，再由电话系统自动拨打警员电话，以通知其迅速响应。

3. 将智能化功能分别加于系统前、后端设备来实现

将智能化功能分别加于系统前、后端设备来实现，即系统前、后端相结合的实现方式。这是一种折中的方式，也是较为合理和平衡的智能视频实现方式。一方面，可充分利用前端网络视频设备所富余的 CPU 资源实现部分简单而基本的智能视频功能；另一方面，后端视频软件则集中资源实现更高端的或者更面向高层应用的智能视频功能，如人的面像、步态、车型、车牌识别，人与物异常行为识别等。在这样的智能安防监控系统中，智能视频的压力更

为均衡地分布在前端的网络视频设备和后端的管理服务器上，其各个设备各尽其职，使系统架构更为合理。

在这个智能网络安防监控系统中，不仅要求实现对地铁车辆、公交车辆，以及各个地铁、公交车站的社会活动进行智能监控，同时，还要求实现视频遮挡报警、视频丢失报警、重点区域移动侦测预/报警等，摄像机联动相应区域的报警器和门禁、防盗、防火探测器，以及实现视频监控系统与 GPS、GIS 电子地图及警务系统相结合的智能化应用。显然，对于这个需求，单纯采用后端视频分析的方式难于满足，因为成千上万路的视频源所带来的巨大视频分析压力，需要数量巨大的后端的管理资源来负担，使成本难以估量；而单纯采用前端分析的方式，则难以实现更多的高端的应用智能功能，以及与 GPS、GIS 电子地图和警务系统集成的功能。因此，采用前端与后端相结合的智能视频实现方式则能很好地满足用户的需求。

只有将智能视频功能均匀分布在视频监控系统的各个环节，才能达到既高效又平衡的高性价比的效果，才能真正将网络视频监控的优势提高到一个新的层次。

一套对用户实用的智能视频监控产品一定要具备无误报和漏报，要能够对前端的视频流进行细致地分析、处理与识别，并具备功能丰富而完善的整合集成等几方面的特点。

9.2　安防智能视频监控系统的产品形态

智能网络安防监控系统，不但能感知前端摄像机的视频变化，能联动相应防区的安全防范设备，还能对从前端接收的视频流进行智能分析，并在此基础上实现所需要的各种应用。例如，实现车速检测、车型与车牌识别等电子警察与智能交通功能；实现人脸、步态与声音识别等功能；实现人与物的异常动作捕捉，如对可疑滞留爆炸物体与绑架杀人的预/报警，以及自动跟踪等功能；利用带十字标尺摄像机对固定视频进行分析，从而实现危房要倒、山崩地陷，以及水灾等天灾前的预/报警等功能。因此，智能视频监控系统不仅可用于事后搜寻犯罪嫌疑人，而且可以预防与阻止灾难与犯罪事件的发生。但是，如何使这种系统智能化？智能软件算法如何加载在什么设备上？也是安防技术人员所关心的问题。由于应用的千差万别，智能视频监控系统将表现出以下 4 种产品形态。

9.2.1　智能网络摄像机

一台网络摄像机可以被看成一台摄像机和一台电脑的结合体，它能够捕获影像并直接通过 IP 网络进行传输，从而使授权用户能够通过标准的基于 IP 的网络基础构架，在本地或者远程地点观看、存储和管理视频数据。

网络摄像机拥有自己独立的 IP 地址，能够直接连接到网络并内置 Web 服务器、FTP 服务器、FTP 客户端、E-mail 客户端、报警管理、可编程能力，以及其他众多的功能。网络摄像机无须与 PC 连接，它可以独立运行，并可安置在任何一个具备 IP 网络接口的地点。除了视频信息之外，网络摄像机还能够通过同一网络连接实现更多其他的功能，并传输其他一些有用信息，如视频移动侦测、音频、数字化输入和输出（可用于实现报警联动，如触发警报或激活现场照明等)、用于传输串行数据或进行 PTZ 设备驱动的串行端口等。网络摄像机中的图像缓存，还可以保存并发送报警发生前后的视频图像。

网络摄像机能够传输全双工的数字化信息，并能够与系统内的其他设备有效集成，使它们能够在一个分布式、可扩展的环境下达到更高的性能水平。网络摄像机可以与多个应用系统并行通信，以实现各种不同的功能，例如侦测画面中的运动情况，或发送不同格式的视频流等。带有 IP 地址的摄像机更加方便组网，因为它不需要进行额外的模/数转换，也不需要在摄像机端安装发送设备，所以摄像机的尺寸将会越来越小。网络摄像机拥有一个网络接口，视频经由网络交换机，通过 IP 网络传输，并记录在装有视频管理软件的标准 PC 上。

用网络摄像机组成的网络视频系统是一个真正的网络视频系统，同样也是一个完全数字化的系统，因为没有使用任何的模拟设备。所监控场景的视频信号，从网络摄像机持续不断地通过 IP 网络进行传输，无论浏览者所处何处，摄像机都能给浏览者提供稳定的图像质量。

利用网络摄像机上述的优势而形成的智能网络摄像机，是嵌入有智能化功能的网络摄像机，它可充分利用前端网络视频设备所富余的 CPU 资源，来实现一些较简单而基本的智能视频功能。这样，根据不同的应用可嵌入的智能化功能有：视频被遮挡或丢失，视频模糊或焦距移动，视频变换，视频移动探测，出入口人数统计，水灾、火灾、风沙灾、雪灾等天灾检测，危房倒塌、山崩地陷、地震前的预/报警等。显然，这种前端监控设备的智能化，能有效地节省带宽资源，是网络智能视频监控系统的一种较好的组成方式。

由于通过视频压缩后传输，会失去一部分真实信息并产生一些噪声信号，所以智能软件分析系统对压缩后的视频进行分析处理，相对会有更多的漏报警和误报警。而前端的智能网络摄像机是对没有压缩的原始图像，而且又是高清化的图像进行目标提取，显然没有上述问题。并且，它只有在出现异常预/报警的情况下，才需要把相关的视频发送到后端进行监视和记录，而一般情况下只需要通过网络传送很少的目标数据信息，这些目标数据信息的流量还不到视频流量的 1/50，从而减少对网络带宽的要求和消耗，减少用户在网络方面的投资，而同时对网络条件不是很好的用户也带来使用智能视频网络监控系统的可能。

在有智能网络摄像机的智能视频监控系统的后端，只集中对前端摄像机发送过来的目标数据信息进行管理，而不需要对视频信号进行处理与识别，所以后端系统不需要昂贵的设备也能完成高效的智能视频分析。由于后端只有前端发送来的预/报警事件的关联画面显示，使监控中心工作人员能够很轻松地完成整个系统的监视。而这种关联录像的功能，也使录像搜索和回放变得简单迅速，从而节省宝贵的时间。

9.2.2　智能网络视频服务器 DVS

使用视频服务器的网络视频系统，包括视频服务器、网络交换机和带视频管理软件的 PC。模拟摄像机连接到视频服务器，视频服务器会将视频信号数字化并进行压缩。视频服务器同时连接到网络，将数字视频信号通过网络交换机传送到 PC，并将视频信号存储于 PC 的硬盘中。这样，视频服务器可以在保留现有模拟视频监控设备的同时，将视频监视系统平滑升级到基于网络的视频监控系统，它非常适用于与现存的模拟 CCTV 系统相集成。

视频服务器 DVS 为模拟视频设备带来了全新的功能特性，并彻底消除了系统对于同轴电缆、模拟监视器和 DVR 等专用设备的依赖。DVR 将不再成为实现录像功能的必需品，因为在视频服务器的帮助下，视频图像可以通过标准的 PC 服务器来进行录制和管理。

通常，一台视频服务器具备 1～4 个模拟视频输入接口（有的产品已达到 8 个），以用于连接模拟摄像机，同时具备 1 个以太网接口用于连接到网络。与单纯的网络摄像机一样，它包含内置的 Web 服务器、图像压缩芯片及操作系统，在这些部件的作用下，模拟视频输入将被转化为数字视频信号，并能够通过计算机网络进行传输和存储，从而大大简化视频资源的访问和管理。

除了视频输入之外，视频服务器还可以通过同一个网络连接实现其他更多的功能和传输更多的信息，其中包括：数字化报警输入和输出（I/O 接口，可用于触发服务器启动录像功能和传输视频，或者激活外部报警设备如警灯或打开房门等）、音频、用于串行数据传输或 PTZ 设备控制的串行端口等。通过图像缓存，视频服务器还可以发送报警前后的图像。

智能网络视频服务器的网络视频系统拥有更好的系统弹性，相对模拟系统而言，可依靠视频服务器来连接本地的模拟摄像机，并可在通过网络对其视频流进行监控和存储前，对视频流进行数字化、智能分析、压缩。这类系统的优势是数字化和压缩的过程都在本地完成的，此时可通过已连入互联网的现有网络设备来传输智能数据，可以有效降低使用成本。

智能网络视频服务器同网络摄像机一样，也算是网络视频监控系统的前端网络设备，它除可嵌入前述的智能网络摄像机的一些智能功能外，还可相应嵌入一些较复杂软件算法的一些智能功能，如用于商业等应用的人群注意力及拥堵的检测、识别；用于公共场所的人与物异常行为的检测、识别（含翻越院墙与栅拦、持刀枪抢劫、杀人、绑架、遗留爆炸物等）；用于预防各种灾害的水灾、火灾、地震等的检测、识别等。这样，仅有通过移动侦测、人与物异常识别，以及天灾人祸识别等各种智能功能的预/报警触发的视频数据，才会被传送到中央监控站，以进行进一步的分析，并采取进一步的响应，或可使用更为复杂的智能分析应用，以降低网络设备的负载并减少人为错误。

9.2.3　智能网络 DVR

数字硬盘录像机（DVR）系统拥有多路视频输入，其典型的有 4 路、8 路和 16 路，而且这些系统都已包含了原来的画面分割器和多路复用器的功能。使用网络 DVR 的模拟监控系统，是一个部分数字化的系统，它包括一个网络 DVR 设备，该网络 DVR 配有用于网络连接的以太网接口。由多路摄像机送来的视频信号，在 DVR 中转换为数字信号并被压缩，然后通过计算机网络进行传输，在远端通过电脑便可进行监视与控制。

DVR 技术的发展，是与计算机技术的发展密不可分的，其图像的处理就是一个大数据流的传输过程。在硬件方面，将受到计算机的计算速度、存储器的容量及动态分布、多 CPU 或计算机网络设计、数据总线、网络传输带宽的限制；在软件方面，也受到如数据总线流模式、数据块传输协议、数据压缩算法、模式识别算法等的限制。

一般，监控视频直接从模拟摄像机连接至内置智能视频（IV）功能的 DVR，这种智能网络 DVR 将首先执行一些智能分析应用，它可嵌入的智能化功能除前述的智能网络摄像机的一些基本智能功能外，还可根据不同的高端应用分别嵌入一些复杂的智能功能，如用于平安城市的交通管理可嵌于电子警察与智能交通的一些智能功能；用于出入口控制与通道管理的人体生物特征识别的面像、步态、声音等的检测、识别的智能功能；用于公共场所等的人与物的异常行为的检测、识别的智能功能；用于商业等用途的人数统计与人群注意力及拥堵等的检测、识别的智能功能等。然后将这些检测与识别的智能功能数据数字化、压缩并存储，并且将检测与识别的分析结果输出传输到监控中心，同时分发给授权的管理者，并自动跟踪与预/报警。

这种智能网络 DVR 系统，其首要的优势是数字化和压缩的过程都在本地完成，此时可通过已连入互联网的现有网络设备来传输智能数据，有效降低使用成本。显然，同网络视频服务器一样，仅有通过上述所嵌入的智能功能的带预/报警信息触发的视频数据，才会被发送到中央监控站，用于进一步的分析并采取进一步的响应，以降低网络设备的负载并减少人为错误。

基于 DVR 的数字化网络系统，突破了以往传统的 DVR、模拟矩阵、摄像机等独霸天下的局面。在智能网络 DVR 系统中，由于新增加了上述一些智能功能的图像分析与识别、智能搜索引擎、智能寻像、多媒体指挥平台等高效实用的功能，使它作为一种独立的产品形态，已逐渐进入了人们的视野。

基于智能网络 DVR 的系统控制站点多，系统视频容量大；它从图像采集开始进行数字化处理、传输，且各个 DVR 都有独立的 IP 地址，并采用分布式的信息转发和存储，将数字化的视频压缩信号直接连接到 LAN/WAN 中；它作为整个网络的视频共享资源，大大提高了网络带宽利用率，从而实现远程维护、远程配置、远程状态查询，减少现场维护工作量，使远程管理成像在本地一样方便。显然，智能网络 DVR 系统以数字视频的压缩、传输、存储和播放为核心，以智能的实用的图像分析与识别功能为特色，这种产品形态将会越来越多地在实际应用中逐渐为用户所接受。

9.2.4　智能分析处理平台

一般，智能化网络视频分析处理平台，首先要完全具备网络视频系统的的基本功能，这些功能是一个平台的基础，如音/视频实时播放、控制、转发、报警、联动、录像、回放等功能，以及针对相关设备、用户等实现多级、权限等管理；其次必须具备视频的智能化功能，如车牌识别、人脸与步态识别、人与物异常行为的检测与识别、非滞留物的检测与识别、各种灾害的检测与识别等。实际上，智能视频分析处理平台主要是基于软件的解决方案，即全部的智能视频分析都依靠软件系统来完成，所有的图像信号全部传到后端的软件进行处理。由于进行视频分析需要比较高的帧率，所以有巨大的视频信息需要进行传输，因而对网络的要求很高；而后端软件系统需要完成所有的视频分析功能，从目标提取到生成目标数据信息，再进行目标数据分析处理与识别，并产生预/报警，最后进行警报发送、关联录像和联动输出。

这种智能视频分析处理平台的后端软件对系统硬件的要求较高，需要购买价格贵的高端服务器，而每一台服务器能够处理的智能事件数量和摄像机数量也非常有限。如果前端是模拟摄像机的系统，就需要增加视频服务器或视频采集卡。

通常，智能视频分析处理平台应用在视频资源相对较多的地方，如一个地市级城市至少有好几千甚至上万个摄像机，这种规模才能具有挖掘视频资源的价值；并且，摄像机的安装地点、区域、位置具有典型性和普遍性，如在一个城市想要通过车牌识别来了解一辆汽车行踪，肯定要对主要出入口、主要街区、主要停车场等安装有车牌识别功能的产品，这将由后台数据库提供强大的分析的统计功能才能实现。此外，智能视频分析处理服务平台应提供二次开发的接口，就像电信有许多增值运营商一样，能有足够多的第三方力量能共同挖掘其应用。

智能视频分析处理平台需通过运行在后端服务器的视频管理软件对前端摄像机传输回来的视频流进行智能化的视频分析，从而实现对前端视频信息的智能化处理。在采用这种智能视频实现方式的系统中，前端视频设备的职责是完成摄像的基本功能，只负责将前端摄像机拍摄的视频信息传输至后端，而不进行任何分析，这样前端视频设备的压力很小。相反，对于后端服务器或后端管理软件，则不但需要负责日常视频的实时浏览、视频录像即回放和日志事件的管理，同时还要负责对各路视频进行智能分析、处理与识别。

在这样的大型视频监控系统中，单纯采用智能视频分析处理平台这种方式，对后端管理资源会带来较大压力，必须要通过提高后端设备性能来缓解，如提高服务器配置、增加服务器数量等。对于这个需求，单纯采用后端视频分析、处理与识别的方式难于满足。因为成千上万路的视频源所带来的巨大视频分析压力需要数量巨大的后端的管理资源来负担，其成本难以估量；而单纯采用前端设备的智能分析、处理与识别的方式，则难以实现与 GPS 地图和警务系统等集成的功能。所以，利用前节中的第 3 种实现方式，即采用前端设备与后端软件平台相结合的智能视频实现方式，能很好地满足用户的需求，是智能视频监控系统产品的最佳形态。

在大型视频监控系统的前端，嵌入在网络摄像机内部的智能视频检测、处理与识别功能，充分利用了网络摄像机的富余的 CPU 资源，无须大量视频分析计算，也无须添加任何辅助分析仪器，从而实现前述的当摄像机被遮挡、视频丢失、视频变换、焦距丢失、镜头被喷涂等情况下的主动预/报警功能，以及重点区域的移动侦测功能。同时，网络摄像机集成的数字 I/O 端口则可在前端实现与报警器、探测器的联动功能，满足综合安保一体化的功能。显然，在本地的企事业单位，还可安置不同应用的智能化功能的智能网络视频服务器 DVS 与智能网络 DVR。

在这种大型视频监控系统的后端服务器，视频管理软件处理平台，则可嵌入最复杂的高端智能软件，可将资源集中于系统集成性上，以及与大型数据库的连接上，以实现视频监控系统与 GPS、GIS 电子地图系统、警务管理系统及办公管理系统、电话系统等的无缝集成上。从而实现在发生前端视频异常或预/报警时，能通过 Outlook 向相关人员发送电子邮件，上传图像，同时通过 GPS、GIS 电子地图实现地点精确定位，并联动警务系统查找相关区域负责警员，再由电话系统自动拨打警员电话，以通知其迅速响应与处理。

由此可知，只有将所需的智能视频功能，均匀分布在视频监控系统的各个环节，才能使智能网络视频监控系统具有既高效又平衡的高性价比的效果。

9.3 安防智能视频监控系统的设计

9.3.1 智能系统的基本构成与特点

1. 基本构成

一般，智能系统由硬件和软件两大部分组成，硬件组成如图 9-1 所示。软件主要包括监控程序、中断服务程序及实现各种算法的功能模块。监控程序是系统软件的中心环节，它接收和分析各种命令，管理和协调整个程序的执行；中断服务程序是在人机对话通道或其他外围设备提出中断申请，且由计算机响应后直接去执行的程序，以便完成实时处理的任务；功能模块用来实现系统的数据处理和控制任务，包括各种智能功能算法和控制算法等。

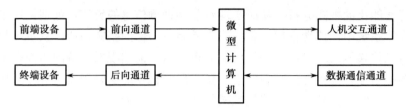

图 9-1　智能系统结构图

（1）微型计算机。这是智能系统的核心，它通常由 CPU、程序存储器（ROM）、数据存储器（RAM）、输入/输出端口（I/O）和定时器/计数器（CTC）等单元组成。

（2）前向通道。这是微型计算机与前端设备相连接的单元，是系统的信息输入通道。前向通道与前端设备现场相连，是各种干扰串入系统的主要通道。前向通道是一个模拟与数字混合电路单元，各种传感器的输出信号（模拟量、数字量或开关量）经前向通道变成满足微型计算机输入要求的信号，故有形式多样的信号变换、调节电路，如信号放大、整形、滤波、A/D 转换等。前向通道性能的优劣将影响整个系统的性能。

（3）后向通道。这是系统终端设备的控制单元，是信息输出的通道，大多数需要功率驱动。后向通道靠近终端设备的现场，有些伺服驱动伺服控制系统的大功率负荷引起的干扰易从后向通道进入微型计算机，故后向通道的隔离对系统可靠性影响极大。后向通道根据输出控制的不同，有多种多样的电路，如模拟电路、数字电路、开关电路等。

（4）人机交互通道。这是操作者对系统进行干预及了解系统运行状态和运行结果的单元，主要有键盘、显示、语音电路等。智能系统的人机对话设备都是按最小规模配置的，以满足用户需要为目的。

（5）数据通信通道。这是智能系统与其他系统间交换信息的接口，通常是串行通信口。

尽管智能系统基本结构相同,但不同用途或者基于不同探测传感原理而设计的智能系统,其具体结构还是有相当大的差异,其差异主要表现在前端设备和终端设备上。如智能视频监控系统就具有如图 9-2 所示的基本结构。

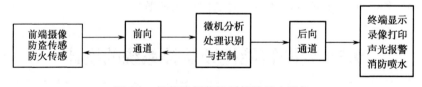

图 9-2　智能视频监控系统的基本结构

首先，目标场景图像经前端摄像设备光电转换输出，再经前向通道到信号处理部分进行分析处理，识别出目标后输入后向通道输出终端显示、录像，并驱动声光报警。若识别的是火灾苗头，输出信号通过执行机构驱动消防淋头喷水。

此外，信号处理部分还输出控制信号经前向通道去控制前端装置的有关环节，如切换灯源，控制云台移动及自动对准目标，控制镜头的自动调焦、自动光圈等。因此，微型计算机应用于智能系统是通过前向通道和后向通道渗透到系统的各个组成部分的。

2. 主要特点

（1）具有自动校准能力。智能系统采用软硬件相结合的方法进行自动校准，如零点校准、非线性校准、γ 校正等。当传感器的特性呈非线性时，智能系统则可能将传感器的传感特性以数学模型编入程序或者利用表格与插值相结合的方法，实时地修正数据。

（2）具有自动分析处理视频数据能力。微机具有很强的分析和运算能力，智能系统可完成前端设备输入的信息的复杂的数据处理，这是非智能系统难以比拟的。智能系统能从原始探测数据中提取反映被测对象特征的信息，并将经加工处理后的数据恢复成原来的物理量形式或终端设备所需的形式输出来。

（3）具有自动识别跟踪异常目标的能力。前端设备输入的信息经加工分析处理后，智能系统能自动识别出影响安全的异常的目标，并自动定位跟踪，同时显示、录像，自动预/报警等。由于智能系统具有好的软件算法，对各种恶劣环境等不利的干扰均能不断地修正，从而有效地消除或减小误差，以提高识别精度。

（4）具有自适应能力。智能系统能根据被测对象或工作环境的变化自动修正算法，如智能激光干涉仪能跟踪气温、气压和湿度等环境参数的变化，修正激光波长，保证仪器的精度不受环境变化的影响。

（5）具有自检和自诊断能力。智能系统通常都具有自检和自诊断能力，能自行测试系统各部分的运行是否正常，一旦发现故障，还能诊断出是哪一部分出了故障，并能在显示装置上显示故障的类型和故障的部位。

（6）具有对外接口的功能。智能系统带有 RS-232 或 RS-485 标准接口，能方便地与其他仪器或计算机组成自动测试系统。

（7）具有良好的用户界面。微型计算机的应用给用户提供了丰富的信息，用户可从键盘上输入命令和数据。从显示器读取数据，还可以借助打印机记录数据、图表，并且系统可以直接显示输出汉字。操作者只要从中文菜单中"点菜"即可，操作者能迅速地掌握仪器与系统操作。

9.3.2　智能系统的设计原则与步骤

智能视频监控系统与非智能视频监控系统在结构和性能方面有所不同，它的设计不仅要求设计者熟悉光学系统、电子电路、精密机械结构、光电传感、信号处理等方面的知识，而且要熟悉微型计算机的硬件接口和软件设计。

1. 设计原则

（1）从整体到局部的设计原则。开始设计时，首先根据系统功能和设计要求提出系统设计的总任务，并进行系统的总体框图设计，然后将总体框图分解成一个个独立的框图，再继续往下分，直到足够简单且易于实现为止。对智能系统而言，可把系统的总体框图划分为光学系统、机械结构、电子电路、光电传感、信号采集与分析处理、驱动与控制、微型计算机及其接口等子框图，这些子框图既相互独立又相互关联。基于此，可以把总设计任务分割成上述各子任务，各个子任务又可再细分，各子任务完成后，再将它们有机地集合起来，便完成了总设计任务。

（2）经济性原则。为了获得较高的性能价格比，设计时不应盲目地追求复杂高级的方案。在满足性能指标的前提下，应尽可能采用简单的方案，因为方案简单意味着结构简单、可靠性高、成本低。在考虑系统的经济性时，除要考虑降低系统的研制成本和生产成本外，还要估计系统的使用成本，包括使用期间的维护费、备件费等，综合考虑后再选择适当的方案。

（3）可靠性原则。可靠性指标除了用完成功能的概率表示外，还可以用平均无故障时间、故障率、失效率或平均寿命等来表示。在选择智能系统的光学系统结构、机械结构、执行机构的方案时，要考虑所选用的机构的可靠性，必要时，可采取适当的保证措施。电路及微机系统的可靠性主要考虑所用器件质量的优劣，选择元器件时，要保证元器件的负载、速度、功耗、工作环境等技术参数有一定的安全量，并对元器件进行老化和筛选。为了提高系统的可靠性，还可以采用"冗余结构"的方法，即在设计时安排双重结构（主用件和备用件）的硬件电路，当某部件发生故障时，备用件自动切入，从而保证系统的长期连续运行；对软件而言，应尽可能地减少软件故障，并可采取相应的软件保护措施。

（4）操作与维护的原则。设计时，应当考虑操作方便，尽量降低对操作人员的专业知识要求。系统的控制开关或按键不能太多、太复杂，操作程序应简单明了，同时有详细易懂的操作提示。智能系统应有很好的维护性，系统结构要规范化、模块化，并配有现场测试模块和故障诊断程序，一旦发生故障，可有效地对故障进行定位。

2. 设计研制步骤

设计研制智能系统大致上可以分为制定方案、实施方案和性能测定三个阶段，下面对各阶段的工作内容和设计方法作一简要的叙述。

（1）确定任务、制定设计方案。

① 编写设计任务书。在制定设计任务书之前，首先要进行大量的调查研究。调查内容主要包括两个方面：一方面是现场条件、测控对象数学模型、技术配备、用户的各种要求、国际标准规定等；另一方面是国内外同类系统或类似系统技术指标的比较、应用情况及中外情报资料、专利查询等。在调查研究的基础上，编写出设计任务书，其内容包括主题任务、研究内容、技术指标等项。其中技术指标开始可以提得较粗，但必须切合实际，过高或过低都不能达到预期的目的。

② 拟定初步方案。根据设计任务书的要求，研究可能实施的几种设想、规划，并加以比较，选择一种可行的、较佳的方案作为初步方案。在初步方案中，对整个系统的结构、主要部件、技术要求、可能应用的开发手段及规划进度等要有说明。

③ 方案可行性论证。方案可行性论证要求论证贯穿整个设计工作的指导思想、技术原则是否正确，论证系统的可靠性采用先进技术的必要性和可行性，论证达到起码技术指标的基本方案和留有余地的较佳方案，论证系统的可靠性、性能价格比等。在方案可行性论证过程

中，必然要进一步完善系统设计方案，但更重要的是要避免工程进行中出现方案错误或不合理而导致任务无法进行，或者造成报废返工。

④ 方案制定。方案可行性论证得到肯定审核后，再进一步制定总体实施方案，应明确方案达到的总目标、总体技术指标、总体结构（软/硬件）方案及总预算、总进度等。

（2）方案实施过程。在方案实施过程中，需要涉及系统各部分的软/硬件设计及各部分调试和总体调试等任务。由于智能系统是以微型计算机为核心的系统，其软/硬件常交错在一起。硬件尚未齐备，要在其上运行软件进行电子调试是不可能的；反之，软件尚未调试好也无法支持硬件的调试。在设计研制过程中，要按一定的方法和步骤，并根据情况配备适当的开发工具或模拟装置，使设计顺利进行。现就其中一些主要步骤说明如下。

① 确定系统规模大小。系统总体方案确定之后，首先要估计系统软/硬件规模的大小，核算硬件核心部件选型、容量、对外的 I/O 口数、通道数、模块数等。

② 软/硬件权衡分配。在既定的总体规模中，再进一步权衡哪些功能用硬件来完成，哪些功能用软件来完成。原则上说，不少硬件实现的功能软件也能实现，反之亦然。一般来说，硬件处理速度快，实时性好，但应变灵活性小，扩展功能要改动或增加部件；而软件处理速度慢，但应变灵活性大，增加功能时只需要对软件进行适当的修改即可。如要对监控系统的图像进行处理，有两种方法：一种是数字处理，即将待处理的图像离散成数字量输入计算机，计算机利用各种图像处理算法对采集的图像进行处理；另一种是光学处理，即利用光学器件进行傅里叶变换、滤波、相关、卷积等图像处理。前者主要借助软件运算，灵活性大、精度高，但实时性差；后者具有二维并行处理能力，速度快、容量大、实时性好，但不够丰富多样。在系统中，究竟采用哪种方法或者如何将两者结合起来应用，都是系统设计时要考虑的。

目前，由于 DSP 与 SOC 芯片的发展，安防智能视频监控系统多使用数字图像处理的方式。

③ 硬件设计、制作和调试。软/硬件功能确定后，先明确硬件的技术指标，再着手硬件设计、制作和调试。智能系统的硬件包括光学、光电、电子、精密机械、微型计算机及其接口等。视频监控系统的光学系统多为选用。精密机械首先根据系统的总体要求，确定机械部分的总体结构，绘制机械装配图，再拆画零件图，然后送机械加工厂制造、装调。微型计算机及其接口设计包括微型计算机应用系统选型、光电传感线路和信号采集线路设计、信号输出与控制接口设计等。不管是哪类线路设计，基本过程都是相似的，即先进行原理、时序设计，然后绘制电路印制板电路图，再送工厂加工电路板。制成电路板后，要借助现成的电子测试设备、仿真设备，对制作的电路板进行功能测试，保证电路正确。在研制微型计算机及其接口时，尽量选用商品化的微机模板、专用模板，以简化研制工作。

④ 软件设计与调试。软件设计首先要做好软件任务分析，为软件设计做一个总体规划，并将软件划分为多个功能模板，并定义好每一个功能模板的功能和接口（输入、输出定义），然后着手编程。软件模块的调试一般要借用与目标系统相同机型的高中档微机系统或采用专门的微机开发系统作为工具，这类系统必须具有编辑源程序、语法排错、交叉汇编或编译、模块连接等功能，以便对软件进行初调。

⑤ 光、机、电、计算机联调。经过前述步骤，光、机、电、计算机及其接口都已通过单

独调试，再将它们装配到一起，进行光、机、电、计算机联调。联调时，可按先局部后整体的顺序进行调试，逐步排除故障。

研制阶段只是对硬件和软件分别进行了初步调试和模拟试验。样机装配好后，还必须进行整机试验，对系统的软/硬件进行全面测试，以确定系统是否达到预定的性能指标，并写出测试报告。待调测完成后，投入现场做试运行，以考察其可靠性。

样机完成后，要编写设计文件，总结研制工作，为用户编写使用维护资料。

9.3.3 智能视频监控系统探测识别事件的设计法则

智能视频监控技术的研究对象很广泛，凡是动态场景中的运动目标都可以作为被研究对象，相应的研究方法也很类似。一般，根据移动物体运动轨迹、形状变异、相对位置关系等要素，系统预先设定一定的法则，当以上运动要素达到法则规定的阈值的时候，系统就会自动发出预/报警。智能视频监控系统利用视频手段可以及时发现跨越用户预设的、无形警戒边界的目标，在图像上发出红色的报警信号并自动记录到计算机硬盘。它可在可视画面上任意设定边界、划定安全区域、规定运动方向等，以完成对可疑目标的智能预/报警和自动记录。可设定的监控项目有：从视频中侦测动态物体，以动态特性辨认人员、车辆；针对特定重要物资的保护监控；针对不合理滞留过久的人、车发出预/报警信息；针对可能的爆炸物、易燃物、生化污染物的恶意放置而发出预/报警等。

目前应用比较广泛的智能视频监控系统的探测识别事件的法则主要有以下几种。

1. 绊线事件的探测识别法则

绊线事件的探测识别法则可探测识别运动物体在场景中的运动方向和轨迹，以满足特定场所需要的不许进入的界线或逆行等绊线的预/报警需求。这里所说的法则是指对事件探测识别的预/报警的方法与规则，或者针对特定运动方向绊线的监控的方法与规则。绊线事件的探测识别法则又可分为单绊线和多绊线两种法则。

（1）单绊线事件的探测识别法则：探测物体经过虚拟的一根绊线时的事件探测，这种绊线可以规定是单方向的，也可以是双方向的。

（2）多绊线事件的探测识别法则：探测物体经过两条或多于两条虚拟绊线时的事件和耗时。显然，应用这种多绊线的法则更可满足客户复杂的预/报警需求。如通常利用双绊线可以用来探测非法转向或交通流向（交通工具或人），并计算速度等。

绊线事件的探测识别法则已广泛应用于智能交通与电子警察中检测汽车闯红灯、压黄线、逆行、超速等事件中。

2. 在特定区域内进出事件的探测识别法则

该法则可探测识别运动物体在监控场景内特定区域内的进、出或突然出现以及消失等，即警戒人、车进入或离开特定区域的一种监控方法。这种事件的探测识别法则有下列几种。

（1）"进入"事件的探测识别法则：探测指定类型物体进入监控场景内某特定目标区域里的事件探测识别法则。

（2）"离开"事件的探测识别法则：探测指定类型物体离开监控场景内某特定目标区域里的事件探测识别法则。

（3）"出现"事件的探测识别法则：探测指定类型物体第一次出现在监控场景内某特定目标区域里的事件探测识别法则。

（4）"消失"事件的探测识别法则：探测指定类型物体，未经许可就突然消失在监控场景内某特定目标区域里的事件探测识别法则。

（5）"移入"事件的探测识别法则：探测指定物体移入监控场景内某特定目标区域里的事件探测识别法则。

3. 在特定场景中遗留与取走事件的探测识别法则

在特定场景中遗留与取走事件的探测识别法则可探测识别特定场景中突然出现的遗留物体或原场景中固定物体的突然消失。这种探测识别特定场景中突然出现的遗留物体的方法，为目前反恐斗争所提出的爆炸物检测，以及易燃物、生化污染物的恶意放置的检测，提供了很好的解决方案。同时这种探测识别原场景中固定物体的突然消失的方法，也是针对公共场所、博物馆、珠宝店的贵重物品防盗的一种好的方法。

（1）"遗留"事件的探测识别法则：探测识别有物体被遗留在某目标区域，或被整个附着在视图区域里的事件探测识别法则。

（2）"取走"事件的探测识别法则：探测识别将监视的物体从目标区域里拿走，或整个视图里有物体被撤掉的事件探测识别法则。

总之，在特定场景中遗留物体达到规定的某一时间段，或所监视的物体从目标区域里取走，系统将立即预/报警。

4. 在特定场景中相关比较事件的探测识别法则

在特定场景中相关比较事件的探测识别法则，可对特定场景里的人或物的特征提取，以进行探测、比较、识别。这已用于人体生物特征识别中，可将捕捉到的人的面像、步态等的视频或声音，与数据库档案中的面像、步态等或声音的资料进行比对识别，如识别非本单位人员，而是通缉等逃犯与其他疑犯，则立即会自动启动录像与预/报警，以便即时进行查询或抓捕。

5. 在特定场景中人流密度与人数统计事件的探测识别法则

在特定场景中人流密度与人数统计事件的探测识别法则，可对特定场景里的出入人口与人流量密度进行分析统计，防止拥堵、踩踏等安全事故的探测识别。例如，用来自动统计计算穿越国家重要部门、重要出入口或指定区域的人或物体的数量，以及识别人群密度与整体运动特征，包括速度、方向等，用以避免形成拥塞，或者及时发现可能有打群架等异常情况。

此外，还可用于商业等用途的人数统计与人群注意力及拥堵等的检测、识别中。例如，广泛在服务、零售等行业为业主计算某天光顾其店铺的顾客数量，统计人们在某物体前面停留的时间等，以用来评估新产品或新促销策略的吸引力，也可以用来计算为顾客提供服务所用的时间等。据此，可协助管理者分析营业情况，或提高服务质量。

6. 在特定场景中徘徊与逗留事件的探测识别法则

在特定场景（如银行、珠宝店、博物馆、仓库等）中徘徊与逗留事件的探测识别法则，可探测识别特定场景中同一人或车等运动物体的徘徊、逗留，以判别抢劫盗窃犯的踩点。当徘徊、逗留时间超过某一规定时间段即可预/报警，以便及时排查询问，以震吓罪犯；此外，这一探测识别法则也可用于保障安全通道的畅通，或排查特定场所内的其他可疑人员等。

7. 在特定场景中骤变与过滤事件的探测识别法则

在特定场景中骤变与过滤事件的探测识别法则有下列几种。

（1）"骤变"事件的探测识别法则：探测识别摄像机视角发生巨大变化的事件，已用于视频变换事件的探测识别。

（2）物体尺寸过滤的探测识别法则：过滤掉太大或太小的物体对人的干扰，以免错误报警，已用于过滤小鸟、老鼠、猫等小动物而不报警。

（3）潮汐过滤的探测识别法则：过滤掉在形状上经常变化或移动方向不规则，速度过快的物体，如水面反射的阳光等，以排除环境变化等干扰。

8. 在特定场景中目标分类事件的探测识别法则

在特定场景中目标分类事件的探测识别法则，可对特定场景里的人、交通工具及其他物体进行分类。一般，利用一些图像特征值实现对目类型的判别，如利用目标轮廓、目标尺寸、目标纹理等。而分类算法也根据目标特征对监控视频中的目标进行类型甄别。实现分类算法的方法也不少，计有支撑向量机、Adaboost、神经网络等。

此外，还可设置有多预置位事件的探测识别法则，即可以为一台摄像机设置不同预置位的不同预/报警法则等。值得指出的是，在系统设计时，完全可根据用户不同的需要而进行事件探测识别法则的不同设置。

总之，通过在不同摄像机的场景中预设不同事件的探测识别法则，一旦目标在监控场景中出现了违反预定义识别法则的行为，系统就会自动发出报警，监控中心就自动地弹出报警信息并发出声光警示。这样，用户可以通过点击报警信息，实现报警的场景重组并采取相关措施。

9.3.4 智能系统探测、分析与识别的软件算法框架

智能视频监控技术主要是指对固定的监控摄像机拍摄的视频进行探测分析，从而获得视频中的运动目标，提取语义级别的事件信息，再经分析与识别，进而做出反应的一种技术。一般，智能视频监控技术常用的智能探测、分析与识别的软件算法与基本流程框架如图 9-3所示，由图可知，智能视频监控技术的主要框架分为事件前景检测，目标检测、特征提取、跟踪与目标分类，事件识别等几个部分。

1. 前景检测技术

所谓前景检测技术，是将输入的视频图像中变化剧烈的图像区域从图像背景中分离出来。这种视频图像中变化剧烈的图像区域，也称为前景团块。前景检测技术有多种实现方法，如

帧差法、多高斯背景建模及非参数背景建模等七八种。这些实现方法之间的复杂度差异很大，对于各种场景的适应能力也有很大差异，因而它们的稳定性及性能差异也非常明显。如利用简单的帧差法也可以实现前景检测，它在稳定简单的场景下可以得到较好的前景检测结果，但是在视频发生扰动或者光照变化时，大量的静态图像区域就会被当作前景团块误检出来，因而该方法仅适用于检测稳定的室内场景。这就是为什么各种智能视频监控产品提供的功能大同小异，而存在很大性能差异的原因之一。\

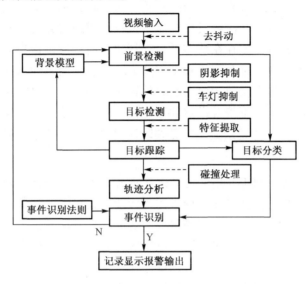

图 9-3　常用的智能探测、分析与识别的软件算法与基本流程框架

2. 目标检测、提取、跟踪与分类技术

所谓目标检测、提取、跟踪与分类技术，是分析前景团块在视频序列中的状态，然后将具有稳定存在状态及运动规律的前景团块作为运动目标提取出来并跟踪，同时根据提取的图像特征值实现目标类型的甄别与分类。一般，将目标分为人和车辆两类，也有一些特殊应用会对目标进行其他较详细的类型的分类。实际上，目标分类技术是利用一些图像特征值实现目标类型的甄别的，如目标轮廓、目标尺寸、目标纹理特征等。一系列训练样本（各种视频图像）会被用于训练分类算法，分类算法也根据特征对监控视频中的目标进行类型甄别。分类算法也有多种实现方法，包括支撑向量机、Adaboost、神经网络等。显然，分类特征的选取，分类方法的实现及训练样本等，都会使分类技术产生较大的差异性。

值得指出的是，如果前景出现移动物体目标，并在设置的范围区域内且目标物体大小满足设置，系统将会把该目标进行提取并跟踪。这种目标跟踪技术，利用运动目标的历史信息预测运动目标在本帧可能出现的位置，并在预测位置附近搜索该运动目标。实现目标跟踪也有多种方法，如连接区域跟踪、模板匹配、粒子滤波等，这些方法在不同场景下的表现也有较大的差异性。此外，对跟踪成功的目标的运动轨迹应进行分析，以便对运动轨迹进行平滑及误差修正，使目标的运动轨迹更加接近于真实状态。通常，目标的良好跟踪是视频分析效果的基础前提条件，视频分析过程需要了解目标出现及运动的时间、位置、速度、方向等要素，而这些要素则主要通过目标跟踪得到。

3. 事件识别技术

所谓事件识别技术，是将目标检测、提取、跟踪与分类出的目标信息与前述设定的事件识别法则（或用户设定的预/报警规则）进行逻辑判断，判断是否有目标触发了前述的事件识别法则，如符合前述的法则，即做出预/报警响应，并记录显示，必要时还要对识别出的事件目标进行跟踪。

智能视频监控系统的工作过程是，当视频输入时，首先利用前景检测技术进行事件的前景检测，并提取出前景团块；其次经目标检测、提取、跟踪与分类技术，分析前景团块在视频序列中的状态，提取具有稳定存在状态及运动规律的前景团块作为运动目标并跟踪，同时根据提取的图像特征值实现目标类型的甄别与分类；然后利用事件识别技术将目标检测、提取、跟踪与分类出的目标信息与前述设定的事件识别法则进行逻辑判断，判断是否有目标触发了设定的事件识别法则。如不符合设定的法则，仍返回继续进行前景检测；如符合设定的法则，即做出预/报警响应，并记录显示，必要时还要对识别出的事件目标进行跟踪，直到解决问题为止。

如果在上述框架下采用简单易用的方案来实现各个模块，搭建一套智能视频监控技术并不是非常困难，但是其性能及其对各种场景的适应能力就很难得到保证。为了提高智能视频监控技术在某些场景下的性能，在上述的常用的智能软件算法框架上，可根据需要增加一些附加的软件模块加入算法框架。如对安置在汽车等移动物体上的摄像机获取的视频图像，必须要增加一个抗抖动软件模块，这样就可以提升在摄像机抖动情况下的处理效果；如在阴影严重的室外场景下，需增加阴影抑制软件模块，从而提升在阴影严重的室外场景下的处理效果；如在光照剧烈变化场景下，可增加光变抑制软件模块，从而提升在光照剧烈变化场景下的处理效果；如在目标图像频繁互相遮挡场景下，可增加遮挡处理软件模块，以提升在目标图像频繁互相遮挡场景下的跟踪精度等。

总之，要构建一套性能优越的智能视频监控系统，在其智能软件算法的设计过程中，就需要考虑监控场景中可能出现的各种复杂情况，并要使内部的各个软件算法模块具有对复杂场景的适应性，并且还需加入各种附加的软件模块，才能提升智能视频监控技术对特殊场景的处理效果，以真正适应市场的需要。

9.3.5 智能视频监控系统设计应注意的几个技术问题

要设计一套性能优越的实用的智能视频监控系统，也不是简单容易的事，必须考虑监控场景的复杂程度、监控环境，以及智能软件算法模型的配合，合理设置预/报警法则等。此外，合理选择安装摄像机的位置及角度等，也是非常重要的。智能视频监控系统应注意解决如下几个技术问题。

1. 应注意不同的监控场景与智能软件算法数学模型之间的吻合程度

由于计算机视觉技术现还处于发展阶段，与人脑相比，计算机的智能程度总还是很逊色。计算机视觉技术用一些数学模型来描述真实世界，并试图用这些数学模型来分析视频数据，并从中获取视频信息内容。但是，最复杂的数学模型现阶段也无法囊括真实世界中的所有特性，就算有这样的模型，普通的 CPU 也支撑不了这样庞大的计算。因此，在设计智能视频监控系统时，要注意不同的监控场景与智能视频监控技术内部数学模型之间的吻合程度会有所不同，智能视频监控技术的精度会受到监控场景的影响。在选择与设计智能软件算法的数学模型时，要尽可能考虑到不同的监控场景因素的影响，并通过调整监控环境或者调试算法，使监控环境与智能视频监控技术内部的算法模型达到最大的一致性。例如，智能视频监控技术的目标分类是将目标尺寸作为重要的分类特征时，通常在大景深的场景中，目标尺寸变化幅度很大，此时目标分类的精度就会大大降低。解决这一问题的方法可以有多种，如可通过降低场景的景深，或加入场景标定算法，或降低尺寸特征在分类算法中的权重等。

2. 应注意低照度、高扰动、高拥挤程度等视频的监测精度

所谓低照度、高扰动、高拥挤程度等的视频，即比较复杂的监控场景。复杂的监控场景，往往意味着有效信息提取的困难。如在传统的人为监控系统中，监控者对于低照度、高扰动、高拥挤程度等视频的监测精度，一般会较低。而智能视频监控系统也会同样，因而智能视频监控技术的精度也会受监控场景复杂程度的影响。即监控场景的复杂程度也会对处理结果产生重要影响，所以在设计与使用智能视频监控系统时，尤其要注意低照度、高扰动、高拥挤程度等比较复杂的监控场景的视频对系统性能的影响。

常用的解决方法有两个：一是可附加一些软件模块加入智能软件算法框架中，如用阴影抑制模块可以提升该技术在阴影严重的室外场景下的处理效果，光变抑制模块可以提升该技术在光照剧烈变化场景下的处理效果等；二是可通过调整监控场景环境，以降低监控场景的复杂程度，如环境光照降低时能自动调整光照，使之保持智能系统对环境的要求等。

3. 应注意合理设置事件探测识别法则

在设计智能视频监控系统时，应注意合理设置事件探测识别法则，设置得合理，也会提升智能视频监控技术的处理效果。如图 9-4 所示的用于统计车流量的绊线事件探测识别法则的设置，图 9-4（a）的绊线法则就设计得不合适，因为在绊线法则的设置区域有树木等物体遮挡目标，智能视频监控技术在该区域就容易产生目标的误检及误跟踪；图 9-4（b）的绊线法则就避开了遮挡区域，显然其处理效果就比较理想，因而车流量的统计也就要精确一些。所以，合理设置事件探测识别法则，能提升智能视频监控技术的处理效果。

（a）绊线设置不合理　　　　　　　　　　　（b）绊线设置合理

图 9-4　用于统计车流量的绊线事件探测识别法则的设置

4. 应注意合理选择智能视频监控系统的摄像机及其安装位置与角度

合理选择智能视频监控系统的摄像机及其安装位置与角度，也是在条件允许的情况下尽

量降低监控场景的复杂度，凸出有效信息的方法之一。实际上，智能视频监控系统的摄像机的选用及安装非常重要，通常要选用性能较好的摄像机，如应选用分辨率高、信噪比大、最低照度低的摄像机，以提升图像的信噪比。如果对夜晚场景进行监控，则最好选用红外摄像机等。在安装摄像机时，要合理选择摄像机的安装位置及摄像机角度，要尽量使视频图像扰动较少，并且目标重叠较少。如要在较拥挤的场景中统计人流量，摄像机的俯视角度就应选择在一个理想的安装角度下，在这一安装角度下，其目标的重叠程度较小，这样人流量的统计才比较准确。

由上看出，智能视频监控系统产品能否有效地工作并满足客户的需要，主要取决于三个方面：一是该产品所使用的智能视频检测分析与识别的核心技术，要足够精确和稳定，并能够适应监控现场复杂的情况；二是需要基于对核心技术的理解，针对场景做应用级别调试，并合理设置事件的检测识别法则，以发挥智能视频监控技术的最佳性能；三是要合理架设系统，即合理选择摄像机及其安装位置及摄像机角度，尽量使视频图像扰动较少，并且目标重叠较少，以降低监控场景的复杂度，凸出有效信息等。

早期出现的智能视频监控系统就是内置移动探测与报警功能的系统，一些特殊的需要，如智能交通系统需要车流量的统计、车牌号码的识别等而促进了它的发展。据报导，一套好的智能视频监控系统，能够在喧闹、混乱的环境中高速、准确地找出每个目标，无论人脸朝向哪个方向，背景是否变化异常，只要人在图像中的大小比米粒大一点，都能准确、实时地找出图像中的每一个人，或者根据用户的要求发现特定物体的可疑或违规行为，并可在同一时刻准确追踪多个物体等。

9.4　基于 DSP 的安防智能视频监控系统的设计

随着光电等现代高科技的发展，以及信息社会发展的需要，视频监控系统已由第一代的模拟式，经第二代数字式发展到第三代的网络化视频监控系统。网络视频监控系统具有安装部署便捷，节省线缆，轻松实现远程监控访问，可升级性，可扩展性强等传统模拟视频监控系统所不具备的优势，正在成为越来越多的新建、改造、扩展，尤其是平安城市的安防监控系统项目的第一选择。但是，根据现有的技术建立的庞大的网络化的安防监控系统，已不可能是"实时监控系统"，实际上是一种事后取证的系统，因为它仅提供事发后的录像数据查询。而且，这种大型网络安防监控系统，摄像机的数量大，如果还是用人来观察，则很难提取有价值的信息，因而效果很差，这就失去了一个安防监控系统的预防与积极干预的功能。因此，必须借助计算机强大的数据处理功能，对视频画面海量数据进行高速分析、处理与识别，将监控者不需要关注的信息过滤掉，仅提供人与物异常等的关键信息，一旦识别为异常，立即触发启动录像，并进行预/报警，从而使可能发生的事故被制止，以真正保障国家与人民生命及财产的安全。

智能视频监控系统主要实现运动检测与识别、目标分类、目标跟踪及事件检测（包括人的行为理解和描述，人为场景物体之间的交互行为等，实际上主要是人与物的异常行为的检测与识别）等智能功能。其中，运动检测与识别、目标分类、目标跟踪等属于低级和中级处理，而事件检测，如人与物的异常行为的检测与识别等则属于高级处理，但它们之间也可能有交叉。传统的数字图像处理通常将模拟的视频图像信号转换成数字视频信号后，送 PC 进行软处理。这不仅不够灵活，其处理能力还受到 PC 和软件的限制。而实际场合往往要求系统具有低价、稳定的特点，因而基于嵌入式平台的智能视频监控算法研究越来越受到重视。随着 CCD 与 CMOS 摄像机芯片工艺的改进和数字信号处理器 DSP 功能的提升，使得数据量与计算量较大的图像硬处理成为可能。

9.4.1　DSP 智能视频监控系统设计的功能与指标要求

1. 系统主要功能

所需设计的 DSP（选双核处理）智能视频监控系统主要完成以下功能。

（1）A 核主要功能。A 核主要功能是实现智能视频监控，具体如下。

- 运动检测与识别：检测监控场景中的人与物（主要是车辆）等运动目标，并识别其异常而实时报警。
- 目标分类：能够区分识别监控场景中的人、人群、车辆等目标。
- 数量统计：在分类的基础上，分别统计场景中目标的数量。
- 入侵检测：检测非法进入监控场景中的运动目标，并实时报警。
- 遗留物体检测：检测监控场景中的遗留物体，如箱包、非法爆炸物等，并实时报警。
- 目标跟踪：实时跟踪监控场景中的运动目标。
- 摄像机模糊遮挡及其非法移动检测：实时检测监控场景摄像机的工作状态，发现异常则实时报警处理。

（2）B 核主要功能。B 核主要功能是实现视频流的编码压缩处理，以保存智能视频监控的结果。

2. 系统主要指标

主要的主要指标要求如下。

- 智能视频监控软件算法需能够灵活切换；
- DSP 的双核能同时工作；
- 视频处理速度至少在每秒 15 帧以上；
- 智能视频监控的结果要能够保存。

9.4.2　基于 DSP 智能视频监控系统的结构及原理

根据上述系统功能与指标要求，选用美国模拟器件（ADI）公司的 Blackfin 561 DSP 数字信号处理器。它具有由两个 Blackfin 处理器内核构成的对称多处理结构，且集成了两个工作频率均高达 756 MHz 的 Blackfin 处理器内核（ADI 公司还提供了低成本的 500 MHz 和 600 MHz 版本）和 2.6 MB 的片上 SRAM 存储器。该 DSP 片上存储器被分配于每个内核的专用、高速 L1 存储器和一个 128 KB 大容量共享 L2 存储器之间。32 位外部端口和双 16 通道 DMA 控制器提供了极高的数据带宽。它片上外设包括两个并行外设接口（均支持 ITU-R 656 视频格式化）和支持 I2S 格式的高速串行端口。

该 DSP 的主要特点有：

- 双 Blackfin 内核（每个内核性能高达 756 MHz/1512 MMAC，总和达到 3024 MMAC）适用于要求苛刻的数字成像和消费类多媒体应用；
- 328 KB 的大片上存储器被用来作为每个内核单独的 L1 存储器系统，以及共享的 L2 存储器空间；
- 它为成像和消费类多媒体应用量身打造了高数据吞吐量；
- 面向应用的外设提供了到多种音/视频转换器和通用 A/D 与 D/A 的无缝连接。

基于 Blackfin 561 DSP 的智能视频监控系统采用监控摄像机模式，即对单一摄像机获取原始视频流，并且要求摄像机固定不动和焦距不变，通过使用 Blackfin 561 DSP 对视频流进行处理，以实现智能视频监控功能。系统主要分为视频输入模块、通信模块、智能视频监控处理模块、视频压缩模块等模块。基于 Blackfin 561 DSP 的智能视频监控系统的组成框架如图 9-5 所示。

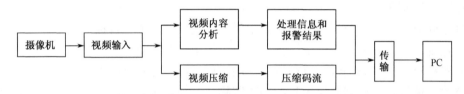

图 9-5　基于 DSP 的智能视频监控系统组成框图

系统的工作原理或主要的处理流程如下。

- 利用视频输入模块，通过摄像机采集一帧图像数据。
- 将采集进来的视频数据（YUV4∶2∶2 格式）进行重采样得到 YUV4∶2∶0 格式的数据。
- 在 Blackfin 561 DSP 上进行视频内容分析（A 核）。
- 在 Blackfin 561 DSP 上进行视频编码和压缩（B 核）。
- 将处理结果和压缩码流传输到 PC 上。

9.4.3　基于 DSP 智能视频监控系统的硬件设计

由于本系统使用 Blackfin 561 DSP 进行开发，因而整个系统可由一块 BF561 EZ-KIT Lite 评估板、一台 CCD 摄像机、一台 PC 和一个 Blackfin USB-LAN EZ-Extender 卡组成。

（1）BF561 EZ-KIT Lite 评估板。主要用来实现智能处理算法，以及对视频流的压缩编码功能。因为在 BF561 EZ-KIT Lite 评估板上包括视频处理芯片 ADSP BF561、外部总线接口单元（EBIU）、SPORT 接口、SPI 接口、PPI 接口、UART 接口、JTAG 仿真接口等。视频 A/D 模块采用 ADV7183 视频解码芯片。BF561 EZ-KIT Lite 评估板结构如图 9-6 所示。

（2）Blackfin USB-LAN EZ-Extender 卡。可连接 USB 设备，并通过网络传输已压缩的视频数据到 PC 客户端。因为在这个卡上包含一个 USB 2.0 接口、一个 10/100 自适应网口等。Blackfin USB-LAN EZ-Extender 卡的主要结构如图 9-7 所示。

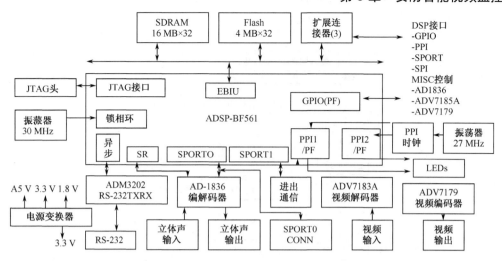

图 9-6　BF561 EZ-KIT Lite 评估板结构

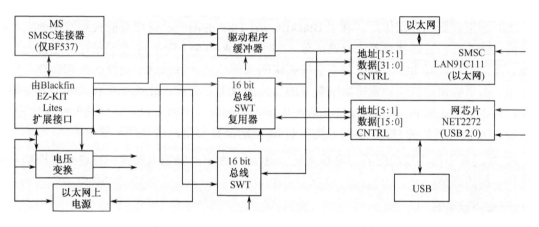

图 9-7　Blackfin USB-LAN EZ-Extenderr 结构图

（3）CCD 摄像机。这里的一台 CCD 摄像机，主要用来采集视频。

（4）PC 客户端。主要用来接收压缩视频，配置和控制终端控制系统工作方式，并且能够存储系统的输出。

9.4.4　基于 DSP 智能视频监控系统的软件设计

监控系统软件部分，由上层 PC 监控服务软件和底层 DSP 监控功能软件两部分组成。上层 PC 部分主要进行监控功能选择和监控结果的显示，底层 DSP 部分主要进行智能监控和压缩编码的算法实现。视频监控系统通过使用 UART 和 USB 接口作为联系 PC 和 DSP 的通道，以实现数据的交换。其中，使用异步串口（UART）作为监控系统与 PC 端监控软件的通信接口，完成底层监控程序和 PC 端监控服务软件之间的通信；使用 USB 控制器作为压缩码流的数据传输接口，完成压缩码流向 PC 端的输送任务。

智能视频监控系统同时使用 Blackfin 561 DSP 的两个核进行处理，通过 PC 服务软件和 DSP 端监控功能软件协同工作，其主要工作流程如图 9-8 所示。

469

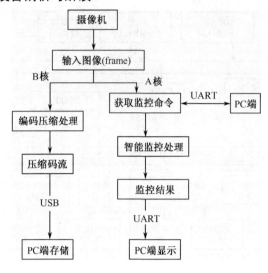

图 9-8 智能视频监控系统的工作流程

DSP 端接收到一帧图像后，利用 Blackfin 561 DSP 的两个核完成智能视频监控处理和视频编码压缩处理。智能视频监控处理部分，利用 Blackfin 561 DSP 的 A 核进行，它首先通过 UART 通信模块获得 PC 端监控功能选择模块的当前功能，以及这一功能的相应参数；然后根据相应的功能调用监控功能模块中对应的监控函数进行处理；最后再利用 UART 通信模块将处理的结果传送到 PC 端显示。视频编码压缩处理部分使用 Blackfin 561 DSP 的 B 核进行，利用由 ADI 公司提供的 H264 编码函数和 USB 驱动函数实现，这里就不赘述了。

PC 端进行不同监控功能的切换或调整功能参数，在下一帧输入图像中将进行监控功能的切换和参数的调整。

1. 客户端软件

客户端软件是用户实现 DSP 监控操作的平台，主要由监控软件界面、监控功能选择模块、驱动函数模块组成。监控软件界面是监控系统和用户进行信息交互的平台，它整合了各个监控功能模块，用户通过它完成各个监控功能模块的调用、参数的选择、结果的显示等；PC 监控功能选择模块完成对底层 DSP 监控功能的调用，从而实现用户需要的相应的监控功能；驱动函数模块包括 UART 驱动和 USB 驱动，UART 驱动的作用是实现上层 PC 的监控服务软件和底层 DSP 的监控功能程序之间的 UART 接口通信，USB 驱动的作用是通过 USB 接口接收底层 DSP 发送的压缩码流。

2. DSP 端监控功能软件

DSP 监控功能软件是整个监控功能实现的核心，由监控功能模块、H264 视频压缩模块和 UART 通信模块组成。DSP 监控功能模块经 PC 端监控功能选择模块进行调用，直接负责完成相应的监控功能，并将结果传输到 PC 端；H264 视频压缩模块负责将输入视频图像进行 H264 压缩，并使用 USB 接口将压缩后的视频图像传输到 PC 端；UART 通信模块负责利用协议实现和 PC 端的通信。下面主要介绍 DSP 监控功能模块。

所设计的智能视频监控系统需要实现 8 个不同的智能视频监控功能。根据监控功能的不同性质和处理手段，主要分为物体检测与数量统计，自动跟踪，入侵和遗留物体检测，摄像机模糊、遮挡及非法遗动等 4 类不同功能。本模块通过从 PC 端功能选择模块获取监控信息，选择单一视频监控功能进行处理。监控功能模块流程如图 9-9 所示。

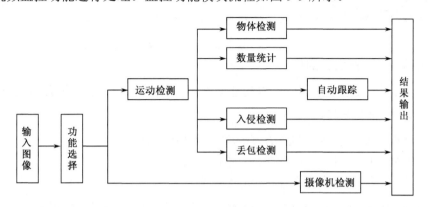

图 9-9　监控功能模块流程

　　监控功能模块中大部分功能首先都需要进行相同的前期处理过程——运动对象的提取。本系统运动对象的提取主要包括背景建模和连通域标记两个部分，其主要流程如图 9-10 所示。

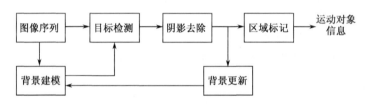

图 9-10　运动对象提取

　　（1）物体检测。需要根据运动检测的结果判断当前运动物体所属的类别，如人体，四足动物、四轮机动车、非机动车等。

- 算法分析：使用高斯背景模型进行运动检测，提取目标的形状特征，并对它们进行分类。
- 输入参数：输入图像的帧缓冲、检测对象种类。
- 输出结果：运动物体的位置、类别。

　　（2）数量统计。需要在物体检测的基础上，统计各类物体或一类物体的数目。在统计过程中，还需要区分个体和群体。

- 算法分析：在分类的基础上，使用计数器统计当前帧中各种目标的数量。
- 输入参数：输入图像的帧缓冲、数量统计对象类别。
- 输出结果：各类物体数目，如个体数目、群体数目。

　　（3）入侵检测。需要判断场景中运动物体是否进入某一固定区域。

- 算法分析：在运动检测的基础上，判断目标的位置与标定的"禁入"位置的相对关系，以实现入侵检测。
- 输入参数：输入图像的帧缓冲、固定区域坐标。
- 输出结果：入侵物体位置和类别。

471

（4）遗留物体检测。主要是检测固定区域内箱包类物体的非法滞留问题。具体说，主要是检测行人将箱包等遗留到场景中的情况（重点是为了排除爆炸物和危禁品），也包括将场景中原有物体拿走的情况。

- 算法分析：通过判断物体在监控场景中出现的时间的长短，来判断是否为遗留物体。
- 输入参数：输入图像的帧缓冲、遗留物体尺寸范围和与运动物体最小距离。
- 输出结果：遗留物体的位置及大小。

（5）自动跟踪。实现对于运动对象的连续检测，通过对运动物体的跟踪，获得其位置、速度、运动轨迹等运动信息。

- 算法分析：使用卡尔曼滤波的方法进行目标跟踪。
- 输入参数：输入图像的帧缓冲、对象的历史信息。
- 输出结果：运动物体的位置及中心坐标等。

（6）摄像机模糊、遮挡及非法移动检测。需要发现影响监控摄像机正常工作或者威胁监控摄像机自身安全的活动。

- 算法分析：使用 DCT 变换，统计全局的图像变化信息，判断摄像机是否模糊；利用图像灰度直方图变化信息，判断摄像机是否被遮挡；使用模板匹配的方法，判断摄像机是否非法移动。
- 输入参数：输入图像的帧缓冲。
- 输出结果：模糊、遮挡及非法移动情况信息和程度。

3. 系统优化

（1）三缓冲区结构。设置三缓冲组成缓冲区队列。在实际处理过程中，使用其中两个缓冲区进行数据接收，另外一个缓冲区进行图像处理等。具体的三缓冲区结构如图 9-11 所示。

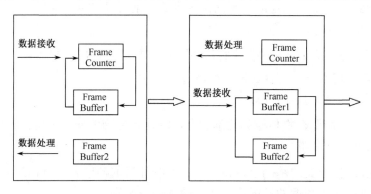

图 9-11　三缓冲区结构

利用回调函数对缓冲区进行管理，每接收完一整幅图像后产生一次回调。使用三个变量维护当前缓冲区状态，Frame Buffer1 和 Frame Buffer2 用于维护在循环中接收的两个缓冲区，Frame Counter 为当前最新接收到的缓冲区。每次接收数据的存储位置根据 Frame Buffer1 和 Frame Buffer2 的值决定。

在主循环过程中，使用一个变量 Active Index 维护当前处理中的缓冲区。每当开始处理新的一帧时，交换 Frame Counter 和 Active Index 的值，并同时更新 Frame Buffer1 和 Frame Buffer2。实现将上一帧处理结束的缓冲区加到输入缓冲中，而将最新一帧缓冲并进行处理的目的。

（2）算法优化。系统对大部分功能的实现算法进行了优化。由于在物体检测、数量统计、自动跟踪、入侵检测、遗留物体检测等算法中都需要使用背景模型，因此系统需要重点对背景建模算法进行优化。

背景建模主要包括两个部分：一是用当前图像和背景模型的均值和方差矩阵进行比较，得到前景图像和更新后的背景模型；二是对前景图像进行膨胀、腐蚀的形态学运算。

① 背景模型更新。模型更新过程涉及的数据有：当前图像帧缓冲（8 位）、当前前景帧图像（8 位）、背景均值模型（32 位）、背景方差模型（32 位）、前景驻留时间矩阵（16 位）。为了提高运算速度，需要首先将内存搬运到 L1 中再进行处理。其步骤如下。

第一步：在 L1 内存中分配行缓存区用于计算，采用 PINGPONG 结构设计双缓冲区。

第二步：使用两个 DMA 通道用于输入和输出。首先使用异步 DMA 方式输入一行输入图像、均值和方差矩阵及驻留时间矩阵，交替使用 current 和 bck 指针分别指向输入和处理缓冲区，并不断更新实现双缓冲结构。这里要求从第二行输入起使用同步 DMA 方式进行传输，因此使用了回调函数 Line In Caqll Back 和 input_index 变量，实现依次输入 4 个缓冲区。

由于这里要求将输入并计算后的新均值、方差和驻留时间行矩阵传回 SDRAM 中，因此输出 DMA 采用异步方式，等待完成后才会开始下一次的 DMA 输入。这样，在一定程度上，可避免同时向一个 SDRAM 区读/写内存。

② 膨胀、腐蚀算法。这里同样也使用行处理方式进行膨胀、腐蚀两步运算。根据膨胀、腐蚀算法的特点，需要输入 3 行缓冲，然后进行一行的处理。因此，需设计使用 6 行输入的前景缓冲和两行膨胀、腐蚀处理结果作为 3 行输入和 1 行输出双缓冲。

由于输入和输出的缓冲区没有冲突问题，因而输入和输出均采用同步模式，并注意输入缓冲增量设为一行。

9.5　安防智能视频监控系统产品的智能化评估

9.5.1　智能视频监控系统产品的评估标准及方法

随着国外的监控系统或产品供应商不断向国内引进智能化产品，国内的智能视频监控系统或产品也不断出现，但它们的智能视频分析识别能否起作用？在什么情况下起作用？能否满足我们在不同场合对安全的不同层次的需求？能否给人们提供最大的安全效益而真正保平安？视频监控系统怎样才算是智能化？这种智能化有否一些等级？安防工程商怎样才能将这些产品应用于安防监控工程中……这就需要对智能视频监控系统或产品的智能化的标准等级水平有一个清楚的了解，并且还要懂得对这种产品进行智能化的评估方法。

如果智能视频监控系统产品均由权威评估鉴定部门请专家进行过智能化的水平与等级的

评估，安防工程商就可以根据用户的安全需求选用性价比最高的、最恰当的智能等级的产品，以最大限度地节约投资成本。也可以充分利用其智能化功能，在安全威胁发生之前就能够提示监控人员关注相关监控画面，为潜在威胁做好准备工作，从而最大限度地满足用户的安全需求，以建成性能最优良的系统。这样，用户就不会盲目地为追求高尖端产品而投入大量的资金，造成极大的浪费，反而会理性地根据自己对某方面的安全需求而进行合理选择，这一方面节约投资成本，另一方面也满足更高层次的安全需求。

因此，制定智能视频监控系统产品的标准等级，并对视频监控系统产品进行智能化的等级评估是非常有必要的，它不仅能评估该产品智能视频分析识别的作用有效与否，而且能评估其智能化的水平与等级，供安防工程商与用户选用参考。

目前，安防行业的评估工作的开展是较为缓慢的，针对安全防范系统的评估还缺乏一整套规范的评估方法和步骤，这里就智能视频监控系统设备产品的标准等级及其评估的方法谈谈自己的看法，供安防标委会及安防工程商应用参考。

1. 智能视频监控系统设备产品的智能等级标准

智能视频监控系统及其产品的智能等级标准，目前还没有统一制定与建立。现根据世界知名的智能监控供应商之一的澳大利亚的 iOmniscient 公司，通过讨论的方式，仿照人智力水平高低的分类标准，在世界上率先建立了一种视频监控系统的智能 IQ（智商）评级系统的思路，特提出一种适于我国的实用的 5 个等级计分的智能化评估的智能等级标准，供视频监控系统的智能化评估的法规标准制定者们参考。

这种 5 个等级计分的智能化评估的等级标准划分如下。

（1）第一个智能等级标准范围。该等级范围的产品或系统的智能 IQ 为 1 分（按 5 分制计），或小于 50 分（按 100 分制计），即智能化水平极差。一般，采用视频移动侦测 VMD 来探测监控现场的移动情况，即通过一帧影像的像素和紧接着的下一帧影像的像素比较，就可以构成视频移动侦测的最简单形式。如果有一点差异，就意味着监控现场有一些变化，通常都被称为有移动。显然，仅能侦测到视频有移动的系统没有多少智能，且很容易产生误报警。因为实际上一些干扰，如光线的变化、水的反射、阴影或者其他的变化都会使系统认为有移动而发出误报警。因此，这一个等级范围的产品，智能视频分析的作用极差，该产品根本不能实用。

（2）第二个智能等级标准范围。该等级范围的产品或系统的智能 IQ 为 2 分，或大于等于 50 而小于 60 分，即智能化水平不及格。该等级范围的产品或系统不仅能排除第一个等级范围的干扰，还能够分析进入监控画面的目标特征（如目标的大小或者形状），因而能够区分出是人还是其他的动物，或者小汽车还是卡车等，可识别是什么，但不能识别异常，因而不能预/报警。

这一等级范围的产品或系统虽能识别出人与物（即目标的大小或形状），但不能判别人与物的行为异常，其智能视频分析的作用还比较差，即不及格，因而这种产品还未达到实用。

（3）第三个智能等级标准范围。该等级范围的产品或系统的智能 IQ 为 3 分，或大于等于 60 分而小于 75 分，即智能化水平为及格或中等。该等级范围的产品或系统除能够排除干扰，清楚区分人与物外，并在室温条件下还能够简单区分与识别人和物的行为异常，如实现遗弃物检测，人与物的过线检测，并能准确地对人与物进行统计计算。该等级范围的产品或系统被设置了较好的专业算法，因而使其计算比较精确，并有识别异常的能力，因而可预/报警。

这一等级范围的产品或系统能在室温等室内条件下识别出人与物的某些异常行为，其智能视频分析的作用还可以，即达到及格，因而该产品还能应用，但只能限于在室内常温等条件下的应用。

（4）第四个智能等级标准范围。该等级范围的产品或系统的智能 IQ 为 4 分，或大于等于 75 分而小于 85 分，即智能化水平为良好。该等级范围的产品或系统能实现行为分析，即能够区分与识别更多的人与物的行为异常，如系统能在室外环境检测到上一个等级的异常外，还能在室外检测到目标的游荡、跑动、滑动和下落（如人从楼上跌下）、人的打架斗殴、汽车撞人或两车相撞、室内外出现的火灾前兆等异常行为，因而识别异常的能力较好，可预/报警。

该等级范围的产品或系统还可以检测到拥挤场景中的遗弃物（丢弃物），能非常有效地检测诸如机场被单独留下的行李，或者博物馆和仓库中存放的可能被盗的物品。一般能与防盗、防火、门禁等系统联动，并能较准确地检测识别人的面像、步态、声音等。

这一等级范围的产品或系统能在一般室外等条件下识别出人与物的行为异常，其智能视频分析的作用不错，排干扰的能力较好，即达到良好，因而该产品可在室内外使用。

（5）第五个智能等级标准范围。该等级范围的产品或系统的智能 IQ 为 5 分，或大于等于 85 分到 100 分，即智能化水平为优秀。该等级范围的产品或系统除有上一等级的识别能力外，还可以实现拥挤场景（如机场候机大厅、火车站检票口）的检测。系统可以提供多种功能，如计算某时间非常拥挤的场景中有多少人，如果单位时间通过入口的人数过多（系统可以预先设定）也会发出预/报警等。

该产品或系统能比第四个等级范围在更恶劣的气候条件下检测到上述等级的人与物的行为异常外，并能检测到更全面更多的人与物的行为异常，如人的蒙面、拿出刀或枪对准人等，并及时与防盗、防火、门禁等系统联动，能准确地检测识别人的面像、步态、声音等。尤其处于 95 分以上的系统，能排除一切干扰，检测分辨个体极小或者对比反差极低而人眼看不到的目标等。该等级产品识别异常的能力极强，即极可靠，预/报警极准确。

显然，处于该等级的视频监控系统的智能视频分析的作用非常好，即为优秀等级。因为它能排除一切干扰，并可在极恶劣的环境下使用，因而其智能化水平极高，这也是我们安防企业智能化产品研发追求的目标。

2. 智能视频监控系统设备产品的智能评估方法

安防行业的评估工作起步较晚，目前该领域的评估主要是借鉴安全生产领域的评价方法来进行评估的，如专家打分法、加权平均法、层次分析法、灰色系统法，或有的借鉴国外的效能评估的方法来对安全防范系统进行评估等。但视频监控系统的智能化评估，对于该系统智能视频分析识别能否起作用，能否真正发挥安全效益又至关重要。因此，必须研究出一种对智能视频监控系统及其产品进行智能化评估的有效方法。

澳大利亚的 iOmniscient 公司的智能 IQ（智商）评级系统的思路对视频监控系统评估方

法的建立也是一种很好的尝试。国内有人仿照这种思路，提出建立一种视频监控系统智能化的评估方法，即智能 IQ 评级法，把系统的智能 IQ 定为 60～180 分之间，并按照系统的检测能力划分为 7 个等级范围。但这种方法不太符合中国人的习惯，因为我们中国人习惯于百分制或 5 级计分制。因此，作者参照智能 IQ 评级法提出一种适于我国国情的实用的 5 个等级计分的智能化评估的方法，供视频监控系统的智能化评估法的法规制定者们参考。

这种 5 级计分的智能化评估法如表 9-1 所示。

表 9-1　5 级计分智能化评估法

	IQ=1 分 或 0～50 分	IQ=2 分 或 50～60 分	IQ=3 分 或 60～75 分	IQ=4 分 或 75～85 分	IQ=5 分 或 85～100 分
视频移动	√	√	√	√	√
区分人与物		√	√	√	√
入侵		√	√	√	√
周界		√	√	√	√
遗弃物检测			√	√	√
过线检测			√	√	√
统计计算			√	√	√
滑倒和下落				√	√
徘徊与奔跑				√	√
过度拥挤混杂				√	√
拥挤环境中的计算				√	√
违规停车				√	√
打架斗殴				√	√
汽车撞人或两车相撞				√	√
与防盗、防火、门禁等联动				√	√
人的面像、步态、声音识别				√	√
拥挤环境中的遗弃物					√
拥挤环境中的偷窃行为					√
拥挤环境中的乱涂乱画和故意破坏的行为					√
人的蒙面、拿出刀或枪对准人					√
看不见的、低对比度目标					√

注："√"表示系统在此 IQ 值范围下具有该项检测能力。

由上可知，通过运用 5 级计分或百分制的智能化的评估方法，即可了解智能视频分析软件算法起到什么作用，基本上能解决视频监控系统的智能化处于什么水平与标准等级的问题。这样，通过表 9-1 的评估法，用户了解了智能视频监控系统设备的智能化的标准等级水平，就可以根据自己的安全需求进行选用，以尽量保障最大的安全效益。通常，具有智能化的视频监控系统会对摄像机的监控画面做一个或多个检测。如果系统能在较恶劣的环境条件下可以在同一时间同时做所有的检测，则该系统或产品的智能化水平就极高。

上述的智能视频监控系统设备产品的标准等级及其评估方法，可供用户在实践中应用检验。并希望对安全防范技术系统的评估标准与方法的制定，有一定的借鉴价值与对标准工作的促进，尤其对整个安防领域评估工作的开展起码提供了一种思路。作者相信，这种评估的理论经过实践的检验论证后，最后会上升为更完整实用的智能视频监控系统设备产品的理论标准及评估规则。随着安防行业的不断发展和评估工作的不断进步，相信会有更完善、更好的评估标准与方法出现，以使我国安防行业的评估工作能走上正轨。

9.5.2　智能视频监控系统产品所需的评估及步骤

1. 何时需评估安防智能视频监控系统产品

安防智能视频监控系统所需的智能化评估通常在下列几种情况下进行。

（1）智能视频监控系统产品研发成功后必须要进行智能化等级的评估。一般，一种新技术项目产品在研发成功与实际试用后，往往要请 5～7 人以上的专家组成鉴定委员会对成果进行鉴定，以便向省市或国家科技部门报奖。而安防智能视濒监控系统新产品也同样需要这种专家组的鉴定，但它可与智能化等级的评估鉴定用同一个专家组同时进行，以节约经费。在国家未制定统一的标准等级前，可暂用上述的 5 个等级标准及 5 级计分的智能 IQ 评级法进行。值得提出注意的是，要注意对产品中涉及的系统功能进行综合、全面考虑，不要有所遗漏。而系统或产品能实现的功能，仅指现有的功能，不包括对系统某些设备的扩展而实现的功能。由于 5 级计分的智能 IQ 评级法中涉及的等级范围是一个较为粗略的估计，不是百分之百的精确计算，所以两个相邻等级范围的交界处的分值不具有绝对的界限划分意义，因此分别处于两个相邻等级范围的安防视频监控系统的智能化水平可能非常接近，并没有明显的差异性。

（2）生产商生产智能视频监控系统产品后必须进行智能化等级的评估。安防产品生产商生产出智能安防监控系统新产品，不论是自己的知识产权还是仿制国外的产品，也必须要对该产品进行智能化等级的评估。这样，才可供安防工程商作应用选择（当然作为要打入市场的产品也还需要有质量认证）。因为产品有了评估的智能化等级，才好进入市场宣传与撰写产品的使用说明书。

（3）质检部门对送审的智能视频监控系统产品需做智能化等级的评估。一般，公安质检部门对生产商送审的智能安防监控系统产品，也需要对它进行智能化等级的评估。即用 5 级计分的智能 IQ 评级法对它能实现的检测功能进行 IQ 评分分级，评估系统或产品属于哪个标准等级范围，能否满足用户对安全的需求，并给出鉴定结论的证明，登记注册，以备用户查询。

（4）建设智能视频监控系统的主管方需对各招标方案的智能化水平进行评估。目前，一般需建设安装安防监控系统的主管方，在建设前均需要向社会招标，尤其一个大型网络视频监控系统或平安城市的安防监控系统，必须进行招标。需施工的主管单位必须对各安防工程商送来的系统工程实施方案，聘请安防监控专家组成评估组进行智能化等级水平的评估。通过评估，最终选择切实可靠的性价比高的最优化方案中标，而不是像过去谁的价格最低就中标。因为价格虽低没有达到一定的智能化功能的等级而不能识别异常预/报警，就无法达到安全保平安的目的。

（5）安防工程商在选购智能监控产品与系统施工方案均应做智能化水平的评估。通常，安防工程商在自己的方案中标后，就要去选购有关的产品设备，并制订出切实可行的实际的系统施工方案。在选购产品与系统施工方案出来后，均应做智能化标准等级水平的评估。因为在选购产品时，不能仅凭各厂家自己写的说明书的指标（往往偏高，甚至有的未经过评审）来选购，所以要自己的技术人员进行初步的评估。

安防工程商的技术人员根据欲选购的产品制订出实际的系统施工方案后，还必须请专家组成专家组对方案评估审定，其智能功能达到建设方的安全需求后，再按方案选购产品与施工。

（6）系统施工完成的工程验收也必须进行实际的智能化水平的评估，系统施工工程验收的智能安防监控系统的智能化水平也必须进行验收评估。

首先，要对监控现场影响智能化实施的环境条件进行评估。监控现场的环境对视频监控系统的功能发挥有重要的影响，环境的温度、湿度的变化，摄像机离监控中心距离的远近，综合布线的方式等都会对视频监控系统的运行状态和功能产生重要的影响。虽然系统施工方案在设计时考虑了环境因素和产品本身的不完善而尽量加以避免，但是在实际运行中还是和理想的状态会有一定的差距，因而必须进行实际的测试评估。

- 要了解现场温度的变化对安装系统的影响程度；
- 要了解现场的湿度情况，有没有必要增加控制湿度的设备；
- 由于距离的远近，摄像机的监控画面的画质对系统的智能化功能的发挥有多大影响，有没有必要额外增加一些调节画质的设备加以弥补；
- 根据现场监控空间的大小、距离的远近评估采用哪种布线方式能相对减少系统的误差等。

其次，可模仿人与物的异常行为按 5 级计分评估法对施完工的智能安防监控系统的智能化水平进行评估验收，并提出系统的调整和修正的意见，以最大限度地满足安全的需求。

2. 安防智能视频监控系统智能化评估的步骤

第一步：组织智能化评估的专家评估鉴定组或委员会。首先，为进行准确可靠的评估，必须组织至少 5 人或以上的专家，以组成智能化评估的专家评估鉴定组或委员会。

第二步：对送审材料进行智能化水平的评估。由专家评估鉴定委员会对送审材料进行智能化水平的初步评估。如果有 7 人时，可与第三步同时进行，即分 3 人为资料组对送审资料进行评估。

第三步：测试监控现场的环境条件。由副高级职称以上的安防监控专家组织测试监控现场的环境条件。如果有 7 人时，可与第二步同时进行，即分 3 人为测试组对监控现场的环境条件进行测试评估。

第四步：模仿人与物的异常等，对安防监控系统或产品的实际智能化功能进行测试。在监控现场的环境条件下，模仿人与物的异常等，由专家组织对安防监控系统设备产品在不同距离条件下的实际智能化功能，按 5 级计分评估法进行测试评估。

第五步：专家综合评估打分。最后由专家评估鉴定委员会根据上述测试情况，按 5 级计分的智能 IQ 评级法对所鉴定的安防监控系统设备产品进行综合评估打分，并最后形成鉴定意见，经每位专家签字认可，以形成评估鉴定的档案，供宣传、报奖与查询，从而也可杜绝造假。

9.5.3 选购智能安防监控系统产品的原则与要点

1. 安防智能视频监控系统产品的选择原则

中标的安防工程商对智能安防监控系统设备产品的选购不能忽视，不能像过去那样只要能看清监控图像并能录下来，谁的价格低就买谁的，而智能化产品则必须要有人与物有异常能事先预/报警。必须根据以下的原则选购产品。

（1）根据保障国家与人民利益（生命和财产）的最高安全原则选购产品。对智能安防监控系统设备产品的选购不能只图自身的利润，不是谁的价格低就买谁的，要以国家与人民利益（生命和财产）的最高安全原则来选购产品。也就是说，选购的产品必须是经过真正专家评估鉴定过的第 3 个标准等级范围以上的产品，即要能真正识别人与物有异常时能及时预/报警的产品，这样才能真正保障安全。

（2）根据性能价格比高的原则选购合适的产品。产品的价格高，必须是性能高，即智能化功能强。如具有同一智能功能同样价格的三个产品：一个产品不适用；一个产品只能在室内条件用；一个产品可用于室外。显然，能用于室外的性能价格比就高些，因而就应选用。

（3）根据监控场所智能要求的按需分配原则选购合适的产品。选购智能安防监控系统设备产品时，不是光看产品有新技术，智能化功能越高越好，而是要根据监控场所智能要求的按需分配原则来选购合适的产品。如在一室内条件使用，该监控场所只需一种智能化功能，你就不要选购 2 种及以上智能化功能的产品，或只需第 3 个标准等级范围的产品，就不要选购第 4 个与第 5 个标准等级范围的产品。这样，按客户实际需要选购对口的产品，既可节约经费，也可使安防工程商有一定的利润空间，且好钢用在刀刃上。

（4）根据实践是检验真理的标准原则选购合适的产品。自古说，百闻不如一见。虽然这类产品可能经过专家的智能化评估鉴定，但手中的产品可能会有水分，因而必须要按评估法经过自己的实际测评的评估实践，检查产品的智能化功能是否真正能达到标准的要求，这样才能选购到满意的合适的产品。

2. 安防智能视频监控系统产品的选购要点

安防工程商除遵循上述的 4 个选购原则外，在对智能安防监控系统设备产品的具体选购时，还要注意以下的几个选购要点。

（1）看产品有否经过质量认证。选购产品，首先要看它是否经过产品的质量认证，能否满足电磁兼容性 EMC 的要求。无质量认证的产品则不能贪图便宜而选用，否则工程不能通过最后的验收，不但造成了浪费，更重要的是耽误了时间，影响了安全。

（2）国外产品与国内产品相同，选国内产品。在选购产品时，首先看国内安防企业有不有所需的产品，如实在没有所需的智能化功能的产品才可选购国外产品。如国外与国内产品性能大致相同，则应优先选购国内企业的产品，以支持和促进国内民族企业的发展。

（3）国内自主知识产权产品与仿制国外产品相同，选自主知识产权产品。在选购产品时，还要看它是自主知识产权的还是仿制国外的产品。如果两者性能大致相同，要尽量选用自主知识产权的产品，以支持和促进国内安防事业的发展。

（4）看产品有否经过专家的智能化评估鉴定，并可自行评估核实。在选购产品时，一定要看它是否经过专家的智能化评估鉴定。有无专家评估鉴定证书并查实其真实性，然后根据其评估鉴定的标准等级范围合适选用。通常，如前述的第 4 条选择原则，最好自己的技术人员，在正规统一的标准未公布之前，用前述的智能安防监控系统产品的智能化评估等级标准及方法中的"5 级计分法"的智能化评估的方法，来实际核实其鉴定的标准等级，以免造成不安全的隐患。

（5）根据所需监控场所的智能要求选购合适的产品。在选购产品时，一定要根据所需监控场所的智能要求选购合适的产品，如某监控场所只需选择第 3 个标准等级范围的产品即可用，就不要选购第五个标准等级范围的产品，或者只需 1 个实用的智能化功能，就不要选用有 2 个实用的智能化功能的产品，否则会造成不必要的浪费。

（6）系统产品接口要能互相兼容符合国家标准要求，并便于集成扩展。安防工程商在选购产品时，一定要注意整个系统产品接口要能互相兼容，并符合国家标准要求，并便于集成扩展。因为各单位均处于发展阶段，所建设的智能安防监控系统，必须要便于今后的集成扩展。

参考文献

[1] 雷玉堂. 光电信息技术. 北京：电子工业出版社，2011.

[2] 雷玉堂. 光电信息实用技术. 北京：电子工业出版社，2011.

[3] 雷玉堂. 光电检测技术（第 2 版）. 北京：中国计量出版社，2009.

[4] 雷玉堂. 安全&光电. 深圳：中国公共安全出版社，2006.

[5] 雷玉堂. 安防视频监控实用技术. 北京：电子工业出版社，2012.

[6] 雷玉堂. 安防&智能化——视频监控系统智能化实现方案. 北京：电子工业出版社，2013.

[7] 雷玉堂. 安防&物联网——物联网智能安防系统实现方案. 北京：电子工业出版社，2014.

[8] 雷玉堂. 安防&云计算——物联网智能云安防系统实现方案. 北京：电子工业出版社，2015.

[9] 雷玉堂. 安防&光电信息——安防监控技术基础. 北京：电子工业出版社，2016.

[10] 雷玉堂. 光电检测技术习题与实验. 北京：电子工业出版社，2009.

[11] 邓泽国. 安防视频监控实训教程. 北京：电子工业出版社，2013.

[12] 张亮. 现代安全防范技术与应用（第 2 版）. 北京：电子工业出版社，2012.

[13] 牛温佳，刘银龙，等. 移动网络视频监控系统. 北京：电子工业出版社，2013.

[14] 陈晴，邓忠伟. 现代安防技术设计与实施. 北京：电子工业出版社，2010.

[15] 张筵. 浅析 5G 移动通信技术及未来发展趋势. 中国新通信，2014.10.28.

[16] 雷玉堂. 安防高清视频监控云存储系统实现方案. 监控存储科技，2015.5（1）.

[17] 雷玉堂. 未来安防监控的超高密度信息存储新技术. 监控存储科技，2015.8（2）.

[18] 雷玉堂. 图像显示技术最新发展趋势与应用. 中国图像显示技术科技创新应用论坛，2015.6.24.

[19] 雷玉堂. 三大类存储技术及安防监控存储技术的发展与思考. 中国安防监控存储技术科技创新应用论坛，2015.12.10.

[20] 解读下一代视频压缩标准 HEVC（H.265）. 天极网网络频道，2012.6.29.